生物信息学数据分析丛书

Tools for Analysis of DNA and Protein Sequence Data

（Third Edition）

DNA 和蛋白质序列数据分析工具

（第三版）

薛庆中 等 编著

科学出版社
北京

内 容 简 介

近年来新一代测序技术的研发和应用，极大地推动了基因组科学的发展，也给基因组数据分析带来巨大的新挑战。第三版对前两版原有内容做了大量更新和补充，全书 17 章，分别从基因组学、蛋白质组学、系统生物学三个层次详细介绍了常用的基因数据库和网络工具；为适应 Windows7 的环境，将 BioPerl 程序包的数据分析做了重排使其更易操作。尤其是增添了新一代测序数据分析实例，包括 SNVs 和 Indel 识别、小 RNA-seq 分析、枯草杆菌全基因组序列拼接；并对 Bowtie 等读序列定位工具和 UCSC 浏览器的使用做介绍。

本书内容深入浅出、图文并茂。书中提及的各种方法均有充实的例证并附上相关数据和图表，供读者理解和参考；书后还附有中英文的专业术语和词汇。可作为对基因组学、蛋白质组学、生物信息学感兴趣的本科生、研究生和研究人员学习、研究的重要工具手册。

图书在版编目（CIP）数据

DNA 和蛋白质序列数据分析工具/薛庆中等编著. —3 版. —北京：科学出版社，2012
（生物信息学数据分析丛书）
ISBN 978-7-03-034509-7

Ⅰ. ①D… Ⅱ. ①薛… Ⅲ. ①脱氧核糖核酸–数据–分析②蛋白质–数据–分析 Ⅳ. ①Q523②Q51

中国版本图书馆 CIP 数据核字（2012）第 114782 号

责任编辑：李 悦 刘 晶 / 责任校对：林青梅
责任印制：徐晓晨 / 封面设计：耕者设计工作室

科学出版社 出版
北京东黄城根北街 16 号
邮政编码：100717
http://www.sciencep.com

北京华宇信诺印刷有限公司印刷
科学出版社发行 各地新华书店经销

*

2012 年 6 月第 一 版 开本：720 × 1000 1/16
2024 年 7 月第十次印刷 印张：23 1/4
字数：452 000

定价：128. 00 元

第三版前言

十几年前，人类、水稻等模式生物全基因组序列图的建立，开启了基因组学的新纪元。近年来新一代测序（next generation sequencing, NGS）技术的研发和应用，其速度之迅猛是始料未及。现已阐明人类遗传性疾病发生与基因组的编码的错误引发的突变紧密关联，科学家预言通过个人基因组测序将有可能发现、捕捉患者体内的这些突变，从而提出个性化的医疗方案，这将为破解威胁人类生命的重大疾病提供可能。同样，一旦数据库中拥有了生物体全基因组参考序列（RefSeq）信息，再对其不同种或品种的重测序就将变得十分便捷和廉价，这将为生物学家们揭示各种生物体遗传、发育、疾病、进化的机制打开科学之门。

浙江大学和中国科学院北京基因组研究所协作举办的“基因组科学研习班”已走过了十年。来自全国 30 余省市的学员近 4500 余人，来浙江大学华家池校区参加了学习和上机培训。十年前，基因组学，这门科学对于许多科学工作者而言还是十分陌生的。如今，这个科学盲点已转化为热点，基因组学的知识和工具正在渗透到各个科研领域中。基因组学的发展与新一代测序仪，如 454、illumina、SOLiD 的研发紧密相关，它们极大地提升了测序速度，每次测序能产生数百万个读序列（read），但是，这些高通量的读序列每条却只有 30~400 bp 长，它给数据分析带来了巨大的挑战。为此，近年来，一大批适合新一代测序分析的软件和工具应运而生，使得基因组领域的知识更为丰富、更为多元化。为了与时俱进，我们决定编写《DNA 和蛋白质序列数据分析工具》第三版，在编写过程中，我们不仅注重及时更新基因组数据库和工具版本，同时也增添了新一代测序技术数据分析的内容，期望能给学员和读者一些启示和指导。

第三版的内容已从原有的 12 章扩充到 17 章。第 1~10 章除了对有关工具做了更新外，还增添了一些新软件，例如，第 6 章 MEME 程序包的软件已从原有的 7 个增加到 12 个；第 9 章推介了 DAVID 工具，使用户能专注高通量数据功能的挖掘。第 10 章中补充了对基因表达数据做一致性分析的 BioQuali 插件。为适应 Windows7 的环境，第 11 章将原来 BioPerl 程序包的安装和数据分析两章内容合为一章，并做了修整使其更易操作。第 12 章和第 13 章分别简介了读序列定位工具和 UCSC 浏览器的使用。第 14~17 章是我们应用新一代基因组测序数据所做的初步分析，包括 SNVs 和 Indel 识别、小 RNA-seq 分析、枯草杆菌全基因组序列拼接。

新一代基因组测序数据分析内容为本书新版增色不少，我们特别感谢王庭璋、单杲、莫凡的辛勤劳作，他们刻苦专研、不断修正程序，直至较好地完成数据分析。我们也吸纳了蒋华蔚、张婧、王瑞娴、周国艳、刘杰、胡望雄等研究生参与写作。科学出版社李悦、罗静等编辑对本书样稿做了认真审阅和校对，使稿件在标准化上有了明显的提升。本书的出版得到了浙江大学浙江加州国际纳米技术研究院领导的关心和支持。此外，徐建红、陈爱华、刘秋香、王斌、周忠静、张好富为此书的出版做了很多具体工作，在此一并致谢。如上所述，新一代基因组测序数据分析面临着巨大的挑战，我们的知识水平远远赶不上基因组科学的发展。我们改版的过程也是在不断学习的过程，书中错误、不妥之处，望请读者给予批评指正。

薛庆中

2012 年 3 月于浙江大学

第二版前言

第一版《DNA 和蛋白质序列数据分析工具》一书发行后三个月，出版社就来信告诉我“该书销售实在是太火爆了，现在库房就剩 24 本，准备重印”。与此同时，参加我们的“基因组科学研习班”的人员也在激增。这在一定程度上反映了国内读者对这一科学“盲点”开始重视并产生了强烈兴趣，这对我们无疑是莫大的鼓励和鞭策。随着新一代测序仪的问世，生物数据库中的 DNA 和蛋白质序列数据量直线飙升，计算机专家们开发的新工具不断涌现，更新速度之快令人瞩目，我们很快就发现完成不久的工具书已有落伍的迹象。为此，我们打算借重印的机会，对其中部分内容加以修改，并将其中一章的修改稿送交出版社审阅。责任编辑阅后，建议补充些内容重新出版一本新书，作为该书的再版。于是我们就开始着手组织人员写作新书。

第二版中我们坚持“兼顾学术思想的前沿性和写作的通俗性”的原则，主要面向初学的读者群，尽量使用 Windows 操作系统下的在线工具，配以详细的图文注释，同时对英文的专业术语和词汇进行了翻译，便于读者自学和操作。即使是缺乏基因组知识的读者，通过参加“基因组科学研习班”学习也能较快入门。

第二版中我们对书稿进行了较大修整，不仅丰富了新书的科学内容，同时加深了对数据的诠释，并适当增加了相关生物学背景知识的介绍。与第一版相比，我们主要做了以下几个方面的修改和补充。

其一，软件普遍升级，网页版面全面更新。例如，用 GPM Tornago XE（X!系列图形界面）替代了原来的 X!Tandem 软件后，使文件输入、参数设置、结果输出等信息都实现了可视化。在系统进化树构建时，使用 MEGA 升级版后就可以免除对多序列比对结果文件格式转换的过程，应用更为便捷。原来介绍使用的 ClustalX1.83 也已升级为 ClustalX2。

其二，补充介绍了新内容。例如，在基因芯片数据处理和分析时，增加了 MeV 的聚类、差异表达基因筛选内容；在 KEGG 数据库中添加软件 KegArray 实现了 KEGG 数据库和基因芯片数据整合分析。系统生物学网络结构分析中，增补了应用插件 Cytoprophet 预测潜在蛋白质和结构域的相互作用。

其三，对原有内容重新进行梳理。例如，在蛋白质结构与功能预测中，以 ExPASy 数据库提供的蛋白质分析系列工具为引线，整合了 InterPro 各相关数据库介绍。

其四，增加了三章内容，分别是：序列模体的识别和解析（第 6 章）、使用

Bioperl 模块作数据分析（第 11 章）、Windows 操作系统下 Bioperl 程序包的安装（第 12 章）。其中利用 Bioperl 网站的模块可以免去自编程序的困难，可能会使读者感兴趣并带来方便。

这次再版我们吸纳了几位博士生参与，使编委人数增加到 17 位，他们是：陈辰、陈晓龙、程尹、丁文超、冯晔、韩序、华大颂、黄鹏宇、蒋琰、骆迎峰、莫凡、阮陟、王珺、王庭璋、薛庆中、叶琳、张维一。其中部分编者虽已离开浙江大学去国外深造或转到其他岗位工作，但仍然积极参与本书的工作或予以关心。在美国学习的博士生程尹在结束期末考试后就急忙着手文稿修改；在法国的博士生王庭璋为实现 VISTA 操作系统下的 Bioperl 程序包的安装，煞费苦心对每个操作细节反复调试和摸索，直到模块顺畅运行。在稿件修订过程中，我与各章编写人员多次讨论、切磋，尽量使差错减少。有些内容还提前在近期的培训班上试讲和使用，征求学员们的意见直至取得良好效果。经过编委们三个多月的共同努力，使再版工作顺利完成。

本书的编写工作依旧得到了浙江大学浙江加州国际纳米技术研究院领导的大力支持，特此表示衷心感谢。还要感谢科学出版社李悦女士的热心和认真。第一版中发现的一些错误虽已进行了纠正，然而，不免又会增生新的差错和缺点，还望读者雅正。我们期待第二版的发行更加顺畅，使更多读者了解基因组，走近基因组科学。

薛庆中

2009 年 9 月于浙江大学

第一版前言

当今生物基因组 DNA 测序数据总量正在以指数倍的速度增长。如何对数据库的海量数据进行科学的搜集、管理、挖掘、注释已成为基因组学和蛋白组学研究的热点。为普及和提高我国科学工作者基因组科学知识，学习并掌握序列数据分析的实用操作技能，及时了解该领域的最新进展，自 2003 年以来，浙江大学和中国科学院基因组研究所紧密协作已举办了 24 期基因组科学培训班。培训学员来自全国各地 29 个省市，人次多达 1800 余人，每次培训班中都不仅常见到较多教授和副教授们的身影，年轻的研究生更是踊跃参加。他们的专业背景虽然各自不同，涵盖理学、工学、医学、农学等不同门类和学科，但渴求知识、不断进取的态度却是一样的。

基因组科学培训班由杨焕明、于军、郑树、林标扬、胡松年、薛庆中、徐宇虹等教授担当主讲教师。他们不仅对基因组科学的基本概念加以正确诠释，对当今的最新进展进行全面介绍，并能结合自己的科研工作，分别讲解他们在医学、农学、微生物等领域具体的应用实例。学员们反映，通过这些生动趣味的讲座加深了他们对 DNA 数据挖掘的理解，有助于开阔研究视野和工作思路，同时激发了学习这门前沿科学的兴趣和热情。

培训班主要学习数据库搜索和实用工具的操作，采用“跟我学”的教学方式，指导教师边讲边示范，学员们每人备有电脑，跟着大屏幕一步步操作；辅导教员随时在旁帮助解难，使学员们在较短时间内尽快初步掌握基本操作程序。为满足培训的需要，我们先后编写了《基因组数据分析手册》（胡松年和薛庆中，2003）和《EST 数据分析手册》（胡松年，2005），得到良好的反映和发行量。教学内容的不断更新是培训班久盛不衰的保证。近期培训内容中我们又新增芯片数据、蛋白质数据和系统生物学网络结构显示与分析等内容。为此，在前两本书的基础上，我们新编写了《DNA 和蛋白质序列数据分析工具》一书。

全书共 9 章。第 1 章，阐述序列比较的核心方法，即运用 BLAST 和 ClustalX 等工具做序列比对。第 2 章，重点介绍核苷酸序列分析工具，主要包括：基因可读框的识别，CpG 岛、转录终止信号和启动子区域的预测分析，用 mRNA 序列预测基因等。第 3 章，介绍电子克隆的概念和具体操作方法。第 4 章，用 MEGA4 做分子进化遗传分析，绘制系统进化树，为研究基因进化打好基础。第 5 章，对蛋白质基本理化性质、二级结构、结构域和三维空间结构、预测目标蛋白的生物学功能等工具做逐一介绍。第 6 章，通过 Gene Ontology 和 KEGG 两个数据库，挖掘基因和蛋白质的功能并做代谢途径分析。第 7 章，利用 X!Tandem 软件鉴定蛋白质的串联质谱数据，进而预测蛋白质；同时借助 TPP 软件包进行蛋白质组学数据统计学分析，优化检索结果。第 8 章，使用 TM4 软件实现芯片的数据采集和标准化处理，并借助 GenMAPP 软件挖掘芯片数据的生物学意义。第 9 章，通过 Cytoscape 软件演示，介绍系统生物学分析概况，展示蛋白质-蛋白质相互作用，应用插件做网络结构分析。

本书的特点是较好地兼顾了学术思想前沿性和写作的通俗性。其前沿性体现在汇集了现代 DNA 和蛋白质序列分析内容精髓，对包括芯片数据、质谱数据处理和分析、系统生物学分析等各类数据分析工具进行扫描和重点介绍，而通俗性则通过较多使用网上在线工具配以详细的图文注释实现，同时写作上力求通俗渐进，有助于科研及教学人员，通过培训结合网络自学，掌握数据库搜索及其常用工具的操作方法，从中感悟 DNA 和蛋白质数据分析方法的要领。

本书内容已在浙江大学基因组科学培训班中试用四期，学员们反映，经过培训可以初步掌握上述方法，并结合阅读教材复习巩固并能用于自己的课题中。“快节奏、高效率”的会务组织、安排，也给学员们在浙江大学培训期间营造了良好的学习氛围，深受学员赞誉。培训期间还组织学员参观了浙江大学纳米研究院的科研设施，如质谱仪、芯片点样、分子影像等国际一流的仪器设备使他们大开眼界，增长见识，产生协作研究和学习的愿望。

值得庆幸的是，2006 年我们的培训班迎来了沃森博士，他因与克里克博士共同发现 DNA 双螺旋结构而荣获诺贝尔奖。他到培训课堂与学员们亲切交流，极大鼓舞了大家的学习信心，也为我们力争将培训班办成“东方冷泉港”模式增添了动力。我们期待通过培训班和本书的发行，对宣传基因组科学在国民经济建设中的作用，普及生物学知识，培养年轻科学人才等方面作出贡献。例如，浙江大学博士生苏志熙曾在培训班当过辅导教师，他撰写的基因组论文发表在 *Genome Research* 上，2007 年被评为国内 100 篇最具影响力的论文。还有不少科研单位通过培训班和浙江大学建立科研协作，共同撰写发表了 SCI 论文。

本书由陈辰、陈晓龙、程尹、冯晔、洪旭、黄鹏宇、蒋琰、骆迎峰、莫凡、王珺、薛庆中、叶琳 12 位编者共同完成，为使全书文笔流畅连贯，我们在汇总时，对全部文字和图表进行了认真修正和统一处理。对网上工具的术语和名称尽量备注了英文，并在书后附有中英文专业词汇对照供读者查阅。为指导计算机操作，我们还在相应图表中做了文字注释和符号标记。但是，书中的错误和缺点仍在所难免，恳请读者指正。

本书的编写得到了浙江大学浙江加州国际纳米技术研究院领导的大力支持，胡松年研究员和徐宇虹教授对本书给予了热忱的推荐和鼓励，同时得到浙江省政府项目和国家自然科学基金（30571146）资助。对陈爱华在培训班和书稿的组织贡献和鲁平在培训班的努力工作，在此一并表示衷心感谢。

薛庆中
2008 年 8 月于浙江大学

目　录

第 1 章　序列比对工具 BLAST 和 ClustalX

骆迎峰　丁文超　程尹　陈辰　薛庆中

序列比对是基因组学研究的核心手段之一，从测序拼接到基因表达分析都需要将未知序列和数据库中的已知序列进行相似性比较。序列比对工具很多，其中以基本局部比对搜索工具（BLAST，basic local alignment search tool）最为常用。生物不同基因的 DNA 序列或氨基酸序列通过比对，可以在相应数据库中找到相同或相似序列。本章主要介绍美国国家生物技术信息中心（The National Center for Biotechnology Information，NCBI）数据库提供的 BLAST 搜索在线服务及本地运行程序，用户可以通过提交核苷酸或蛋白质序列，并选择所要比较的 NCBI 序列数据库，进行序列相似性（Sequence similarity）搜索。本章还将介绍多序列比对工具 ClustalX 的使用方法，以便预测基因的功能，探索物种的亲缘关系及其进化。

1.1　BLAST 搜索程序

NCBI 的 BLAST 搜索程序（http://www.ncbi.nlm.nih.gov/blast/Blast.cgi）下设 3 个部分（图 1.1）：用 BLAST 拼接的参考基因组（BLAST Assembled RefSeq Genome）、基础的 BLAST（Basic BLAST）、特殊的 BLAST（Specialized BLAST）。

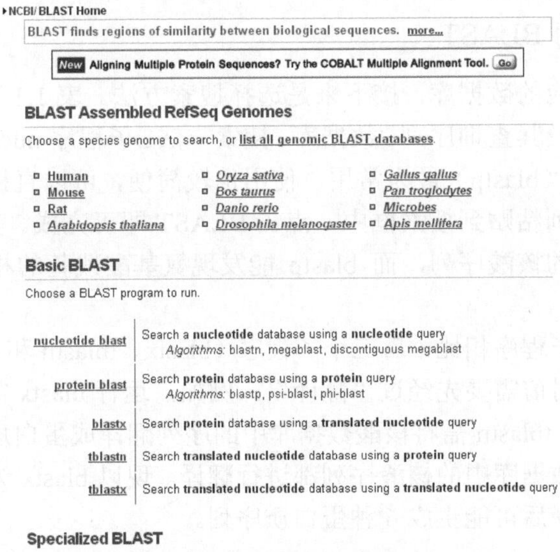

图 1.1　NCBI/BLAST 主界面

1.1.1 用 BLAST 拼接的参考基因组

在做 BLAST 搜索前，用户可根据自己的需求，选择与某个特定物种（special genome）基因组数据库或所有拼接的基因组参考序列数据库 BLAST。如选择后者，点击 list all genomic BLAST databases 后，从图 1.2 可知目前正在测序或已完成测序的物种及其数量，包括：脊椎动物（Vertebrates）26 种、无脊椎动物（Invertebrates）16 种、原生动物（Protozoa）18 种、植物（Plants）47 种、真菌（Fungi）17 种。

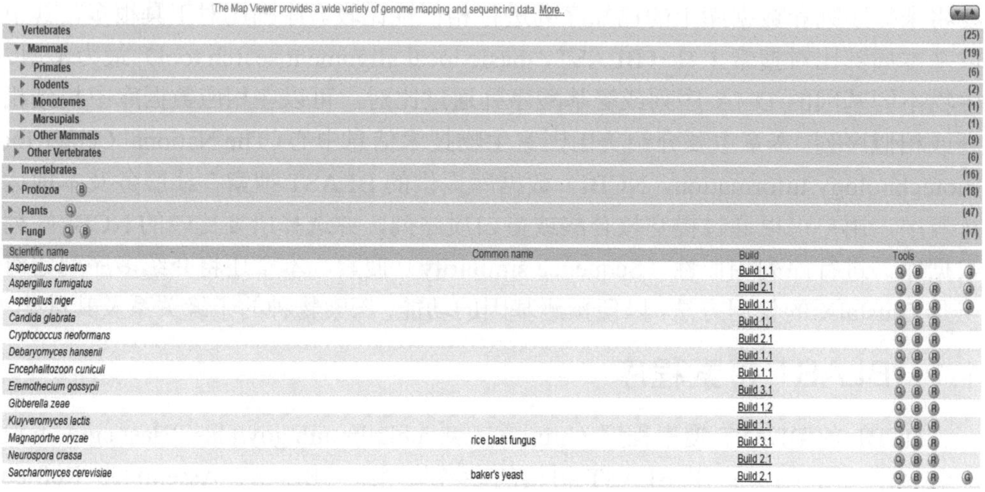

图 1.2　基因组参考序列数据库

1.1.2 基础的 BLAST

确定了相应的数据库，接下来是选择搜索方法。表 1.1 列出了 BLAST 家族的 5 个子程序及其查询序列、数据库、搜索方法。子程序 nucleotide blast（blastn）和 protein blast（blastp）最为常用，使用也较简便，可以直接进行比对，搜索时只需将查询序列粘贴到搜索框中，点击 BLAST 即可完成。其中，blastn 用来发现高分值匹配的核酸序列，而 blastp 能发现氨基酸残基的相似性和找到其同源蛋白。

与前两个子程序相比，后三个子程序（blastx、tblastn 和 tblastx）搜索过程较为复杂，在比对前需要先经过“翻译”。例如，运行 blastx 需先将查询序列翻译成蛋白质序列，tblastn 需将核酸数据库中的序列翻译成蛋白质序列，而 tblastx 需对查询序列和数据库中的核酸序列都进行翻译。现以 blastx 为例（图 1.3），说明核苷酸序列翻译后可能生成 6 种蛋白质序列。

表 1.1　BLAST 的 5 个子程序及其搜索方法

程序名称	查询序列	数据库	搜索方法
nucleotide blast	核酸	核酸	用查询核酸序列搜索核酸数据库中的序列。算法：blastn，megablast，discontiguous megablast
protein blast	蛋白质	蛋白质	用查询蛋白质序列搜索蛋白质数据库中的序列。算法：blastp，psi-blast，phi-blast
blastx	核酸（翻译）	蛋白质	用查询核酸序列翻译成蛋白质序列后再对蛋白质数据库中的序列搜索
tblastn	蛋白质	核酸（翻译）	用查询蛋白质序列和核酸数据库中的核酸序列翻译后的蛋白质序列比对
tblastx	核酸（翻译）	核酸（翻译）	用查询核酸序列翻译成蛋白质序列，再和核酸数据库中的核酸序列 6 个框翻译成的蛋白质序列比对

```
+3     E   Y   R   *   I   S   *   I   K   S   D   Q   S   A   L   Y   P
+2   *   V   P   L   N   *   L   N   Q   K   R   P   I   C   F   I   P
+1  M   S   T   A   K   L   V   K   S   K   A   T   N   L   L   Y   T   R
5'- ATG AGT ACC GCT AAA TTA GTT AAA TCA AAA GCG ACC AAT CTG CTT TAT ACC CGC -3'
    TAC TCA TGG CGA TTT AAT CAA TTT AGT TTT CGC TGG TTA GAC GAA ATA TGG GCG
      H   T   G   S   F   *   N   F   *   F   R   G   I   Q   K   I   G   A  -1
        L   V   A   L   N   T   L   D   F   A   V   T   R   S   *   V   R  -2
          S   Y   R   *   I   L   *   I   L   L   S   W   D   A   K   Y   G  -3
```

图 1.3　核苷酸序列翻译后可能生成 6 种蛋白质序列

假设目标序列为 ATG AGT ACC GCT AAA TTA GTT AAA TCA AAA GCG ACC AAT CTG CTT TAT ACC CGC，理论上此核苷酸序列翻译时，可以分别从查询序列的正向链或反向互补链的 1、2、3 相位起始。

正向链（5′→3′端）

（1）第一位起始：ATG AGT ACC GCT AAA TTA GTT AAA TCA AAA GCG ACC AAT CTG CTT TAT ACC CGC

（2）第二位起始：TG AGT ACC GCT AAA TTA GTT AAA TCA AAA GCG ACC AAT CTG CTT TAT ACC CGC

（3）第三位起始：G AGT ACC GCT AAA TTA GTT AAA TCA AAA GCG ACC AAT CTG CTT TAT ACC CGC

反向链（3′→5′端）

（4）第一位起始：GCG GGT ATA AAG CAG ATT GGT CGC TTT TGA TTT AAC TAA TTT AGC GGT ACT CAT

（5）第二位起始：CG GGT ATA AAG CAG ATT GGT CGC TTT TGA TTT AAC TAA TTT AGC GGT ACT CAT

（6）第三位起始：G GGT ATA AAG CAG ATT GGT CGC TTT TGA TTT AAC TAA TTT AGC GGT ACT CAT

上述目标序列翻译后便会产生相应的 6 个不同相位的氨基酸序列：

（1）M S T A K L V K S K A T N L L Y T R

（2）— V P L N — L N Q K R P I C F I P

（3）E Y R — I S — I K S D Q S A L Y P

（4）A G I K Q I G R F — F N — F S G T H

（5）R V — S R L V A F D L T N L A V L

（6）G Y K A D W S L L I — L I — R Y S

结果如图 1.4 所示（注："—"为终止子）。

```
5'3' Frame 1

atgagtaccgctaaattagttaaatcaaaagcgaccaatctgctttatacccgc
 M  S  T  A  K  L  V  K  S  K  A  T  N  L  L  Y  T  R

5'3' Frame 2

atgagtaccgctaaattagttaaatcaaaagcgaccaatctgctttatacccgc
  -  V  P  L  N  -  L  N  Q  K  R  P  I  C  F  I  P

5'3' Frame 3

atgagtaccgctaaattagttaaatcaaaagcgaccaatctgctttatacccgc
   E  Y  R  -  I  S  -  I  K  S  D  Q  S  A  L  Y  P

3'5' Frame 1

gcgggtataaagcagattggtcgcttttgatttaactaatttagcggtactcat
 A  G  I  K  Q  I  G  R  F  -  F  N  -  F  S  G  T  H

3'5' Frame 2

gcgggtataaagcagattggtcgcttttgatttaactaatttagcggtactcat
  R  V  -  S  R  L  V  A  F  D  L  T  N  L  A  V  L

3'5' Frame 3

gcgggtataaagcagattggtcgcttttgatttaactaatttagcggtactcat
   G  Y  K  A  D  W  S  L  L  I  -  L  I  -  R  Y  S
```

图 1.4　目标序列 6 个可读框及翻译结果

通过 blastx 程序比对，将匹配分值最高的序列视为最有可能表达的靶标核苷酸序列。本例最佳比对为 MSTAKLVKSKATNLLYTR（图 1.5），暗示该序列是从正向第一位起始翻译，由此说明，blastx 子程序在编码区分析时，可对相位的确定起一定作用。

```
>ref|YP_688332.1| G DNA starvation/stationary phase protection protein Dps [Shigella
flexneri 5 str. 8401]
 gb|ABF03027.1| G global regulator, starvation conditions [Shigella flexneri 5
str. 8401]
Length=208

 GENE ID: 4209430 dps | DNA starvation/stationary phase protection protein Dps
[Shigella flexneri 5 str. 8401] (10 or fewer PubMed links)

 Score = 37.4 bits (85),  Expect = 0.36
 Identities = 18/18 (100%), Positives = 18/18 (100%), Gaps = 0/18 (0%)
 Frame = +1

Query  1   MSTAKLVKSKATNLLYTR  54
           MSTAKLVKSKATNLLYTR
Sbjct  42  MSTAKLVKSKATNLLYTR  59
```

图 1.5　blastx 比对最优结果

1.1.2　网上 blastx 比对工具

在 BLAST 主界面点击“blastx”（图 1.1），进入序列提交界面（图 1.6）。该界面由输入查询序列（Enter Query Sequence）、搜索设置选项（Choose Search Set）和算法参数设置（Algorithm Parameters）（图 1.7）三部分组成。

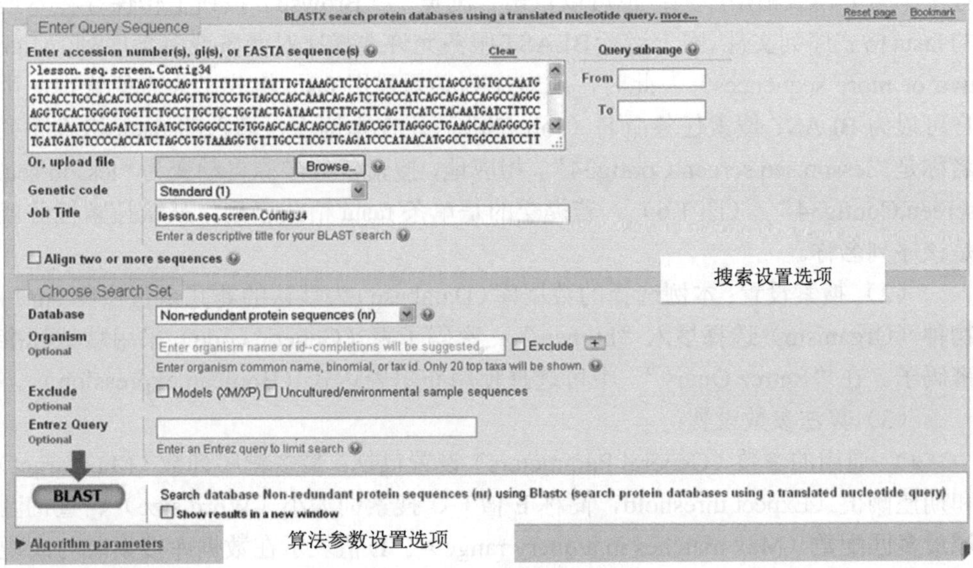

图 1.6　blastx 序列提交界面

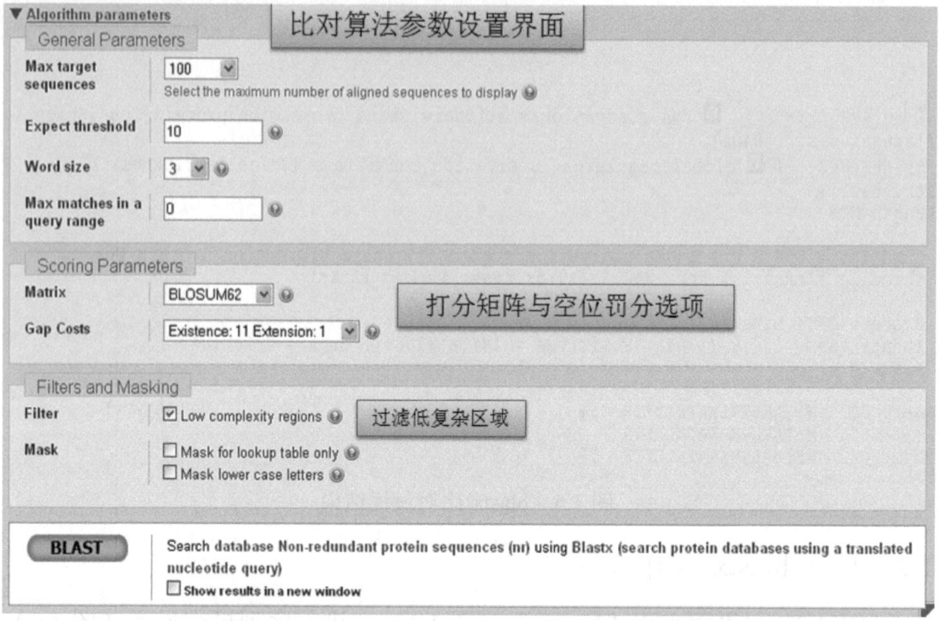

图 1.7　blastx 序列提交界面中的算法参数设置选项

（1） 输入查询序列：用户可以在提交框中直接输入 NCBI 数据库 GI 号（每行 1 个号），或粘贴序列；也可以点击“浏览”（Browse）按钮上传保存在本地的 fasta 格式序列文件。网上运行 BLAST 服务允许选择比对两条或多条序列（Align two or more sequences）。此时，比对序列必须采用 fasta 格式。为方便管理，用户可以为 BLAST 搜索任务命名（Job Title）。在本例中，填入的 fasta 格式序列名称是“lesson.seq.screen.Contig34”，相应地，搜索任务名称自动变为“lesson.seq.screen.Contig34”（图 1.6）。若提交的是单条 fasta 格式序列，默认搜索任务就是该序列名称。

（2） 搜索设置：本例选择的数据库（Database）为默认的非冗余蛋白库（nr）。物种（Organism）选择填入“human”；密码子表（Genetic code）采用默认标准密码子。在“Entrez Query”中可选择使用布尔表达式（Boolean expression）。

（3）算法参数设置：

a） 通用的参数（General Parameters）设置包括：最多靶序列数（Max target）和期望阈值（Expect threshold，简称 E 值）、搜索词大小（Word size）、查询区域最多匹配数（Max matches in a query range）。E 值表示在数据库搜索时与期望值随机匹配的可能性，E=1 表示匹配是随机产生的；反之，E=0 表示匹配不是随机产生的，由此可见，设置的 E 值越小，置信度就越高（图 1.7）。

b）记分参数：蛋白质序列相似性通常采用突变数据（mutation data，MD）和 BLOSUM 两种矩阵估算。突变数据基于可接受点突变（point accepted mutation，

PAM）值。PAM1 表示一个进化变异单位，即有 1%的氨基酸变异。常用的矩阵 PAM250 相似性记分值相当于两个序列间保留 20%匹配。在测定远距离序列相关性时可采用 BLOSUM 矩阵，BLOSUM 值表示相同序列的百分比（如常用的 BLOSUM62 表示比对结果中至少有 62%的氨基酸相同）。对于相似性较高序列的比对，一般选择较低的 PAM 值或较高的 BLOSUM 值，反之亦然。为补偿插入与缺失对序列相似性的影响，通常采用空位开放罚分（gap opening penalty）和空位延伸罚分（gap extension penalty）。一个长度为 n 的空位，罚分数=空位开放罚分+空位延伸罚分×n。每个记分矩阵都有默认的空位罚分值。本例采用默认选项。

c）过滤（Filter）和屏蔽（Mask）：通常需对低复杂性区域序列进行过滤，使其不参与显著性统计。设置屏蔽查询种子序列只用于扫描数据库，不能用于扩展。屏蔽 fasta 格式中的小写字母。搜索选项设置完成后，点击“BLAST”即可运行搜索。

blastx 运行后，服务器会自动以网页形式返回结果，其中包括比对上的序列、相似性程度及显著性水平等信息，如图 1.8 所示。

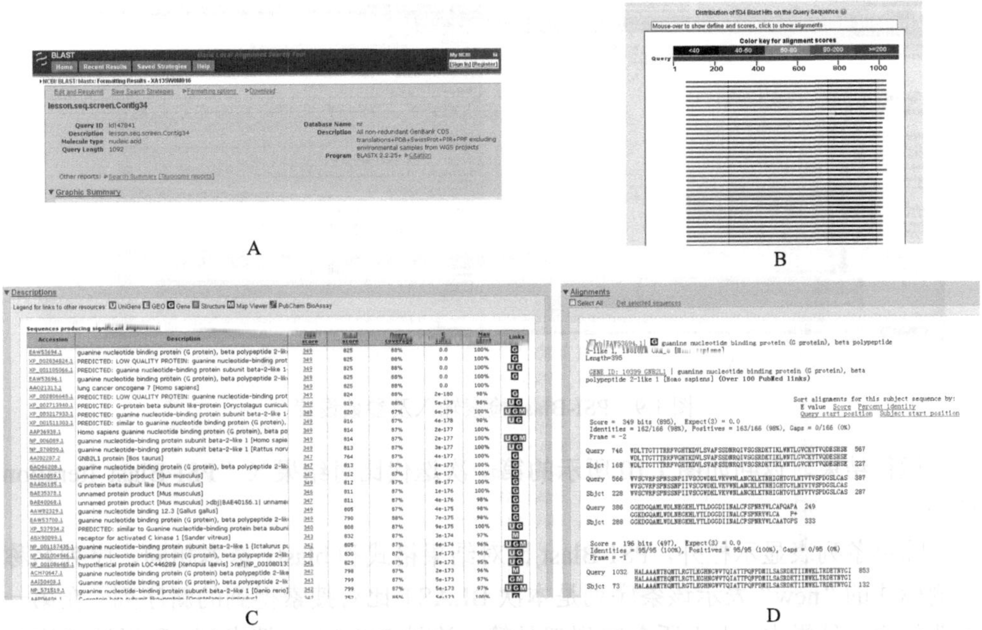

图 1.8　blastx 的输出结果（见文后彩图）

A. 左边是 BLAST 搜索的任务名称和编号，提交序列名称、类型和长度；右边是搜索数据库名称、描述，以及所用 BLAST 程序版本；B. 展示比对图形，包括匹配的序列数量、相对位置及其记分高低，不同颜色代表不同分值，从左到右依次增加；C. 列表显示匹配序列的数据库号、序列名称、记分（Score）情况及期望值（E value）等；D. 提交序列及其匹配序列两两比对的详细信息，包括记分（Score）、期望值（Expect）、一致性（Identities）、读框（Frame）等

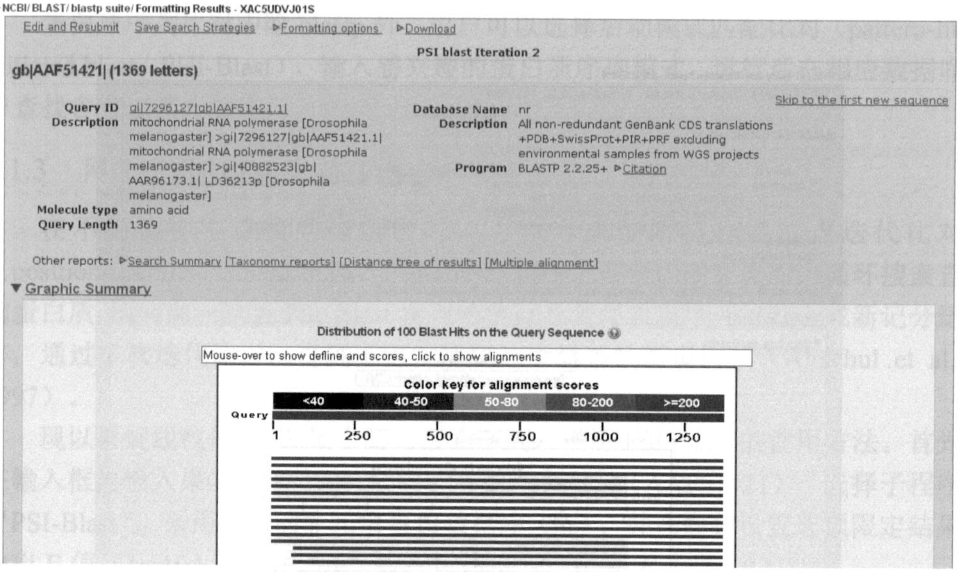

A

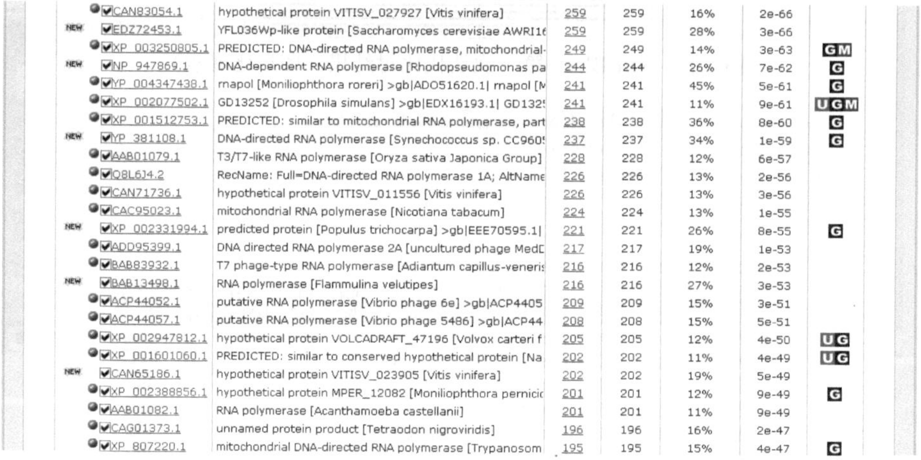

	Accession	Description	Max score	Total score	Query coverage	E value	Links
	CAN83054.1	hypothetical protein VITISV_027927 [Vitis vinifera]	259	259	16%	2e-66	
NEW	EDZ72453.1	YFL036Wp-like protein [Saccharomyces cerevisiae AWRI1€	259	259	28%	3e-66	
	XP_003250805.1	PREDICTED: DNA-directed RNA polymerase, mitochondrial-	249	249	14%	3e-63	GM
NEW	NP_947869.1	DNA-dependent RNA polymerase [Rhodopseudomonas pa	244	244	26%	7e-62	G
	YP_004347438.1	rnapol [Moniliophthora roreri] >gb|ADO51620.1| rnapol [M	241	241	45%	5e-61	G
	XP_002077502.1	GD13252 [Drosophila simulans] >gb|EDX16193.1| GD132	241	241	11%	9e-61	UGM
	XP_001512753.1	PREDICTED: similar to mitochondrial RNA polymerase, part	238	238	36%	8e-60	G
NEW	YP_381108.1	DNA-directed RNA polymerase [Synechococcus sp. CC960	237	237	34%	1e-59	G
	AAB01079.1	T3/T7-like RNA polymerase [Oryza sativa Japonica Group]	228	228	12%	6e-57	
	Q8L6J4.2	RecName: Full=DNA-directed RNA polymerase 1A; AltName	226	226	13%	2e-56	
	CAN71736.1	hypothetical protein VITISV_011556 [Vitis vinifera]	226	226	13%	3e-56	
	CAC95023.1	mitochondrial RNA polymerase [Nicotiana tabacum]	224	224	13%	1e-55	
NEW	XP_002331994.1	predicted protein [Populus trichocarpa] >gb|EEE70595.1|	221	221	26%	8e-55	G
	ADD95399.1	DNA directed RNA polymerase 2A [uncultured phage MedD	217	217	19%	1e-53	
	BAB83932.1	T7 phage-type RNA polymerase [Adiantum capillus-veneris	216	216	12%	2e-53	
NEW	BAB13498.1	RNA polymerase [Flammulina velutipes]	216	216	27%	3e-53	
	ACP44052.1	putative RNA polymerase [Vibrio phage 6e] >gb|ACP4405	209	209	15%	3e-51	
	ACP44057.1	putative RNA polymerase [Vibrio phage 5486] >gb|ACP44	208	208	15%	5e-51	
	XP_002947812.1	hypothetical protein VOLCADRAFT_47196 [Volvox carteri f	205	205	12%	4e-50	UG
	XP_001601060.1	PREDICTED: similar to conserved hypothetical protein [Na	202	202	11%	4e-49	UG
NEW	CAN65186.1	hypothetical protein VITISV_023905 [Vitis vinifera]	202	202	19%	5e-49	
	XP_002388856.1	hypothetical protein MPER_12082 [Moniliophthora pernicic	201	201	12%	9e-49	G
	AAB01082.1	RNA polymerase [Acanthamoeba castellanii]	201	201	11%	9e-49	
	CAG01373.1	unnamed protein product [Tetraodon nigroviridis]	196	196	16%	2e-47	
	XP_807220.1	mitochondrial DNA-directed RNA polymerase [Trypanosom	195	195	15%	4e-47	G

B

图 1.12 PSI-Blast 第二次迭代比对结果及搜索到的新序列

本例中，以果蝇线粒体 RNA 聚合酶为起始搜索序列，应用 PSI-Blast 程序在非冗余蛋白库中搜索，第二次比对结果中又有新的条目出现，显示出 PSI-Blast 程序高敏感性的特点，这将为搜索此酶的直系同源蛋白提供线索。

1.1.4 特殊的 BLAST

NCBI 还扩充了一些程序，如用引物比对（Primer-BLAST）工具做特异性引物设计、分析 PCR 引物；从 trace archives 数据库搜寻通过凝胶/毛细血管测序的数据；发现保守结构域（conserved domains，cds）；发现含保守结构域结构（conserved domain architecture，cdart）的序列；搜索基因表达谱（GEO）序列；做免疫球蛋白比对（IgBLAST）；寻找单核苷酸多态性位点（SNP flanks）；筛选载体污染序列（vecscreen）；做序列两两比对（bl2seq，参见本章 1.1.5 节）；用 PubChem Bioassay 搜索蛋白质或核酸靶标；搜索 SRA 转录物与基因组文库（Transcript and Genomic Libraries）；多序列比对工具（Multiple Alignment Tool）；全局序列比对工具（Global Sequence Alignment Tool）；搜索参考基因（RefSeqGene）及根据物种搜索全基因组鸟枪法序列（WGS sequences）等（图 1.13）。

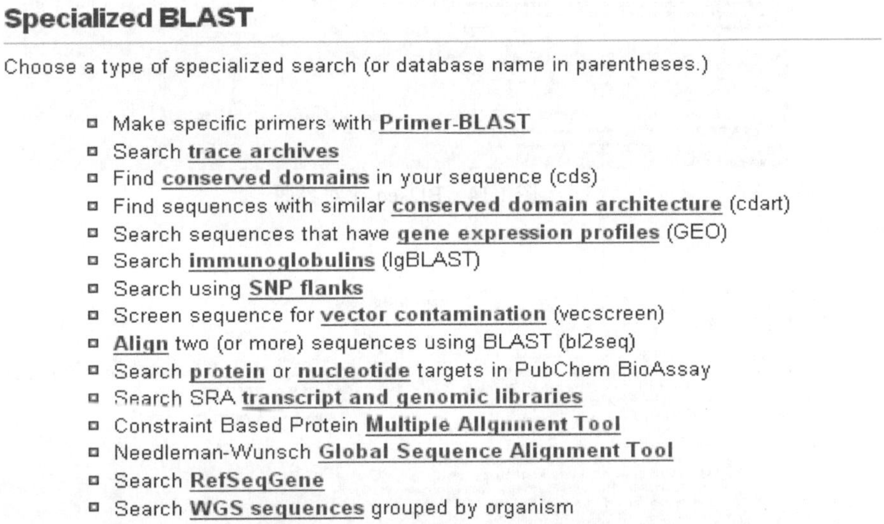

图 1.13　特殊的 BLAST 程序

1.1.5　网上 Bl2seq 比对

Bl2seq 比对通常用于做两条序列的比对。例如，将小鼠和小龙虾的胰蛋白酶序列（P07146 和 P00765）分别输入查询（Query）和目标（Subject）序列框中，然后运行 Blast（图 1.14），比对结果中目标序列线呈粉红色，记分为 80~200，（图 1.15）。发现了 3 对极为保守的二硫键（C—C）结构域；还查明在两条序列中间行表示氨基酸残基一致性（identity）的为 105 个，占 45%；正向（positives）的位点有 142 个（完全相同和+号表示的位点），占总数的 61%；空位（Gaps）数 18 个，占总数的 8%，空位用横线暗示在进化过程中发生了氨基酸残基插入或丢失（图 1.16）。这些信息对于判断该蛋白质的生物学功能和研究物种的进化具有参考价值。

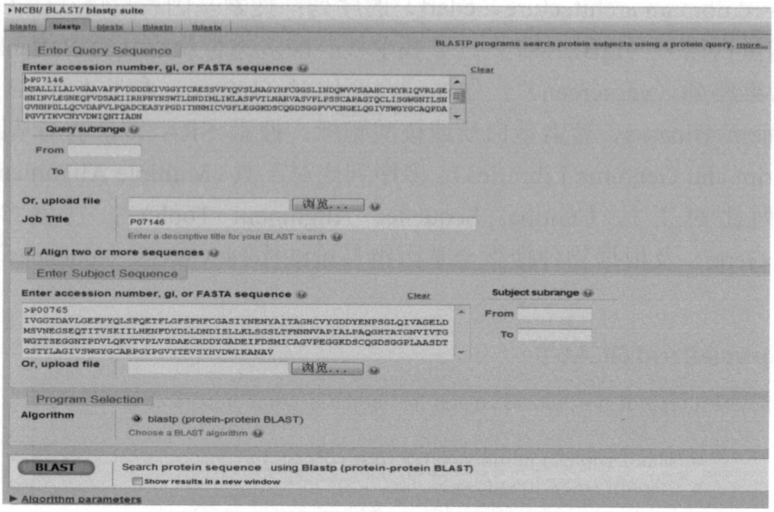

图 1.14　Bl2seq 比对界面

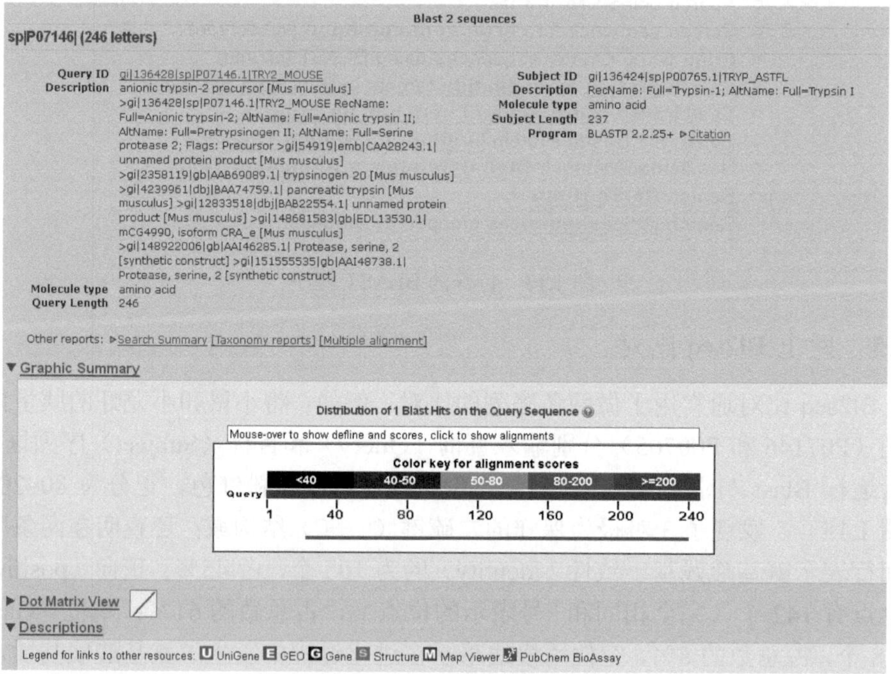

图 1.15　Bl2seq 比对图示

```
>sp|P00765.1|TRYP_ASTFL  RecName: Full=Trypsin-1; AltName: Full=Trypsin I
Length=237

 Score =  189 bits (479),  Expect = 5e-53, Method: Compositional matrix adjust.
 Identities = 105/234 (45%), Positives = 142/234 (61%), Gaps = 18/234 (8%)

Query  24   IVGGYTCRESSVPYQVS------LNAGYHFCGGSLINDQWVVSAAHCY---KYR----IQV  71
            IVGG        PYQ+S      L    +HFCG S+ N+ + ++A HC    Y      +Q+
Sbjct  1    IVGGTDAVLGEFPYQLSFQETFLGFSFHFCGASIYNENYAITAGHCVYGDDYENPSGLQI  60

Query  72   RLGEHNINVLEGNEQFVDSAKIIRHPNYNSWTLDNDIMLIKLASPVTLNARVASVPLPSS  131
              GE +++V EG+EQ +   +KII H N++   LDNDI L+KL+  +T N  VA + LP+
Sbjct  61   VAGELDMSVNEGSEQTITVSKIILHENFDYDLLDNDISLLKLSGSLTFNNNVAPIALPAQ  120

Query  132  CAPAGTQCLISGWGNTLSNGVNNPDLLQCVDAPVLPQADCEASYPGD-ITNNMICVGFLE  190
              A      +++GWG T S G N PD+LQ V   P++  A+C   Y  D I ++MIC G E
Sbjct  121  GHTATGNVIVTGWGTT-SEGGNTPDVLQKVTVPLVSDAECRDDYGADEIFDSMICAGVPE  179

Query  191  GGKDSCQGDSGGPVVCNGE----LQGIVSWGYGCAQPDAPGVYTKVCNYVDWIQ  240
            GGKDSCQGDSGGP+   +      L GIVSWGYGCA+P  PGVYT+V  +VDWI+
Sbjct  180  GGKDSCQGDSGGPLAASDTGSTYLAGIVSWGYGCARPGYPGVYTEVSYHVDWIK  233
```

图 1.16　Bl2seq 比对相似性

1.2　本地运行 BLAST（Windows 系统）

NCBI 还提供 BLAST 搜索程序和所有 BLAST 序列数据库的下载接口，让用户下载相应软件后在本地系统（Windows 或者 Unix）做 BLAST 搜索，获得相似序列。本地运行 BLAST，尤其适合完成大通量 BLAST 运算。下面将具体介绍本地运行 BLAST 的使用步骤。

1.2.1　BLAST 程序下载

先在 C 盘建立新文件夹“Blast”，然后从 NCBI 网页（ftp://ftp.ncbi.nlm.nih.gov/blast/executables/release/）blast 程序文件夹中，找到目前最新 Windows 版本（2.2.25）“blast-2.2.25-ia32-win32.exe”，点击右键，将程序保存到“C:\Blast”下，如图 1.17 所示。

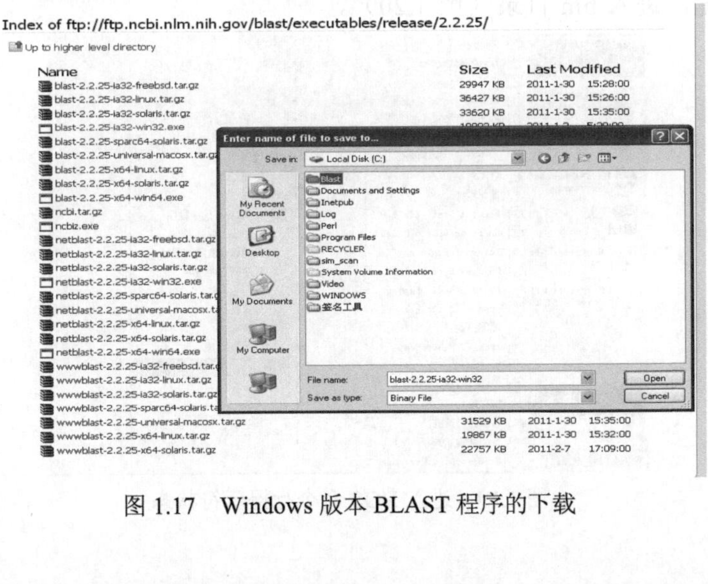

图 1.17　Windows 版本 BLAST 程序的下载

1.2.2 BLAST 程序安装

双击“blast-2.2.25-ia32-win32.exe”安装程序，会产生 3 个新文件夹：bin、data 和 doc（图 1.18）。其中 bin 文件夹含可执行程序， data 文件夹含记分矩阵及演示例子的序列数据信息，doc 文件夹含关于各子程序的说明文档。

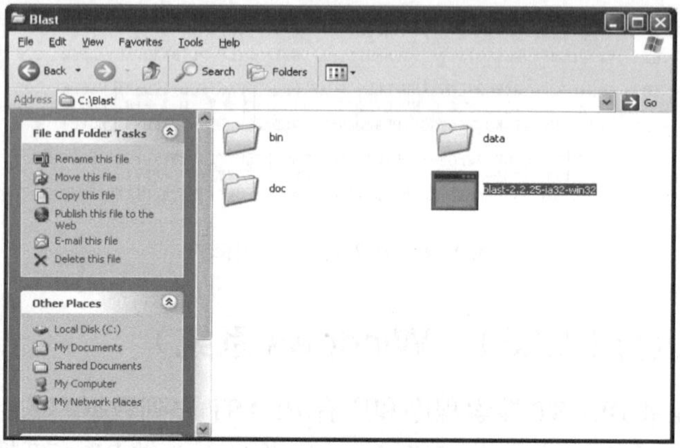

图 1.18　Windows 版本 BLAST 程序的安装

下面举例演示在 Windows 系统中进行 blastx 操作。先在 bin 文件下放入需要比对的两个 fasta 格式名为 db 和 in 的序列文件。

1.2.3 操作步骤

点击“开始”→“所有程序”→“附件”→“命令提示行”， 或者点击“开始” →“运行”，输入“cmd”，回车，进入 DOS 命令行提示符状态（图 1.19）；输入“cd\”并按回车键（“Enter”），回到安装目录 C 盘，输入“cd blast\bin”并按回车键，进入 bin 目录（图 1.20）。

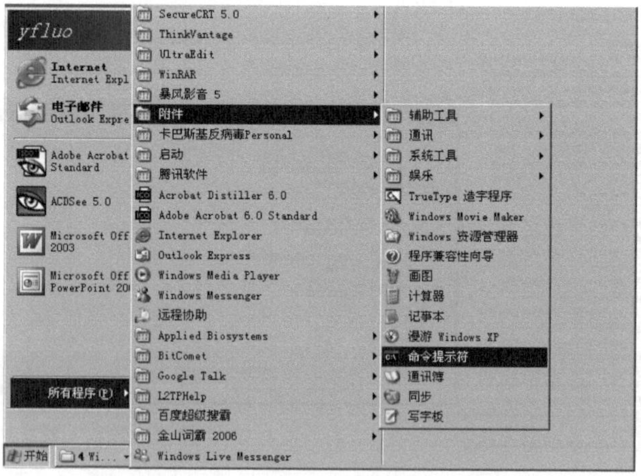

图 1.19　进入 DOS 命令行提示符状态

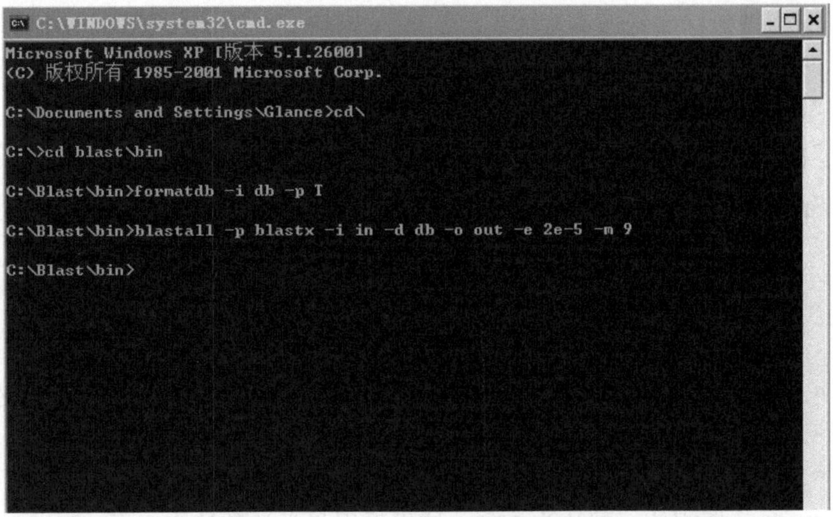
C:\WINDOWS\system32\cmd.exe
Microsoft Windows XP [版本 5.1.2600]
(C) 版权所有 1985-2001 Microsoft Corp.
C:\Documents and Settings\Glance>cd\
C:\>cd blast\bin
C:\Blast\bin>formatdb -i db -p T
C:\Blast\bin>blastall -p blastx -i in -d db -o out -e 2e-5 -m 9
C:\Blast\bin>

图 1.20　本地化 BLAST 搜索操作步骤

1.2.4　搜索数据库的格式化

为便于计算机识别，需把数据库序列信息转化为二进制编码信息。其主命令“formatdb”为：“formatdb [option1] [option2] [option3]”，本例为“formatdb -i db -p T”。通过输入“formatdb”命令可以查看常用的输入参数及其简短说明（图 1.21），例如：

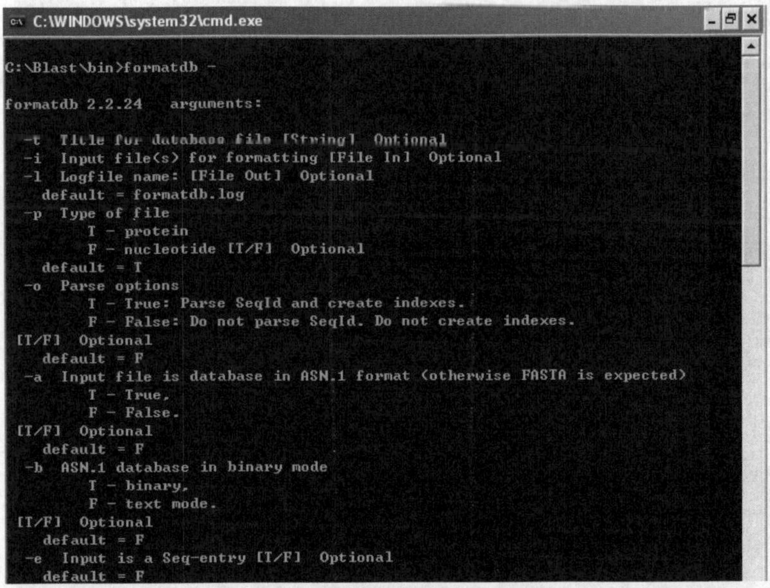
C:\WINDOWS\system32\cmd.exe
C:\Blast\bin>formatdb -
formatdb 2.2.24 arguments:
-t Title for database file [String] Optional
-i Input file(s) for formatting [File In] Optional
-l Logfile name: [File Out] Optional
default = formatdb.log
-p Type of file
T - protein
F - nucleotide [T/F] Optional
default = T
-o Parse options
T - True: Parse SeqId and create indexes.
F - False: Do not parse SeqId. Do not create indexes.
[T/F] Optional
default = F
-a Input file is database in ASN.1 format (otherwise FASTA is expected)
T - True,
F - False.
[T/F] Optional
default = F
-b ASN.1 database in binary mode
T - binary,
F - text mode.
[T/F] Optional
default = F
-e Input is a Seq-entry [T/F] Optional
default = F

图 1.21　命令“formatdb”参数

“t”　数据库标题名称；
“i”　待格式化的文件名称；
“l”　长文件名称，默认为 formatdb.log；
“p”　序列类型：“T”为蛋白质序列（默认），“F”为核苷酸序列。

1.2.5 BLAST 搜索程序运行

BLAST 搜索程序主命令为：“blastall [option1] [option2] [option3]……”，本例为“blastall -p blastx -i in -d db -o out-e 2e-5-m 9”。该命令的参数注释如下（图 1.22）：

“-p”　搜索子程序名称，根据数据库及搜索文件序列性质进行选择；
“-d”　格式化的数据库名称，默认为 nr；
“-i”　搜索文件名称，默认需要键盘输入；
“-e”　期望值，默认为 10.0，这里采用科学计数法来表示，2e-5；
“-m”　比对结果显示选项：0~9，其中 9 表示用带注释行的表格显示（tabular with comment lines）；
“-o”　BLAST 结果文件名称，默认输出到屏幕；
“-F”　过滤查询序列，blastn 用 DUST 算法，其他程序用 SEG 算法，默认为 T，即默认低复杂性序列不参与显著性统计。

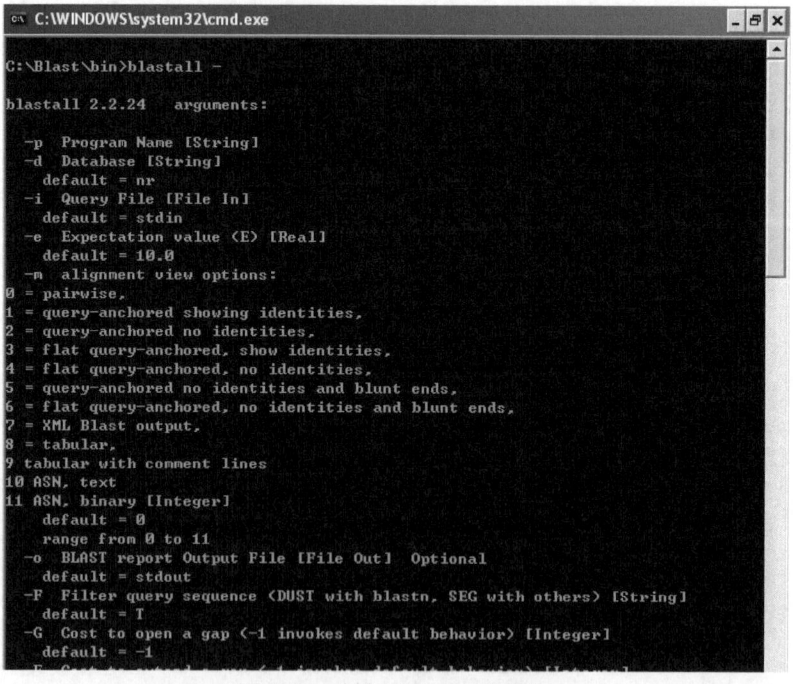
C:\WINDOWS\system32\cmd.exe
C:\Blast\bin>blastall -
blastall 2.2.24 arguments:
-p Program Name [String]
-d Database [String]
default = nr
-i Query File [File In]
default = stdin
-e Expectation value (E) [Real]
default = 10.0
-m alignment view options:
0 = pairwise,
1 = query-anchored showing identities,
2 = query-anchored no identities,
3 = flat query-anchored, show identities,
4 = flat query-anchored, no identities,
5 = query-anchored no identities and blunt ends,
6 = flat query-anchored, no identities and blunt ends,
7 = XML Blast output,
8 = tabular,
9 tabular with comment lines
10 ASN, text
11 ASN, binary [Integer]
default = 0
range from 0 to 11
-o BLAST report Output File [File Out] Optional
default = stdout
-F Filter query sequence (DUST with blastn, SEG with others) [String]
default = T
-G Cost to open a gap (-1 invokes default behavior) [Integer]
default = -1

图 1.22　命令“blastall”参数

1.2.6　查看 BLAST 搜索结果

运行图 1.20 命令，在 bin 文件夹下就可获得结果文本文件 out，此类文件可用记事本等软件打开，查看比对结果（图 1.23）。

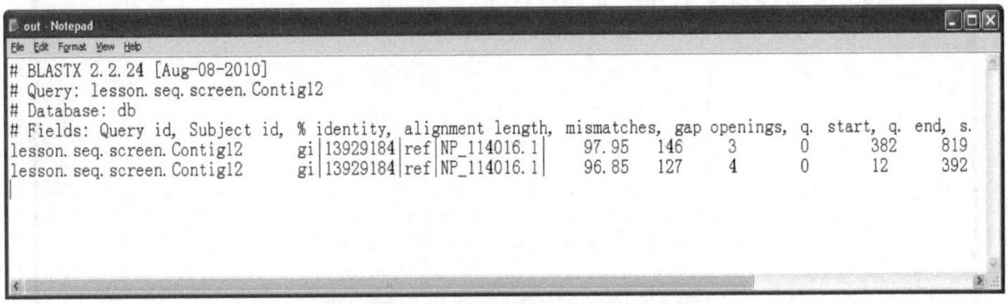

图 1.23　本地化运行 blastx 结果

1.3　多序列比对（ClustalX）

多序列比对（multiple sequence alignment）是核酸与蛋白质序列分析的基本方法之一。通过多序列比对，可以发现序列中特征性保守区段，显示序列间的相似性，预测序列的二级结构与三级结构，对蛋白质分类、分子进化分析具有重要指导意义。

Clustal 是基于“渐进式比对”（progressive alignment）算法的多序列比对工具。其运算过程，首先是对 N 条序列进行两两比对、计算其序列间距离，得到 $N\times N$ 的距离矩阵；然后根据距离矩阵，用邻接法构建出系统发育树来指导多序列比对。

1.3.1　ClustalX 的使用

Clustal 主要有 ClustalW 和 ClustalX 版本，能在包括 Windows 及 Linux 多个操作系统下运行（Thompson et al.，1994；1997）。ClustalW 网上运行服务（http://www.ebi.ac.uk/Tools/msa/clustalw2/）由欧洲生物信息学中心（EBI）提供。这里简介 ClustalX 版本，它具有窗口式界面，因而使用较为方便(Larkin et al.，2007)。

用户可以通过 EBI 网址（ftp://ftp.ebi.ac.uk/pub/software/clustalw2）下载最新版 ClustalX2 软件安装程序（clustalx-2.1-win.msi）至本地新建文件夹（C:\zcni\shiyan1\ClustalX2），然后在 ClustalX2 目录下放入待分析的 fasta 格式序列文件。我们将以 17-RNASE1.fasta 为例加以说明。

双击 clustalx.exe，显示主窗口，界面上方从左到右列出文件（File）、编辑（Edit）、比对（Alignment）、系统进化树（Trees）、颜色（Colors）、质量（Quality）和帮助（Help）。还提供两个选择方式（Mode），分别是“多序列比对方式”（Multiple Alignment Mode）和“序列谱比对方式”（Profile Alignment Mode）（图 1.24）。

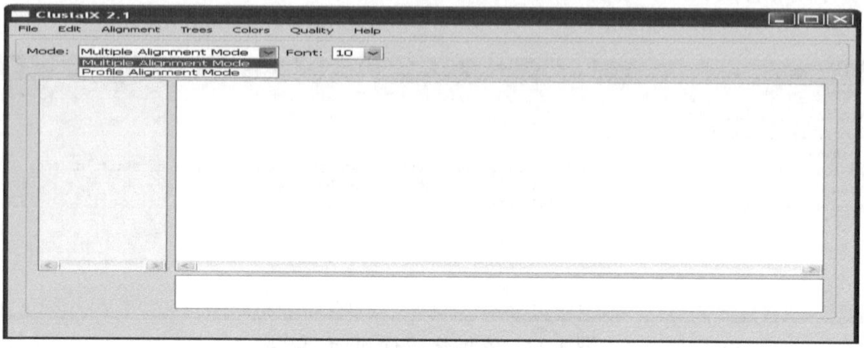

图 1.24　ClustalX 主窗口界面

1.3.2　数据的输入

从“File”点击导入序列（Load Sequences）（图 1.25），选择本地保存序列文件 17-RNASE1.fasta（图 1.26），打开文件后，左窗口显示 17 条序列的名称，右窗口为对应的序列信息（图 1.27），下面的窗口反映序列每个位置的相似程度。“ruler”标度序列位置；若要增添序列，可点击“Append Sequence”；将输入序列转换格式再保存使用“Save Sequences as”；为便于后续图片编辑，将 CluastlX 显示屏中的比对结果改写为“Postscript”格式，以“.ps”文件保存，则使用“Write Alignment as Postscript”。

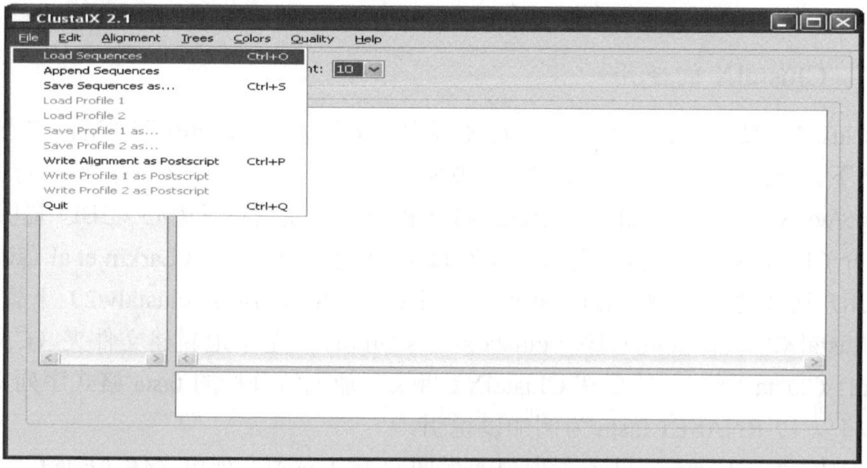

图 1.25　“File”子选项列表

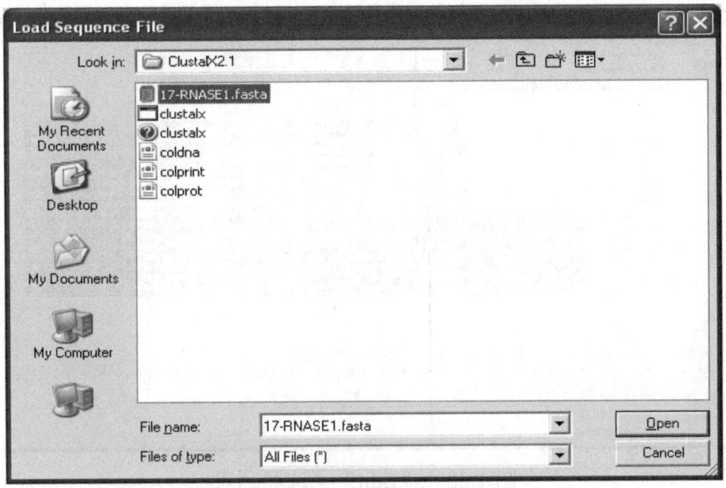

图 1.26　序列输入

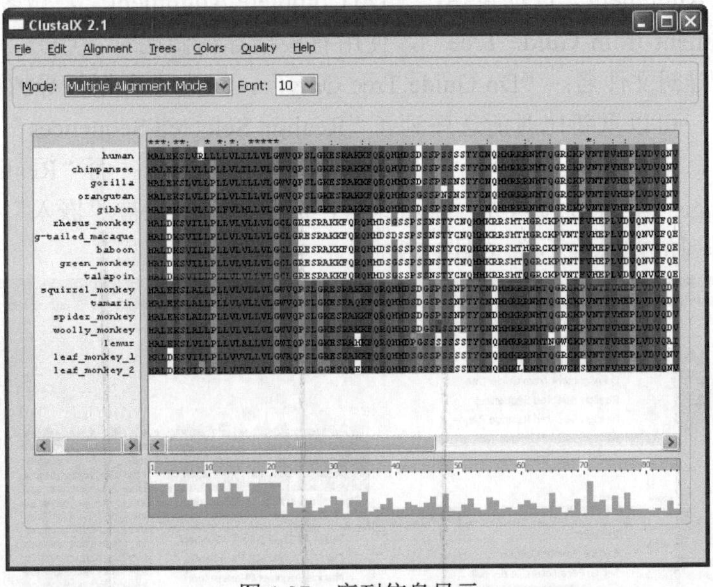

图 1.27　序列信息显示

在“Edit”中，ClustalX 提供“行选择”和“列选择”两种方式。行选择是针对序列，可点击序列名称选择一条序列，或按住“Shift”键，同时选择多条序列；列选择则能实现特定区域位置的拖曳，如从“1”拖到“10”，表示选中位置 1～10。“Cut Sequences”用来剪取序列，将它与粘贴序列（Paste Sequences）组合可实现序列的重排；“Select All Sequences”用来选择所有序列；“Clear Sequence Selection”用来取消行选择；“Clear Range Selection”用来取消列选择（图 1.28）。

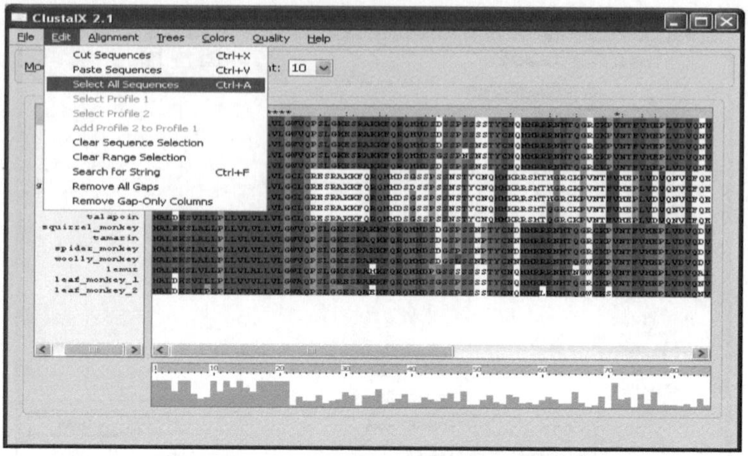

图 1.28 “Edit”子选项列表

比对（Alignment）选项包括：“Do Complete Alignment”，做多序列比对；“Do Alignment from Guide Tree”，使用有根指导树做比对，点击后程序将提示输入有根指导树文件名；“Do Guide Tree Only”，只产生有根指导树；当比对结果不理想时，可以重新比对所选序列（“Realign Selected Sequences”），即调整“行选择”。重新比对后序列行排列次序会发生相应改变；而“Realign Selected Residue Range”是对所选列进行重新比对，产生的新结果被“嵌入”到原位置，序列行的排列位置保持不变（图 1.29）。

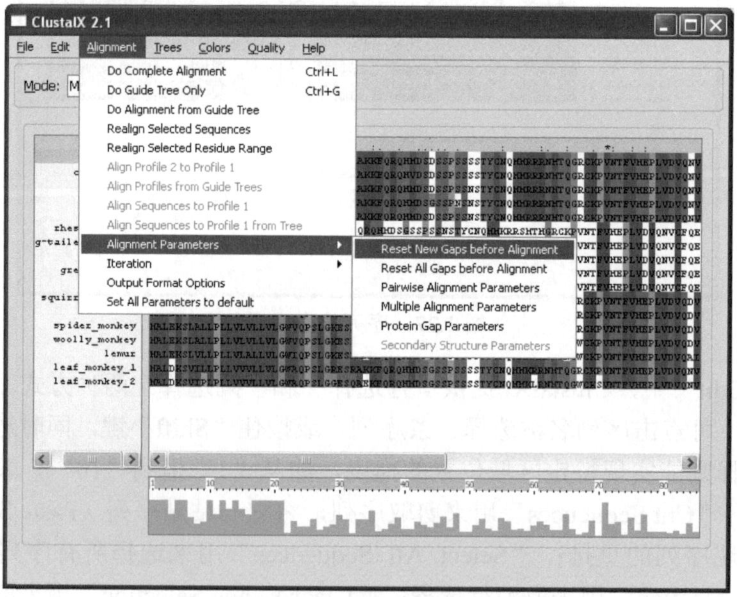

图 1.29 “Alignment”子选项列表

比对参数（Parameters）也包含多个子选项。例如，在比对前重新设置空位（Reset New Gaps before Alignment），或在比对前重新设置所有空位（Reset All Gaps before Alignment）。比对速度主要取决于两两比对（Pairwise Alignment）算法，为控制起始比对的速度和敏感度，可以调整其参数（图 1.30A）；默认方式为慢而准确（slow-accurate），它基于动态规划算法（dynamic programming）；当序列条数超过 100 条且序列长度大于 1000 字母时，则宜采用基于 K 串法的快速近似方式（fast-approximate）。

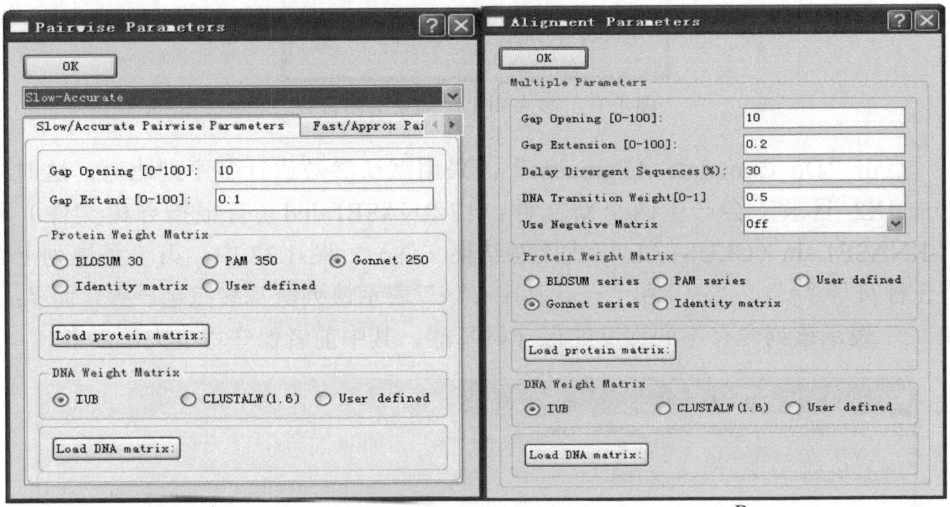

A　　B

图 1.30　两两比对参数（A）和多序列比对参数（B）设置

比对敏感度可用空位开放（Gap Opening）和空位延伸（Gap Extension）两个参数表示。默认蛋白质权重矩阵和 DNA 权重矩阵分别为 Gonnt 250 及 IUB，两者都可根据需要上传新矩阵。使用多序列比对参数（Multiple Alignment Parameters）（图 1.30B）来调整 DNA 转换权重（DNA Transition Weight），其变化范围为 0～1，0 表示碱基不匹配，1 表示碱基完全匹配，默认值为 0.5。另外，可以使物种推迟序列分歧（Delay Divergent Sequences）的时间，默认值为 30%。

1.3.3　数据的输出

输出格式选项（Output Format Options）中（图 1.31）默认为 CLUSTAL 格式；绘制系统发生树，通常选择 PHYLIP 格式；“Out order”设置比对结果中各条序列出现的次序，默认“Aligned”表示序列次序按照比对结果确定，即亲缘关系由近到远排列，也可选择“Input”按照输入次序排列。

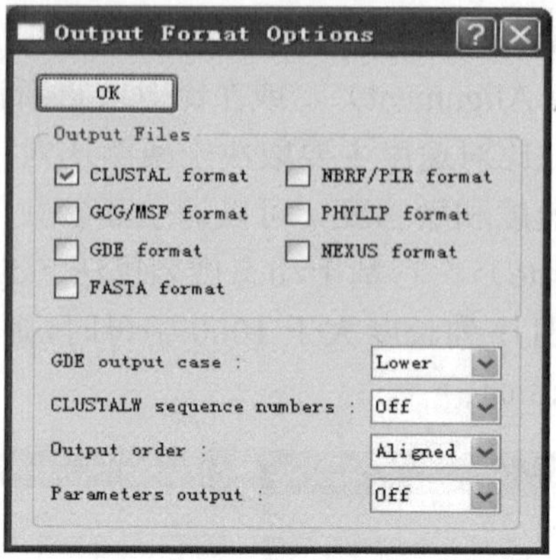

图 1.31　多序列比对结果输出设置

点击“Do Complete Alignment”，采用默认参数进行多序列比对，这时在 ClustalX2 目录下会产生两个新文件：17-RNASE1.dnd（有根指导树文件）和 17-RNASE1.aln（CLUSTAL 格式比对结果文件）。图 1.32 中，第 1 条序列上方有 3 种符号“*”、“：”和“.”，其中 “*”表示该列氨基酸完全一致，而“：”和“.”表示该列含有不同程度的保守氨基酸，其中前者保守程度大于后者。

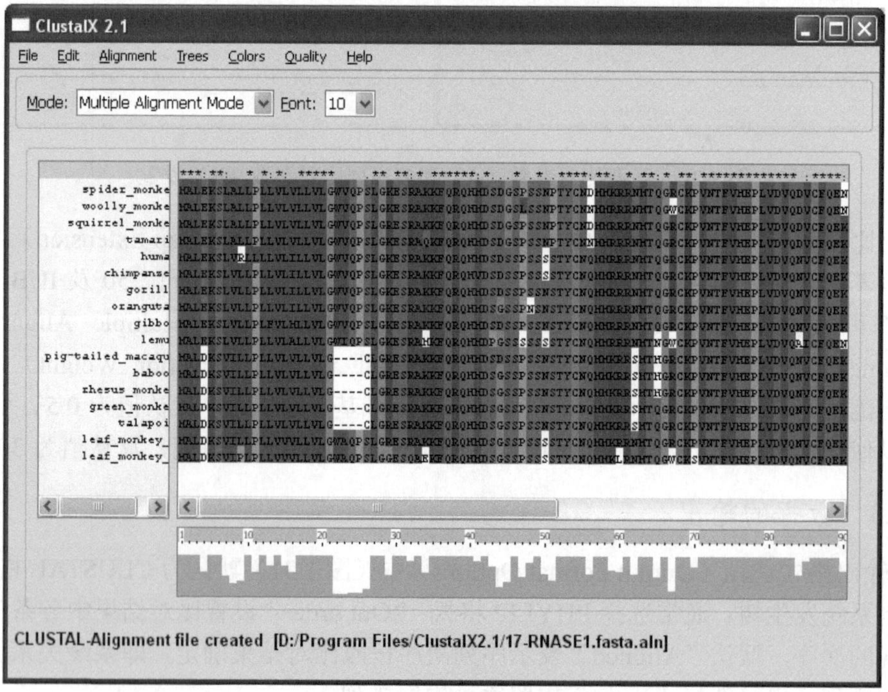

图 1.32　多序列比对结果

“Colors”为颜色设置选项（图 1.33），默认“Background Coloring”，即彩色背景黑色字符；否则为白色背景彩色字符。“Black and White”表示全部字符呈黑色，而背景为白色。“Default Color Options”选项采用内置默认参数文件来定义各字符颜色。若自定义颜色参数文件，可以用“Load Color Parameter File”选项直接载入颜色参数文件。

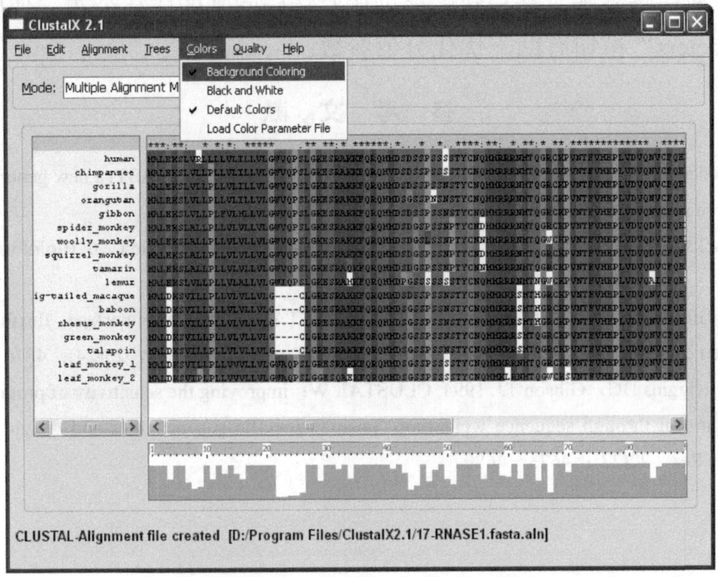

图 1.33　“Colors”子选项列表

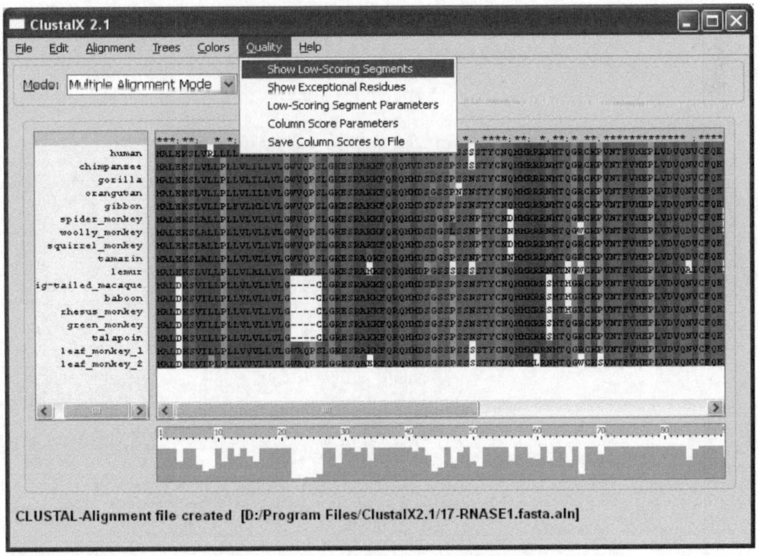

图 1.34　“Quality”子选项列表

“Quality”是指多序列比对质量信息。ClustalX 比对产生的“分值”可以反映序列区段的保守性程度。如图 1.34 下方所示，这些分值以柱形图形式显示，柱越高，分值越大，保守性越强。比对完成后，通过选项“Calculate Low-Scoring Segments”计算出低分值片段，使用“Show Low-Scoring Segments”显示低分值片段，或使用“Show Exceptional Residues”显示特殊残基，一般这些残基呈散在分布。若参数选择不当，会导致多序列比对特殊残基的成簇分布。使用“Quality Score Parameters”按钮有助于优化分值参数。

参 考 文 献

Altschul SF, Madden TL, Schaffer AA, et al. 1997. Gapped BLAST and PSI-BLAST: a new generation of protein database search programs. Nucleic Acids Res，25(17)：3389～3402

Larkin MA, Blackshields G, Brown NP, et al. 2007. Clustal W and Clustal X version 2.0. Bioinformatics, 23(21)：2947～2948

Thompson JD，Gibson TJ，Plewniak F，et al. 1997. The CLUSTAL_X windows interface：flexible strategies for multiple sequence alignment aided by quality analysis tools. Nucleic Acids Res，25(24)：4876～4882

Thompson JD，Higgins DG，Gibson TJ. 1994. CLUSTAL W：improving the sensitivity of progressive multiple sequence alignment through sequence weighting，position-specific gap penalties and weight matrix choice. Nucleic Acids Res，22(22)：4673～4680

第 2 章　真核生物基因结构的预测

冯晔　蒋华蔚　韩序　蒋琰　薛庆中

和原核生物相比，真核生物不仅在细胞结构上存在明显差异，并且在基因结构上也更为复杂。模式生物全基因组测序计划的完成，使得基因结构和功能的预测成为可能。本章将重点描述真核生物基因可读框、CpG 岛、转录终止信号、启动子、密码子偏好等结构，选择介绍一些常用核苷酸序列分析工具，帮助读者了解基因结构预测的方法。

2.1　基因可读框的识别

可读框（open reading frame，ORF）指的是从 5′ 端翻译起始密码子（ATG）到终止密码子（TAA、TAG 或 TGA）的蛋白质编码碱基序列。真核生物的可读框除外显子外，还含有内含子，其长度变化范围非常大，因此真核生物基因预测远比原核生物困难。

基因预测软件 GENSCAN（http://genes.mit.edu/GENSCAN.html）由斯坦福大学开发（Burge and Karlin，1998），它是针对基因组 DNA 序列预测可读框及基因结构信息的开放式在线资源，尤其适用于脊椎动物、拟南芥和玉米等真核生物。

进入 GENSCAN 页面（图 2.1），选择物种，上传或直接粘贴序列，运行后便可获得提交序列中所包含的基因数目、外显子数目和类型，预测单元的长度、方向、位置及相位、编码区记分值、可信概率、总记分值等预测结果。例如，提交一个人类 cosmid 序列（GenBank 号：AC002390），预测结果表明该克隆存在两个基因，其中第 1 个基因的起始外显子从 624 碱基处开始，到 749 碱基处结束；接着有 9 个中间外显子；终止外显子在 51 875 碱基处结束，其后还有 polyA 信号。在第 2 个基因起始外显子的前端有启动子区域，它始于 59 993 碱基处（图 2.2）。由于提交的序列长度只有 70 403 个碱基，所以这里预测的第 2 个基因的结构并不完整。

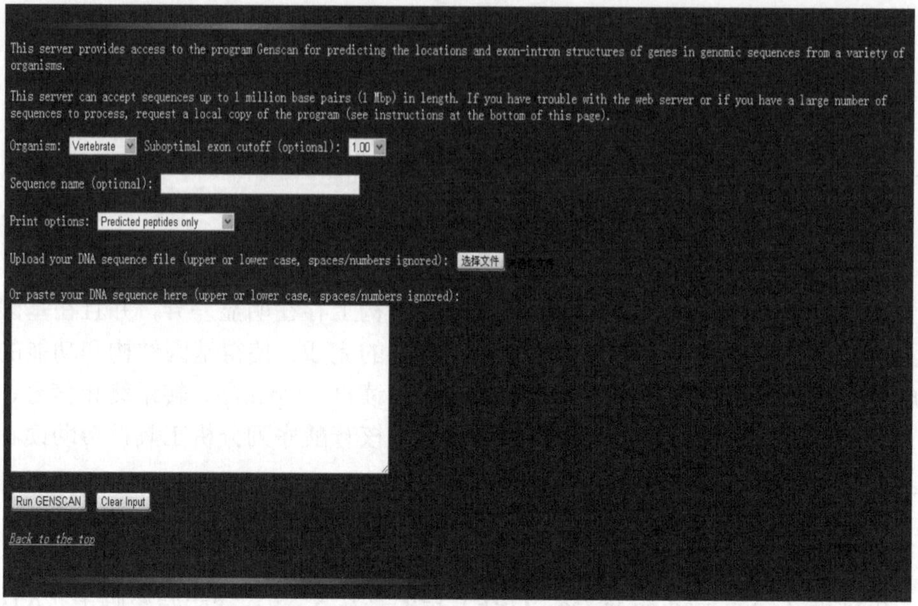
This server provides access to the program Genscan for predicting the locations and exon-intron structures of genes in genomic sequences from a variety of organisms.
This server can accept sequences up to 1 million base pairs (1 Mbp) in length. If you have trouble with the web server or if you have a large number of sequences to process, request a local copy of the program (see instructions at the bottom of this page).
Organism: Vertebrate Suboptimal exon cutoff (optional): 1.00
Sequence name (optional):
Print options: Predicted peptides only
Upload your DNA sequence file (upper or lower case, spaces/numbers ignored): 选择文件
Or paste your DNA sequence here (upper or lower case, spaces/numbers ignored):
Run GENSCAN
Clear Input
Back to the top

图 2.1 GENSCAN 序列提交页面

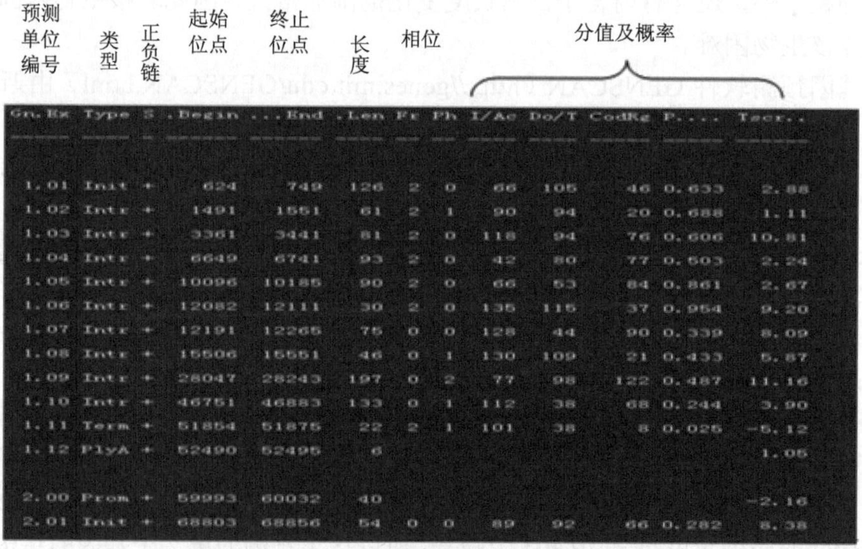
预测单位编号
类型
正负链
起始位点
终止位点
长度
相位
分值及概率

Gn.Ex	Type	S	.Begin	...End	.Len	Fr	Ph	I/Ac	Do/T	CodRg	P....	Tscr..
1.01	Init	+	624	749	126	2	0	66	105	46	0.633	2.88
1.02	Intr	+	1491	1551	61	2	1	90	94	20	0.688	1.11
1.03	Intr	+	3361	3441	81	2	0	118	94	76	0.606	10.81
1.04	Intr	+	6649	6741	93	2	0	42	80	77	0.503	2.24
1.05	Intr	+	10096	10185	90	2	0	66	53	84	0.861	2.67
1.06	Intr	+	12082	12111	30	2	0	135	115	37	0.954	9.20
1.07	Intr	+	12191	12265	75	0	0	128	44	90	0.339	8.09
1.08	Intr	+	15506	15551	46	0	1	130	109	21	0.433	5.87
1.09	Intr	+	28047	28243	197	0	2	77	98	122	0.487	11.16
1.10	Intr	+	46751	46883	133	0	1	112	38	68	0.244	3.90
1.11	Term	+	51854	51875	22	2	1	101	38	8	0.025	-5.12
1.12	PlyA	+	52490	52495	6							1.05
2.00	Prom	+	59993	60032	40							-2.16
2.01	Init	+	68803	68856	54	0	0	89	92	66	0.282	8.38

图 2.2 GENSCAN 运行返回结果示例

2.2 CpG 岛、转录终止信号和启动子区域的预测

2.2.1 CpG 岛的预测

CpG 岛（CpG island）指的是一段 200 bp 或更长的 DNA 序列，G+C 含量较

高，并且 CpG 双核苷酸频率占 G+C 含量的 50%以上，“p”表示磷酸二酯键，它连接“C”和“G”。人类基因的启动子和起始外显子附近存在 CpG 岛的概率达 60%～80%，因此，搜寻 CpG 岛能对基因及其启动子预测提供重要线索。

这里介绍 EMBL-EBIK 中心开发的网上在线工具 CpGPlot(Rice et al., 2000)。进入 CpGPlot 页面（http://www.ebi.ac.uk/emboss/cpgplot/index.html；图 2.3），上传或直接粘贴 AC002390 序列并采用默认参数，完成提交任务。

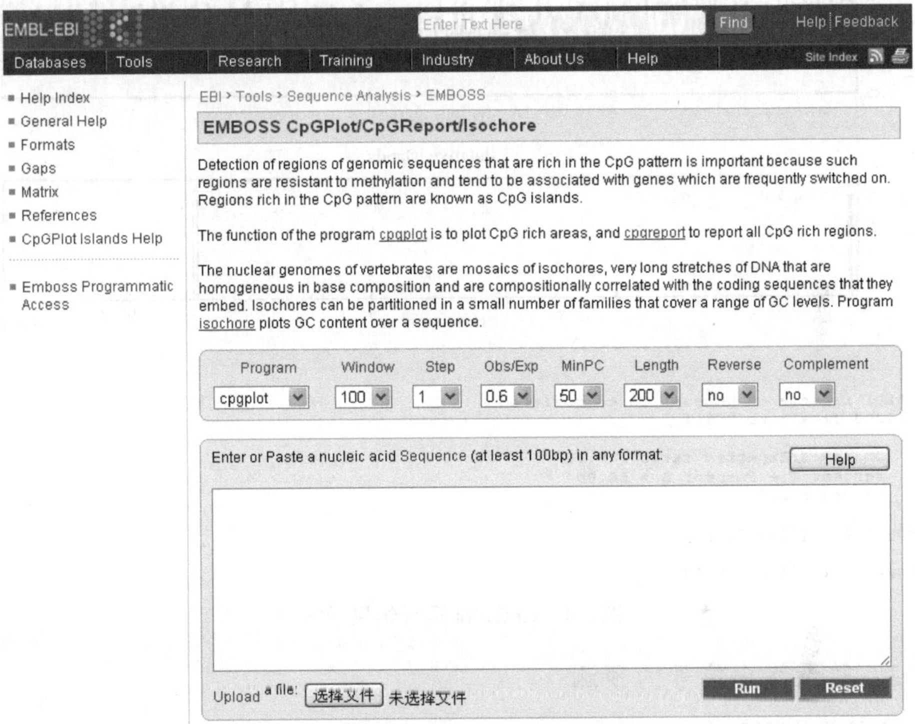
EMBL-EBI
Enter Text Here
Find
Help Feedback
Databases
Tools
Research
Training
Industry
About Us
Help
Site Index
Help Index
General Help
Formats
Gaps
Matrix
References
CpGPlot Islands Help
Emboss Programmatic Access
EBI > Tools > Sequence Analysis > EMBOSS
EMBOSS CpGPlot/CpGReport/Isochore
Detection of regions of genomic sequences that are rich in the CpG pattern is important because such regions are resistant to methylation and tend to be associated with genes which are frequently switched on. Regions rich in the CpG pattern are known as CpG islands.
The function of the program cpgplot is to plot CpG rich areas, and cpgreport to report all CpG rich regions.
The nuclear genomes of vertebrates are mosaics of isochores, very long stretches of DNA that are homogeneous in base composition and are compositionally correlated with the coding sequences that they embed. Isochores can be partitioned in a small number of families that cover a range of GC levels. Program isochore plots GC content over a sequence.
Program
Window
Step
Obs/Exp
MinPC
Length
Reverse
Complement
cpgplot
100
1
0.6
50
200
no
no
Enter or Paste a nucleic acid Sequence (at least 100bp) in any format:
Help
Upload a file:
选择文件
未选择文件
Run
Reset

图 2.3 CpGPlot 序列提交页面

运行（Run）后，CpGPlot 以 PNG 格式返回以下 3 个图示结果（图 2.4）：①序列每个位置 G+C 含量的观察值/期望值（Obs/Exp）的比值；②序列每个位置的 G+C 含量；③预测 CpG 岛（出现频率高于阈值）的位置。同时从 CpGPlot output 输出文本，可知提交序列 AC002390 全长为 70 311bp，每个位置 G+C 含量的 Obs/Exp>0.60，（G+C）%>50.0%；两个 CpG 岛长度（227bp，312bp）及其起始终止位置（501bp～727bp，54 380bp～54 691bp）。参照 GENSCAN 的预测结果发现，前一个 CpG 岛位置正好对应基因起始外显子区域，而后一个 CpG 岛出现在启动子区域上游 2kb 左右，并没有基因对应关系，暗示 GENSCAN 对基因位置的预测可能有误，尚需补充其他分析的证据。

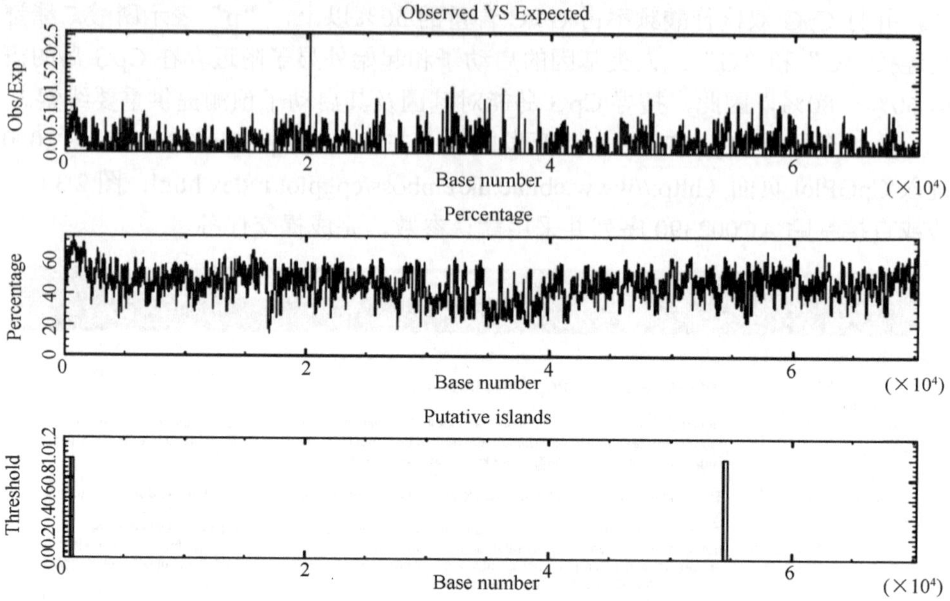


```
CPGPLOT islands of unusual CG composition
AC002390 from 1 to 70311

     Observed/Expected ratio > 0.60
     Percent C + Percent G > 50.00
     Length > 200

 Length 227 (501..727)

 Length 312 (54380..54691)
```

图 2.4　CpGPlot 运行结果示例

2.2.2　转录终止信号的预测

真核生物编码基因末端通常有一段特定序列具有转录终止功能，称为终止子（terminator）。它在 mRNA 序列的 3′ 端终止密码子下游位置上有加尾信号（tailing signal），其主要标志为 AATAAA 序列，称为多聚腺苷酸信号（polyadenylation signal），简称 polyA 信号。基因终止位点的预测正是利用此特点。

这里介绍在线工具 POLYAH（网址 http://linux1.softberry.com/berry.phtml?topic=polyah&group=programs&subgroup=promoter；图 2.5），它可以识别 3′ 端剪切和 polyA 区域。用 Fasta 格式上传 AC002390 序列文件或直接粘贴序列传交（PROCESS）后，网页返回结果为：从该序列预测到 50 个 polyA 位点，并列出其潜在的位置（Pos.）和权重（LDF）（图 2.6）。例如，在 52 398 碱基处有 polyA 信号，权重为 2.54，这与前述 GENSCAN 的预测结果一致。但是，真核生物基因组序列本身存在大量的重复序列，当以 polyA 位点预测基因终止信号位点时会出现较多的假阳性。

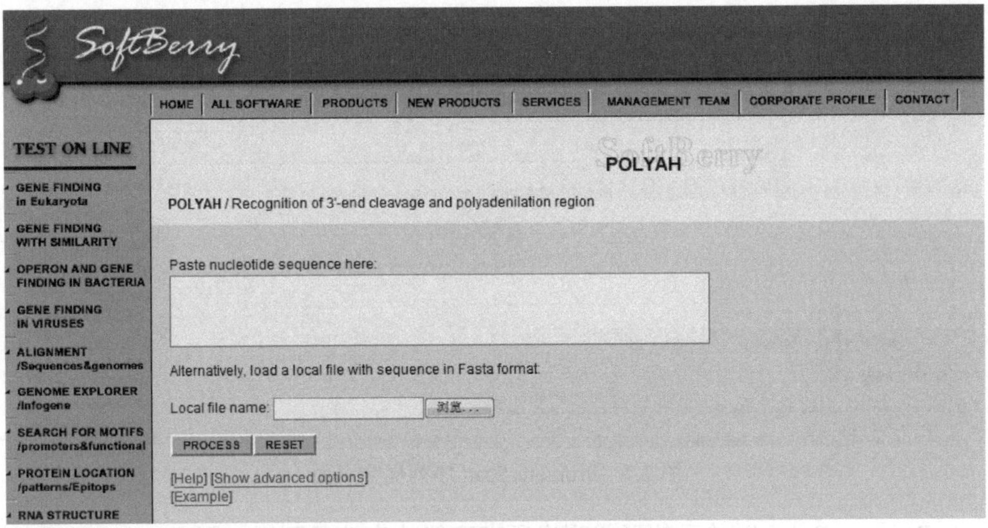

图 2.5　POLYAH 提交序列页面

```
>gi|2282011|gb|AC002390.1|AC002390 Human DNA from overlappin
 Length of sequence-     70311
   50 potential polyA sites were predicted
 Pos.:     122 LDF-  3.38
 Pos.:    5057 LDF-  6.18
 Pos.:    6060 LDF-  3.62
 Pos.:    6064 LDF-  4.24
 Pos.:    6076 LDF-  6.17
 Pos.:    7837 LDF-  3.85
...
...
...
 Pos.:   50627 LDF-  4.15
 Pos.:   50635 LDF-  2.84
 Pos.:   52398 LDF-  2.54
 Pos.:   56541 LDF-  5.73
 Pos.:   56546 LDF-  5.64
 Pos.:   56551 LDF-  2.71
 Pos.:   56556 LDF-  2.71
 Pos.:   56561 LDF-  3.66
...
...
```

图 2.6　POLYAH 运行返回结果示例

2.2.3　启动子区域的预测

启动子是一段位于结构基因 5′ 端上游区的 DNA 序列，能活化 RNA 聚合酶，并与模板 DNA 准确地结合引导转录的起始。启动子决定了 DNA 转录的方向、速度和准确性。这里以 AC002390 序列为例，介绍使用 PromoterScan 工具（http://www-bimas.cit.nih.gov/molbio/proscan/；Prestridge，1995）来预测启动子区域的方法。进入 PromoterScan 页面（图 2.7），粘贴序列后不需要设置任何参数。

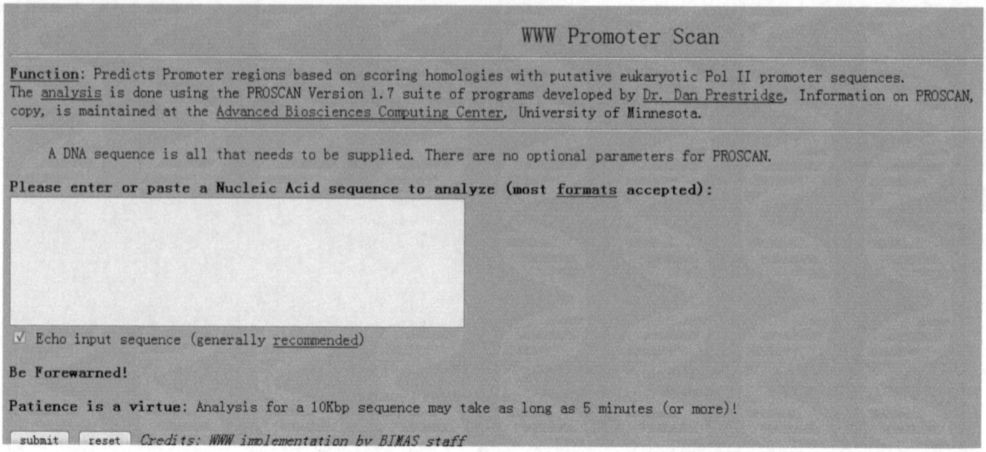
WWW Promoter Scan
Function: Predicts Promoter regions based on scoring homologies with putative eukaryotic Pol II promoter sequences.
The analysis is done using the PROSCAN Version 1.7 suite of programs developed by Dr. Dan Prestridge, Information on PROSCAN, copy, is maintained at the Advanced Biosciences Computing Center, University of Minnesota.
A DNA sequence is all that needs to be supplied. There are no optional parameters for PROSCAN.
Please enter or paste a Nucleic Acid sequence to analyze (most formats accepted):
Echo input sequence (generally recommended)
Be Forewarned!
Patience is a virtue: Analysis for a 10Kbp sequence may take as long as 5 minutes (or more)!
submit
reset
Credits: WWW implementation by BIMAS staff

图 2.7 PromoterScan 序列提交页面

PromoterScan 以单元的形式列出所有可能的启动子区域（图 2.8），给出转录因子名称、Ghosh TFD 数据库的 ID 号，以及序列中所处的正负链、位置及权重值。如果在该启动子区域中发现 TATA 框，将可预测到转录起始位点（transcription start site，TSS）。值得注意的是，转录因子长度较短，无论同源匹配还是模式识别，其假阳性比例都会很高，因此，启动子区域识别最好基于外显子/内含子及 CpG 岛预测的结果做综合判断。

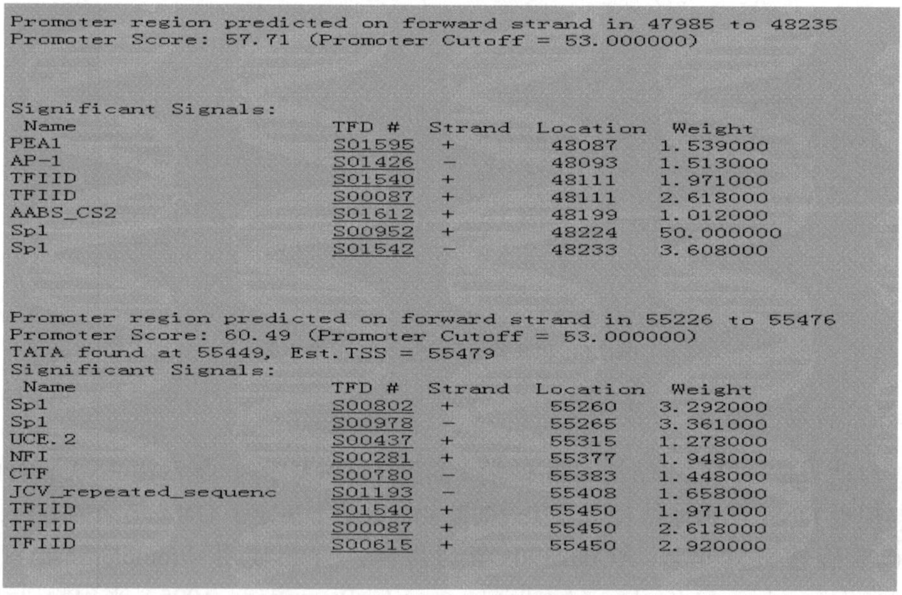
```
Promoter region predicted on forward strand in 47985 to 48235
Promoter Score: 57.71 (Promoter Cutoff = 53.000000)

Significant Signals:
 Name                      TFD #    Strand   Location   Weight
PEA1                       S01595   +         48087     1.539000
AP-1                       S01426   -         48093     1.513000
TFIID                      S01540   +         48111     1.971000
TFIID                      S00087   +         48111     2.618000
AABS_CS2                   S01612   +         48199     1.012000
Sp1                        S00952   +         48224     50.000000
Sp1                        S01542   -         48233     3.608000

Promoter region predicted on forward strand in 55226 to 55476
Promoter Score: 60.49 (Promoter Cutoff = 53.000000)
TATA found at 55449, Est.TSS = 55479
Significant Signals:
 Name                      TFD #    Strand   Location   Weight
Sp1                        S00802   +         55260     3.292000
Sp1                        S00978   -         55265     3.361000
UCE.2                      S00437   +         55315     1.278000
NFI                        S00281   +         55377     1.948000
CTF                        S00780   -         55383     1.448000
JCV_repeated_sequenc       S01193   -         55408     1.658000
TFIID                      S01540   +         55450     1.971000
TFIID                      S00087   +         55450     2.618000
TFIID                      S00615   +         55450     2.920000
```

图 2.8 PromoterScan 运行结果示例

2.3　基因密码子偏好性计算：CodonW 的使用

生物体对氨基酸同义密码子的编码广泛存在偏好性。这一特性会对基因表达和物种进化产生重要影响，因而受到关注。计算密码子偏好性有很多软件，如 CUSP、SYCO、CHIPS 等，但都必须在 Unix/Linux 平台上运行，唯有 CodonW 能在 Windows 平台运行，相关软件可从 http://codonw.sourceforge.net/下载，解压后使用。但此工具没有开发图形化用户界面（graphical user interface, GUI），程序只能以 DOS 命令行方式运行。CodonW 是一个密码子使用分析软件包，不受序列数目和长度限制，并可计算以下密码子使用指标：密码子适应指数（codon adaptation index，CAI），最优密码子使用频率（frequency of optimal codons，Fop），有效密码子数（effective number of codons，ENC），密码子偏性指数（codon bias index，CBI），计算氨基酸指数（calculates amino acid index），氨基酸亲水性平均记分（GRAVY score，average hydropathy score），芳香度（aromaticity），密码子使用对应分析（correspondence analysis of codon usage），相对同义密码子使用（relative synonymous codon usage，RSCU），氨基酸使用（amino acid usage），基因长度（gene length），GC 含量（GC content），密码子特异性位置 G+C（codon position specific G+C），二核苷酸组成（dinucleotide composition）。

现有 CodonW（http://mobyle.pasteur.fr/cgi-bin/portal.py? form=codonw#forms::codonw）在线版（图 2.9）可供初学者学习使用，通常适合原核生物。

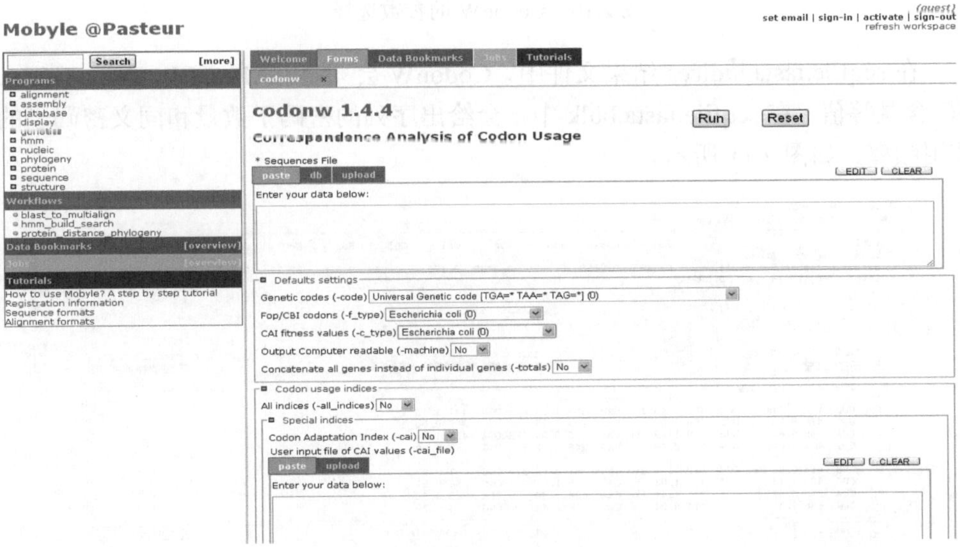

图 2.9　CodonW 的 Web 页面

在 Sequence File（Sequence）下面的文本框中粘贴（Paste）或从数据库（DB）或通过文件（File）输入查询序列，输入的序列必须是编码序列（coding sequence，CDS）。默认设置（Defaults settings）栏包括遗传密码（Genetic codes），这里设定物种的密码子表。CodonW 可以计算编码基因的适应指数（CAI）、密码子偏爱指数（CBI）、最优密码子使用频率（Fop），这些指标具有物种特异性，不同物种的计算参数不一致。对于 Fop 及 CBI，CodonW 提供了 8 种原核生物供选择，而 CAI 仅提供 3 种。如果需要计算的物种在这里没有选项，就需要手动计算相应物种的 CAI、CBI 及 Fop 值，并将计算得到的值粘贴在对应的文本框中。

如欲计算序列密码子的下列指标：有效密码子数（effective number of codons，ENC）、GC 含量（GC content of gene，-gc）、GC3s 含量（GC of silent 3rd codon posit.，-gc3s）、同义密码子第三位碱基组成（base composition at synonymous third codon positions，-sil_base）、同义密码子数量（number of synonymous codons，-L_sym）、总氨基酸数量（total number of synonymous and non-synonymous codons，-L_aa）（图 2.10），可通过 Yes 或 No 来选择全部或部分指标，点击 RUN 进行运算。随后会出现要求您填入邮箱及验证码的对话框，填写后会得到运算结果。

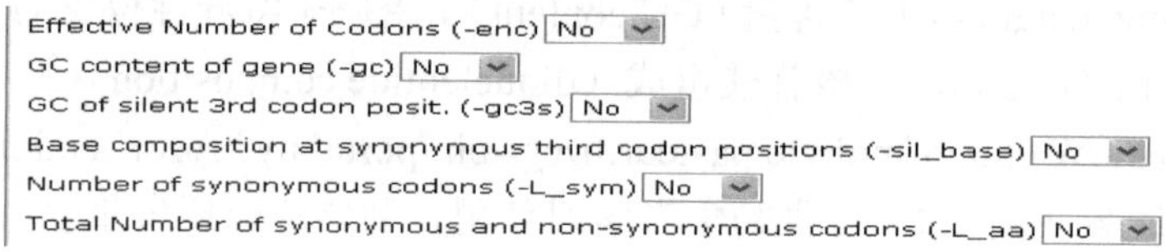

图 2.10 CodonW 的参数选择

在 seqfile.fasta.indices 结果文件中，CodonW 会列出 CAI、CBI、Fop、GC3s、GC 含量等值。在 seqfile.fasta.bulk 中，会给出序列的密码子数量和同义密码子的使用频率，如图 2.11 所示。

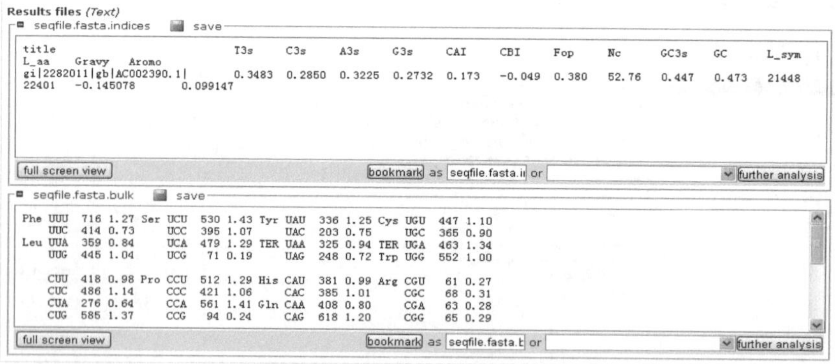

图 2.11 CodonW 返回的结果

2.4　采用 mRNA 序列预测基因：Spidey 的使用

除了前述直接对目标序列进行预测外，还可以从公共数据库获得目的基因对应的 mRNA（或 cDNA）序列，与已知基因组序列做同源比对来预测基因，这样研究者就不需要亲自通过实验获得 mRNA 序列。下面介绍 NCBI 网上在线工具 Spidey（Wheelan et al.，2001）的使用。

首先使用NCBI BLAST服务器将查询的序列AC002390和human RefSeqRNA数据库做序列比对，预测该查询序列转录后可能产生的 mRNA 序列；然后进入 Spidey 网页（http://www.ncbi.nlm.nih.gov/IEB/Research/Ostell/Spidey/；图 2.12），依次贴入查询序列和 mRNA 序列，并对一些参数做选择，本例中，物种选择“vertebrate”。鉴于比对的 mRNA 序列和基因组序列来自不同物种，可以勾选趋异序列“divergent sequences”选项，让软件自动调整比对参数，减少短片段，来改善比对结果；如果内含子长度和末端外显子超过默认值（<35kb 和<100kb）时，可使用大的内含子“Use large intron sizes”。

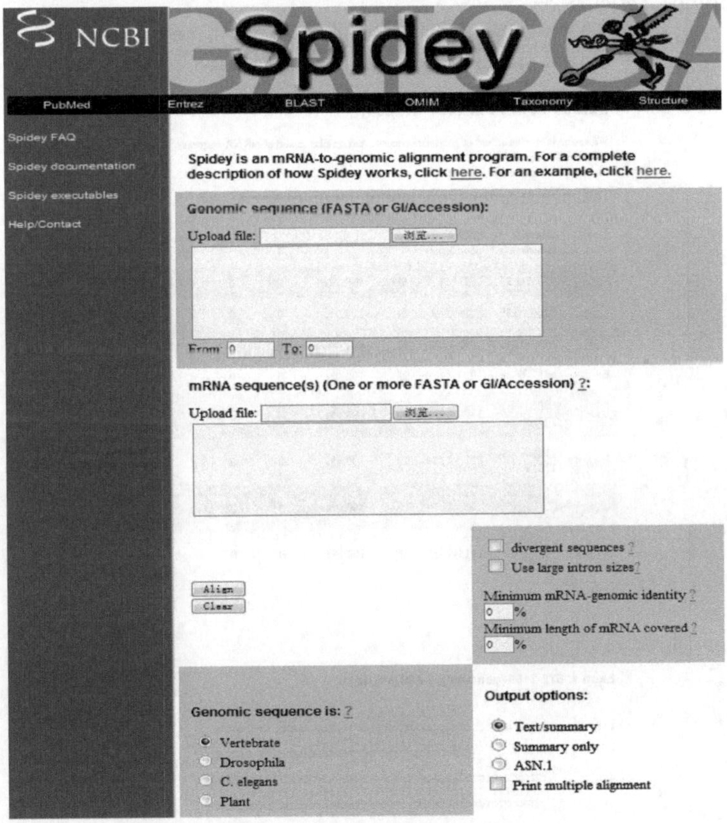

图 2.12　Spidey 序列提交页面

按比对（Align）键后，Spidey 返回结果如图 2.13 所示。第一条线代表基因组序列，以下三条线段代表与基因组序列匹配的 mRNA 序列、外显子数目和位置。

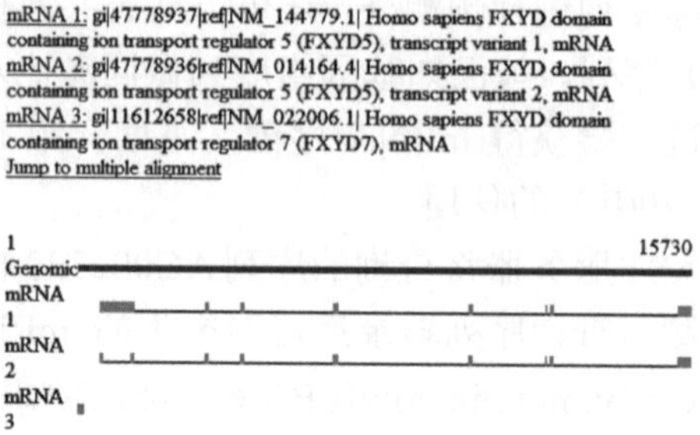

图 2.13 mRNA 外显子相对于基因组序列的位置

图 2.14 显示每条 mRNA 序列的具体比对信息，包括外显子与基因组序列匹配（coordinate）的起始终止位置、mRNA 序列本身匹配的起始终止位置、长度（length）、一致性（identity）、错配（mismatches）、空位（gap）、供体（donor）、受体（accepter）等内容。

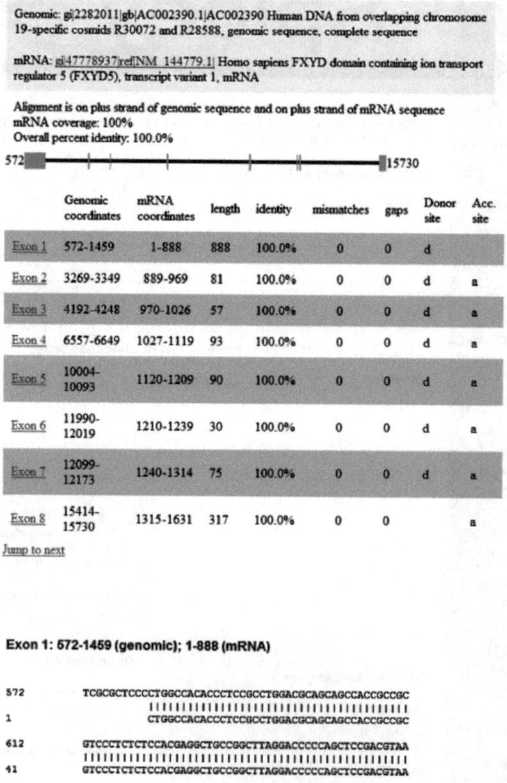

Genomic: gi|2282011|gb|AC002390.1|AC002390 Human DNA from overlapping chromosome 19-specific cosmids R30072 and R28588, genomic sequence, complete sequence

mRNA: gi|47778937|ref|NM_144779.1| Homo sapiens FXYD domain containing ion transport regulator 5 (FXYD5), transcript variant 1, mRNA

Alignment is on plus strand of genomic sequence and on plus strand of mRNA sequence
mRNA coverage: 100%
Overall percent identity: 100.0%

572 15730

	Genomic coordinates	mRNA coordinates	length	identity	mismatches	gaps	Donor site	Acc. site
Exon 1	572-1459	1-888	888	100.0%	0	0	d	
Exon 2	3269-3349	889-969	81	100.0%	0	0	d	a
Exon 3	4192-4248	970-1026	57	100.0%	0	0	d	a
Exon 4	6557-6649	1027-1119	93	100.0%	0	0	d	a
Exon 5	10004-10093	1120-1209	90	100.0%	0	0	d	a
Exon 6	11990-12019	1210-1239	30	100.0%	0	0	d	a
Exon 7	12099-12173	1240-1314	75	100.0%	0	0	d	a
Exon 8	15414-15730	1315-1631	317	100.0%	0	0		a

Jump to next

Exon 1: 572-1459 (genomic); 1-888 (mRNA)

```
572          TCGCGCTCCCCTGGCCACACCCTCCGCCTGGACGCAGCAGCCACCGCCGC
                       ||||||||||||||||||||||||||||||||||||||||
1                      CTGGCCACACCCTCCGCCTGGACGCAGCAGCCACCGCCGC

612          GTCCCTCTCTCCACGAGGCTGCCGGCTTAGGACCCCCAGCTCCGACGTAA
             ||||||||||||||||||||||||||||||||||||||||||||||||||
41           GTCCCTCTCTCCACGAGGCTGCCGGCTTAGGACCCCCAGCTCCGACGTAA
```

图 2.14 mRNA 外显子与基因组序列具体比对情况

图 2.14 中，第 1 和第 2 条 mRNA 序列与基因组序列的比对情况大致相同，仅第 1 个外显子有所区别，可能是它们的 mRNA 序列产生选择性剪切或剪切不完全所致。第 3 条 mRNA 只比对上克隆的最前端一段序列，显然是一条不完整的 mRNA 序列。将 Spidey 结果和 GENSCAN 结果比较，发现 GENSCAN 对位于 4192～4248 碱基的这个外显子不能成功预测，表明 mRNA 序列对基因预测的影响。由此可见，当使用较多 mRNA 序列做 Spidey 比对时，其选择性剪切现象明显。

2.5　ASTD 数据库简介

由 EBI 中心开发的选择性剪切和转录多样性数据库（alternative splicing and transcript diversity，ASTD）能提供选择性剪切事件（alternative splicing event）、转录产物（transcript product）、选择性转录起始位点（TSS）及 polyA 位点等详细信息（Koscielny et al.，2009）。

我们继续以 AC002390 为例。通过对基因预测获得的蛋白质序列做序列比对可以得知该克隆编码一个 *FXYD5* 基因。进入 ASTD 数据库页面（http://www.ebi.ac.uk/astd/main.html；图 2.15），输入基因名 *FXYD5* 即可检索。

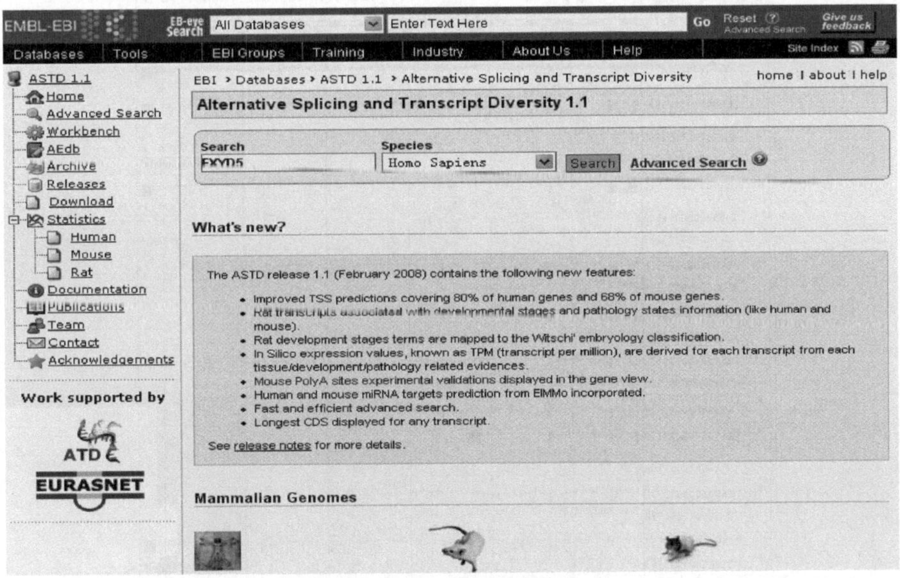

图 2.15　ASTD 数据库页面

ASTD 数据库检索结果见图 2.16～图 2.21。先给出有关 *FXYD5* 基因的基本描述，其中包含 Ensembl Gene 登录号、名称、物种、基因位置、链、特征、解剖学、发育、病理学、GO 编号及输出（图 2.16）。

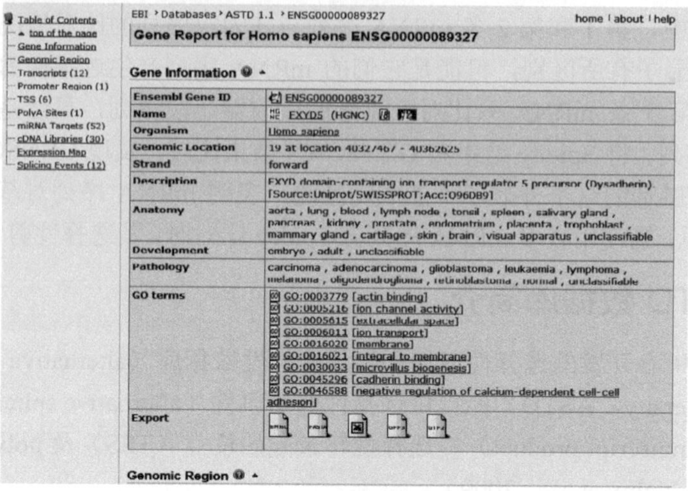

图 2.16　ASTD 数据库检索结果页面 1

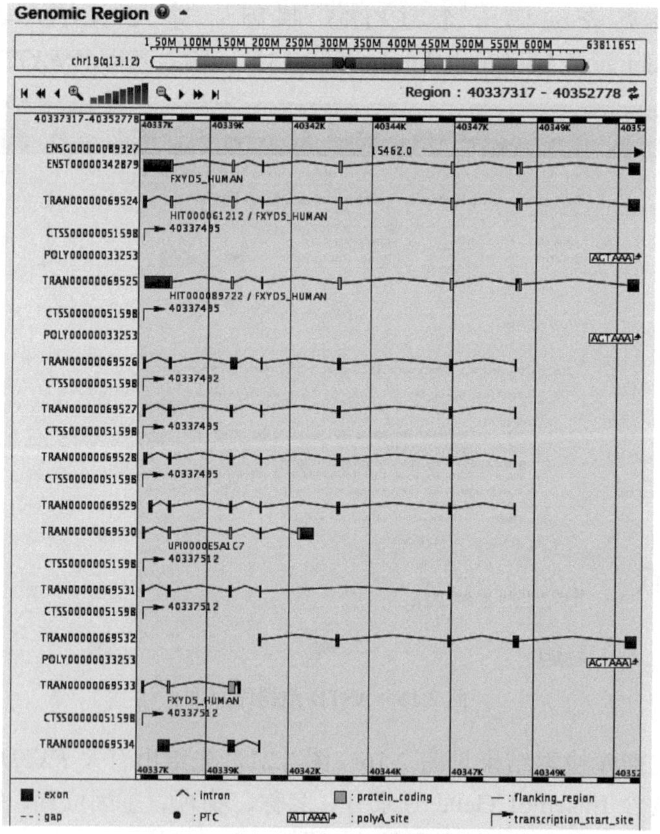

图 2.17　ASTD 数据库检索结果页面 2

图 2.17 前三行显示 Ensembl 数据库记录：基因 *FXYD5* 在染色体上的位置（40 337 317 ～ 40 352 778 bp）、基因长度（15 462 bp）及其转录物（ENST00000342879）剪切信息。以下是 11 条以 TRAN 编号的预测转录物（包括外显子、内含子）、转录起始位点及 polyA 位点。后两者分别用 ↱ 和 ATTAAA 表示。在导航栏上设有放大或缩小键，可对页面大小做相应调整。

图 2.18 列出 11 条转录物的外显子总数、转录起始位点及终止位点，P 表示对应的转录产物。

Transcripts (12)

identifier	database	exons	evidences	start	end	conserved with	translated to
ENST00000342879 P	EnsEMBL homo_sapiens	8	N/A	10001	25159		ENSP00000344254
TRAN00000069524 P	ASTD	9	82	10001	25160		PEPT00000008671
TRAN00000069525 P	ASTD	8	75	10050	25159		PEPT00000008672
TRAN00000069526	ASTD	7	3	10024	21448		
TRAN00000069527	ASTD	7	16	10030	21448		
TRAN00000069528	ASTD	7	16	10046	21448		
TRAN00000069529	ASTD	7	17	10219	21448		
TRAN00000069530 P	ASTD	5	2	10018	15276		PEPT00000031405
TRAN00000069531	ASTD	5	2	10020	19525		
TRAN00000069532	ASTD	5	8	13617	25157		
TRAN00000069533 P	ASTD	4	1	10024	13054		PEPT00000031404
TRAN00000069534	ASTD	3	4	10536	13677		

[View Multiple Alignments of the protein sequences]

[View Multiple Alignments of the CDS sequences]

图 2.18　ASTD 数据库检索结果页面 3

Promoter Region (1)

Type	Locus Start	Locus End	Consensus Sequence
CpG_island	9930	10156	

Transcription Start Sites (6)

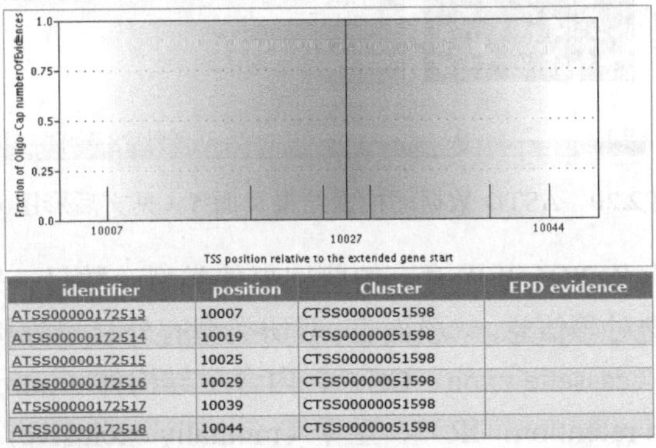

identifier	position	Cluster	EPD evidence
ATSS00000172513	10007	CTSS00000051598	
ATSS00000172514	10019	CTSS00000051598	
ATSS00000172515	10025	CTSS00000051598	
ATSS00000172516	10029	CTSS00000051598	
ATSS00000172517	10039	CTSS00000051598	
ATSS00000172518	10044	CTSS00000051598	

PolyA Sites(1)

Predicted PolyAs

identifier	polyA_site position	polyA_signal_sequence position	altTrans status	altPas status
POLY00000033253	25158	25137	true	true

Experimental Validation

No validation

图 2.19　ASTD 数据库检索结果页面 4

从图 2.19 还可得知启动子区域（这里指 CpG 岛）、转录起始位点（TSS）和 polyA 位点信息。

图 2.20 显示了该基因表达图谱。方块上方横轴表示该基因产生的 11 种转录物代号（它们具有不同形式的选择性剪切产物），左面纵轴表示不同组织或部位的名称，方块内圆点颜色反映不同转录物表达量的高低，浅色表达量高，深色表达量低。方块右边的蓝色横柱表示某组织中所有形式转录物表达量的总和。由图 2.20 可见，在 11 个转录物中，TRAN00000069524 和 TRAN00000069525 这两种剪切形式的转录物表达量明显较高。同时，该基因在各个组织的表达情况也有明显差异，如在扁桃体（tonsil）中表达量最高，为 410；在未分类组织（unclassifiable）和脑（brain）中表达量最低，分别为 7 和 9。

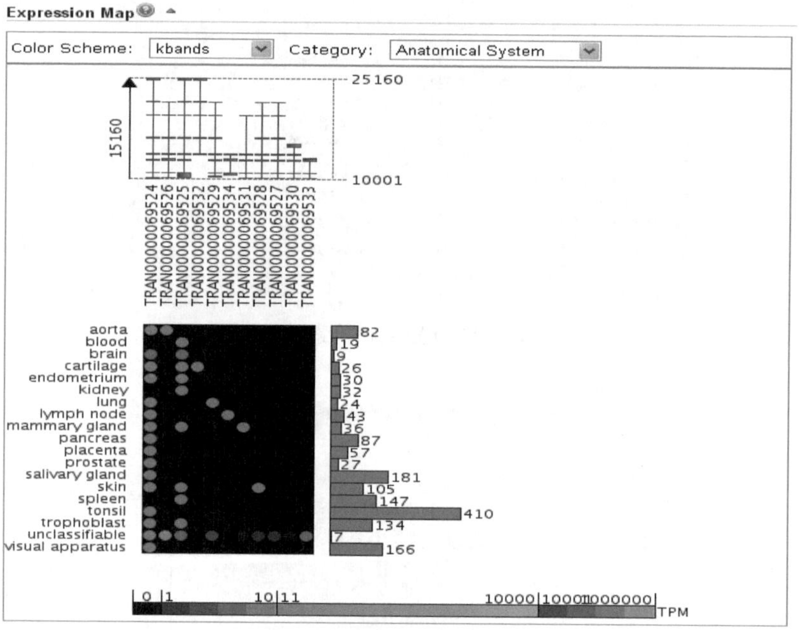

图 2.20　ASTD 数据库检索结果页面 5（见文后彩图）

图 2.21 列出了 *FXYD5* 基因对应的剪切事件类型、数目、发生在基因组区域的相对位置、转录物对等信息。一般而言，剪切类型有外显子异构体（exon isoform，EI）、盒式外显子（cassette exon，CE）、内含子异构体（intron isoform，II）、内含子保留（intron retention，IR）、互斥（mutually exclusive，ME）等；还可细分成 exon isoform 5′（EI-5p）、exon isoform 3′（EI-3p）、simple cassette exon（SCE）、complex cassette exon（CCE）等。

accession	event type	description	genomic region	confirming transcript pairs	conserved with
EVEN00000042287	Exon Isoform (EI)	EI-5P	10087..12697	TRAN00000069526 / TRAN00000069527 TRAN00000069533 / TRAN00000069527 TRAN00000069529 / TRAN00000069527 TRAN00000069530 / TRAN00000069527 TRAN00000069531 / TRAN00000069527 TRAN00000069528 / TRAN00000069527 TRAN00000069524 / TRAN00000069527	
EVEN00000042288	Exon Isoform (EI)	EI-3P	10889..13620	TRAN00000069525 / TRAN00000069526 TRAN00000069529 / TRAN00000069533 TRAN00000069531 / TRAN00000069534 TRAN00000069528 / TRAN00000069526 TRAN00000069524 / TRAN00000069526 TRAN00000069530 / TRAN00000069534 TRAN00000069531 / TRAN00000069526 TRAN00000069525 / TRAN00000069534 TRAN00000069524 / TRAN00000069533 TRAN00000069529 / TRAN00000069534	

图 2.21　ASTD 数据库检索结果页面 6

参　考　文　献

Burge CB，Karlin S. 1998. Finding the genes in genomic DNA. Curr Opin Struct Biol，8：346～354

Koscielny G, Le Texier V, Gopalakrishnan C, et al. 2009. ASTD: The alternative splicing and transcript diversity database. Genomics. 93(3)：213～220

Prestridge DS. 1995. Predicting pol II promoter sequences using transcription factor binding sites. J Mol Biol，249：923～932

Rice P，Longden I，Bleasby A. 2000. EMBOSS：the european molecular biology open software suite. Trends in Genetics，16(6)：276～277

Stamm S，Riethoven JJ，Le Texier V，et al. 2006. ASD：a bioinformatics resource on alternative splicing. Nucleic Acids Research，34：D46～D55

Wheelan SJ，Church DM，Ostell JM. 2001. Spidey：a tool for mRNA-to-genomic alignments. Genome Res，11(11)：1952～1957

第3章 电子克隆

程尹　骆迎峰　薛庆中

电子克隆(in silico cloning)法是近年来基于表达序列标签(expressed sequence tag, EST) 和基因组数据库发展起来的基因克隆技术，运用生物信息学知识和计算机技术对 EST 或基因组数据库进行同源性比较分析，然后拼接出基因的编码序列。该技术具有效率高、成本低、对实验条件要求低等特点。本章主要介绍电子克隆的概念和具体操作方法。

EST 是从 cDNA 文库克隆中随机选出的，序列长度为 200~500bp，因对其两端已进行过测序，通常可用来作为基因的标签，但要获得其全长 cDNA 序列十分困难。同样，采用差异显示 PCR（different display PCR，DD-PCR）、代表性差异分析（representational difference analysis，RDA）等技术可以发现大量具有潜在应用价值的新基因片段，但也难以获得全长 cDNA 序列。因此，需要对数据库中的 EST 序列或者较长 cDNA 序列进行延伸。

3.1 种子序列的搜索

目前生物信息工作者正在尝试采用电子克隆的方法，来获得目标基因部分乃至全长的 cDNA 序列。首先要确定起始的查询探针，可以使用目标物种的 EST 序列，也可选择亲缘关系较近物种的 EST 序列或 cDNA 序列。通过相似性搜索，从公共数据库中获取高度同源的 EST 序列，拼接成重叠群（contig）；再以此重叠群作为种子（seed）序列进行重复搜索，使拼接序列得以延伸，直至获得全长的 cDNA 序列。电子克隆的结果尚需要采用 RT-PCR 扩增并配合 Northern 印迹实验、cDNA 末端快速扩增（rapid amplification of cDNA end，RACE）等分子生物学实验方法加以验证。

这里，我们以拟南芥（*Arabidopsis thaliana*）中的 *AMP1* 基因作为起始序列。*AMP1* 基因负责编码潜在的谷氨酸羧肽酶（glutamate carboxypeptidase），它具有多效性，影响各种不同的表型，如子叶向叶的转换、改变开花时间和光形态及促进细胞分裂素合成（Helliwell et al.，2001）。在模式植物拟南芥中，最近已发现 *AMP1* 基因会影响种子的休眠性（seed dormancy）（Griffiths et al.，2011）及抗旱能力（夏金婵等，2010）。油菜（*Brassica napus*）和拟南芥亲缘关系相近，同属十字花科，它们的序列有较高的相似性，为此，我们设计以下的流程，尝试电

子克隆油菜 *AMP1* 基因。

我们首先在 NCBI（http://www.ncbi.nlm.nih.gov/）基因库中搜索种子序列拟南芥 *AMP1* 的 mRNA（图 3.1），对其在油菜的 EST 数据库（Boguski et al.，1993）进行 blastn 搜索（图 3.2，图 3.3）。

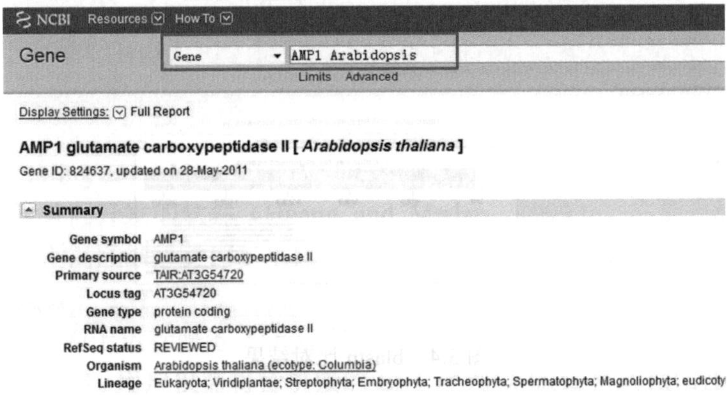

图 3.1 种子序列 EST58 的 blastn 比对

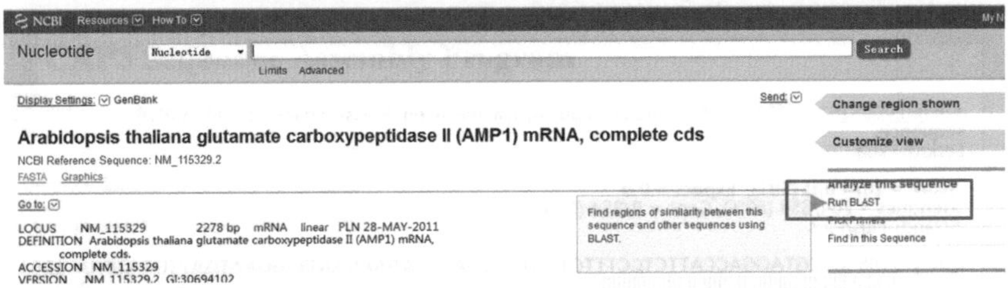

图 3.2 对 *AMP1* 的 mRNA 序列进行 blastn 搜索 1

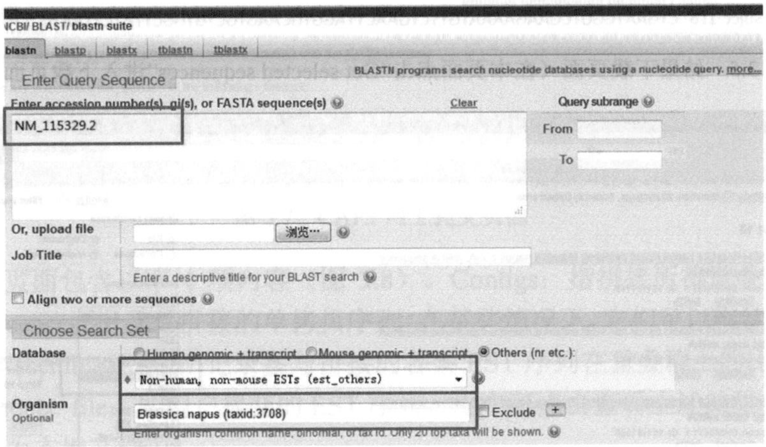

图 3.3 对 *AMP1* 的 mRNA 序列进行 blastn 搜索 2

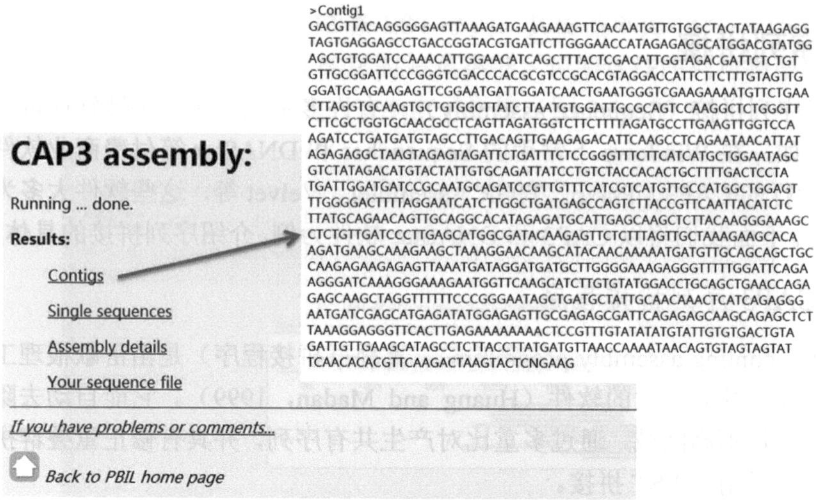

图 3.8 CAP3 结果页面

在 Linux 和 MacOSX 环境下，本地运行的 CAP3 程序可以从 http://seq.cs.iastate.edu/download.html 下载。运行时，用户需对各个拼接参数如错误拼接罚分、最大空位长度、最小覆盖度等做具体设置。更为详细的 CAP3 参考文档可见 http://genome.cs.mtu.edu/sas.html。

如图 3.8 所示，本例拼接得到一条长度为 1292bp 的重叠群。对拼接结果进行 blastx 搜索发现，该重叠群 2~1156 位于拟南芥 AMP1 蛋白，其序列一致性高达 87%，具有显著的同源性。将拼接所得的重叠群作为种子序列，在 EST 数据库中进行多次延长，直到没有新的 EST 序列出现为止。本例中，对重叠群进行再次比对后没有发现新的高相似度 EST 序列。

3.2.2 SeqMan 序列拼接程序

SeqMan 来源于 DNAStar（http://www.dnastar.com/）软件包，即著名的 Lasergene Suite。该软件包由以下 6 个模块组成：序列的格式转换，序列拼接和重叠克隆群的处理，基因寻找，蛋白质结构域的查找，多重序列比较和两两序列比较，以及寡核苷酸设计 （PCR 引物、测序引物、探针）。下面我们仍以拟南芥 *AMP1* 为例，介绍序列拼接的流程。

首先打开 SeqMan 程序，使用 “Add Sequences”按键，选取存有需要进行拼接的序列文件(如图 3.6 中下载所得的.fasta 文件)，打开文件后选择导入所有 fasta 序列(图 3.9)。若用户使用测序结果进行拼接，可使用 SeqMan 自带的“Trim Ends”选项，删除序列末端测序质量差的序列及载体序列。

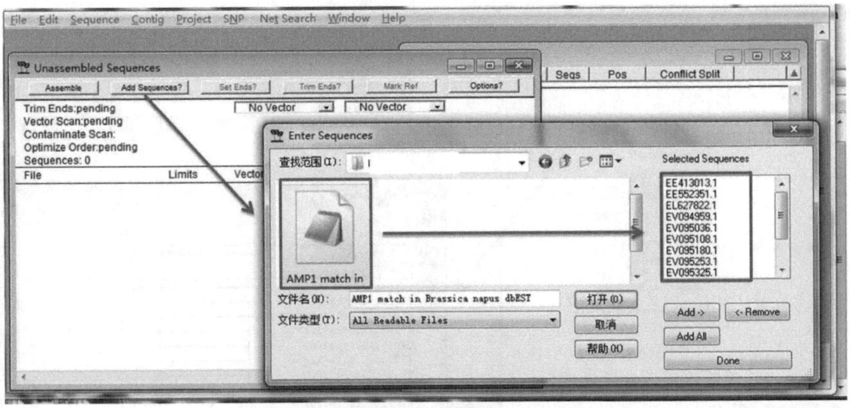

图 3.9　SeqMan 程序主界面

点击“Assemble”进行序列拼接。在新出现窗口处选择拼接好的 Contig1 和 Contig2，其长度分别为 1317 bp 和 1345 bp。“Report”窗口显示具体拼接过程。用户从中可以发现重叠群 1 由 EE413013.1 等 10 条 EST 序列拼接而成，而重叠群 2 仅由 EV167027.1 和 EV167104.1（1>992）2 条 EST 序列拼接而成（图 3.10）。

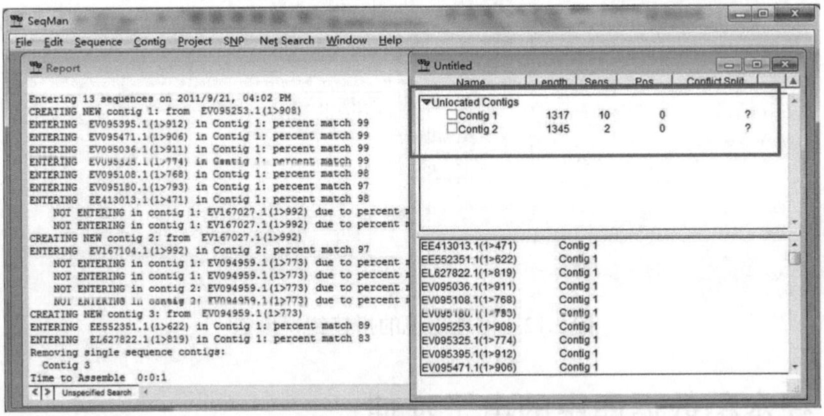

图 3.10　SeqMan 拼接结果

选取一个重叠群后，点击菜单栏“Contig”可查看序列拼接的策略图（Strategy View）（图 3.11）。在菜单栏的“Edit”中点击“Find Conflict”可查找不一致的错误拼接（图 3.12）。当 EST 序列片段太短时，利用默认的参数就不能完成拼接，此时可以尝试修改其他拼接参数，如降低匹配大小（Match size）及匹配百分率最小化（Minimum Match Percentage）等。最后，拼接所得的序列可以通过点击菜单栏“Contig”保存一致序列（Save Consensus）和保存单个文件（Save as single file）。

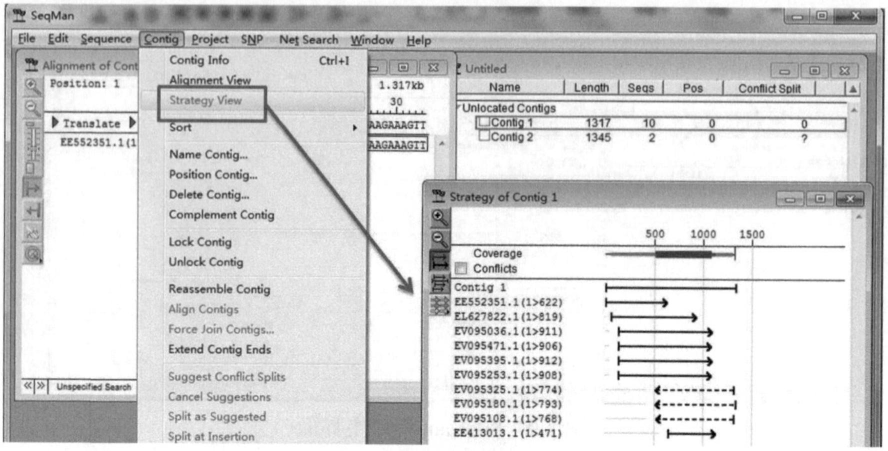

图 3.11　序列拼接宏观图

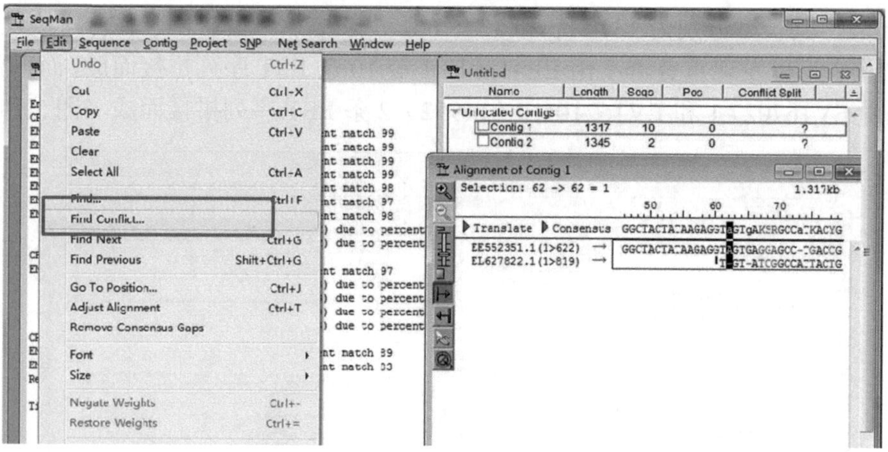

图 3.12　可能出现的拼接错误位点

3.3　在水稻数据库中的电子延伸

电子克隆多数适合于亲缘关系较近的物种，对于亲缘关系较远的物种较为困难。例如，与油菜相比，水稻与拟南芥的亲缘关系较远，核酸序列相似性较低，使用 *AMP1* 的 mRNA 序列做查询，在水稻的 EST 数据库中搜索就不能找到高相似性的比对结果（图 3.13）。我们也尝试使用 tblastn 和 tblastx 子程序进行比对，虽然在水稻 EST 数据库中可以分别找到 87 条和 86 条能够比对上的序列，两次比对的结果重复率很大，但是序列覆盖率和序列相似程度都远不如油菜 EST 数据库中的比对结果，tblastn 的图形化结果如图 3.14 所示。

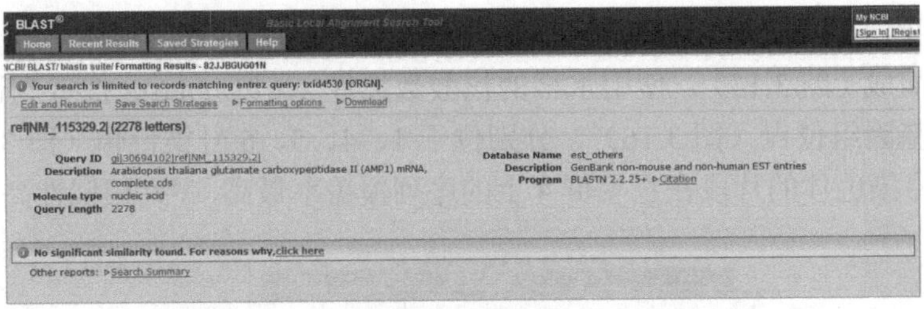

图 3.13 blastn 在水稻 EST 数据库中的搜索结果

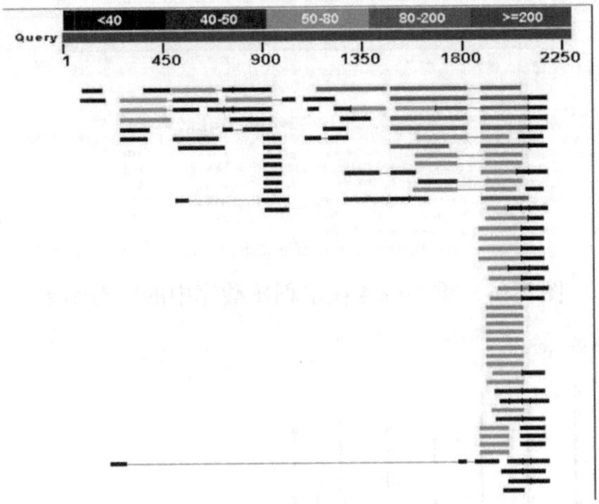

图 3.14 tblastn 在水稻 EST 数据库中的搜索结果

我们将上述所有序列下载提交到 SeqMan 软件进行拼接。拼接结果如图 3.15 所示。在使用默认设置下，对 tblastn 所得的 87 条序列进行拼接后，SeqMan 给出了 30 个长度在 500~2000bp 的重叠群。

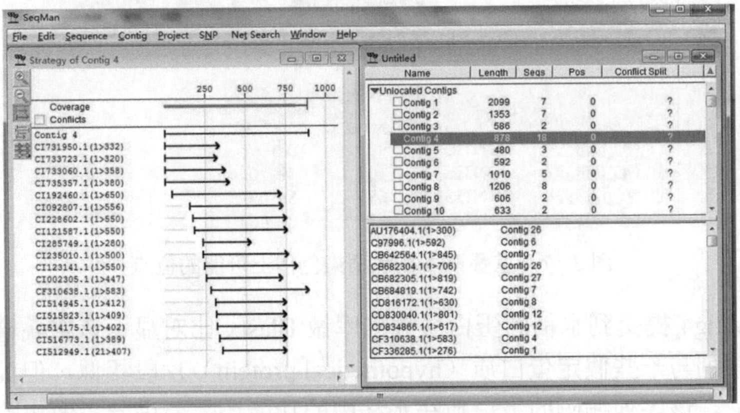

图 3.15 SeqMan 拼接结果

这里我们选择 Contig4 做进一步的序列比对。Cintig4 长 878bp，由 18 条 EST 序列拼接而成（图 3.15）。使用水稻的核酸数据库（nr），blastn 搜索到该 Contig4 处可能的基因组位点（图 3.16），分别位于 1、4、5、6 号染色体（图 3.17）。其中位于 1 号染色体的片段在重叠群 4 上的序列覆盖率最高，序列相似性高达 100%。

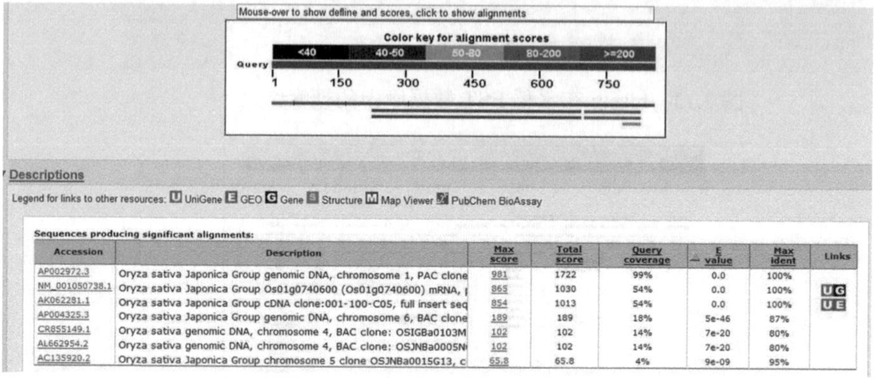

Accession	Description	Max score	Total score	Query coverage	E value	Max ident	Links
AP002972.3	Oryza sativa Japonica Group genomic DNA, chromosome 1, PAC clone	981	1722	99%	0.0	100%	
NM_001050738.1	Oryza sativa Japonica Group Os01g0740600 (Os01g0740600) mRNA, ¦	865	1030	54%	0.0	100%	U G
AK062281.1	Oryza sativa Japonica Group cDNA clone:001-100-C05, full insert seq	854	1013	54%	0.0	100%	U E
AP004325.3	Oryza sativa Japonica Group genomic DNA, chromosome 6, BAC clone	189	189	18%	5e-46	87%	
CR855149.1	Oryza sativa genomic DNA, chromosome 4, BAC clone: OSIGBa0103M	102	102	14%	7e-20	80%	
AL662954.2	Oryza sativa genomic DNA, chromosome 4, BAC clone: OSJNBa0005N	102	102	14%	7e-20	80%	
AC135920.2	Oryza sativa Japonica Group chromosome 5 clone OSJNBa0015G13, c	65.8	65.8	4%	9e-09	95%	

图 3.16　重叠群 4 在水稻核酸库中的比对结果

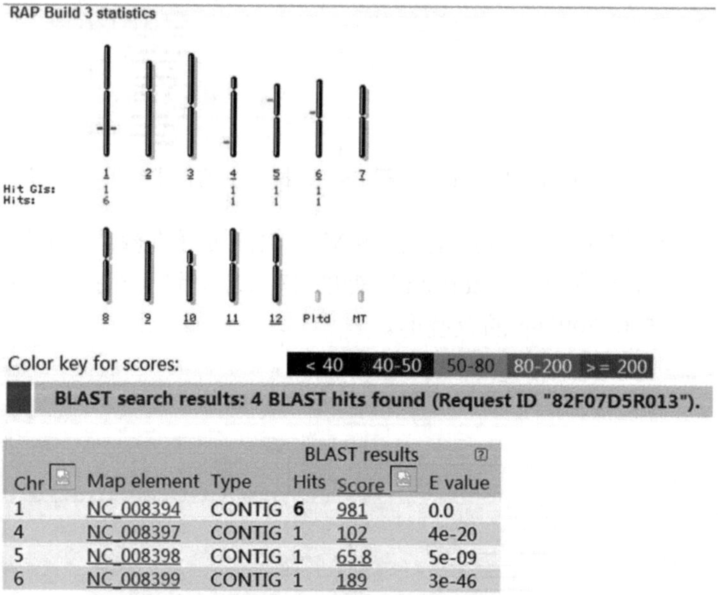

Chr	Map element	Type	Hits	Score	E value
1	NC_008394	CONTIG	6	981	0.0
4	NC_008397	CONTIG	1	102	4e-20
5	NC_008398	CONTIG	1	65.8	5e-09
6	NC_008399	CONTIG	1	189	3e-46

图 3.17　重叠群 4 在水稻染色体上可能的位点

将 Contig4 提交到水稻的蛋白质数据库做 Blastx 比对显示该重叠群翻译所得的蛋白质序列与一些假定蛋白质（hypothetical protein）片段相似，但尚未被注释（图 3.18）。该序列编码的蛋白质在水稻中的功能还需要进一步做实验验证。

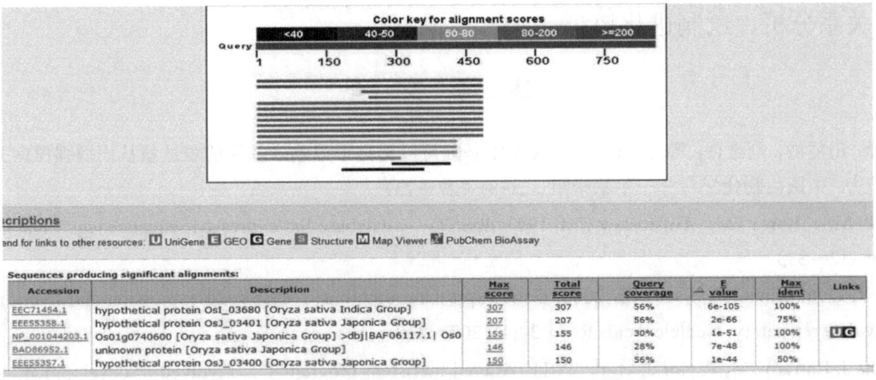

图 3.18 重叠群 4 在蛋白质库中的比对结果

3.4 电子克隆有关事项的讨论

运用生物信息学对某些生物基因进行电子克隆已有一些报道，但还存在不少问题，为此，我们提出以下建议，供商榷。

(1)试用不同的比对程序：为获取较多的 EST 序列，用户除选择上述的 blastn 程序外，也可以将 DNA 数据库翻译为蛋白质数据库（tblastn），或将输入的 DNA 序列翻译为蛋白质序列（blastx），甚至将两者都翻译，然后再做比对（tblastx）；用 FrameSearch 做序列比对提高其灵敏度。但产生较多 EST 序列时，会使序列覆盖率和相似程度降低，因此，对用于拼接的 EST 序列数量要适度。

（2）调试序列比对的参数：为了限制候选 EST 序列的数目并排除无意义的匹配，用户可以测试“Coverage”、“Identity”、“E-value”等参数对序列比对的影响，例如，tblastx 校准时可允许有短的空缺；选择适合的参数后，再将每次搜索、筛选所得的 EST 序列集中在一起进行拼接。

（3） 清除含有污染的载体序列：在 EST 数据库中载体序列常有发生，因此在拼接前用户需先将 EST 上的载体序列除去。除了前述 SeqMan 外，还可通过 UniVec 数据库（http://www.ncbi.nlm.nih.gov/VecScreen/VecScreen.html）进行 BLAST 比对来发现并除去载体序列。

（4） 对电子克隆数据进行深度分析和注释：在完成电子克隆后，用户还可根据试验要求，对电子克隆数据做进一步探究。例如，使用 STS 数据库（http://www.ncbi.nlm.nih.gov/dbSTS/index.html）或 UniGene 数据库（http://www.ncbi.nlm.nih.gov/unigene）进行电子基因定位；使用 ORF Finder（http://www.ncbi. nlm.nih. gov/gorf/orfig.cgi）进行可读框分析；使用 Gene Finder 软件（http://www.bioscience.org/urllists/genefind.html）进行基因组序列的内含子、外显子分析；使用 BioEdit（http://www.mbio.ncsu. edu/bioedit/bioedit.html）、DNAMAN（http://www. lynnon.com/）、Clustal W/X（http://www .clustal.org/）等软件进行

亲缘关系分析，绘制进化树等。

参 考 文 献

夏金婵，田丽丽，刘维仲，等. 2010. 敲除 AMP1 基因可以提高干旱响应基因的表达量从而增强拟南芥的抗旱能力. 中国生物化学与分子生物学报，26(8): 727～733

Boguski MS，Lowe TM，Tolstoshev CM. 1993. dbEST——database for"expressed sequence tags". Nat Genet，4(4): 332～333

Edgar R, Domrachev M，Lash AE. 2002. Gene expression omnibus: NCBI gene expression and hybridization array data repository. Nucleic Acids Res，30(1): 207～210

Griffiths J, Barrero JM, Taylor J, et al. 2011. Altered meristem program 1 is involved in development of seed dormancy in Arabidopsis. PLoS One, 6(5): e20408

Helliwell, Chris A.Chin-Atkins AN, Wilson LW, et al. 2001. The *Arabidopsis* AMP1 gene encodes a putative glutamate carboxypeptidase. Plant Cell, September; 13(9): 2115～2125

Huang X，Madan A. 1999. CAP_3: a DNA sequence assembly program. Genome Res, 9: 868～877

Kent WJ. 2003. BLAT-the BLAST like alignment tool. Genome Res，12(4): 656～664

Pontius JU，Wagner L，Schuler GD. 2003. UniGene: a unified view of the transcriptome. In: The NCBI Handbook. Bethesda(MD): National Center for Biotechnology Information

第 4 章　分子进化遗传分析工具（MEGA 5）

骆迎峰　丁文超　陈辰　薛庆中

分子进化遗传分析（molecular evolutionary genetics analysis，MEGA）工具包，适用于构建进化树(evolutionary tree)，挖掘数据库信息，估计分子进化率，推断祖先序列等项目。该工具包能基于网络数据库，检索、获取序列数据，进行序列比对；然后通过编辑和整理，制作出样式精美的树形图（Kumar et al.，1994；2001；2004；Tamura et al.，2004；2011）。在微软 Windows 操作系统的所有版本上都能正常运行，输入数据和输出结果能直观呈现。MEGA 工具的功能主要包括序列数据的获取、多序列比对、进化距离估计、系统进化树构建和分析。本章将介绍 MEGA 5（Tamura et al.，2011）及其使用。

4.1　序列数据的获取和比对

从 MEGA 安装目录，进入 MEGA 5.05（目前最新版）主界面，它由菜单、工具栏、主窗口、快捷按钮和状态栏 5 部分组成。菜单包括文件（File）、分析（Analysis）和帮助（Help）；工具栏中列出 MEGA 所有常用的分析工具；在 MEGA 主窗口会显示已打开工具窗口的预览按钮，将鼠标放到预览按钮之上可以看到预览窗口；通过快捷按钮可以打开 MEGA 的帮助文档、示例文件夹、MEGA 网站等；状态栏显示当前 MEGA 的版本号和已打开文件的名称（图 4.1）。

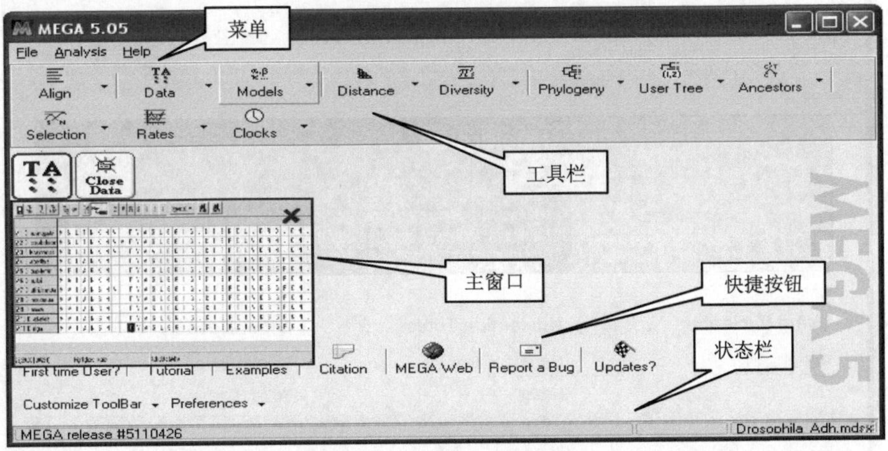

图 4.1　MEGA 5 主界面

MEGA 可与 NCBI 网站直接连接，实现资源共享。它不仅可以检索数据库序列信息，也可以通过 BLAST 比对获取同源基因序列（图 4.2）。

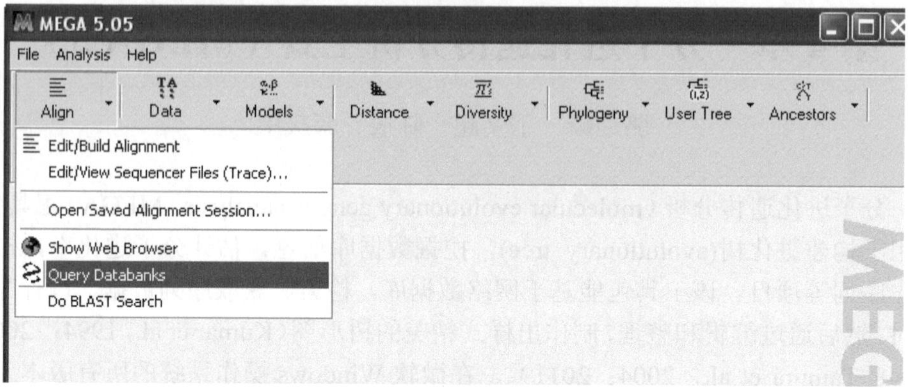

图 4.2　网络序列数据的获取

4.1.1　数据库直接检索

点击工具栏“Align→Query Databanks”，连接 NCBI，本例选择核苷酸（Nucleotide）库，序列号（NM_198232），点击“Search”进行检索，就能获得“GenBank”中该序列条目及其信息（图 4.3）。

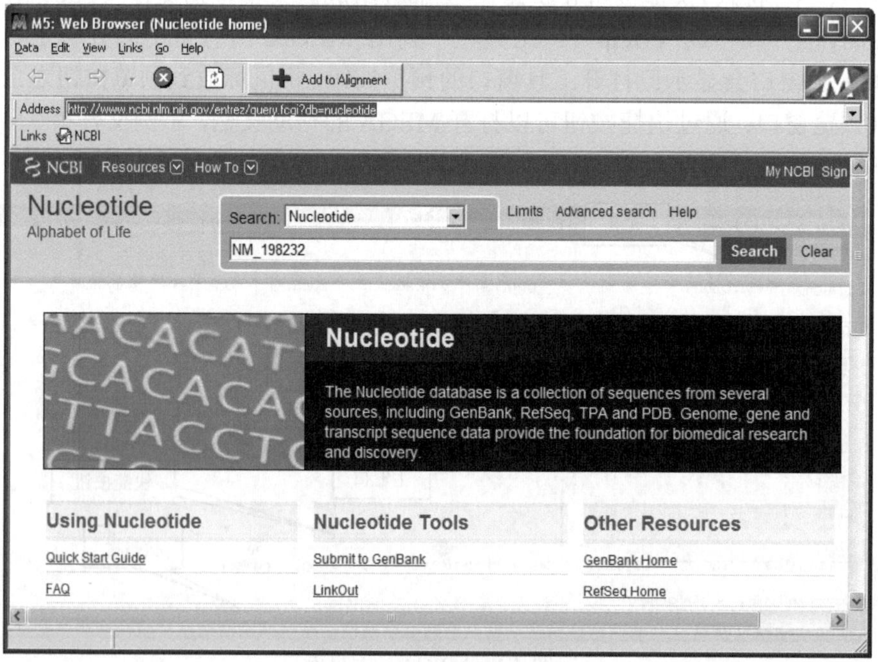

图 4.3　MEGA 5 检索界面

也可以点击“Align→Do BLAST Search”，在 BLAST 提交框中输入序列号（如 NM_198232）或 fasta 序列，选取数据库（如核苷酸库，Nucleotide collection），点击“BLAST”进行检索（图 4.4）。

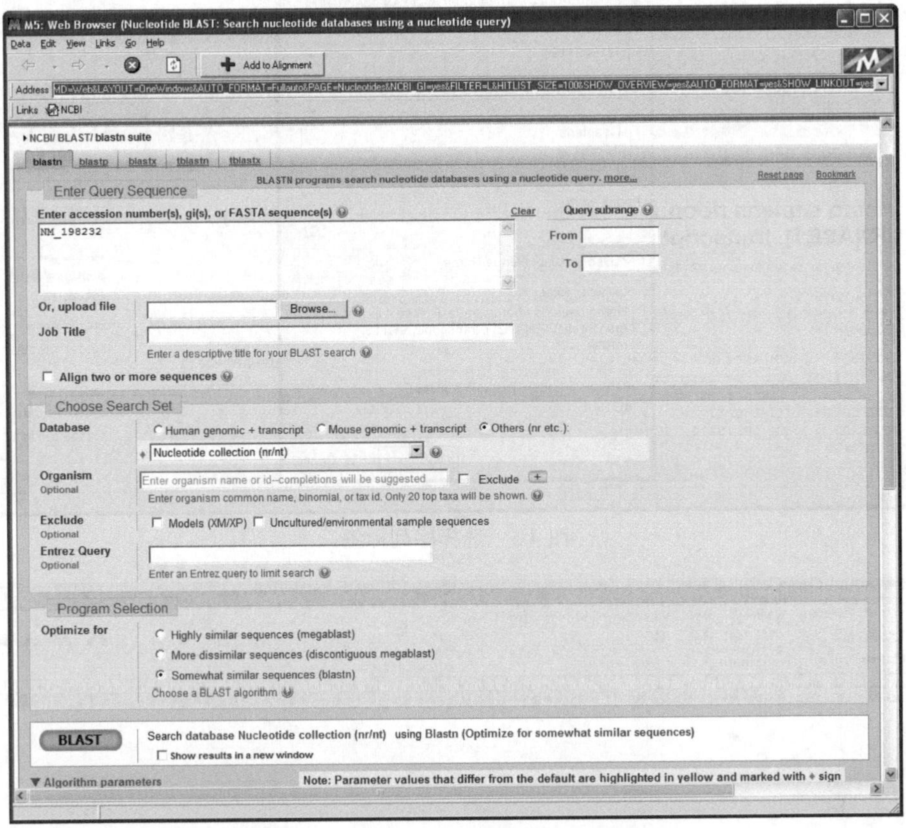

图 4.4　“BLAST”检索提交序列数据

4.1.2　多序列比对

如需做核苷酸多序列比对，点击“Align→Query Databanks”，链接 NCBI 网站，选择核苷酸数据库，在搜索框中依次输入要比对的核苷酸序列号。序列输入可使用种名、基因名、种名+基因名、GI 号等格式，本例选择 GI 号格式输入，分别选取以下 4 条序列号：318037195、156938334、156938333、156938332，每次搜索后会显示 GenBank 中序列的信息，然后点击“Add to Alignment”，MEGA 5 会弹出一个序列标签窗口（图 4.5），让你确认，点击“OK”，序列比对窗口（Alignment Explorer）便自动导入序列（图 4.6），再继续下一个序列号进行搜索，直至完成全部序列输入（图 4.7）。

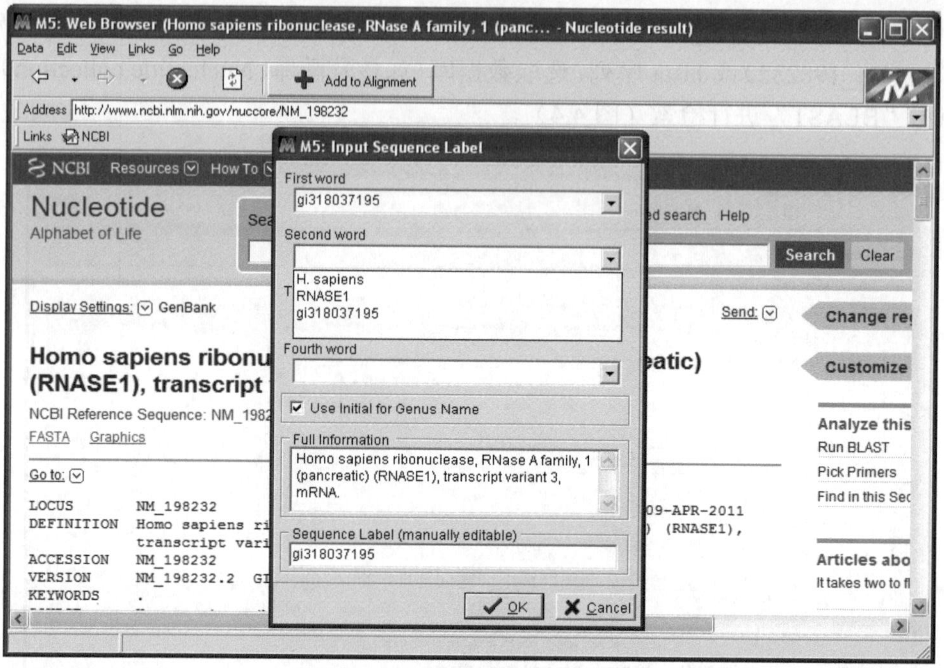

图 4.5　选择序列标签

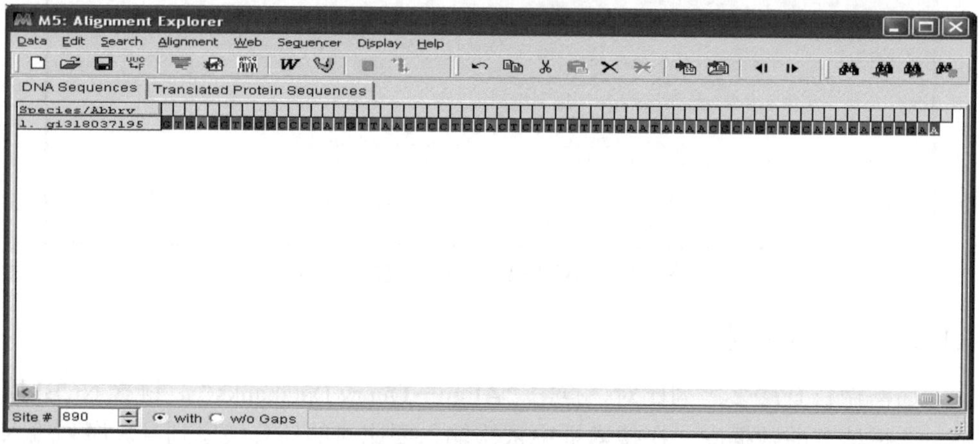

图 4.6　序列比对窗口

返回 Alignment Explorer，将已保存在数据库中的 4 条序列全选（Edit→Select All）（图 4.7），用 ClustalW 做多序列比对（Alignment→Align by ClustalW）。在 ClustalW 参数（ClustalW Parameters）设置中，可调整空位开放罚分（Gap Opening Penalty）和空位延伸罚分（Gap Extension Penalty）。这里采用默认值，点击“OK”，开始运行 ClustalW（图 4.8）。

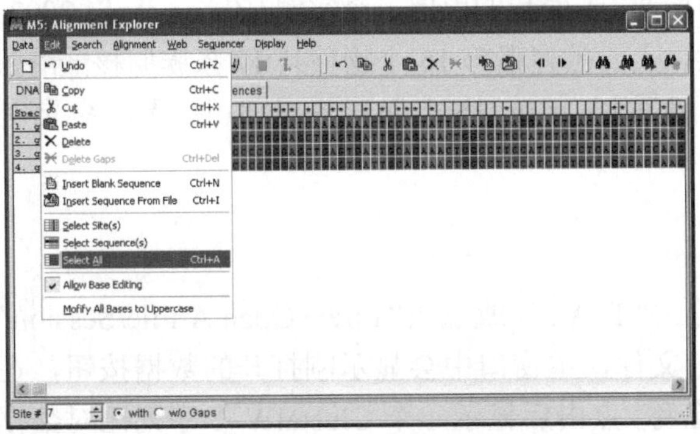

图 4.7　选择序列数据

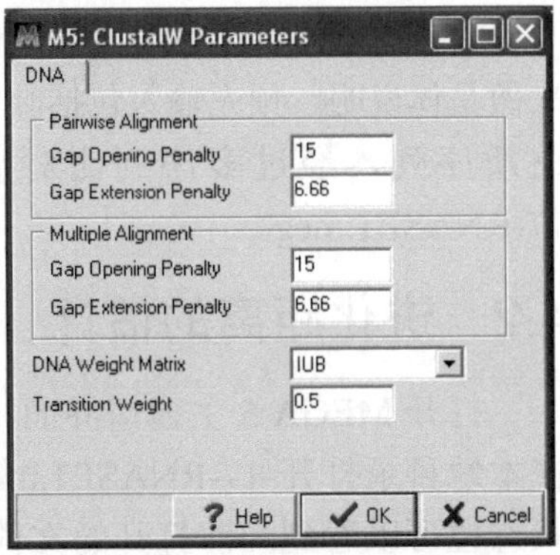

图 4.8　ClustalW 参数设置

运行结束后，比对窗口显示多序列比对结果（图 4.9），点击“Data→Export Alignment→MEGA Format”，可将该比对结果以 meg 格式导出（图 4.10），命名为 4RNASE1 进行保存。

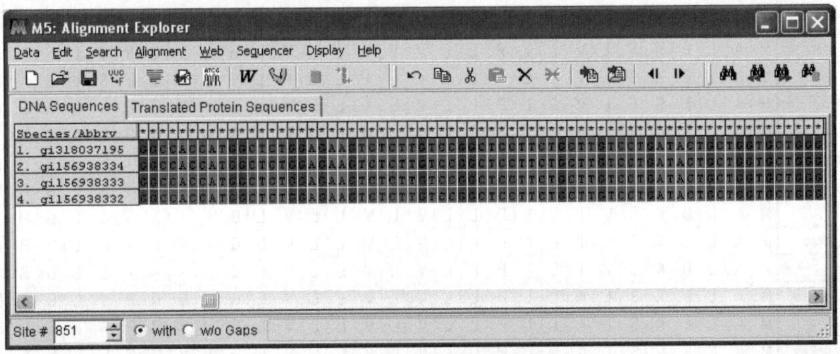

图 4.9　ClustalW 运行结果

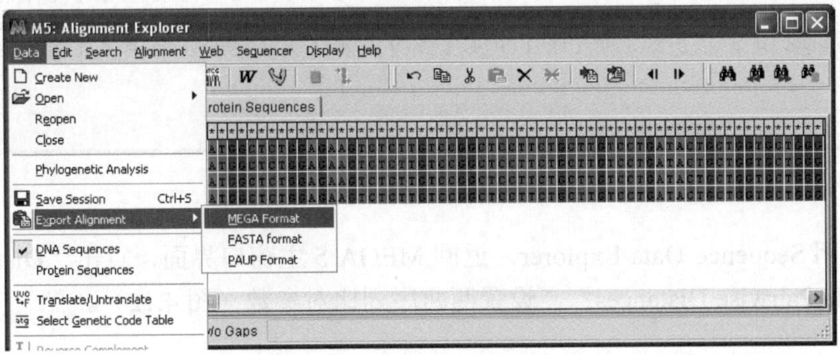

图 4.10　ClustalW 结果导出

为了更好地阐述系统发生树的构建，下面我们引用一个实例（Zhang et al.，2002）来做具体说明。预先输入包括叶猴、人、黑猩猩等 16 个物种共 17 条胰腺核酸酶蛋白质序列，经过多序列比对后将其以 meg 格式保存在本地目录，命名为 17-RNASE1.meg。

4.2 进化距离的估计

打开 MEGA 5 主窗口界面，点击“T..A..”，或点击“File→Open A File/Session”在本地目录打开 17-RNASE1.meg 文件，主窗口中会显示刚打开的数据按钮，在状态栏可以看到当前打开的文件名称，点击后显示一个 ClustalW 多序列比对数据集（图 4.11）。

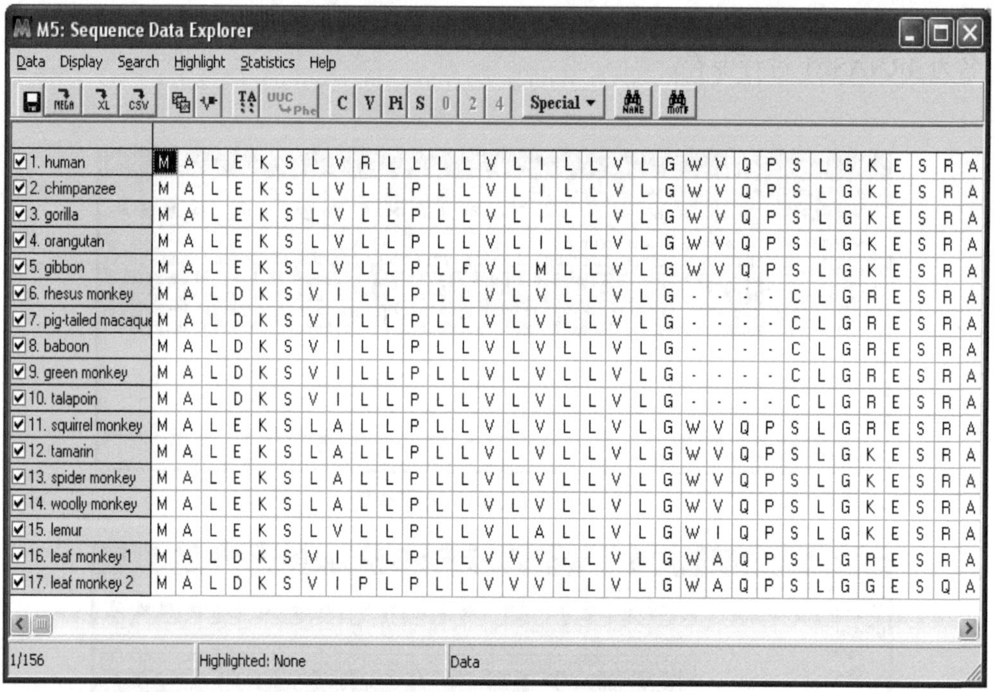

图 4.11 ClustalW 多序列比对数据

关闭 Sequence Data Explorer，返回 MEGA 5 主窗口界面，点击“Distance→Compute Pairwise Distances”，设置两两序列比对参数（图 4.12）。

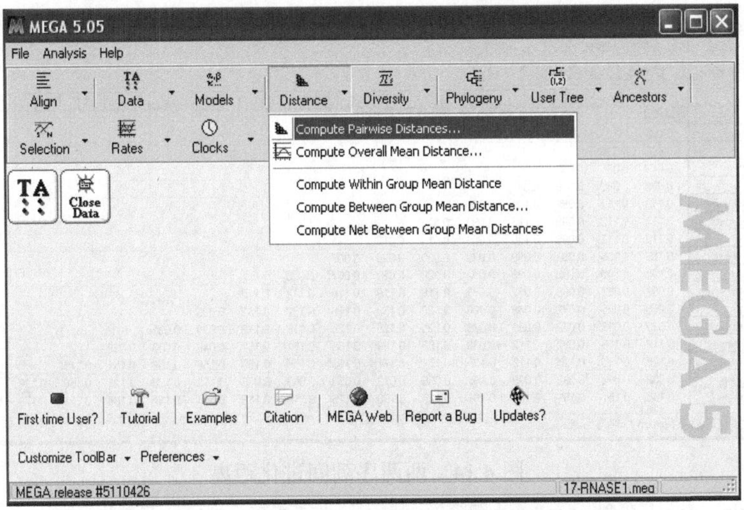

图 4.12　MEGA 5 中两两序列间进化距离的统计

“Models”中可对核苷酸或者氨基酸选择最适合的替代模型。例如，估算进化距离时可选择差异位点数（No. of differences）或差异位点距离（p-distance，指的是差异位点占所有位点的百分数）。这里对氨基酸，选择模式 p-distance（图 4.13），然后点击“Compute”。运算完成后获得两两序列间的进化距离（图 4.14）。

图 4.13　进化距离统计参数的设置

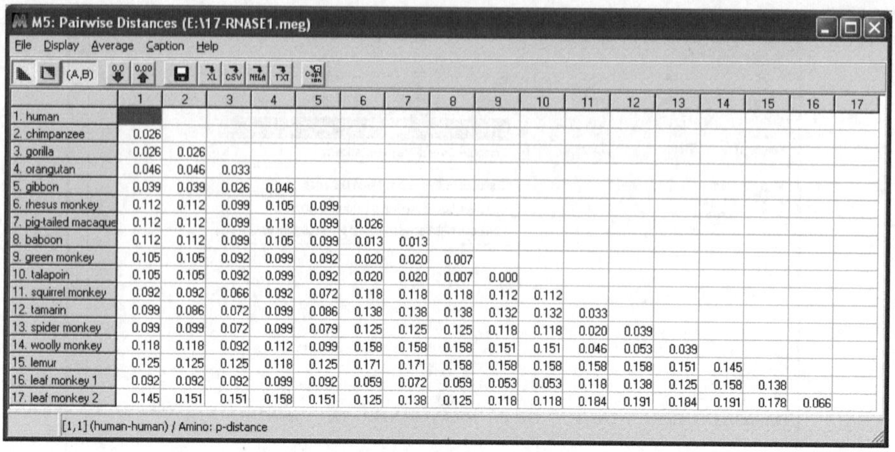

	1	2	3	4	5	6	7	8	9	10	11	12	13	14	15	16	17
1. human																	
2. chimpanzee	0.026																
3. gorilla	0.026	0.026															
4. orangutan	0.046	0.046	0.033														
5. gibbon	0.039	0.039	0.026	0.046													
6. rhesus monkey	0.112	0.112	0.099	0.105	0.099												
7. pig-tailed macaque	0.112	0.112	0.099	0.118	0.099	0.026											
8. baboon	0.112	0.112	0.099	0.105	0.099	0.013	0.013										
9. green monkey	0.105	0.105	0.092	0.099	0.092	0.020	0.020	0.007									
10. talapoin	0.105	0.105	0.092	0.099	0.092	0.020	0.020	0.007	0.000								
11. squirrel monkey	0.092	0.092	0.066	0.092	0.072	0.118	0.118	0.118	0.112	0.112							
12. tamarin	0.099	0.086	0.072	0.099	0.086	0.138	0.138	0.138	0.132	0.132	0.033						
13. spider monkey	0.099	0.099	0.072	0.099	0.079	0.125	0.125	0.125	0.118	0.118	0.020	0.039					
14. woolly monkey	0.118	0.118	0.092	0.112	0.099	0.158	0.158	0.158	0.151	0.151	0.046	0.053	0.039				
15. lemur	0.125	0.125	0.125	0.118	0.125	0.171	0.171	0.158	0.158	0.158	0.158	0.158	0.151	0.145			
16. leaf monkey 1	0.092	0.092	0.092	0.099	0.092	0.059	0.072	0.059	0.053	0.053	0.118	0.138	0.125	0.158	0.138		
17. leaf monkey 2	0.145	0.151	0.151	0.158	0.151	0.125	0.138	0.125	0.118	0.118	0.184	0.191	0.184	0.191	0.178	0.066	

图 4.14　两两序列间进化距离

human:人；chimpanzee:黑猩猩；gorilla: 大猩猩；orangutan: 红毛猩猩；gibbon: 长臂猿；rhesus monkey:恒河猴；pig-tailed macaque: 猪尾猴；baboon: 狒狒；green monkey: 绿猴；talapoin: 侏长尾猴；squirrel monkey: 松鼠猴；tamarin:小绢猴；spider monkey: 蜘蛛猴；woolly monkey: 绒毛猴；lemur:狐猴；leaf monkey:叶猴

4.3　分子钟假说的检验

关闭窗口(File→Quit Viewer)，返回 MEGA 5 主界面，点击“Clocks→Tajima’s Relative Rate Test”（Tamura，1993）（图 4.15），设置分子钟检验（molecular clock test）参数（图 4.16）。

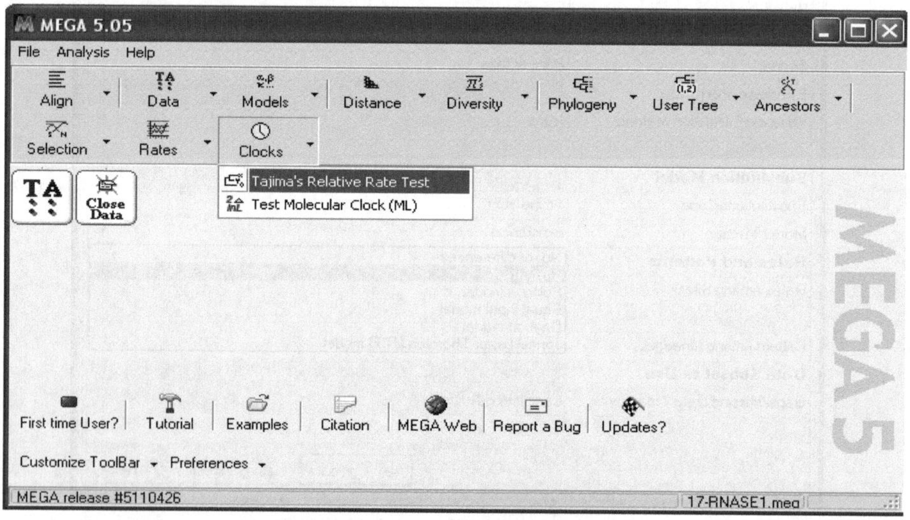

图 4.15　分子钟检验

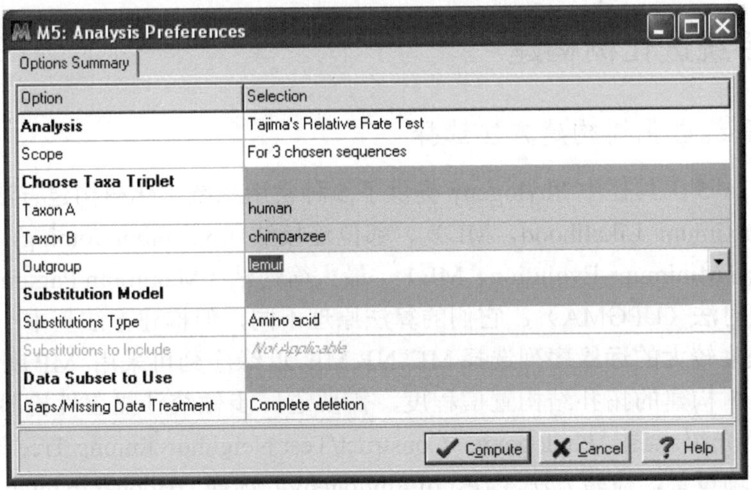

图 4.16　分子钟检验参数设置

本例将最早分化的狐猴（lemur）作为外类群（Outgroup），Taxon A 和 Taxon B 序列分别是人（human）及黑猩猩（chimpanzee），采用默认设置，点击“Compute”进行计算（图 4.16）。

本例的原统计假设是序列 A 和序列 B 以相同速率进化。统计完成后，发现 3 条序列共有位点 134 个，而序列 A、B、C 中的唯一差异（unique difference）位点数目分别为 2、2、18（图 4.17），卡方测验（χ^2 test）值为 0.0（自由度为 1，P=1.000 00）。由于 P 值大于 0.05，则接受原统计假设，即表明序列 A 和序列 B 以相同速率进化。

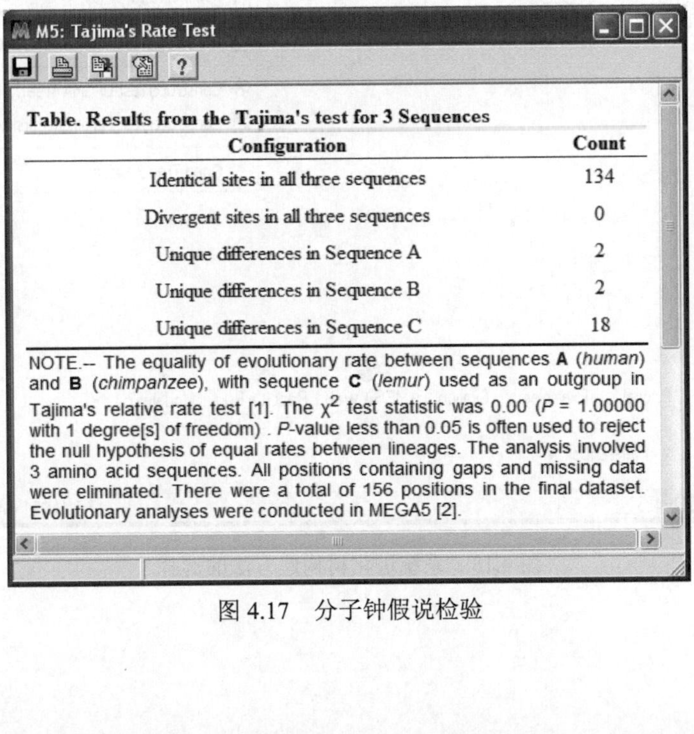

Table. Results from the Tajima's test for 3 Sequences

Configuration	Count
Identical sites in all three sequences	134
Divergent sites in all three sequences	0
Unique differences in Sequence A	2
Unique differences in Sequence B	2
Unique differences in Sequence C	18

NOTE.-- The equality of evolutionary rate between sequences **A** (*human*) and **B** (*chimpanzee*), with sequence **C** (*lemur*) used as an outgroup in Tajima's relative rate test [1]. The χ^2 test statistic was 0.00 (P = 1.00000 with 1 degree[s] of freedom) . P-value less than 0.05 is often used to reject the null hypothesis of equal rates between lineages. The analysis involved 3 amino acid sequences. All positions containing gaps and missing data were eliminated. There were a total of 156 positions in the final dataset. Evolutionary analyses were conducted in MEGA5 [2].

图 4.17　分子钟假说检验

4.4 系统进化树构建

4.4.1 系统进化树构建方法选择

MEGA 5 工具栏中 Phylogeny 提供了 5 种常用系统进化树构建方法：最大似然法（Maximum Likelihood，ML）、邻位连接法（Neighbor-Joining，NJ）、最小进化法（Minimum-Evolution，ME）、最大简约法（Maximum Parsimony，MP）和除权配对法（UPGMA）。它们的算法原理不同，但构建方法基本一致。通常对分化程度较大的远缘序列选择 ML、NJ、ME，近缘序列可采用 MP 或 UPGMA。

进化树构建的拓扑结构置信程度，需要进一步做统计显著性检验。这里以 NJ 法为例介绍。点击“Phylogeny→Construct/Test Neighbor-Joining Tree”（图 4.18），对参数选项设置，检验方法（Test of Phylogeny）选择“Bootstrap method”，重复抽样次数（Replication）应大于 100，以确保进化树分枝的稳定性；其他参数可取默认值，点击“Compute”运算（图 4.19）。

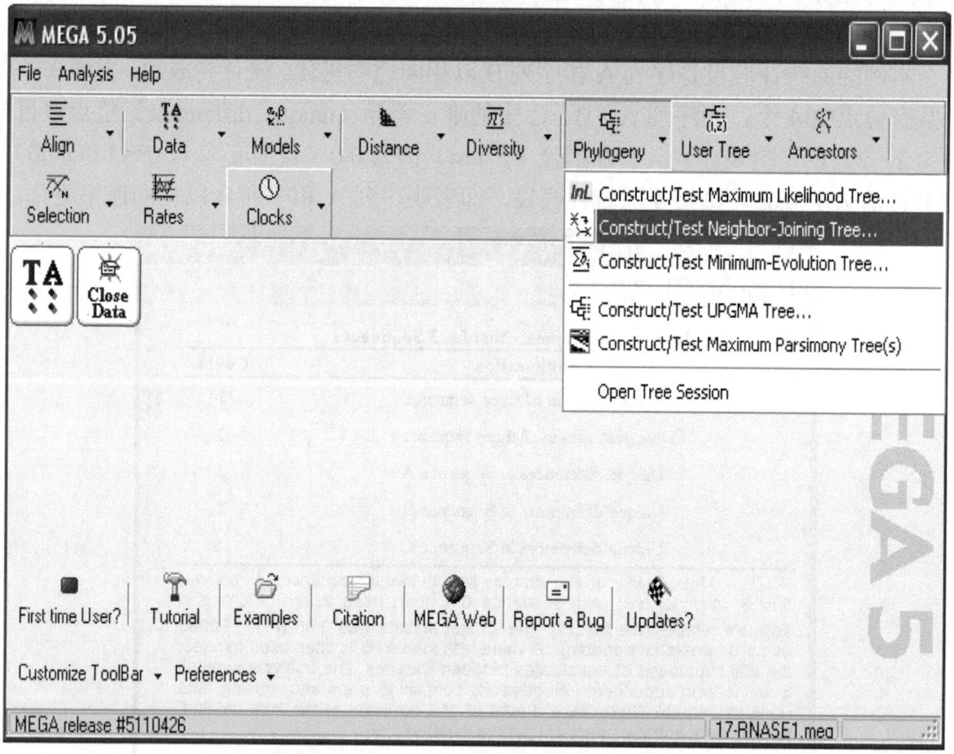

图 4.18　系统进化树构建方法的选择

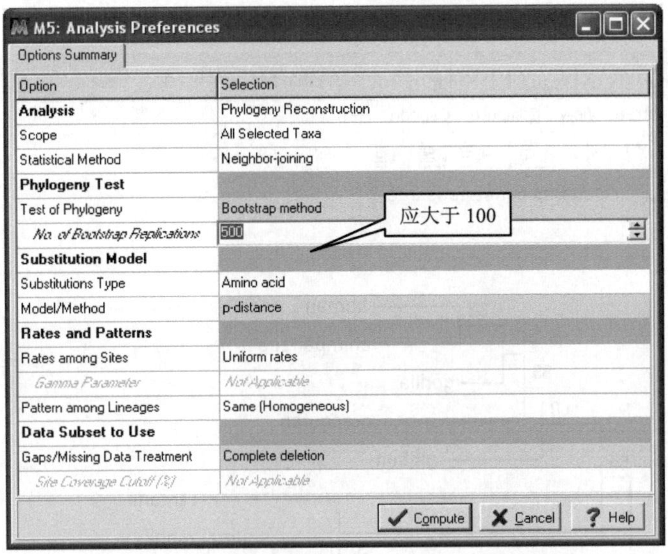

图 4.19　邻接法构建 Bootstrap 检验树参数设置

运算后，树窗口（TreeExplorer）显示原始树（Original tree）（图 4.20）和 Bootstrap 一致树（Bootstrap consensus tree）（图 4.21），树上的数字为 Bootstrap 检验值，表示该分枝通过 Bootstrap 检验的次数占总次数的百分比，该数值越大，即表示构建进化树的可信度越高；大于 70 的 Bootstrap 值较为可信。

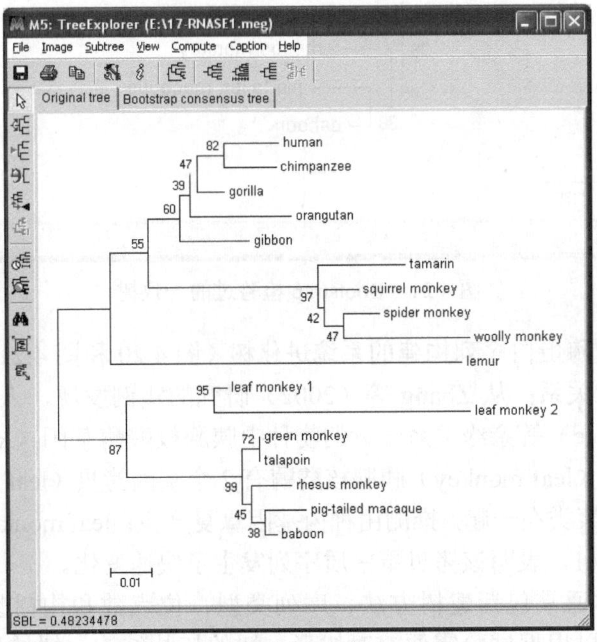

图 4.20　原始树

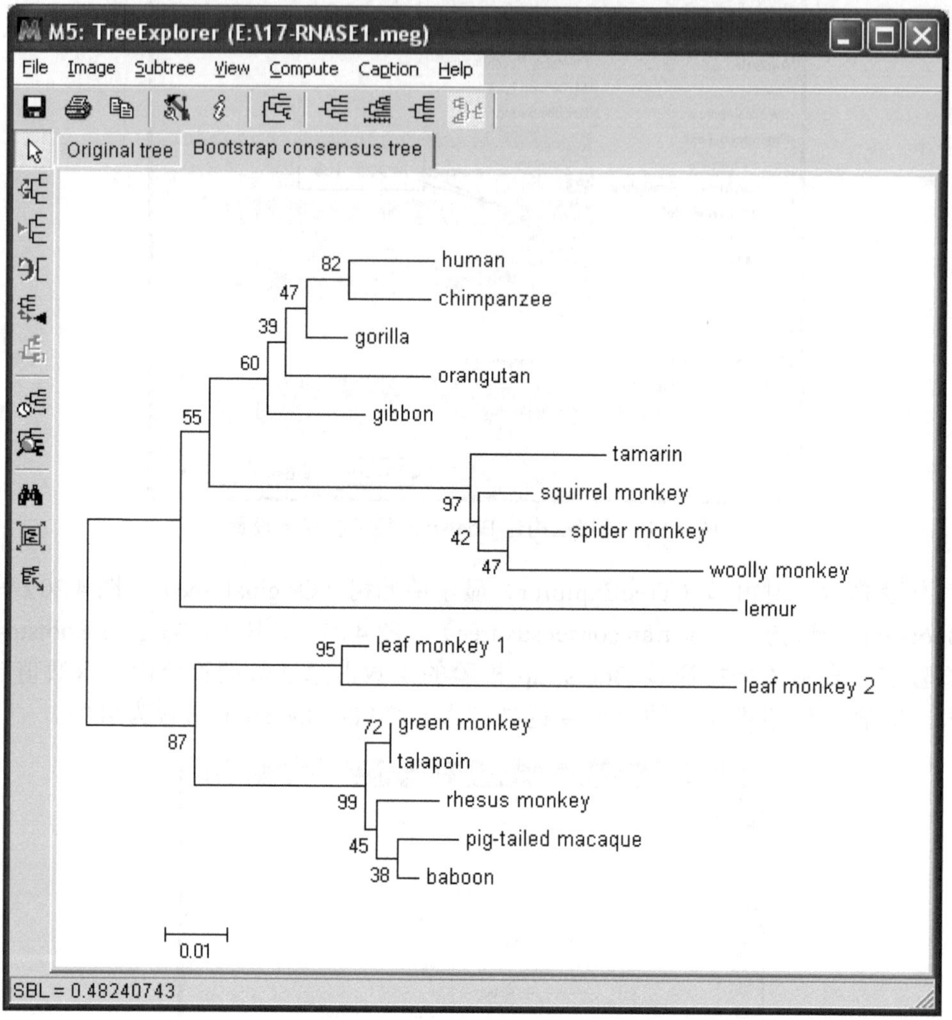

图 4.21　Bootstrap 检验过的一致树

由胰腺核酸酶蛋白序列构建的系统进化树（图 4.20 和图 4.21），基本反映了这些物种的亲缘关系；从 Zhang 等（2002）研究的实例发现，人（human）和黑猩猩（chimpanzee）等亲缘关系较近的物种中胰腺核酸酶基因（*RNASE1*）只有 1 个拷贝。而叶猴（leaf monkey）胰腺核酸酶有 2 个基因拷贝（leaf monkey 1 和 leaf monkey 2）紧密聚类在一起，推测由种内基因重复产生；leaf monkey 2 树枝长度远大于 leaf monkey 1，表明该拷贝蛋白质序列发生了快速变化。

系统进化树通常包括建树方法、序列类型、位点数和构树参数等信息（图 4.22）。用户可以根据试验需要，对树形、树的拓扑结构、树枝形态等选项加以选择，现分述如下。

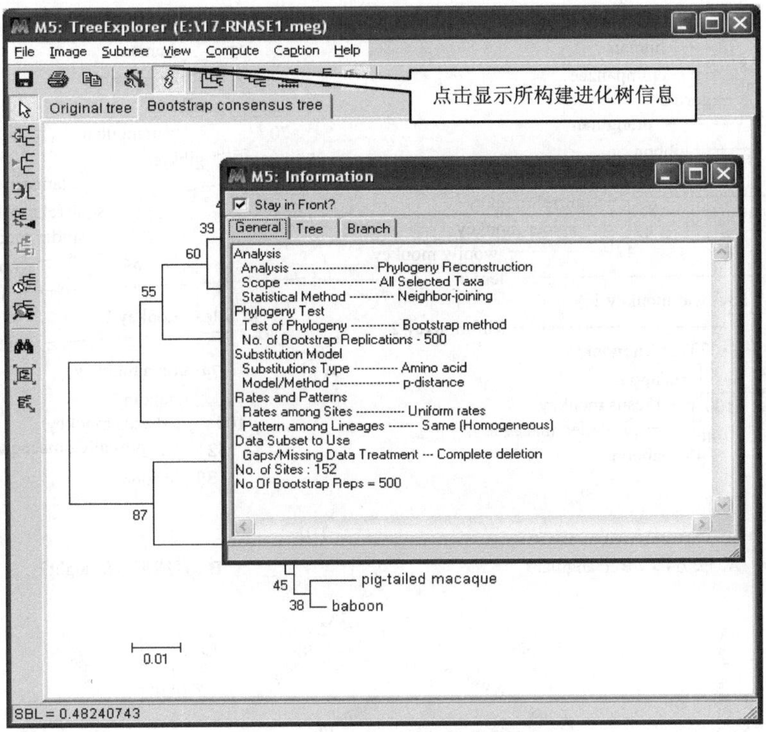

图 4.22　系统进化树基本信息

4.4.2　进化树的树形选择

如需要改变树形，可点击“View→Tree/Branch Style”，进行选择（图 4.23）。

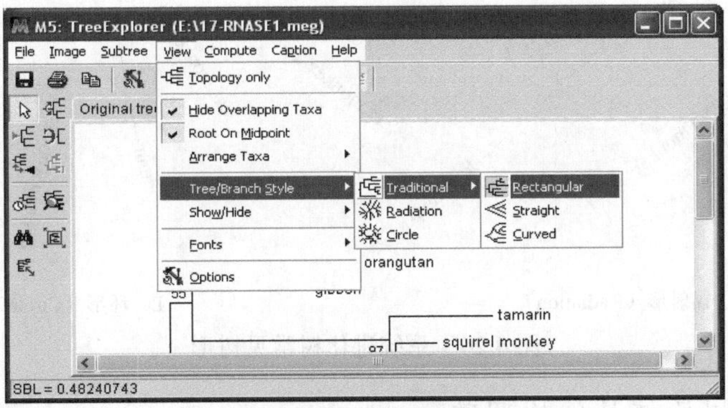

图 4.23　系统进化树的树形选择

常见的树形有传统型［Traditional，包括长方形（Rectangular）、直线形（Straight）、曲线形（Curved）3 种］、辐射形（Radiation）和环形（Circle）

（图 4.24）。

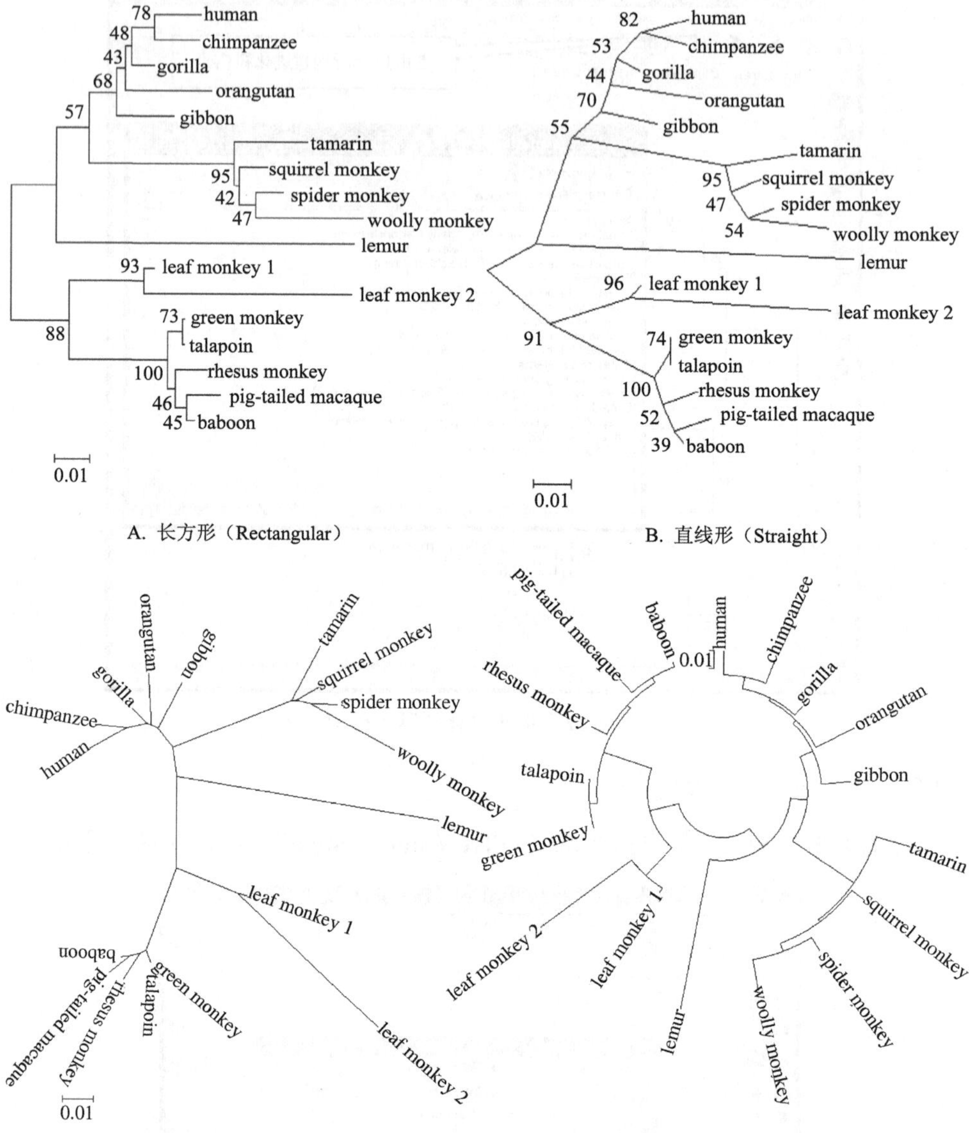

A. 长方形（Rectangular） B. 直线形（Straight）

C. 辐射形（Radiation） D. 环形（Circle）

图 4.24 系统进化树常见树形

4.4.3 进化树的拓扑结构调整

菜单树分枝“Subtree”下设 3 个选项，分别是根（Root）、翻转（Flip）和交换（Swap），以便对系统进化树的拓扑结构进行调整（图 4.25）。

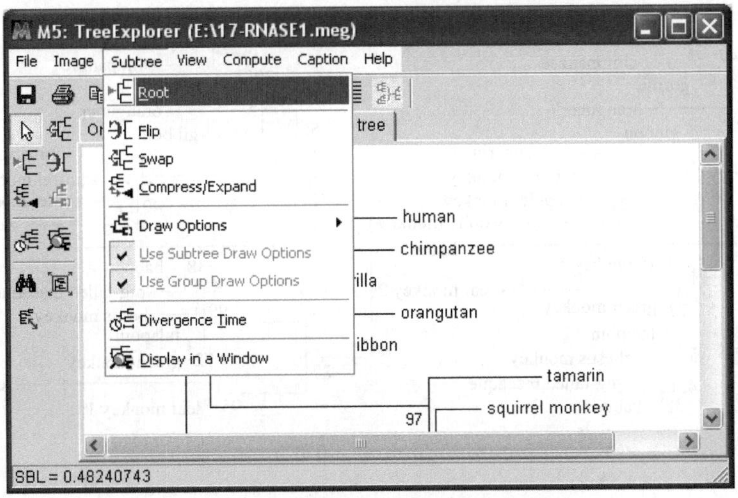

图 4.25　系统进化树拓扑结构选项

如需重新设定外类群（Outgroup），可在点击“Subtree→Root”后，对外类群物种所在的枝条进行调整，就可以改变树根位置（图 4.26）。

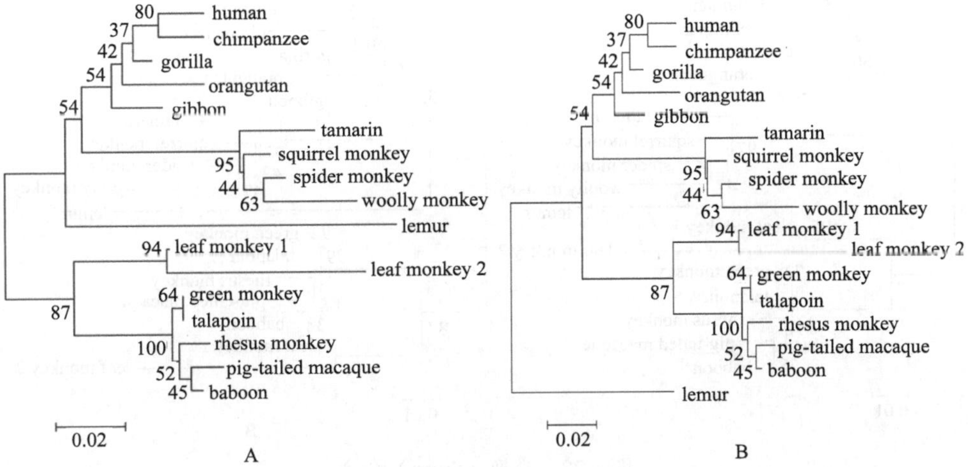

图 4.26　根位置设定

如需改变物种顺序，点击“Subtree→Flip”后，再点击某枝干，则能使该枝干下所有物种名称和相应的树枝 180°翻转（Flip）（图 4.27）。

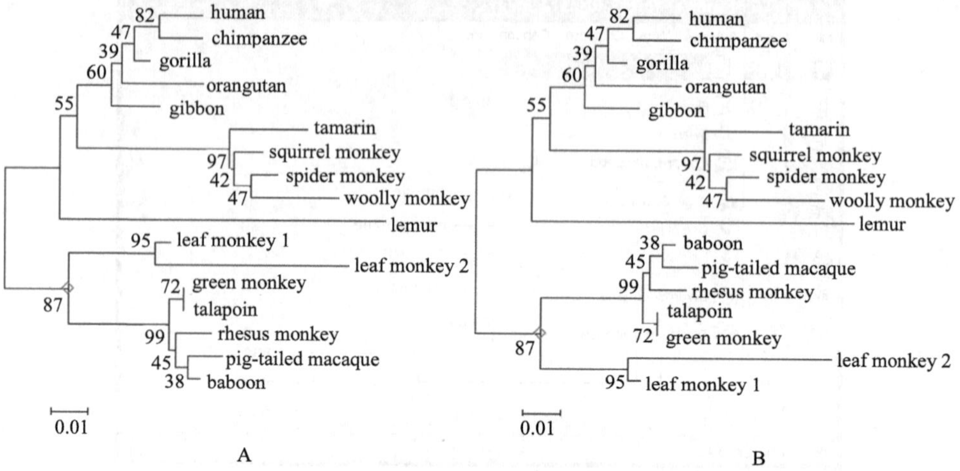

图 4.27　翻转（Flip）命令

如需变化树枝顺序，点击“Subtree→Swap”，再点击某枝干，可使该枝干下两个子树枝 180°翻转，但子树枝下各物种名称和相应树枝的相对位置保持不变（图 4.28）。

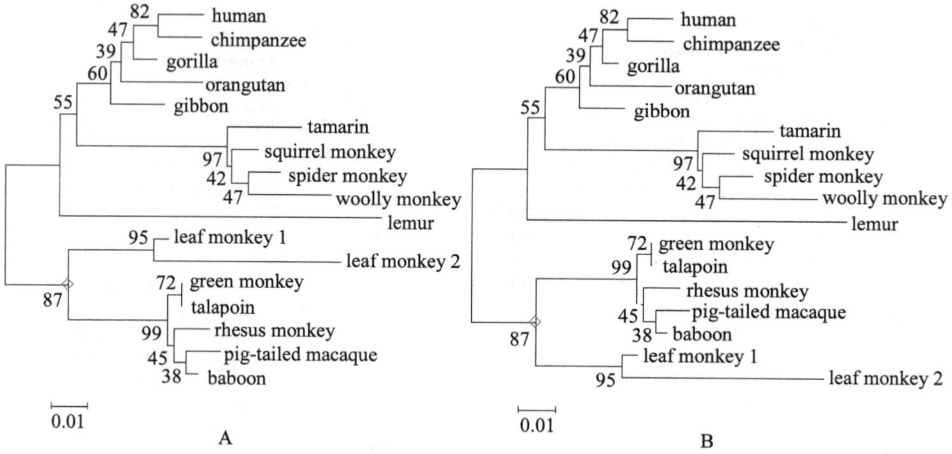

图 4.28　交换（Swap）命令

4.4.4　进化树树枝形态的优化

点击如图 4.29 所示选项图标，出现树枝形态选项对话框，内含 5 个选项，分别是树（Tree）、分枝（Branch）、标签（Labels）、标尺（Scale）和截断（Cutoff）。

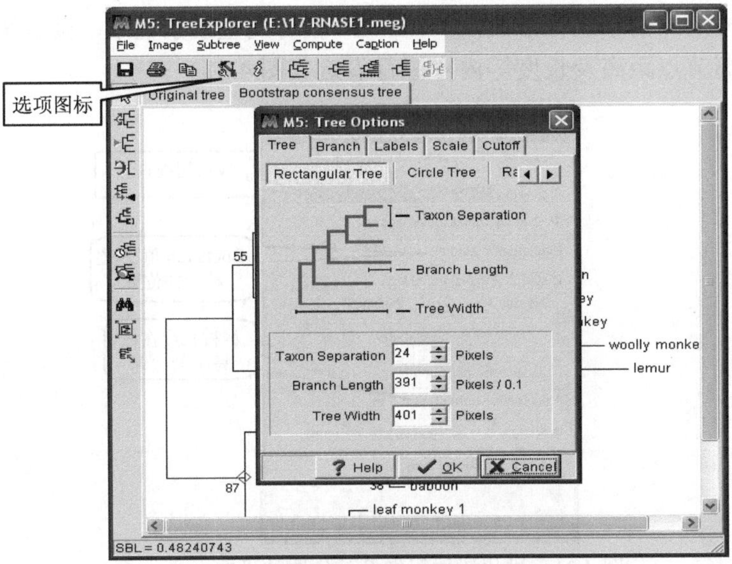

图 4.29　矩形树枝形态选项

“Tree”栏有 3 种树形供选择：Rectangular Tree（长方形树）（图 4.29）、Circle Tree（环形树，图 4.30A）和 Radiation Tree（辐射形树，图 4.30B）。长方形树，可对物种间隔（Taxon Separation）、分枝长度（Branch Length）及树宽度（Tree Width）等项进行调整；环形树则可设置起始角度（Start Angle）、半径长度（Radius）、中心空洞（Central Hole）等参数。

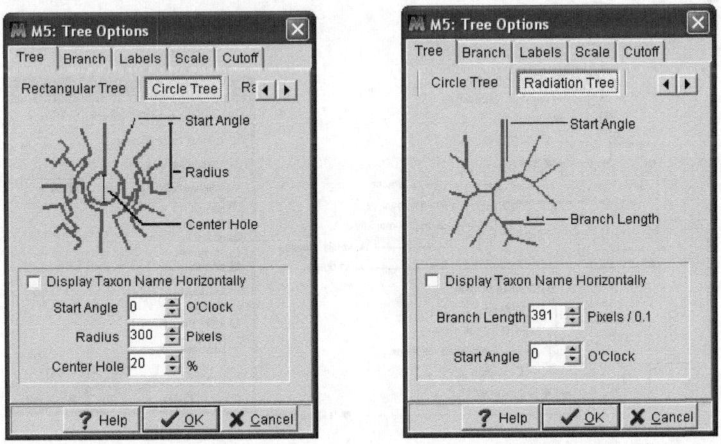

A　　　　B

图 4.30　环形（A）和辐射形（B）树选项

如需对树枝上的信息进行修改，“Branch”栏可调整线条粗细，显示统计值，对树枝位置、离节点距离及长度等内容进行设定（图 4.31）。

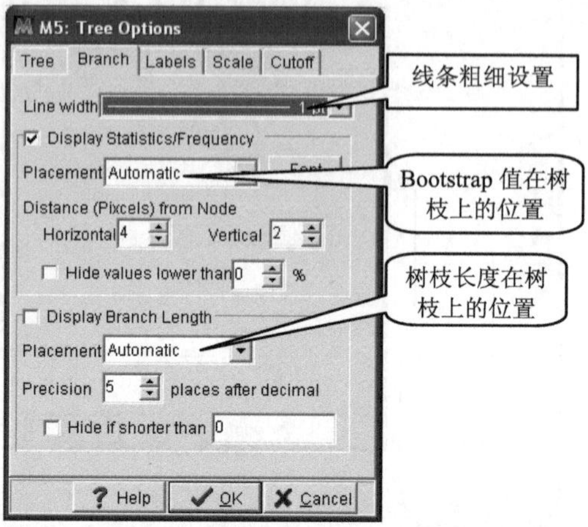

图 4.31 进化树枝粗细及其位置的设定

如欲对感兴趣的枝条进行标记，可在标签（Labels）栏设定显示物种名称及其标记不同的形状或颜色（图 4.32）。Scale 栏对标尺长度及线条粗细进行设置（图 4.33A）。Cutoff 栏可以设置 Bootstrap 值的截断阈值，当点击菜单中的“Compute→Condensed Tree”构建密集树（Condensed Tree）时，小于此值的分枝都合并到大的分枝当中（图 4.34）。

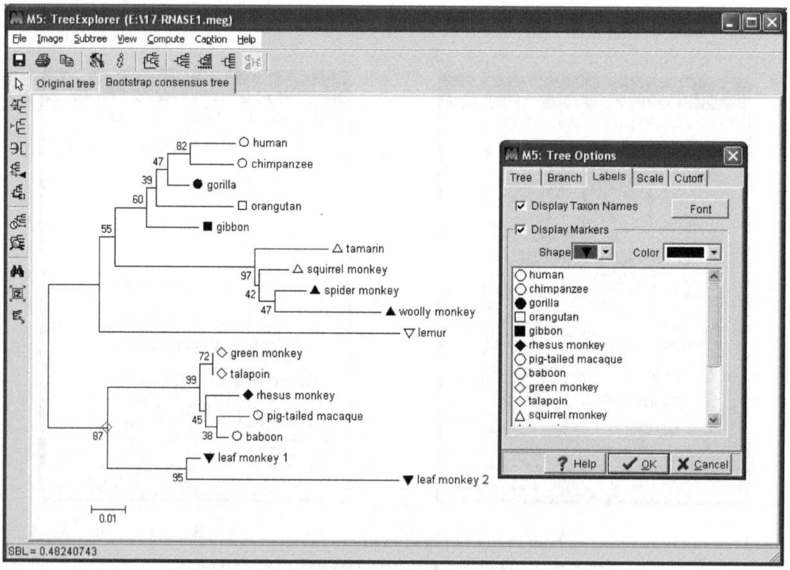

图 4.32 标签栏设定

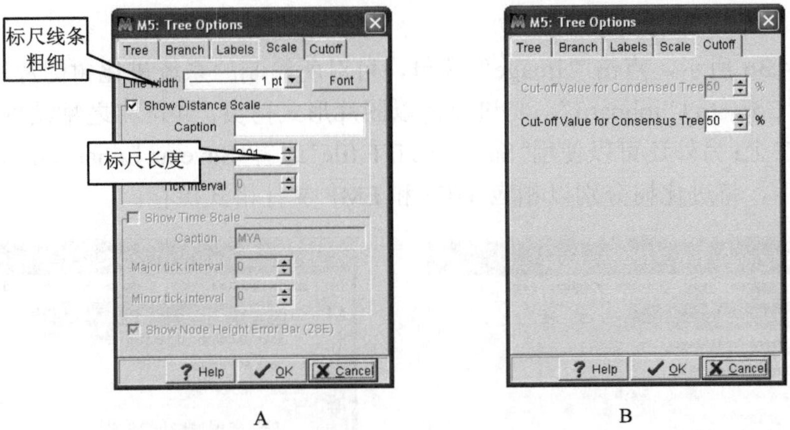

图 4.33　标尺栏选项

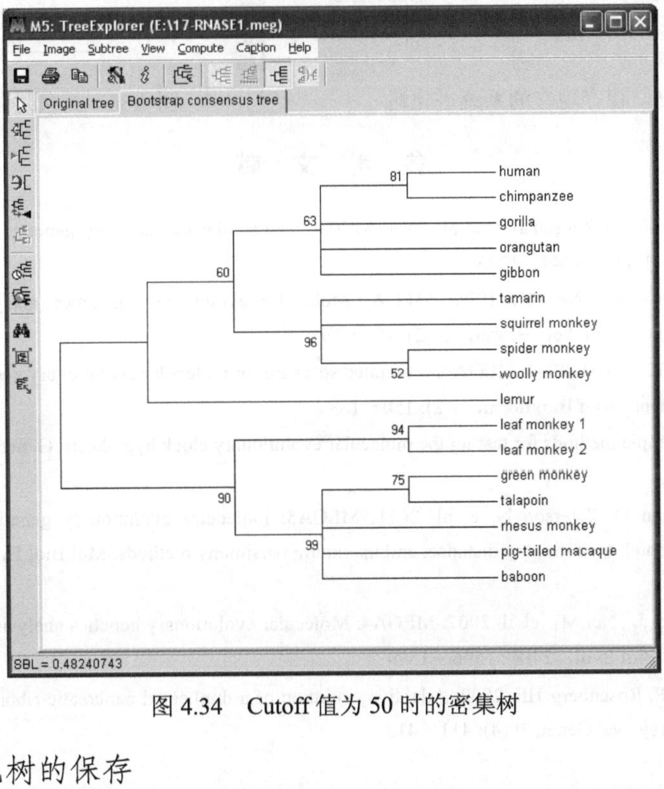

图 4.34　Cutoff 值为 50 时的密集树

4.4.5　进化树的保存

MEGA 5 的结果保存方式较为灵活。如图 4.35 所示，点击“File→Save Current Session”，可以保存现在的进化树图形，并将其树形图保存为 mts 文件。再次打开该文件，用户可看到与上次保存时完全相同的树，以便进行二次编辑；而点击“File→Export Current Tree（Newick）”只输出当前进化树的基本信息，并不保存树形图。

如图 4.36 所示，点击“Image”菜单，可对所绘制的系统进化树图片进行操作，选择“Copy to Clipboard”，将进化树以图片形式拷贝，并可将之粘贴到 Word 文档或 PPT 上；另外还可以使用“Save as TIFF file”或者“Save as Enhanced Metafile（EMF）”，将进化树分别以相应 TIFF 和 EMF 文件格式保存。

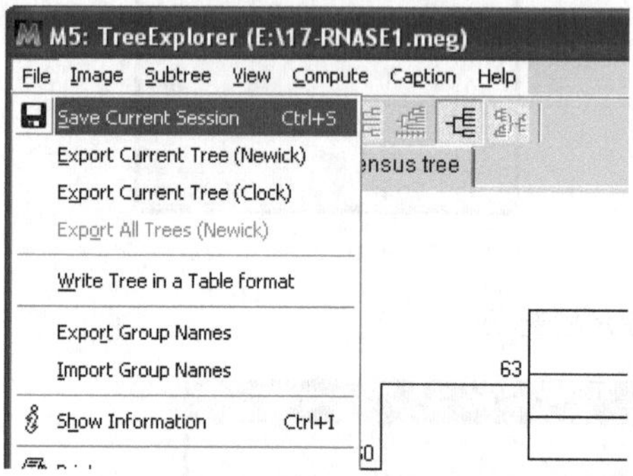

图 4.35 保存现在的系统进化树

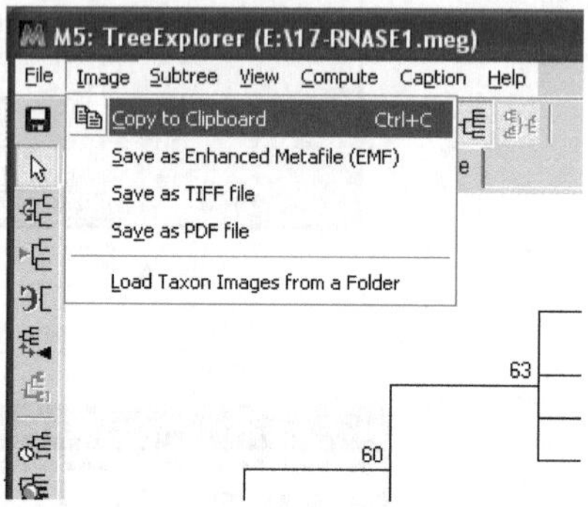

图 4.36 拷贝进化树图

参 考 文 献

Kumar S，Tamura K，Jakobsen IB，et al. 2001. MEGA2: molecular evolutionary genetics analysis software. Bioinformatics，17(12): 1244，1245

Kumar S，Tamura K，Nei M. 1994. MEGA: Molecular evolutionary genetics analysis software for microcomputers. Comput Appl Biosci，10(2): 189～191

Kumar S，Tamura K，Nei M. 2004. MEGA3: Integrated software for molecular evolutionary genetics analysis and sequence alignment. Brief Bioinform，5(2): 150～163

Tajima F. 1993. Simple methods for testing the molecular evolutionary clock hypothesis. Genetics，135(2): 599～607

Tamura K, Peterson D, Peterson N, et al. 2011. MEGA5: molecular evolutionary genetics analysis using maximum likelihood, evolutionary distance, and maximum parsimony methods. Mol Biol Evol 28(10): 2731～2739

Tamura K，Dudley J，Nei M，et al. 2007. MEGA4: Molecular evolutionary genetics analysis(MEGA)software version 4.0. Mol Biol Evol，24(8): 1596～1599

Zhang J, Zhang YP, Rosenberg HF. 2002. Adaptive evolution of a duplicated pancreatic ribonuclease gene in a leaf-eating monkey. Nat Genet, 30(4): 411～415

第 5 章　蛋白质结构与功能预测

陈晓龙　黄鹏宇　叶琳　薛庆中

蛋白质与生命活动紧密联系，是生命体功能的执行者。为了阐明蛋白质的作用，了解蛋白质如何执行其生物功能，需要对未知功能或者新发现的蛋白质分子进行结构分析和功能注释，这是蛋白质组学研究的重要内容。运用生物信息学方法研究蛋白质结构与功能预测的程序如图 5.1 所示：首先，通过搜索数据库获得蛋白质序列及其基本信息；然后，通过序列比对进行相似性分析并预测其二级结构和结构域；通过三维建模方法预测蛋白质空间结构，为遗传突变操作、改造蛋白质活性、新药物分子设计提供理论依据。

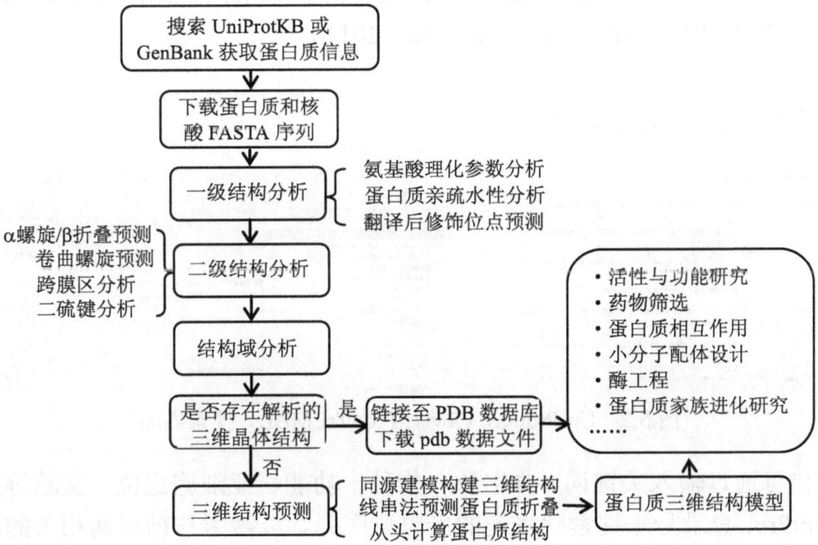

图 5.1　蛋白质结构与功能分析流程

本章将重点介绍 ExPASy 数据库（http://expasy.org/）及其提供的蛋白质分析工具，对蛋白质序列的一级结构、二级结构、结构域、三维结构等特性作全面解读。

5.1 蛋白质信息数据库

5.1.1 UniProKB：全球蛋白质知识库

全球蛋白质知识库[The UniProt Knowledgebase（UniProtKB），http://www.uniprot.org/; Magrane and Consortium，2011]由欧洲生物信息学研究所（European Bio- informatics Institute, EBI）、瑞士生物信息中心（Swiss Institute of Bioinformatics, SIB）及蛋白质信息资源（Protein Information Resource，PIR）共同建立并维护。UniProt 联盟旨在成为蛋白质知识的中央枢纽，为全球提供统一的蛋白质序列和功能信息视图。其主要任务是维护一个稳定、全面、分类详细、注释丰富、准确，能广泛进行交叉索引和查询界面友好的蛋白质序列信息库。UniProtKb 包括 UniProtKb/Swiss-Prot 和 UniProtkb/TrEMBL 两部分（图 5.2）。Swiss-Prot 由瑞士生物信息中心维护（Gasteiger et al.，2003），数据库内的蛋白质序列无冗余并且每个条目的信息注释和管理都经过人工审查。而 TrEMBL 收录的是由计算机自动翻译并注释三大核酸数据库（EMBL-Bank/GenBank/DDBJ）中的编码序列，准确性较低。因此，Swiss-Prot 在蛋白质组学研究中被广泛应用。至 2011 年 10 月发放记录已超过 1818 万条，其中 UniProtKb/Swiss-Prot 53 万条，UniProtKb/TrEMBL 1765 万条（Magrane，2011）。

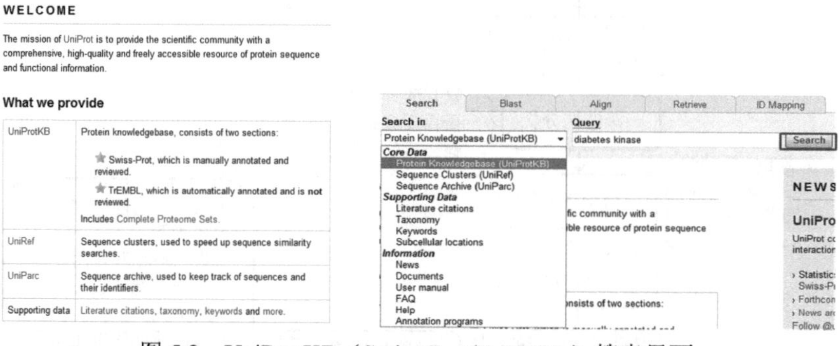

图 5.2　UniProtKB（Swiss-Prot/TrEMBL）搜索界面

用户可通过输入关键词，如名称、物种、功能、亚细胞定位、文献等或直接输入 UniProt 登录号来搜索感兴趣的蛋白质序列。以搜索与糖尿病相关的激酶蛋白为例，在下拉菜单中选择“UniProtKB”，搜索框内为“diabetes kinase”，点击 Search 运行（图 5.2）。搜索结果如图 5.3 所示，结果表明在 Swiss-Prot 数据库中有 211 条记录，在 TrEMBL 中有 16 条记录。这 227 条蛋白质记录默认以注释质量从高到低排列，每一条目录包含了登录号、登入名称、物种来源等基本信息。用户可勾选感兴趣的蛋白质序列，点击“Retrive”进入序列下载界面（图 5.4 A），选择对应格式即可；或者点击“Align”对已选择的蛋白质进行多序列比对（图 5.4 B）。

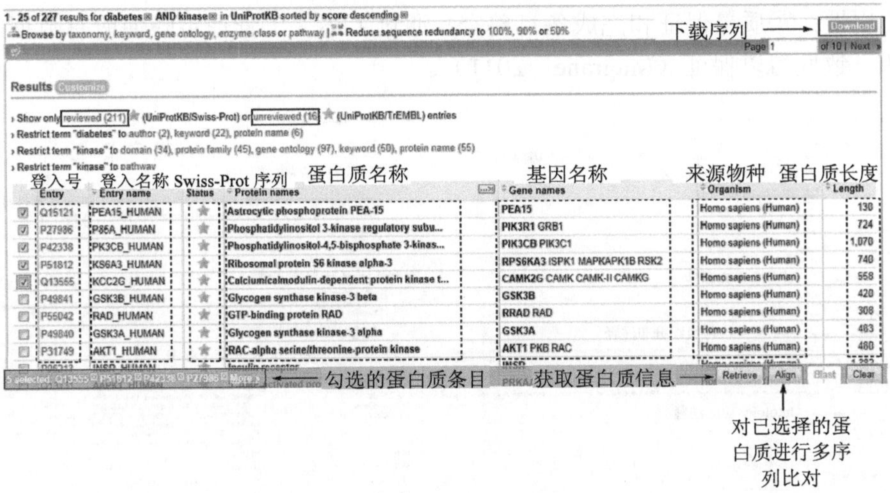

图 5.3　UniProtKB 搜索返回记录

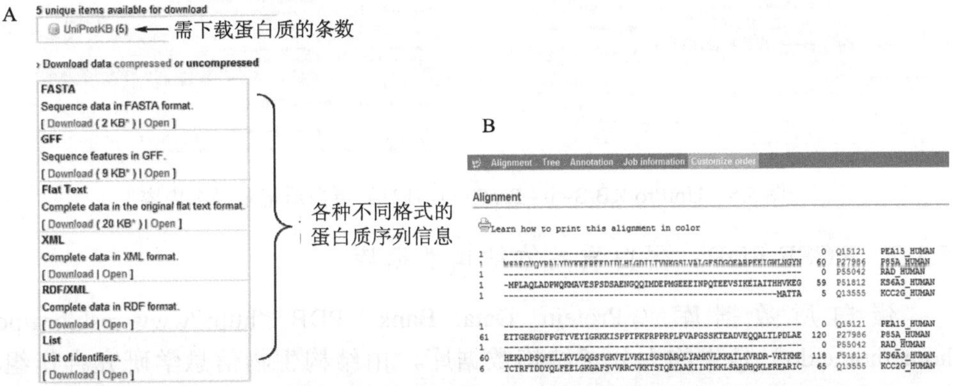

图 5.4　A. UniProtKB 序列下载界面；B. UniProtKB 蛋白质多序列比对示意图

每一条 UniProtKB/Swiss-Prot 的蛋白质记录都包含了丰富的内容（图 5.5），包括：①蛋白质名称和物种来源；②蛋白质序列属性，记录该序列是否是完整、是否在蛋白质水平被验证；③基本注释，记录了蛋白质的功能、酶学特性、与其他蛋白质的相互作用、亚细胞定位、组织特异性、翻译后修饰情况、具有生物学意义的相关结构域等信息；④Ontology 功能注释，包括蛋白质生物学过程、细胞组分、分子功能等信息；⑤序列特征注释，记录序列结构域与修饰信息；⑥氨基酸序列 Fasta 格式文件；⑦参考文献；⑧交叉参考，UniProtKB/Swiss-Prot 提供了 120 多个不同的数据库，涵盖了不同的资源类型，包括核苷酸序列资源、模式生物数据库及基因组学和蛋白质组学的集合等，用户可以选择链接；⑨UniProt 基本信息；⑩相关文件信息。这些注释都是由专业的生物学家给出的，其过程包括 6 个主要步骤：①序列保存；②序列分析；③文献管理；④基于家族的管理；⑤证据的属性；⑥质量保证和完成条目整合。通过上述人工管理步骤使所有数据的质量和一致性得以保证（Magrane，2011）。

图 5.5 UniProtKB/Swiss-Prot（Q15121）蛋白质记录详细内容

5.1.2 RCSB PDB：蛋白质晶体结构数据库

蛋白质数据库（Protein Data Bank，PDB，http://www.rcsb.org/pdb/home/home.do）是生物大分子结构数据库，由结构生物信息学研究合作组织（RCSB）维护。PDB 收集了由 X 射线晶体衍射和核磁共振测得的蛋白质及核酸三维结构数据，向全球科研工作者开放，可直接查询、调用和观察数据库中所收录的任何大分子三维结构。截至 2011 年 10 月 18 日，该库已收录 76 669 条结构记录，其中蛋白质 71 015 条、DNA 1319 条、RNA 887 条、蛋白质-核酸复合物 3320 条、其他结构 117 条。

PDB 提供的信息和分析工具，包括 10 个部分（图 5.6）：①概述（Summary），介绍了查询蛋白质条目的重要生物结构信息；②序列（Sequence），显示 InterPro、Pfam、DSSP 等数据库中用图形注释的蛋白质序列信息；③注释（Annotation），记录蛋白质的结构域、家族分类和 GO 功能分类；④序列相似度（Seq. Similarity），用户可自定义序列相似度来聚类相近的蛋白质；⑤三维结构相似度（3D Similarity），程序自动聚类与目的序列结构相似度大于 40%的其他蛋白质；⑥文献（Literature），记录了查询蛋白质结构的原始文献及其相关文献；⑦生物学和化学特性（Biol. & Chem.），记录蛋白质的酶分类、生物催化活性和代谢途径等信息；⑧方法（Methods），记录大分子晶体结构解析的实验方法数据；⑨布局（Geometry），记录大分子原子三维空间坐标数据；⑩连接（Links），为用户提供与相关数据库和工具的便捷连接。用户通过“Summary”可以获得很多重要信息，包括晶体结构、PubMed 文献出处、酶分类号/分子质量/多聚状态等蛋白质性质描述、蛋白质来源、相关 PDB 记录、小分子配体信息、结构域与生化功能分类和结构生物学知识库链接等。根据这些信息，用户可自行选择下载该蛋白质或核酸的 Fasta 或 PDB 文件做进一步分析（图 5.7）。PDB 登录号由“XXXX”4 个字符代码组成，如牛过氧化氢酶（beef catalase）用“3RE8”表示。该酶的 PDB 格式化文件为“3RE8.pdb”，它包含了三维结构的原子空间坐标信息，能用三维结构浏览器打开，详细说明可参考 http://www.wwpdb.org/documentation/format33/v3.3.html。

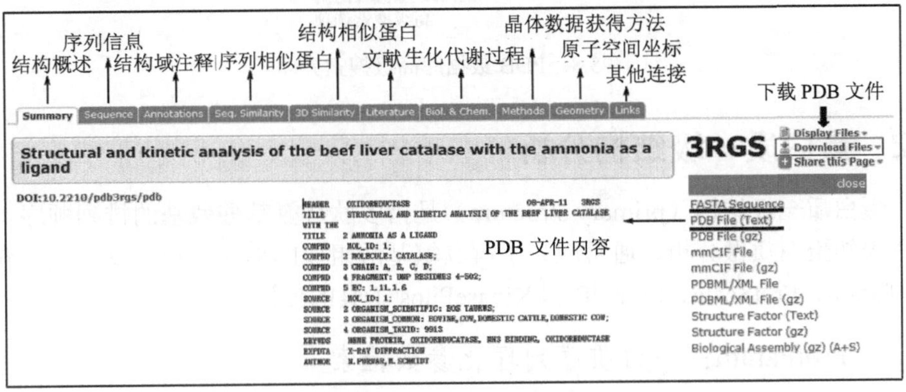

图 5.6　晶体结构条目包含的信息和分析工具

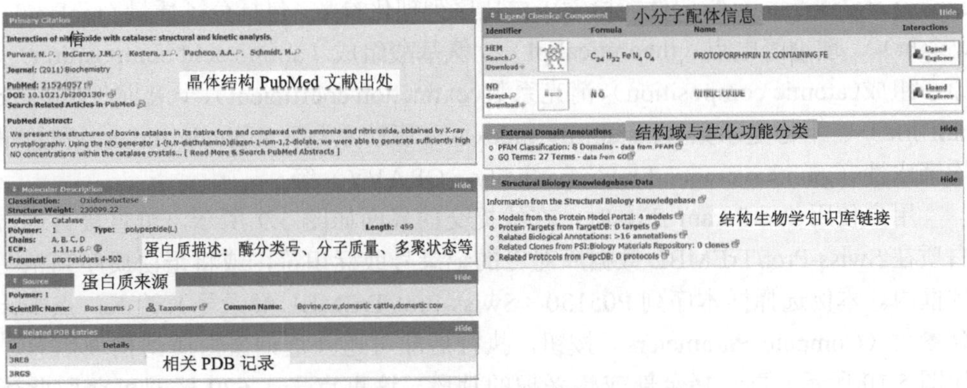

图 5.7　PDB 数据库蛋白质结构记录内容

用户进入 PDB 数据库后，可通过输入关键词、文献、小分子、PubMed 摘要等条件进行搜索，或进行高级搜索（Advanced Search）（图 5.8）。例如，搜索“beef catalase”，共返回 15 条结果（图 5.7），通常（默认）结果记录将按照文献引用率由高到低排列。

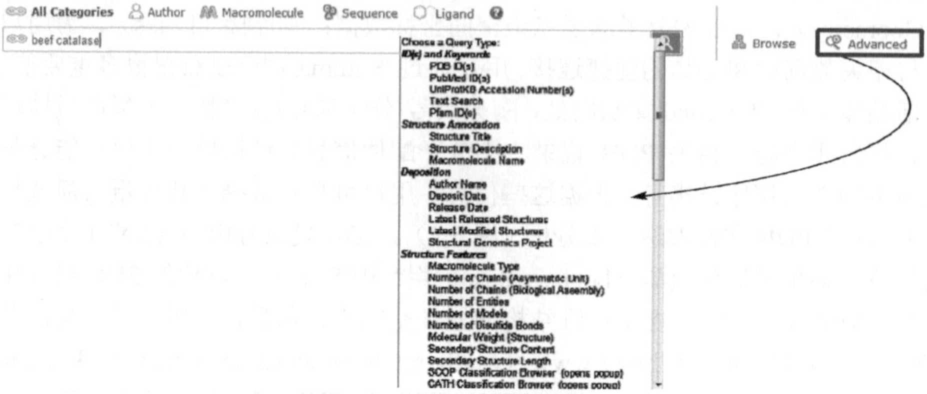

图 5.8　PDB 数据库高级搜索界面

5.2　蛋白质一级结构分析

蛋白质一级结构（primary structure）是指多肽链氨基酸残基的排列顺序。对一个未知蛋白质做分析，通常应先了解其氨基酸组成的理化性质。以下重点介绍 ProtParam、ProtScale、SignalP 和 KinasePhos 工具的使用。

5.2.1　ProtParam：蛋白质序列理化参数检索

ProtParam（physico-chemical parameters of a protein sequence，http://web.expasy.org/protparam/）软件能检索蛋白质序列理化参数，包括分子质量（molecular weight）、理论等电点（theoretical pI）、氨基酸组成（amino acid composition）、原子组成（atomic composition）、消光系数（extinction coefficient）、半衰期（estimated half-life）、不稳定系数（instability index）、脂肪系数（aliphatic index）和总平均亲水性（grand average of hydropathicity，GRAVY）等。

用户使用 ProtParam 工具时，在线提交的界面如图 5.9 所示，可直接查询蛋白质在 Swiss-Prot/TrEMBL 数据库对应的记录号或标识符，或将蛋白质序列粘贴到框内。本例选择样本序列 P05130（Swiss-Prot/TrEMBL 登录号）输入，点击计算参数（Compute Parameters）按钮，执行后即可返回查询蛋白质结构域信息，如图 5.10 所示，再选择全部或感兴趣的片段，这里点击 1-679 后即可获取此蛋白质序列片段的各项理化性质（图 5.11）。

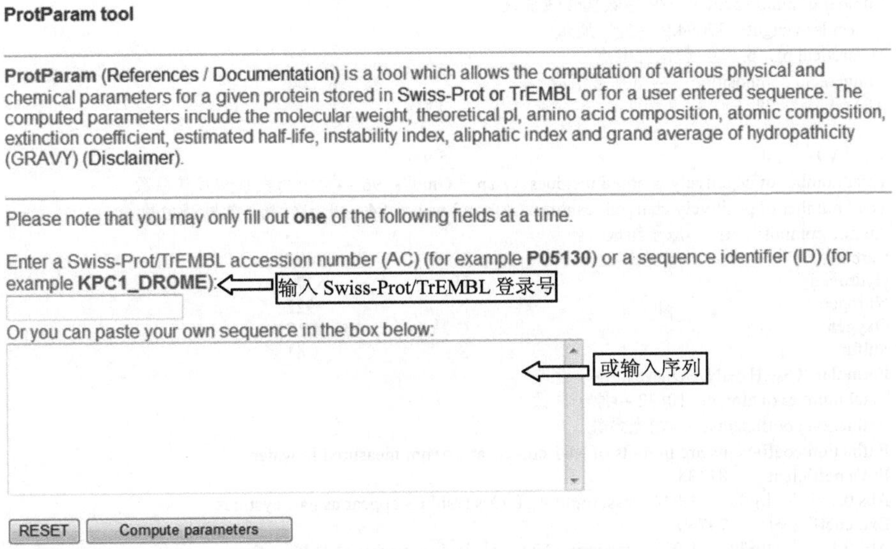
ProtParam tool
ProtParam (References / Documentation) is a tool which allows the computation of various physical and chemical parameters for a given protein stored in Swiss-Prot or TrEMBL or for a user entered sequence. The computed parameters include the molecular weight, theoretical pI, amino acid composition, atomic composition, extinction coefficient, estimated half-life, instability index, aliphatic index and grand average of hydropathicity (GRAVY) (Disclaimer).
Please note that you may only fill out one of the following fields at a time.
Enter a Swiss-Prot/TrEMBL accession number (AC) (for example P05130) or a sequence identifier (ID) (for example KPC1_DROME):
输入 Swiss-Prot/TrEMBL 登录号
Or you can paste your own sequence in the box below:
或输入序列
RESET
Compute parameters

图 5.9　ProtParam 在线预测提交界面

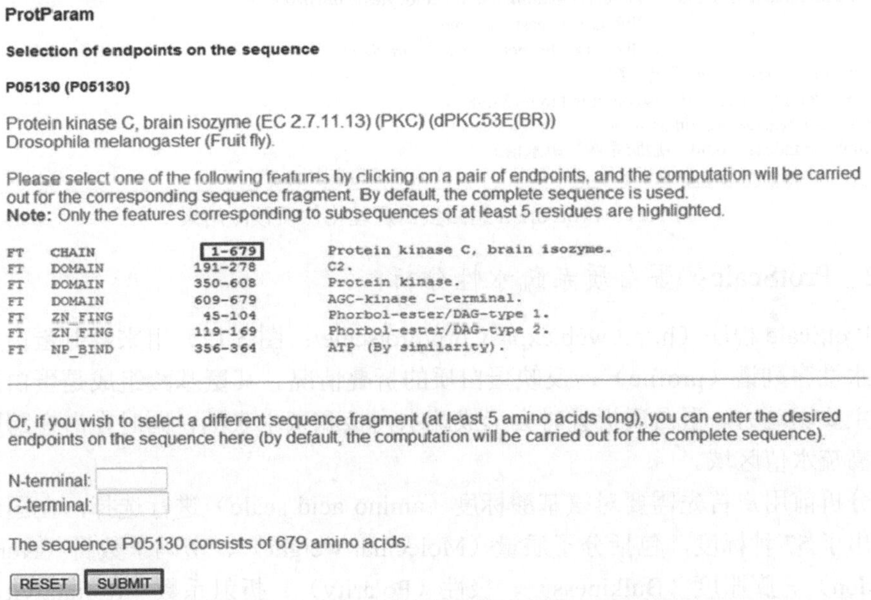
ProtParam
Selection of endpoints on the sequence
P05130 (P05130)
Protein kinase C, brain isozyme (EC 2.7.11.13) (PKC) (dPKC53E(BR))
Drosophila melanogaster (Fruit fly).
Please select one of the following features by clicking on a pair of endpoints, and the computation will be carried out for the corresponding sequence fragment. By default, the complete sequence is used.
Note: Only the features corresponding to subsequences of at least 5 residues are highlighted.
FT CHAIN 1-679 Protein kinase C, brain isozyme.
FT DOMAIN 191-278 C2.
FT DOMAIN 350-608 Protein kinase.
FT DOMAIN 609-679 AGC-kinase C-terminal.
FT ZN_FING 45-104 Phorbol-ester/DAG-type 1.
FT ZN_FING 119-169 Phorbol-ester/DAG-type 2.
FT NP_BIND 356-364 ATP (By similarity).
Or, if you wish to select a different sequence fragment (at least 5 amino acids long), you can enter the desired endpoints on the sequence here (by default, the computation will be carried out for the complete sequence).
N-terminal:
C-terminal:
The sequence P05130 consists of 679 amino acids.
RESET
SUBMIT

图 5.10　ProtParam 返回蛋白质结构域预测结果

但是，ProtParam 程序没有考虑蛋白质翻译后修饰、新生蛋白质的导肽（leading peptide）和蛋白质多聚体等情况，因此，用户在预测此类特定蛋白质的基本理化性质时需要仔细查看和审视其结果。

Number of amino acids：679 →氨基酸残基数
Molecular weight：77694.9 →分子质量
Theoretical pI：6.77 →理论等电点
Amino acid composition：→氨基酸组成
Ala（A） 28 4.1%
… …
Val（V） 40 5.9%
Total number of negatively charged residues（Asp + Glu）：96 →负电荷氨基酸残基总数
Total number of positively charged residues（Arg + Lys）：94 →正电荷氨基酸残基总数
Atomic composition：→原子组成

Carbon	C	3477
Hydrogen	H	5374
Nitrogen	N	922
Oxygen	O	1018
Sulfur	S	41

Formula：$C_{3477}H_{5374}N_{922}O_{1018}S_{41}$ →分子式
Total number of atoms：10832 →原子总数
Extinction coefficients：→消光系数
Extinction coefficients are in units of M-1 cm-1，at 280 nm measured in water.
Ext. coefficient 81135
Abs 0.1%（=1 g/l） 1.044，assuming ALL Cys residues appear as half cystines
Ext. coefficient 79760
Abs 0.1%（=1 g/l） 1.027，assuming NO Cys residues appear as half cystines
Estimated half-life：→半衰期
The N-terminal of the sequence considered is M（Met）.
The estimated half-life is：30 hours（mammalian reticulocytes，*in vitro*）.
>20 hours（yeast，*in vivo*）.
>10 hours（Escherichia coli，*in vivo*）.
Instability index：→不稳定系数
The instability index（II）is computed to be 37.98
This classifies the protein as stable.
Aliphatic index：70.60 →脂肪系数（疏水值）
Grand average of hydropathicity（GRAVY）：-0.517 →总平均亲水性

图 5.11 ProtParam 返回蛋白质理化性质预测结果

5.2.2 ProtScale：蛋白质亲疏水性分析

ProtScale 程序（http://web.expasy.org/protscale/；图 5.12）用来绘制蛋白质的亲疏水性序列谱（profile），反映蛋白质的折叠情况。其氨基酸组成是蛋白质折叠的主要驱动力。蛋白质折叠时会形成疏水内核和亲水表面，同时在潜在跨膜区出现高疏水值区域。

分析前用户首先需要对氨基酸标度（amino acid scale）进行选择，在图 5.12 中列出了 57 种标度，包括分子质量（Molecular weight）、密码子数目（Number of codon）、膨胀度（Bulkiness）、极性（Polarity）、折射系数（Refractivity）、识别因子（Recognition factors）等特性和不同的评分标准，如 Hphob./Kyte & Doolittle（默认）等算法。

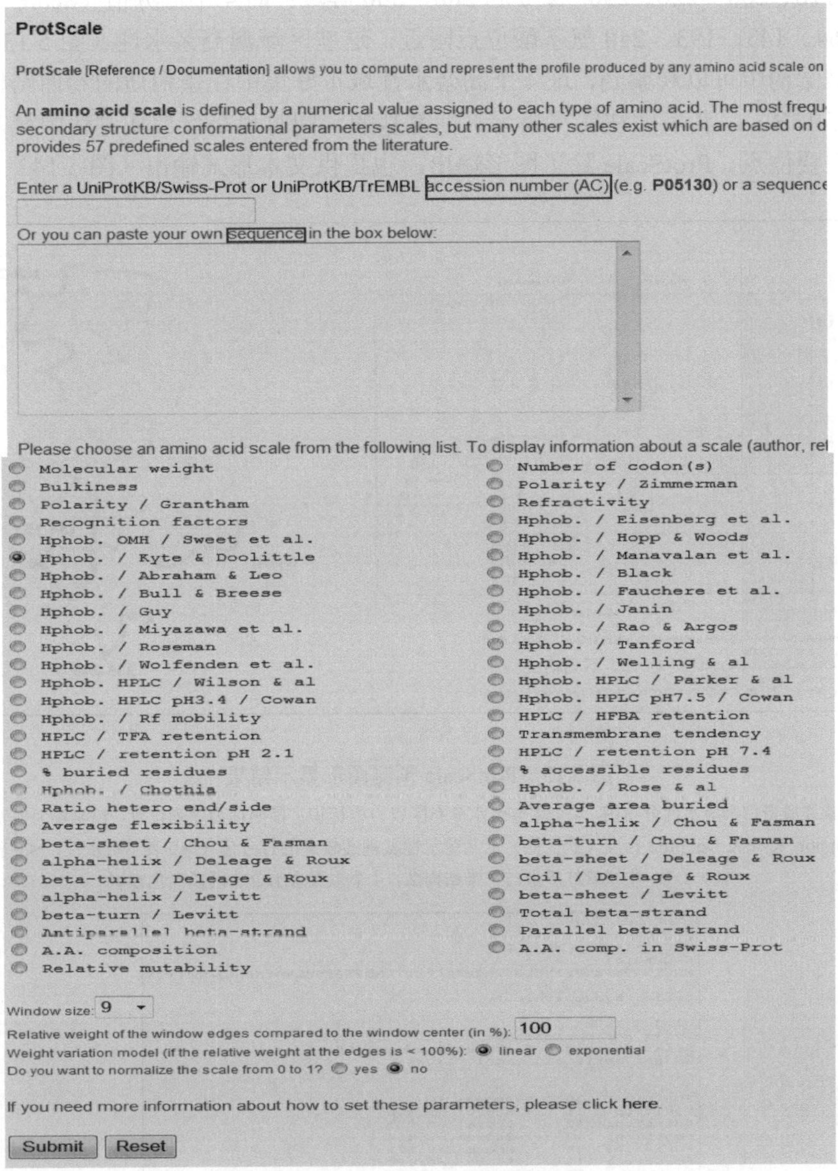

图 5.12　ProtScale 在线预测提交界面

现以牛视紫红质蛋白（OPSD_BOVIN Rhodopsin）A 序列（Swiss-Prot/TrEMBL P02699）为例，输入图 5.12 提交框，然后点击 1-348 后即可获取此蛋白质的亲疏水性序列谱。

疏水性分析（窗口大小调整为 19，默认为 9）时，ProtScale 图形输出显示该蛋白质存在 7 个高分值（Scare>1.5）峰，分别分布在 40～60、75～95、110～130、

150～170、200～220、250～270 和 280～300 等域；而 4 个低分值（Scare <0）峰位于 64、143、193、240 氨基酸位点附近，这些区域属高亲水性（图 5.13A）。从三维结构中可以观察到，这 4 个高亲水性域正好集中在蛋白质的卷曲结构部位（图 5.13B）。其表面往往富集亲水性氨基酸，同时也是蛋白质进化中氨基酸插入的主要位点。ProtScale 除了图形输出，也提供文本形式输出（图 5.14）。

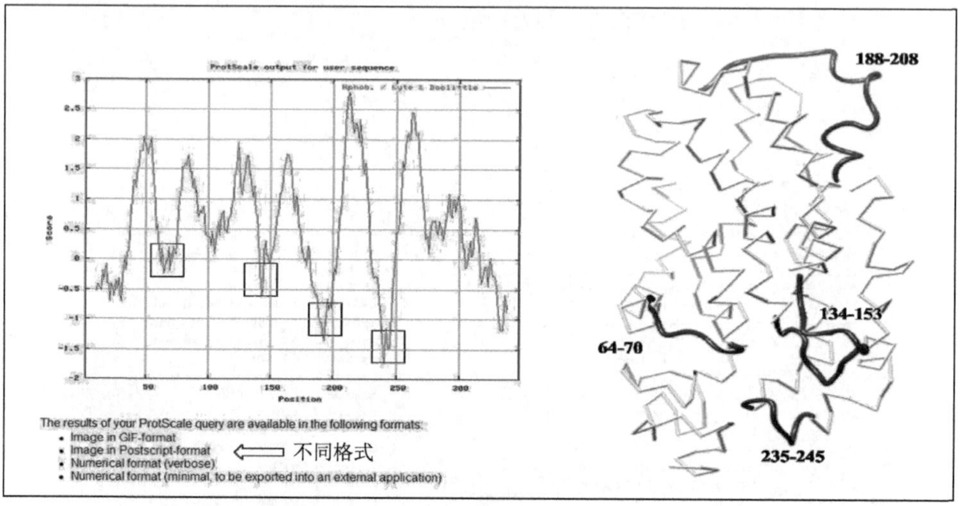

A　　　　　　　　　　　　　　　　B

图 5.13　ProtScale 预测图形显示结果

A. 牛视紫红质蛋白亲疏水性分布图，4 个主要亲水分布区以方框标识；横坐标为序列位置，纵坐标为氨基酸的标度值。Hphob. Kyte & Doolittle 标度（默认值）定义疏水性氨基酸较高的打分值（>0 表示疏水性，<0 表示亲水性）。B. 牛视紫红质蛋白三维结构图，4 个主要亲水分布区以深色标识

```
ProtScale Scores
MIN: -1.732, MAX: 2.784
Sequence:
MNGTEGPNFYVPFSNKTGVVRSPFEAPQYYLAEPWQFSMLAAYMFLLIMLGFPIN

Scale: Hydropathicity.

Window size: 19
Scale not normalized.
Relative weight for window edges: 100 %
Weight variation model: linear


Position:  10     Score: -0.521
Position:  11     Score: -0.400
Position:  12     Score: -0.453
Position:  13     Score: -0.474
Position:  14     Score: -0.521
Position:  15     Score: -0.189
Position:  16     Score: -0.353
Position:  17     Score: -0.174
Position:  18     Score: -0.074
Position:  19     Score: -0.405
Position:  20     Score: -0.405
Position:  21     Score: -0.695
```

图 5.14　ProtScale 预测文本显示结果

ProtScale 通常利用移动窗口（sliding windows）来扫描单个氨基酸与蛋白质序列上几个邻近残基的亲/疏水值的平均或组合。用户可根据实验要求自定义氨基酸残基窗口大小（window size）。例如，为突出亲水区和疏水区，通常选择 9～

11 较为合适；若分析跨膜螺旋区域，拟选择 19 或 21（本例用 19）；对螺旋较短的球形蛋白质则选择 7 或 9。

在计算亲疏水性时，研究者可以选择调滑动窗口大小和不同的氨基酸标度值以增强结果信号并去除假阳性信号。如图 5.15A 所示，默认窗口值（窗口大小=9）下，比较了 3 种不同算法（Hopp 和 Woods、Eisenberg 等及 Kyte 和 Doolittle）对信号的影响，其中以 Kyte 和 Doolittle 标度计算得到的信号最为显著；还可以调整窗口大小，如图 5.15B 所示。当窗口调整为 21 时，所得到的信号值比用默认窗口值 9 更为明显，去除了较小的“噪声峰谷”信号。

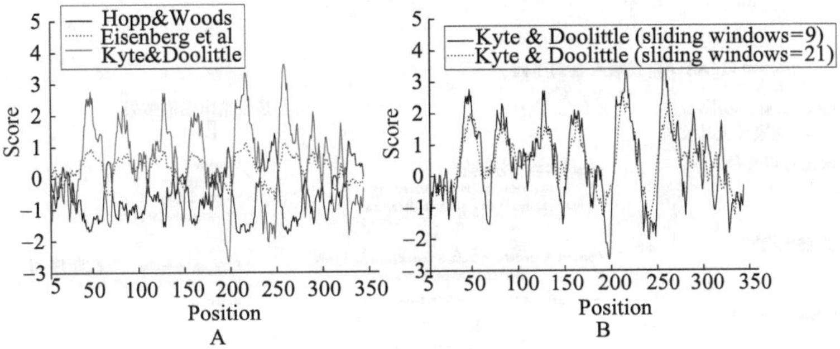

图 5.15　不同算法（A）和不同窗口大小（B）对亲疏水性谱图预测的影响

此外，通过设置窗口中央氨基酸和周边氨基酸的相对权重（relative weight of the window edges compared to the window center），以及权重值变化模型（weight variation model），如呈线性（linear）或指数性（exponential）下降，可使计算结果更接近实际测定值。对不同标度的计算结果进行比较时，需用“normalize the scale from 0 to 1”选项将标度值归一化（图 5.12）。

5.2.3　SignalP：蛋白质信号肽和亚细胞定位预测

信号肽（signal peptide）通常位于分泌蛋白 N 端，由 16~30 个氨基酸组成，它包括 3 个区：N 端，带正电荷;中间是主要功能区，以中性氨基酸为主，能形成 α 螺旋结构；C 端，含小分子氨基酸，带负电荷，是信号序列切割位点，也称加工区。信号肽的功能是引导蛋白质跨膜转移到特定亚细胞结构或分泌至胞外。

SignalP/ChloroP/TargetP 是由丹麦科技大学开发的在线预测蛋白质信号肽和亚细胞定位工具。它包括3个工具：SignalP（http://www.cbs.dtu.dk/services/SignalP/）主要用于革兰氏阳性菌、革兰氏阴性菌和真核生物的分泌型信号肽剪切位点预测，ChloroP（http://www.cbs.dtu.dk/services/ChloroP/）用于预测叶绿体转运信号肽，TargetP（http://www.cbs.dtu.dk/services/TargetP/）用于预测真核生物的亚细胞定位。

这里我们主要介绍 SignalP。最新推出的 SignalP（4.0 版本）的提交界面，如

图 5.16 所示，用户可直接输入一条或多条 fasta 格式的氨基酸序列，或本地上传文件进行分析。参数选项主要包括：①物种选择，如革兰氏阳性菌、革兰氏阴性菌或真核生物；②方法选择，默认输入可能包括跨膜序列，也可不含跨膜序列；③图形，默认输出格式为 GIF；④结果输出格式，默认为标准（Standard）格式，也可选择短、长，或所有 SignalP 无跨膜（noTM）；⑤选项，D-cutoff 值可选择为带跨膜或无跨膜；⑥截断序列，蛋白质信号肽长度极少超过 45 个氨基酸，因此用户仅需选取 N 端部分序列测定。默认截断 N 端 70 个氨基酸，0 则表示序列未截断。该工具对序列和氨基酸提交数目有一定的限制，每次最多提交 2000 条序列，氨基酸残基总数不能超过 20 万；每条序列不能超过 6000 个氨基酸残基。

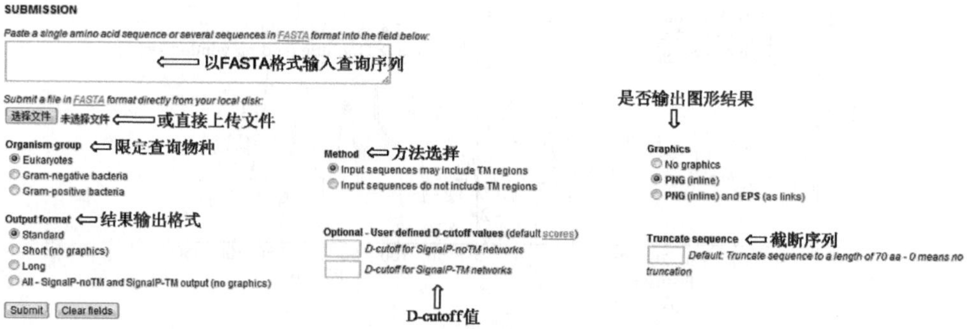

图 5.16 SignalP（4.0 版本）的提交界面

以人环加氧酶-1（human cyclooxygenase-1，Swiss-Prot accession: P23219）为例，输入序列后，使用默认参数，点击提交，返回结果如图 5.17 所示。图中 x 轴列出序列前 50 个位置氨基酸，y 轴为 C 值记分（score）。C 值表示剪切位点的记分，用红色显示，C 值高出现剪切位点的可能性就大。本例中的 C 最高值（max）为 0.781，出现在第 25 位点氨基酸 D 上。S 值为信号肽记分，它显示曲线变化趋势，图中用绿色显示，高分位置，表示相应的氨基酸位于信号肽部分；低分位置，表示位于成熟蛋白部分。本例 S-max 为 0.995。Y 值是基于 S 值和 C 值的综合记分值，用蓝色显示。Y 值最高点（Y-max）通常被视为最理想的剪切位点，此点具有高的 C 值，同时又是 S 值由高转低的位点；基于 Y-max 判定，本例具有信号肽，它最可能的剪切位点预测在第 24 和第 25 位点间（SP='YES' Cleavage site between pos. 24 and 25），成熟蛋白启动（包括）的位置是 25。S-mean 是指从 N 端氨基酸到 Y-max 范围氨基酸 S 记分的平均值，根据此值可以预测信号肽的长度。在 SignalP 4.0 版中，D 记分值对 S-mean 和 Y-max 采用加权平均值。本例中 D 值平均为 0.929，D-cutoff 为 0.450。S-mean 和 D 值也可以作为区分分泌及非分泌蛋白的标准，通常非分泌蛋白计算值很低。如需查看每个氨基酸具体的 C、S 和 Y 记分值可点击#data（图 5.17）。

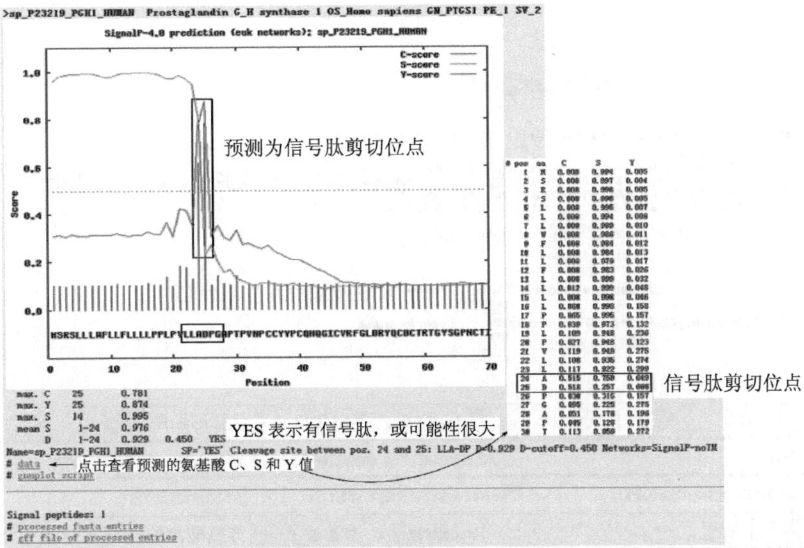

图 5.17　SignalP（4.0 版本）预测结果（见文后彩图）

5.2.4　KinasePhos：激酶磷酸化修饰位点预测

氨基酸翻译后通常会加入一些生物化学官能团（如乙酸盐、磷酸盐、不同的酯类及碳水化合物），使其在化学性质或结构上发生改变，被称为蛋白质翻译后修饰（posttranslational modification），如 N 端 Met 切除、二硫键形成和化学修饰（磷酸化、糖基化、甲基化等）。其中对磷酸化（phosphorylation）修饰研究较为深入。真核细胞的激酶磷酸化位点主要发生在丝氨酸（Ser）、苏氨酸（Thr）、酪氨酸（Tyr）和组氨酸（His）残基侧链的羟基上，不同蛋白激酶能识别并修饰不同蛋白质的氨基酸位点。

KinasePhos（http://kinasephos2.mbc.nctu.edu.tw/index.html）是基于支持向量机（Support Vector Machines，SVM）算法的激酶磷酸位点预测软件，现版本 2.0，用户可以通过这款在线分析工具来预测未知蛋白的磷酸化位点和修饰激酶。它们的数据来自 Swiss-Prot 和 Phospho.ELM 非冗余数据集，其磷酸化位点数据都经过实验验证，预测准确度高达 90%。

以 Swiss-Prot 序列 P35222 为例，在线提交蛋白质序列（图 5.18），采用默认设置，对 4 种激酶类型勾选，提交“Submit”即可。预测结果显示有 42 个丝氨酸（S）激酶、46 个苏氨酸（T）激酶、17 个酪氨酸（Y）激酶潜在磷酸化位点，0 个组氨酸（H）磷酸化位点；同时，给出对应氨基酸位点、磷酸化位置、SVM 记分值、催化激酶及其识别序列 SVM 训练集数据和 Logo 模式图（图 5.19）。用户可以提高特异性（specificity）限定值为减少假阳性率，例如，当限定值设置为 90%时，只能发现 28 个丝氨酸、3 个苏氨酸、2 个酪氨酸潜在磷酸化位点。

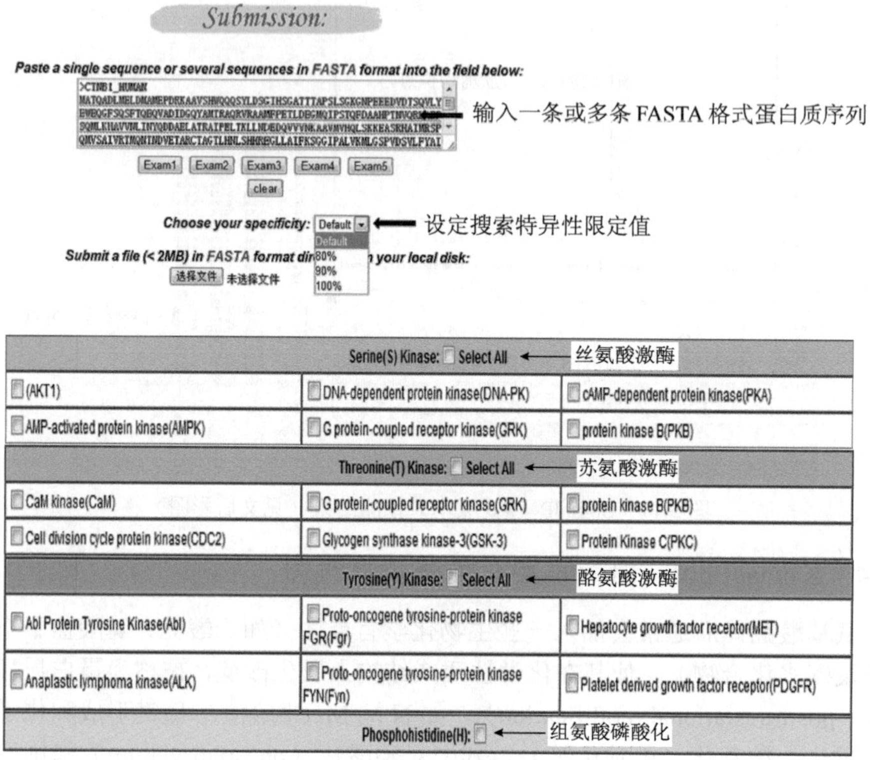

图 5.18 KinasePhos 在线提交界面

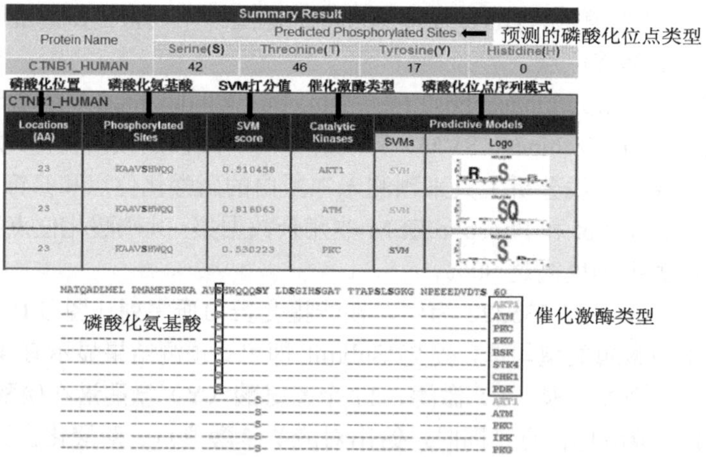

图 5.19 KinasePhos 预测激酶磷酸化位点结果

5.3　蛋白质二级结构预测

蛋白质二级结构（secondary structure）是指氨基酸残基形成的 α 螺旋（α-helix）、β 折叠（β-sheet）、无规则卷曲（coil）及模体（motif）等组件。通常蛋白质二级结构预测程序采用以下 3 种方法：①结合人工神经网络、遗传算法等机器学习（machine learning）方法，统计氨基酸出现频度（如 Chou-Fasman 和 Garnier 算法），如 PHD（基于神经网络序列谱预测蛋白质一级结构）等；②以已知二级结构为模板，建立序列谱矩阵（profile matrix）或位置特异性记分矩阵（position-specific scoring matrix，PSSM），如 PSI-BLASTP；③利用同源蛋白多重比对。这些方法都能在一定程度上反映蛋白质局部区域的结构，对于 α 螺旋预测精度较好，但对 β 折叠较差。本节重点介绍 PredictProtein 和 PSIPRED 工具。

5.3.1　COILS：卷曲螺旋预测工具

卷曲螺旋（coiled-coil）是由两股或两股以上 α 螺旋相互缠绕而形成的超螺旋结构的总称。该结构存在于多种天然蛋白质中，如转录因子、膜蛋白等，它们在基因调控、分子识别等方面发挥着重要的生物学功能。

COILS（http://www.ch.embnet.org/software/COILS_form.html）程序基于 Lupas 算法，由 Swiss EMBNet 维护。它将一个序列和已知平行的双链卷曲螺旋进行比较，并通过相似性评分比较球状（globular）和卷曲螺旋（coiled-coil）蛋白的分布，然后计算形成卷曲螺旋构象序列的概率。

用户既可以从网络上提交分析序列（图 5.20），也可以下载到本地进行运算。

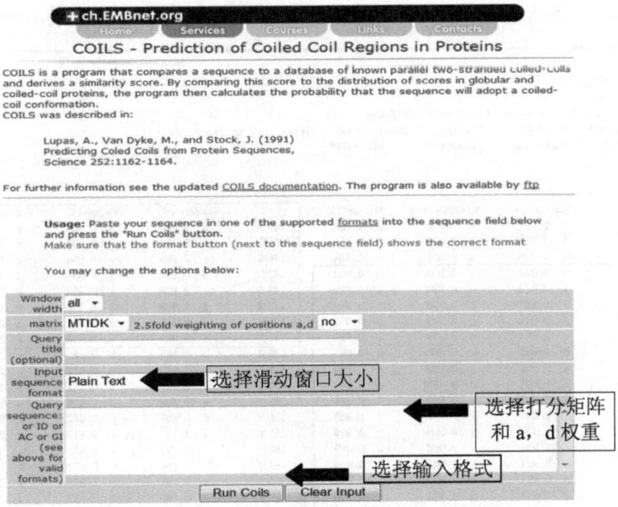
ch.EMBnet.org
Home
Services
Courses
Links
Contacts
COILS - Prediction of Coiled Coil Regions in Proteins
COILS is a program that compares a sequence to a database of known parallel two-stranded coiled-coils and derives a similarity score. By comparing this score to the distribution of scores in globular and coiled-coil proteins, the program then calculates the probability that the sequence will adopt a coiled-coil conformation.
COILS was described in:
Lupas, A., Van Dyke, M., and Stock, J. (1991)
Predicting Coled Coils from Protein Sequences,
Science 252:1162-1164.
For further information see the updated COILS documentation. The program is also available by ftp
Usage: Paste your sequence in one of the supported formats into the sequence field below and press the "Run Coils" button.
Make sure that the format button (next to the sequence field) shows the correct format
You may change the options below:
Window width
all
matrix
MTIDK
2.5fold weighting of positions a,d
no
Query title (optional)
Input sequence format
Plain Text
Query sequence: or ID or AC or GI (see above for valid formats)
Run Coils
Clear Input
选择滑动窗口大小
选择打分矩阵和 a，d 权重
选择输入格式

图 5.20　Coils 卷曲螺旋预测提交界面

COILS 也采用了窗口滑动算法来找寻潜在的卷曲螺旋区域。卷曲螺旋区域一般是由以 a、b、c、d、e、f、g 等 7 个残基（heptad）为单位组成，其中 a 和 d 位置为疏水性氨基酸，而其他位置残基为亲水性。因此在窗口宽度“Window width”中一般为 7 的倍数，如 14、28；默认参数是选择全部（all）窗口搜索。矩阵“Matrix”选项包括 MTIDK 和 MTK。打分矩阵每次沿着氨基酸位点计算每个位点的分值，然后将每个窗口的分值换算成概率值。COILS 程序允许用户将打分矩阵权重 a 和 d 的分值提高 2.5 倍。将加权后和未加权分值的结果做比较，如果其概率值相差 20%～30%，表明该高分值片段是由氨基酸偏好所引起的假阳性。

现以“GO45_HUMAN”为例，输入的序列格式（Input sequence format）选择“Swiss Prot ID or AC”，从返回图形结果可见，该蛋白质残基在 3 个不同窗口（Window 14、21、28）均显示卷曲螺旋区域（图 5.21）；文本数值结果显示，第一个卷曲螺旋序列位于 123～150 区域框内（图 5.22）。

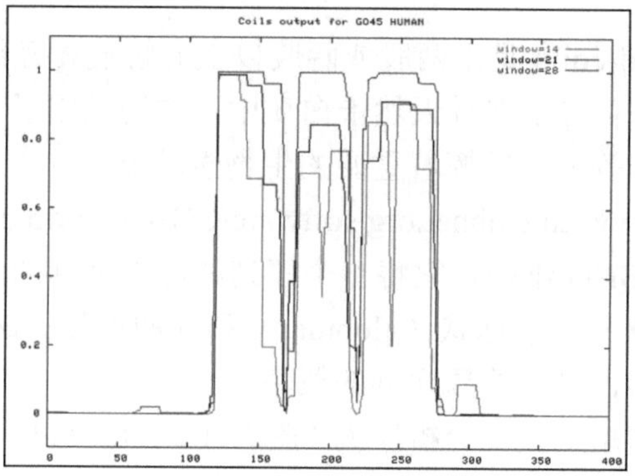

图 5.21　Coils 预测 GO45_HUMAN 图形显示结果

```
# COILS version 2.1
# using MTIDK matrix
# no weights
# Input file is ../wwwtmp/.COILS.25974.7937.seq
#>sp|Q9H2G9|GO45_HUMAN (BLZF1)Golgin-45 (Basic leucine zipper nuclear factor 1) (
# Residue     Window=14      Window=21      Window=28
#...
 .
 .
            Window=14    Window=21    Window=28             Window=14    Window=21    Window=28
116 V       a  0.001     a  0.031     a  0.051     144 K    a  0.689     a  0.958     a  0.999
117 I       b  0.001     b  0.031     b  0.051     145 E    b  0.689     b  0.958     b  0.999
118 E       c  0.010     c  0.032     c  0.524     146 G    c  0.689     c  0.958     c  0.999
119 P       d  0.010     d  0.032     d  0.524     147 L    d  0.689     d  0.958     d  0.999
120 N       e  0.974     e  0.989     e  0.999     148 S    e  0.689     e  0.958     e  0.998
121 K       f  0.983     f  0.989     f  0.999     149 N    f  0.689     f  0.958     f  0.998
122 E       g  0.991     g  0.989     g  0.999     150 Q    g  0.689     g  0.958     g  0.998
123 L       a  0.991     a  0.989     a  0.999     151 L    a  0.689     a  0.958     a  0.998
124 S       b  0.991     b  0.989     b  0.999     152 R    b  0.689     b  0.873     b  0.998
125 E       c  0.991     c  0.989     c  0.999     153 V    c  0.197     c  0.672     c  0.964
126 V       d  0.991     d  0.989     d  0.999     154 Q    d  0.197     d  0.672     d  0.964
127 K       e  0.991     e  0.989     e  0.999     155 T    e  0.197     e  0.672     e  0.964
128 N       f  0.991     f  0.989     f  0.999     156 E    f  0.197     f  0.672     f  0.964
129 V       g  0.991     g  0.989     g  0.999     157 V    g  0.197     g  0.672     g  0.964
130 L       a  0.991     a  0.989     a  0.999     158 N    a  0.197     a  0.672     a  0.964
131 E       b  0.991     b  0.989     b  0.999     159 R    b  0.197     b  0.672     b  0.964
132 K       c  0.991     c  0.989     c  0.999     160 E    c  0.197     c  0.672     c  0.964
133 L       d  0.991     d  0.989     d  0.999     161 L    d  0.197     d  0.672     d  0.964
134 K       e  0.991     e  0.989     e  0.999     162 K    e  0.197     e  0.672     e  0.964
135 N       f  0.991     f  0.989     f  0.999     163 K    f  0.133     f  0.596     f  0.964
```

图 5.22　Coils 预测 GO45_HUMAN 文本显示结果

5.3.2　TMHMM：跨膜区结构预测服务器

跨膜受体是参与细胞与外界通信的特殊整合膜蛋白，在信号转导中发挥独特和重要的作用。胞外信号分子（通常是激素、神经递质、细胞因子、生长因子或细胞识别分子）附加到跨膜受体，从而引发了细胞的信号转导。跨膜蛋白的类型包括：①单个跨膜 α 螺旋膜蛋白；②多个 α 螺旋蛋白；③ β 桶状跨膜蛋白。

目前预测蛋白质跨膜螺旋的软件很多，其中以 TMHMM 服务器（http://www.cbs.dtu.dk/services/TMHMM-2.0）为最佳（Möller et al., 2002）。点击 TMHMM 服务器进入提交页面，本地文件递交或粘贴序列均用 fasta 格式（图 5.23）。本例递交（Submit）牛视紫红质蛋白（P02699），运行后，从输出的文本文件中确定，其跨膜螺旋（TMhelix）区预测位置分别在 39～61、74～96、111～133、153～175、202～224、254～276、286～308（图 5.24）。从输出的图形文件中也明显展示 7 个跨膜螺旋区（图 5.25）。

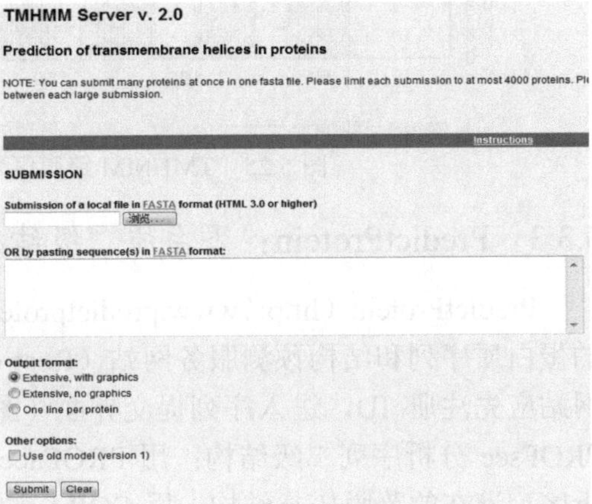

图 5.23　TMpred 跨膜区预测结果图形显示结果

```
# Bovine Length: 348
# Bovine Number of predicted TMHs:  7
# Bovine Exp number of AAs in TMHs: 157.90524
# Bovine Exp number, first 60 AAs:  21.49411
# Bovine Total prob of N-in:        0.00024
# Bovine POSSIBLE N-term signal sequence
Bovine     TMHMM2.0   outside       1    38
Bovine     TMHMM2.0   TMhelix      39    61
Bovine     TMHMM2.0   inside       62    73
Bovine     TMHMM2.0   TMhelix      74    96
Bovine     TMHMM2.0   outside      97   110
Bovine     TMHMM2.0   TMhelix     111   133
Bovine     TMHMM2.0   inside      134   152
Bovine     TMHMM2.0   TMhelix     153   175
Bovine     TMHMM2.0   outside     176   201
Bovine     TMHMM2.0   TMhelix     202   224
Bovine     TMHMM2.0   inside      225   253
Bovine     TMHMM2.0   TMhelix     254   276
Bovine     TMHMM2.0   outside     277   285
Bovine     TMHMM2.0   TMhelix     286   308
Bovine     TMHMM2.0   inside      309   348
```

图 5.24　TMpred 跨膜区预测文本显示结果

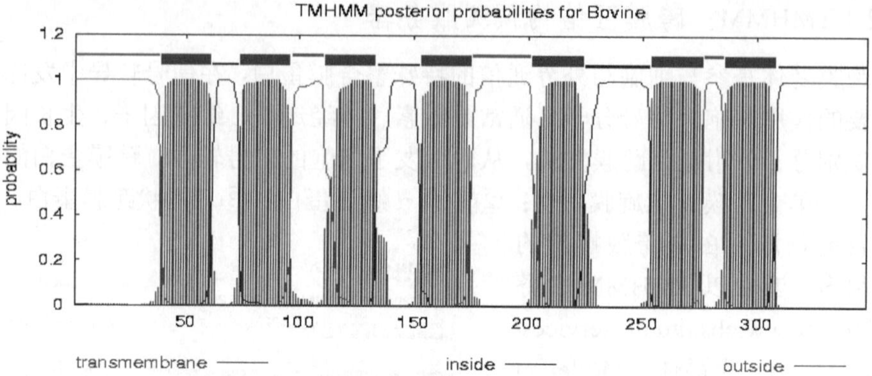
TMHMM posterior probabilities for Bovine
probability
1.2
1
0.8
0.6
0.4
0.2
0
50
100
150
200
250
300
transmembrane
inside
outside

图 5.25　TMHMM 跨膜区预测结果图形显示结果

5.3.3　PredictProtein：蛋白质二级结构预测

PredictProtein（http://www.predictprotein.org/）是欧洲分子生物学实验室提供的蛋白质序列和结构预测服务网站（Rost et al., 2004）。用户访问 PredictProtein 网站应先注册 ID，进入序列提交界面（图 5.26）。程序默认分析方法包括：用 PROFsec 分析序列二级结构；用 PROFacc 分析残基溶剂可及性；用 PHDhtm 分析序列潜在的跨膜拓扑结构；用 COILS 预测卷曲结构；通过 PROSITE 搜索模体（motif），预测序列潜在的功能；借助 ProDom 预测结构功能域等。输出包括标题信息（HEADER information）（图 5.27）、预测概要（SYNOPSIS for prediction）及预测结果正文（BODY with prediction）。服务器将把网络链接地址通过邮件发送给用户，返回结果是 HTML 文件格式。

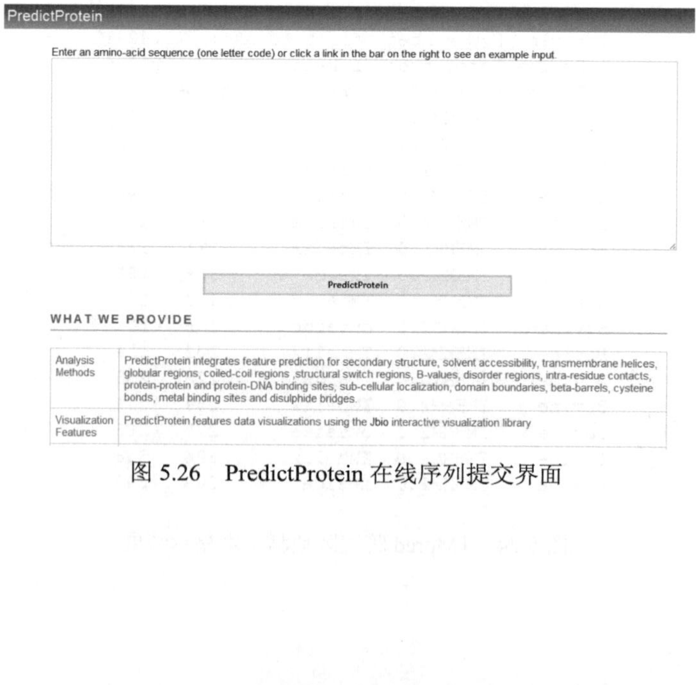
PredictProtein
Enter an amino-acid sequence (one letter code) or click a link in the bar on the right to see an example input.
PredictProtein
WHAT WE PROVIDE
Analysis Methods
PredictProtein integrates feature prediction for secondary structure, solvent accessibility, transmembrane helices, globular regions, coiled-coil regions ,structural switch regions, B-values, disorder regions, intra-residue contacts, protein-protein and protein-DNA binding sites, sub-cellular localization, domain boundaries, beta-barrels, cysteine bonds, metal binding sites and disulphide bridges.
Visualization Features
PredictProtein features data visualizations using the Jbio interactive visualization library

图 5.26　PredictProtein 在线序列提交界面

图 5.27　PredictProtein 返回结果标题内容

图 5.28 以牛视紫红质蛋白（P02699）为例来说明 PHD 输出结果。PHD_htm 行内显示 7 个以 M 标识的跨膜区（helical transmembrane region），在 Rel_htm 行内的数字（0～9）表示预测置信度，值越高，置信度越高。SUB_htm 行是对跨膜拓扑结构的进一步预测，同样表明 7 个跨膜区。详细标识符注释见表 5.1。

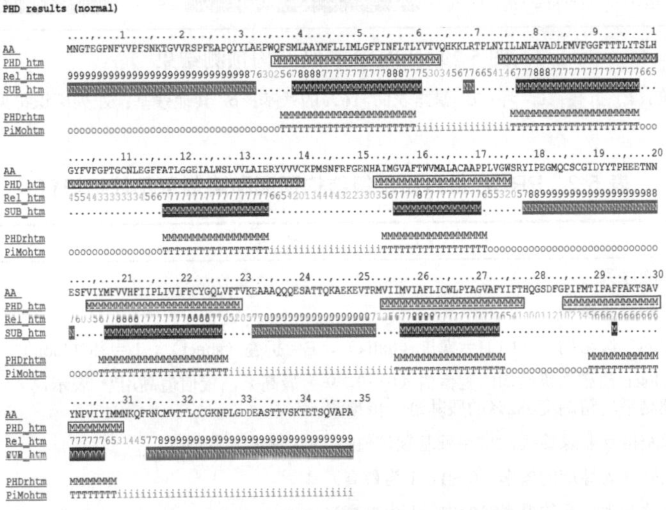

图 5.28　PHD 跨膜结构预测结果

M. 跨膜区；N. 非跨膜区；左列标识符见表 5.1

表 5.1　PHD 跨膜结构预测标识符

标识符	信　息
AA	氨基酸序列
pH_sec	预测为螺旋的概率（0～1，1 为最高）
pL_sec	预测为非螺旋非片层结构的概率（0～1，1 为最高）
PHD_htm	预测跨膜区螺旋，M＝跨膜区域螺旋，空白＝非跨膜区域螺旋
Rel_htm	预测置信值（0～9，9 为最高），置信值高用"*"表示
SUB_htm	对预测平均精确度>98％的残基进一步预测
	N 或空格＝非跨膜区，"."＝残基置信值<7 而未做进一步预测
PHDrhtm	跨膜区，M＝跨膜区，空白＝非跨膜区
PiMohtm	跨膜区拓扑结构，T＝跨膜区域，i＝膜内区域，o＝膜外区域

图 5.29 列出了观察（OBS）和预测（PROF）的蛋白质二级结构类型（helix、sheet、loop）及其比例。预测结果显示，该蛋白质富含 helix 结构，且其对应的序列位置正好在跨膜区，佐证了跨膜区预测的准确性。每行标识符注释见表 5.2。

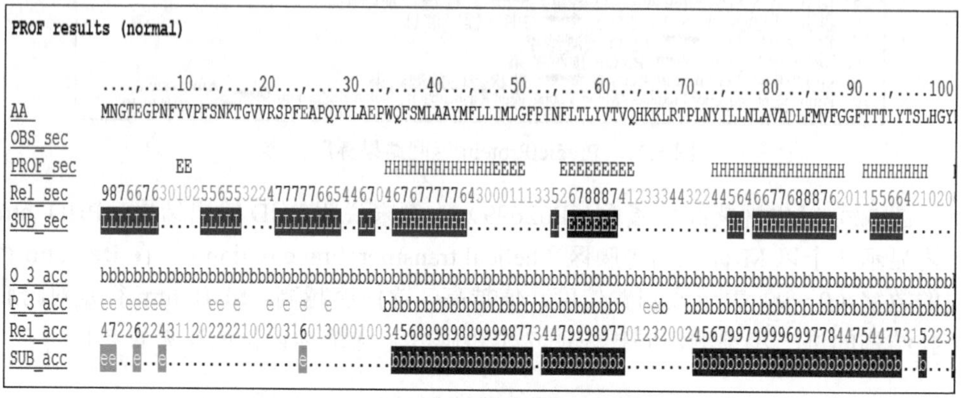

图 5.29 PROF 二级结构预测结果

H. 螺旋；E. 折叠；L. 环；e. 暴露表面>16%的残基；b. 其他残基；左列标识符见表 5.2

表 5.2 PROF 蛋白质二级结构预测和溶剂可及性标识符

标识符	信 息
AA	氨基酸序列
OBS_sec	观察的二级结构
PROF_sec	预测的二级结构，其中 H＝螺旋（helix），E＝折叠（sheet），L＝环（loop）
Rel_sec	PROFsec 预测二级结构的置信值（0～9，9 为最高），置信值高用“*”表示，对预测平均精确度>82%的残基进一步预测
SUB_sec	N 或空格＝非螺旋区，“.”＝残基置信值<5 而未做进一步预测
pH_sec	预测残基为螺旋的概率（0～1，1 为最高）
pE_sec	预测残基为折叠的概率（0～1，1 为最高）
pL_sec	预测残基为环的概率（0～1，1 为最高）
O_2_acc	蛋白质在 b=0～16%，c=16%～100% 两种状态下观察的相对溶剂可及性
P_2_acc	蛋白质在 b=0～16%，c=16%～100% 两种状态下预测的相对溶剂可及性
O_3_acc	蛋白质在 b=0～9%，i=9%～36%，e=36%～100% 3 种状态下观察的相对溶剂可及性
P_3_acc	蛋白质在 b=0～9%，i=9%～36%，e=36%～100% 3 种状态下预测的相对溶剂可及性
OBS_acc	蛋白质在 10 种状态下观察的相对溶剂可及性，10 种状态：$n*n$%到（n+1）*（n+1）%（n=0～9）
PROF_acc	蛋白质在 10 种状态下预测的相对溶剂可及性，10 种状态：$n*n$%到（n+1）*（n+1）%（n=0～9）
Rel_acc	PROFacc 预测的置信值（0～9，9 为最高），置信值高用“*”表示，对预测平均精确度>69%的残基进一步预测
SUB_acc	N 或空格＝非螺旋区，“.”＝残基置信值<4 而未做进一步预测

5.3.4　PSIPRED：蛋白质结构预测方法

PSIPRED（http://bioinf.cs.ucl.ac.uk/psipred/）通过 PSI-BLAST 搜索同源序列预测蛋白质二级结构，分析方法包括以下 6 种：PSIPRED v3.0 用于预测二级结构，平均准确率可达 80%左右；MEMSAT3 & MEMSAT-SVM 用于预测跨膜区拓扑结构；MEMPACK 用支持向量机（SVM）算法预测跨膜拓扑和螺旋形填料（Helix Packing）结构；GenTHREADER 和 pGenTHREADER 基于折叠识别法预测蛋白质结构，前者分析速度较快，后者预测更为精确；pDomTHREADER 基于结构域比来提高预测精度，适用于超家族结构域识别，默认程序是 PSIPRED（图 5.30）。

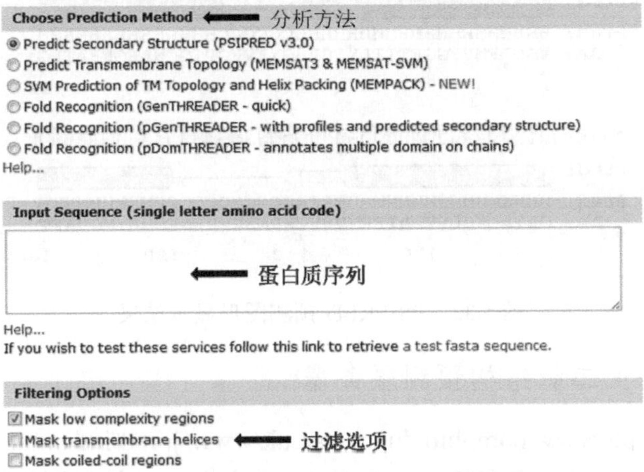

图 5.30　PSIPRED 在线提交序列界面

依然提交牛视紫红质蛋白序列，并选择默认预测方法和过滤参数，用户可通过邮件获取服务器返回的预测结果。图 5.31 和图 5.32 以文本与图形分别显示氨基酸序列中的二级结构预测区域（Pred）及其可信度（Conf）。PSIPRED 信息运行快速，所得结果较为直观，但信息量不及 PredictProtein。

```
Conf: Confidence (0=low, 9=high)
Pred: Predicted secondary structure (H=helix, E=strand, C=coil)
  AA: Target sequence
# PSIPRED HFORMAT (PSIPRED V2.6 by David Jones)
             Strand        Coil                 Helix
Conf: 998878974662798888999998766676872899999999999999999997887260
Pred: CCCCCCCCEEEECCCCCCCCCCCCCCCCCCCCCCHHHHHHHHHHHHHHHHHHHHHHHEEE
  AA: MNGTEGPNFYVPFSNKTGVVRSPFEAPQYYLAEPWQFSMLAAYMFLLIMLGFPINFLTLY
              10        20        30        40        50        60
Conf: 024657668779999999999999999999469999999618867646799999999999
Pred: EEEECCCCCHHHHHHHHHHHHHHHHHHHHHHHHHHHHHHCCCCCCCHHHHHHHHHHHHHH
  AA: VTVQHKKLRTPLNYILLNLAVADLFMVFGGFTTTLYTSLHGYFVFGPTGCNLEGFFATLG
              70        80        90       100       110       120
```

图 5.31　PSIPRED 预测文本显示结果

Conf. 置信度；Pred. 预测区域；AA. 氨基酸

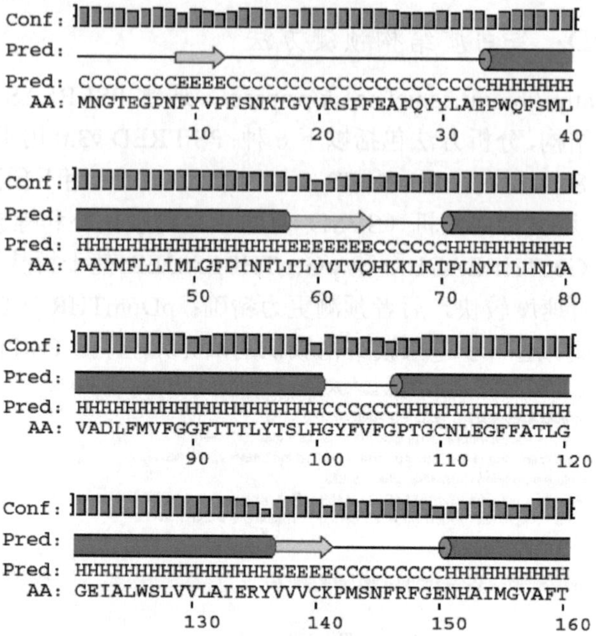

图 5.32　PSIPRED 预测图形显示结果

5.3.5　Jpred 3：二级结构预测服务器

Jpred（http://www.compbio.dundee.ac.uk/www-jpred/index.html）由 Barton Group 创建于 1998 年，现在版本为 3.0。Jpred 应用 Jnet 神经网络算法，来预测蛋白质二级结构、相对溶剂可溶性(sowent accessibi lity)和复合螺旋(coiled-coil)区，其二级结构预测的平均准确率大于 81%。Jpred 是经比对的自优化预测方法，它通过 3 次迭代的 PSI-Blast 运算找到同源序列，整合了 PHD、PREDATOR 和 NNSSP 的算法，将多种二级结构预测方法汇集成“一致预测结果”（consensus predicted result）。最新的版本引入了 HMMER 的隐马尔可夫序列谱，从而进一步提高了预测准确率。

Jpred 的提交界面十分简洁（图 5.33），用户只需输入单个或多个蛋白质序列即可，或者进入高级搜索模式，设置提交任务名称及结果返回邮件地址等信息。以预测 P35222（Swiss-Prot ID）蛋白序列为例，提交后首先返回搜索 PDB 数据库获得的结构记录（图 5.34），点击“Continue”继续运行程序。运行结果需要借助 Java 插件显示。打开 JalView，如图 5.35 所示，上部分为基于二级结构的同源蛋白质多序列比对结果，下部分为如α螺旋、β折叠或片层等图形化的二级结构信息。其注释见表 5.3。用户还可利用 JalView 自行编辑二级结构注释或导出数据。

图 5.33　Jpred 的序列提交界面

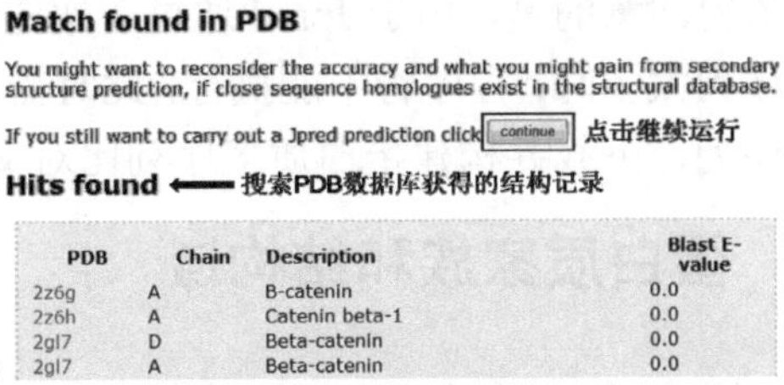

图 5.34　Jpred 搜索 PDB 数据库结果

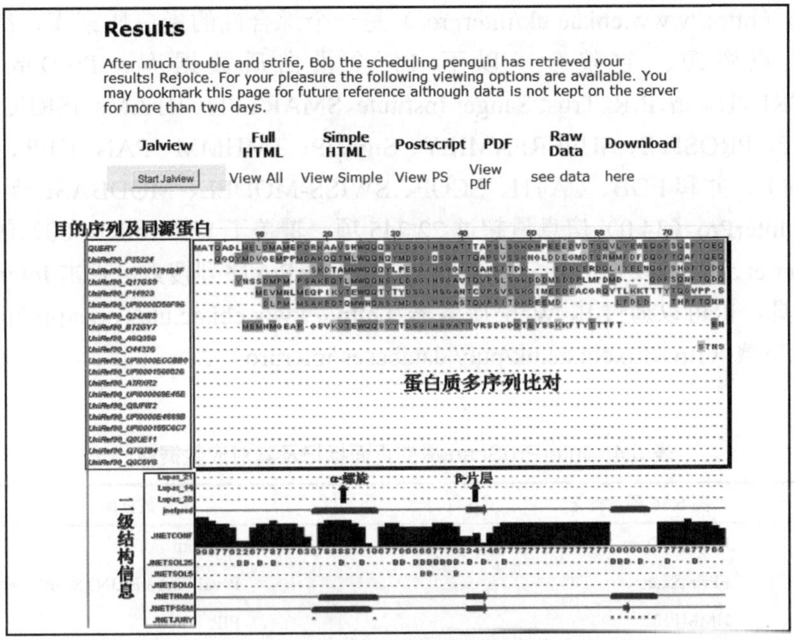

图 5.35　JalView 二级结构图形结果

表 5.3　JalView 二级结构信息注释

Lupas_14/Lupas_21/Lupas_28	基于 Lupas 算法预测卷曲螺旋结构
jnetpred	Jnet 预测得到的二级结构示意图
JnetCONF	Jnet 预测可信度打分（0 最小，9 最大）
JnetSOL25/JNETSOL5/JNETSOL0	以 25%/5%/0 的阈值预测蛋白质溶剂可及性（"B"表示氨基酸为埋藏状态，"-"表示氨基酸为暴露状态）
JnetHMM	用 HMMer 序列谱预测得到的二级结构示意图
JnetPSSM	用 PSSM 序列谱预测得到的二级结构示意图
JnetJURY	用"*"表示 Jnet 与其他预测方法得出的不一致区域

（预测窗口分别为 14/21/28）"C"表示可信度高，"c"表示可信度低

值得注意的是，由于 Jpred 通过 3 次迭代的 PSI-Blast 运算找寻同源序列，当同源序列太多时，程序将不能执行，此时需用户自行从 PSI-Blast 结果中选取显著性的序列，下载并构建蛋白质多序列比对文件，再运行程序。

5.4 蛋白质家族和结构域

5.4.1 InterPro 简介

欧洲生物信息学研究所（European Bioinformatics Institute，EBI）开发的 InterPro（http://www.ebi.ac.uk/interpro/）是一个综合性的蛋白质家族、结构域和功能位点资源，它整合了以下 14 个蛋白质数据库：ProDom、P-val FingerPRINTScan、PIR、Trust Sanger Institute、SMART、TIGRFAMs、ISREC Profile、HAMAP、PROSITE、SUPERFAMILY、SignalP、TMHMM、PANTHER、Gene3D（表 5.4），并和 PDB、CATH、SCOP、SWISS-MODEL、MODBASE 保持链接。最新版 InterPro（34.0）信息量超过 22 245 项，覆盖了 UniProtKB~80%的蛋白质（Hunter et al.，2012）（图 5.36，表 5.4）。InterPro 序列搜索可点击 InterProScan 搜索工具，也可以通过其 Web 服务器（http://www.ebi.ac.uk/Tools/pfa/iprscan/）或 FTP 下载（ftp://ftp.ebi.ac.uk/pub/ databases/interpro）。

表 5.4 InterProScan 提交页面标记及其对应数据库

图 5.36 图示标记	搜索数据库
BlastProDom	ProDom
FPrintScan	P-val FingerPRINTScan
HMMPIR	PIR
HMMPfam	Trust Sanger Institute
HMMSmart	SMART
HMMTigr	TIGRFAMs
ProfileScan	ISREC Profile
HAMAP	HAMAP
PatternScan	PROSITE
SuperFamily	SUPERFAMILY
SignalPHMM	SignalP
TMHMM	TMHMM
HMMPanther	PANTHER
Gene3D	Gene3D

注：SignalP 是预测蛋白质信号肽切割位点的工具；TMHMM 是预测蛋白质跨膜螺旋的工具。

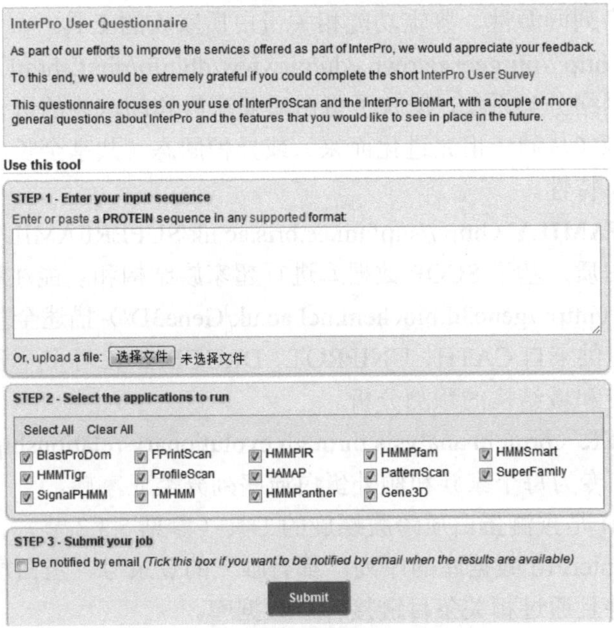

图 5.36　InterPro 序列搜索提交页面

现对整合进 InterPro 的数据库简述如下。

- **UniProt**（universal protein resource，http://www.uniprot.org/）是全球蛋白质资源。
- **PROSITE**（http://prosite.expasy.org/）是蛋白质家族和结构域数据库（参见 5.4.2 节）。根据序列中有生物学意义的位点、模式和序列谱鉴定所测蛋白质属于哪个已知蛋白质家族。
- **Pfam**（http://pfam.sanger.ac.uk/）是一个多序列比对和隐马尔可夫模型（HMM）的大集合，涵盖许多常用的蛋白质结构域（参见 5.4.3 节）。
- **PRINTS**（http://www.bioinf.manchester.ac.uk/dbbrowser/PRINTS/index.php）是蛋白质指纹汇集。指纹是指具蛋白质家族特征的保守模体，通过 UniProt 数据库迭代扫描后得到。模体不会重叠，虽然在三维空间上可能会相邻，但在序列上可以被分隔。
- **ProDom**（http://prodom.prabi.fr/prodom/current/html/home.php）是对 UniProt 中蛋白质序列基于迭代比对（PSI-BLAST）检索蛋白质结构域。
- **SMART**（simple modular architecture research tool，http://smart.embl-heidelberg.de/）允许对遗传可移动域的鉴定和注释及域结构的分析。在信号途径、胞外及染色质相关蛋白中，已有 500 多个结构域被识别，并对这些结构域的重要残基加以注释（参见 5.4.5 节）。
- **TIGRFAMs**（http://www.jcvi.org/cgi-bin/tigrfams/index.cgi）是基于隐马尔

可夫模型搜索序列同源性、鉴定功能相关蛋白质家族的工具。

● **PIRSF**（http://pir.georgetown.edu/pirwww/dbinfo/pirsf.shtml）是一个序列多样性的多层次网络分类系统，反映了蛋白质亚家族和超家族的进化关系。PIRSF 家族成员具同源（从同一祖先进化而来）或异种同态（共享全长序列相似性和具共同的域结构）特性。

● **SUPERFAMILY**（http://supfam.cs.bris.ac.uk/SUPERFAMILY/）对所有完成测序生物的蛋白质，基于 SCOP 数据库进行超家族结构和功能注释。

● **Gene3D**（http://gene3d.biochem.ucl.ac.uk/Gene3D/）描述全基因组蛋白质家族和结构域，提供来自 CATH、UNIPROT、DRUGBANK 等多个资源蛋白质功能注释、功能位点和域结构的预测分析。

● **PANTHER**（protein analysis through evolutionary relationships，http://www.pantherdb.org/）专为每个家族和额外蛋白质序列分类亚家族。

● **TMHMM** 是预测蛋白质跨膜螺旋的工具（参见 5.3.2 节）。

凡整合进 InterPro 数据库的序列，都有唯一的登录号、蛋白质特征概述，附有文献来源，并且通过相关条目链接各个数据库。

InterProScan 工具可以采用本地或在线方法分析，以下我们介绍进行在线分析的方法和结果解读。用户进入 InterProScan 提交界面（图 5.36），输入或上传查询蛋白质序列文件，然后选择全部（默认）或部分数据库提交（Submit），服务器会根据用户指定的数据库逐个搜索，其流程如图 5.37 所示。运行后返回综合分析结果。

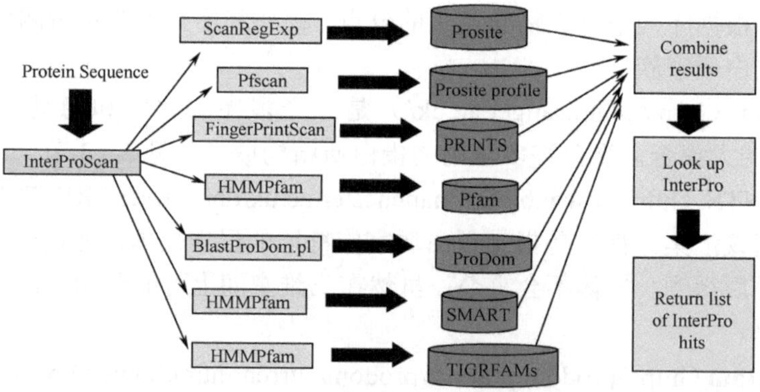

图 5.37　InterProScan 分析流程图

以下简要介绍 InterPro 中的几个数据库的使用方法。

5.4.2　PROSITE：蛋白质结构域、家族和功能位点数据库

PROSITE（http://prosite.expasy.org/；Hulo et al.，2006）是 ExPASy 的一部分，

它通过蛋白质家族多序列比对得到特征模体（motif）。在 PROSITE 数据库中，模体用正则表达式（regular expression）或模式（pattern）表示。至 2011 年 10 月，PROSITE 数据库收集了 1627 条文件条目（documentation entries）、1308 条模式（pattern）、946 条序列谱（profile）以及 944 条（ProRule）记录。在 profile 中可以引入空位和插入比对，因此，由 profile 描述的蛋白质序列，其长度通常会增加。

PROSITE 文件描述包括蛋白质域、家族、功能位点及相关的配置。PROSITE 入口（access）提供多种形式查看其数据库中的记录（图 5.38），用户可用登录号、关键字等搜索已有的文本记录；或者以不同浏览（Browse）方式（文件名、ProRule 描述、物种分类和浏览次数等）直接查找感兴趣的家族模体。PROSITE 工具（tools）包括 ScanProsite、PRATT 和 My Domains-Image Greator。

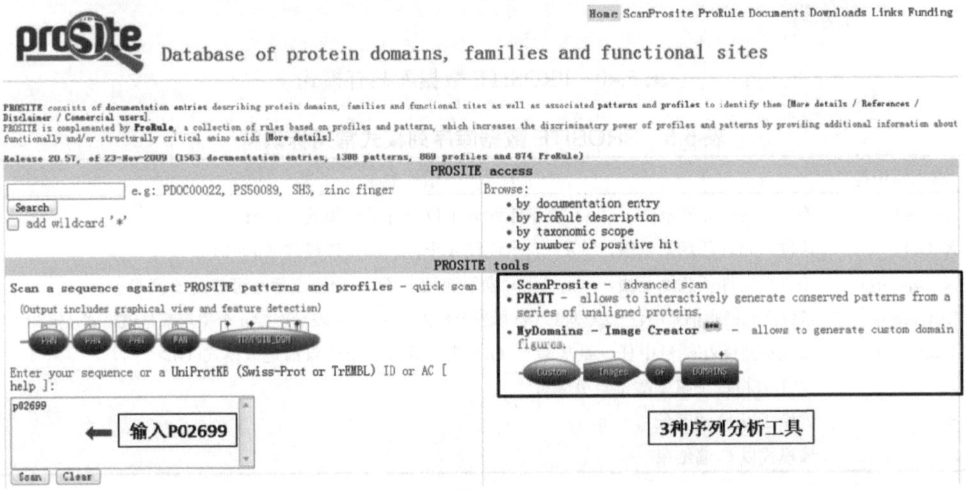

图 5.38　PROSITE 数据库提交页面

本例在右下方框输入蛋白质序列（Swiss-Port ID: P02699），扫描（Scan）后显示共有 1 条序列谱（profile）（PS50262）和 2 条模式（patten）（PS00237 和 PS00238）匹配（图 5.39），继续点击 PS00238 发现该蛋白质属视蛋白（OPSIN），其家族的共有模式（Consensus pattern）（图 5.40）通常用简化的正则表达式表示：[LIVMFWAC]-[PSGAC]-x-{G}-x-[SAC]-K-[STALIMR]-[GSACPNV]-[STACP]-x（2）-[DENF]-[AP]-x（2）-[IY]，这里 K 是视黄醇结合位点（retinal binding site），模式中常用的标识符列于表 5.5。对于保守性较高的 motif 而言，使用正则表达式能较好地反映其蛋白质结构与功能信息。有关视蛋白的信息则可查看文字描述（Distribution）（图 5.41）。

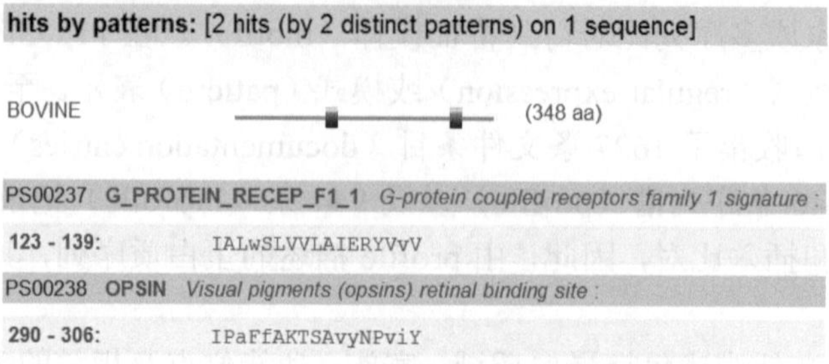

图 5.39 PROSITE 数据库搜索的模式

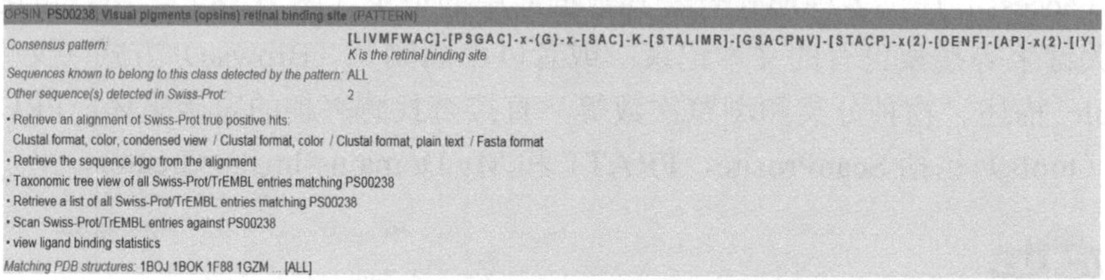

图 5.40 PROSITE 数据库共有模式

表 5.5 PROSITE 数据库序列模式常用标识符

模式标识符	信 息
Aa（*n*）	该位点为保守氨基酸，（*n*）表示连续 *n* 个位点都是该模式（*n*>1）
X（*n*）	该位点允许任意氨基酸，（*n*）表示连续 *n* 个位点都是该模式（*n*>1）
X（n_1，n_2）	该位点允许任意氨基酸，（n_1，n_2）表示连续 n_1 至 n_2 个位点都有可能是该模式
[Aa]（*n*）	该位点允许中括号中任一氨基酸（氨基酸个数大于 2），*n* 表示连续 *n* 个位点都是该模式（*n*>1）
{Aa}（*n*）	该位点排除花括号中任一氨基酸，（*n*）表示连续 *n* 个位点都是该模式（*n*>1）
-	“-”用来将每个氨基酸位点分隔开
<	该模式以 N 端开始
>	该模式以 C 端结束

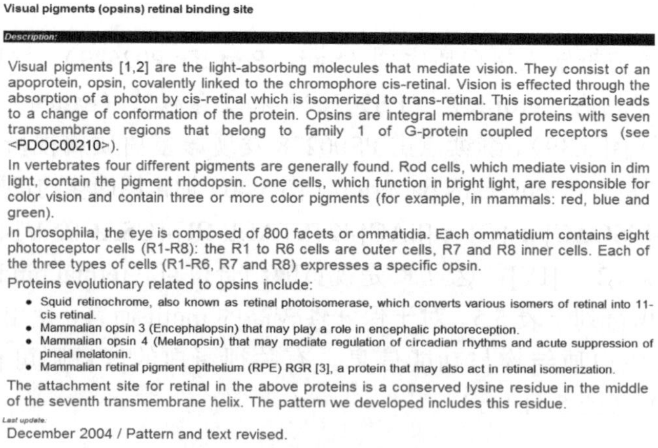

图 5.41 结构域和序列谱描述

PROSITE 提供了三种序列分析工具（图 5.38 右下方）。

（1）ScanProsite：　允许用户对未知蛋白质序列进行保守 motif 和家族分析。用户可以在左框内输入 Swiss-Prot/TrEMBL 数据记录号或自定义序列，还可以在右框内输入 PROSITE 登录号或自定义的模式。提交框下设蛋白质数据库、过滤器和模式选项，如图 5.42 所示。

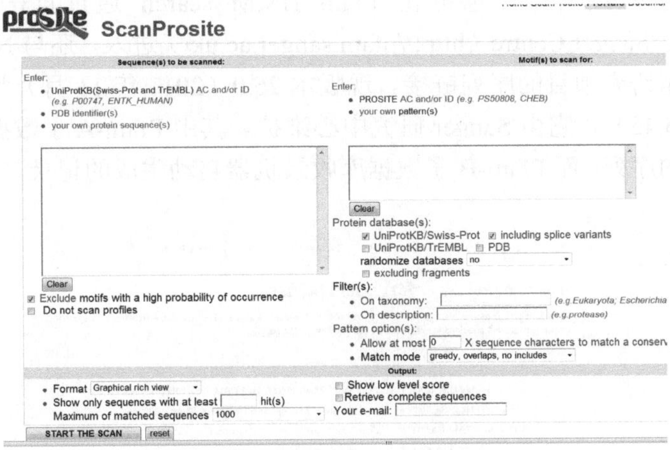

图 5.42　ScanProsite 扫描页面

（2）PRATT：能从一组蛋白质序列中发现其保守序列模式的程序。用户可以提交多条序列或比对好的序列格式，程序将返回该序列集的模式表达式（图 5.43）。高级用户可以安装 PRATT 至本地机，或者使用 EBI PRATT server（http://web.expasy.org/pratt/）来构建保守序列模式，该服务器提供丰富的参数用于分析，适合有经验的分析者。

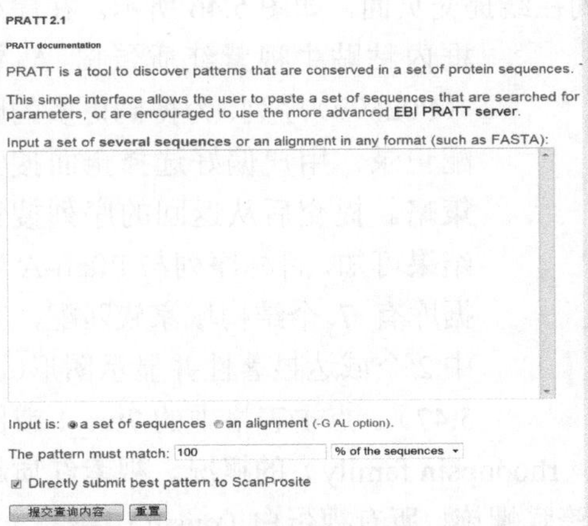

图 5.43　PRATT 提交页面图

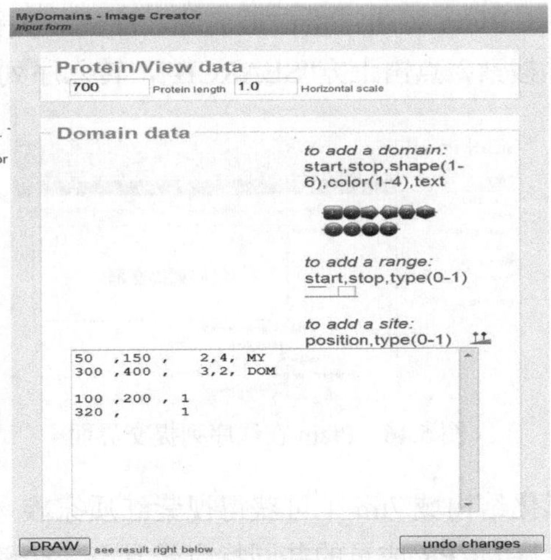

图 5.44　MyDomains-Image Creator 界面

（3）MyDomains-Image Creator：用户可自定义结构域示意图，其界面如图 5.44 所示。

5.4.3 Pfam：蛋白质家族比对和 HMM 数据库

如前所述，Pfam（protein families database of alignment and HMM）不仅链接 UniProtKB 序列数据库，也可在 Pfam HMM search 通过点击 Washington University 或 Sanger Centre（http://pfam.sanger.ac.uk/）进入，还与 NCBI GenPept 及其大基因组研究项目的序列链接。现版本 26.0（2011 年 11 月）收录了 13 672 个家族（图 5.45），它由 Sanger 研究中心维护。其中 Pfam-A 子数据库数据质量高，占 74%的序列；而 Pfam-B 子数据库收录机器自动生成的记录，占 13%（Finn et al., 2008）。

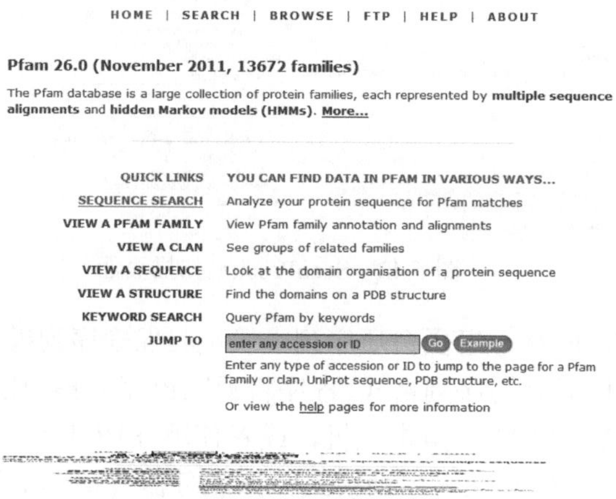

图 5.45 Pfam 官方网站主页

Pfam 可通过蛋白质名称、序列、关键字、结构域名称、DNA 序列等方式进行搜索，点击上方“SEARCH”，转入序列在线提交页面，如图 5.46 所示。在序列框内粘贴牛视紫红质蛋白 A 链（P02699）序列，为得到更多的匹配记录，用户偏好选择全面搜索策略。提交后从返回的序列搜索结果可知，目标序列与 Pfam-A 数据库有 7 个结构域家族匹配，其中 2 个域达显著性并显示图形（图 5.47）。点击表格中的 7tm_1 或图形化结构域 7tm_1 可获得视紫红质家族（rhodopsin family）的概况，视紫红质超家族 GCPR 成员的共同特点是具有 7 个跨膜螺旋，所有视蛋白（opsin）结合一个

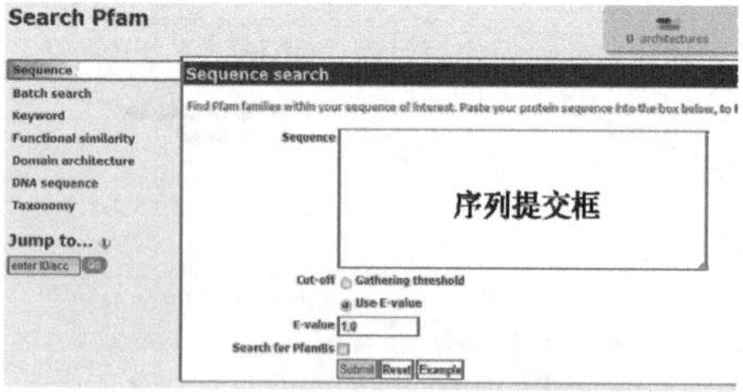

图 5.46 Pfam 在线序列提交界面

载色体（chromophore），大多数视蛋白的功能包括对光的吸收和 G 蛋白激活；此外，还包括参考文献、Interpro 接口、家族（Clan）和结构图形（图 5.48）。

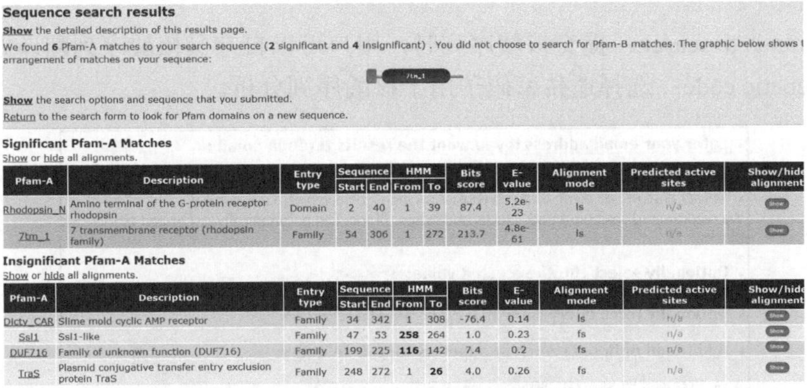
Sequence search results
Show the detailed description of this results page.
We found 6 Pfam-A matches to your search sequence (2 significant and 4 insignificant). You did not choose to search for Pfam-B matches. The graphic below shows t
arrangement of matches on your sequence:
7tm_1
Show the search options and sequence that you submitted.
Return to the search form to look for Pfam domains on a new sequence.
Significant Pfam-A Matches
Show or hide all alignments.
Pfam-A | Description | Entry type | Sequence Start | Sequence End | HMM From | HMM To | Bits score | E-value | Alignment mode | Predicted active sites | Show/hide alignment
Rhodopsin_N | Amino terminal of the G-protein receptor rhodopsin | Domain | 2 | 40 | 1 | 39 | 87.4 | 5.2e-23 | ls | n/a | Show
7tm_1 | 7 transmembrane receptor (rhodopsin family) | Family | 54 | 306 | 1 | 272 | 213.7 | 4.8e-61 | ls | n/a | Show
Insignificant Pfam-A Matches
Show or hide all alignments.
Pfam-A | Description | Entry type | Sequence Start | Sequence End | HMM From | HMM To | Bits score | E-value | Alignment mode | Predicted active sites | Show/hide alignment
Dicty_CAR | Slime mold cyclic AMP receptor | Family | 34 | 342 | 1 | 308 | -76.4 | 0.14 | ls | n/a | Show
Ssl1 | Ssl1-like | Family | 47 | 53 | 258 | 264 | 1.0 | 0.23 | fs | n/a | Show
DUF716 | Family of unknown function (DUF716) | Family | 199 | 225 | 116 | 142 | 7.4 | 0.2 | fs | n/a | Show
TraS | Plasmid conjugative transfer entry exclusion protein TraS | Family | 248 | 272 | 1 | 26 | 4.0 | 0.26 | fs | n/a | Show

图 5.47 Pfam 序列搜索结果

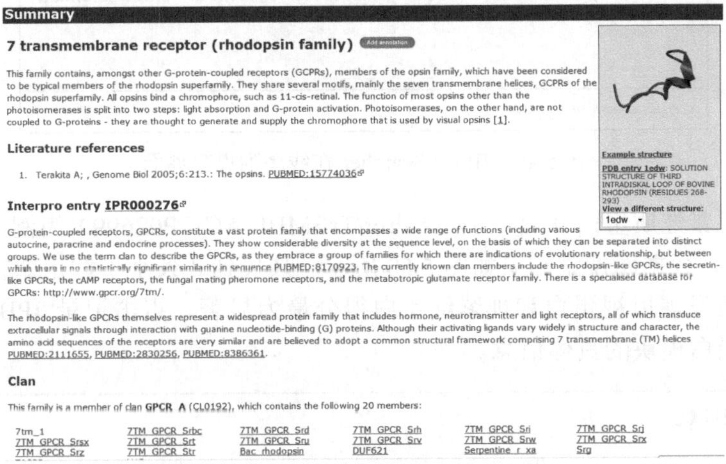
Summary
7 transmembrane receptor (rhodopsin family)
Add annotation
This family contains, amongst other G-protein-coupled receptors (GCPRs), members of the opsin family, which have been considered to be typical members of the rhodopsin superfamily. They share several motifs, mainly the seven transmembrane helices, GCPRs of the rhodopsin superfamily. All opsins bind a chromophore, such as 11-cis-retinal. The function of most opsins other than the photoisomerases is split into two steps: light absorption and G-protein activation. Photoisomerases, on the other hand, are not coupled to G-proteins - they are thought to generate and supply the chromophore that is used by visual opsins [1].
Literature references
1. Terakita A; , Genome Biol 2005;6:213.: The opsins. PUBMED:15774036
Interpro entry IPR000276
G-protein-coupled receptors, GPCRs, constitute a vast protein family that encompasses a wide range of functions (including various autocrine, paracrine and endocrine processes). They show considerable diversity at the sequence level, on the basis of which they can be separated into distinct groups. We use the term clan to describe the GPCRs, as they embrace a group of families for which there are indications of evolutionary relationship, but between which there is no statistically significant similarity in sequence PUBMED:8170923. The currently known clan members include the rhodopsin-like GPCRs, the secretin-like GPCRs, the cAMP receptors, the fungal mating pheromone receptors, and the metabotropic glutamate receptor family. There is a specialised database for GPCRs: http://www.gpcr.org/7tm/.
The rhodopsin-like GPCRs themselves represent a widespread protein family that includes hormone, neurotransmitter and light receptors, all of which transduce extracellular signals through interaction with guanine nucleotide-binding (G) proteins. Although their activating ligands vary widely in structure and character, the amino acid sequences of the receptors are very similar and are believed to adopt a common structural framework comprising 7 transmembrane (TM) helices PUBMED:2111655, PUBMED:2830256, PUBMED:8386361.
Clan
This family is a member of clan GPCR_A (CL0192), which contains the following 20 members:
7tm_1 7TM_GPCR_Srbc 7TM_GPCR_Srd 7TM_GPCR_Srh 7TM_GPCR_Sri 7TM_GPCR_Srj
7TM_GPCR_Srsx 7TM_GPCR_Srt 7TM_GPCR_Sru 7TM_GPCR_Srv 7TM_GPCR_Srw 7TM_GPCR_Srx
7TM_GPCR_Srz 7TM_GPCR_Str Bac_rhodopsin DUF621 Serpentine_r_xa Srg
Example structure
PDB entry 1edw: SOLUTION STRUCTURE OF THIRD INTRADISKAL LOOP OF BOVINE RHODOPSIN (RESIDUES 268-293)
View a different structure:
1edw

图 5.48 Pfam 信息汇总

5.4.4 BLOCKS：模块搜索数据库

BLOCKS（Block Searcher，http://blocks.fhcrc.org/blocks/blocks_search.html，Henikoff and Henikoff，1994）序列是基于 PROSITE 数据库构建的，提供了 Block Searcher 和 Block Maker 等工具。模块（block）是指保守多模体区域，它通过无空位局部多序列比对产生。但是用户须知，该数据库将不会继续更新，建议使用 InterPro 来注释序列。

（1）Block Searcher：用户可以通过此程序提交核酸或者蛋白质序列搜索 BLOCKS 数据库（图 5.49）。主要参数如下。

-Select database to search：数据库选择，建议用户同时搜索 Blocks 和 Prints

以得到较完整的结果。

-Cutoff expected value：调整截止期望值，其值越小，搜索时随机匹配的结果也越少。

-Strands to search：提交核酸序列时，用户可以自定义核酸序列翻译方向。

-Genetic code：选择遗传密码子用于核酸序列分析。

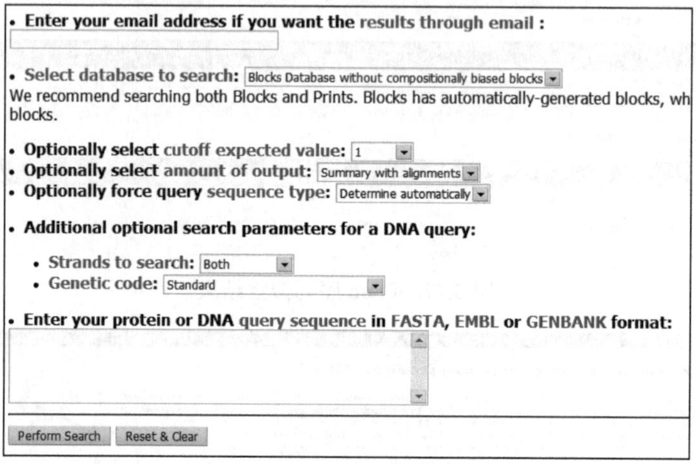

图 5.49　Block Searcher 在线序列提交界面

以牛视紫红质蛋白 A 链（Swiss-Prot/TrEMBL AC：P02699）为例，设定截止期望值为 1，数据库搜索结果如图 5.50 所示。共找到 8 条小于截止期望值的蛋白质，比较后发现以视蛋白和视紫红蛋白得分最为显著。点击记录“IPB001760”可以查看视蛋白模块的具体信息。

Hits

```
Query=Unknown Unknown
Size=348 Amino Acids
Blocks Searched=27288
Alignments Done=        10207223
Cutoff combined expected value for hits=  1
Cutoff block expected value for repeats/other=  1
```

Family		Strand	Blocks	Combined E-value
IPB001760	Opsin	1	5 of 5	9.3e-176
IPB000732	Rhodopsin signature	1	6 of 6	2.6e-84
IPB000611	Neuropeptide Y receptor signature	1	3 of 5	4.8e-06
IPB000405	Galanin receptor signature	1	1 of 5	1.2e-05
IPB001521	Blue-sensitive opsin signature	1	2 of 6	0.015
IPB005390	Neuromedin U receptor family signat	1	1 of 6	0.089
IPB002131	Glycoprotein hormone receptor signa	1	1 of 8	0.33
IPB001154	Topoisomerase II signature	1	1 of 11	0.68

图 5.50　Block Searcher 序列模块搜索返回结果

图 5.51 显示了如"ID"、"AC"、"DE"、"BL"等注释信息，然后是组成该模块的具体蛋白质家族信息，包括 Swiss-Prot 数据库的 ID、序列的起始位点、序列本身和分值（权重）。值得注意的是，BLOCKS 采用权重来反映该模块中家族序列之间的远近关系（100 表示最远源）。

```
Block IPB001760A
ID     Opsin; BLOCK
AC     IPB001760A; distance from previous block=(-19, 118)
DE     Opsin
BL     NLN;    width=47; seqs=1194; 99.5%=2544; strength=1448
O15973|OPSD1_PATYE   (54) IGVYITIVGLLGIMGNTTVVYIFSNTKSLRSPSNLFVVNLAVSDLIF    3
OPS2_DROME|P08099    (60) LGLFTLAIMIISCCGNGVVVYIFGGTKSLRTPANLLVLNLAFSDFCM   4
OPS2_SCHGR|Q26495    (55) LAFVYFMLMCMSSLGNGIVLWIYATTKSIRTPSNMFIVNLALFDVLM   8
OPS3_DROME|P04950    (61) LGTLYIFFTLMSMLGNGLVIWVFSAAKSLRTPSNILVINLAFCDFMM   3
OPS4_DROVI|P17646    (61) LGVFYIFLFCASTVGNGMVIWIFSTSKALRTPSNMFVLNLAVFDFIM   2
OPS5_DROME|P91657    (55) FYIAFIVLMLSSIFGNGLVIWIFSTSKSLRTPSNLLILNLAIFDLFM    11
          ↑          ↑                    ↑                             ↑
   Swiss-Prot ID  序列的起始位点         序列本身                    分值(权重)
```

图 5.51　IPB001760 内容结构

（2）Block Maker（http://blocks.fhcrc.org/blocks/make_blocks.html），该程序允许用户提交多条未比对蛋白质序列来构建模块。

5.4.5　SMART：简单模块构架搜索工具

SMART（simple modular architecture research tool, http://smart.embl-heidelberg.de/, Letunic et al.，2009）整合了酶催化位点、多结构域、蛋白质相互作用、蛋白质结构等多种预测方法。用户可选择从普通（NORMAL）或基因组（GENOMIC）方式访问。普通方式是对 Swiss-Prot、SP-TrEMBL 和 Ensembl proteome 数据库搜索，获取的信息量大，含有较多的远源结构域信息，但冗余较多；基因组方式只能对已测序的基因组搜索，准确度较高。

现选择从普通方式进入 SMART 页面（图 5.52），在 ID or ACC 框内写入序列号 P02699，提交序列（Sequence SMART），通过默认搜索将可发现数据库中已知结构的同源物和孤立同源物（outlier homologues）、PFAM 域、信号肽、内部重复序列、内在的蛋白质紊乱（protein disorder）。图 5.53 上方和下方分别显示该序列的 7 个结构域及跨膜区的具体位置。点击 Display orthology 可获取更多蛋白质信息并能链接 3D 结构数据库，得到很多相关 pdb 结构图文件（图 5.54）。Interaction protein 显示蛋白质相互作用，点击后还可获得预测功能参数（图 5.55）。

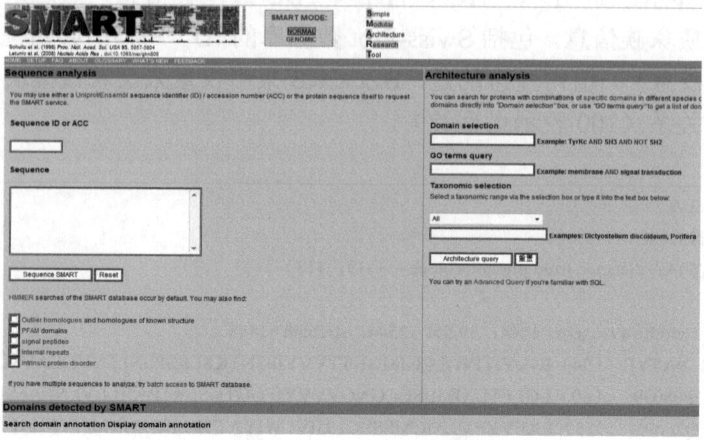

图 5.52 SMART 提交页面

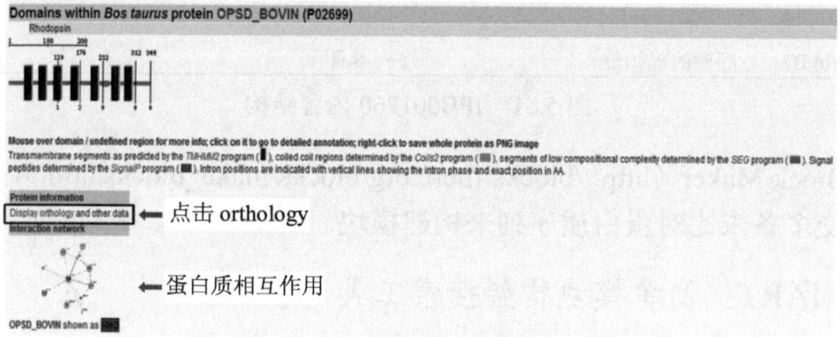

图 5.53 结构域和跨膜区位置

3D structure databases

PDB

Entry	Method	Resolution (Å)	Chain	Positions	PDBsum
1BOJ	model	-	A	1-348	[»]
1BOK	model	-	A	1-348	[»]
1EDS	NMR	-	A	93-123	[»]
1EDV	NMR	-	A	172-205	[»]
1EDW	NMR	-	A	268-293	[»]
1EDX	NMR	-	A	1-40	[»]
1F88	X-ray	2.80	A/B	1-348	[»]
1FDF	NMR	-	A	291-315	[»]
1GZM	X-ray	2.65	A/B	1-348	[»]
1HZX	X-ray	2.80	A/B	1-348	[»]
1JFP	NMR	-	A	1-348	[»]
1L9H	X-ray	2.60	A/B	1-348	[»]
1LN6	NMR	-	A	1-348	[»]
1N3M	model	-	A/B/C/D/E/F	1-348	[»]

图 5.54 链接 3D 结构数据库

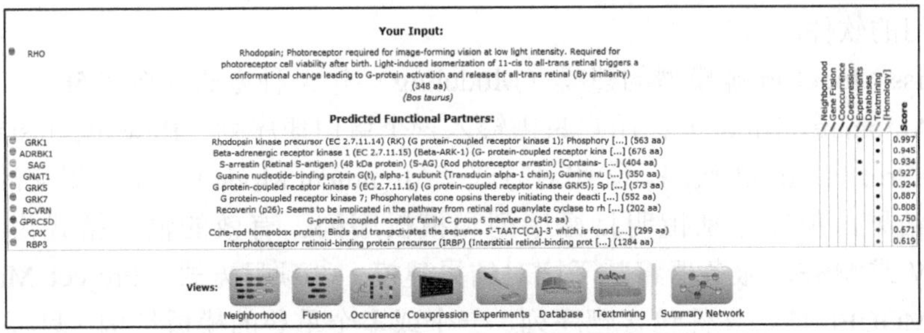

图 5.55　预测功能参数

5.5　蛋白质三级结构预测

在一些较小的蛋白质分子中一般只具有单结构域，这时，其三级结构（tertiary structure）就是它的结构域。在较大的蛋白质分子中，则由两个或多个相对独立的结构域组合并折叠成在空间上可明显区分的三维结构。这些结构可采用 X 射线晶体衍射（X-ray crystallography）及核磁共振（NMR）等实验技术加以验证，但所需设备费用和技术性要求都很高。计算机预测一般有 3 种策略：同源建模法（homology modeling）、线串法（threading）和从头算法（*ab initio*），对蛋白质结构数据进行初步结构模拟。以下简介 Swiss-Model Workspace、Phyre 和 Robetta。

5.5.1　Swiss-Model Workspace：同源建模的网络综合服务器

瑞士模型工作区（Swiss-Model Workspace, http://swissmodel.expasy.org/）是用于对蛋白质结构做同源建模的网络综合服务器（图 5.56）（Arnold et al.，2006）。

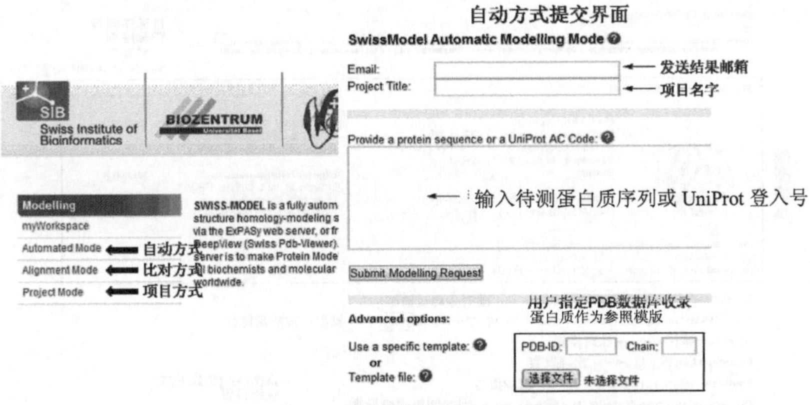

图 5.56　Swiss-Model Workspace 提交页面

同源模型建立分 4 个主要步骤：鉴定结构模板、目标序列和模板结构比对、建立模型和模型质量评估。重复操作这些步骤直到模拟结果满意为止。4 个步骤都有专门的软件。

Swiss-Model 同源模型的建模（Modeling）有 3 种方式（图 5.56）。①自动方式（Automated Mode）：用户只需输入一个蛋白质序列（Raw 或 fasta 格式）或 SwissProt / UniProt 代码。②比对方式（Alignment Mode）：用户提交的是多序列比对结果，但需分别指明目标序列和模板序列。有效的输入格式为 fasta、ClustalW 或 MSF。服务器将基于比对结果建模。③项目方式（Project Mode）：SWISS-MODEL 项目文件包含靶序列、一个或多个重叠的模板结构、目标-模板比对。

现向 Swiss-Model Workspace 提交未命名的蛋白质序列（表 5.6）。

表 5.6　提交预测蛋白质结构的序列

>unnamed protein product MEVAYRFSQPHLEWNSYGHWRSSIAATQREWLFDRSSLTRRLRTLSDNEFEVIPLREAAGPMLPEECRVLGLQPGVTGW IREVYLAGFGRPWVYARSVISHCDVEGSDSALLQLGNIPLGSLLFGENYKRSEIEVCRYPDACNASSRPAYPLWARRSVFSR RQSRVLVHEMFLPALWEELS

该服务器将通过 E-mail 邮件告诉用户一个 workunit 编号，链接后即可获取以下信息。

（1）模型（Model）：图 5.57 上方显示了模型蛋白的预测信息，包括残基建模范围、参考模板、序列比对一致性、模型评估 E 值、模型质量 Z-Score 打分等信息。此模型可下载（download model）并以 pdb 格式保存 Model_1_project.pdb，供后述 Ramachandran 图显示。图下方主要为模型质量评估、建模报告等信息，用户可根据需要查看。

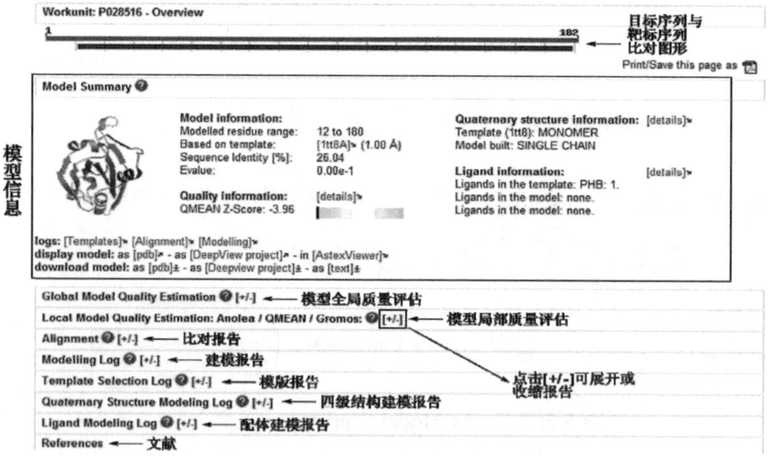

图 5.57　Swiss-Model Workspace 返回模型蛋白的预测信息

（2）模型评估：对构建好的模型用全局法和局部法进行质量评估。全局法中用 QMEANscore4 记分值估算，它是 4 个潜在统计值的线性组合（图 5.58A），可信度范围为 0~1，本例为 0.46，表示模型质量中等；QMEAN Z-score 用来评估待测蛋白与模板蛋白之间的匹配程度。局部法用 3 个评估程序（Anolea/Qmean/Gromos）来检测模型的健康度（图 5.58B）。Anolea（atomic non-local environment assessment，原子非局部环境评估）程序是以原子经验平均力势（atomic empirical mean force potential）计算每个氨基酸（横坐标）和周围环境相互作用的能量（纵坐标），正值以红色表示、负值以绿色表示，能量越高越不稳定（图 5.58 下方）。Qmean 则根据 3D 结构谱和平均力计算三维结构的能量分布。Gromos 反映氨基酸位点的能量。

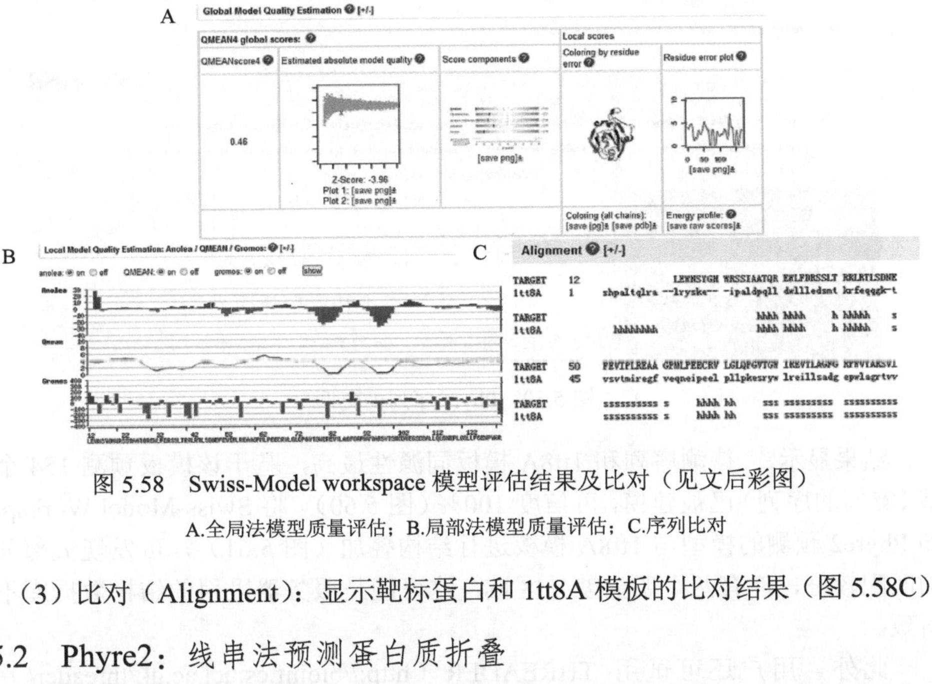

图 5.58　Swiss-Model workspace 模型评估结果及比对（见文后彩图）

A.全局法模型质量评估；B.局部法模型质量评估；C.序列比对

（3）比对（Alignment）：显示靶标蛋白和 1tt8A 模板的比对结果（图 5.58C）。

5.5.2　Phyre2：线串法预测蛋白质折叠

远缘同源蛋白质序列一般具有相似的空间结构，但其一致性小于 30%。对于这类蛋白质，采用上述多序列比对方法很难找到序列与结构之间的关系。在缺乏同源信息的情况下可选择线串法（threading）预测蛋白质折叠。该方法是将待测序列“穿”入已知蛋白质的基本骨架内，通过计算各种折叠的概率，来预测蛋白质核心结构。

Phyre2（Protein Homology/analogy Recognition Engine，http://www.sbg.bio.ic.ac.uk/ phyre2/html/page.cgi?id=index）是使用 profile-profile 比对和二级结构三维自动建模的服务器，由英国伦敦帝国理工学院维护。在搜索时，该程序先用标准

PSI-Blast 方法做多序列比对，然后再对家族中的一系列成员进行结构比对，产生该家族的序列谱（profile），接着用线串法将待测蛋白质和模板进行 1D-3D 序列谱间的比对（Kelley and Sternberg，2009）。

下面以（图 5.59，表 5.6）为例说明，用户向 Phyre2 服务器提交氨基酸序列和邮箱地址，选择运算模式，从 phyre 返回邮件便可获得二级结构预测（Secondary Structure Prediction）、结构域分析（Domain analysis）和模板结构（template information）等信息（图 5.60）。Phyre2 提供 Normal 和 Intensive 两种运算模式，前者速度快，后者采用多序列比对和从头计算法完全预测蛋白结构，运算耗时。

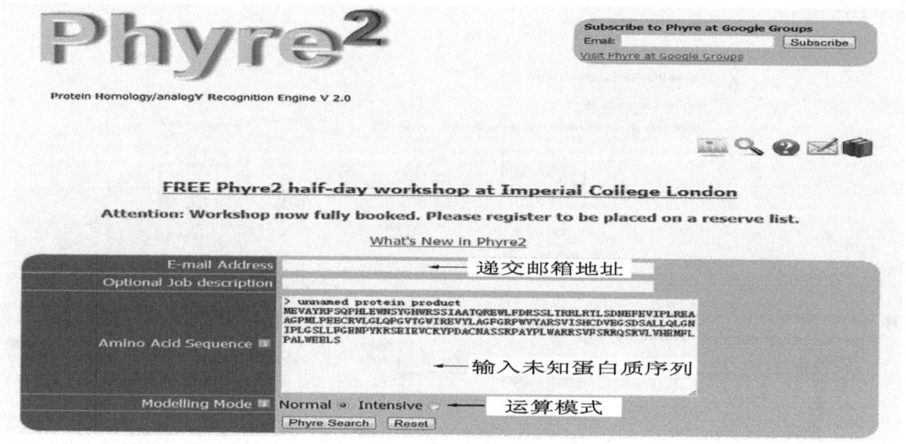

图 5.59　Phyre 序列提交框

结果显示， 待测序列和 1tt8A 模板同源性最高，基于该模板预测 154 个残基（85%的序列）已被建模，可信度 100%（图 5.60）。将 Swiss-Model Workspace 和 Phyre2 预测的模型与 1tt8A 模板进行结构叠加（图 5.61），可发现大部分结构匹配较好，但有两个明显差异区域，这可能是服务器采用的结构数据库不同所致。

此外，用户还可试用 THREADER（http://bioinf.cs.ucl.ac.uk/threader/）、PROSPECT（http://compbio.ornl.gov/structure/prospect/index.html）和 GenTHREADER（mGenTHreader，http://bioinf.cs.ucl.ac.uk/psipred/psiform.html）程序，后者适合做进化分析。

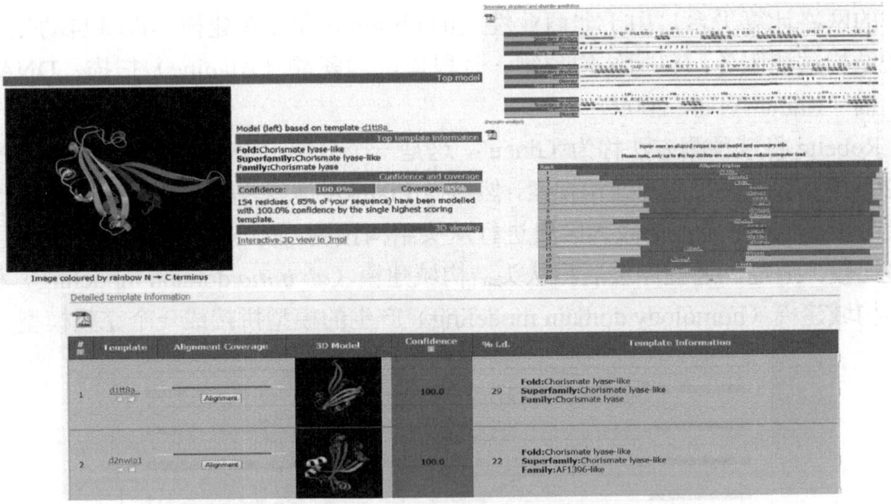

图 5.60　Phyre 预测示例序列折叠结构（见文后彩图）

左上图．折叠模型；右上图．二级结构预测；右中图．结构域分析；下图．模板详细信息，包括模板、比对图，3D 视图模型、可信度、序列一致性、模板折叠、超家族等

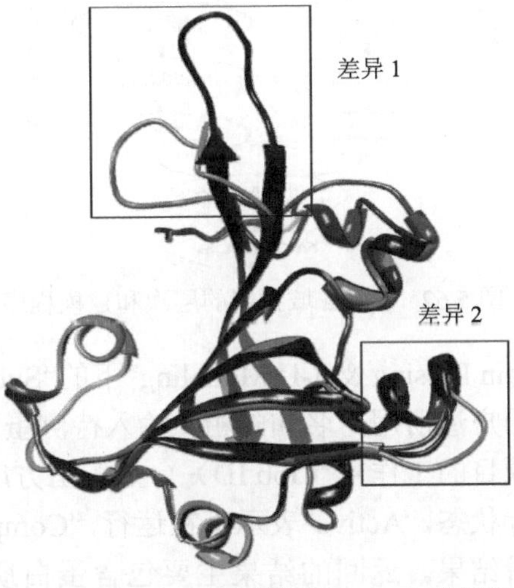

图 5.61　Swiss-Model Workspace 和 Phyre2 预测模型与 1tt8A 模板进行结构叠加（见文后彩图）

红色. 1tt8A 分子结构模板；绿色. Phyre2 预测模型；蓝色. Swiss-Model Workspace 预测模型

5.5.3 Robetta：从头预测蛋白质结构

通过序列从头预测（*ab initio* prediction）结合分子力学及动力学理论计算，可以发现能量最低的蛋白质构象，但计算量大，需要计算机机群长时间运行才能完成。普通用户可利用网络服务器来完成短序列预测。

Robetta（http://robetta.bakerlab.org/），是由华盛顿大学 baker 实验室开发和维护的网络计算平台，用于非商业性质的 ab initio 和比较建模，提供自动化的蛋白质结构预测服务，包括结构预测、片段库、丙氨酸（Alanine）扫描、DNA 接口扫描（Raman et al., 2009）。

Robetta 将域预测方法称为“Ginzu”，这是一个分层筛选程序（图 5.62）（Kim et al., 2004）。首先进行同源结构搜索，然后做 Pfam-A 搜索，基于多序列比对（MSA）聚类分析，再对未覆盖的较大区段进行从头结构预测，取与已知结构序列同源区供模型比较。通过上述程序最后将从头结构域建模（*ab initio* domain modeling）和同源结构域建模（homology domain modeling）产生的模型拼接成一个完整模型。

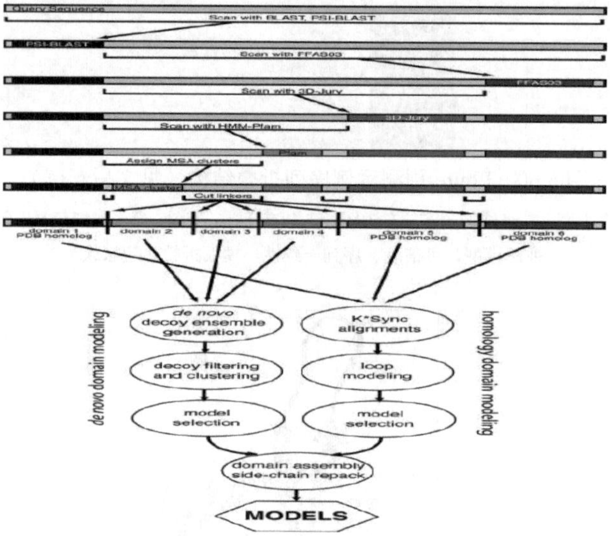

图 5.62　Ginzu 域预测的层次和建模程序

用户可选择“Domain Parsing & 3-D Modeling”下的“Submit”进入提交界面（图 5.63）。Robetta 需要用户注册用户名和邮箱。输入待测蛋白质序列（图 5.64）后运行，程序将返回该项目的工作号（Job ID）。点击上方序列查看链接“Queue”，可获悉提交项目的运行状态，“Active”表示正在运行，“Complete”表示项目已完成，此时点击工作号可查看结果。返回的结果主要包含蛋白质二级结构和结构域信息，若需对全蛋白进行 3D 结构预测，点击“Run Full 3-D strucuture Prediction”。一般来说，一个由 100 个氨基酸组成的蛋白质需要计算 12h 以上。用户凭工作号一周内都可以在 Robetta 的服务器上查看结果。通过运行，共得到 5 个备选模型，下载 pdb 文件可做进一步分析。服务器提醒用户，不要随意提交 PDB 序列或 CASP 目标蛋白（图 5.64）。

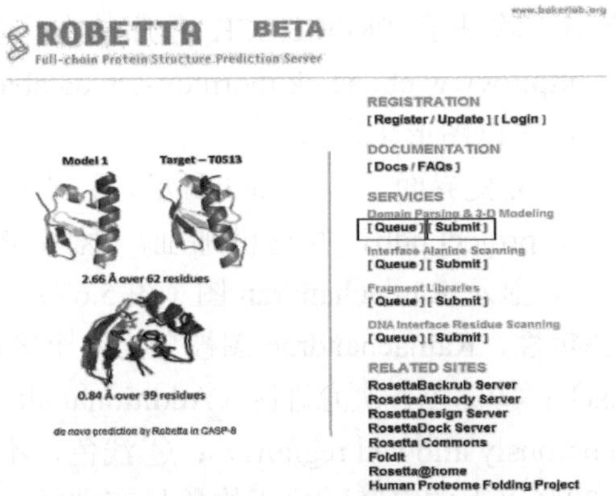

图 5.63　Robetta 在线网络分析界面

CASP8：第 8 次蛋白质结构预测技术评估

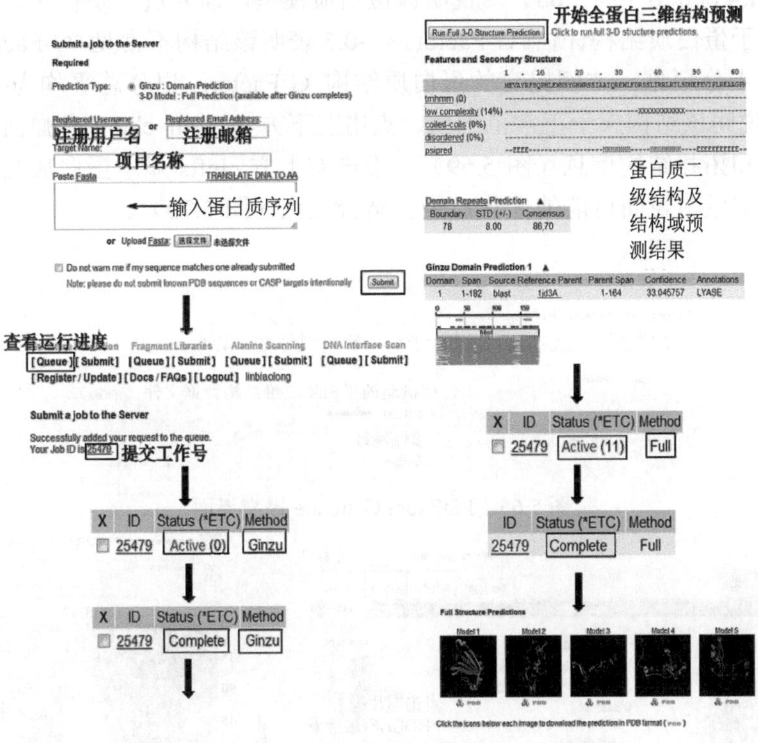

图 5.64　Robetta 在线预测全蛋白三维结构步骤

5.5.4　PDBsum Generate：蛋白质结构检验

用户在得到蛋白质模型后需要对预测的结构进行检验，除了上述 Swiss-Model Workspace 自带的模型评估模块外，还可以用 PROCHECK、PROSAII、AQUA、ERRAT、SQUID、PROVE 和 WAHTCHECK 等工具从多个角度评估预测蛋白模型的健康度。这里介绍一款基于 PROCHECK 程序的在线蛋白质结构检验工具 PDBsum Generate（http://www.ebi.ac.uk/thornton-srv/databases/pdbsum/Generate.html），它操作简便，结果以图形化显示。

在 PDBsum Generate 提交界面，如图 5.65 所示，用户上传已保存的 pdb 结构数据文件，如 Model_1_project.pdb，并提供邮址。返回 PDBsum 页面，点击 PROCHECK（图 5.66），显示 Ramachandran 图（图 5.67）和 G-Factors 参数（图 5.68）。根据构象的稳定性，Ramachandran 图被分为 4 个区域：①红色为最佳区（Most favoured regios）；②棕色，次允许区（Additional allowed regions）；③黄色，一般允许区（Generously allowed regions）；④浅色，不允许区（图 5.67）。通常认为，最佳区达 90%以上的氨基酸位于构象最有利区，不允许区低于 1%的模型结构稳定性较好。本例预测结果显示上述 4 个区的比例分别为 86.2%、12.4 %、1.4%和 0（图 5.68），说明该蛋白质模型，需要进一步优化。G-Factors 参数可用于蛋白质结构评估。G-Factors < −0.5 表明该结构不常见，G-Factors <−1.0 表明结构十分罕见。本例提交的蛋白质结构 G-Factors 记分总平均为−0.18（图 5.68），说明该结构属于正常范围内。点击左下方 protein chain 会弹出该蛋白质二级结构和拓扑结构信息（图 5.69）。点击右上方 clefts 显示蛋白质结合位点三维图和预测蛋白表面可能的催化口袋及结合位点（图 5.70）。

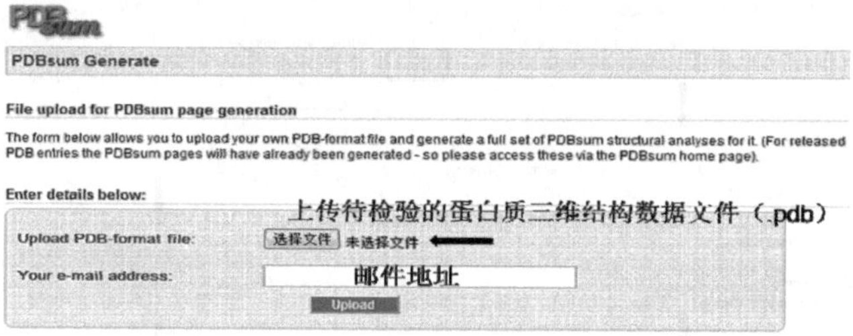

图 5.65　PDBsum Generate 提交界面

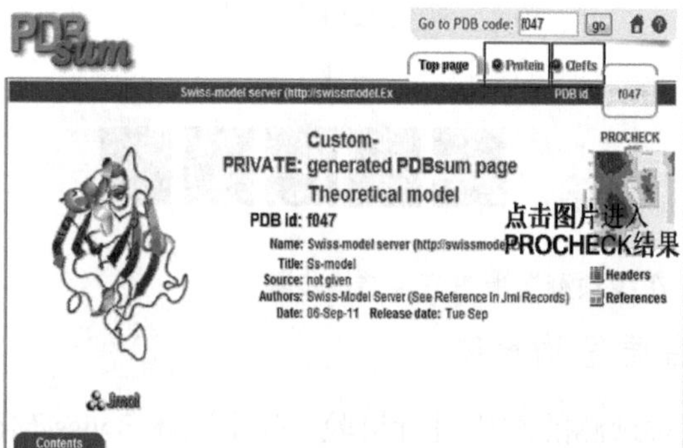

图 5.66　PDBsum Generate 分析结果主页

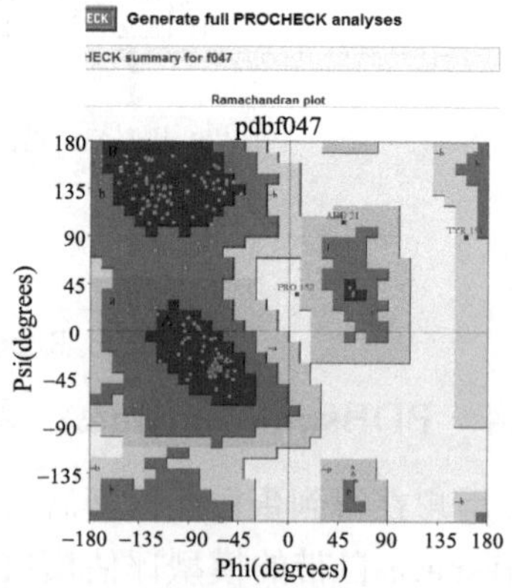

图 5.67　PROCHECK 预测蛋白 Ramachandran 图（见文后彩图）

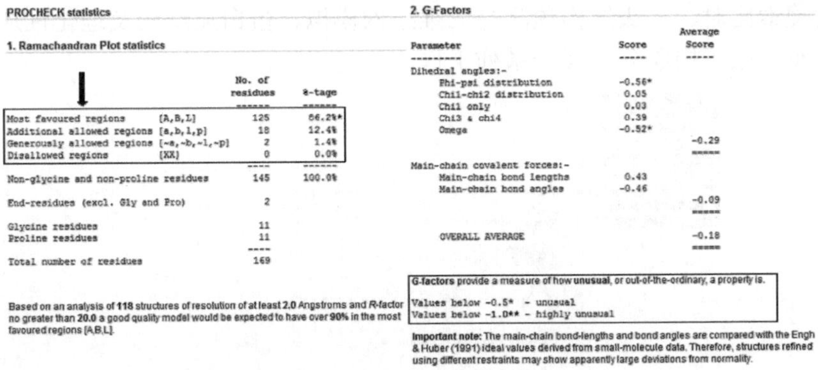

图 5.68　PROCHECK 结构检验数据

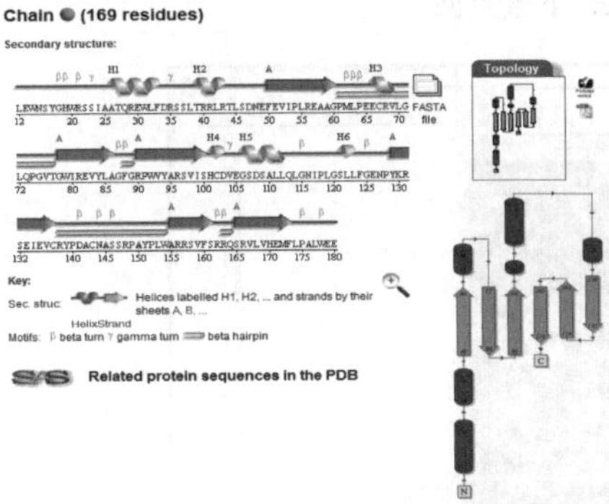

图 5.69　PDBsum Generate 预测模型蛋白结构信息

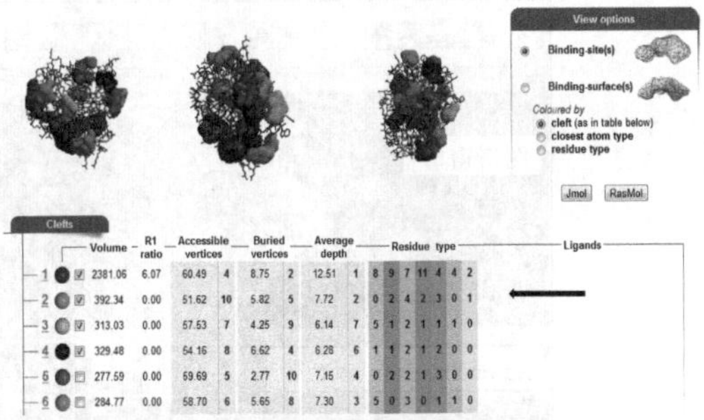

图 5.70　PDBsum Generate 预测蛋白表面可能催化口袋及结合位点

5.6　蛋白质结构可视化工具

5.6.1　Swiss-PdbViewer：分子建模和可视化工具

通过上述方法预测的三维结构需用可视化工具观看。这里介绍 Swiss-PdbViewer（下载网址：http://spdbv.vital-it.ch/download.html）（Guex et al., 2009）（图 5.71），最新版本为 4.0.4。该工具可以对蛋白质三维结构进行显示、分析和叠加（superimpose），由 Swiss-Model 网站开发并推荐使用，其操作界面如图 5.72 所示。它能在多平台下运行，具有以下功能：①使用同源建模的方法预测蛋白质结构；②计算电荷分布，估算易受影响的表面；③计算并显示不合理的原子接触、氢键、角度；④人工编辑序列，如氨基酸突变、loop 区域重建、旋转指定的化学键，并通过能量最小化（energy minimization）调整修饰蛋白的结构；⑤测量原子之间距离和角度；⑥使用 Ramachandran plot 观察蛋白质结构的稳定性。用户基于蛋白质三维分析软件和网络数据库可以在同一时间完成对几种蛋白质序列搜索比对、二级结构预测、三维结构模拟、蛋白质结构及理化性质分析、电荷分布、原子构象分析等一系列工作。

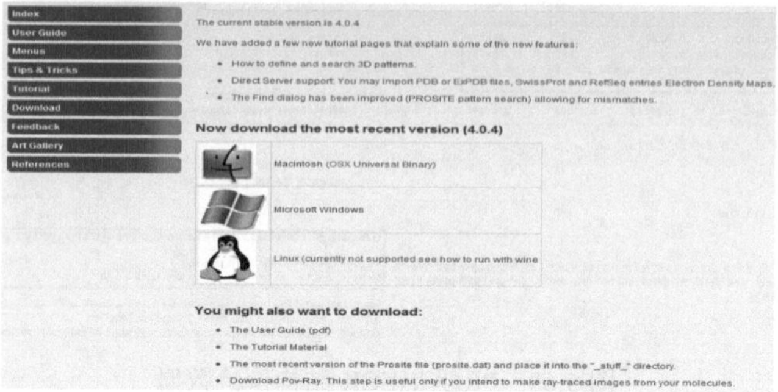

图 5.71　Swiss-PdbViewer 下载页面

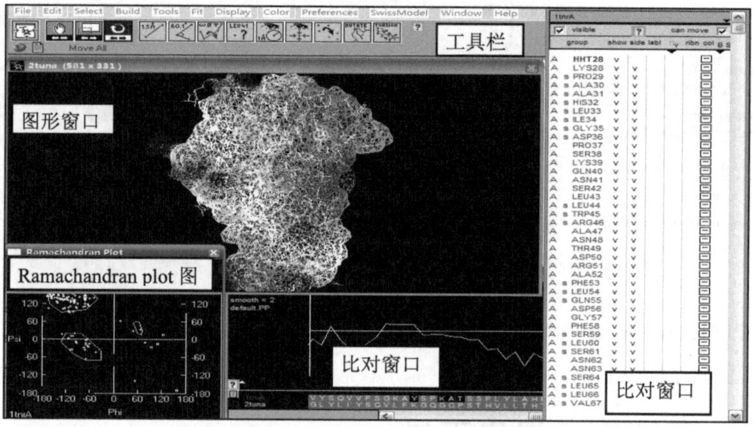

图 5.72　Swiss-PdbViewer 的基本操作界面（见文后彩图）

例如，通过 Window→Control Panel 展示控制面板（如图 5.72 右）。通过 File→OPEN PDB File 打开已保存的蛋白质三级结构图文件（图 5.73）。通过 Window→Ramachandran plot 显示 Ramachandran 图，它能反映蛋白质的立体化学质量参数（图 5.74），为使蛋白质的主链骨架集合分布在 Ramachandran 图可接受区域内，避免主链和支链之间形成空间障碍。可以通过菜单 Tools 调整 Phi（φ）角和 Psi（ψ）角的分布方式，图 5.74 中的黄色区域是最理想的 φ 角和 ψ 角分布区域，而蓝色区域外部表示不合理区域。如果预测的蛋白质残基的二面角（>90％）位于黄色核心区域，则表明其空间结构稳定。

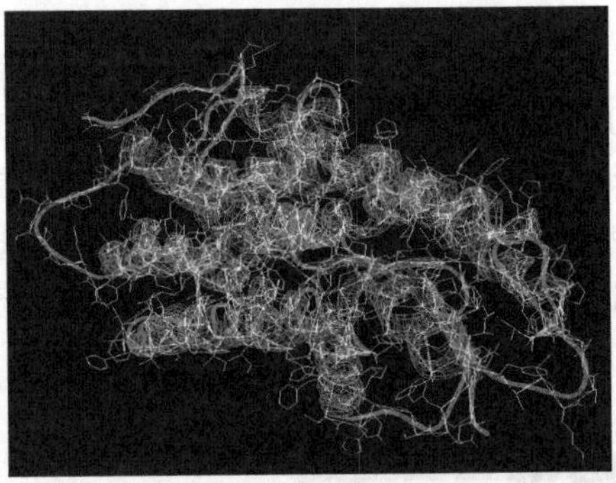

图 5.73　Swiss-Model 预测蛋白模型图

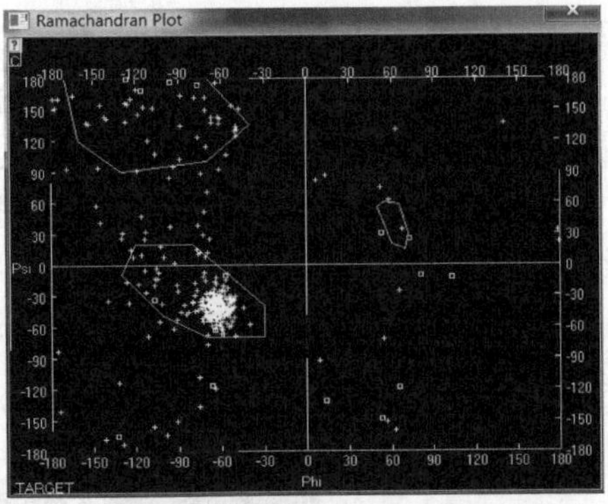

图 5.74　Swiss-Model 的 Ramachandran 图（见文后彩图）

该工具还可以对氨基酸构象加以修饰。例如，图 5.75 红色部分为氨基酸侧链的二面角发生变化的基团，周围的粉红色虚线表示构象中基团与其他原子有不合理的碰撞，绿色虚线表明氢键发生相互作用。当氨基酸修饰后，蛋白质的能量与结构都会发生相应改变。通过计算各个区域的能量，实现能量最小化，生成稳定结构，还可以通过“aa Making Clashe”对有错误的构象和发生冲突的氨基酸进行手工修饰。Swiss-Pdb Viewer 有助于生物学工作者在计算机上模拟蛋白质的突变、定向进化，制作的图形符合论文发表的要求。当然这些预测的可靠性有待实验验证。

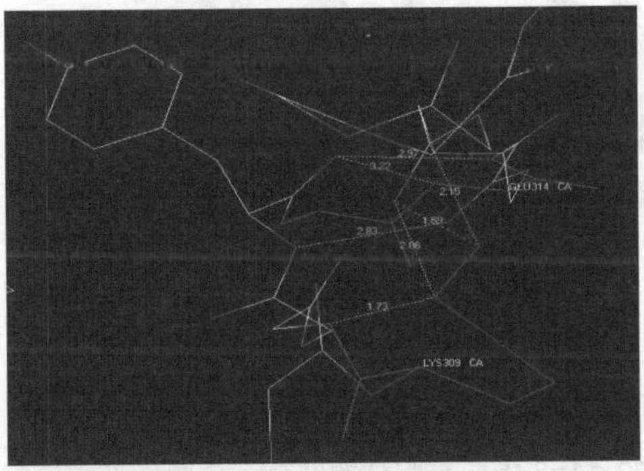

图 5.75　对氨基酸侧链的二面角进行修饰（见文后彩图）

5.6.2　Chimera：蛋白质结构综合分析软件

Chimera（http://plato.cgl.ucsf.edu/chimera/）是由加州大学旧金山分校（UCSF）开发的一款免费蛋白质结构综合分析软件（Pettersen et al., 2004），适用多个操作平台。Chimera 提供了分子结构及相关数据可视化和分析，包括密度图（density map）、超分子拼接（supramolecular assembly）、序列比对、对接（docking）结果、轨迹（trajectory）和构象效应（conformational ensemble）等。可以生成高质量的图像和动画。Chimera 通过网络搜索 PDB、SCOP、PubMed、Modbase 等数

据库获得结构信息。

选择“File→Fetch by ID→PDB”，输入 1tt8，程序自动获取结构并默认以卡通模式显示（图 5.76）。然后选择“Presets→Interactive 1→Publication 3”，程序自动为二级结构着色。进入“Select”菜单，选择“Residue”下的 PHB 分子，突出该蛋白质结合的配体。进入“Actions”菜单，选择“Atoms/Bonds”下的“Sphere”模型。选择合适的观察角度，最后用“File”下的“Save image”保存图片，得到该蛋白质与配体的结合示意图（图 5.77）。

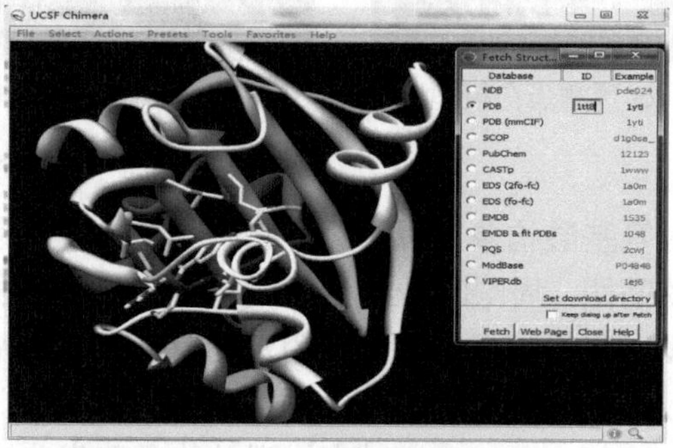

图 5.76　Chimera 程序自动获取 pdb 文件及三维结构显示图

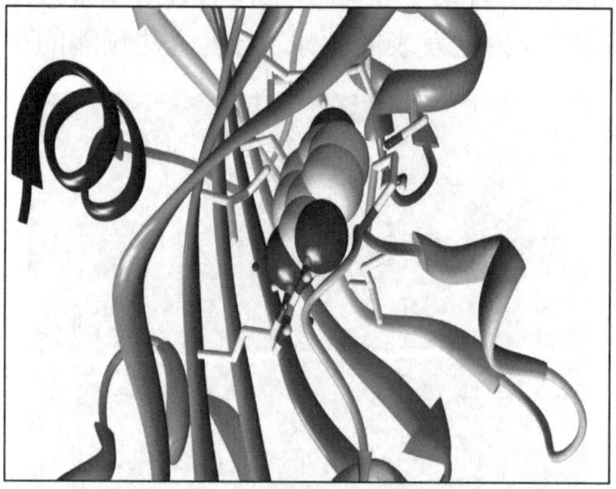

图 5.77　1tt8 蛋白与配体的结合示意图（见文后彩图）

1tt8 蛋白质以丝带模型显示；结构配体 PHB 以原子填充模型显示

参 考 文 献

Arnold K, Bordoli L, Kopp J, et al. 2006. The SWISS-MODEL workspace: a web-based environment for protein structure homology modelling. Bioinformatics, 15, 22(2): 195～201

Bairoch A, Apweiler R, Wu CH,et al. 2005. The Universal Protein Resource(UniProt). Nucleic Acids Res,33(Database issue): D154～159

Finn RD, Tate J, Mistry J, et al. 2008. The Pfam protein families database. Nucleic Acids Res，36(Database issue): D281～288

Gasteiger E, Gattiker A, Hoogland C, et al. 2003. ExPASy: The proteomics server for in-depth protein knowledge and analysis. Nucleic Acids Res, 31(13): 3784～3788

Guex N, Peitsch MC, Schwede T. 2009. Automated comparative protein structure modeling with SWISS-MODEL and Swiss-PdbViewer: a historical perspective. Electrophoresis, 1: S162～173

Henikoff S,Henikoff JG. 1994. Protein family classification based on searching a database of blocks. Genomics,19(1): 97～107

Hulo N, Bairoch A, Bulliard V, et al. 2006. The PROSITE database. Nucleic Acids Res，34 (Database issue): D227～230

Hunter S, Jones P, Mitchell A, et al. 2012. InterPro in 2011: new developments in the family and domain prediction database.Nucleic Acids Res, 40(Database issue):D306～312

Kelley LA, Sternberg MJ. 2009. Protein structure prediction on the Web: a case study using the Phyre server. Nat Protoc, 4(3): 363～371

Kelley LA,MacCallum RM,Sternberg MJ. 2000. Enhanced genome annotation using structural profiles in the program 3D-PSSM. J Mol Biol,299(2): 499～520

Kim DE, Chivian D, Baker D. 2004. Protein structure prediction and analysis using the Robetta server. Nucleic Acids Res, 32: 526～531

Letunic I, Doerks T, Bork P. 2009. SMART 6: recent updates and new developments. Nucleic Acids Res，37(Database issue): D229～232

Magrane M, Consortium U. 2011. UniProt Knowledgebase: a hub of integrated protein data. Database (Oxford): bar009

Möller S, Croning MD, Apweiler R. 2002. Evaluation of methods for the prediction of membrane spanning regions. Bioinformatics, 18(1): 218

Mulder NJ, Apweiler R, Attwood TK, et al. 2007. New developments in the InterPro database. Nucleic Acids Res，35 (Database issue): D224～228

Pettersen EF, Goddard TD, Huang CC, et al. 2004. UCSF Chimera–a visualization system for exploratory research and analysis. Comput Chem, 25(13): 1605～1612

Raman S, Vernon R, Thompson J, et al. 2009. Structure prediction for CASP8 with all-atom refinement using Rosetta. Proteins, 77 Suppl 9:89～99

Rost B, Yachdav G, Liu J. 2004. The PredictProtein server. Nucleic Acids Res,32: W321～326

第 6 章　序列模体的识别和解析

王瑞娴　黄鹏宇　陈晓龙　薛庆中

序列的模体（motif）可用于描述和鉴定 DNA、RNA 和蛋白质，如转录因子结合位点、剪接交集和蛋白质互作位点等序列的特性。因此，其可作为分子生物学研究中的重要工具。生物模体包括三种不同的类别。①短模体，如切割位点、结合位点和附属位点；②较长的球形结构域；③循环模体（recurring motifs），如 DNA 转座子。短模体通常由几个二级结构组合而成，是一种超二级结构。蛋白质中常见的模体，如螺旋/转角/螺旋（helix-turn-helix, HTH）、锌指（zinc finger）、亮氨酸拉链（Leucine-zipper）等，它们的保守区域较短，含有 10～20 个氨基酸，但具有一定的功能。几个典型的模体可组成结构域（domain），常见结构域的氨基酸残基数为 100～400 个。模体位点的识别将对鉴定其家族同源性和预测蛋白质功能有帮助。本章主要介绍应用 MEME 程序包（multiple Em for motif elicitation）寻找和识别模体的方法。

6.1　MEME 程序包

MEME 程序包（the MEME suite，http://meme.nbcr.net/meme/intro.html）由美国国家生物医学计算资源（National Biomedical Computational Resource）资助建立。它是基于最大期望算法（EM algorithm），寻找 DNA 或蛋白质序列潜在模体的工具。用户可以将工具软件包下载安装到本地计算机（UNIX 操作系统）进行分析，也可以将序列提交到 MEME 程序包的在线服务器。程序包由多个分析工具组成，具有共同网站服务器接口（图 6.1 上方）。

MEME 程序包中包括以下分析工具：识别新模体的 MEME 、GLAM2 和 MEME-Chip；搜索序列中已知模体的 MAST、GLAM2SCAN、FIMO；搜索模体与模体数据库比较的 TOMTOM；模体功能分析的 GOMO；模体富集分析（Enrichment Analysis）的 SPAMO、CentiMo；聚类搜索（Cluster Search）的 MCAST 及 DREME。用户可以通过选择点击 Logo 图（图 6.1 下方），或通过 Submit A Job（图 6.1 左上方）链接各分析工具。

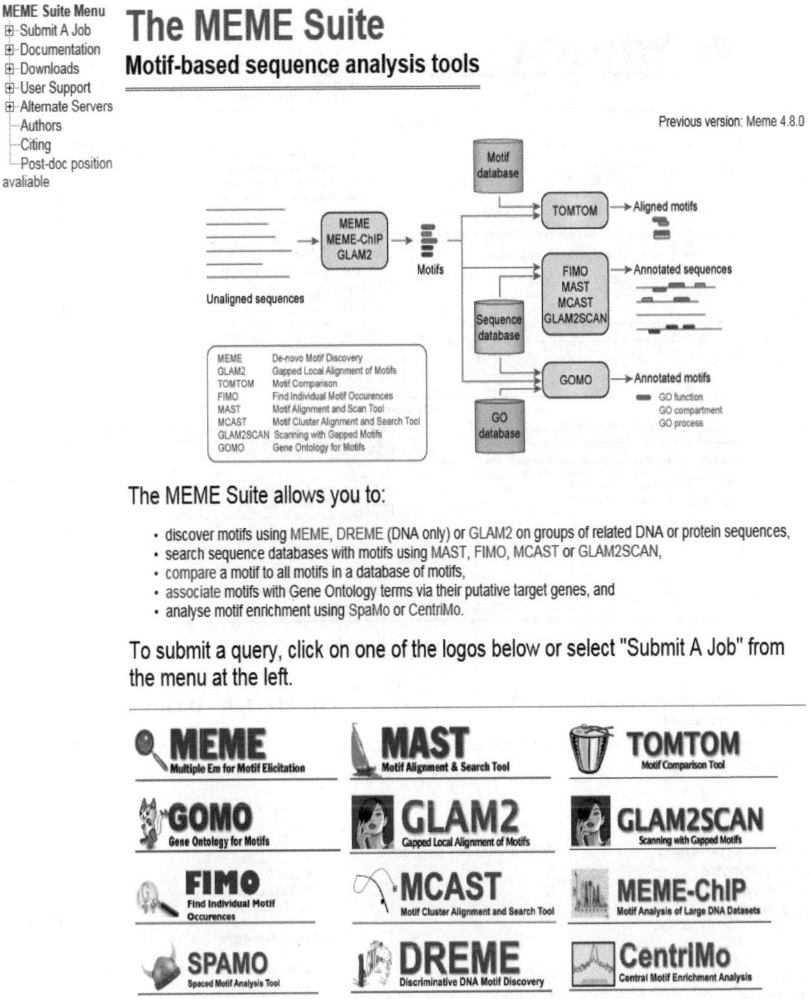

图 6.1　MEME 程序包系列工具 Logo 图

6.2　通过 MEME 识别 DNA 或蛋白质序列中模体

这里我们以水稻（*Oryza sativa* L. ssp. *japonica*）叶绿体蛋白质序列（CDS1-15，OrsajCp001-15）为例介绍上述工具的在线分析功能。MEME 网络服务器目前使用 4.8.1 版本（图 6.2），用户提交序列时，需按页面提示选择每个模体的最佳宽度、最大长度、最小长度、查找模体数，并填写电子邮件地址，然后开始搜索（Start Search）。MEME 返回的邮件将包括用户对一些可选参数的设置，以及查看 MEME 分析结果的链接地址（图 6.3）。

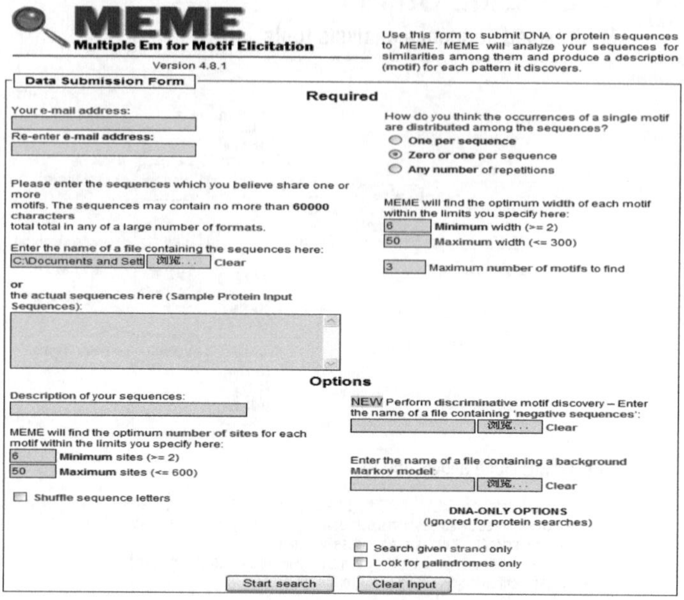

图 6.2 MEME 在线提交界面

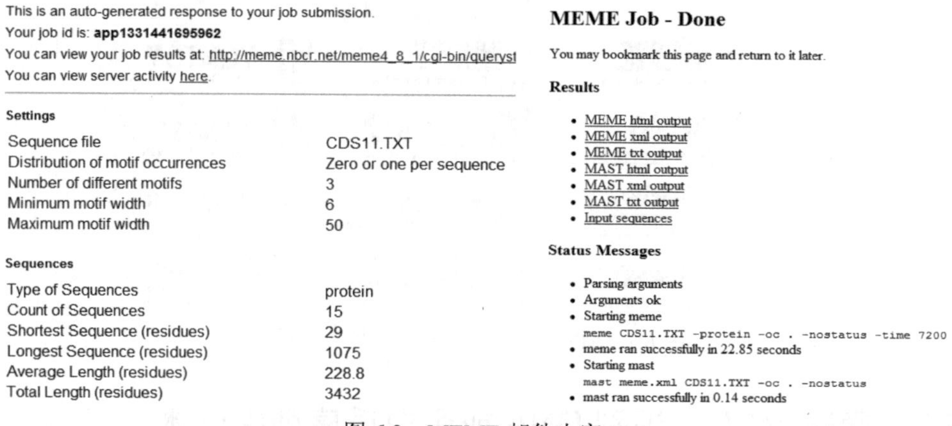

图 6.3 MEME 邮件内容

点击输出结果（MEME output as HTML，图 6.3），展示以下内容：①模体 1（First Motif，图 6.4 左）；②正则表达式（regular expression）；③进一步分析链接（Further Analysis）；④数据格式（Data Formats）；⑤位点（Sites）；⑥模块图（Block Diagrams）等（图 6.4 右）。

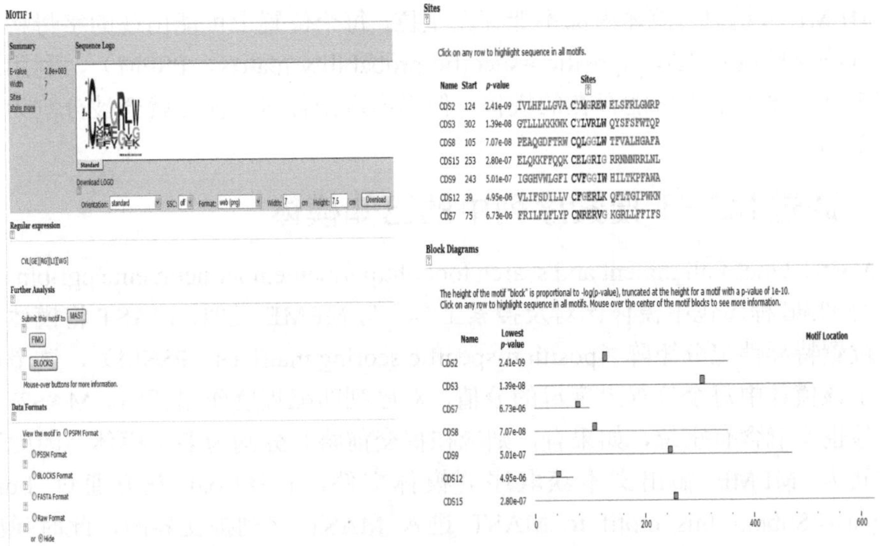

图 6.4 模体 1 的位点和模块图

MEME 用户只需输入一组 DNA 或蛋白质序列，图 6.4 显示第 1 个模体(MOTIF 1)的信息：E 值（E-value）、宽度（Width）及位置（Sites）。图 6.4 还显示序列 logo 格式彩色图，分别列出不同序列位置（横坐标）氨基酸残基的信息量（Information Content），以 bits 为单位（纵坐标）。图中每个位置上单个字母高度代表其出现的概率，一般信息量越大，保守度越高；反之，保守度越低。在 MOTIF 1 下方列出了该模体的正则表达式（regular expression）：CYL[GE][RG][LI][WG]。MEME 还会利用统计建模技术自动生成各种数据格式（Data Formats），例如，PSPM、PSSM、BLOCKS、fasta、Raw、Hide，供链接 MEME 程序包中其他工具作进一步分析。MEME 分析也可以显示所有模体的位置和概率（图 6.5）。

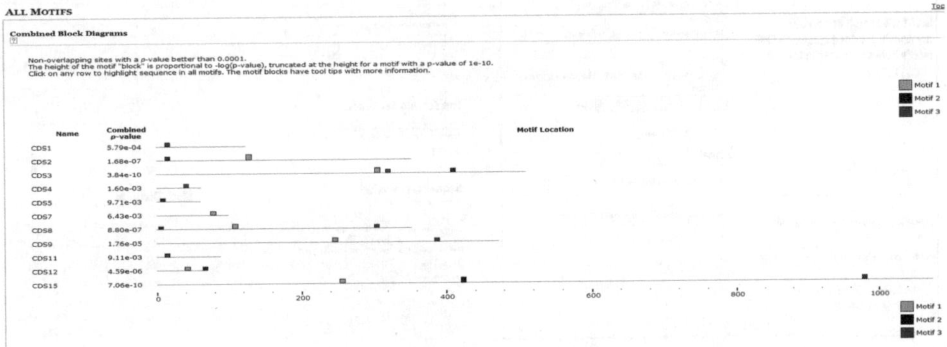

图 6.5 所有模体的位置和概率

MEME 分析时，模体内部不能存在空位，每个位置上可能出现的字母构成一个位置特异性概率矩阵（position-specific probability matrix，PSPM），利用这个矩阵来判断序列组中可能存在的模体。但当出现空位时，模体就会被分割为两个或多个部分。

6.3 通过 MAST 搜索序列中的已知模体

MAST（motif alignment and search tool，http://meme.nbcr.net/meme/cgi-bin/mast.cgi）是 MEME 程序包中模体比对及搜索工具。与 MEME 类似，MAST 将模体视为一个位置特异性记分矩阵（position-specific scoring matrices，PSSM），这个矩阵给出了该模体中每个位置上字母的分值，对序列匹配程度作出评估。MAST 所指的模体也不能含有空位，如果有，则应在提交前将其分割为多个模体。因此用户通常可从 MEME 输出文本获取序列模体文件，在图 6.4 左方通过 Further Analysis->Submit this motif to MAST 进入 MAST 序列提交界面，此时弹出的 MAST 页面上已注明“MAST 将提交用户序列 CDS11.TXT 的 MEME 模体文件”（图 6.6 左），然后选择非冗余特异性数据库和蛋白质数据库（Protein Data Bank），用默认参数设置启动 MAST 搜索（图 6.6）。MAST 返回邮件（图 6.6 右），其输出结果包括以下几个部分：①模体（Motifs）和高分值序列（Top Scoring Sequences，图 6.6 右上、中）；②注释序列（Annotated Sequences）（图 6.6 右下）；③模型参数（Model Parameters）（图 6. 7）。

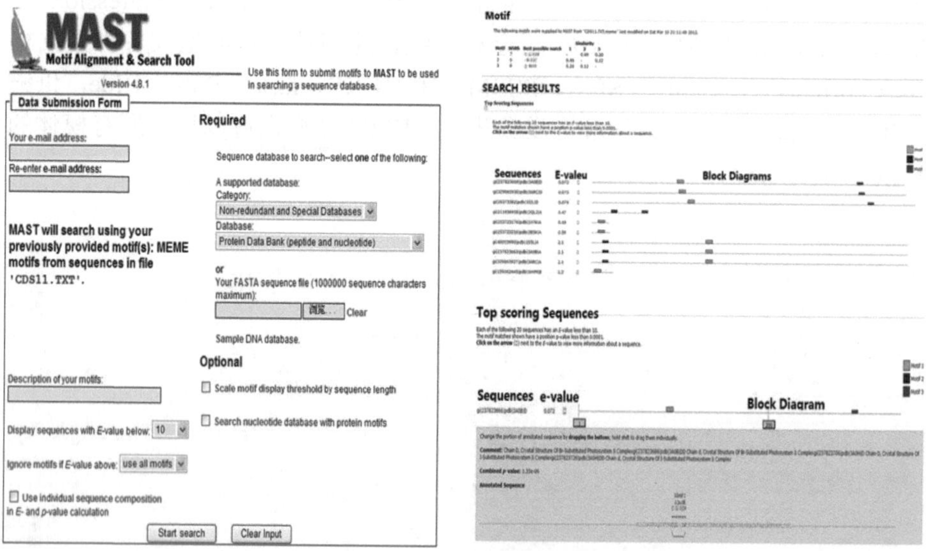

图 6.6　MAST 模体、高分值序列及注释序列

Command line summary

```
mast CDS11.TXT.meme db/pdb.aa -oc . -nostatus -remcorr -bfile db/pdb.aa.bfile -minseqs 53230 -ev 10 -df Protein Data Bank
```

Background letter frequencies (from db/pdb.aa.bfile):
A: 0.080　C: 0.014　D: 0.057　E: 0.067　F: 0.039　G: 0.075　H: 0.027　I: 0.055　K: 0.060　L: 0.090　M: 0.020　N: 0.043　P: 0.047　Q: 0.038　R: 0.051　S

Result calculation took 3.050 seconds

Model parameters

```
max_correlation        = 0.60
remove_correlated      = value: "y"
strand_handling        = value: "protein"
translate_dna          = value: "n"
max_seq_evalue         = 10
adj_hit_pvalue         = value: "n"
max_hit_pvalue         = 0.0001
max_weak_pvalue        = 0.0001
host                   = compute-0-7.local
when                   = Sat Mar 10 21:12:00 2012
```

hide model parameters...

图 6.7　模型参数

用户也可以根据试验需要，通过以下选项来调整搜索策略。

- ✓ Display sequence with E-value below：显示低于 E 值的序列，默认为低于 10。
- ✓ Ignore motifs if E-value above：高于 E 值的模体予以忽略，因为这些模体很可能没有生物学意义。可以对模体设置 E 值下限值。
- ✓ Use individual sequence composition in E- and p-value calculation：在计算 E 值和 p 值时使用单个序列组成。
- ✓ Scale motif display threshold by sequence length：计算模体显示阈值时，考虑序列长度因素。
- ✓ Search nucleotide database with protein motifs：用蛋白模体搜索核酸数据库。
- ✓ Treatment of reverse complement strands：反向互补链处理。处理方式有以下三种：①和原序列视作同一条序列一起比对；②视作两条序列分别比对；③不考虑互补序列。

6.4　通过 GLAM2 识别有空位的模体

上述 MEME 和 MAST 工具都适用于无空位的序列。然而，试验中普遍存在序列空位问题，针对这个问题，MEME suite 中也提供了有空位的模体局部比对工具（gapped local alignment of motifs，GLAM2，http://meme.nbcr.net/meme/cgi-bin/glam2. cgi）。GLAM2 的使用方法与 MEME 很相似，但它只寻找序列组中的最佳模体（Best Motif）。GLAM2 最明显的功能是探究和完善短蛋白模体（short protein motifs）的功能位点，如糖基化位点、辨认蛋白质切割位点、互作位点、翻译后修饰的结合位点等（Frith et al.，2008）。

用户将查询序列组提交到网络服务器（图 6.8）后，默认设置的主要选项包括：-z，比对序列最低数量（2）；-a，比对最小列数（2）；-b，比对最大列数

（50）；-w，初始比对列数（20）；-r，比对重复次数（10）；-n，每次运行最大迭代数（1 000 000）；-2，取正向和反向互补链；一般速度和准确性与运行迭代数 *n* 值关联，*n* 值较小，运行速度较快，但准确性较低；反之亦然。

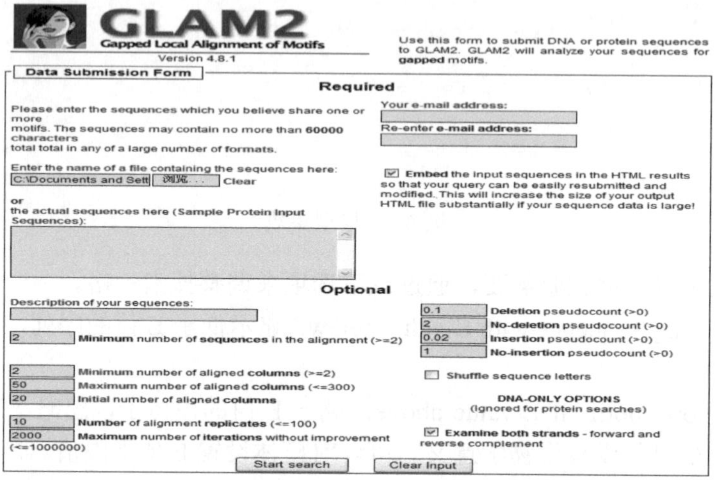

图 6.8　GLAM2 界面

GLAM2 通过随机比对，对提交的序列进行多次重复计算，分别以超文本（HTML）、纯文本（plain text）及 MEME 文本三种格式输出。HTML 输出文件中，模体根据分值由高到低排序，其中位于顶端的模体分值（Score）最高，被视为最佳模体（Best Motif，本例分值为 32.2377）。缺失残基由“.”表示，插入的残基由浅灰色字母表示（图 6.9）。在纯文本输出结果中，记录了序列数、最长序列的长度、多层次共有序列、残基数、缺失数、插入数及其记分等信息（图 6.10）。超文本（HTML）或纯文本在本地保存可供 GLAM2SCAN 分析。在 MEME 文本输出结果中，可见序列模体的字母概率矩阵（letter-probability matrix，图 6.11）。

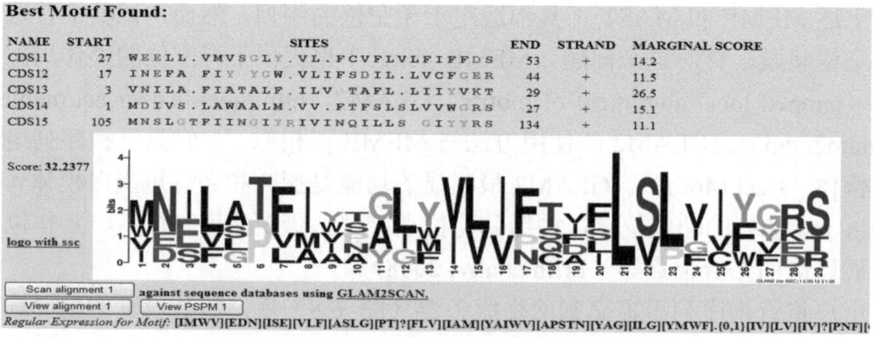

图 6.9　GLAM2 显示的最佳模体及 Logo 图

```
Sequences: 5
Greatest sequence length: 1075
Residue counts: A=59 C=11 D=51 E=88 F=65 G=95 H=27 I=113 K=81 L=133 M=24 N=

Score: 32.2377  Columns: 29  Sequences: 5

                   *************.****************
CDS11           27 WEELL.VMVSGLY.VL.FCVFLVLFIFFDS   53 + 14.2
CDS12           17 INEFAPFIYPYGW.VLIFSDIL.LVCFGER   44 + 11.5
CDS13            3 VNILA.FIATALF.ILVPTAFL.LIIYVKT   29 + 26.5
CDS14            1 MDIVS.LAWAALM.VV.FTFSLSLVVWGRS   27 + 15.1
CDS15          105 MNSLGTFIINGIYRIVINQILLSPGIYYRS  134 + 11.1

                   MNELAPFIAAALY VLIFTAFLSLVIFGRS
                   IDIFGTLAINGGF IVVNCDI VPFCYFDR
                   VESVL VMVPYIM    PQFL   GVWVET
                   W    S   WS   W     SIS   I  YK
                        YT          V

 A  C  D  E  F  G  H  I  K  L  M  N  P  Q  R  S  T  V  W  Y Del Ins Score
 0  0  0  0  0  0  0  1  0  0  2  0  0  0  0  0  0  1  1  0  0       2.30
                                                                0 -0.0655
 0  0  1  1  0  0  0  0  0  0  0  3  0  0  0  0  0  0  0  0  0       4.84
                                                                0 -0.0655
 0  0  0  2  0  0  0  2  0  0  0  0  0  0  0  1  0  0  0  0  0       0.103
                                                                0 -0.0655
 0  0  0  0  1  0  0  0  0  3  0  0  0  0  0  0  0  1  0  0  0       4.35
                                                                0 -0.0655
 2  0  0  0  0  1  0  0  0  1  0  0  0  0  0  1  0  0  0  0  0      -1.25
                                                                0 -0.0655
 0  0  0  0  0  0  0  0  0  0  0  0  1  0  0  0  1  0  0  0  3      -9.98
                                                                0 -0.0655
 0  0  0  0  3  0  0  0  0  1  0  0  0  0  0  0  0  1  0  0  0       5.53
                                                                0 -0.0655
```

图 6.10　共有序列、残基、缺失数、插入数及其记分

```
MEME version 4.0

ALPHABET= ACDEFGHIKLMNPQRSTVWY

strands: + -

Background letter frequencies (from dataset without add-one prior applied):
A 0.045 C 0.008 D 0.039 E 0.068 F 0.050 G 0.073 H 0.021 I 0.087 K 0.062 L 0.103

MOTIF  1

BL   MOTIF 1 width=29 seqs=5
letter-probability matrix: alength= 20 w= 29 nsites= 5 E= 1
 0.000000  0.000000  0.000000  0.000000  0.000000  0.000000  0.000000  0.200000
 0.000000  0.000000  0.200000  0.200000  0.000000  0.000000  0.000000  0.000000
 0.000000  0.000000  0.000000  0.400000  0.000000  0.000000  0.000000  0.400000
 0.000000  0.000000  0.000000  0.000000  0.200000  0.000000  0.000000  0.000000
 0.400000  0.000000  0.000000  0.000000  0.000000  0.200000  0.000000  0.000000
 0.000000  0.000000  0.000000  0.000000  0.000000  0.000000  0.000000  0.000000
 0.000000  0.000000  0.000000  0.000000  0.600000  0.000000  0.000000  0.000000
 0.200000  0.000000  0.000000  0.000000  0.000000  0.000000  0.000000  0.600000
 0.200000  0.000000  0.000000  0.000000  0.000000  0.000000  0.000000  0.200000
```

图 6.11　GLAM2 显示的字母概率矩阵

6.5 通过 GLAM2SCAN 搜索序列中的已知模体

GLAM2SCAN（http://meme.nbcr.net/meme/cgi-bin/glam2scan.cgi）是针对GLAM2 分析结果中发现的模体在指定数据库中进行搜索比对（图 6.12 左）。它和 GLAM2 不同，GLAM2 是针对无空位模体，而 GLAM2SCAN 则是针对有空位的序列模体；前者输入的是文本格式，而后者需要提交 HTML 或 text 格式的 GLAM2 输出文件。模体比对样本见图 6.12 右上，*表示关键位置。不考虑插入关键位置间的残基：其列的位置是随机的，比对段两侧的数字表示序列中的每个段的坐标；右边的十进制数是每个比对段的边际分数（图 6.12 右上）。还有可能从中发现模体在转录因子序列中的起始和终止位置（图 6.12 右下）。

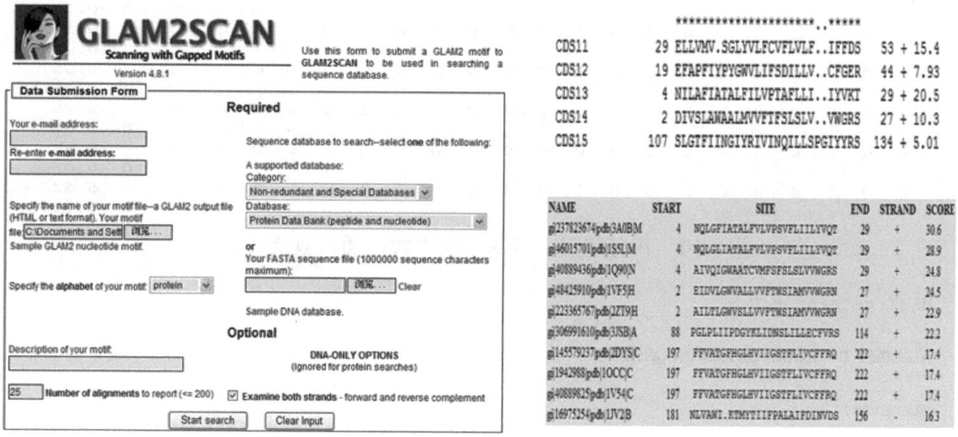

图 6.12　GLAM2SCAN 模体比对样本和位置

6.6 应用 TOMTOM 与数据库中的已知模体进行比对

一旦发现新的 DNA 模体集后，用户通常希望进一步将这些模体和数据库中已知功能的模体作比较，确定它们的相似度。TOMTOM（http://meme.nbcr.net/meme/cgi-bin/tomtom.cgi）能为用户提供在线服务（图 6.13 左上），进行单个 DNA 模体与 DNA 模体数据库（如 JASPAR 或 Transfac）中的已知模体比对。用户在提交模体时，可以提交 MEME 格式 DNA motif 文件，在模体位置中每列应注明碱基 A、C、G、T 的分值。也可以提交 IUPAC 代码和矩阵（Matrix），如"NTRGGTCAN"和"[ACGT]，T [AG] GGTCA[ACGT]"。本例提交了水稻叶绿体基因 MEME DNA motif 文件，选择 2 个靶数据库（JASPAR_CORE 和 uniprobe_mouse），然后开始搜索（Start Search）模体相似性，结果表明，在 JASPAR_CORE 和 uniprobe_mouse 靶数据库中分别找到匹配模体 17 个和 11 个（图

6.13 左下），并按得分 E 值排序，相似度最高的模体比对 Logo 示于图 6.13 右上。从 TOMTOM txt output 输出结果可查询相似性得分的细节（图 6.13 右下）。

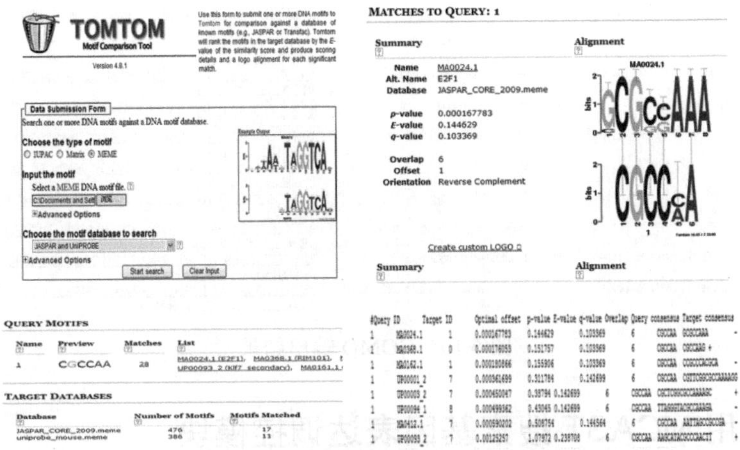

图 6.13　TOMTOM 发现查询模体和靶数据库模体匹配

6.7　应用 GOMO 鉴定模体的功能

通过 MEME 程序包发现模体后，可以借助于 GOMO（gene ontology for motifs，http://meme.nbcr.net/meme/cgi-bin/gomo.cgi）工具和 GO 术语间的链接（图 6.14 左），进一步了解这些模体的调控功能（参见第 9 章）。GOMO 要求提交 MEME 模体格式文件（图 6.14 右）。使用 GOMO 工具可以鉴定出匹配的靶标模体，以及与其相关的基因本体（GO）注释的链接（图 6.15）。

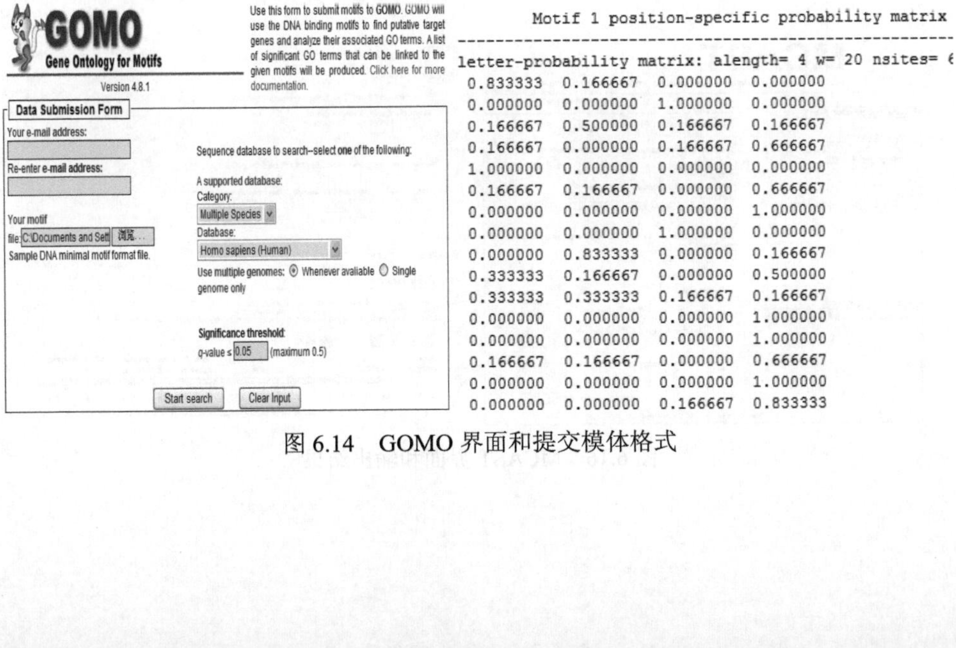

图 6.14　GOMO 界面和提交模体格式

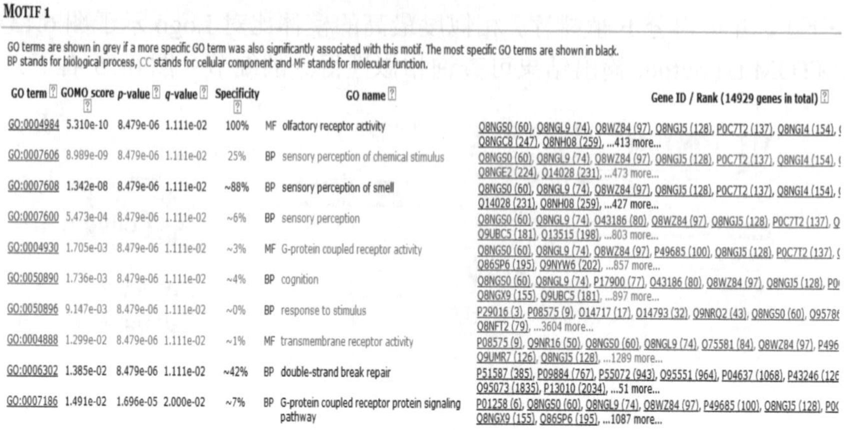

图 6.15 GOMO 输出结果

6.8 应用 MCAST 搜索基因表达调控模块

MCAST（Motif cluster Alignment and search tools）是模体簇比对和搜索工具。众所周知，基因表达调控机制十分复杂，通常会同时发生多个 DNA-蛋白质互作。而基因转录比率又取决于邻近基因是否存在转录因子集合。由于单个位点较小，并且往往随机发生，因此，很难确定基因组 DNA 的转录因子结合位点。为寻找真的结合位点，可以应用 MCAST 来搜索统计学上显著的基因表达调控模块。

MCAST 要求上传 MEME 输出文本的模体文件并输入支撑的 DNA 数据库和已知功能的结合位点模体集（图 6.16 左）。该算法运行后将产生一系列预测的调控模块，并按 E 值大小排序。从 MACST 邮件，点击 MCAST 超文本输出结果（output as HTML），从序列数据库可获取最佳匹配的模体及其起始终止位置（图 6.16 右）。

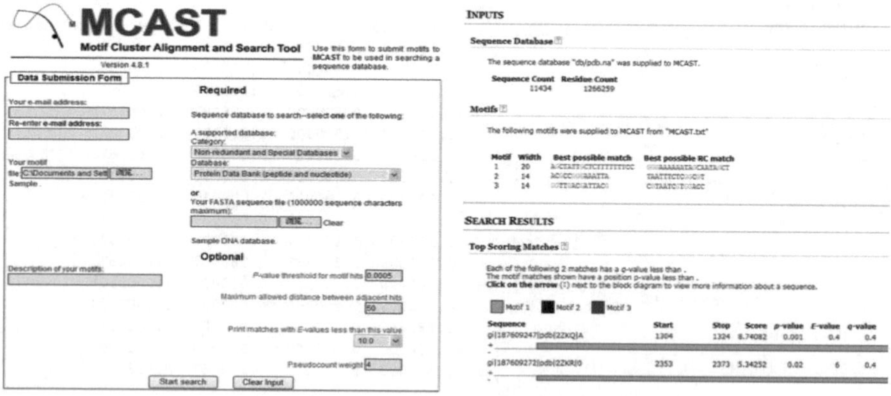

图 6.16 MCAST 界面和输出结果

6.9　应用 MEME-ChIP 发现 DNA 序列模体

MEME-ChIP 适用于从 ChIP-seq（染色质免疫沉淀测序）等实验产生的大量 DNA 序列的特殊设计版本。和 MEME 相同，MEME-ChIP 以 fasta 格式输入 DNA 序列，但序列输入数量和大小没有限制。MEME-ChIP 可以发现新的 DNA 结合模体，如转录因子结合位点，与已知结合模体的相似性进行比较（图 6.17）。

MEME-ChIP 的分析结果和模体分别示于图 6.18 和图 6.19。也可以从 MEME-ChIP 直接得到 TOMTOM 及 DREME 的分析结果（图 6.20~图 6.22）。

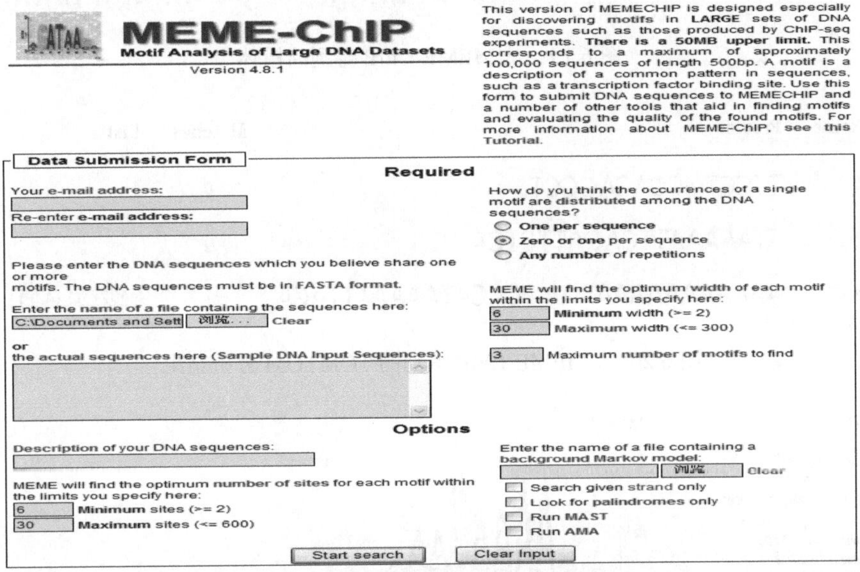
MEME-ChIP
Motif Analysis of Large DNA Datasets
Version 4.8.1
This version of MEMECHIP is designed especially for discovering motifs in LARGE sets of DNA sequences such as those produced by ChIP-seq experiments. There is a 50MB upper limit. This corresponds to a maximum of approximately 100,000 sequences of length 500bp. A motif is a description of a common pattern in sequences, such as a transcription factor binding site. Use this form to submit DNA sequences to MEMECHIP and a number of other tools that aid in finding motifs and evaluating the quality of the found motifs. For more information about MEME-ChIP, see this Tutorial.
Data Submission Form
Required
Your e-mail address:
Re-enter e-mail address:
Please enter the DNA sequences which you believe share one or more motifs. The DNA sequences must be in FASTA format.
Enter the name of a file containing the sequences here:
C:\Documents and Sett
浏览...
Clear
or
the actual sequences here (Sample DNA Input Sequences):
How do you think the occurrences of a single motif are distributed among the DNA sequences?
One per sequence
Zero or one per sequence
Any number of repetitions
MEME will find the optimum width of each motif within the limits you specify here:
6
Minimum width (>= 2)
30
Maximum width (<= 300)
3
Maximum number of motifs to find
Options
Description of your DNA sequences:
MEME will find the optimum number of sites for each motif within the limits you specify here:
6
Minimum sites (>= 2)
30
Maximum sites (<= 600)
Enter the name of a file containing a background Markov model:
浏览
Clear
Search given strand only
Look for palindromes only
Run MAST
Run AMA
Start search
Clear Input

图 6.17　MEME-ChIP 的在线提交界面

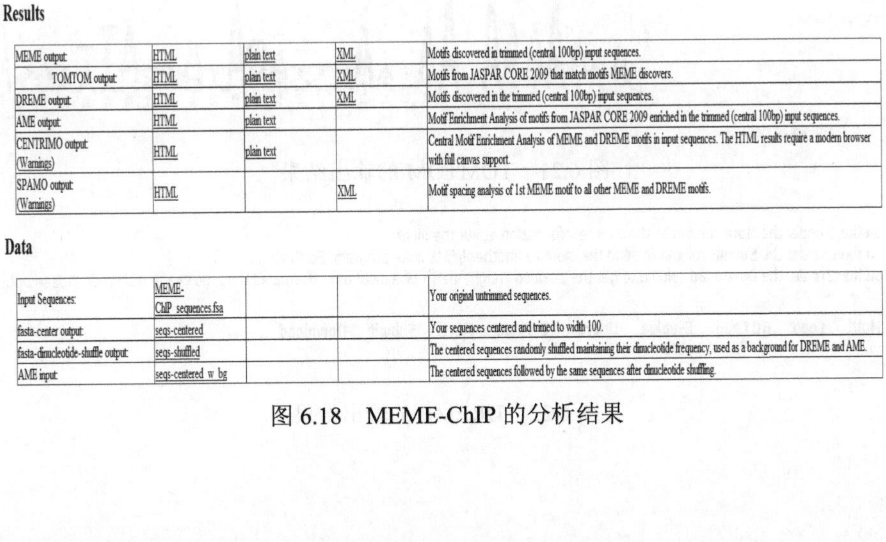

Results

MEME output	HTML	plain text	XML	Motifs discovered in trimmed (central 100bp) input sequences.
TOMTOM output	HTML	plain text	XML	Motifs from JASPAR CORE 2009 that match motifs MEME discovers.
DREME output	HTML	plain text	XML	Motifs discovered in the trimmed (central 100bp) input sequences.
AME output	HTML	plain text		Motif Enrichment Analysis of motifs from JASPAR CORE 2009 enriched in the trimmed (central 100bp) input sequences.
CENTRIMO output (Warnings)	HTML	plain text		Central Motif Enrichment Analysis of MEME and DREME motifs in input sequences. The HTML results require a modern browser with full canvas support.
SPAMO output (Warnings)	HTML		XML	Motif spacing analysis of 1st MEME motif to all other MEME and DREME motifs.

Data

Input Sequences:	MEME-ChIP_sequences.fsa			Your original untrimmed sequences.
fasta-center output:	seqs-centered			Your sequences centered and trimed to width 100.
fasta-dinucleotide-shuffle output:	seqs-shuffled			The centered sequences randomly shuffled maintaining their dinucleotide frequency, used as a background for DREME and AME.
AME input:	seqs-centered_w_bg			The centered sequences followed by the same sequences after dinucleotide shuffling.

图 6.18　MEME-ChIP 的分析结果

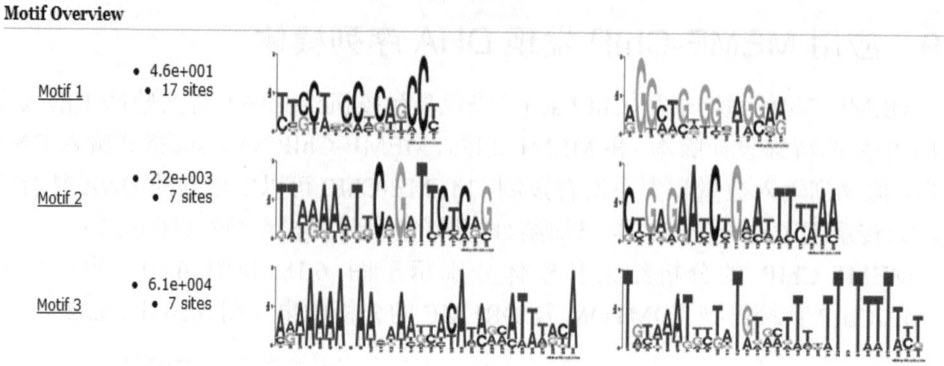

图 6.19 从 MEME-ChIP 得到的模体

Name	Preview	Matches	List
1	TTCCTGCCACAGCCT	0	
2	TTAAAAATTCAGATTCTCAG	0	
3	AAAAAAAAAAAAAAAGCACATAAAATTTACA	1	MA0277.1 (AZF1)

图 6.20 从 MEME-ChIP 得到的 TOMTOM 分析结果

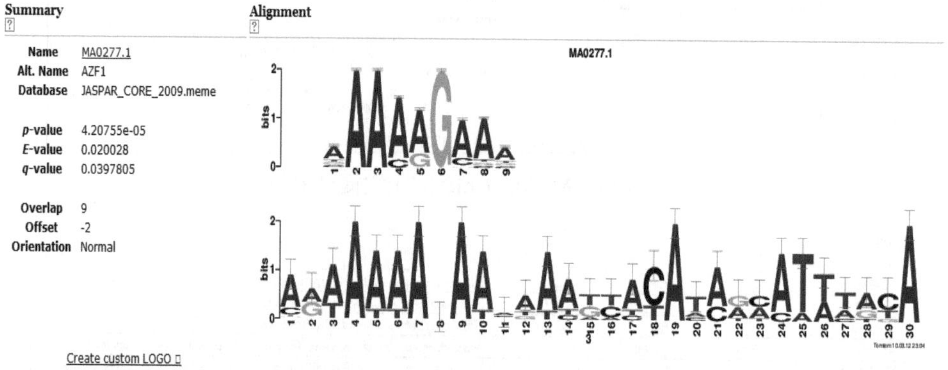

图 6.21 TOMTOM 的输出结果

Click on the □ under the **More** column to show more information about the motif.
Click on the □ under the **Submit** column to send the motif to another MEME suite program. Eg. Tomtom
Click on the □ under the **Download** column to get the position weight matrix of a motif or to download the logo image with your chosen options.

Motif	Logo	RC Logo	E-value	Unerased E-value	More	Submit	Download

图 6.22 DREME 的输出结果

6.10　应用 SPAMO 推测转录因子的结合位点

通过高通量测序和 ChIP-seq 技术，以高分辨率来识别全基因组的转录因子的结合位点。SPAMO 是间隔模体（Spaced Motif）分析工具(图 6.23 左)，可以从 ChIP-seq 数据集来推测高置信度转录因子复合物，以便更好地了解转录因子复杂的结构。

SPAMO 要求输入从 MEME 输出的模体文件。通过邮件返回的超文本输出结果（html output）包括：①初级模体（Primary Motif）；②序列数据库（Sequence Database）；③二级数据库（Secondary Databases）等(图 6.23 右)。

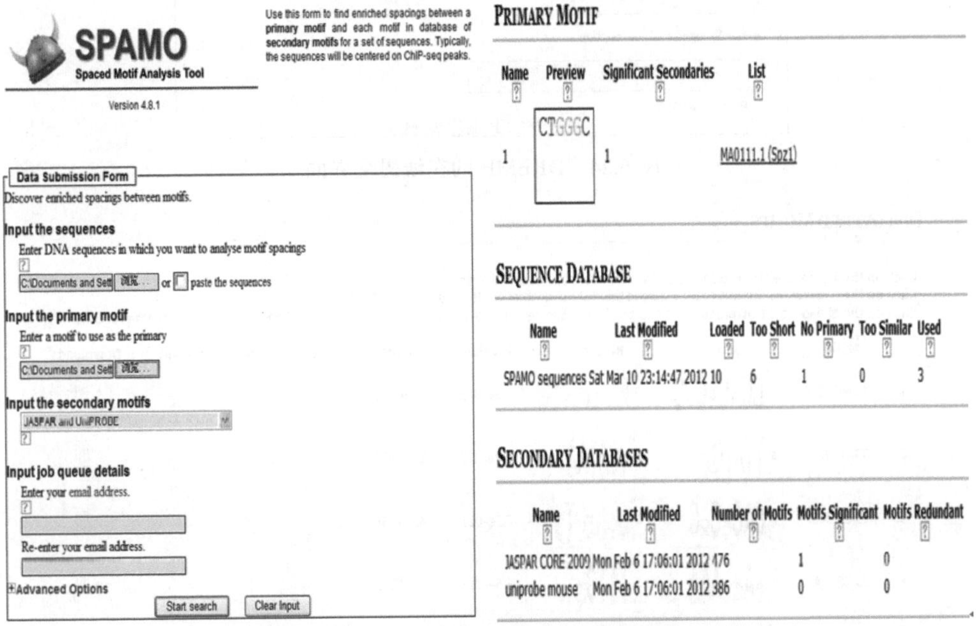

图 6.23　SPAMO 提交界面和模体分析结果

6.11　应用 DREME 发现短的正则表达模体

DREME 工具主要用于分析富含重复结构的 DNA 序列，通过和已知模体的数据集做比较，从中识别 DNA 序列中的模体。DREME 提交的是用该网站提供的样本 DNA 序列(图 6.24)。运行后，DREME 可以发现 14 个模体及其 Logo，现将前 5 位的模体示于图 6.25。

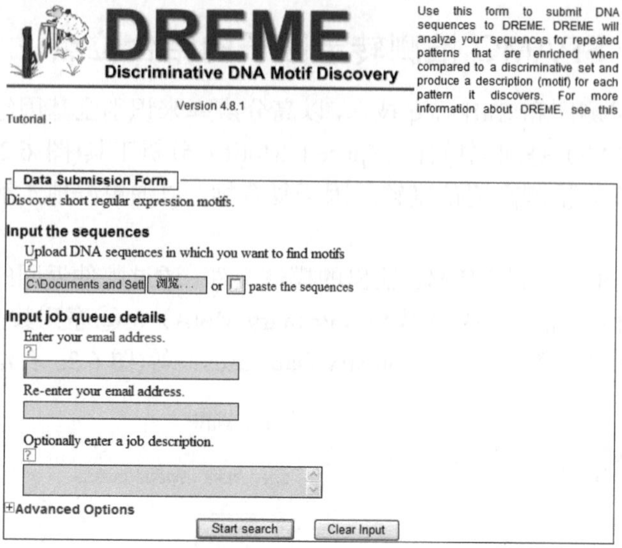

图 6.24　DREME 的在线提交界面

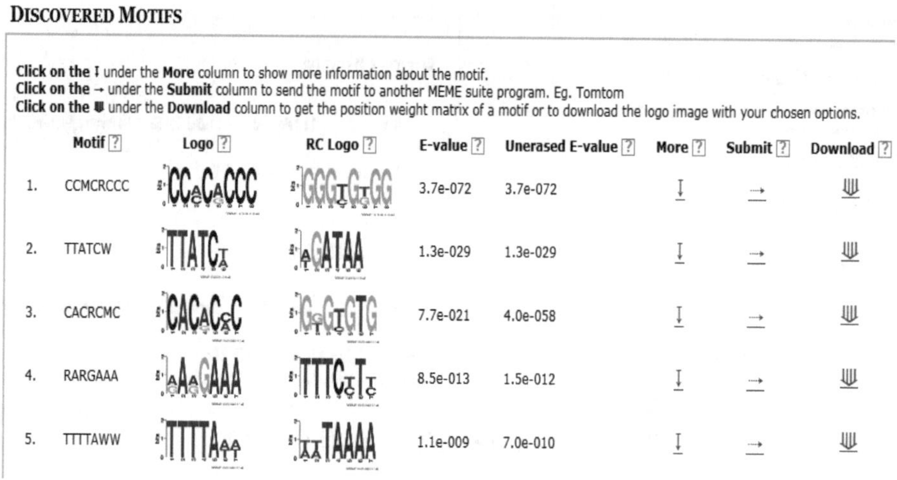

图 6.25　DREME 发现的模体及其 Logo

6.12　应用 FIMO 寻找数据库已知的模体

FIMO（Find Individual Motif Occurances）工具在寻找模体过程中，没有给模体联合发生、序列区域或完整序列记分。因此，对于确定个别候选的结合位点或蛋白质模体，FIMO 工具比 MAST 和 MCAST 更简单、更通用。FIMO 的提交界面如图 6.26 左所示。FIMO 需要输入 DNA 模体格式文件，它是位置特异性的频率矩阵。这些模体可以从 MEME 发现模体算法产生，或从现有的模体数据库中提取，也可以用简单的文本格式创建。同时，需要选择一个支撑的数据库

（supported databases）（图 6.26 左）。通过 FIMO 提交序列与数据库序列比对，得到 4 条最佳的匹配序列，如图 6.26 右上所示。除最佳匹配之外，还列出了符合检索要求的高分模体名单(图 6.26 右下)。

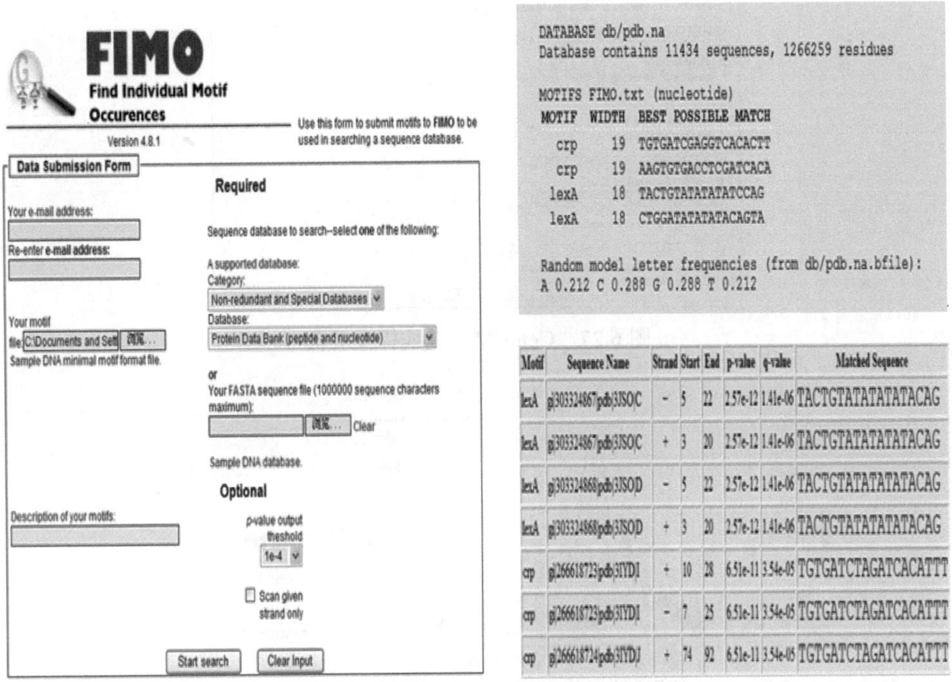

图 6.26　FIMO 在线提交界面及分析结果

6.13　应用 CentiMo 寻找主要的富集模体

执行 CentriMo 时，首先在提交页面上输入待分析的序列和已知模体的数据库，例如，JASPAR and UniPROBE 数据库；同时输入用户的 E-mail 地址，然后，开始搜索（Start search）（图 6.27）。CentriMo 分析结果包括：①产生模体概率图（Motif Probability Graph）（图 6.28 左上），用户可以通过选择不同的参数，改变模体图及模体显示的颜色（图 6.28 右上），本例要求给出前 3 位模体的最佳位置和概率，并将位点的得分阈值设为（≥5bits）；②提供主要富集模体（Centrally Enriched Motifs）（图 6.28 左下），这里列出前 3 位模体的名称分别为 klf4、klf7 和 Tal1：：Gata1；③富集模体图详细信息，包括数据、Logo、结合位点、频率矩阵等，均来自于 JASPAR and UniPROBE 数据库（图 6.28 右下）。用户通过点击该模体的 ID 即可获取信息，例如，模体 klf4 的 ID 为 MA0039.2。

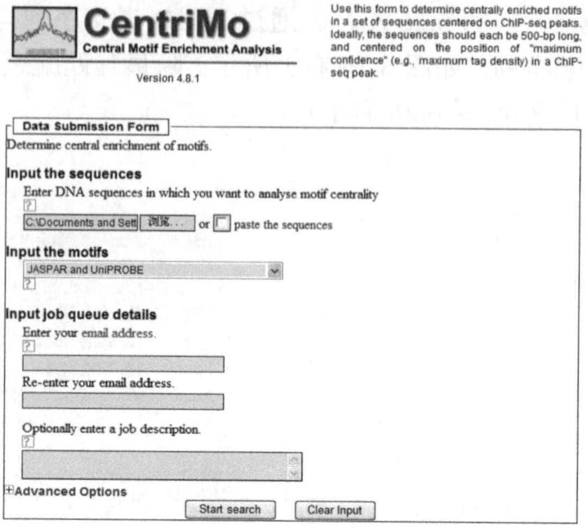

图 6.27　CentriMo 在线提交界面

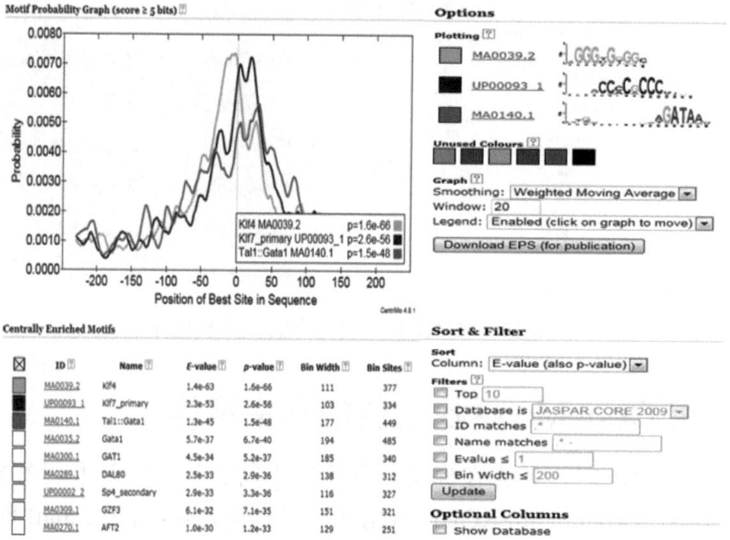

	ID	Name	E-value	p-value	Bin Width	Bin Sites
	MA0039.2	Klf4	1.4e-63	1.6e-66	111	377
	UP00093_1	Klf7_primary	2.3e-53	2.6e-56	103	334
	MA0140.1	Tal1::Gata1	1.3e-45	1.5e-48	177	449
	MA0035.2	Gata1	5.7e-37	6.7e-40	194	485
	MA0300.1	GAT1	4.5e-34	5.2e-37	185	340
	MA0289.1	DAL80	2.5e-33	2.9e-36	138	312
	UP00002_2	Sp4_secondary	2.9e-33	3.3e-36	116	327
	MA0309.1	GZF3	6.1e-32	7.1e-35	151	321
	MA0270.1	AFT2	1.0e-30	1.2e-33	129	251

图 6.28　模体概率图和主要富集模体的信息
主要的富集模体通常分布在 ChIP-seq 序列峰最高置信度中心

参 考 文 献

Bailey TL, Bodén M, Buske FA, et al. 2009. MEME SUITE: tools for motif discovery and searching. Nucleic Acids Res, 37(Web Server issue):W202～W208

Bailey TL, Bodén M, Whitington T, et al. 2010.The value of position-specific priors in motif discovery using MEME. BMC Bioinformatics, 11(1):179

Bailey TL. 2002. Discovering novel sequence motifs with MEME. Curr Protoc Bioinformatics, Chapter 2: Unit

2.4

Bailey TL. 2008. Discovering sequence motifs. Methods Mol Biol, 452: 231～251

Bodén M, Bailey TL. 2008. Associating transcription factor binding site motifs with target GO terms and target genes. Nucleic Acids Res, 36(12):4108～4117

Charles E G, Timothy L B, et al,. 2011. FIMO: Scanning for occurrences of a given motif. Bioinformatics, 27(7):1017～1018

Frith MC, Saunders NFW, Kobe B, et al. 2008. Discovering sequence motifs with arbitrary insertions and deletions. PLoS Comput Biol, 4(5):e1000071

Gupta S, Stamatoyannopoulos JA, Bailey TL, et al. 2007. Quantifying similarity between motifs. Genome Biology 8:R24

第 7 章　蛋白质谱数据分析

莫凡　王珺　张维一　张婧　华大颂　薛庆中

本章简要介绍了质谱技术的基本原理及质谱仪鉴定蛋白质的工作流程，通过实例运行，学习用数据库检索软件 X!Tandem、Mascot、Sequest 鉴定串联质谱数据预测蛋白质，以及用 TPP 统计学过滤软件包进行蛋白质组学数据统计学分析。

7.1　生物质谱技术的基本原理

将分析样品的分子离子化，产生带有不同电荷数量的离子，它们在加速电场中获得动能，进入由电场和磁场组成的分析器后，由检测器扫描记录离子的质荷比（*m/z*），从不同离子所产生的质谱图中，可以获得样品的相对分子质量、分子中同位素构成等多方面信息。

生物质谱实验的一般流程如下。第一步，蛋白酶解（digestion）产生多肽；第二步，多肽离子化（ionization），进行质谱分析，产生一级质谱（MS）；第三步，分离多肽片段（isolation）；第四步，多肽碎片化（fragmentation）；第五步，再进行质谱分析，得到二级质谱（MS/MS）；然后，借助计算机软件模拟蛋白质酶解，在质谱仪中让一级质谱峰对应质荷比离子高速碰撞惰性气体，使肽键断裂，产生理论质谱图，通过实验和理论质谱图进行比对，对供测样本中蛋白质组分做出鉴定（图 7.1）。

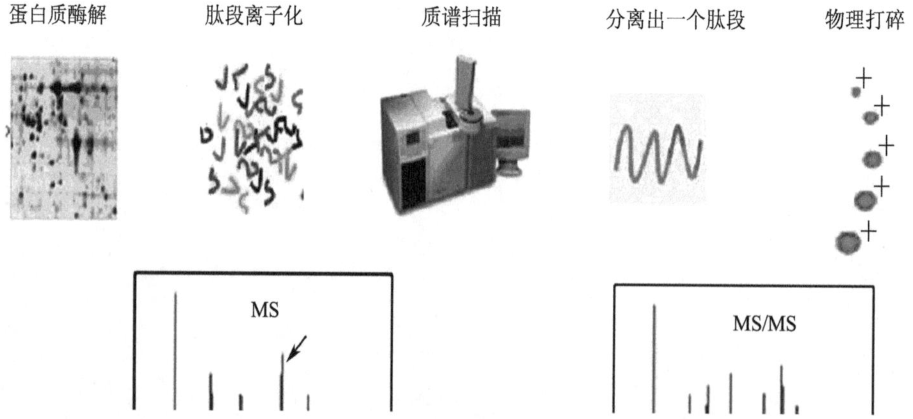

图 7.1　串联质谱流程

为了说明酶切的规律，登录网址 http://www.expasy.ch/tools/ peptidecutter/。在输入框中提交蛋白质序列，选择酶解规则，就能获得酶解肽段（图 7.2）。

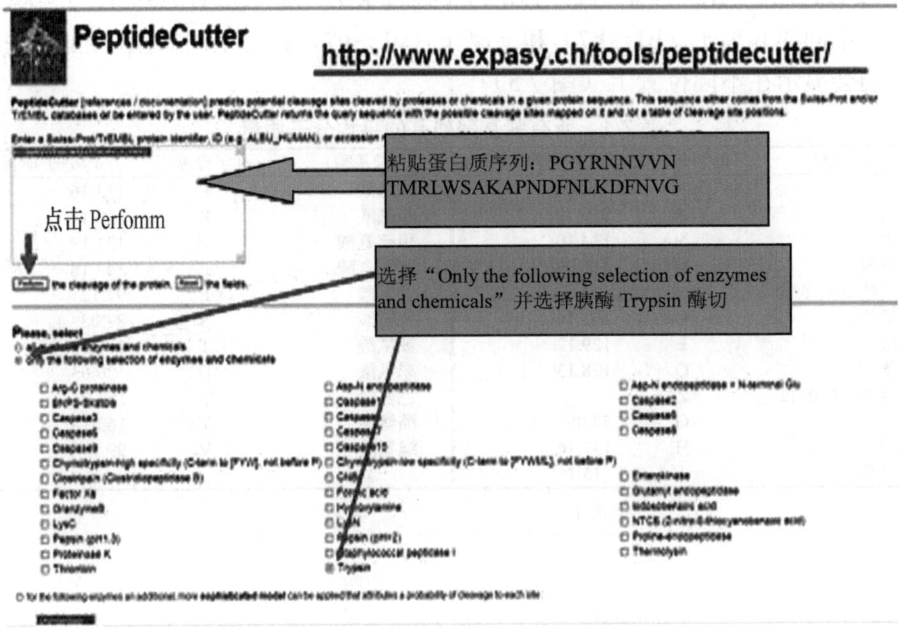
PeptideCutter
http://www.expasy.ch/tools/peptidecutter/
粘贴蛋白质序列：PGYRNNVVN TMRLWSAKAPNDFNLKDFNVG
点击 Perfomm
选择“Only the following selection of enzymes and chemicals”并选择胰酶 Trypsin 酶切

图 7.2　网上获得蛋白质酶解肽段

若提交一段蛋白质序列“PGYRNNVVNTMRLWSAKAPNDFNLKDFNVG”，如选择胰酶（trypsin）酶解后，此蛋白质序列就会在 R（精氨酸）和 K（赖氨酸）位点被切断而形成 5 个肽段，即在质谱扫描后产生一级质谱图（图 7.3）。

```
                    Tryps
         Tryps   Tryps  |    Tryps
           |       |    |      |
          PGYRNNVVNTMRLWSAKAPNDFNLKDFNVG
  1       ---------+---------+---------+
```

图 7.3　蛋白质的胰酶酶解

为精确鉴定肽段，需用物理方法再次打碎肽段进行扫描，产生二级质谱图。表 7.1 列出了不同的氨基酸残基所具有的平均分子质量。

这里以肽段（APNDFNLK）为例说明实际检测到的离子质荷比与理论质荷比的比对情况。该肽段碎片化后，将产生带有 NH_2 端的片段和 COOH 端的片段，分别称为 b 离子和 y 离子（图 7.4），理论上它们都可能产生 7 种类型氨基酸残基的小片段如图 7.5 所示。计算它们的离子质量时，应将其所含氨基酸残基质量全部累加，然后再分别加上 H^+或 $H+H+O+H^+$的质量，如图 7.4 中第 1 行所示，b

离子（A）的质量=71（残基 A）+1（H^+）=72，而 y 离子（PNDFNLK）的质量=97.12（残基 P）+114.1（残基 N）+115.09（残基 D）+147.18（残基 F）+114.1（残基 N）+113.16（残基 L）+128.17（残基 K）+19（H+H+O+ H^+）=847.4。这 7 种不同的 b 离子（b1～b7）和 y 离子（y1～y7）具有不同质量，经质谱扫描后它们会显示在不同位置上（图 7.5）。

表 7.1 所有氨基酸残基的平均分子质量

氨基酸	单字母缩写	平均分子质量/Da	氨基酸	单字母缩写	平均分子质量/Da
丙氨酸	A	71.08	亮氨酸	L	113.16
精氨酸	R	156.19	赖氨酸	K	128.17
天冬酰胺	N	114.10	甲硫氨酸	M	131.19
天冬氨酰	D	115.09	苯丙氨酸	F	147.18
天冬氨酸或天冬酰胺	B		脯氨酸	P	97.12
半胱氨酸	C	103.14	丝氨酸	S	87.08
谷氨酸	E	129.12	苏氨酸	T	101.10
谷胺酰胺	Q	128.13	尿氨酸	U	150.03
谷氨酸或谷胺酰胺	Z		色氨酸	W	186.21
甘氨酸	G	57.05	酪氨酸	Y	163.18
组氨酸	H	137.14	缬氨酸	V	99.13
异亮氨酸	I	113.16			

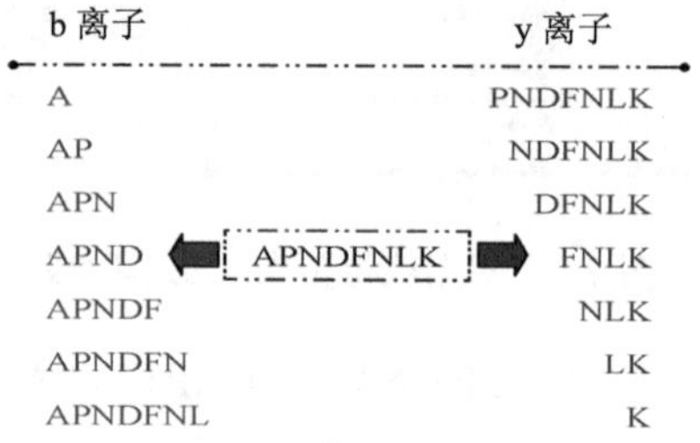

图 7.4 肽段进一步被打碎的所有可能情况

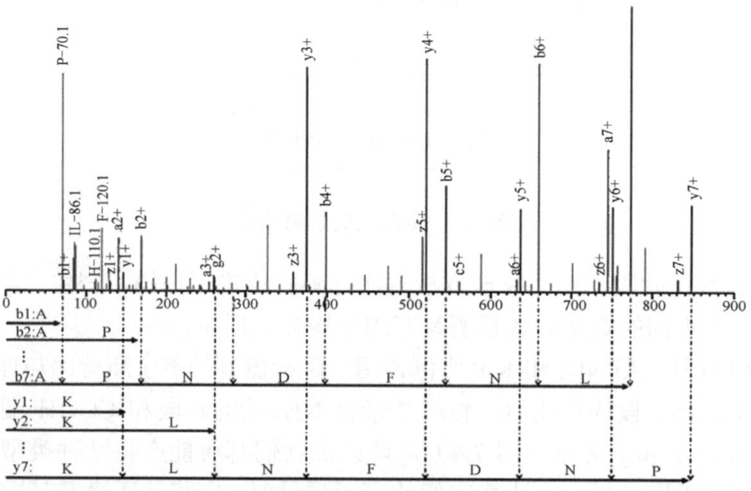

图 7.5 APNDFNLK 的碎片在扫描后得到的 MS/MS 质谱图谱（见文后彩图）

横坐标为离子质荷比；纵坐标为离子峰相对强度；深色柱为 b 离子；浅色柱为 y 离子；峰旁的数字表示肽分子质量段母离子[M+H]值

将二级质谱实验中检出的不同质量肽段序列图谱（图 7.6 左侧）与从已知序列蛋白质数据库（如 IPI、ENSEMBL 等）得到的理论酶解质谱图谱（图 7.6 右侧）进行比对，其中 4 个峰（横坐标第 0、3、6、9 号）在实验图谱和理论图谱中都显示，由此推测，实验样品中可能含有数据库中的已知肽段。

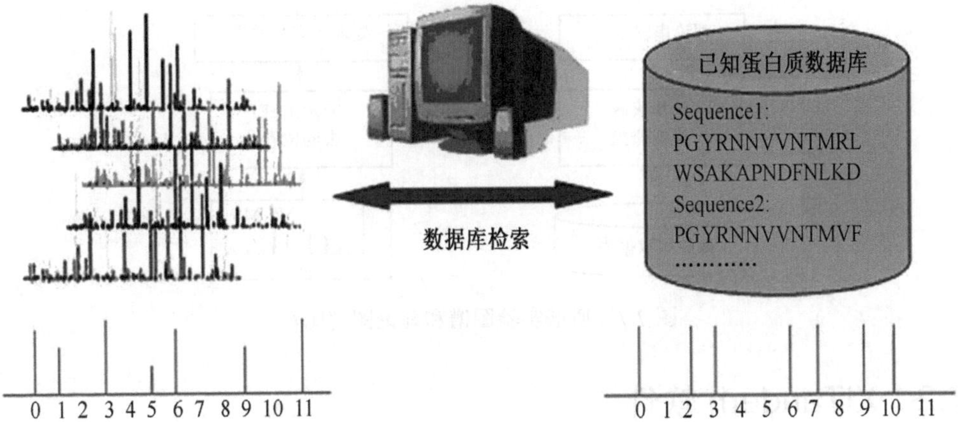

图 7.6　质谱实验图谱和理论图谱比对

假如每个蛋白质平均分子质量为 50 kDa，氨基酸平均分子质量为 110 Da，那么每个蛋白质平均有 450 个氨基酸，若平均每 10 个氨基酸会有一个胰酶的酶切位点，则每个蛋白质可能会被酶解成 45 个肽段。已知人类细胞中大约有 2 万个蛋白质，按此计数一个细胞蛋白质可产生约 90 万个胰蛋白酶肽段，然后肽段还需被进一步打碎产生理论的二级质谱图谱。同样，一次质谱实验平均有 3000 次扫描，将产生 3000 张实验质谱图。对于上述高通量数据的理论质谱图及其实验质谱图的比对（图 7.7），将是一个极大的挑战，完成如此繁重的任务只有依赖于相应计算机软件。

目前质谱分析常用软件有 X!Tandem、Sequest 和 Mascot 等。X!Tandem 是开源软件（Craig and Beavis, 2004），可自行修改代码，添加功能模块，比对速度快，通常数据分析比 Sequest 快 200 倍；当添加氧化、磷酸化等修饰位点时，则搜索可快 1000 倍，且该软件的主流电脑配置可做小规模数据检索，能支持 PVM、MPI 并行运算环境，数据输入为 DTA、PKL、MGF、mzXML 及 mzDATA。Sequest 和 Mascot 均为商业软件，其并行运算分别受 PVM 和 MPI 支持，数据输入分别为 RAW、DTA 和 MGF、DTA。

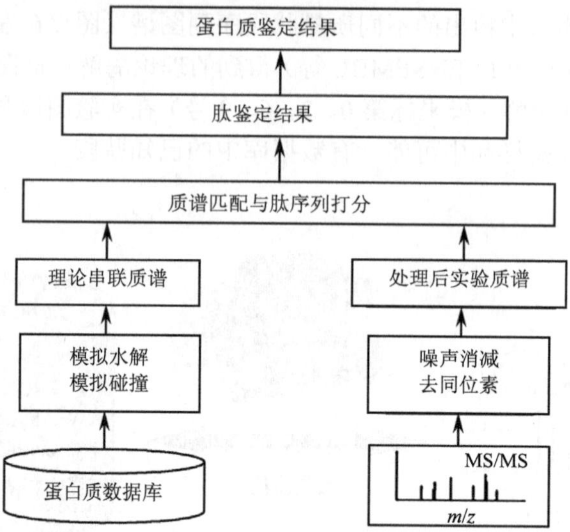

图 7.7 质谱实验图谱和理论图谱比对

7.2 X!Tandem 软件

7.2.1 下载地址

GPM Cyclone XE 为 X!Tandem 集成软件（X!系列图形界面版），下载地址 ftp://ftp.thegpm.org//projects/gpm/gpm-xe-installer/gpm-xe-cyclone_20101026_win32. exe，下载完成后双击文件，将程序安装在 C:\Program Files 路径下即可。

7.2.2 数据准备操作步骤

（1）准备质谱数据文件。格式限定为 DTA、PKL、MGF、mzXML、mzDATA。

（2）准备数据库文件。GPM 有自带的一些数据库，亦可以根据需要添加数据库到 GPM 中。

本例从 ftp://ftp.ebi.ac.uk/pub/databases/IPI/current 中下载人类 IPI 数据库文件，目前最新版本为 ipi.HUMAN.v3.86.fasta，存放到本地电脑 C:\Program Files\cyclone\thegpm\fasta。

（3）运行 fasta_pro.exe 程序。将 fasta 转换成 fasta.pro 格式后，可以删除一些注释内容，加快 X!Tandem 运行速度。对较小的数据库文件，可免去此步骤。操作细节如图 7.8 所示：开启命令行窗口，输入程序所在硬盘盘符 cd，进入 fasta 文件夹（cd C:\Program Files\cyclone\thegpm\fasta），执行 fasta_pro.exe ipi.HUMAN. v3.86. fasta，即可将其转换成 ipi.HUMAN.v3.86.fasta.pro。

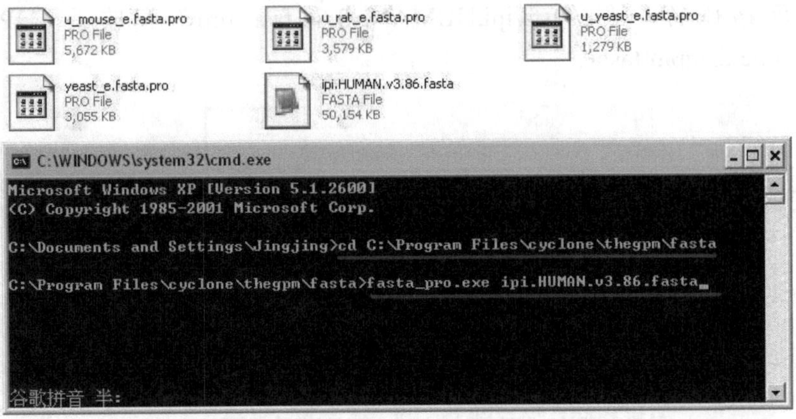
u_mouse_e.fasta.pro
PRO File
5,672 KB
u_rat_e.fasta.pro
PRO File
3,579 KB
u_yeast_e.fasta.pro
PRO File
1,279 KB
yeast_e.fasta.pro
PRO File
3,055 KB
ipi.HUMAN.v3.86.fasta
FASTA File
50,154 KB
C:\WINDOWS\system32\cmd.exe
Microsoft Windows XP [Version 5.1.2600]
(C) Copyright 1985-2001 Microsoft Corp.
C:\Documents and Settings\Jingjing>cd C:\Program Files\cyclone\thegpm\fasta
C:\Program Files\cyclone\thegpm\fasta>fasta_pro.exe ipi.HUMAN.v3.86.fasta
谷歌拼音 半:

图 7.8　将 fasta 文件转换成 fasta.pro 文件

（4）在 GPM 界面上显示数据库名称。

进入 thegpm 目录下的 tandem 文件夹，其中的 species.js 及 pro_species.js 分别对应真核生物和原核生物的数据库。可用记事本打开数据库 species.js，在最后一行写入一条命令：document.writeln（"<option value=\"mydatabasehuman[数据库名称]\">mydatabase[GPM 界面上显示的数据库名称]</option>"）。此命令如图 7.9 下划线行所示。

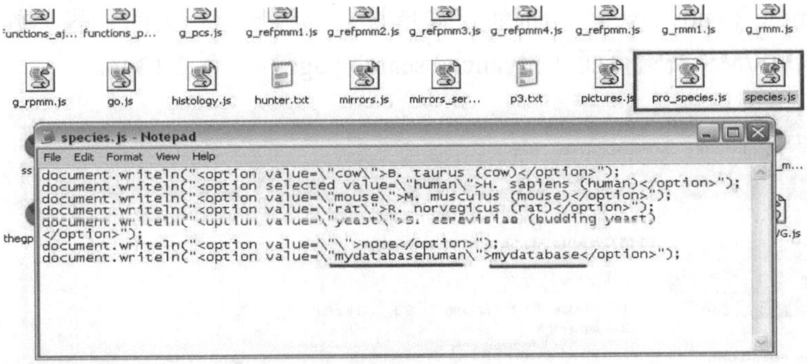
pro_species.js
species.js
species.js - Notepad
File Edit Format View Help
document.writeln("<option value=\"cow\">B. taurus (cow)</option>");
document.writeln("<option selected value=\"human\">H. sapiens (human)</option>");
document.writeln("<option value=\"mouse\">M. musculus (mouse)</option>");
document.writeln("<option value=\"rat\">R. norvegicus (rat)</option>");
document.writeln("<option value=\"\">none</option>");
document.writeln("<option value=\"mydatabasehuman\">mydatabase</option>");

图 7.9　修改 species.js 文件

（5）指定蛋白质数据库文件路径。

打开 tandem 文件夹，用记事本对 taxonomy.xml 文件进行修改。将文件倒数第二行添加如下 3 行（图 7.10）：

<taxon label="mydatabasehuman">

<file format="peptide" URL="../fasta/ipi.HUMAN.v3.86.fasta.pro" />

</taxon>

第 1 行命令修改数据库名为“mydatabasehuman”，第 2 行在 URL=之后写

入数据库路径名，“../fasta/ipi.HUMAN.v3.86.fasta.pro”存放于 C:\Program Files\cyclone\thegpm\fasta。

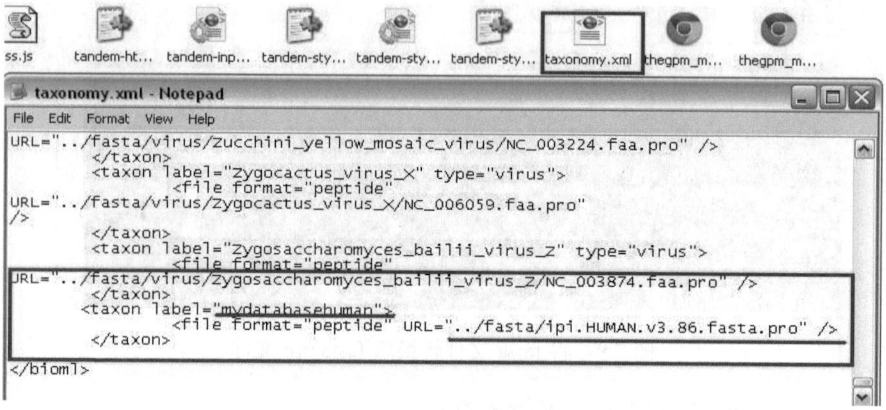

图 7.10　修改 taxonomy.xml 文件

7.2.3　运行 X!Tandem

点击 GPM Manager.exe 显示搜索页面：GPM Cyclone XE simple search page（图 7.11），在 3.taxon（物种）Eukaryotes（真核生物）方框中，就可以找到新输入的数据库文件 mydatabase。在其左面方框圈的质谱（one spectrum）中有两个选项（simple 和 advanced），前者仅简单设置一级质谱相关的一些参数，后者为二级质谱 MS/MS 搜索页面（advanced search page）（图 7.12）。

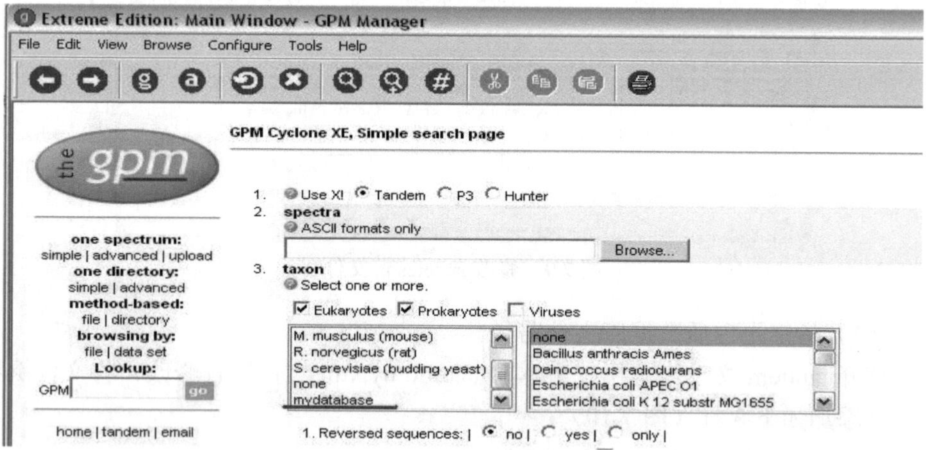

图 7.11　一级质谱搜索页面

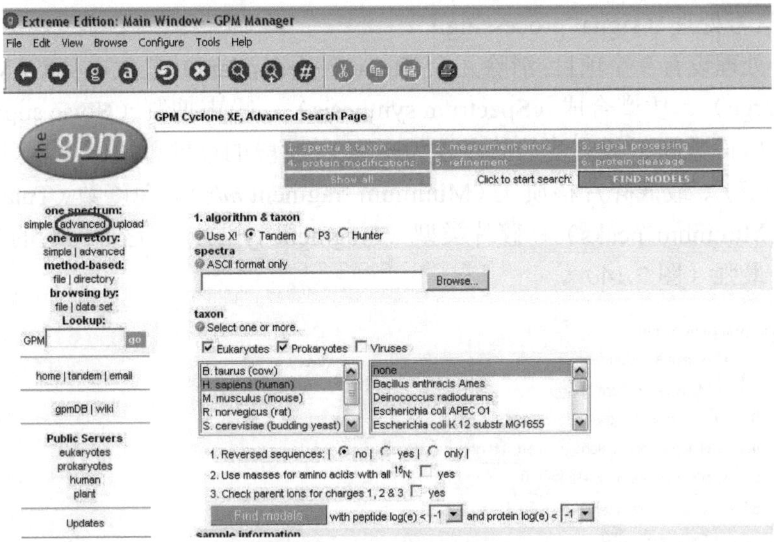

图 7.12　二级质谱搜索页面

在二级质谱搜索页面上方列出 6 个选项，现分述如下。

1）算法和物种（algorithm&taxon）

该软件提供了 3 种 X!系列算法（Tandem、P3、Hunter）选择，本文主要介绍 Tandem（默认）。在质谱（Spectra）框输入质谱数据文件，人类蛋白质质谱图谱为（htl.dta）。这里使用存放在 GPM 的 test_spectra 文件夹下 Taxon 为数据库选项，可选择 1 个或数个。左右两边 Eukaryotes 和 Prokartotes 框分别为真核及原核生物的蛋白质数据库。本例在 Eukaryotes 框中选择 mydatabase。peptide log（e）和 protein log（e）分别为多肽及蛋白期望阈值（Fenyo and Beavis, 2003; Pfeifer et al., 2007），它们的默认值均为–1（图 7.12）。阈值设置太高会降低搜索分析的灵敏性，太低则会增加假阳性。

2）估算误差（measurement errors）

估算误差包括碎片质量误差（Fragment mass error）、母离子质量误差（Parent mass error）及同位素误差（Isotope error）。前两种误差与仪器本身相关；后者基于碎片类型（Fragment type）分为单一同位素肽段质量（monoisotopic peptide mass）和平均同位素肽段质量（average peptide mass）。通常肽段的原子存在着不同比例的同位素，如取平均数称为平均同位素；如只含一种同位素，称为单一同位素。对于未标记样品的质谱数据选择默认值（图 7.13）。

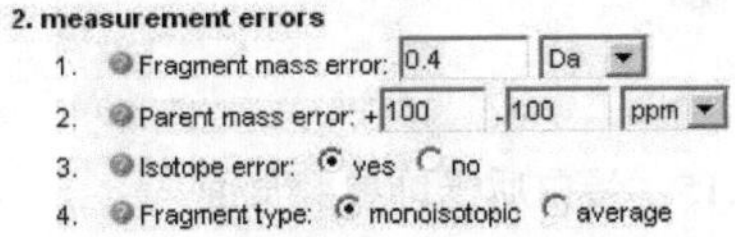

图 7.13　估算误差参数页面

3）信号处理（signal processing）

信号处理设有 9 个项目：消除冗余（Remove redundant）、最大电荷数（Maximum parent charge）、质谱合成（Spectrum synthesis）、噪声抑制（Noise suppression，软件将带电荷数高于设定值的肽段视为噪声）、肽段的最低母离子质量（Minimum parent M+H）、最低碎片核质比（Minimum fragment *m/z*）、总峰数（Total peak）、最低峰（Minimum peaks）、碎片类型（Fragment types），这里勾选的 b 和 y 碎片的信号最强（图 7.14）。

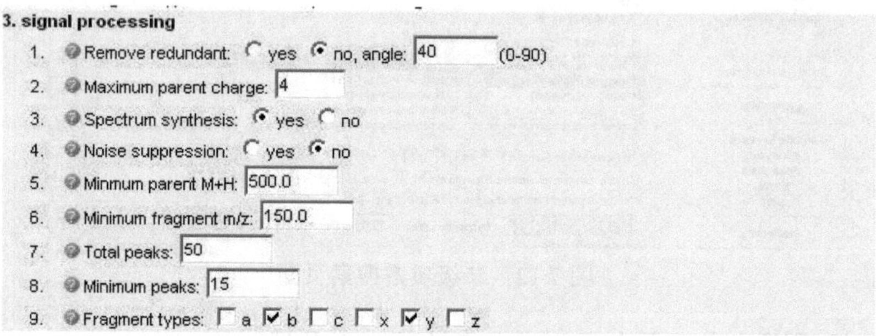

图 7.14　信号处理参数页面

4）蛋白质修饰（protein modifications）

蛋白质修饰包括完全修饰（Complete modifications）、潜在修饰（Potential modifications）、潜在模体（Potential motif）、使用序列注释（Use sequence annotations）、蛋白质 N 端（Protein N-terminus）、蛋白质 C 端（Protein C-terminus）。X！Tandem 一共可以设置 4 个完全修饰的选项，此列中选择脲甲基半胱氨酸（Carbamidomethyl），此时在下方会出现 57.021464@C 表示半胱氨酸分子质量增加了约 57Da，潜在修饰选项选择氧化（Oxidation）（图 7.15）。

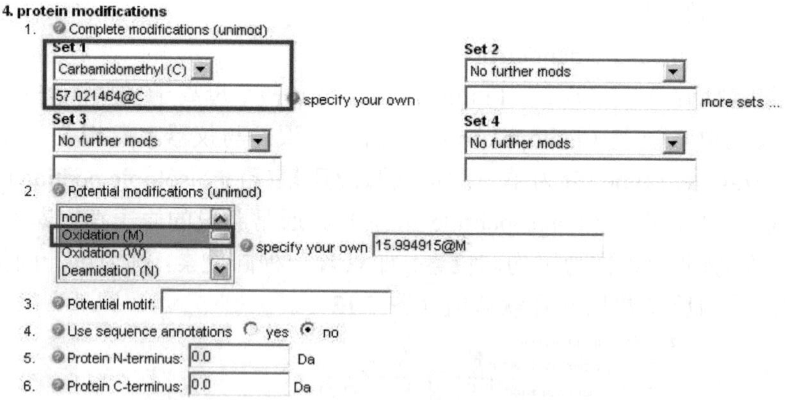

图 7.15　蛋白质修饰参数页面

5）精细特异性（refinement specification）

精细特异性包括 5 个选项，其中精细模式、使用序列注释（Use sequence annotations）、点突变、单氨基酸多态性 4 项均采用每一轮默认，而潜在修饰（Potential modifications）中有 4 轮（round）可选择修饰，它们都是独立进行的（图 7.16）。

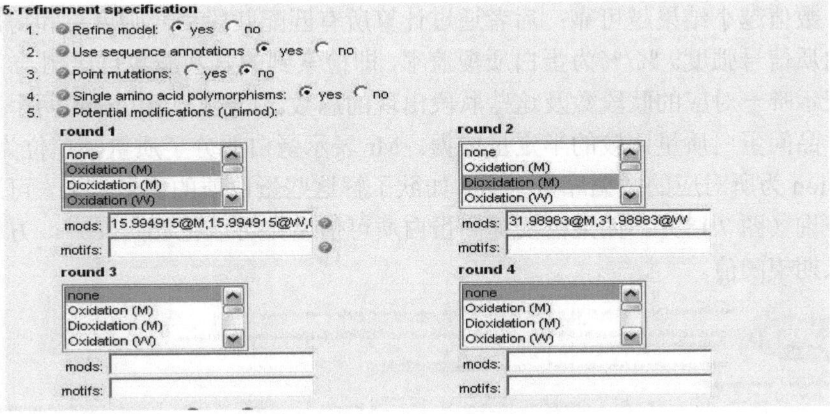

图 7.16　GPM refinement 参数页面

6）蛋白质剪切特异性（protein cleavage specification）

蛋白质剪切特异性包括酶切位点（Cleavage site）常用胰酶（trypsin）、半剪切（Semi- cleavage）、N 端限制（N-terminus limit）、允许遗漏酶切位点数（Missed cleavage sites allowed）、剪切 C 端电荷（Cleavage C-terminal change）及剪切 N 端电荷（Cleavage N-terminal change），分别表示酶切时 C 端及 N 端的质量改变，通常在酶切位点 C 端加上一个 OH、N 端加上一个 H。

完成上述 6 个参数设定后，点击寻找模型（FIND MODELS）即可运行 tandem（图 7.17）。

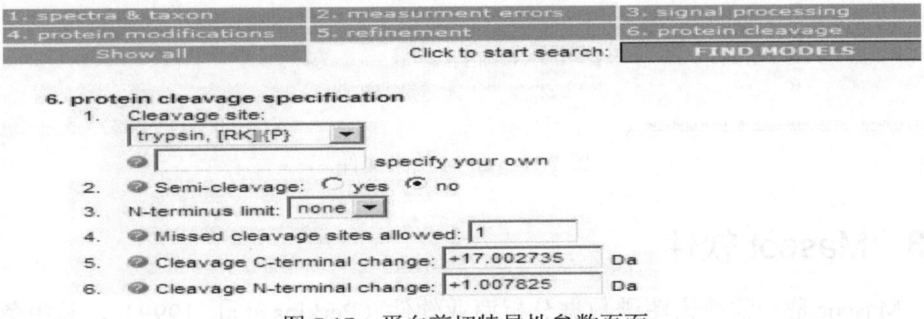

图 7.17　蛋白剪切特异性参数页面

7.2.4 结果分析

当 log（e）<方框输入–1 时，在图 7.18 右上角显示 3 个总体评价参数：valid log（e）<–0.4；模型总体分数：P-score=99，分值越高检索质量越好；肽段假阳性比率 FDR=0.44%。GPM 鉴定出 65 个蛋白质及 303 个同源物（图 7.18 底端），这些蛋白质排序（rank）基于 log（e）和 log（I）大小，前者为随机匹配上的期望值，数值越小结果越可靠；后者通过计算所有匹配肽段信号强度总和得出，表示蛋白质信号强度。%/%为蛋白质覆盖率，即检索到的氨基酸数目比例。#和 total 分别表示唯一对应的肽段数及这些肽段出现的总数。log（I）和 total 两个数据可作为样品间蛋白质量比较的半定量依据。Mr 表示蛋白质分子质量，单位为 kDa。Accession 为所对应的数据库登录号，如欲了解这些蛋白质的更多信息，可通过登录号查询（图 7.18）。如果需要提高蛋白质可信度，可以在 log（e）< 方框中重新输入期望阈值。

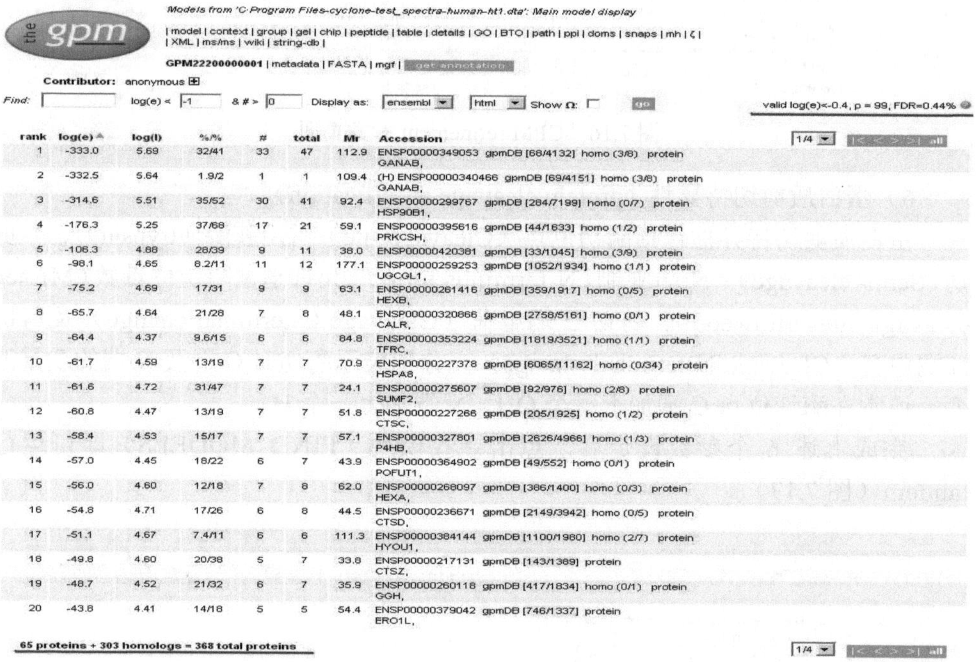
Models from 'C-Program Files-cyclone-test_spectra-human-ht1.dta': Main model display

| model | context | group | gel | chip | peptide | table | details | GO | BTO | path | ppi | doms | snaps | mh | ζ | | XML | ms/ms | wiki | string-db |

GPM22200000001 | metadata | FASTA | mgf | get annotation

Contributor: anonymous

Find: log(e) < -1 & # > 0 Display as: ensembl html Show Ω: go

valid log(e)<-0.4, p = 99, FDR=0.44%

rank	log(e)	log(I)	%/%	#	total	Mr	Accession
1	-333.0	5.69	32/41	33	47	112.9	ENSP00000349053 gpmDB [68/4132] homo (3/8) protein GANAB,
2	-332.5	5.64	1.9/2	1	1	109.4	(H) ENSP00000340466 gpmDB [69/4151] homo (3/8) protein GANAB,
3	-314.6	5.51	35/52	30	41	92.4	ENSP00000299767 gpmDB [284/7199] homo (0/7) protein HSP90B1,
4	-176.3	5.25	37/68	17	21	59.1	ENSP00000395616 gpmDB [44/1633] homo (1/2) protein PRKCSH,
5	-106.3	4.88	28/39	9	11	38.0	ENSP00000420381 gpmDB [33/1045] homo (3/9) protein
6	-98.1	4.65	8.2/11	11	12	177.1	ENSP00000259253 gpmDB [1052/1934] homo (1/1) protein UGCGL1,
7	-75.2	4.69	17/31	9	9	63.1	ENSP00000261416 gpmDB [359/1917] homo (0/5) protein HEXB,
8	-65.7	4.64	21/28	7	8	48.1	ENSP00000320866 gpmDB [2758/5161] homo (0/1) protein CALR,
9	-64.4	4.37	9.6/15	6	6	84.8	ENSP00000353224 gpmDB [1819/3521] homo (1/1) protein TFRC,
10	-61.7	4.59	13/19	7	7	70.9	ENSP00000227378 gpmDB [6065/11162] homo (0/34) protein HSPA8,
11	-61.6	4.72	31/47	7	7	24.1	ENSP00000275607 gpmDB [92/976] homo (2/8) protein SUMF2,
12	-60.8	4.47	13/19	7	7	51.8	ENSP00000227266 gpmDB [205/1925] homo (1/2) protein CTSC,
13	-58.4	4.53	15/17	7	7	57.1	ENSP00000327801 gpmDB [2626/4966] homo (1/3) protein P4HB,
14	-57.0	4.45	18/22	6	7	43.9	ENSP00000364902 gpmDB [49/552] homo (0/1) protein POFUT1,
15	-56.0	4.60	12/18	7	8	62.0	ENSP00000268097 gpmDB [386/1400] homo (0/3) protein HEXA,
16	-54.8	4.71	17/26	6	8	44.5	ENSP00000236671 gpmDB [2149/3942] homo (0/5) protein CTSD,
17	-51.1	4.67	7.4/11	6	6	111.3	ENSP00000384144 gpmDB [1100/1980] homo (2/7) protein HYOU1,
18	-49.8	4.60	20/38	5	7	33.8	ENSP00000217131 gpmDB [143/1389] protein CTSZ,
19	-48.7	4.52	21/32	6	7	35.9	ENSP00000260118 gpmDB [417/1834] homo (0/1) protein GGH,
20	-43.8	4.41	14/18	5	5	54.4	ENSP00000379042 gpmDB [746/1337] protein ERO1L,

65 proteins + 303 homologs = 368 total proteins

1/4 |< < > >| all

图 7.18 GPM 结果文件

7.3 Mascot 软件

Mascot 是一款质谱图谱数据分析商业软件（Perkins et al., 1999），其中免费版可以直接进行网上提交分析，提交的数据受限制，不能超过 3M 或图谱不超过 300 张，适合于小规模实验数据分析；数据库只能使用服务器上的分类，不能自已建立；蛋白质修饰、酶解方法等也只能选择服务器上已有的设定。

7.3.1　网上操作步骤

（1）提交质谱数据文件采用 DTA、PKL、MGF、mzXML、mzDATA 等格式。

（2）质谱数据的网上提交页面：http://www.matrixscience.com/cgi/search_form.pl? FORMVER=2&SEARCH=MIS（图 7.19）。

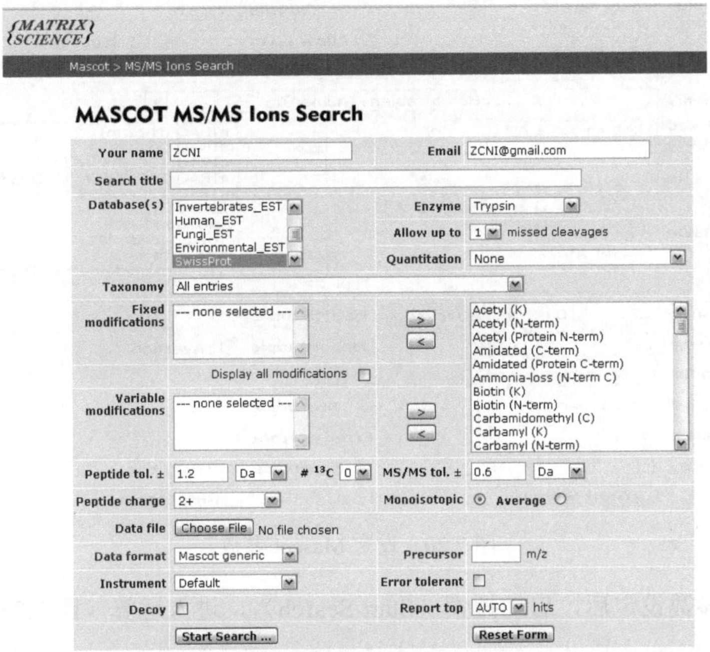

图 7.19　Mascot 网上提交界面

（3）填写基本信息，如用户姓名、邮箱地址、搜索题目名称。

（4）选择下列选项：数据库（Database）、物种（Taxonomy）、酶（Enzyme）、允许遗漏酶切数（Allow up to missed cleavage）、固定修饰（Fixed modifications）、可变修饰（Variable modifications）、定量检测（Quantitation）、肽段分子质量最大容许误差（Peptide tol）、MS/MS 质量允差（MS/MS tol）、多肽电荷（Peptide charge）、单一同位素肽段质量（Monoisotopic）、平均同位素肽段质量（Average）、数据文件（Data file）、数据格式（Data format）、仪器（Instrument）、前体（Precursor）、假阳性（Decoy）、报告前几位的匹配（Report top hits）。

下面用实例说明。先设定提交参数：搜索数据库为 NCBInr 上的非冗余蛋白库，物种为人［*Homo sapiens*（human）］，用胰蛋白酶（Trypsin）酶解，固定修饰（Carbamidomethyl），可变修饰［Oxidation（M）、Phospho（ST）、Phospho

（Y）]，肽段分子质量最大允许误差（Peptide tol±1.2 Da），肽段电荷（Peptide charge）为 2+，允许遗漏酶切数为 1。前体肽片段的质荷比（*m/z*）值，本例输入数据用 Mascot generic（.mgf）格式保存，文件名为 ZCNI.mgf（图 7.20）。

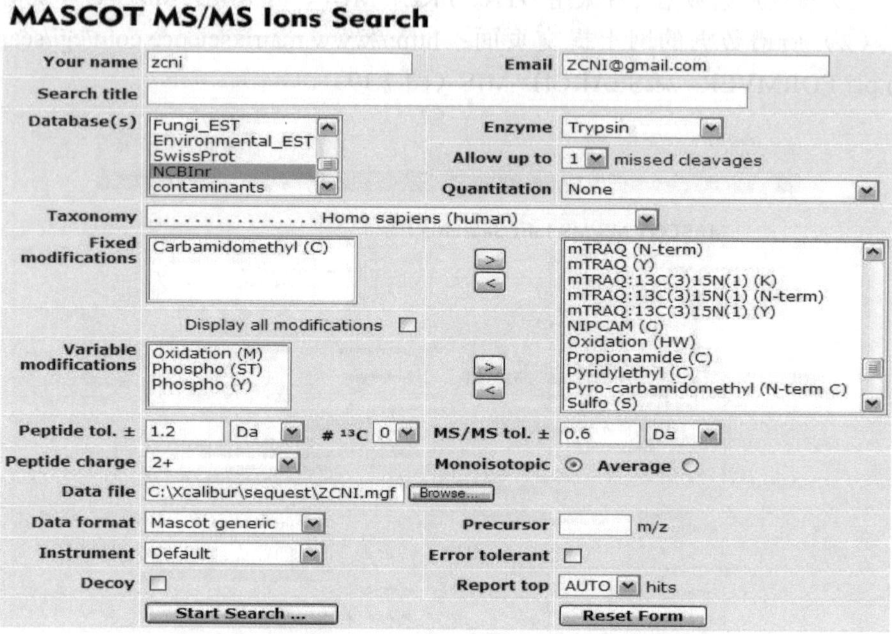

图 7.20　设定 Mascot 参数

（5）参数设定后，启动搜索（Start Search），进入运算（图 7.21）。

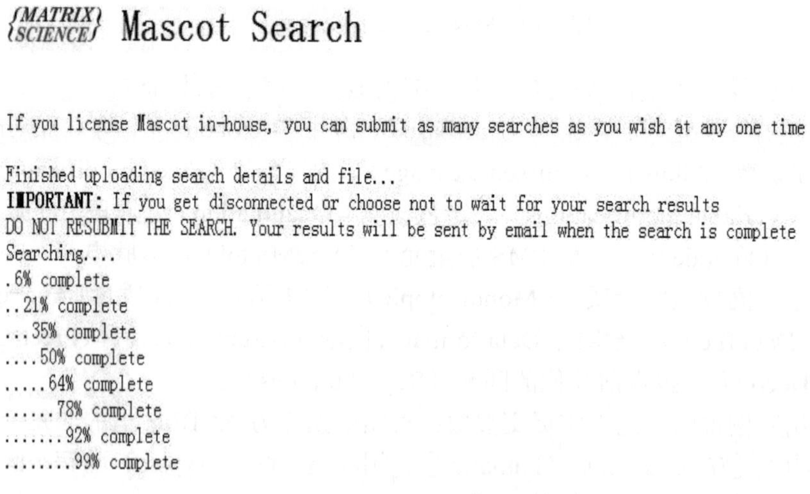

图 7.21　Mascot 正在检索

（6）运算完成后网页将自动显示结果，匹配到 5 个蛋白质（图 7.22）。

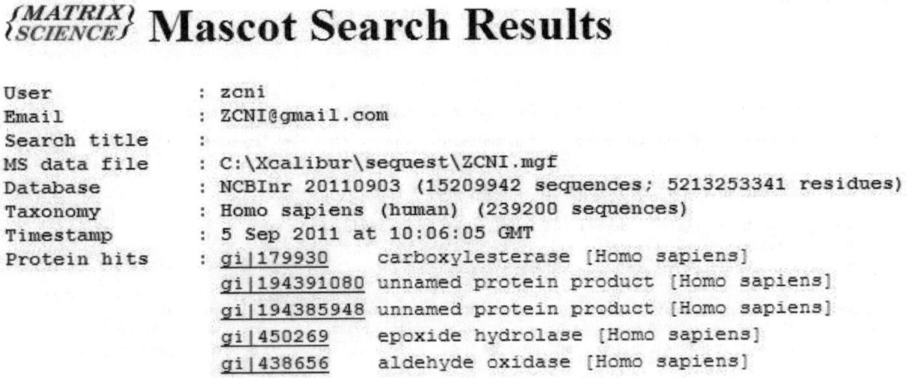

{MATRIX SCIENCE} Mascot Search Results

```
User          : zcni
Email         : ZCNI@gmail.com
Search title  :
MS data file  : C:\Xcalibur\sequest\ZCNI.mgf
Database      : NCBInr 20110903 (15209942 sequences; 5213253341 residues)
Taxonomy      : Homo sapiens (human) (239200 sequences)
Timestamp     : 5 Sep 2011 at 10:06:05 GMT
Protein hits  : gi|179930    carboxylesterase [Homo sapiens]
                gi|194391080 unnamed protein product [Homo sapiens]
                gi|194385948 unnamed protein product [Homo sapiens]
                gi|450269    epoxide hydrolase [Homo sapiens]
                gi|438656    aldehyde oxidase [Homo sapiens]
```

图 7.22　Mascot 检索结果

7.3.2　Mascot 结果分析

图 7.23 横坐标显示 Mascot 记分概率（Probability Based MOWSE Score），Mascot 记分越大，概率置信度越高；纵坐标表示击中数据库蛋白质的数目。其中一致性或同源性记分>47 表示蛋白质匹配达到统计学显著性（$P<0.05$）。图中 5 个蛋白质的置信度自右向左下降，依次为 gi|179930、gi|194391080、gi|194385948、gi|450269、gi|438656。阴影部分表示不置信部分。

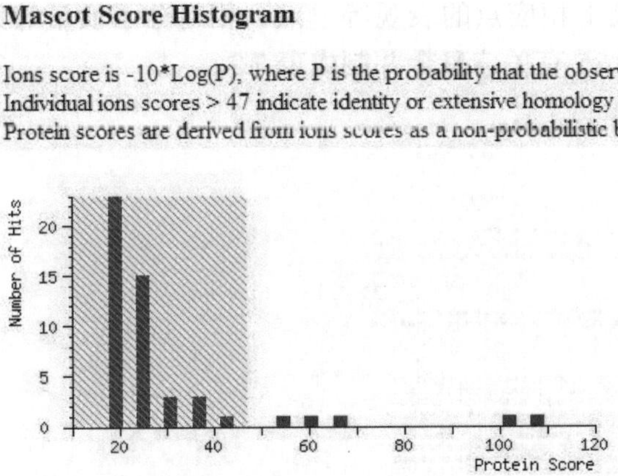

图 7.23　蛋白质得分及与数据库蛋白质的匹配情况

本例中置信度最高的蛋白质，其 ID 号为 gi|179930。图 7.24 列出了它的 2 个匹配的肽段（K.FLSLDLQGDPR.E 和 R.AISESGVALTSVLVK.K），并提供了以下信息，如实验测定值（M_r expt）、数据库理论值（M_r calc）、增量（Delta）、

缺失的酶切位点（Miss）、分值（Score）、期望值（Expect）、排序（Rank）。

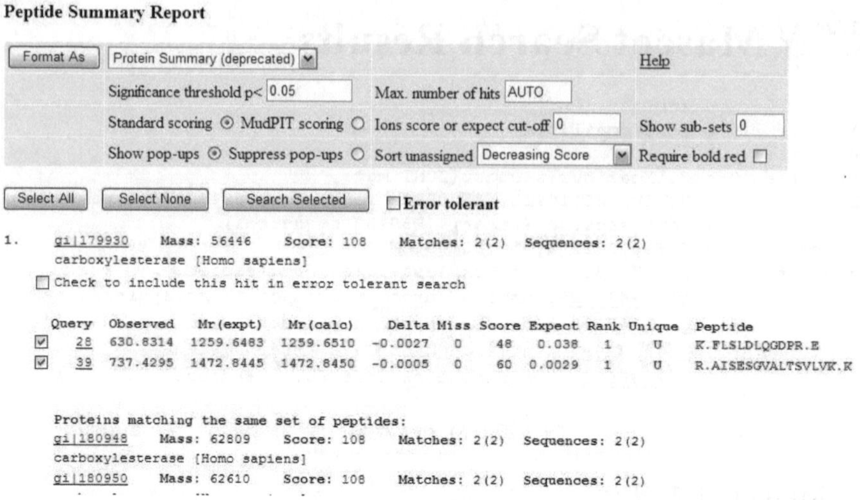

图 7.24　肽段检测报告

点击 gi|179930，还可以搜索到此蛋白质更详细的信息（图 7.25），如数据库登录号（Accession Number）、Mascot 分值（Score）、蛋白质名称（Protein name）、物种（Species）、理论相对分子质量（Theoretical M_r）、理论等电点（Theoretical pI 值）、匹配肽段序列在蛋白质中的覆盖率（Sequence coverage）、序列和通过质谱分析多肽片段得到氨基酸残基等。用户通常可按实验要求，将查询到的信息再结合原始双向凝胶电泳图谱上相应点的表观等电点、相对分子质量等结果汇总，这里我们将图 7.24 和图 7.25 有关信息合并制成表 7.2。

图 7.25　Mascot 搜索结果

表 7.2 击中蛋白质点的 MALDI-TOF-TOF 质谱鉴定

蛋白质编号	蛋白质名称	物种属	登录号	Mascot 分值	序列覆盖度/%	理论相对分子质量/kDa	理论等电点
1	carboxylesterase	*Homo sapiens*	gi|179930	108	5	56.446	5.85

7.4 Sequest 软件

Sequest 是一款主流的质谱图谱数据分析商业软件，其输入数据格式为 dta 和 raw，目前没有免费版本。Sequest 的优势在于其分析的灵敏性及软件的易用性。Sequest 参数分基本（Basic）和修饰（Modifications）两组，现将 Sequest 的参数设置及结果数据和处理简述如下。

7.4.1 基本参数的设置

图 7.26 左方列出以下基本参数。

- Parameters：参数文件存放目录。
- Database：检索所用的数据库。
- Type：类型［蛋白质或核酸（Protein or Nucleaotide）数据库］。
- Mass：质谱。多数非标记样品可选择单一同位素，以减少峰值的变异。
- Enzyme：酶，通常用 Trypsin，酶切位置（KR）。
- Missed cleavage：肽段中允许漏切的酶切位点数。
- Peptide：一级质谱检测的肽段误差。
- Fragment ions：二级质谱检测的肽碎片离子误差。
- Number results：用来计算统计参数 XCorr 结果的最大样本数量。
- Remove precursor ion from spectra：从质谱中滤除前体离子。
- Ion and Ion Series Calculated：计算肽键上断裂的 B 和 Y 离子。
- Output Options：输出选项。
- Peptide matches：匹配的肽段数。
- Report duplicate matches：输出重复肽段数。

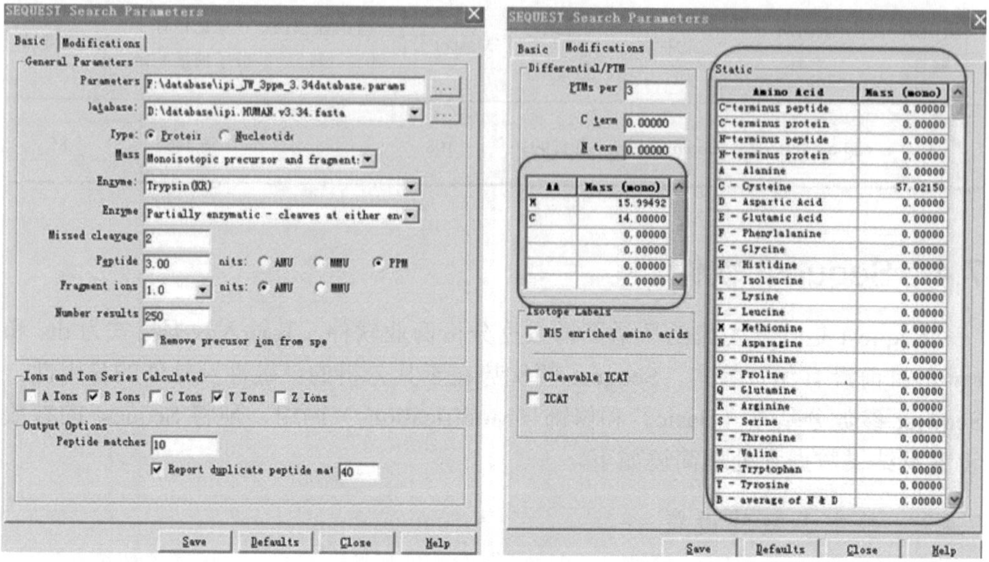

图 7.26　Sequest 参数选项

7.4.2　修饰参数的设置

①差异/翻译后修饰（Differential/ PTM）

PTM's per：（post-translational modification，PTM）允许每个肽段翻译后修饰最大个数，C 端（C term）和 N 端（N term）修饰数分别表示。

②固定修饰（Static）

在图 7.26 右边矩形圈中分别列出各种氨基酸（Amino Acid，AA）及质量（Mass）。而左边矩形圈中为潜在修饰的质量。

③同位素标记（Isotope Label）

糖基化修饰的氨基酸位点（NIS，enriched amino acids）；可剪切型（cleavable）；同位素标记亲和标签（Isotope coded affinity tag, ICAT）。

7.4.3　结果分析

Sequest 检索的结果如图 7.27 所示，通常会生成很多成对 dta 和 out 格式文件并存在同一文件夹，一个 dta 文件表示一张 MS/MS 实验图谱的数据（如图中矩形圈中部分 N18_ML1.8620.8620.2.dta 文件所示）。相应的 N18_ML1.8620.8620.2.out 文件，可以用记事本查看。

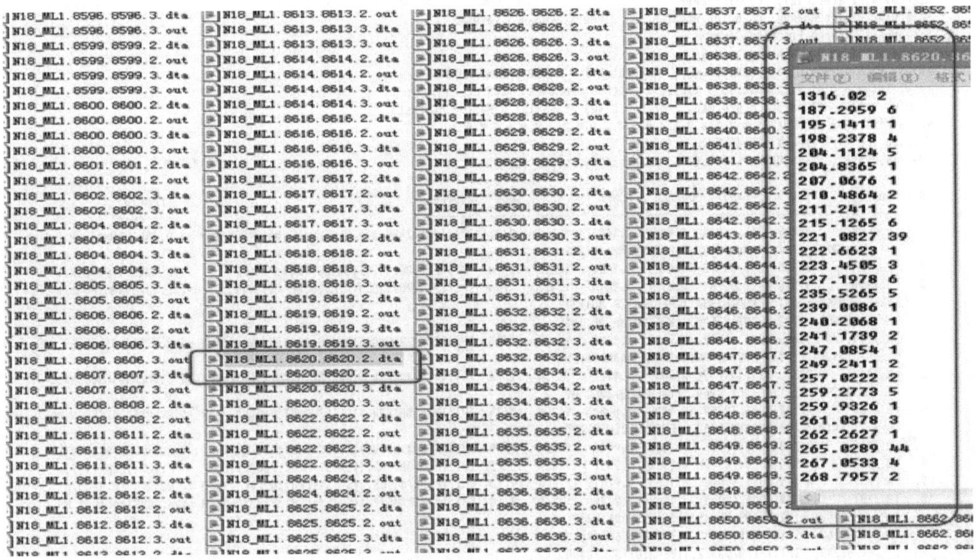

图 7.27　Sequest 结果文件夹

质谱图谱检索所产生的 out 文件数据如图 7.28 所示。第 1 行是文件名称，随后 4 行是软件版本信息及检索时间，接着是检索肽段的质量范围、检索肽段的类型、比对肽段数蛋白质数、比对数据库、酶等信息。

肽段列表中，ID # 为肽段在质谱数据中的编号；（M+H）+表示肽段的质荷比；Reference 为肽段所在蛋白质的数据库检索号，可由此号查找该蛋白质的具体信息；Peptide 为肽段的氨基酸序列；Ions 表示能与理论图谱正确比对的峰数占总数的比值；Sp、XCorr 及 deltaCn 是 Sequest 结果中评价肽段可靠性的主要参数。

Sequest 通常做粗细两轮打分。根据肽序列粗打分函数计算的分值（Sp）由大到小排序（Rank）。对前 500 的序列，再计算肽序列实验谱图和理论谱图比对的交互相关性（cross-correlation）进行细打分，同时计算每个肽序列与得分最高肽序列 Xcorr 差值的归一化值（deltaCn）。这两个相关性分值越高，检索结果越可靠，说明肽序列实验谱图和理论谱图的相关性越强。一般 XCorr 值>2.0、deltaCn>0.1 时可信度较好。

虽然 Sequest 提供了 Sp、XCorr 及 deltaCn 这三个可靠性指标并可以由此间接推断肽段存在的概率，但仍需要对其肽段结果做进一步的筛选过滤，以提高蛋白质鉴定的可靠性。此外，Sequest 没有对数据检索的可靠性给出直观的概率指标。

```
N18_ML1.8620.8620.2.out
SEQUEST v.27 (rev. 12), (c) 1998-2007
Molecular Biotechnology, Univ. of Washington, J.Eng/S.Morgan/J.Yates
Licensed to Thermo Electron Corp.
/03/2009, 10:41 PM, 8.4 sec on de1
(M+H)+ mass = 1316.0186 ~ 3.0000 (+2), fragment tol = 1.0000, MONO/MONO
total inten = 4161.9, lowest Sp = 117.9, # matched peptides = 265262
# amino acids = 29418009, # proteins = 67756, D:\database\ipi.HUMAN.v3.34.fasta
ion series nABY ABCDVWXYZ: 0 1 1 0.0 1.0 0.0 0.0 0.0 0.0 0.0 1.0 0.0
display top 11/5, ion % = 0.0, CODE = 101050
(M* +15.9949) (C# +14.0000) C=160.0307  Enzyme:Trypsin(KR) (2)

 #   Rank/Sp     Id#     (M+H)+    deltCn  XCorr    Sp    Ions  Reference                                  Peptide
---  --------  --------  ---------  ------  ------  -----  -----  ---------                                  -------
 1.   1 / 98    48423 1317.66919  0.0000  1.1604  139.9   9/22  IPI:IPI00745966.2|REFSEQ:NP_001093151|H- +1 A.AQLAQEM*AAGRR.R
          67208   IPI:IPI00855795.1|REFSEQ:NP_001093
 2.   2 / 34    26503 1316.61172  0.0129  1.1454  163.5  12/24  IPI:IPI00387117.5|SWISS-PROT:P01622         Q.YGSSPSTFGQGTK.V
 3.   3 /190    52558 1317.63281  0.0167  1.1410  124.3   9/24  IPI:IPI00787536.1|REFSEQ:XP_001131917     +2 E.TDAGAAMGSPQRR.Q
          52558   IPI:IPI00787536.1|REFSEQ:XP_001131
          52558   IPI:IPI00787536.1|REFSEQ:XP_001131
 4.   4 / 73    17885 1315.64162  0.0413  1.1125  146.5  10/20  IPI:IPI00220349.5|SWISS-PROT:Q9UKV8|TREM +1 R.FSSDELQILTY.Q
          48124   IPI:IPI00745433.1|TREMBL:A6NDA0|EN
 5.   5 /181    22533 1315.69645  0.0416  1.1122  125.4  10/26  IPI:IPI00333696.5|TREMBL:Q9NVL7|ENSEMBL: +1 S.VNLNQASGAVGSAK.S
          35350   IPI:IPI00479069.1|TREMBL:Q7Z3B2;Q9
 6.   6 / 35     2121 1314.73759  0.1008  1.0434  162.6  10/24  IPI:IPI00007834.1|SWISS-PROT:Q01484-1|TR +1 R.LPVTGTAESKRGV.R
          10418   IPI:IPI00074962.3|ENSEMBL:ENSP0000
 7.   7 /140    21818 1316.67326  0.1466  0.9903  132.4   9/24  IPI:IPI00328170.9|SWISS-PROT:Q13724|TREM    R.FTLLPPTSPGDTA.P
 8.   8 /113      546 1316.78543  0.1510  0.9852  136.7  10/22  IPI:IPI00002183.1|SWISS-PROT:P28221|ENSE    K.ILGIILGAFIIC#.W
 9.   9 /242    47861 1314.59908  0.1563  0.9791  118.6   9/20  IPI:IPI00744968.3|SWISS-PROT:Q3LIE5-1|EN    R.DALAVIWSHEC#.V
10.  10 /197     3829 1316.68348  0.1567  0.9786  123.4   8/20  IPI:IPI00013679.1|SWISS-PROT:P33316-1|EN +4 K.KGDRIAQLIC#E.R
          23283   IPI:IPI00375015.3|SWISS-PROT:P3331
          50262   IPI:IPI00749113.2|TREMBL:Q6NSA3|EN
          57243   IPI:IPI00793322.1|VEGA:OTTHUMP0000
          58291   IPI:IPI00794545.1|REFSEQ:NP_001020
11.  97 /  1    21708 1314.68410  0.5310  0.5442  245.6  11/20  IPI:IPI00307281.3|TREMBL:Q9BXZ2|ENSEMBL:     N.SFFYPTILGNR.G

 1.      48423  IPI:IPI00745966.2|REFSEQ:NP_001093151|H-INV:HIT000262768 Tax_Id=9606 Gene_Sym
 2.      26503  IPI:IPI00387117.5|SWISS-PROT:P01622 Tax_Id=9606 Gene_Symbol=IGKV3D-20 Ig kapp
 3.      52558  IPI:IPI00787536.1|REFSEQ:XP_001131917 Tax_Id=9606 Gene_Symbol=LOC732121 simil
 4.      17885  IPI:IPI00220349.5|SWISS-PROT:Q9UKV8|TREMBL:A4FVC0|ENSEMBL:ENSP00000220592|REF
 5.      22533  IPI:IPI00333696.5|TREMBL:Q9NVL7|ENSEMBL:ENSP00000346531 Tax_Id=9606 Gene_Symb
```

图 7.28　Sequest 结果 out 文件数据

Kapp 等（2005）通过对不同的质谱图谱数据分析软件的比较，指出 Sequest 在质谱数据分析中敏感性较优，但特异性上不及 Mascot 和 X!Tandem。Mascot 属概率搜索算法，它基于特异的假阳性，能更正确地识别肽段；X!Tandem 是获得开放源代码的搜索算法，可以通过手动或自动验证程序来提高蛋白质鉴定的可靠性。为减少假阳性数，下面我们将介绍 gTPP 软件。

7.5　蛋白质组学数据统计分析 TPP 软件

7.5.1　TPP 简介

TPP（trans-proteomic pipeline）是用于 LC-MS/MS 蛋白质组学数据分析的软件（Keller et al.，2005），它包含一系列蛋白质鉴定和定量分析的模块，能对经 Sequest 数据库搜索引擎得到的结果进行筛选过滤，从而提高蛋白质鉴定和测序正确性。TPP 软件基于统计学模型来判别质谱分析结果的可靠性。由图 7.29 右图可见该模型具统计学意义，可以对结果做筛选过滤，而左图结果不具有统计学意义。

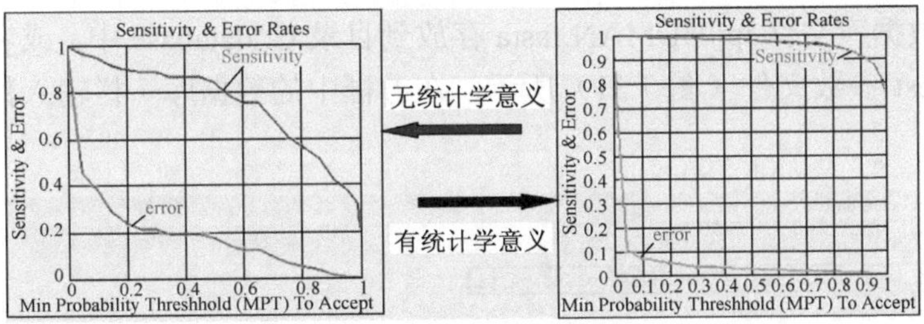

图 7.29　建立统计学上的模型

7.5.2　TPP 的安装与配置

从 http://tools.proteomecenter.org/wiki/index.php?title=Software:TPP 下载并安装Windows 版本的 TPP 安装程序(TPP_Setup_v4_4_VUVUZELA_rev_1.exe)。安装过程中选择附带安装 Apache（安装要求系统已安装 ActivePerl-5.8.8.*以上版本，可从 http://www.activeperl.com 网站上下载）。安装完成后，将会生成 TPP 的图标（图 7.30 左）。在浏览器里输入 http://localhost：1441/tpp-bin/tpp_gui.pl，或者点击桌面上的 TPP Web Tools，进入 TPP 登录界面（图 7.30 右上）。输入用户名：guest，密码：guest，点击 Login 按钮登录后，进入 TPP 欢迎界面（图 7.30 右下）。

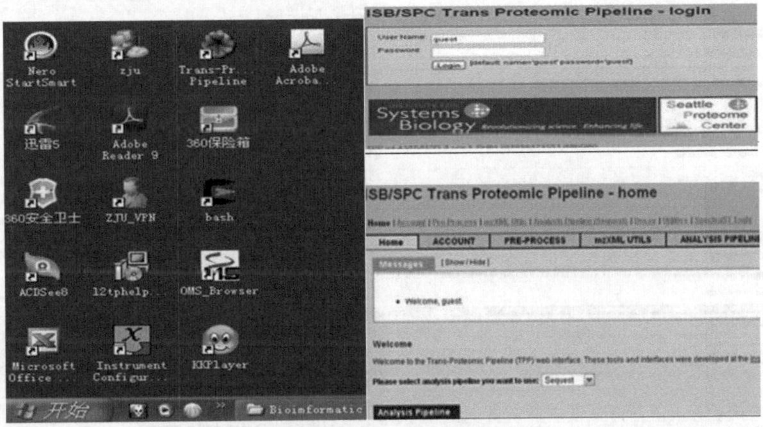

图 7.30　TPP 的图标和界面

7.5.3　样本数据准备

- 确保 C 盘有足够的空闲空间，具体视用户需要处理的数据量而定。
- 将质谱的原始数据、经过检索软件检索得到的结果文件、检索时所使用到的参数文件保存到目录 C：\Inetpub\wwwroot\ISB\data\ZCNI_training 下。本例中提交的质谱原始数据文件包括 ZCNI_No1.RAW 至 ZCNI_No6.RAW，Sequest 软件检索结果文件包括 ZCNI_No1 到 ZCNI_No6 的 6 个文件夹（含.dta 和.out 文件），以及 Sequest 软件检索参数文件 sequest.param。

● 将数据库文件 ipi.HUMAN.fasta 存放到目录 C:\database 中，或者用记事本打开 Sequest 参数文件（图 7.31）所示，在方框中的数据库一栏输入数据库存放地址。

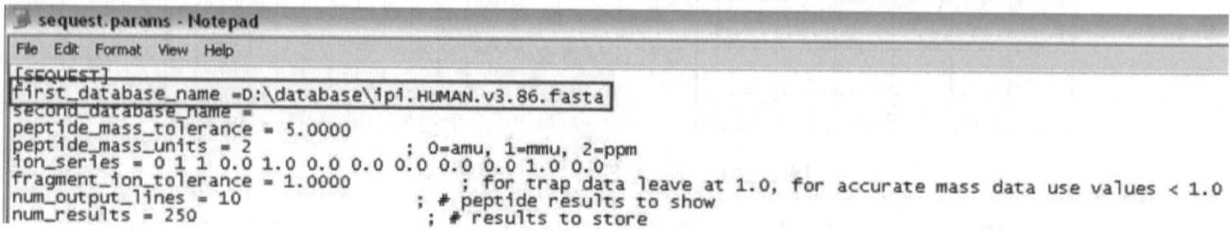
sequest.params - Notepad
File Edit Format View Help
[SEQUEST]
first_database_name =D:\database\ipi.HUMAN.v3.86.fasta
second_database_name =
peptide_mass_tolerance = 5.0000
peptide_mass_units = 2 ; 0=amu, 1=mmu, 2=ppm
ion_series = 0 1 1 0.0 1.0 0.0 0.0 0.0 0.0 0.0 1.0 0.0
fragment_ion_tolerance = 1.0000 ; for trap data leave at 1.0, for accurate mass data use values < 1.0
num_output_lines = 10 ; # peptide results to show
num_results = 250 ; # results to store

图 7.31　Sequest 参数文件

7.5.4　将 RAW 文件转换成 mzXML 文件

（1）点击 mzXML Utlis，选择 mzXML，Input File Format 选择 Thermo RAW，在 Specify RAW Input File to convert to mzXML 点击 Add Files（图 7.32 左上）。

（2）选择目录 ZCNI_training 中所有的 RAW 文件（图 7.32 右上）。

（3）在 Conversion Options 中选择 Centroid（图 7.32 左下）。

（4）点击 Convert to mzXML，RAW 文件转成 mzXML 文件（图 7.32 右下）。

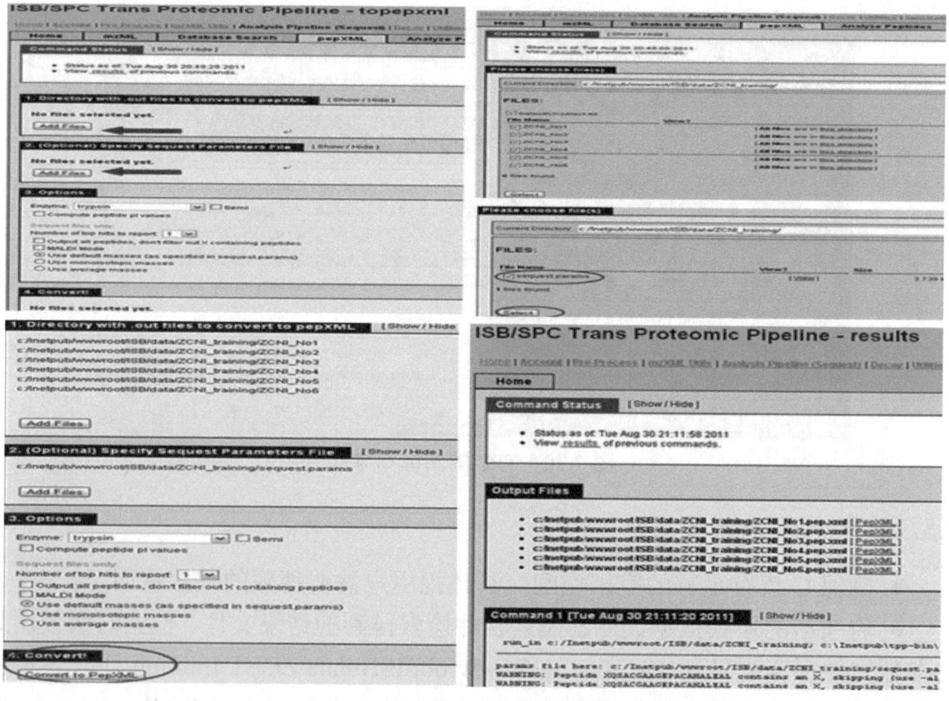
ISB/SPC Trans Proteomic Pipeline - topepxml
ISB/SPC Trans Proteomic Pipeline - results

图 7.32　RAW 文件转成 mzXML 文件

7.5.5　将 out 数据文件夹生成 pepXML 文件

（1）点击 Analysis Pipeline，然后点击 pepXML（图 7.33 左上）。

（2）pepXML 界面中在 Directory with .out files to convert to pepXML 上点击 add files，选择目录 ZCNI_training 文件夹，选中所有 out 数据文件夹文件（图 7. 33 右上）。

（3）选中所有的 out 数据文件夹文件后返回到 pepXML 界面，在 Specify Sequest Parameters File 选项框中点击 Add Files，添加 sequest 软件检索时所用参数文件（图 7.33 右中）。

（4）返回到 pepXML 界面，点击 Convert! 下的 Convert to pepXML，其他参数选择默认（图 7.33 左下），即可将 out 数据文件夹文件转成 pepXML 文件（图 7.33 右下）。

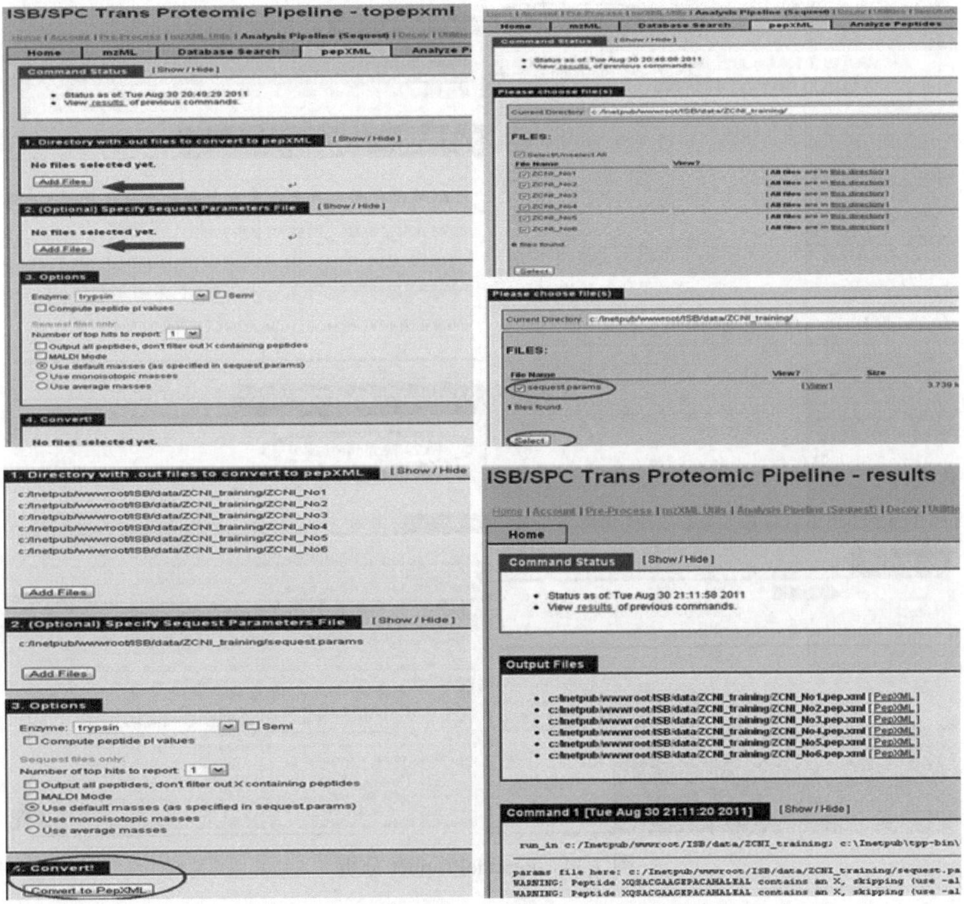

图 7.33　out 数据文件夹文件转化成 pepXML 文件

7.5.6 运行 PeptideProphet

（1）点击 Analysis Pepeline，选择 Analyze Peptides（图 7.34 左上）。

（2）在 PeptideProphet 界面的 Select File（s）to Analyze 中点击 Add Files（图 7. 34 右上）。

（3）选择所有需要运行 PeptideProphet 的 pepXML 文件（图 7. 34 左中）。

（4）选择 Run PeptideProphet，其他参数为默认（图 7. 34 右中）。

（5）点击 Run Xinteract，运行 PeptideProphet（图 7. 34 下）。

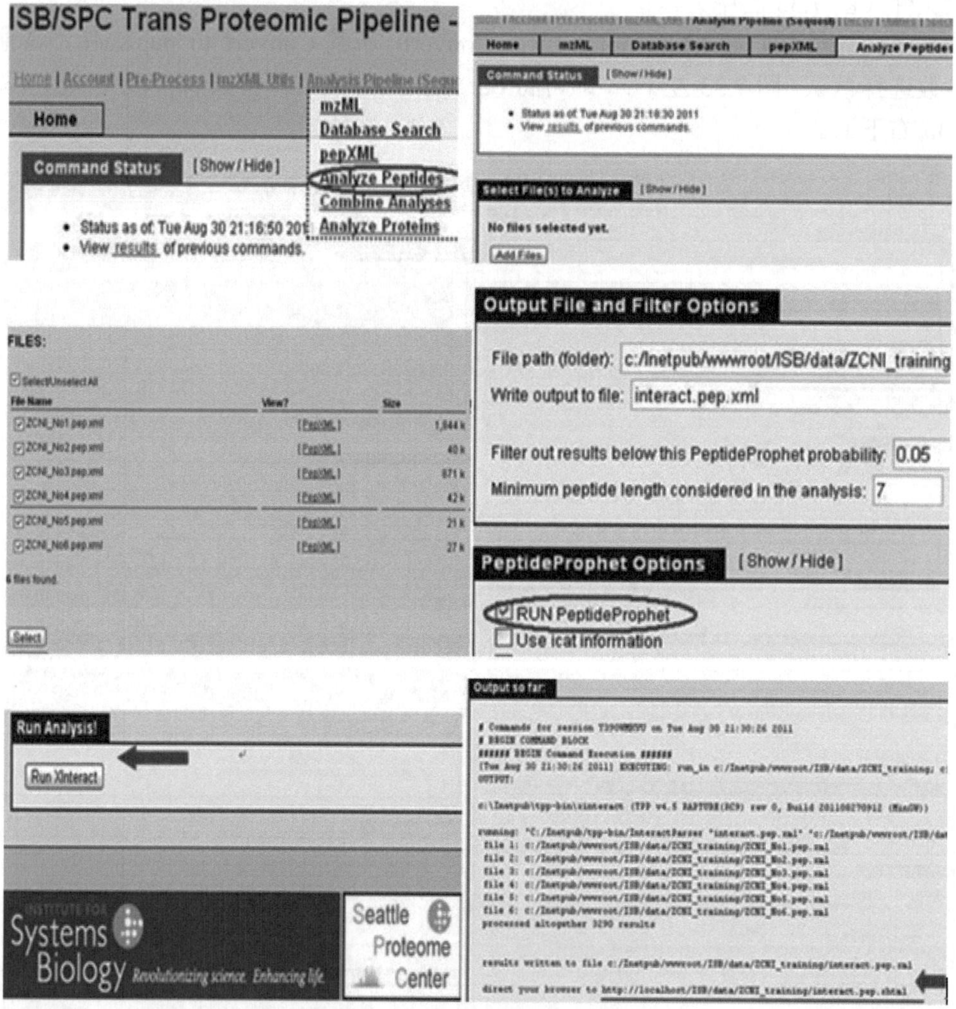

图 7.34 PeptideProphet 分析

7.5.7　PeptideProphet 处理后的结果分析

在 IE 栏输入 http://localhost/ISB/data/ZCNI_training/interact.pep.shtml，可以看到结果如图 7.35 所示，蛋白质经胰酶酶切后，显示 1431 个质谱（spectra），其中解析出 810 个特异性多肽段（unique peptide）、796 个肽段显示特异性带（unique stripped peptide）、391 个特异性蛋白（unique protein）、2265 个单一击中（unique hit）。该文件有 29 页，图 7.35 为第 1 页上的信息。

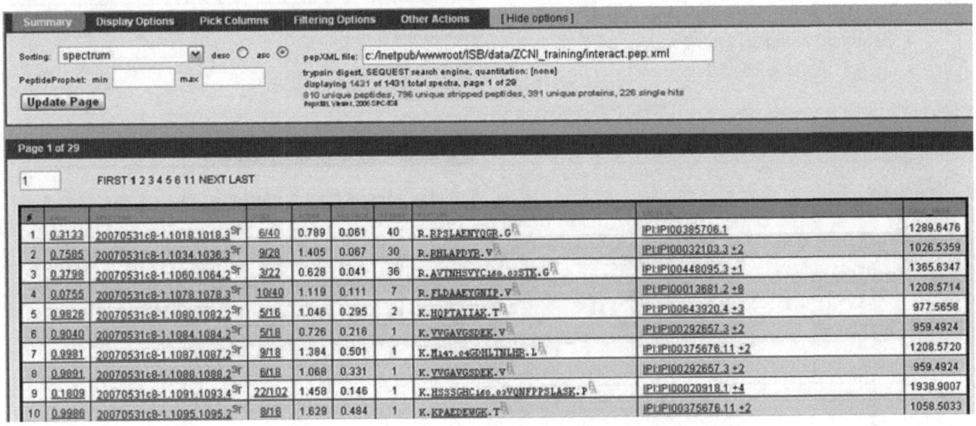

图 7.35　用网页形式打开的 PeptideProphet 的结果

第 1 列，编号（index）；第 2 列，概率（probability）；第 3 列，离子出现率（ions）；第 4 列，质谱扫描 ID（spectrum）；第 5 列，互相关系数（xcorr）；第 6 列，DeltaCn 值（deltacn）；第 7 列，Sp 分值排名（sprank）；第 8 列，多肽序列（peptide）；第 9 列，鉴定的蛋白质（protein）。Xcorr 及 DeltaCn 为质谱软件 Sequest 生成的统计参数，Xcorr > 2.0，DeltaCn > 0.1 表示结果可信度高；第 10 列，质量计算值（calculated mass）。显示第 4~6 列 3 个重要参数需在 summary 右边的 Display options 勾选

7.5.8　运行 ProteinProphet

（1）点击 Analysis Pipeline，选择 Analyze Proteins（图 7.36 左上）。

（2）在 Select File（s）to Analyze 中点击 Add Files（图 7.36 右上）。

（3）选择经 PeptideProphet 处理后生成的 interact.xml 文件（图 7.36 左中）。

（4）其他参数为默认，点击 Run ProteinProphet，运行 ProteinProphet 程序（图 7. 36 右中和图 7.36 下）。

（5）在 IE 栏中输入 http://localhost/ISB/data/ZCNI_training/interact.prot.shtml，得到 ProteinProphet 分析后的结果，如图 7.37 所示。

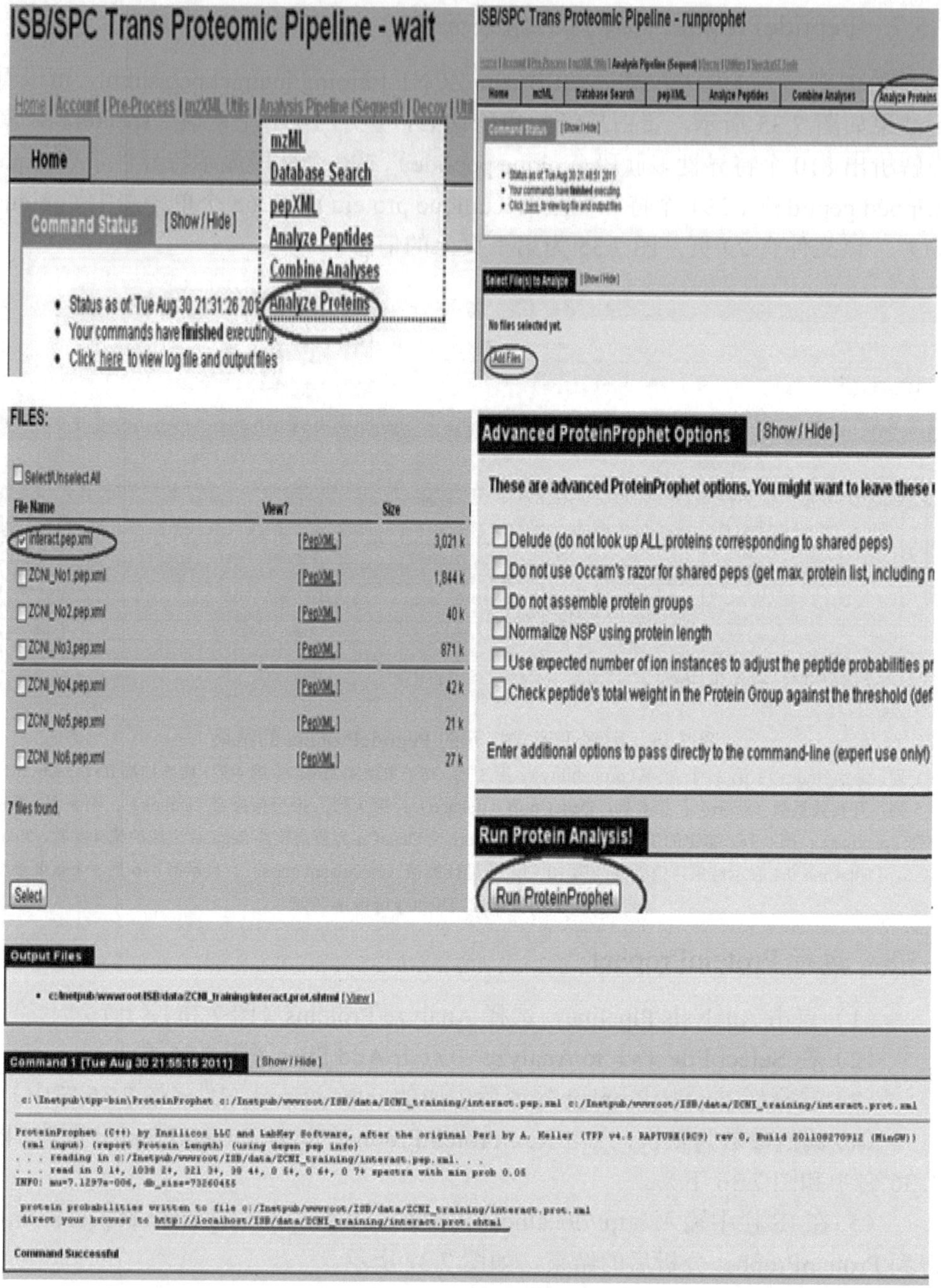

图 7.36　ProteinProphet 分析

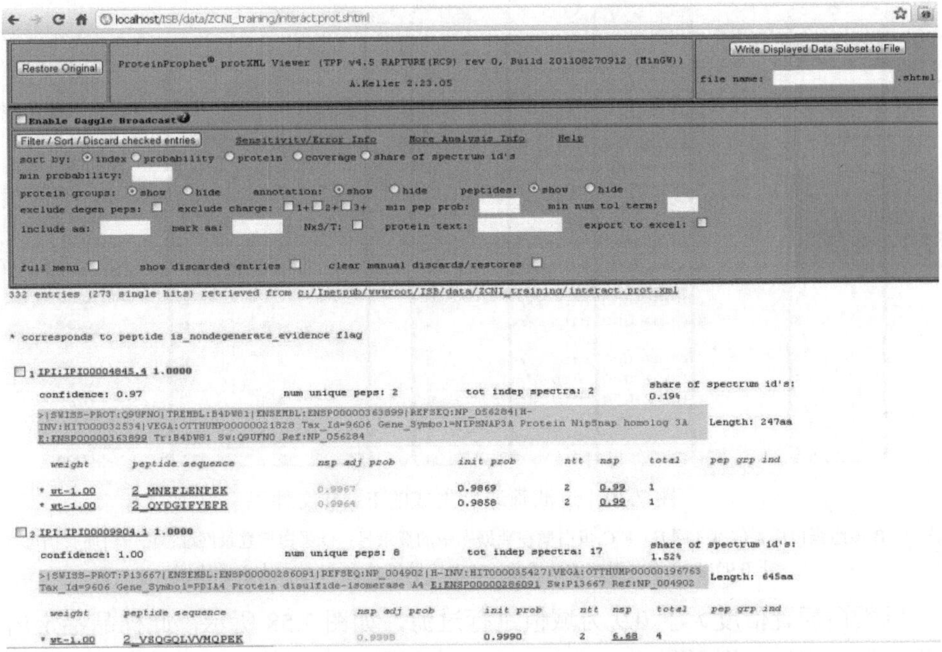

图 7.37　用网页形式打开的 ProteinProphet 的结果

7.5.9　数据的过滤筛选和将结果保存成 Excel 文件

min probability 设置为 0.9，选择 export to excel，然后点击 Filter/Sort/Discard Checked entries（图 7.38），过滤并生成 Excel 文件（图 7.39）。

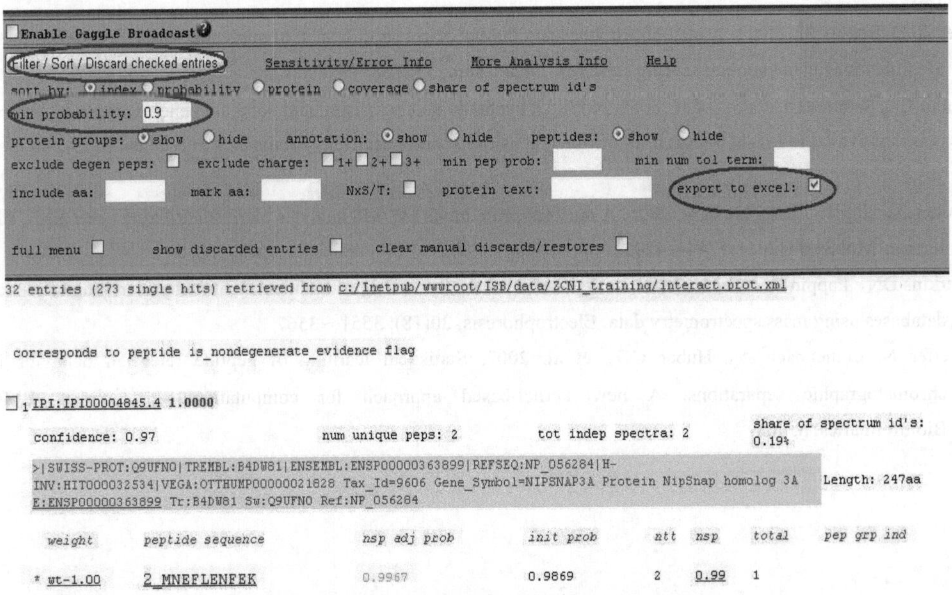

图 7.38　点击 Filter/Sort/Discard Checked entries

A	B	C	D	E	F	G	H	I
entry no.	group pro	protein	protein	protein p	perc	num uniq	tot indep	percent shar
1	1	IPI:IPI000	http://r	1		2	2	0.19
1	1	IPI:IPI000	http://r	1		2	2	0.19
2	1	IPI:IPI000	http://r	1		8	17	1.52
2	1	IPI:IPI000	http://r	1		8	17	1.52
2	1	IPI:IPI000	http://r	1		8	17	1.52
2	1	IPI:IPI000	http://r	1		8	17	1.52
2	1	IPI:IPI000	http://r	1		8	17	1.52
2	1	IPI:IPI000	http://r	1		8	17	1.52
2	1	IPI:IPI000	http://r	1		8	17	1.52
2	1	IPI:IPI000	http://r	1		8	17	1.52
3	1	IPI:IPI000	http://r	1		2	6	0.58
3	1	IPI:IPI000	http://r	1		2	6	0.58
4	1	IPI:IPI000	http://r	1		3	4	0.39
4	1	IPI:IPI000	http://r	1		3	4	0.39
4	1	IPI:IPI000	http://r	1		3	4	0.39
5	1	IPI:IPI000	http://r	1		8	11	0.98
5	1	IPI:IPI000	http://r	1		8	11	0.98

图 7.39　过滤筛选后生成的 Excel 文件

A.编号；B.该组蛋白质置信度（同 E）；C.蛋白质在数据库中的登录号；D.蛋白质登录网址；E.蛋白质置信度（大于 0.9）；G.唯一对应的肽段数；H.对应肽段总数；I.肽段占总数比例

以蛋白质置信度大于 0.9 为域值进行过滤，如图 7.58 所示，此样品鉴定出 5 种蛋白质，它们分别匹配 2、8、2、3、8 个不同肽段，其中第 1 个蛋白质在 IPI 蛋白质数据库中的登录号为 IPI:IPI00004845.4，它有 2 条唯一对应的肽段。

参　考　文　献

Craig R，Beavis R. 2004. TANDEM: matching proteins with tandem mass spectra. Bioinformatics, 20(9): 1466，1467

Fenyo D，Beavis RC. 2003. A method for assessing the statistical significance of mass spectrometry-based protein identifications using general scoring schemes. Anal Chem, 75: 768～774

Kapp EA, Schütz F, Connolly LM, et al. 2005. An evaluation, comparison, and accurate benchmarking of several publicly available MS/MS search algorithms: sensitivity and specificity analysis. Proteomics, 5(13): 3475～3490

Keller A，Eng J，Zhang N，et al. 2005. A uniform proteomics MS/MS analysis platform utilizing open XML file formats.Mol Syst Biol, 1:1744～4292

Perkins DN，Pappin DJ，Creasy DM，et al. 1999. Probability-based protein identification by searching sequence databases using mass spectrometry data. Electrophoresis, 20(18): 3551～3567

Pfeifer N, Leinenbach A，Huber CG，et al. 2007. Statistical learning of peptide retention behavior in chromatographic separations: A new kernel-based approach for computational proteomics. BMC Bioinformatics, 8: 468

第 8 章　基因芯片数据处理和分析

冯晔　阮陟　薛庆中

基因芯片数据处理包括芯片杂交实验→芯片数据采集（读取扫描图）→数据基本处理→数据提交公共数据库→数据生物信息学分析等步骤，涉及很多不同的实验类型。这里介绍 TIGR 中心开发的免费软件包 TM4。应用 MeV、Cluster 和 TreeView 软件对相关基因表达谱进行聚类分析和差异表达基因的筛选，同时借助 GenMAPP 软件将芯片数据和代谢途径结合分析，从中发现基因的表达谱与功能间潜在的联系。

8.1　芯片数据的获取和处理

随着芯片点样仪和扫描仪精度的增强以及实验程序的改进，从基因组规模上来探索基因表达的复杂性已成为研究的热点。芯片杂交实验完成后，借助扫描仪将杂交信号形成 TIF 图像，通过图像分析软件从中提取原始杂交信号强度值，并将其转换成数字文本格式。但是不同扫描仪产生的数据格式不尽相同，因此，需要对不同平台的数据进行转换和整合。

这里我们推介一款全面的、可扩展的、开放源代码的工具集——TM4（http://www.tm4.org/；Saeed et al.，2003）,它可以免费下载，能对芯片实验数据进行有效的管理和分析。

8.1.1　Express Converter 数据格式转换

在使用 TM4 之前，需要通过格式转换软件 ExpressConverter 将其他格式的数据文件转换为 MEV 格式以供后续分析。ExpressConverter 可从 TM4 主页下载，解压后完成安装。由于该软件的运行需要 Java 运行环境（JRE, Java Runtime Environment）支持，故在第一次使用 ExpressConverter 之前需要预先安装 JRE（下载地址：http://www.java.com/）。完成安装后，在开始菜单中找到 ExpressConverter 的快捷方式并打开，出现 ExpressConverter 主界面（图 8.1 左）。

ExpressConverter 可以读取 Genepix、ImaGene、ScanArray、ArrayVision，Agilent、TAV、Customized、GaL 等格式的数据并将其转换成 TM4 能够使用的 MEV 格式。

这里以 GenePix 文件转换为例，说明 ExpressConverter 的使用过程。

（1）在“Input Format”菜单中选择“GenePix”，指定它为读入文件格式。

（2）在“File”菜单中选择“Select input files”，选定一个或多个需要转换的 GenePix 文件（扩展名为.gpr）。本例从该软件的默认安装目录下，即 C:\ExpressConverter\samples\中选择 testdata.gpr 文件，此时在 GenePix Files 框和 MEV Files 框内会分别显示其在本地计算机中的路径（图 8.1 右）。

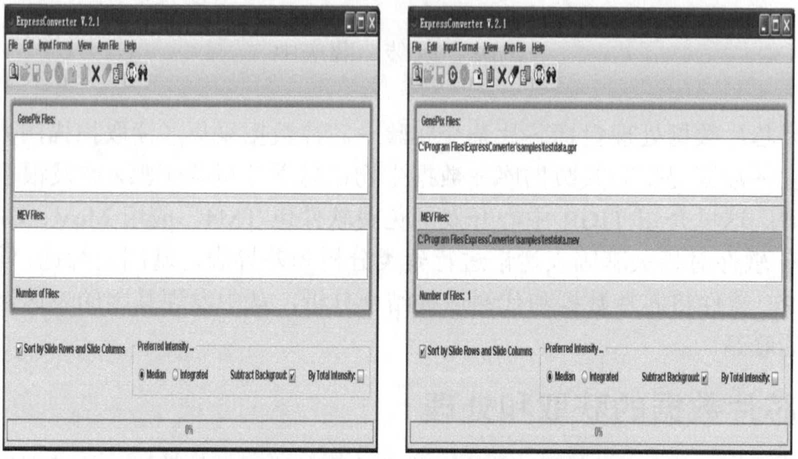

图 8.1　ExpressConverter 主界面和转换文件格式

（3）在界面下方选择“Integrated”，然后在“File”菜单下选择“Start converting”，开始格式转换，直到界面左下方显示“Converting is successful.”，完成转换。此时，在 C:\ExpressConverter\samples\文件夹中会出现文件名相同但扩展名不同的.mev 和.ann 文件，它们可用记事本或 Excel 打开。

.mev 文件包含注释（comments）和数据（data），其中以“#”开头的注释部分包括文件版本号、生成日期、数据的行数等基本信息，而数据部分则详细地列出芯片中每个探针的位置、信号强度等杂交信息（图 8.2）。例如，UID 为探针标识号；IA 和 IB 分别表示 Cy3（对照）和 Cy5（样本）的杂交信号强度；R、C、MR、MC，SR 和 SC 这三对数值指定了探针在芯片中的位置；其他各列参数分别反映对照（A）和样本（B）的杂交背景、面积、信号强度的中值等。

# version: V1.0																
# format_version:V4.0																
# date: 9.17.2009 15:22:58																
# created by: ExpressConverter V.2.1																
# row_count:27648																
# converted from GenePix file: testdata.gpr																
# background_correction:ON																
UID	IA	IB	R	C	MR	MC	SR	SC	BkgA	BkgB	FlagA	FlagB	SAA	SAB	MedA	MedB
1	137440	146480	1	1	1	1	1	1	38560	36960	B	B	80	80	1718	1831
2	274240	373680	1	2	1	1	1	2	37920	36160	B	B	80	80	3428	4671
3	101120	366000	1	3	1	1	1	3	35680	38720	B	B	80	80	1264	4575
4	538880	322320	1	4	1	1	1	4	35040	38960	B	B	80	80	6736	4029
5	73360	103200	1	5	1	1	1	5	37360	37200	B	B	80	80	917	1290
6	201120	312320	1	6	1	1	1	6	39520	38720	B	B	80	80	2514	3904
7	232320	208382	1	7	1	1	1	7	41440	40720	A	A	64	69	3630	2994
8	479920	424080	1	8	1	1	1	8	37280	36320	B	B	80	80	5999	5301
9	1535280	793520	1	9	1	1	1	9	36720	34960	B	B	80	80	19191	9919
10	405680	1017440	1	10	1	1	1	10	36320	34320	B	B	80	80	5071	12718

图 8.2　MEV 数据格式示例

.ann 文件是一个芯片注释文件，用于存储每个探针的注释信息。其中 UID 表示探针的标识号，R 和 C 分别表示探针在芯片中的位置，Name 和 ID 分别表示探针所代表的基因名和检索号（图 8.3）。

# version: V1.0				
# format_version:V4.0				
# date: 9.17.2009 15:22:58				
# created by: ExpressConverter V.2.1				
# row_count:27648				
# converted from GenePix file: testdata.gpr				
UID	R	C	Name	ID
1	1	1	NULL	RGIAC13
2	1	2	ORF 1 prc	RGIAO13
3	1	3	putative	RGIBB13
4	1	4	NULL	RGIBN13
5	1	5	NULL	RGICC13
6	1	6		RGICP13
7	1	7	NULL	RGIDE13
8	1	8	NULL	RGIDW13
9	1	9		RGIEK13
10	1	10	51kDa sub	RGIFC13

图 8.3　MEV 注释文件示例

8.1.2　MIDAS 数据过滤和标准化

芯片杂交实验所产生的原始数据需要对低表达和低质量数据作过滤处理，凡杂交信号值低于阈值的探针应予剔除，使其对应的基因不再进入下游的分析。然后，在双通道（dual channel）杂交芯片中，分别用 Cy5 和 Cy3 标记样品和对照 mRNA，其信号强度用 R 和 G 表示。如果某基因在样品和对照的比较中没有发生噪声的串扰（crosstalk），那么它们的信号比：ratio=R/G≈1，其对数值：$M=\log_2$（ratio）≈0。但在杂交过程中由于受 mRNA 定量等因素的影响，大多数探针的 M 值会产生一定程度的偏移。因此，需要对数据进行标准化处理，即预先将 M 值调整至 0 附近（图 8.4）。本例以常用的 Locfit 算法（Lowess，局部加权回归散点修匀法）作曲线拟合（curve-fit）演示，如图 8.4 所示。

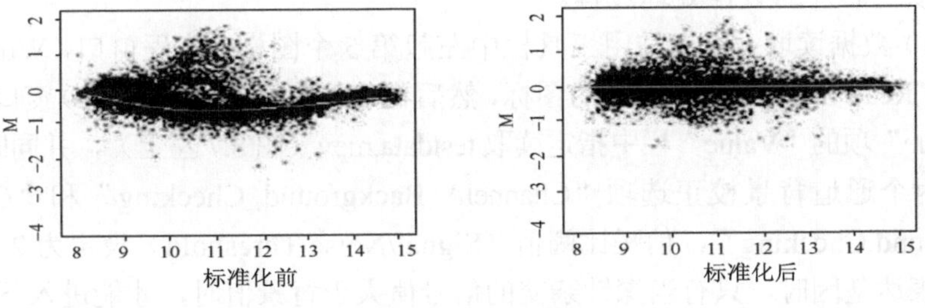

图 8.4　芯片数据标准化前后比较（MA-plot）

y 轴为信号比，$M=\log_2$（ratio）；x 轴为信号强度，$A=1/2\log_2$（RG）

同时，对各区块的 M 值分布也需要通过标准差调整（standard deviation regularization），消除 Cy5 和 Cy3 标记体系间的系统误差。实现 Cy5/Cy3 信号比比在区块（block）内和区块间分布的标准化（图 8.5）。

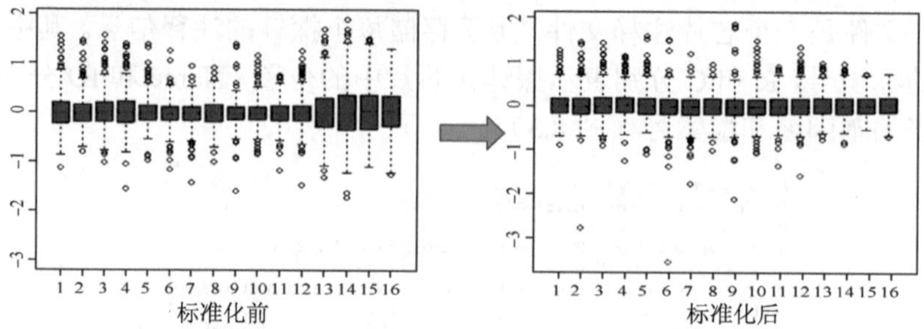

图 8.5　芯片数据标准化效果示例

在 TM4 中，数据的过滤和标准化通过 MIDAS 软件完成。MIDAS 的下载地址为：http://www.tm4.org/midas.html。此软件免安装，下载后解压即可使用。进入该软件所在文件夹，双击 Midas.bat 文件，便出现 MIDAS 软件主界面（图 8.6）。

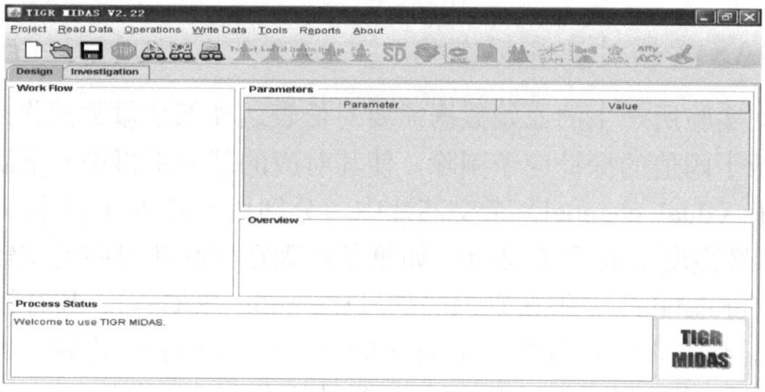

图 8.6　MIDAS 软件主界面

这里以 ExpressConverter 转换产生的 testdata.mev 为例，介绍使用 MIDAS 进行单张双色芯片的数据处理过程。

（1）数据读取：点击常用工具栏中左起第 5 个图标，流程窗口（Work Flow）会出现“Read Single Data File”的图标，然后在右侧参数（Parameters）窗口的“Data File Name”项的“Value”栏中指定读取 testdata.mev（图 8.7 左上），并同时选勾 A 和 B 两个通道背景校正选项“ChannelA Background Checking”和“ChannelB Background Checking”，信噪比阈值（Signal/Noise Threshold）设定为 2。通常筛选差异表达基因时，只有当探针杂交的信号值大于背景值时，才能进入下游分析；如杂交信号值低于阈值，其探针会被过滤。

（2）数据过滤：点击常用工具栏中第 14 个图标，在流程窗口中显示过滤强度“Intensity Filter”图标（图 8.7 右上）。然后，在“Parameter”窗口中选择 Cy5 与 Cy3 的信号强度阈值，默认值为 10 000。

（3）数据标准化：分别点击常用工具栏中第 9 个和第 13 个图标，在流程窗口中显示“Locfit Normalization（Lowess）”和“Standard deviation regularization”图标（图 8.8 左下），这两个数据标准化步骤均采取默认参数。

（4）结果文件：点击常用工具栏中最后 1 个图标，在流程窗口中显示写入数据“Write Data”图标（图 8.8 右下），这是将整个处理流程写到结果文件中。右侧的“Parameter”窗口有两种选择：勾选“Virtual Trim”表示结果文件中保留被过滤的探针，但其信号值用零表示；反之，不保留被过滤的探针。勾选“Output Trimmed Data”表示以单独文件列出被过滤的探针；反之，则不单独列出。

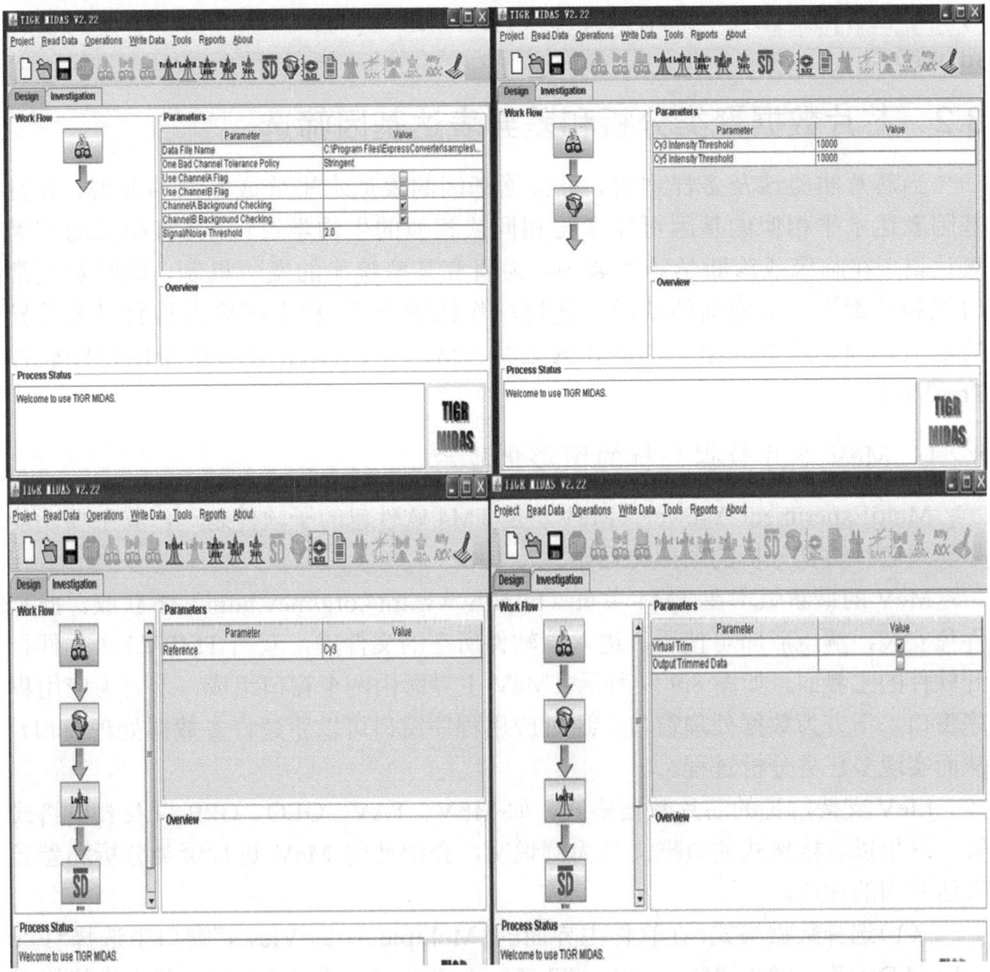

图 8.7　MIDAS 工作流程

点击“Execution”按钮，并按照提示将结果文件保存，如存放在 C:\results 目录下，软件会按设计的流程来处理数据。从界面下方“Process Status”处可以查看软件当前的运行情况。当软件运行结束后，点击“Investigation”选项卡，查看软件生成的结果文件（testdata_MDS.mev）。或者直接到 C:\results 目录下用 Excel 查看结果文件，该文件中生成的数据已完成过滤和标准化处理。

用 Excel 打开该文件后，计算 IB/IA 值（ratio），当 ratio = 0.5～2.0 表示与探针杂交时，基因表达没有显著差异；当 ratio＞2 或＜0.5 或者其对数值 $\log_2$（ratio）＞1 或＜-1，基因表达呈显著差异，分别称为上调或下调。另外，还有 4 个包含图形化显示的结果文件夹（分别为 low_intensity_filter、lowess、raw、sd_reg）。

8.2 芯片数据聚类分析和差异表达基因筛选

当芯片实验涉及多样本时，可根据基因的表达水平分成不同的亚群；并且基因表达水平相似的基因可能参与相同或相似的生物学过程，具有相似的基因表达谱。在临床或诊断学等领域中，为研究某些疾病的发生机制，通常对正常组织和肿瘤组织细胞间的基因表达情况作比较分析，从中筛选出具有显著差异的表达基因。这里介绍三个重要的工具：MeV、Cluster 及其附带的视图软件 TreeView。

8.2.1 MeV 芯片数据分析的图形化显示

MultiExperiment Viewer（MeV）是 TM4 软件包的子软件之一，其主要功能是实现芯片数据分析的图形化显示。

MeV 的最新版本在 TM4 主页（http://www.tm4.org/mev.html）下获取。此软件免安装，解压后即可使用。进入该软件所在的文件夹，双击 TMEV.bat 文件打开软件的主界面，如图 8.9 左所示。MeV 主界面由两个窗口组成，上方为应用程序窗口，下方为数据处理窗口。通过应用程序窗口可以新建许多数据处理窗口，从而实现多任务分析过程。

MeV 支持常见的芯片数据格式，如 MEV、TAV、GEO、GPR 以及表格格式等。这里以表格格式的数据文件为例说明，介绍使用 MeV 进行聚类分析和差异表达基因的筛选。

（1）选择数据格式：在软件主界面的“Multiple Array Views”窗口中选择“File→Load Data”，弹出“Expression File Loader”窗口（图 8.9 右）。其中表格格式为默认设置，如采用其他数据格式，需要在“Select File Loader”菜单中指定，另作调整。

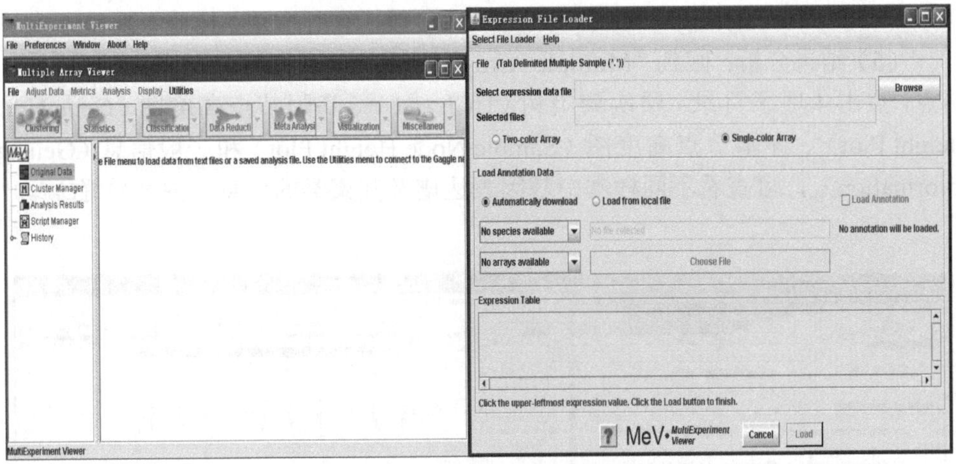

图 8.9　MeV 主界面和选择数据格式窗口

（2）数据导入：点击“Browse”按钮，打开软件自带的表达量数据文件：TDMS_format_sample.txt，样本数据便自动加载到“Expression File Loader”窗口下方的“Expression Table”栏。然后，在数据的起始位置单击鼠标左键，将其选中（图 8.10）。实验数据类型有两个选项：双色芯片（Two-color Array）和单色芯片（Single-color Array），本例选择双色芯片。单击“Load”按钮将数据导入。

（3）显示基因表达情况：通过多阵列浏览器（Multiple Array Viewer）窗口看热图（Heat map），了解每个基因在不同样本中的相对表达量（图 8.10）。

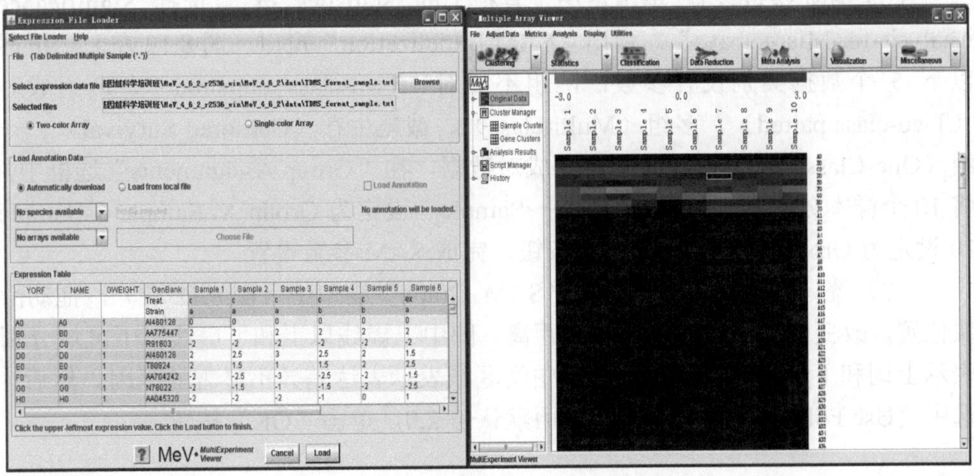

图 8.10　数据导入和基因表达情况

（4）设置聚类法参数：单击 MeV 主界面“Clustering”按钮，选择层次聚类（Hierarchical Clustering，HCL）。采用默认参数，单击“OK”按钮（图 8.11 左）。

（5）结果分析：回到“Multiple Array Viewer”，展开窗口左侧 “HCL（1）”结点，点击 4 项子目录：层次聚类树（HCL tree）、基因节点高度图（Gene Node Height Plot）、样本节点高度图（Sample Node Height Plot）和一般信息（General information），可查看不同样本中基因表达谱及其聚类的信息（图 8.11 右）。

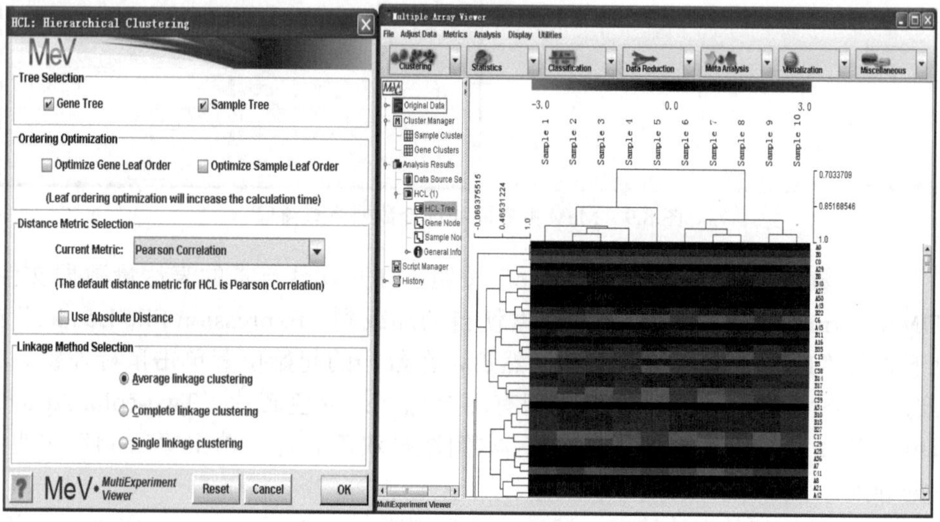

图 8.11　层次聚类法参数设置及分析结果

（6）SAM 参数设置：单击常用工具栏上的“Statistics”按钮，选择“Significance Analysis for Microarrays”，弹出“SAM Initialization”窗口（图 8.12 左）。根据以下 5 个数据类别设置参数：两组不成对（Two-class unpaired）、两组成对（Two-class paired）、多组（Multi-class）、截尾生存（Censored Survival）、一组（One-Class）。本例选择两组不成对数据，在“Group Assignments”选框中，将 10 个样本分成两组；将 Sample 1～Sample 5 设定为 Group A，Sample 6~Sample 10 设定为 Group B。单击“OK”按钮，完成 SAM 参数设置。

（7）统计图绘制：在弹出的“SAM Graph”窗口中（图 8.12 右），拖动滑块位置，改变两条平行虚线之间的距离，图中上虚线以上和下虚线以下区域分别表示上调和下调基因，而上下虚线中间区域表示表达差异不显著的基因。然后，选中“Use Fold Change”选框，使用默认值 2.0，单击“OK”按钮。

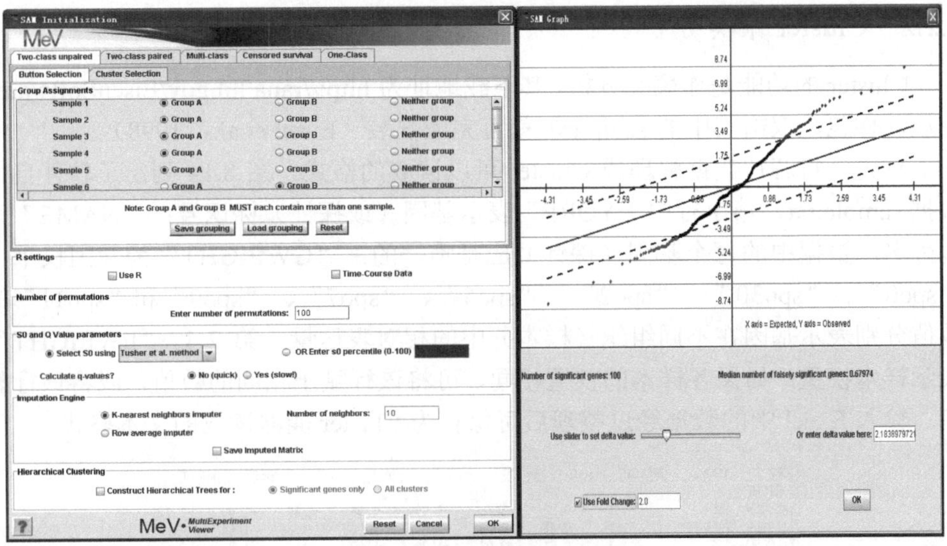

图 8.12　SAM 参数设置和 Graph

（8）结果分析图：通过 SAM 主界面左侧的导航栏查看或导出（图 8.13）。有 4 种不同类型：Expression Images（表达影像）、Centroid Graphs（质心图）、Expression Graphs（表达图）、Table Views（表格视图），并根据基因表达的显著性将其分成 Positive Significant Genes（显著正向表达基因）、Negative Significant Genes（显著负向表达基因）、All Significant Genes（正负向均为表达差异显著基因）、Non-significant Genes（正负向均为表达差异不显著基因）4 种情况。

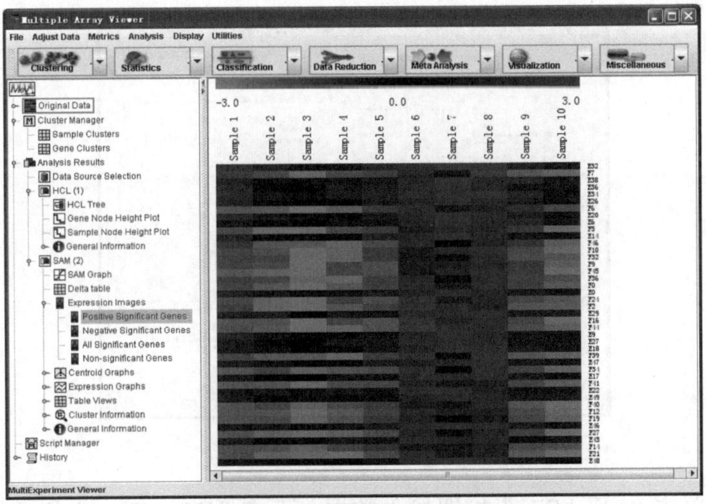

图 8.13　SAM 分析结果示例

8.2.2　Cluster 聚类分析

Cluster 的功能是作聚类分析，其下载地址为 http://rana.lbl.gov/EisenSoftware。解压软件包，双击其中的 setup.exe 就可完成安装（Eisen et al.，1998）。

首先，将芯片数据整理成 Cluster 可以读取的格式。图 8.14 列出了软件自带数据 sample.txt，第 1 行中“YORF”表示基因（或探针）标识号；“NAME”为基因名，数据中的每个基因（探针）应是唯一的；“GWEIGHT”为基因权重；“spo0”、“spo30”、“spo2”、“spo5”、“spo7”、“spo9”和“spo11”的数值分别表示基因在不同组织（样本）中的相对表达量。第 2 行“EWEIGHT”表示样本权重，如果各样本的权重相同，可将该行赋予相同的数值，或将该行删除。输入 Excel 中的数据经过整理后可保存为 Cluster 能够读取的文本格式。

YORF	NAME	GWEIGHT	spo0	spo30	spo2	spo5	spo7	spo9	spo11
EWEIGHT			0	0	0	1	1	1	1
YAL003W	EFB1	1	0.23	-1.79	-1.29	-1.56	-2.12	-1.09	-1.12
YAL004W	YAL004W	1	0.41	-0.38	-0.89	-1.06	-1.6	-1.84	-1.6
YAL005C	SSA1	1	0.61	-0.07	-1.29	-1.29	-2	-1.84	-2.25
YAL010C	MDM10	1	0.16	-0.15	-0.76	-1.25	-1.89	-1.74	-1.6
YAL012W	CYS3	1	0.03	1.39	-0.84	-1.64	-2.84	-2.47	-2.4
YAL015C	NTG1	1	-0.18	-0.18	-0.62	-1.32	-1.69	-1.43	-1.79
YAL018C	YAL018C	1	-0.51	-0.62	-0.76	3.74	4.54	3.22	4.33
YAL025C	MAK16	1	-0.14	-3.32	-1.84	-1.12	-2.4	-1.03	-0.6
YAL034C	FUN19	1	0.19	-0.03	-1.03	-1.29	-1.84	-1.94	-1.74
YAL035W	FUN12	1	0.01	-1.47	-1.15	-0.69	-1.36	-1.64	-1.29
YAL036C	FUN11	1	-0.15	-2.74	-1.79	-1.32	-2.12	0.3	-0.89
YAL038W	CDC19	1	-0.06	-1.89	-1.69	-2.32	-2.4	-0.81	-1.6
YAL040C	CLN3	1	-0.17	-2.25	-1.69	-2.25	-2.56	-0.3	-2.4
YAL054C	ACS1	1	0.51	2.6	1.9	1.7	1.35	-0.03	-0.23

图 8.14　Cluster 输入数据格式示例

从开始菜单打开 Cluster，主界面如图 8.15 所示。

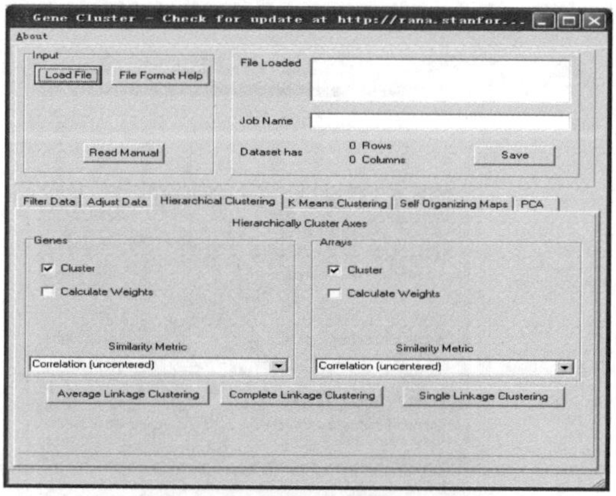

图 8.15　Cluster 主界面

然后，单击“Load File”按钮导入数据。下方“Filter Data”和“Adjust Data”选项卡分别表示执行数据过滤和标准化操作，这两步操作此前已经完成（参见 8.1.2 节）。“Hierarchical Clustering”、“K Means Clustering”、“Self Organizing

Maps”、“PCA”分别表示 4 种聚类分析算法选项。

例如，选择“Hierarchical Clustering”（层次聚类法），在界面下方会出现 3 个计算组间距离的选项：“Average Linkage Clustering”、“Complete Linkage Clustering”、“Single Linkage Clustering”。它们分别表示两组对象之间的平均、最大和最小距离。这里采用默认参数且单击“Average Linkage Clustering”按钮，运行后聚类分析产生的结果文件（sample.cdt）自动存放在 Cluster 的安装目录中。

8.2.3　TreeView 树形视图

树形视图软件 TreeView （http://rana. lbl.gov/Eisen Software.htm），安装后即可用于观看 Cluster 结果文件。从“开始”菜单打开 TreeView 主界面，选择“File→Load”导入 sample.cdt 文件，界面中出现聚类结果的图形（图 8.16 左）。图中采用不同的颜色表示不同大小的相对表达量，左图为基因之间的聚类关系，右图显示样本之间的相似程度。若点击左图基因 ECM33，右图即会对应显示其基因名和该基因在 7 个样本中的表达情况（图 8.16 右）。

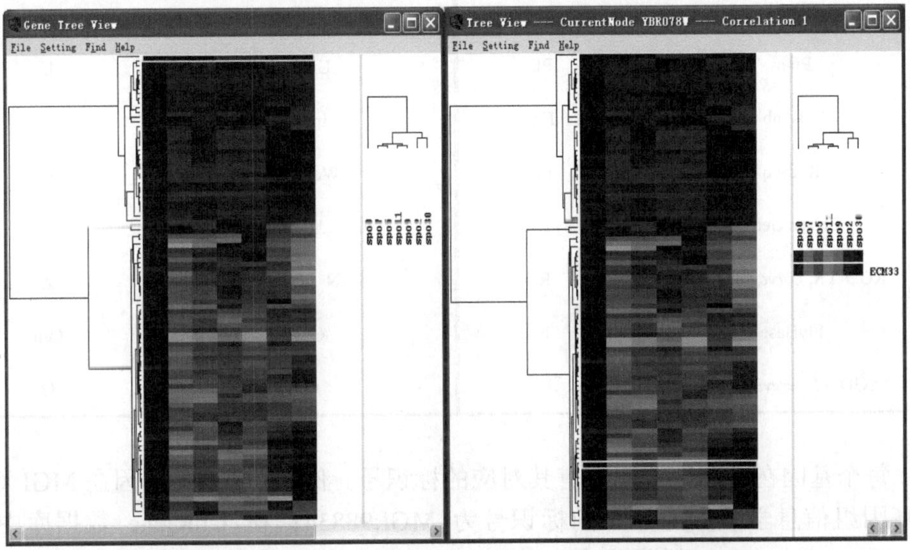

图 8.16　用 TreeView 查看某基因的表达情况（见文后彩图）

8.3　GenMAPP 芯片数据的可视化

8.3.1　简介

GenMAPP 软件是一款将芯片数据和代谢途径结合分析的图形化显示工具。MAPP 文件为模式生物的代谢途径图。目前 GenMAPP 的 MAPP 数据库中包含人（*H.sapiens*）、小鼠（*M.musculus*）、大鼠（*R.norvegicus*）、酿酒酵母（*S. cerevisiae*）、线虫（*C. elegans*）、狗（*C. familiaris*）、鸡（*G. gallus*）、牛（*B. taurus*）、果蝇（*D. melanogaster*）和斑马鱼（*D. rerio*）等少数几个物种。因此，GenMAPP 软件只适用于这些物种或与其亲缘关系极为接近的物种。

基因数据库（Gene Database）包含了上述物种所含基因的注释及其基因标识号（ID）。芯片数据反映了每个探针对应基因的相对表达量，大多数探针 ID 由芯片点制者自己命名，缺乏通用性。GenMAPP 则能帮助用户找到并列出探针对应的基因 ID，并将芯片数据转换成基因 ID 和该基因相对应的表达量（表 8.1）。

表 8.1　GenMAPP 基因数据库来源及其对应标识符

系统基因标识号（物种） ID System（Species）	系统代码 System Code	系统基因标识号（物种） ID System（Species）	系统代码 System Code
Affymetrix Probe Set ID	X	Gene Ontology	T
PDB	Pd	UniProt/TrEMBL	S
EMBL	Em	HUGO	H
Pfam	Pf	UniGene	U
Ensembl	En	InterPro	I
RefSeq	Q	WormBase	W
Entrez Gene	L	MGI（*M. musculus*）	M
RGD（*R. norvegicus*）	R	ZFIN（*D. rerio*）	Z
FlyBase	F	OMIM	Om
SGD（*S.cerevisiae*）	D	Other	O

每个基因在不同数据库中有其对应的标识号。例如，*Trp53* 基因在 MGI（小鼠基因组信息学数据库）中的标识号为 MGI:98834；在 UniGene 数据库中为 Mm.222；在 Ensembl 数据库中为 ENSMUSG00000059552。

8.3.2　安装

进入网页 http://www.genmapp.org/，点击 download GenMAPP 完成注册并下载安装包，从“开始”菜单打开 GenMAPP 软件主界面。从菜单“Data→Download Data from GenMAPP.org”下载 MAPP 文件和 Gene Database（Nathan et al. 2007）。

8.3.3　使用

（1）选择基因库：本例从菜单“Data→Choose Gene Database”选择软件自带的基因库 Tutorial-Database.gdb。导入成功后，在软件的状态栏会显示当前基因库的名称。

（2）显示图文件：从菜单“File→Open”导入 MAPP 文件，在 Tutorial-Pathway2.mapp 图文件中显示细胞周期（Cell cycle）的代谢途径（图 8.17）。

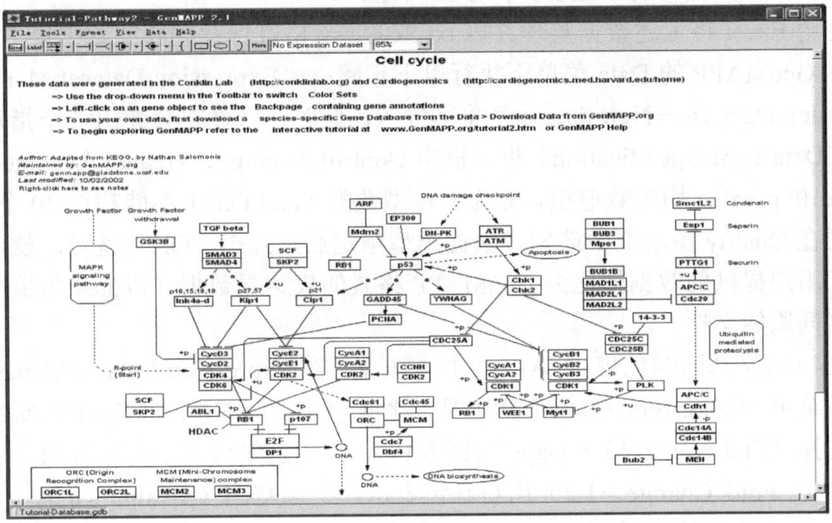

图 8.17　GenMAPP 细胞周期图

（3）导入芯片数据：从菜单“Data→Expression Dataset Manager”打开芯片表达量数据。GenMAPP 只能读取固定格式的表达量文件（.gex 格式），用户通过 Expression Dataset Manager 把自己事先用 Excel 整理好的芯片数据转换成 GenMAPP 所能读取的.gex 格式（图 8.18）。

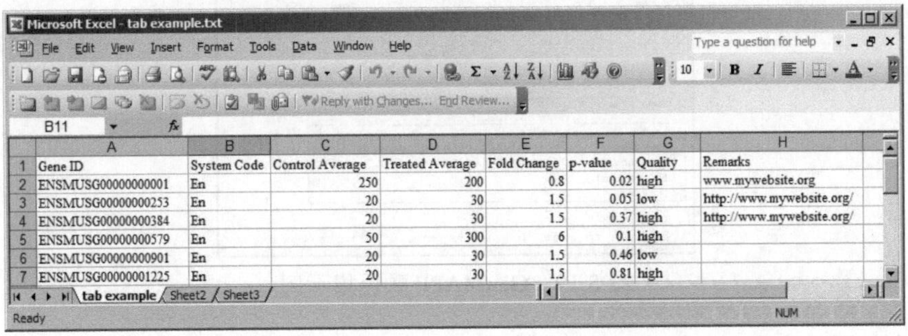

	A	B	C	D	E	F	G	H
1	Gene ID	System Code	Control Average	Treated Average	Fold Change	p-value	Quality	Remarks
2	ENSMUSG00000000001	En	250	200	0.8	0.02	high	www.mywebsite.org
3	ENSMUSG00000000253	En	20	30	1.5	0.05	low	http://www.mywebsite.org/
4	ENSMUSG00000000384	En	20	30	1.5	0.37	high	http://www.mywebsite.org/
5	ENSMUSG00000000579	En	50	300	6	0.1	high	
6	ENSMUSG00000000901	En	20	30	1.5	0.46	low	
7	ENSMUSG00000001225	En	20	30	1.5	0.81	high	

图 8.18　GenMAPP Expression Dataset Manager 导入芯片数据格式

Excel 表格中每行数据代表一个探针。列中 Gene ID 和 System Code 分别表示由 GenMAPP 读取的基因号及其来源的数据库（见基本概念“Gene Database”部分）；Control Average 和 Treated Average 分别表示对照和处理样本的杂交信号值；Fold Change 是倍数变化，通过样本信号与对照信号的比值大小，反映其相对表达量；p-value 表示该探针表达差异的显著性，其值越低，探针表达差异越显著；Quality 表示杂交实验的准确程度；Remarks 是对注释的链接。这里 Gene ID、System Code 和 Fold Change 是必选栏，其余是可选栏。

使用 Excel 将上述数据整理并以.txt 或者.csv 格式保存到新的数据集中。此步骤可在 GenMAPP 的 Data 菜单下执行以下步骤：“Expression Dataset Manager→Expression Datasets→New dataset”将其导入。此时，软件将会弹出一个指定数据类型（Data Type Specification）框。框中 Control Average、Treated Average、Fold Change 和 p-value 均为数值型，如为文本型数据（text data）不能超过 30 个字符，并且要在 Quality 图示框中选勾。数据类型指定后，点击“OK”就可。软件就会自动把用户提供的数据转化为 GenMAPP 格式的表达量数据（以.gex 为扩展名，文件名同原始文件）。

（4）定义基因颜色集：MAPP 文件打开后，在 Expression Dataset Manager 界面下从菜单“Color sets→New”新定义一个颜色集。例如，从“Color Sets Name”框中选择“Embryonic 12.5 Days”(图 8.19)。该颜色集规定了上调基因（p-value＜0.05 且 Fold Change＞1.2）用粉红色表示，下调基因（p-value＜0.05 且 Fold Change＜−1.2）用浅蓝色表示。若 Cy5 信号强，该点显示粉红色；反之，若 Cy3 信号强，则该点显示浅蓝色。

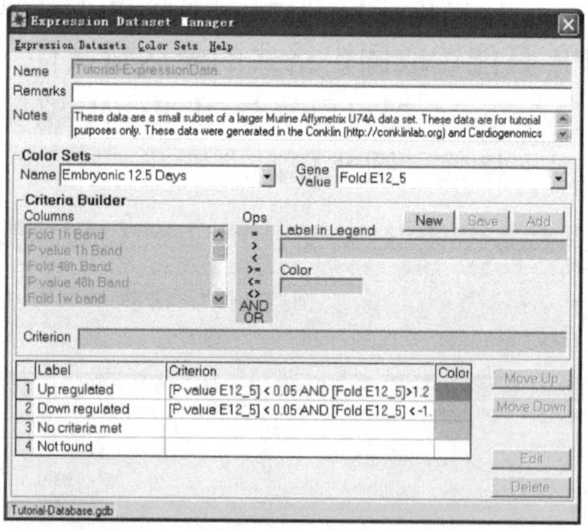

图 8.19　GenMAPP 颜色集示例

设定颜色集后，回到 GenMAPP 主界面，从菜单“Data→Choose Expression Dataset”打开自带的表达量文件 Tutorial-ExpressionData.gex，并从工具栏的颜色集下拉菜单中选择“Embryonic 12.5 Days”。由图 8.20 可见，代谢途径中上调和下调的基因已经分别用粉红色和浅蓝色表示。双击图中的某个基因时，可以了解该基因注释和表达信息。

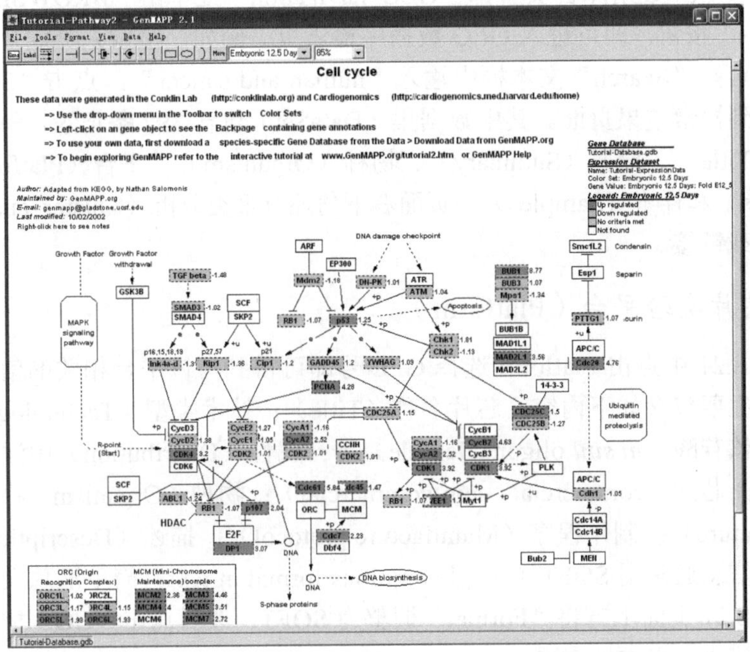

图 8.20　MAPP 文件中差异表达基因用不同颜色显示（见文后彩图）

8.4　通过 GEO 检索和提交芯片数据

NCBI 拥有全球最大的基因表达综合数据库[Gene Expression Omnibus，GEO（http://www.ncbi.nlm.nih.gov/geo）图 8.21；Barrett et al.2007]。

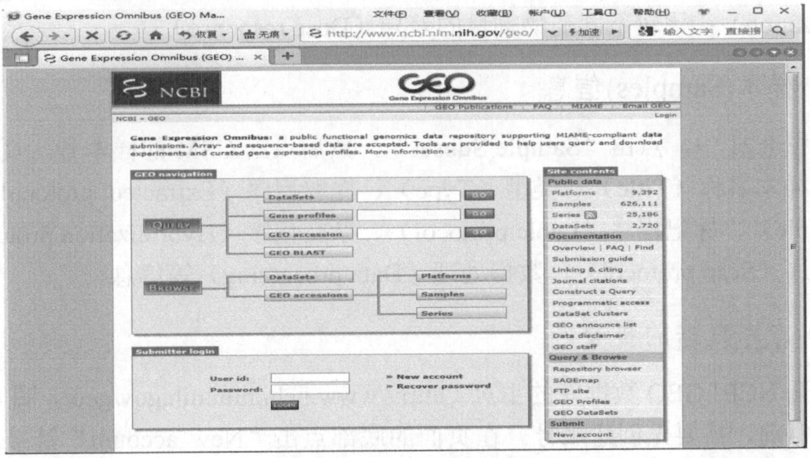

图 8.21　GEO 数据库首页

8.4.1 数据集（DataSet）

进入 GEO 数据库首页中部“GEO navigation”处单击“BROWSE”项下的“DataSets”按钮，即可进入 GEO 数据库检索页。例如，检索人类癌症相关的芯片信息，可在“Search”文本框中输入“human and cancer”，点击“Search”按钮，便得到检索结果页面。其中数据集（DataSet）包含 392 条记录，每条记录包括标题（Title）、概要（Summary）、物种（Organism）、平台（Platform）、系列（Series）和样本（Samples），页面右下角还有聚类分析（Cluster analysis）图和文件下载链接。

8.4.2 芯片实验平台（Platform）

在图 8.21 中点击 Platform 选择 GPL 号即可得到与该平台相关的信息页面。该页面中主要包含如下内容：芯片名称（Title）；技术类型（Technology type），如原位寡核苷酸（*in situ* oligonucleotide）等；属性（Distribution）中注明属于商品或非商品芯片（commercial、non-commercial）；物种（Organism）；制作单位（Manufacture）；制作程序（Manufacture protocol）；描述（Description）。

芯片信息通常用 SOFT（simple omnibus format in text）简单汇总文本格式保存，在图 8.21 页面上方将“Format”调整为 SOFT，然后点击“GO”按钮即可下载所示的信息，在本地查看。

8.4.3 芯片实验系列（Series）信息

在图 8.21 中，点击“Series”中选择 GSE 号，可了解以下内容：实验总体设计（Overall design）；芯片表达谱等实验类型（Experiment type）；比较不同时期差异（Time course）；比较不同基因组的基因差异（Comparative genomic hybridization）；比较不同药物剂量的差异（Dose response）。

8.4.4 样本(Samples)信息

在图 8.21 中，点击“Sample Subset”，然后点击 GSM 的样本号。页面内容中包含样本名称（Title）、类型（Type）、提取程序（Extracted protocol）、标记（Lable）、标记程序（Lable protocol）、杂交程序（Hybridization protocol）、扫描程序（Scan protocol）、数据处理（Data processing）等信息。

8.4.5 芯片数据的提交

打开 NCBI GEO 数据库的主页（http://www.ncbi.nlm.nih.gov/geo/，图 8.21），提交数据前，需要先创建账号。在页面的底部点击“New account”链接，填写相关信息后完成注册，然后依次提交 Platform、Sample、Series 文件和芯片扫描图像文件即可。

文献发表前，通常应按照芯片实验的最低限度信息（minimum information about a microarray experiment，MIAME）标准，向公共数据库提交芯片数据，使同行工作人员理解芯片数据内容。基于 MIAME 原则，芯片数据信息至少包含：数据实验设计（包括原始探针杂交数据及经标准化处理后的数据）、样本 mRNA 来源及其实验步骤、芯片实验设计（包括每张芯片之间的关系、每个探针的细节）、芯片杂交过程和数据处理等内容。

其中，样本可能会包含多个文件，并有单通道（single channel）杂交和双通道（dual channel）杂交实验的区别。单通道杂交实验样本 RNA/DNA 中不设对照；应用双通道杂交（Cy5/Cy3）时，样本 DNA channel 1 sample 和对照 DNA channel 2 sample 会同时杂交到芯片上。有关芯片数据提交的详细说明请参考：http://www.ncbi.nlm.nih.gov/projects/geo/info/submission.html。

8.5　应用 DAVID 工具对芯片数据功能注释和分类

随着表达谱芯片、高通量测序、质谱等基因组学和蛋白质组学分析方法的广泛应用，如何分析和处理由这些方法所产生的大量甚至海量数据将是摆在生命科学研究者面前的难题。这里我们推介 DAVID 工具，它能全面整合各类相关基因异构注释，其数据覆盖面和最佳蛋白质编号的交叉索引功能远远超过了其他高通量数据基因功能注释工具。DAVID 知识库也有助于用户集中精力进行新的高通量功能的数据挖掘，而不是花时间在基因注释数据的收集。

8.5.1　DAVID 工具简介

注释、可视化及整合研究数据库（DAVID, The Database for Annotation, Visualization and Integrated Discovery）由美国国立卫生研究院（National Institutes of Health, NIH,）国立过敏症与传染病研究所（National Institute of Allergy and Infectious Diseases, NIAID）于 2003 年开发完成并发布。DAVID 拥有一套基因组学和蛋白质组学等数据挖掘工具，如 GO、KEGG、BioCarta 等，可用于探究基因功能分类、路径、聚类分析及显示 GO 信息图形等结果，发现特定通路或功能分类基因。用户只需要提供包含任意数量基因标识号（gene identifier）的文件，即可使用功能注释工具。

DAVID 工具自发布以来已历经数个版本的改进，目前最新版 6.7 主要包含如下功能：①获取特定的生物学术语和主题，如 GO 术语；②找出功能相关的基因簇；③将经过注释的生物学术语进行归类和整合；④以可视化的形式查看特定的基因在 BioCarta 工具和 KEGG 代谢图中的具体位置；⑤借助 2D 视图显示多个基因和多个生物学术语之间的关系；⑥显示蛋白质-蛋白质之间的关系以及蛋白质的功能域和模体；⑦批量显示经过注释后的基因列表并揭示与疾病相关的基因信息；⑧多种基因标识符之间相互转换，以兼容各平台的实验数据。

8.5.2 DAVID 工具的使用方法

DAVID 工具是一款操作方便、反馈结果详尽的在线分析平台，读者通过访问 http://david.abcc.ncifcrf.gov/即可打开 DAVID 工具的主页（图 8.22）。在页面的左侧列出了该工具的主要功能：①功能注释（Functional Annotation）阐述代谢途径图中基因的功能及其位置；②基因功能分类（Gene Functional Classification）提供快速、直观的方法对基因的功能进行归类和整理，将零散的基因转变成功能相关的组群；③基因标识符转换（Gene ID Conversion）可兼容各种不同类型的基因标识符，并提供相互转换的方法；④基因名批量预览（Gene Name Batch Viewer）可以显示每个基因的标识符、功能、物种等具体信息，便于用户查找和筛选。

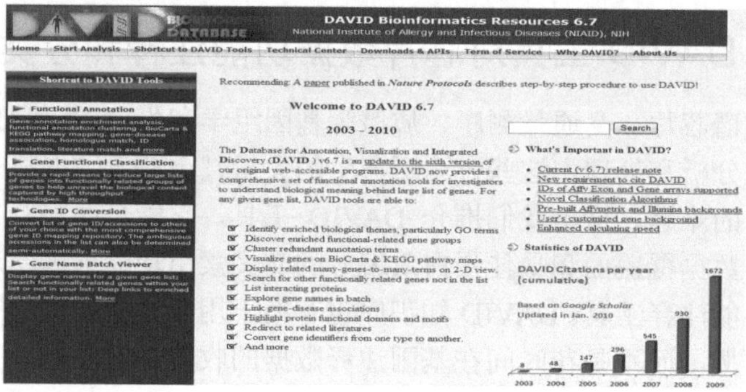

图 8.22　DAVID 工具主页

读者在使用 DAVID 工具时，可以直接点击上述功能链接进行某项指定功能的分析，也可以先在首页上方点击启动分析“Start Analysis”，打开分析流程（Analysis Wizard）页面（图 8.23 左）。该页左侧提示了具体分析流程，分别为：提供待分析的基因标识符列表→选择基因标识符类型→指定数据类型→提交数据。第一步（Step 1）先在输入框中黏贴或以文件形式上传待分析的基因标识符列表，格式见页面上的示例，供后续分析使用；接下来的第二步（Step 2）和第三步（Step 3）需要选择基因标识符的类型以及数据类型；第四步（Step 4）点击“Submit List”按钮即可完成数据的导入。

DAVID 工具支持大多数常见的基因标识符，这里为便于读者操作，我们选择 DAVID 工具自带的示例数据，即点击“Step 1”上方的“Demolist 2”直接完成数据的导入。该数据为人类 HIV 病毒的表达谱芯片结果，共计 403 个基因，采用的芯片类型为昂飞（Affymetrix）U95A 表达谱芯片。完成上述操作后，即可选择相应的分析工具进行数据分析并查看结果（图 8.23 右）。分析工具主要有以下的 4 种，分别为：功能注释（Functional Annotation）、基因功能分类（Gene Functional

Classification)、基因标识符转换（Gene ID Conversion)、基因名批量预览（Gene Name Batch Viewer)，下面具体介绍每种工具的功能和分析结果。

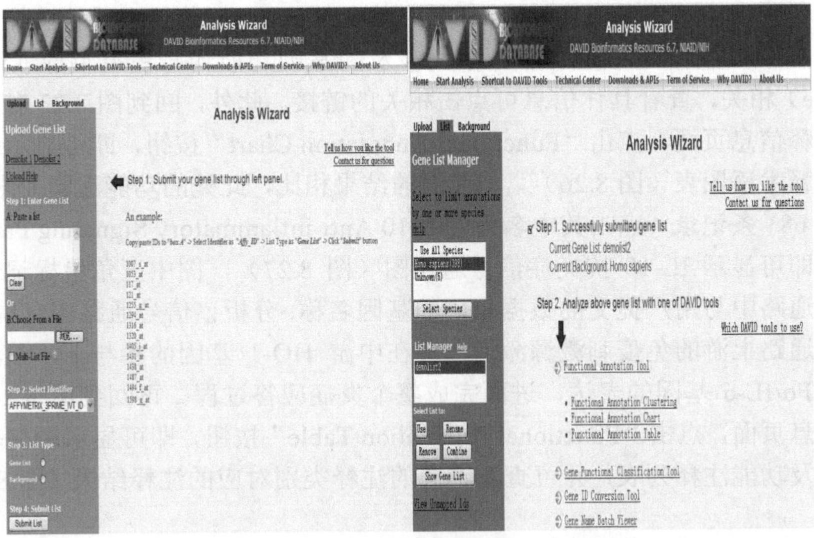

图 8.23　DAVID 工具分析方法选择页面

8.5.3　基因功能注释工具

在如图 8.23 右页链接基因功能注释工具（Functional Annotation Tool），如功能注释聚类（Functional Annotation Clustering）、功能注释图（Functional Annotation Chart）、功能注释表（Functional Annotation Table）（图 8.24）。此外，还可以选择用来注释基因功能的数据库。

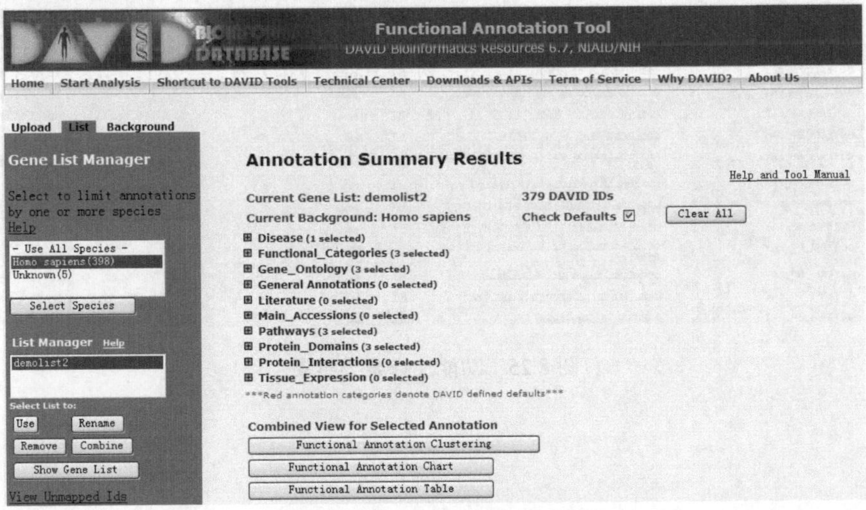

图 8.24　基因功能注释信息页面

点击“Functional Annotation Clustering”按钮可查看功能注释聚类的结果。图 8.25 中列出了注释类别（Annotation Cluster 1）、相关的术语（RT）、相关基因数量（Count）、P 值、Benjamini 值；其中 Benjamini 值是多重检验校正技术的评价标准，数值越小越可靠。本例涉及的基因功能均与免疫反应（immune response）相关，查看具体信息可点击相关的链接。此外，回到图 8.23 右所示的功能注释信息页面，点击“Functional Annotation Chart”按钮，即可显示所有的功能注释术语图表（图 8.26）。与前面的结果相比，此处的功能注释并未分类，总共有 681 条记录。点击其中名为“IL-10 Anti-inflammatory Signaling Pathway”的记录即可显示 IL-10 抗炎症信号通路图（图 8.27），图中五角星标记表示在该信号通路中与用户提交的数据相同的基因名称。分析该信号通路图发现，IL10 首先被通路上游的免疫刺激源激活，并在中游 HO-1 基因的参与下，激活下游 IL-1/INFα/IL-6 基因的表达，进而完成整个炎症应答过程。再回到图 8.24 功能注释信息页面，点击“Functional Annotation Table”按钮，即可显示所有基因的名称以及功能注释列表，并可查看不同的注释类别对应的注释结果（图 8.28）。

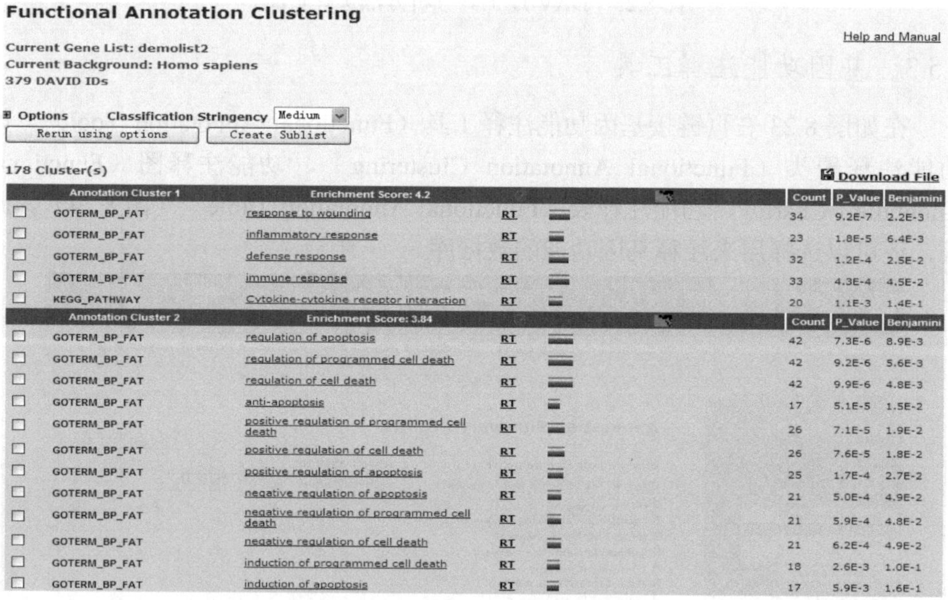

图 8.25　功能注释聚类结果

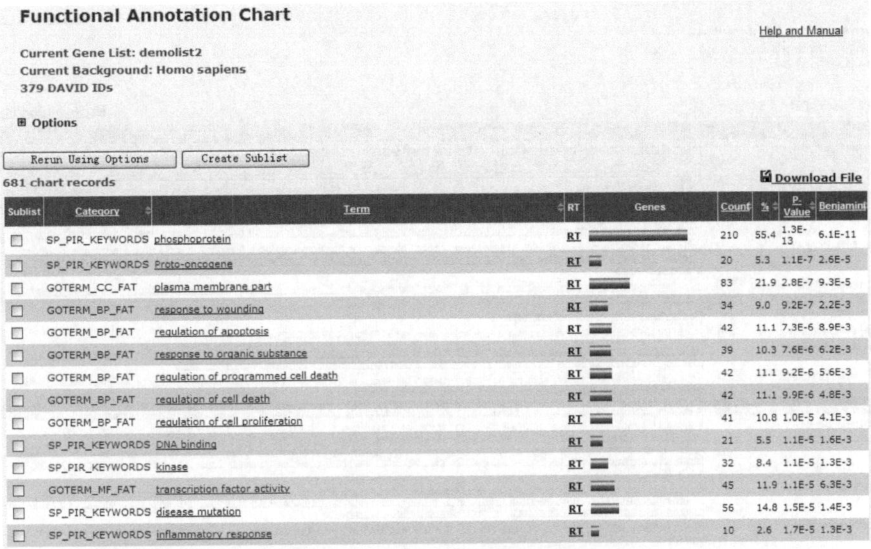

Functional Annotation Chart

Help and Manual

Current Gene List: demolist2
Current Background: Homo sapiens
379 DAVID IDs

⊞ Options

Rerun Using Options | Create Sublist

681 chart records

Download File

Sublist	Category	Term	RT	Genes	Count	%	P-Value	Benjamini
☐	SP_PIR_KEYWORDS	phosphoprotein	RT		210	55.4	1.3E-13	6.1E-11
☐	SP_PIR_KEYWORDS	Proto-oncogene	RT		20	5.3	1.1E-7	2.6E-5
☐	GOTERM_CC_FAT	plasma membrane part	RT		83	21.9	2.8E-7	9.3E-5
☐	GOTERM_BP_FAT	response to wounding	RT		34	9.0	9.2E-7	2.2E-3
☐	GOTERM_BP_FAT	regulation of apoptosis	RT		42	11.1	7.3E-6	8.9E-3
☐	GOTERM_BP_FAT	response to organic substance	RT		39	10.3	7.6E-6	6.2E-3
☐	GOTERM_BP_FAT	regulation of programmed cell death	RT		42	11.1	9.2E-6	5.6E-3
☐	GOTERM_BP_FAT	regulation of cell death	RT		42	11.1	9.9E-6	4.8E-3
☐	GOTERM_BP_FAT	regulation of cell proliferation	RT		41	10.8	1.0E-5	4.1E-3
☐	SP_PIR_KEYWORDS	DNA binding	RT		21	5.5	1.1E-5	1.6E-3
☐	SP_PIR_KEYWORDS	kinase	RT		32	8.4	1.1E-5	1.3E-3
☐	GOTERM_MF_FAT	transcription factor activity	RT		45	11.9	1.1E-5	6.3E-3
☐	SP_PIR_KEYWORDS	disease mutation	RT		56	14.8	1.5E-5	1.4E-3
☐	SP_PIR_KEYWORDS	inflammatory response	RT		10	2.6	1.7E-5	1.3E-3

图 8.26　功能注释图表结果

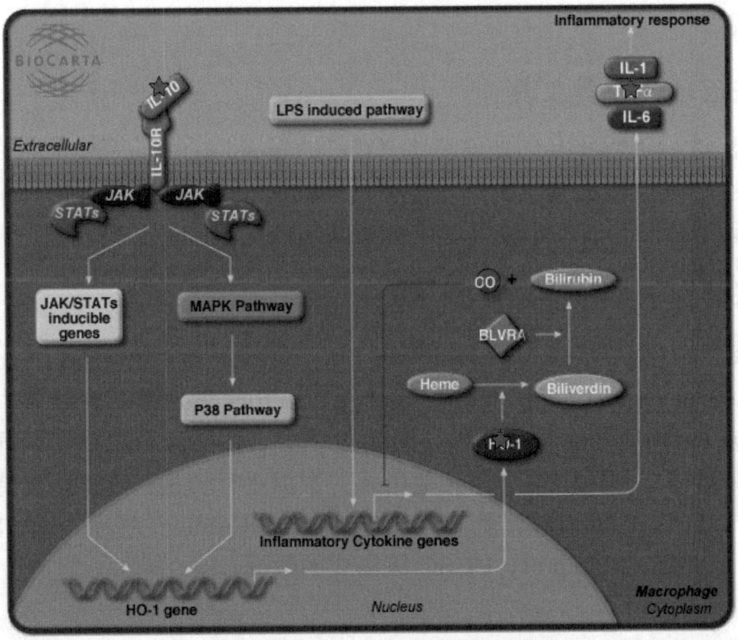

图 8.27　IL-10 抗炎症信号通路图

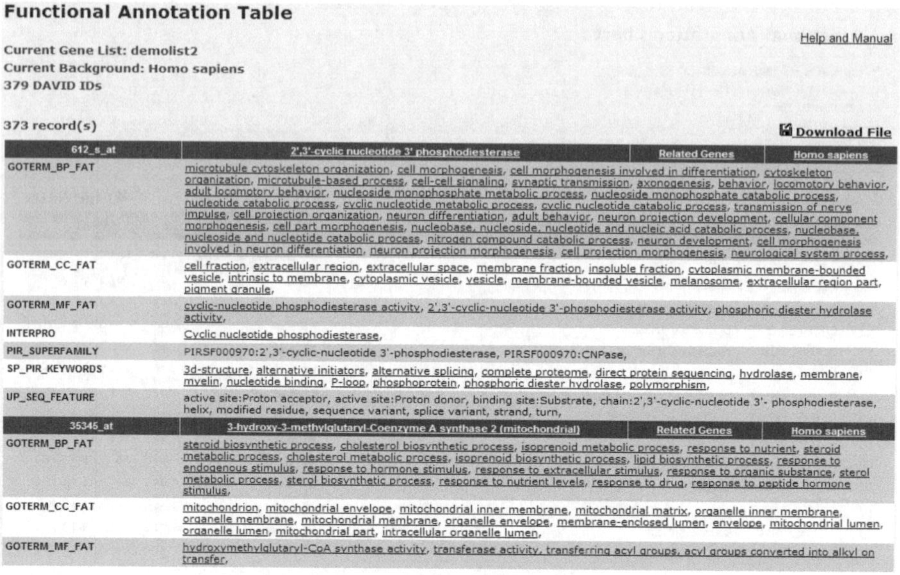

Functional Annotation Table

Help and Manual

Current Gene List: demolist2
Current Background: Homo sapiens
379 DAVID IDs

373 record(s)

Download File

612_s_at	2',3'-cyclic nucleotide 3' phosphodiesterase	Related Genes	Homo sapiens
GOTERM_BP_FAT	microtubule cytoskeleton organization, cell morphogenesis, cell morphogenesis involved in differentiation, cytoskeleton organization, microtubule-based process, cell-cell signaling, synaptic transmission, axonogenesis, behavior, locomotory behavior, adult locomotory behavior, nucleoside monophosphate metabolic process, nucleoside monophosphate catabolic process, nucleotide catabolic process, cyclic nucleotide metabolic process, cyclic nucleotide catabolic process, transmission of nerve impulse, cell projection organization, neuron differentiation, adult behavior, neuron projection development, cellular component morphogenesis, cell part morphogenesis, nucleobase, nucleoside, nucleotide and nucleic acid catabolic process, nucleobase, nucleoside and nucleotide catabolic process, nitrogen compound catabolic process, neuron development, cell morphogenesis involved in neuron differentiation, neuron projection morphogenesis, cell projection morphogenesis, neurological system process,		
GOTERM_CC_FAT	cell fraction, extracellular region, extracellular space, membrane fraction, insoluble fraction, cytoplasmic membrane-bounded vesicle, intrinsic to membrane, cytoplasmic vesicle, vesicle, membrane-bounded vesicle, melanosome, extracellular region part, pigment granule,		
GOTERM_MF_FAT	cyclic-nucleotide phosphodiesterase activity, 2',3'-cyclic-nucleotide 3'-phosphodiesterase activity, phosphoric diester hydrolase activity,		
INTERPRO	Cyclic nucleotide phosphodiesterase,		
PIR_SUPERFAMILY	PIRSF000970:2',3'-cyclic-nucleotide 3'-phosphodiesterase, PIRSF000970:CNPase,		
SP_PIR_KEYWORDS	3d-structure, alternative initiators, alternative splicing, complete proteome, direct protein sequencing, hydrolase, membrane, myelin, nucleotide binding, P-loop, phosphoprotein, phosphoric diester hydrolase, polymorphism,		
UP_SEQ_FEATURE	active site:Proton acceptor, active site:Proton donor, binding site:Substrate, chain:2',3'-cyclic-nucleotide 3'- phosphodiesterase, helix, modified residue, sequence variant, splice variant, strand, turn,		
35345_at	3-hydroxy-3-methylglutaryl-Coenzyme A synthase 2 (mitochondrial)	Related Genes	Homo sapiens
GOTERM_BP_FAT	steroid biosynthetic process, cholesterol biosynthetic process, isoprenoid metabolic process, response to nutrient, steroid metabolic process, cholesterol metabolic process, isoprenoid biosynthetic process, lipid biosynthetic process, response to endogenous stimulus, response to hormone stimulus, response to extracellular stimulus, response to organic substance, sterol metabolic process, sterol biosynthetic process, response to nutrient levels, response to drug, response to peptide hormone stimulus,		
GOTERM_CC_FAT	mitochondrion, mitochondrial envelope, mitochondrial inner membrane, mitochondrial matrix, organelle inner membrane, organelle membrane, mitochondrial membrane, organelle envelope, membrane-enclosed lumen, envelope, mitochondrial lumen, organelle lumen, mitochondrial part, intracellular organelle lumen,		
GOTERM_MF_FAT	hydroxymethylglutaryl-CoA synthase activity, transferase activity, transferring acyl groups, acyl groups converted into alkyl on transfer,		

图 8.28　功能注释列表结果

8.5.4　基因功能分类工具

在图 8.23 右页链接基因功能分类（Gene Functional Classification），图 8.29 左显示 403 个基因根据其生物学功能分成 10 组，这有助于用户从“组”的策略来理解基因的功能，而不是仅局限于单个基因的功能。

8.5.5　基因标识符转换工具

在图 8.23 右页链接基因标识符转换工具 （Gene ID Conversion Tool），点击“Submit to Conversion Tool”按钮即可将 Affymetrics 表达谱芯片结果中的基因标识符转换成 DAVID 基因名和编号（图 8.29 右），供后续分析使用。同样，读者也可以从数据格式下拉框中选择其他格式的数据进行转换。该工具支持多种常用的数据格式之间的相互转换，例如：Affymetrics 和 Agilent 芯片数据、Ensemble、Genbank、Illumina、Uniprot、UCSC 等格式的数据。

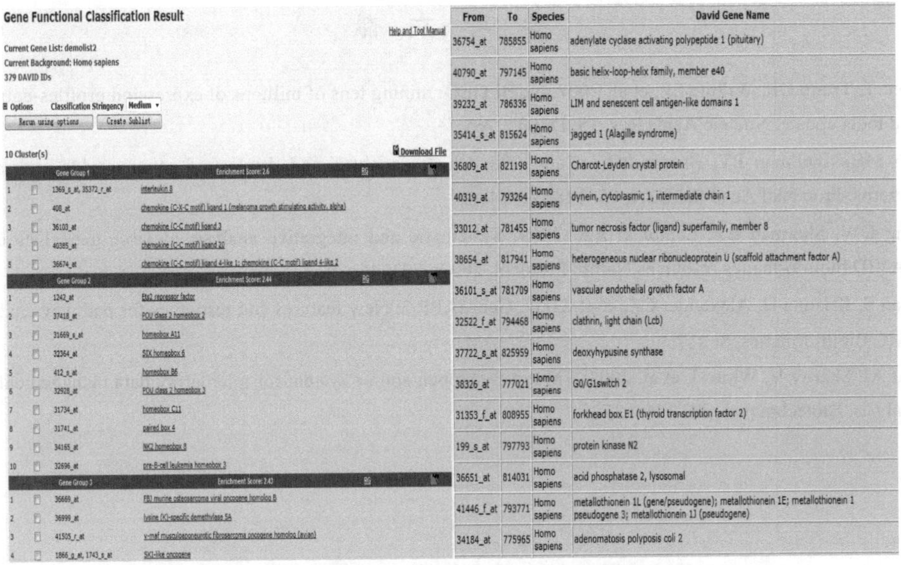

Gene Functional Classification Result

Help and Tool Manual

Current Gene List: demolist2
Current Background: Homo sapiens
379 DAVID IDs

Options Classification Stringency Medium
Rerun using options Create Sublist

10 Cluster(s)

Download File

Gene Group 1		Enrichment Score: 2.6	RG
1	1369_s_at, 35372_r_at	interleukin 8	
2	408_at	chemokine (C-X-C motif) ligand 1 (melanoma growth stimulating activity, alpha)	
3	36103_at	chemokine (C-C motif) ligand 3	
4	40385_at	chemokine (C-C motif) ligand 20	
5	36674_at	chemokine (C-C motif) ligand 4-like 1; chemokine (C-C motif) ligand 4-like 2	
Gene Group 2		Enrichment Score: 2.44	RG
1	1242_at	Ets2 repressor factor	
2	37418_at	POU class 2 homeobox 2	
3	31669_s_at	homeobox A11	
4	32364_at	SIX homeobox 6	
5	412_s_at	homeobox B6	
6	32928_at	POU class 2 homeobox 3	
7	31734_at	homeobox C11	
8	31741_at	paired box 4	
9	34165_at	NK2 homeobox 8	
10	32696_at	pre-B-cell leukemia homeobox 3	
Gene Group 3		Enrichment Score: 2.43	RG
1	36669_at	FBJ murine osteosarcoma viral oncogene homolog B	
2	36999_at	lysine (K)-specific demethylase 5A	
3	41505_r_at	v-maf musculoaponeurotic fibrosarcoma oncogene homolog (avian)	
4	1866_g_at, 1743_s_at	SKI-like oncogene	

From	To	Species	David Gene Name
36754_at	785855	Homo sapiens	adenylate cyclase activating polypeptide 1 (pituitary)
40790_at	797145	Homo sapiens	basic helix-loop-helix family, member e40
39232_at	786336	Homo sapiens	LIM and senescent cell antigen-like domains 1
35414_s_at	815624	Homo sapiens	jagged 1 (Alagille syndrome)
36809_at	821198	Homo sapiens	Charcot-Leyden crystal protein
40319_at	793264	Homo sapiens	dynein, cytoplasmic 1, intermediate chain 1
33012_at	781455	Homo sapiens	tumor necrosis factor (ligand) superfamily, member 8
38654_at	817941	Homo sapiens	heterogeneous nuclear ribonucleoprotein U (scaffold attachment factor A)
36101_s_at	781709	Homo sapiens	vascular endothelial growth factor A
32522_f_at	794468	Homo sapiens	clathrin, light chain (Lcb)
37722_s_at	825959	Homo sapiens	deoxyhypusine synthase
38326_at	777021	Homo sapiens	G0/G1switch 2
31353_f_at	808955	Homo sapiens	forkhead box E1 (thyroid transcription factor 2)
199_s_at	797793	Homo sapiens	protein kinase N2
36651_at	814031	Homo sapiens	acid phosphatase 2, lysosomal
41446_f_at	793771	Homo sapiens	metallothionein 1L (gene/pseudogene); metallothionein 1E; metallothionein 1 pseudogene 3; metallothionein 1J (pseudogene)
34184_at	775965	Homo sapiens	adenomatosis polyposis coli 2

图 8.29 基因功能分类和基因标识符转换结果

8.5.6 基因名批量浏览器

在如图 8.23 右页链接基因名批量浏览器（Gene Name Batch Viewer），即可获得包括 Affymetrics 基因标识符、基因名、相关基因链接、物种名等信息（图 8.30）。通过预览该结果，用户可以寻找目的基因及其具体信息。

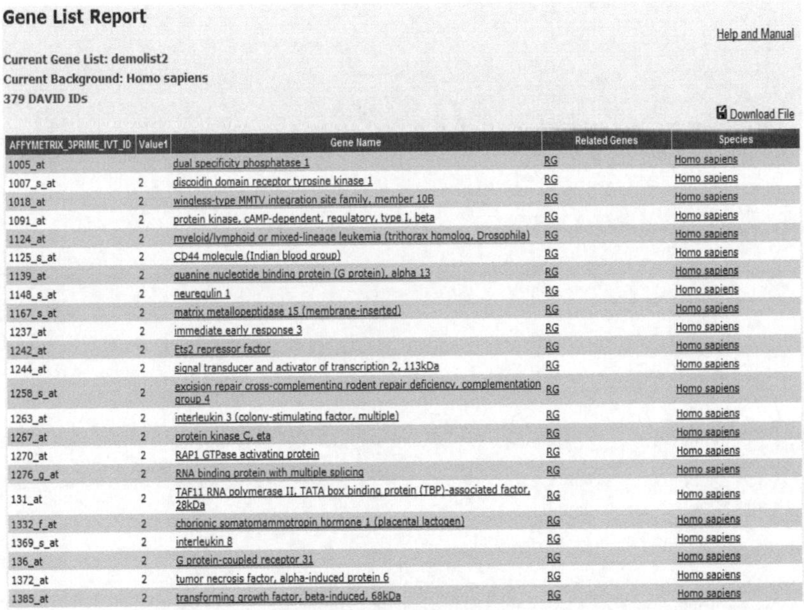

Gene List Report

Help and Manual

Current Gene List: demolist2
Current Background: Homo sapiens
379 DAVID IDs

Download File

AFFYMETRIX_3PRIME_IVT_ID	Value1	Gene Name	Related Genes	Species
1005_at		dual specificity phosphatase 1	RG	Homo sapiens
1007_s_at	2	discoidin domain receptor tyrosine kinase 1	RG	Homo sapiens
1018_at	2	wingless-type MMTV integration site family, member 10B	RG	Homo sapiens
1091_at	2	protein kinase, cAMP-dependent, regulatory, type I, beta	RG	Homo sapiens
1124_at	2	myeloid/lymphoid or mixed-lineage leukemia (trithorax homolog, Drosophila)	RG	Homo sapiens
1125_s_at	2	CD44 molecule (Indian blood group)	RG	Homo sapiens
1139_at	2	guanine nucleotide binding protein (G protein), alpha 13	RG	Homo sapiens
1148_s_at	2	neuregulin 1	RG	Homo sapiens
1167_s_at	2	matrix metallopeptidase 15 (membrane-inserted)	RG	Homo sapiens
1237_at	2	immediate early response 3	RG	Homo sapiens
1242_at	2	Ets2 repressor factor	RG	Homo sapiens
1244_at	2	signal transducer and activator of transcription 2, 113kDa	RG	Homo sapiens
1258_s_at	2	excision repair cross-complementing rodent repair deficiency, complementation group 4	RG	Homo sapiens
1263_at	2	interleukin 3 (colony-stimulating factor, multiple)	RG	Homo sapiens
1267_at	2	protein kinase C, eta	RG	Homo sapiens
1270_at	2	RAP1 GTPase activating protein	RG	Homo sapiens
1276_g_at	2	RNA binding protein with multiple splicing	RG	Homo sapiens
131_at	2	TAF11 RNA polymerase II, TATA box binding protein (TBP)-associated factor, 28kDa	RG	Homo sapiens
1332_f_at	2	chorionic somatomammotropin hormone 1 (placental lactogen)	RG	Homo sapiens
1369_s_at	2	interleukin 8	RG	Homo sapiens
136_at	2	G protein-coupled receptor 31	RG	Homo sapiens
1372_at	2	tumor necrosis factor, alpha-induced protein 6	RG	Homo sapiens
1385_at	2	transforming growth factor, beta-induced, 68kDa	RG	Homo sapiens

图 8.30 批量基因名

参 考 文 献

Barrett T, Troup DB, Wilhite SE, et al. 2007. NCBI GEO: mining tens of millions of expression profiles-database and tools update. Nucleic Acids Res, 35: D760～765

Eisen MB, Spellman PT, Brown PO, et al. 1998. Cluster analysis and display of genome-wide expression patterns. Proc Natl Acad Sci USA, 95: 14863～14868

Huang DW, Sherman BT, Lempicki RA. 2009. Systematic and integrative analysis of large gene lists using DAVID bioinformatics resources.Nature Protocol. 2009; 4(1): 44～57

Nathan S, Kristina H, Alexander CZ, et al. 2007. GenMAPP 2: New features and resources for pathway analysis. BMC Bioinformatics, 8: 217

Saeed AI, Sharov V, White J, et al. 2003. TM4: a free, open-source system for microarray data management and analysis. Biotechniques, 34: 374～378

第 9 章　GO 基因本体和 KEGG 代谢途径分析

冯晔　阮陟　薛庆中

基因本体（Gene Ontology，GO）数据库旨在建立注释基因和蛋白质知识的标准词汇体系，涵盖细胞组分（cellular component）、分子功能（molecular function）、生物学过程（biological process）三方面信息。而 KEGG 数据库则储存了代谢（metabolism）、遗传信息处理（genetic information processing）、环境信息处理（environmental information processing）、细胞过程（cellular process）和人类疾病（human disease）等信息。因此，读者通过对 GO 数据库和 KEGG 数据库的检索，不仅可以丰富目标基因产物细胞或亚细胞结构定位、行使功能及其生物学过程等知识，也能更深入认识生物及其环境（生物圈）的复杂性。

9.1　Gene Ontology 数据库

9.1.1　简介

基因本体（gene ontology）是一种描述基因或基因产物基本特性的词汇，由基因本体协会（Gene Onotology Consortium）开发（Kanehisa et al., 2000）。随着研究不断深入，基因本体语义词汇也在更新。目前 “GO 参考基因组计划”（The gene ontology's reference genome project）致力于建立 12 种模式生物金标准（gold-standard）注释集。这些生物包括人类、拟南芥、线虫、斑马鱼、盘基网柄菌、果蝇、大肠杆菌、鸡、小鼠、大鼠、酿酒酵母和裂殖酵母，它们都已完成基因组测序和功能注释（The Reference Genome Group of the Gene Ontology Consortium, 2009）。

GO 功能注释包括细胞组分、分子功能及其生物学过程三方面内容，它们是紧密联系的。细胞组分是指基因产物在细胞中的位置；分子功能描述基因或基因产物的分子生物学活性和功能；生物学过程通常由多种分子功能有序组成。例如，细胞色素 c 氧化酶（cytochrome c oxidase）既是细胞线粒体内膜组分，同时又具有氧化酶活性功能，并参与电子传递生物学过程（图 9.1）。GO 的工作流程大致可分为三个部分：①产生并维护术语；②将数据库中的基因、基因产物与 GO 术语进行关联并形成网络；③开发相关工具，使 GO 术语的生成和维护更为便捷。

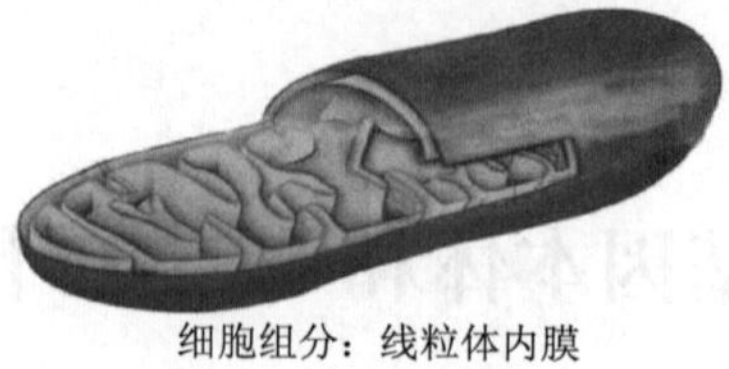

细胞组分：线粒体内膜

2 ferrocytochrome c+O_2=4 ferricytochrome c+$2H_2O$

分子功能：氧化酶活性

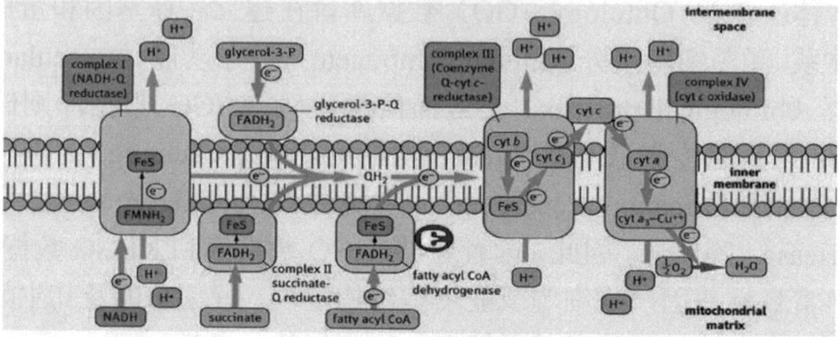

生物学过程：电子传递

图 9.1　GO 数据库基因描述示例

9.1.2　用关键词检索 GO 数据库

检索 GO 数据库通常先进入 AmiGO 的首页（http://amigo.geneontology.org/cgi-bin/amigo/go.cgi，图 9.2）。AmiGO 是一个 Web 应用程序，允许用户搜索、排序、分析、可视化和下载本体及相关基因产物的数据（Carbon et al., 2009）。在 GO 检索时，可直接在检索框提交待查基因或蛋白质名称或标识符或者其 GO 术语（terms）。如果检索的基因或蛋白质存在别名，勾选“exact match”选框，要求反馈的结果与输入的别名完全匹配（图 9.2）。

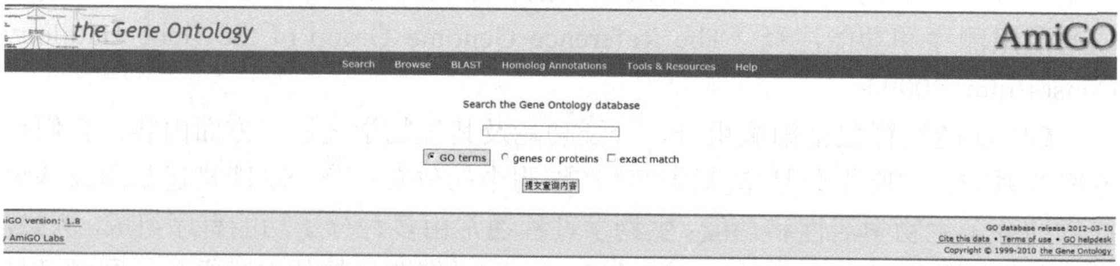

图 9.2　AmiGO 检索页面

例如，在检索框中输入“cytochrome c oxidase”并选“genes or proteins”框，提交后，在过滤搜索结果“Filter Search results”栏中设定物种（Speices）名称为果蝇（Drosophila melanogaster）并点击设定过滤按钮“Set filters”。结果检索到 17 个基因产物，其中前 3 条记录分别为果蝇线粒体细胞色素 c 氧化酶亚基 I、II

和 III（图 9.3 上）。继续点击“mt:CoI”页面上方显示该基因产物信息（Information）、多肽序列（Peptide Sequence）、序列信息（Sequence Information）等（图 9.3 中）。点击“10 term associations”，可查看与基因产物关联的 10 条术语。例如，第 8 行记录：“GO:0004129: cytochrome-c oxidase activity”有 25 个基因产物涉及分子功能（molecular function）（图 9.3 下）。

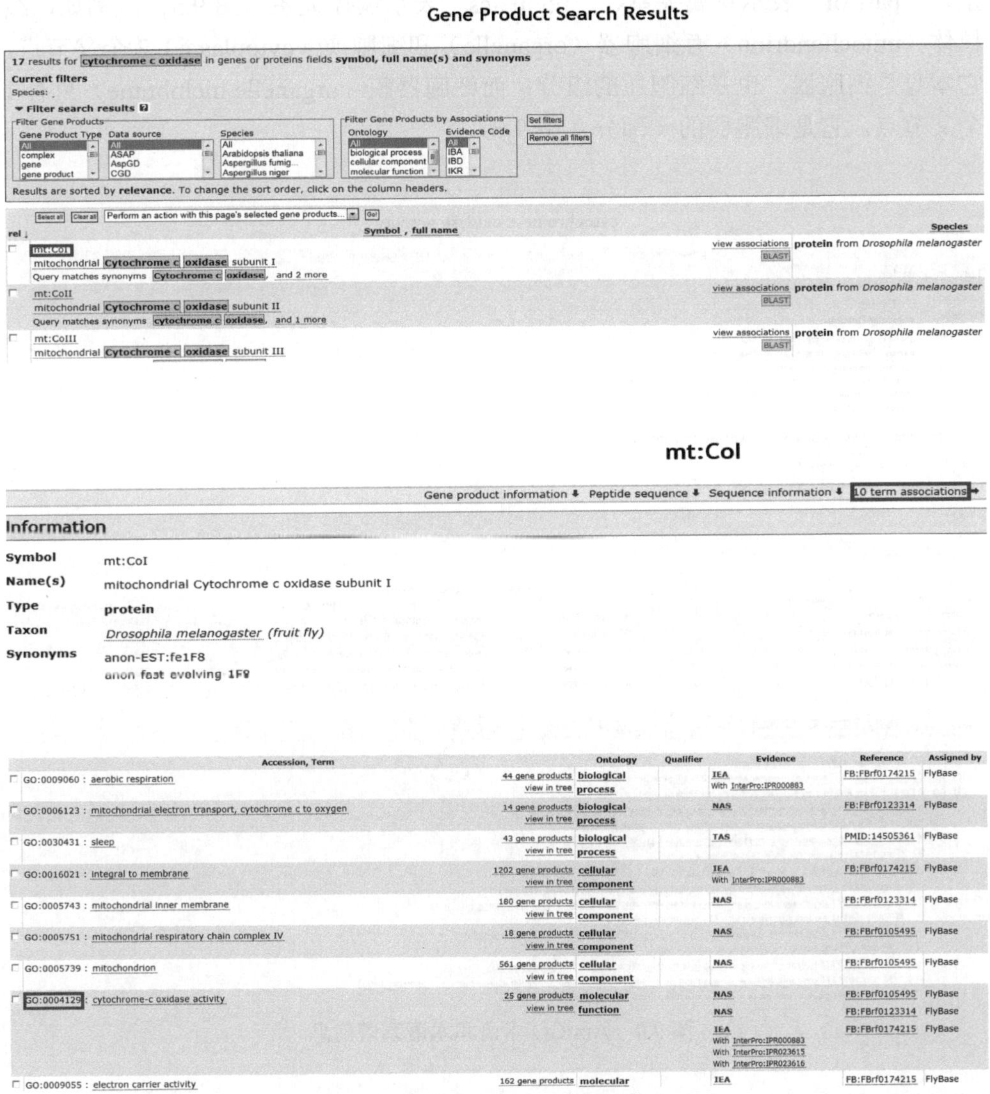

图 9.3　AmiGO 基因产物检索结果示例

继续进行 GO 搜索，“Term Information”描述了细胞色素 c 氧化酶活性的术语信息，点击图 9.4 上方的“635 gene products”可查看 635 个基因产物信息；其中“Ancestors and Children”可以了解与祖先和子代的关系（图 9.4 中）；“Inferred Tree View” 推测系统发育树的关系，即查询术语与其他术语之间的关系，呈阶梯分布（图 9.4 下）。选择图浏览“Graph View”可以更清晰地显示分子功能间上下和平行复杂的网状结构。节点的关系主要有如下三种：“is a”表示列举关系、“part of”表示从属关系、“regulates”表示调控关系（图 9.5）。例如，线粒体（mitochondrion）有细胞器（organelle）和细胞质（cytoplasm）2 个父节点，它本身是细胞器，也是细胞质的组分；而细胞器膜（organelle membrane）只有 1 个父节点，它是细胞器的一部分（图 9.6）。

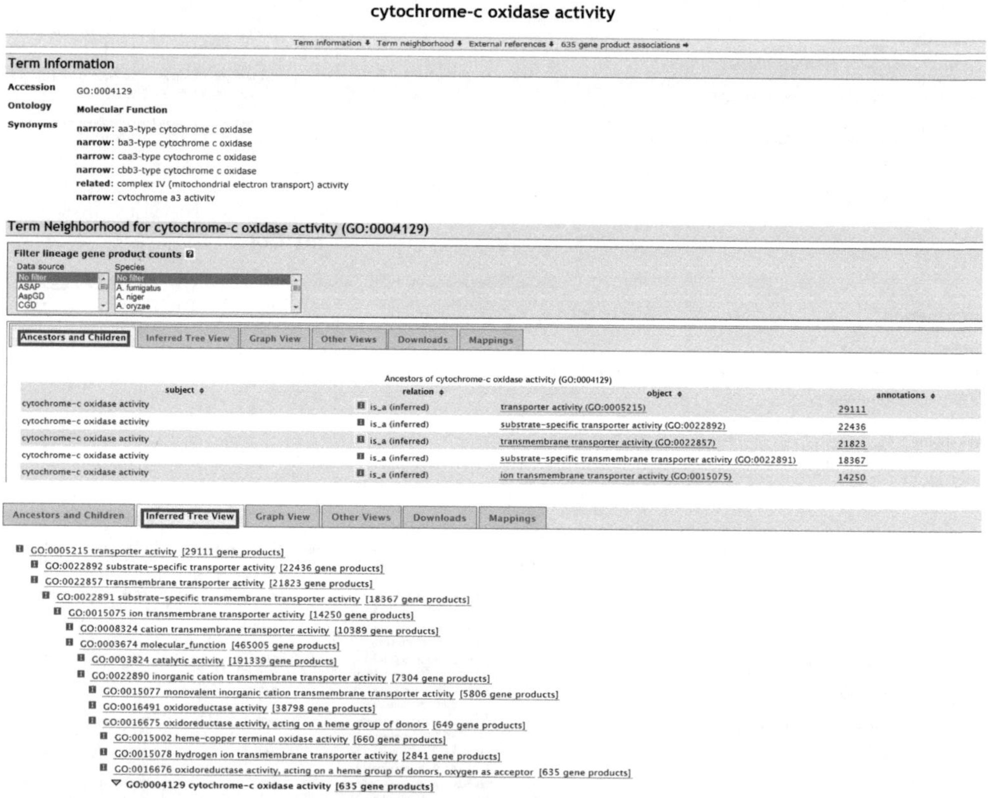

图 9.4 AmiGO 术语和术语系谱信息

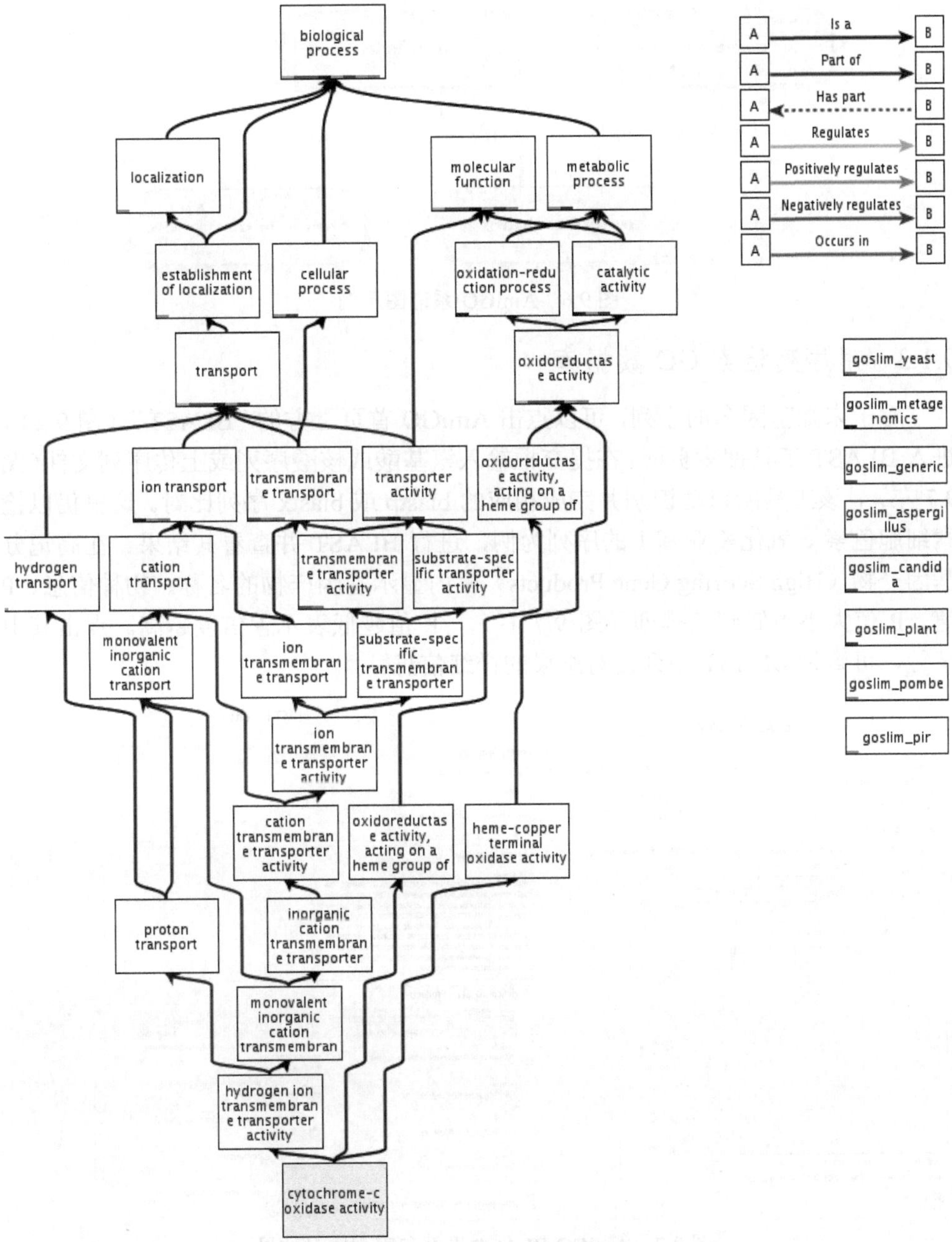

图 9.5　AmiGO 术语图浏览

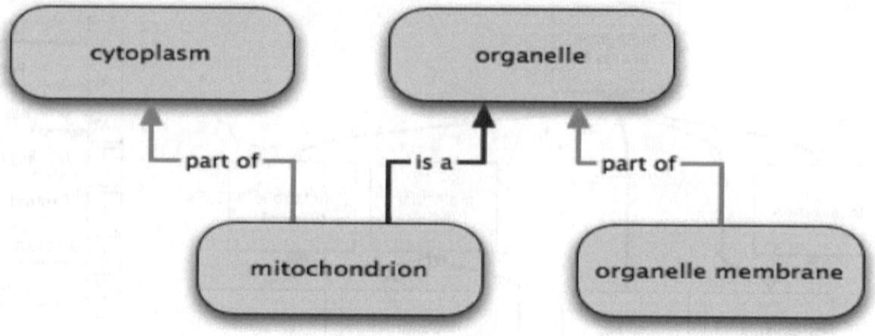

图 9.6 AmiGO 系谱图示例

9.1.3 用序列检索 GO 数据库

对于未知基因名的序列，可以点击 AmiGO 首页上方的“BLAST”（图 9.2），进入 BLAST 工具搜索页面。在提交框输入氨基酸或核酸序列或上传序列文件（图 9.7 左），该工具能自动识别并完成相应的 blastp 或 blastx 序列比对。这里仍以检索细胞色素 c 氧化酶亚基 I 的序列为例，进行 BLAST 并查看其结果。在高记分基因产物（High Scoring Gene Products）栏内显示基因产物的名称、物种信息、P 值。P 值大小由低到高排列（图 9.7 右），P 值越低表示置信度越高。点击其中某行，可查询 BLAST 序列比对结果的详细信息。

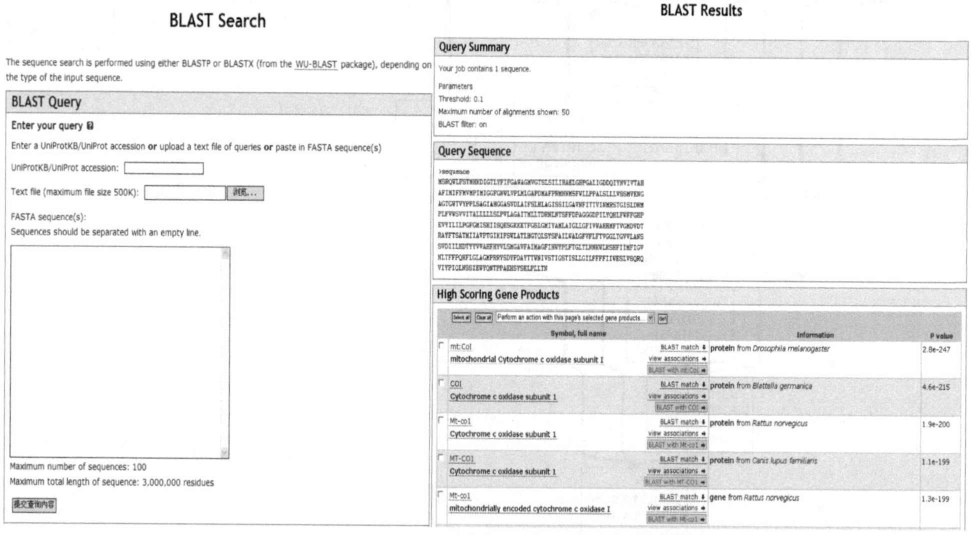

图 9.7 AmiGO BLAST 界面和序列比对结果

9.2　KEGG 数据库

9.2.1　简介

日本京都基因和基因组百科全书（kyoto encyclopedia of genes and genomes，KEGG, http://www.genome.jp/kegg/）是生物系统学的数据库，创建于 1995 年，它通过分子网络（KEGG 路径图）和分层（BRITE 功能层次）形式，整合了细胞功能和生物体特性知识，是全球影响力最大的代谢数据库之一。KEGG 数据库按系统信息、基因组信息，化学信息分类，至 2012 年，KEGG 已扩充到 15 个数据库，不仅包括基因和蛋白质等数据，而且还包括化合物（compound）、药物（drug）、聚糖（glycan）、酶（enzyme）和反应（reaction）等信息。具体数据库的分类、名称和功能见表 9.1。这里将重点介绍利用 KEGG 数据库检索代谢途径的方法，采用其在线注释工具（KAAS）对核酸或蛋白质序列作功能注释，并运用 KegArray 软件基因代谢途径分析。访问日本基因组网络数据库资源（GenomeNet，http://www.genome.jp/），从顶端点击 KEGG 进入数据库主页（图 9.8）。从分子水平到生物学整体水平的研究对象，都被赋予相应的标识符（除基因外）和数据库（表 9.1）。通常标识符由 1 位大写字母和 5 位数字组成，如 K05032 和 D00336。而涉及途径（PATHWAY）和功能层次（BRITE）等内容的前缀代码则用 2~4 位小写字母表示，如 map00010 和 br08301（Kanehisa et al.，2012）。

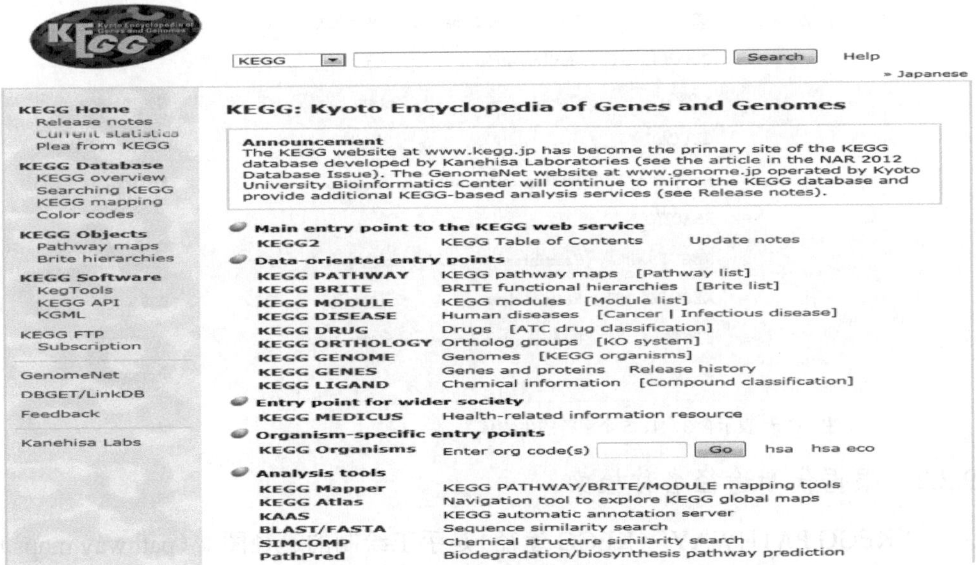

图 9.8　GenomeNet 主页

表 9.1 KEGG 数据库名称及其标识符(Kanehisa et al. 2012)

Category	Database	Content	内容	Prefix	Example
Systems information	KEGG PATHWAY	Pathway maps	路径图	map,ko,ec,rn, (org)	hsa04930
	KEGG BRITE	Functional hierarchies	功能层次	br, jp, ko, (org)	ko01003
	KEGG MODULE	KEGG modules	模块	M,(org)_M	M00008
	KEGG DISEASE	Human diseases	人类疾病	H	H00004
	KEGG DRUG	Drugs	药品	D	D01441
	KEGG ENVIRON	Crude drugs, etc.	药材等。	E	E00048
Genomic information	KEGG ORTHOLOGY	KO groups	直向同源组	K	K04527
	KEGG GENOME	KEGG organisms	生物体	T	T01001(hsa)
	KEGG GENES	Genes in high quality genomes	高质量基因组的基因		hsa:3634
Chemical information	KEGG COMPOUND	Metabolites and other small molecules	代谢和其他小分子	C	C00031
	KEGG GLYCAN	Glycans	聚糖	G	G00109
	KEGG REACTION	Biochemical reactions	生化反应	R	R00259
	KEGG RPAIR	Reactant pairs	反应对	RP	RP04458
	KEGG RCLASS	Reaction class	反应分类	RC	RC00046
	KEGG ENZYME	Enzyme nomenclature	酶的命名		ec:2.7.10.1

注：Org. 表示含 3、4、5 个字符的生物体

9.2.2 根据代谢途径名称检索

“KEGG PATHWAY”（KEGG 途径）是手工绘制的途径图谱（pathway maps）集合，它描述了分子间相互作用及反应的知识网络，可细分成代谢（metabolism）、遗传信息处理（genetic information processing）、环境信息处理（environmental information processing）、细胞过程（cellular process）、人类疾病（human disease）和药物开发（drug development）6 个方面（Kanehisa et al., 2006）。

当读者希望了解某个生物学途径时，可在图 9.8 上所示的 GenomeNet 主页上方的“Search”的检索框中输入代谢途径名称。例如，Glycolysis，再点击数据库中的“map00010”记录，即可显示糖酵解/葡糖异生代谢途径信息。图 9.9 内包括特性、分类、途径图、疾病、其他数据库、参考文献等信息，点击途径图可放大（图 9.10）。

KEGG　PATHWAY: map00010　Help

Entry	map00010　Pathway
Name	Glycolysis / Gluconeogenesis
Description	Glycolysis is the process of converting glucose into pyruvate and generating small amounts of ATP (energy) and NADH (reducing power). It is a central pathway that produces important precursor metabolites: six-carbon compounds of glucose-6P and fructose-6P and three-carbon compounds of glycerone-P, glyceraldehyde-3P, glycerate-3P, phosphoenolpyruvate, and pyruvate [MD:M00001]. Acetyl-CoA, another important precursor metabolite, is produced by oxidative decarboxylation of pyruvate [MD:M00307]. When the enzyme genes of this pathway are examined in completely sequenced genomes, the reaction steps of three-carbon compounds from glycerone-P to pyruvate form a conserved core module [MD:M00002], which is found in almost all organisms and which often corresponds to operon structures in bacterial genomes. Gluconeogenesis is a synthesis pathway of glucose from noncarbohydrate precursors. It is essentially a reversal of glycolysis with minor variations of alternative paths [MD:M00003].
Class	Metabolism; Carbohydrate Metabolism BRITE hierarchy
Pathway map	map00010　Glycolysis / Gluconeogenesis 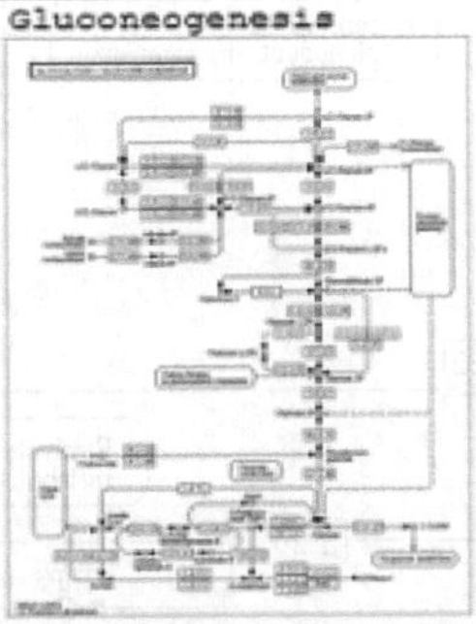 All organisms　Ortholog table
Disease	H00071　Hereditary fructose intolerance H00072　Pyruvate dehydrogenase complex deficiency H00114　Fructose-1,6-bisphosphatase deficiency H00664　Anemia due to disorders of glycolytic enzymes H01071　Acute alcohol sensitivity H01096　Pyruvate kinase (PK) deficiency
Other DBs	GO: 0006096 0006094
Reference	(map 1)
Authors	Nishizuka Y (ed).
Title	[Metabolic Maps] (In Japanese)
Journal	Tokyo Kagaku Dojin (1980)
Reference	(map 1)

图 9.9　KEGG 数据库中糖酵解/葡糖异生途径信息

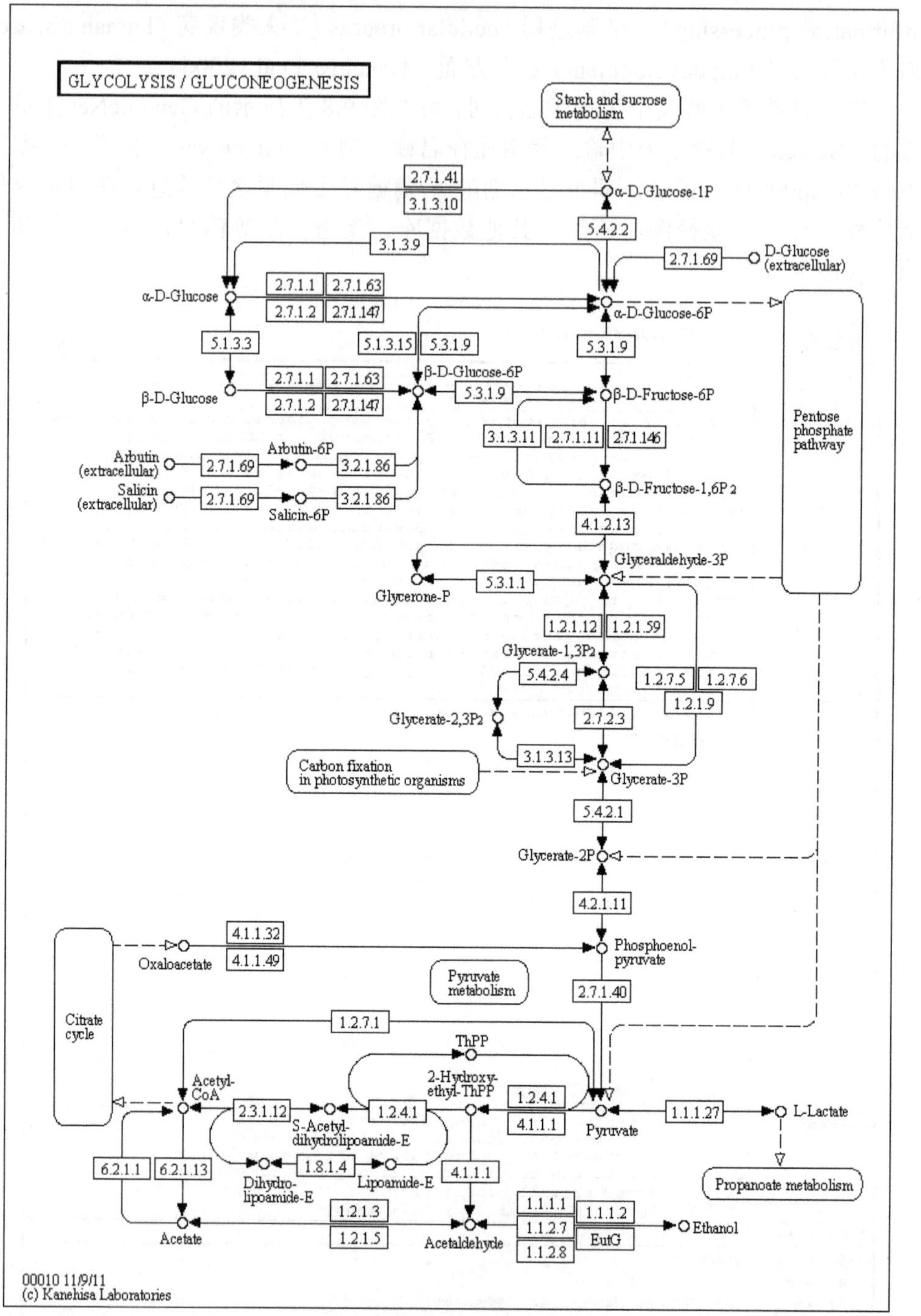

图 9.10　糖酵解/葡糖异生途径图

方框内的 4 位数字表示各种酶的 EC 编号；空心圆圈表示小分子化合物；实线箭头表示生化反应的方向；虚线箭头链接其他相关的代谢途径

9.2.3　根据基因名称检索

读者也可以根据基因名称在 KEGG 数据库中检索。回到 GenomeNet 主页（图 9.8），在“Search”检索框内输入“cytochrome c oxidase”，再点击“KEGG ORTHOLOGY”的第 1 条记录“K00404”，从图 9.11 可知，“Definition”给出细胞色素 c 氧化酶亚基 I 基因的名称及其国际系统命名法编号(EC:1.9.3.1)；“Pathway”标明了该基因所参与的代谢途径图；“Module”指出该模块是结构复合体；“Class”表示该基因参与的代谢途径分类；“Other DBs”为该基因与数据库 COG 和 GO 的链接；“Genes”列举了该基因在不同生物体中的记录。

KEGG　ORTHOLOGY: K00404　Help

Entry	K00404　　KO
Name	ccoN
Definition	cytochrome c oxidase cbb3-type subunit I [EC:1.9.3.1]
Pathway	ko00190　Oxidative phosphorylation ko02020　Two-component system
Module	M00156　Cytochrome c oxidase, cbb3-type
Class	Metabolism; Energy Metabolism; Oxidative phosphorylation [PATH:ko00190] Environmental Information Processing; Signal Transduction; Two-component system [PATH:ko02020] BRITE hierarchy
Other DBs	COG: COG3278 GO: 0004129
Genes	PSU: Psesu_0343 PSD: DSC_08230 VCH: VC1442 VCE: Vch1786_I0942 VCJ: VCD_002904 VCO: VC0395_A1053(ccoN) VCM: VCM66_1398(ccoN) VVU: VV1_2620(ccoN)

图 9.11　KEGG 数据库基因描述示例

9.2.4　代谢途径图检索

读者还可以应用 KEGG 研发的分析工具，包括：路径/Brite/模块（Mapper）、全球地图导航（Atlas）、自动注释服务器（KAAS）、序列相似性搜索（BLAST）、化学结构相似性搜索（SIMCOMP）、生物降解/生物合成途径的预测（PathPred）。在 GenomeNet 主页（图 9.8）“Search”检索框内输入代谢途径“dme00190”，点击后可查看到 COX1 参与的氧化磷酸化代谢途径示意图（图 9.12），从而了解该酶在此代谢途径中的影响和作用。

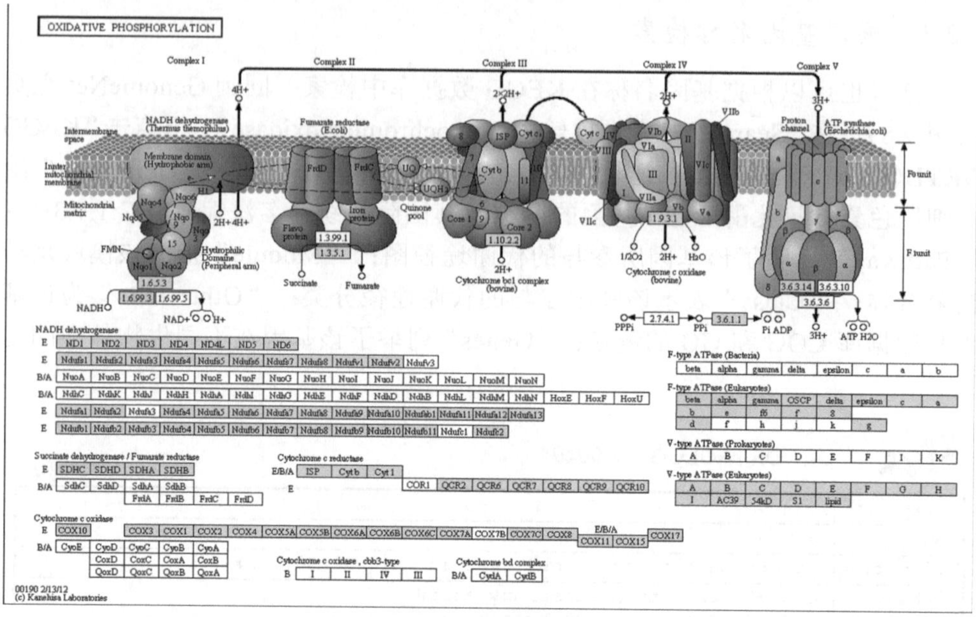

图 9.12　氧化磷酸化代谢途径示意图（COX1 高亮化显示）

9.2.5　自动注释服务器（KAAS）

GenomeNet 主页下方（图 9.8），点击 KAAS 进入其主页（图 9.13）。KAAS 工具可以处理的 3 种类型的数据：全基因组或框架图（Complete or Drafted Genome）、部分基因组（Partial Genome）及 EST 数据（ESTs）。KAAS 的分析方法有两种：双向最佳匹配（BBH）和单向最佳匹配（SBH），通常 BBH 分析所需时间是 SBH 的两倍。页面右侧显示 KAAS 结果的示例，包括 KEGG 直系同源指定（KO，orthology assignment）和途径图谱（pathway mapping）。

对于代谢途径和生物学意义未知的核酸或蛋白质序列，可通过 KAAS 工具实现基因组自动注释和重建途径图谱（Moriya et al., 2007）。这里以 3 段未知功能的 EST 序列为例说明。在图 9.13 中选择“ESTs”栏下的“KAAS job request（BBH method）”工具，在图 9.14 序列提交框处粘贴或者上传待注释的序列，并填写 E-mail 地址。如果提交核酸序列，则需勾选“Nucleotide”框，然后点击“Compute”按钮将数据提交到服务器进行注释。

当收到标题为“KAAS - Annotation was completed”的邮件时，表明 KAAS 已完成注释工作，打开邮件中的链接即可查看结果编号和起止时间等信息（图 9.15），点击图中“result”栏下的“html”项即可查看具体结果。分析结果包括“KO list”、“BRITE hierarchies”及“Pathway map” 3 部分（图 9.16）。“KO list”列出了待注释的 3 条序列名称，并冠以 K 开头的标识符；“BRITE hierarchies”

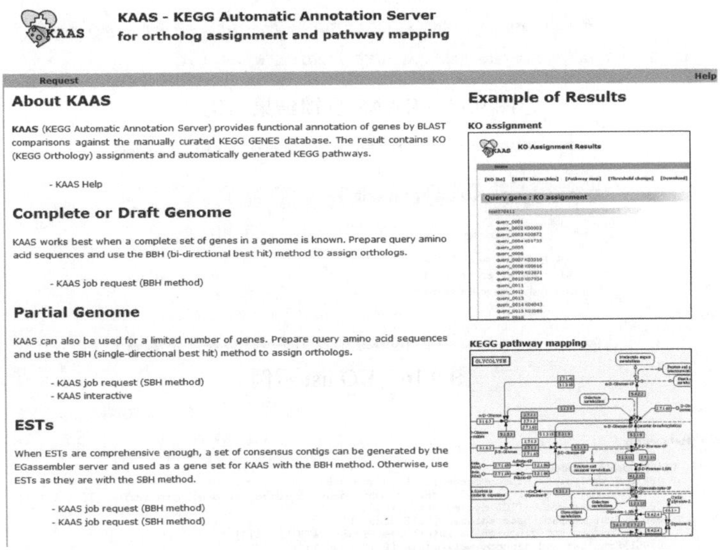
KAAS - KEGG Automatic Annotation Server
for ortholog assignment and pathway mapping
Request
Help
About KAAS
KAAS (KEGG Automatic Annotation Server) provides functional annotation of genes by BLAST comparisons against the manually curated KEGG GENES database. The result contains KO (KEGG Orthology) assignments and automatically generated KEGG pathways.
- KAAS Help
Complete or Draft Genome
KAAS works best when a complete set of genes in a genome is known. Prepare query amino acid sequences and use the BBH (bi-directional best hit) method to assign orthologs.
- KAAS job request (BBH method)
Partial Genome
KAAS can also be used for a limited number of genes. Prepare query amino acid sequences and use the SBH (single-directional best hit) method to assign orthologs.
- KAAS job request (SBH method)
- KAAS interactive
ESTs
When ESTs are comprehensive enough, a set of consensus contigs can be generated by the EGassembler server and used as a gene set for KAAS with the BBH method. Otherwise, use ESTs as they are with the SBH method.
- KAAS job request (BBH method)
- KAAS job request (SBH method)
Example of Results
KO assignment
KO Assignment Results
Query gene : KO assignment
KEGG pathway mapping
GLYCOLYSIS

图 9.13 KAAS 工具主页

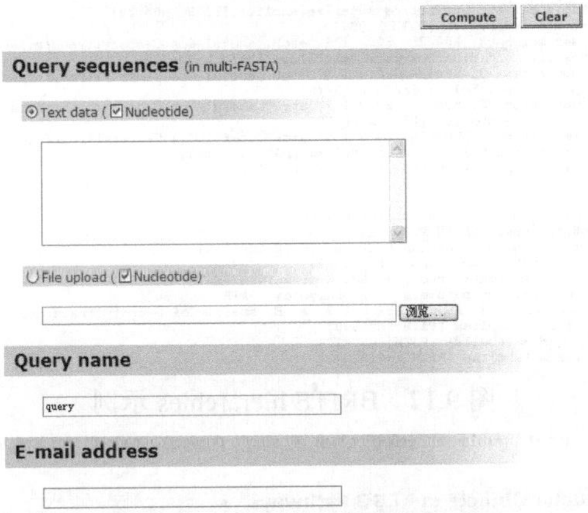
Compute
Clear
Query sequences (in multi-FASTA)
Text data (Nucleotide)
File upload (Nucleotide)
浏览...
Query name
query
E-mail address

图 9.14 KAAS 序列提交页面

分层次列出了经过注释的基因产物，主要包含乙醇脱氢酶（alcohol dehydrogenase）、乙酰辅酶 A C-乙酰基转移酶（acetyl-CoA C-acetyltransferase）（图 9.17）；“Pathway map”描述相关的代谢途径编号、名称及参与该途径的基因产物数目（图 9.18）。例如，糖酵解和糖异生是两个相反的代谢途径，前者是指葡萄糖分解生成丙酮酸的过程，而后者为非糖前体转变为葡糖或糖原的过程。读者通过点击碳水化合物代谢（Carbohydrate Metablism）glycolysis/gluconeogenesis “ko 00010”的记录可查看糖酵解/葡糖异生代谢途径图及相关基因产物的作用，如乙醛脱氢酶（Acetaldehyde）位于图 9.19 下方[1.1.1.1]，在乙醛氧化成乙醇中发挥作用。此外，结果中“Threshold change”选项可以设置 BLAST 得分参数，“Download”选项可以批量下载“Pathway map”结果中所有的代谢途径图。

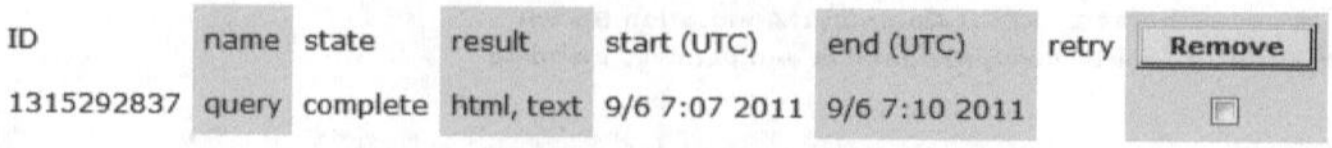

图 9.15　KAAS 反馈结果示例

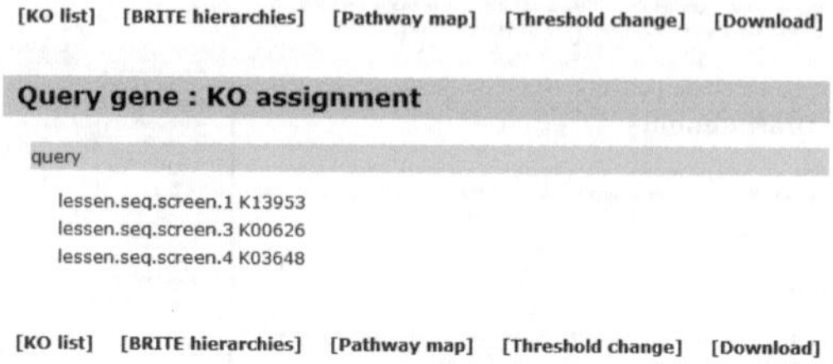

图 9.16　KO list 示例

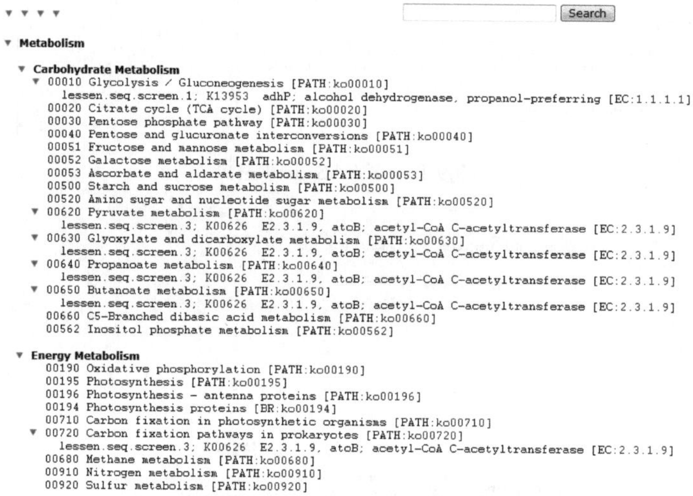

图 9.17　BRITE hierarchies 示例

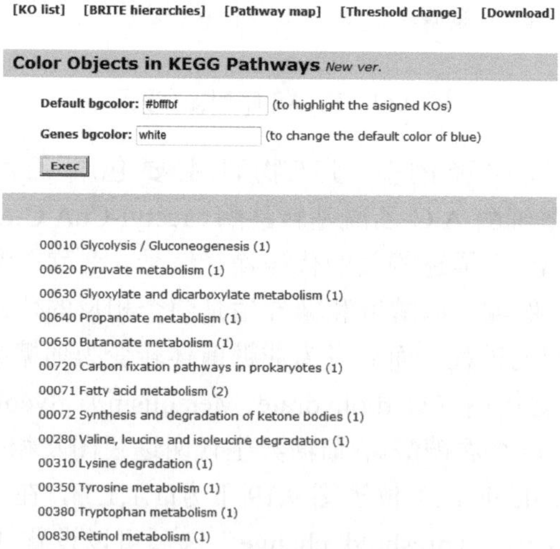

图 9.18　Pathway map 示例

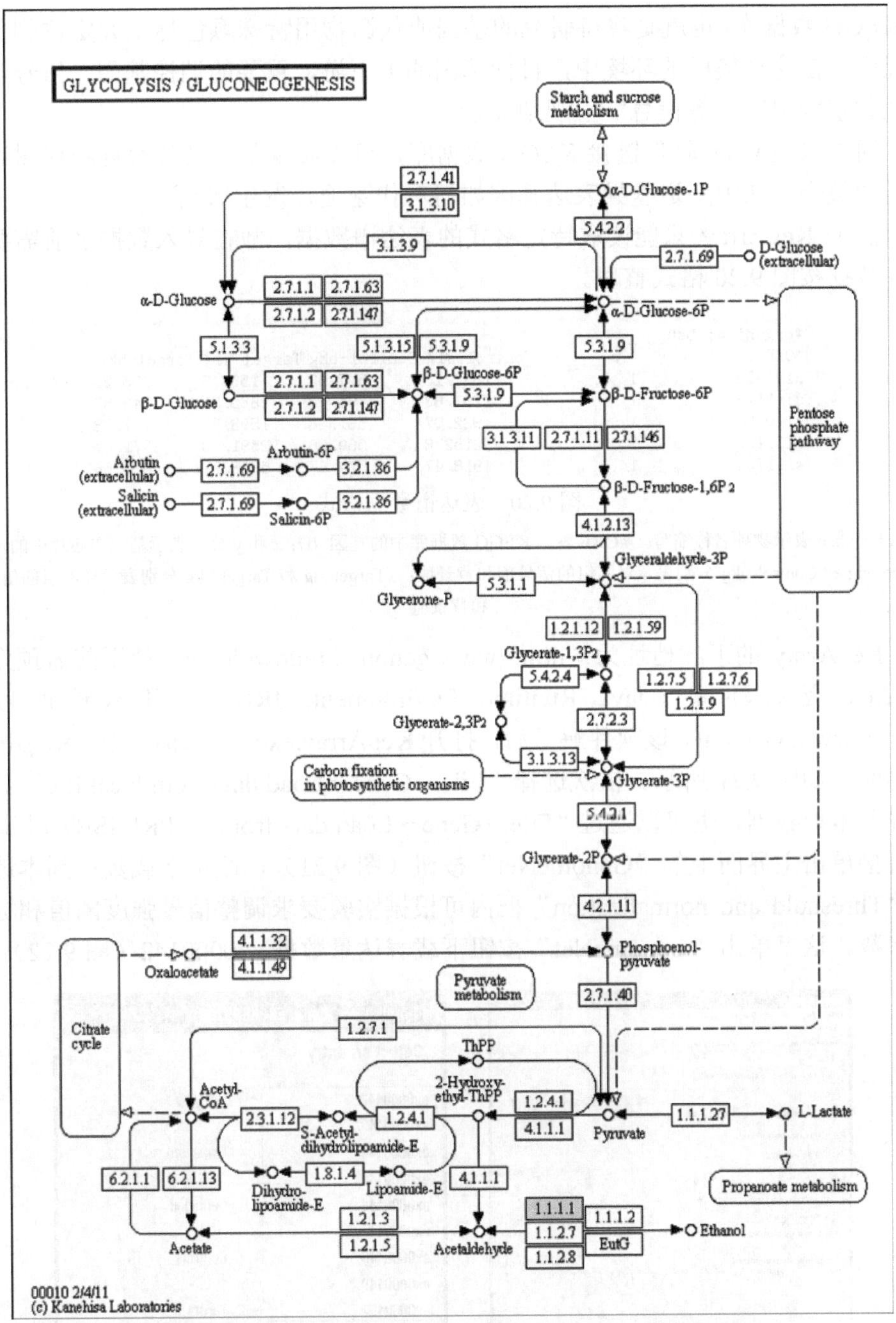

图 9.19　乙醛脱氢酶在糖酵解/葡糖异生途径中的作用和位置

9.2.6　基因芯片数据的代谢途径分析

KegArray 软件可将转录组数据（基因表达谱）和代谢组数据（代谢物）映射

到 KEGG 数据库，也就是将待研究的基因或代谢物用特殊颜色标记并定位到代谢途径中。在这种集成的环境中，目标基因的上下游、重要的调控基因、信号转导路径和基因组图谱等信息能直观地显示。

通过 KegArray 软件链接 KEGG 数据库，可以实现基因芯片数据和代谢途径分析的整合，从中知道差异表达基因如何对代谢途径发生影响。

由于 KegArray 只能读取特定格式的表达谱数据，故在导入数据之前需要对芯片数据按图 9.20 格式整理。

#organism: bsu						
#ORF	x	y	Control-sig	Control-bkg	Target-sig	Target-bkg
slr1485	1	1	1037.13	502.62	1593.3	695.25
slr1119	1	2	1261.63	494.72	2685.37	742.87
sll0708	1	3	922.97	561.38	1598.37	727.28
sll1120	1	4	2152.8	560.96	2591.23	771.07
sll1734	1	5	1918.47	574.57	5968.97	823.66

图 9.20　表达谱数据格式

#organism: bsu 表示物种名称缩写； #ORF 表示 KEGG 数据库中的基因 ID；x 和 y 分别表示基因在芯片中的位置；Control-sig 和 Control-bkg 分别表示对照组的信号值和背景值； Target-sig 和 Target-bkg 分别表示样本组的信号值和背景值

KegArray 的下载地址为：http://www.genome.jp/download/，使用前需预先安装 Java 运行环境（Java Runtime Environment, JRE），下载地址为：http://www.java.com/。该软件解压后，打开 KegArray.exe 文件即可显示 KegArray 主界面，如图 9.21 所示。依次选择“File→Gene→Load data from local file”菜单可导入本地数据，也可以通过“File→Gene→Load data from EXPRESSION”菜单或直接单击主界面上的“GenomeNet”按钮（图 9.21），联机下载数据到本地。在“Threshold and normalization”框内可根据实验要求调整信号强度阈值和标准化参数。这里单击“GenomeNet”按钮下载表达量数据 ex0000142（图 9.22）。

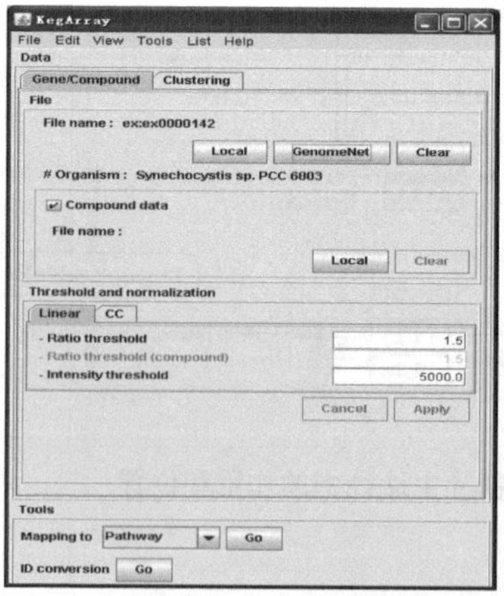

图 9.21　KegArray 主界面

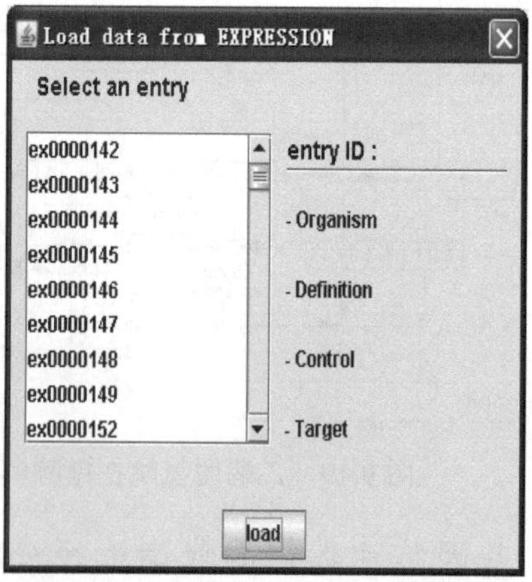

图 9.22　联机导入表达量数据界面

然后，在弹出的“KegArray analysis view”窗口中查看分析结果。“Statistics”选项卡上方给出了样本和对照的信号强度阈值信息（Intensity threshold information），包括信号强度阈值和有效样本数量。本例设定的信号强度阈值为 5000，凡低于阈值的数据将不再带入后续分析。结果显示，3079 个样本中有效样本数量为 433 个。下方是信号比阈值信息（Ratio threshold information），列出了差异表达基因（上调、下调）和非差异表达基因的数量及其分布（图 9.23）；“ArrayImage”（阵列影像）选项卡直观显示这些基因在芯片中的分布（图 9.24），图中的每个点（spot）均与 KEGG 数据库链接，若双击图中某个红点，即可显示该上调基因在 KEGG 数据库中的信息（图 9.25）；“Scatter plot”选项以散点图的方式描绘了双通道芯片表达量数据的分布情况（图 9.26），若用鼠标选中某些区域可显示放大效果。同样，这些散点所代表的基因也可以链接到 KEGG 数据库。

在“Tools”菜单中选择“PathwayMap”可利用 KEGG 数据库搜索差异表达基因所在的代谢途径，这里点击“syn00195”（图 9.27），产生与光合作用相关基因的代谢图谱（图 9.28）。图中上调基因用红色标注，下调基因用绿色标注。在“List”菜单中选择“Gene”，可查看上调、下调基因的详细信息（图 9.29，图 9.30）。相关的分析软件还有 GenMAPP（参见第 8 章）。

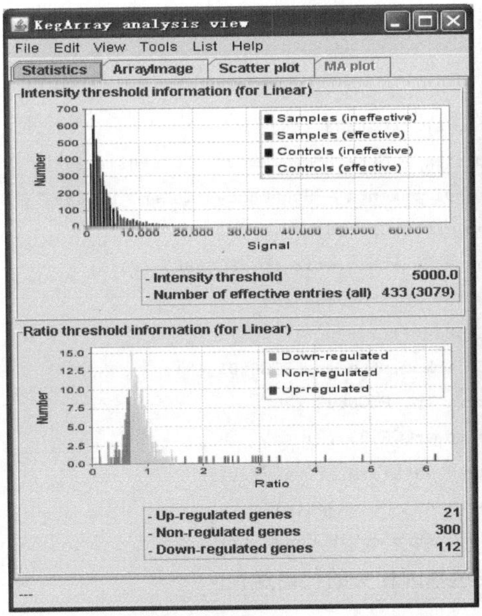

图 9.23　强度阈值信息（见文后彩图）

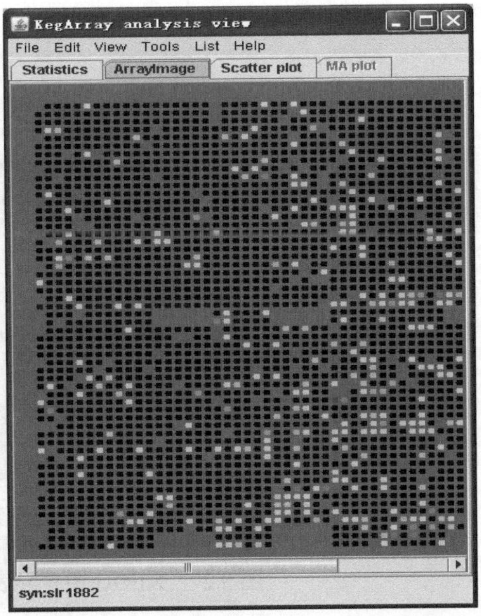

图 9.24　ArrayImage 示例（见文后彩图）

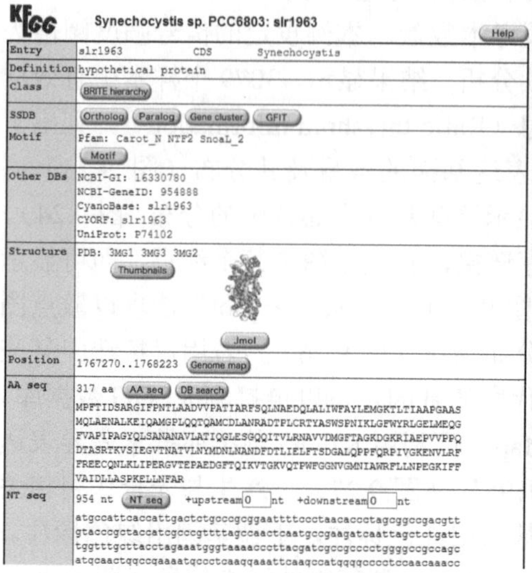

图 9.25 某上调基因信息

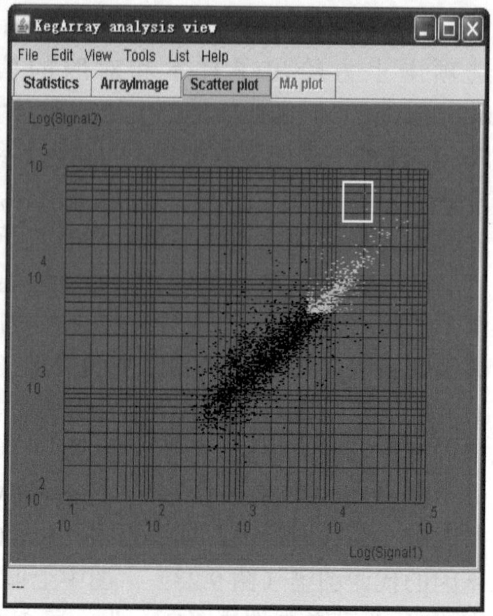

图 9.26 Scatter plot 示例图

Pathway Search Result

Sort by the pathway list

Show all objects

- syn01100 Metabolic pathways - Synechocystis sp. PCC6803 (45)
- syn01110 Biosynthesis of secondary metabolites - Synechocystis sp. PCC6803 (13)
- syn01120 Microbial metabolism in diverse environments - Synechocystis sp. PCC6803 (10)
- syn00195 Photosynthesis - Synechocystis sp. PCC6803 (10)
- syn00196 Photosynthesis - antenna proteins - Synechocystis sp. PCC6803 (7)
- syn02020 Two-component system - Synechocystis sp. PCC6803 (6)
- syn03010 Ribosome - Synechocystis sp. PCC6803 (4)
- syn00010 Glycolysis / Gluconeogenesis - Synechocystis sp. PCC6803 (3)
- syn00790 Folate biosynthesis - Synechocystis sp. PCC6803 (3)
- syn02010 ABC transporters - Synechocystis sp. PCC6803 (3)
- syn00190 Oxidative phosphorylation - Synechocystis sp. PCC6803 (3)
- syn00620 Pyruvate metabolism - Synechocystis sp. PCC6803 (2)
- syn03440 Homologous recombination - Synechocystis sp. PCC6803 (2)

图 9.27 KEGG 中差异表达基因相关的代谢途径

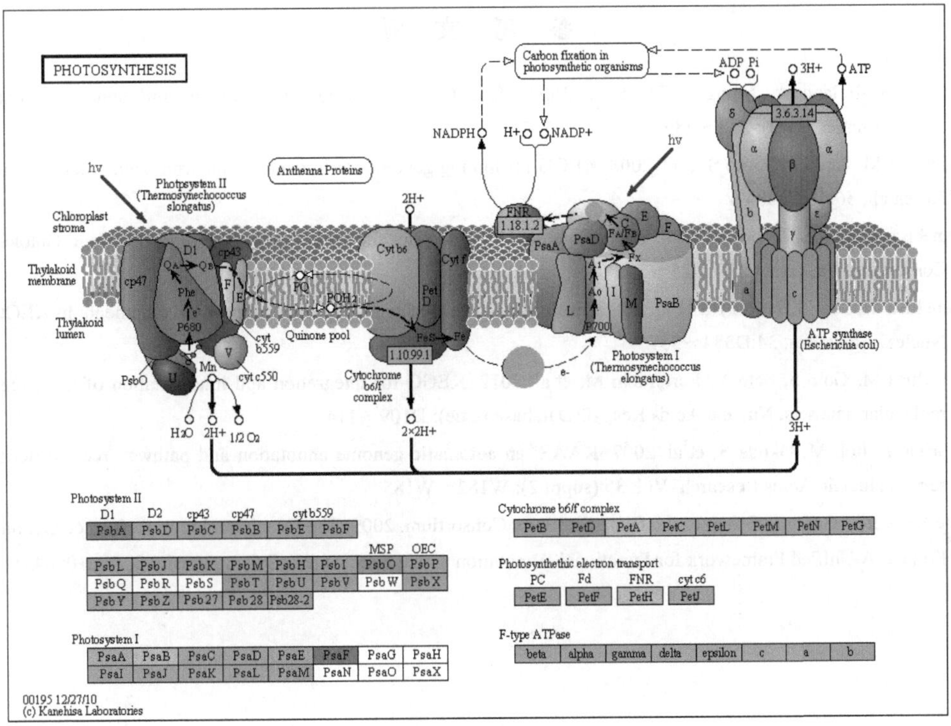

图 9.28　KEGG 中光合作用代谢途径图谱（见文后彩图）

红框，上调基因；绿框，下调基因

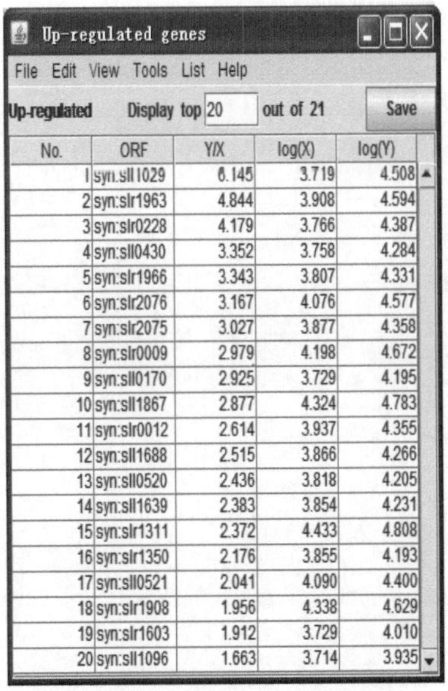

Up-regulated genes

File Edit View Tools List Help

Up-regulated　Display top 20 out of 21　Save

No.	ORF	Y/X	log(X)	log(Y)
1	syn:sll1029	6.145	3.719	4.508
2	syn:slr1963	4.844	3.908	4.594
3	syn:slr0228	4.179	3.766	4.387
4	syn:sll0430	3.352	3.758	4.284
5	syn:slr1966	3.343	3.807	4.331
6	syn:slr2076	3.167	4.076	4.577
7	syn:slr2075	3.027	3.877	4.358
8	syn:slr0009	2.979	4.198	4.672
9	syn:sll0170	2.925	3.729	4.195
10	syn:sll1867	2.877	4.324	4.783
11	syn:slr0012	2.614	3.937	4.355
12	syn:sll1688	2.515	3.866	4.266
13	syn:sll0520	2.436	3.818	4.205
14	syn:sll1639	2.383	3.854	4.231
15	syn:slr1311	2.372	4.433	4.808
16	syn:slr1350	2.176	3.855	4.193
17	syn:sll0521	2.041	4.090	4.400
18	syn:slr1908	1.956	4.338	4.629
19	syn:slr1603	1.912	3.729	4.010
20	syn:sll1096	1.663	3.714	3.935

图 9.29　上调基因详细信息

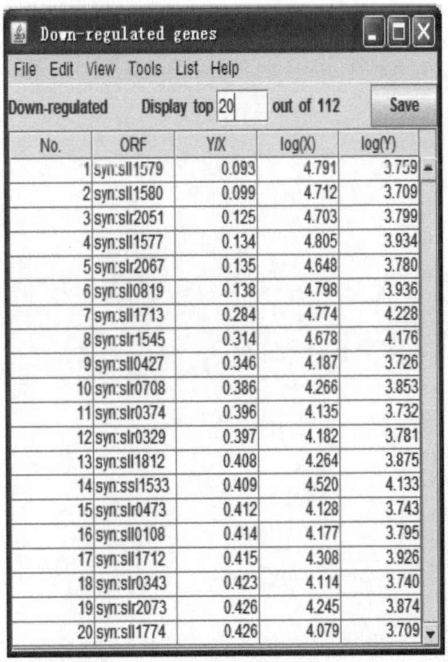

Down-regulated genes

File Edit View Tools List Help

Down-regulated　Display top 20 out of 112　Save

No.	ORF	Y/X	log(X)	log(Y)
1	syn:sll1579	0.093	4.791	3.759
2	syn:sll1580	0.099	4.712	3.709
3	syn:slr2051	0.125	4.703	3.799
4	syn:sll1577	0.134	4.805	3.934
5	syn:slr2067	0.135	4.648	3.780
6	syn:sll0819	0.138	4.798	3.936
7	syn:sll1713	0.284	4.774	4.228
8	syn:slr1545	0.314	4.678	4.176
9	syn:sll0427	0.346	4.187	3.726
10	syn:slr0708	0.386	4.266	3.853
11	syn:slr0374	0.396	4.135	3.732
12	syn:slr0329	0.397	4.182	3.781
13	syn:sll1812	0.408	4.264	3.875
14	syn:ssl1533	0.409	4.520	4.133
15	syn:slr0473	0.412	4.128	3.743
16	syn:sll0108	0.414	4.177	3.795
17	syn:sll1712	0.415	4.308	3.926
18	syn:slr0343	0.423	4.114	3.740
19	syn:slr2073	0.426	4.245	3.874
20	syn:sll1774	0.426	4.079	3.709

图 9.30　下调基因详细信息

参 考 文 献

Carbon S, Ireland A, Mungall CJ, et al. 2009. AmiGO: online access to ontology and annotation data. Bioinformatics. 25(2): 288～289

Kanehisa M, Araki M, Goto S, et al. 2008. KEGG for linking genomes to life and the environment. Nucleic Acids Research, 36:480～484

Kanehisa M,Goto S,Hattori M, et al. 2000. Gene ontology: tool for the unification of biology. The Gene Ontology Consortium. Nat Genet,25(1): 25～29

Kanehisa M,Goto S,Hattori M, et al. 2006. From genomics to chemical genomics: new developments in KEGG. Nucleic Acids Res, 34:D354～357

Kanehisa M, Goto S, Sato Y, Furumichi M, et al. 2012. KEGG for integration and interpretation of large-scale molecular data sets. Nucleic Acids Res, 40(Database issue): D109～114

Moriya Y, Itoh M, Okuda S, et al. 2007. KAAS: an automatic genome annotation and pathway reconstruction server. Nucleic Acids Research, Vol. 35 (suppl 2): W182～W185

The Reference Genome Group of the Gene Ontology Consortium. 2009. The Gene Ontology's Reference Genome Project: A Unified Framework for Functional Annotation across Species. PLoS Comput Biol 5(7): e1000431

第 10 章　系统生物学网络结构分析

王珺　金呈朦　丁文超　陈辰　薛庆中

当前生物学发展已进入了网络化时代，涌现了各种类型和不同层次的数据集，包括转录及转录后调控的基因和蛋白质互作网络、社会网络和跨越多个领域的网络。尽管不同网络的数据集在扩展信息数量和质量上有相当大的差异，但都蕴涵着潜在的生物学系统及其反应。因此，进一步实现数据整合和信息可视化将是发展网络生物学的重要任务（Smoot et al.，2011）。Cytoscape 软件为研究生物分子相互作用网络、高通量表达数据及其分子状态搭建了一个框架（framework）式的生物信息学平台，它能使分子与分子之间的网络联系变得清晰可见，显示强大的可视化效果，还可以通过使用世界各国自行研发的插件（plugins），对不同模型进行网络分析（Shannon et al.，2003）。

本章介绍系统生物学软件 Cytoscape 的概念和功能，在了解 Cytoscape 的基本操作和插件的安装使用的基础上，学习自建全新网络分析模型的方法，列举几个插件的使用实例，演示 Cytoscape 在基因注释、亚细胞定位、基因相互作用、预测潜在蛋白质和结构域的相互作用等方面的应用。

10.1　Cytoscape 软件简介

10.1.1　概况

Cytoscape 是由美国系统生物学研究所（Institute of Systems Biology）、加州大学圣地亚哥分校（University of California，San Diego）、纪念斯隆-凯特琳癌症中心（Memorial Sloan-Kettering Cancer Center）、巴斯德研究所（Institute Pasteur）和美国安捷伦科技有限公司（Agilent Technologies Co.）等单位合作开发的免费开源软件。目前发放的 Cytoscape 2.8 版在整合能力和复杂数据集可视化性能上都已有明显的改进。

10.1.2　主要功能

数据输入：

- 从 BIND 和 TRANSFAC 等数据库下载得到酵母等模式生物分子交互作用网络文件。
- 以 GML 格式输入和保存网络文件。

- 以 XGMML（eXtensible Graph Markup and Modeling Language）格式输入和保存网络文件，并且保存每一个节点和相互作用的属性。
- 输入信使 RNA 表达数据。
- 输入 Gene Ontology 和 KEGG 数据。

可视化：

- 编辑自定义网络数据显示模式。
- 应用不同颜色增强基因表达数据可视化效果，并显示 *P* 值。
- 以二维方式显示数据。
- 网络结构图可以放大和缩小。
- 可以显示超过 10 万个节点的大型网络。

插件：

- 通过数据过滤，选择子集和相互作用。
- 发现活跃的子集和信号通路。
- 发现节点聚集簇。

10.2 Cytoscape 软件安装

Cytoscape 软件从 http://www.cytoscape.org/download.html 下载得到，下载前需要进行简单的注册，输入姓名、单位、E-mail 等信息。Cytoscape 同时支持 Windows、Mac 和 Linux/Unix。它是由 Java 语言编写的，因此预先要从 http://www.java.com/en/download/manual.jsp 下载安装 Java 运行环境。Cytoscape 2.8.1 的 Windows 版本可由 http://chianti.ucsd.edu/Cyto-2_8_1/ Cytoscape_2_8_1_ windows_32bit.exe 下载得到。双击文件夹内 Cytoscape.bat 即可显示 Cytoscape 的运行界面（图 10.1）。

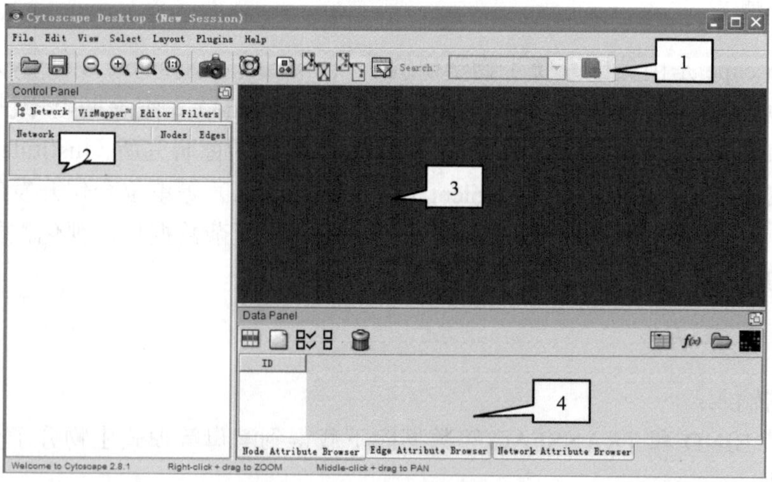

图 10.1 Cytoscape 的界面

1. 软件控制区域；2. 网络控制面板；3. 网络显示区域；4. 属性显示区域

10.3 Cytoscape 基本操作

10.3.1 信息输入

用户可从 File→Import（图 10.2），通过本地（Local）硬盘地址或远程遥控（Remote）网络地址输入文件，若为图文件（如 sif 格式），选择从 Import→Network (Multiple File Types) 输入；若为文本文件 txt 或 excel 格式，则选择 Import→Network from Table （Text/MS Excel）。这里我们选择从本地 SampleData 文件夹输入文件 HumanInteractome_subset.sif（图 10.3，图 10.4）。

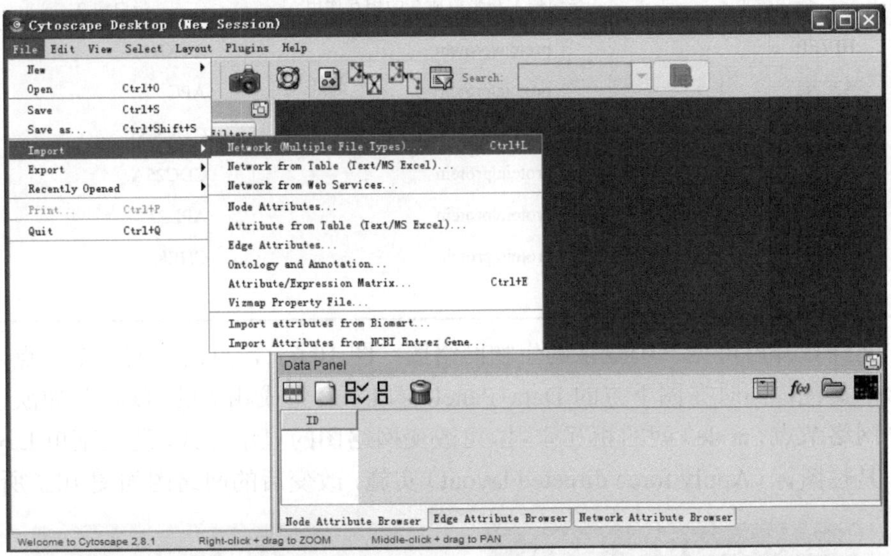

图 10.2 输入文件类型

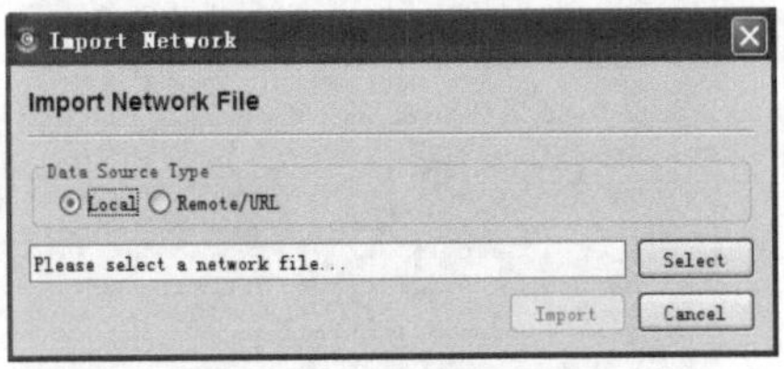

图 10.3 选择输入数据来源

Local. 本地，Remote. 远程

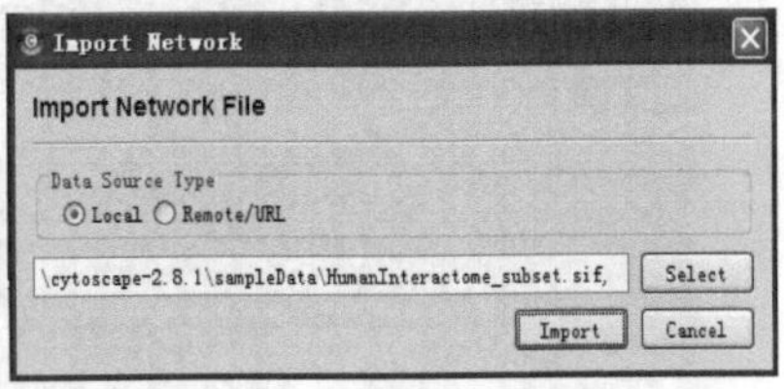

图 10.4 选择本地数据

文件输入后，提示框（图 10.5）会指出该.sif 文件有 821 个节点（目标基因）和 8677 条边（相互作用）。通过文本编辑器（如写字板等）可查看蛋白质-蛋白质相互作用的具体信息。例如，表 10.1 第 1、第 3 列均为蛋白质分子名称，第 2 列表示蛋白质-蛋白质相互作用。

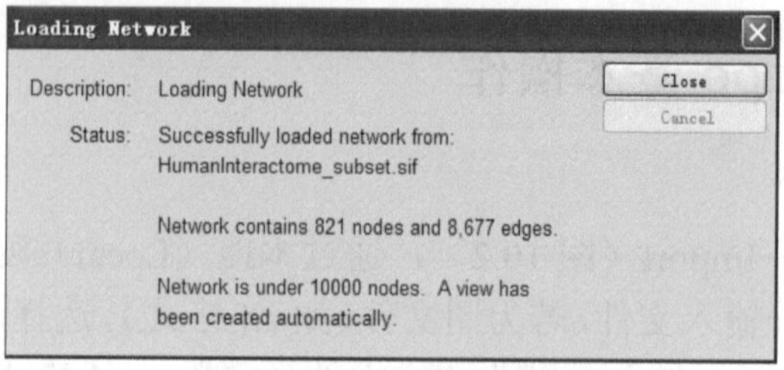
Loading Network
Description: Loading Network
Status: Successfully loaded network from:
HumanInteractome_subset.sif
Network contains 821 nodes and 8,677 edges.
Network is under 10000 nodes. A view has been created automatically.
Close
Cancel

图 10.5 提示框

表 10.1 蛋白质相互作用网络文件

蛋白质 1	蛋白质 1 和蛋白质 2 的相互作用	蛋白质 2
HIVEP1	protein|protein	ATXN1
AXIN2	protein|protein	APC
AXIN2	protein|protein	CTNNB1
CDC2	protein|protein	CDC25A
CDC2	protein|protein	APLP2
CDC2	protein|protein	CHEK1
…	…	…

文件打开后可见一个复杂的生物网络图（图 10.6），点击任何一个节点，节点显示黄色，同时在图下方的 Data Panel 窗口中会生成相应的 ID 框。如欲了解不同网络节点（node）间的相互作用，可改变网络图的显示方式，通过菜单 Layout 或工具栏图标（Apply force directed layout）实施，改变后的网络图如图 10.7 所示。

图 10.6 生物网络节点

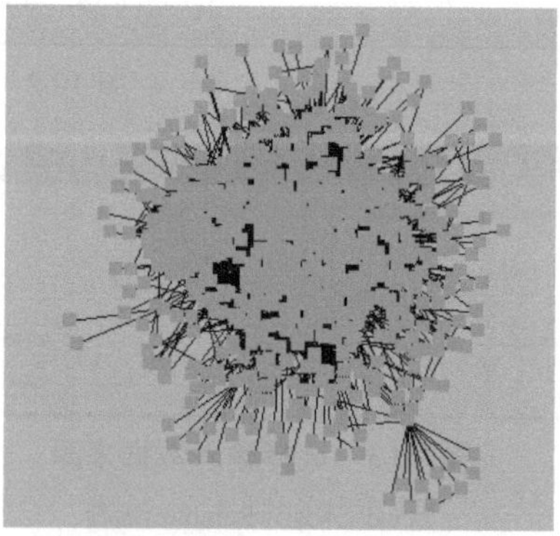

图 10.7 改变网络显示方式

对于基因芯片和高通量测序文件，通常通过 File→Import→Attribute from table（Text/MS Excel）（图 10.8），点击本地保存的 SampleData 文件夹选择查询的表达文件 Pellegrini_et_al_Data.txt。在输入注释文件的高级选项（Advanced）中勾选“Show Text File Import Options”，在属性名称（Attribute Names）中勾选

“Transfer first line as attribute names”，最后点击 Import 完成输入（图 10.9）。基因表达结果输出文件（Pellegrini_et_al_Data.txt）可通过 Excel 打开，其内容如表 10.2 所示。如果输入基因表达矩阵文件（pvals 格式）时，应选择 Import→Attribute/Expression Matrix。

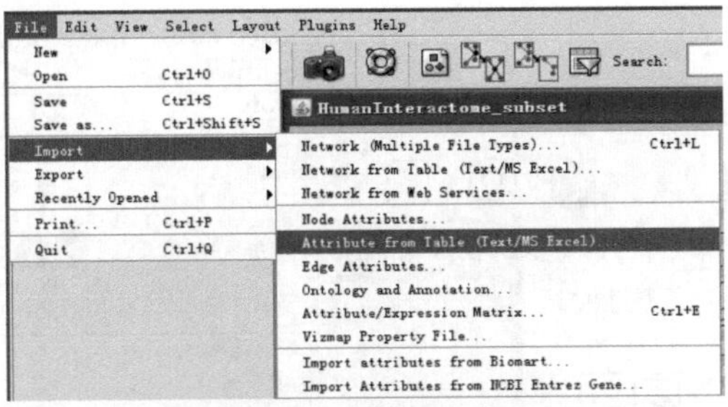

图 10.8　输入基因表达数据

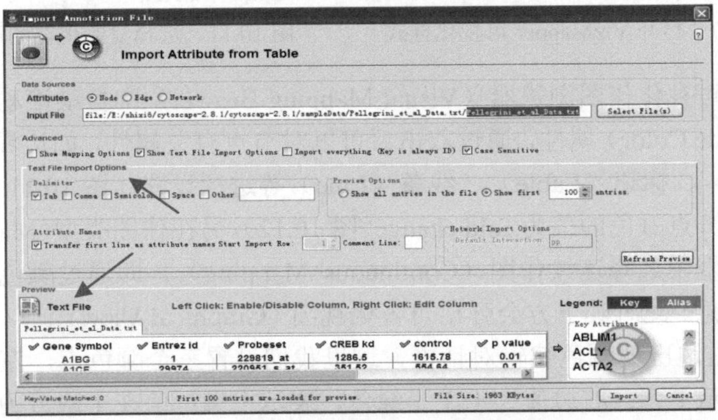

图 10.9　选择对应的表达数据并设置

表 10.2　基因表达相关信息

Gene Symbol	Entrez id	Probeset	CREB kd	control	p value	fold change	Sign CREB binding
A1BG	1	229819_at	1286.5	1615.78	0.01	0.76	
A1CF	29974	220951_s_at	351.52	554.64	0.1	0.72	
A2BP1	54715	1553422_s_at	72.94	81.78	0.53	0.79	
A2BP1	54715	221217_s_at	224.95	290.52	0.46	0.83	
A2BP1	54715	235070_at	318.62	497.17	0.11	0.72	
A2LD1	87769	232422_at	474.32	467.34	0.72	1.04	
A2LD1	87769	237869_at	306.95	247.71	0.89	1.02	
A2M	2	1558450_at	555.39	621.46	0.18	0.86	
A2M	2	217757_at	42.24	57.45	0.4	1.5	yes

注：第 1 列，基因名；第 2 列，登录号；第 3 列，对应探针号；第 4、第 5 列，（敲除 CREB 及其对照的）表达量；第 6 列，*p* 值；第 7 列，基因表达量倍数变化；第 8 列，是否和 CREB 结合。

基因的表达量可用不同的颜色表示。打开可视化样式（Open VizMapper）（图 10.10），点击选项（option）按钮，在下拉菜单中选择复制现在的可视化样式（Copy existing Visual Style）（图 10.11）。在弹出的对话框中，将新生成的可视化样式确定为“default2”。

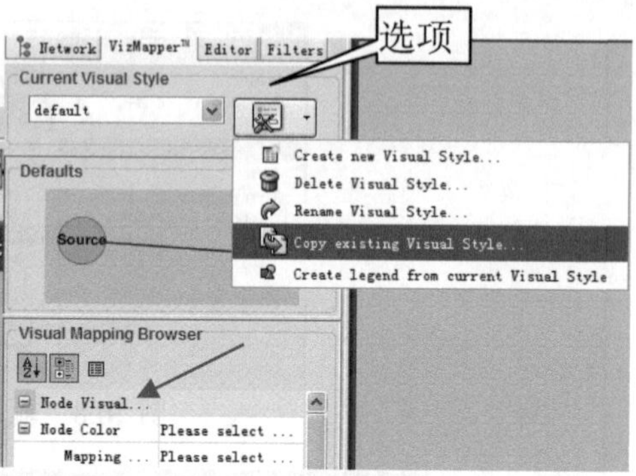

图 10.10　打开 VizMapper 可视化样式　　　　图 10.11　选择复制现在的可视化样式

在下方可视化作图浏览器（Visual Mapping Brower）中拉动滚动条，找到节点颜色（Node Color）属性，通过双击后可以对节点有关属性，如边界（Border）、字体（Font）、标记（Lable）、线条（Line）等进行设置（图 10.11）。

本例中节点颜色的值为 fold change(图 10.12)。另在作图类型(Mapping Type）右边的下拉框中选择连续作图（Continuous Mapping），即通过颜色渐变来表示表达量的变化。此时其下方会弹出可视化视图（Graphical View）。点击 Graphical View 后在右边出现颜色编辑对话框，这里我们设置三个颜色点，左边值小于 1 呈红色，表示下调；右边值大于 1 呈绿色，表示上调；值在 1 附近为无色，表示表达量没有变化。按 Add 键可增加颜色点，设置后左边即呈现基因表达量颜色渐变，右上方表示每个节点的基因表达量（图 10.13）。

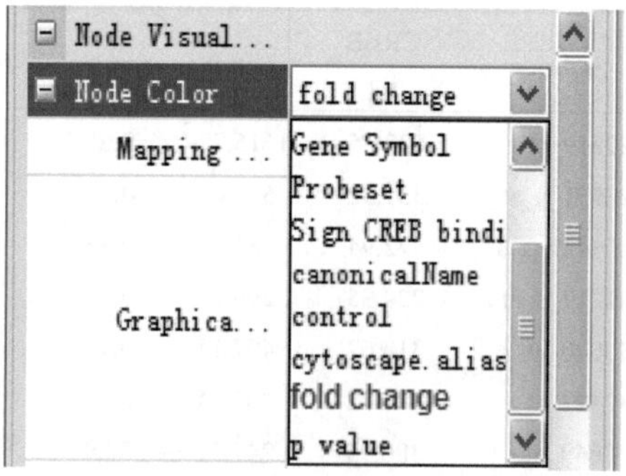

图 10.12　设置节点属性

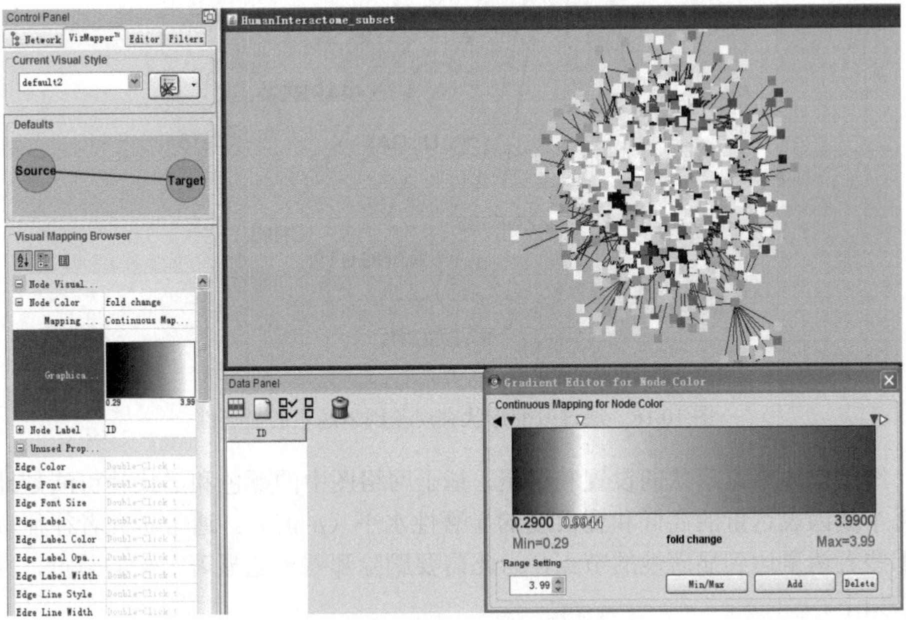

图 10.13　设定基因表达量的颜色，增强可视化效果（见文后彩图）

在 Visual Mapping Browser 下找到 Node Shape，双击，选择 p value，在下一行的 Mapping Type 选择 Continuous Mapper，设置节点形状（图 10.14）。单击 Graphical View 后，编辑节点形状。在弹出的编辑页面内，先点击 Add，接着把其中一个节点拖至右侧 p 值为 0.05（统计学显著性水平），双击右侧的圆形，选择 rectangle，此时 $p<0.05$ 的点就将改成正方形表示（图 10.15）。由图 10.16 可见，本例中 RFK、ADCK 和 RABGGTB 3 个基因表达量达到显著性。

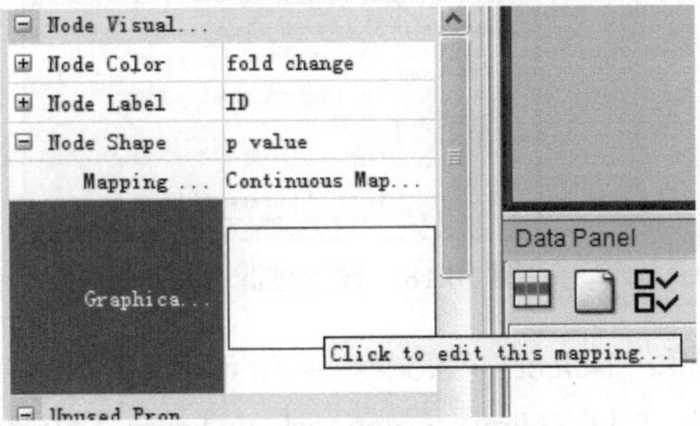

图 10.14　设置节点形状

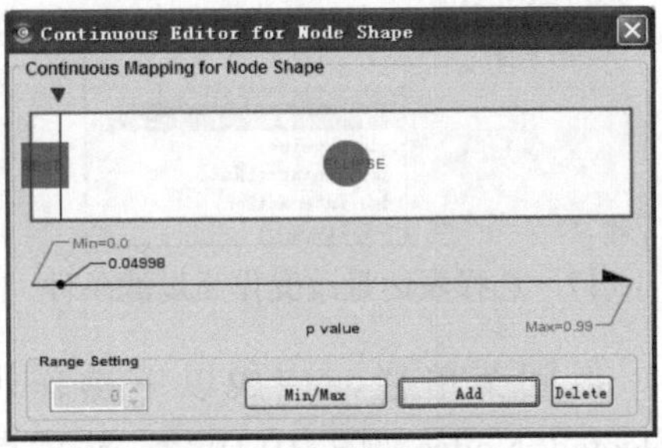

图 10.15　编辑节点形状

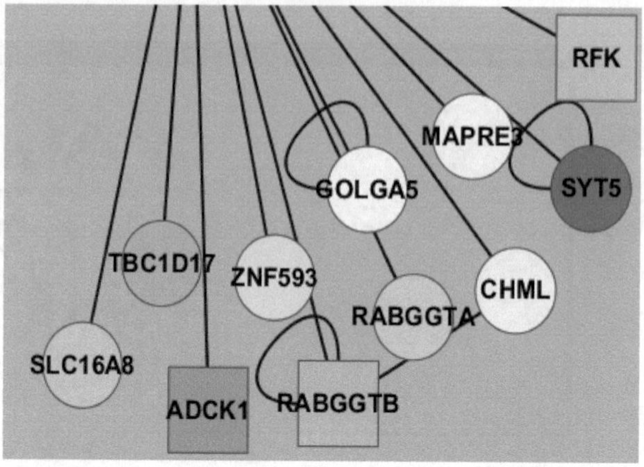

图 10.16　通过改变形状突现基因表达量的显著性

经过上述节点形状的设置和编辑，基于网络图中的颜色和形状就可清楚地知道每个基因表达量的高低和置信度的显著性水平（p 值）。通常研究者往往只关心那些表达量达到显著性的节点，为此需要删除那些未达显著水平的节点，具体方法如下。

返回左侧的控制面板，点击 Filters（过滤器），在下面的 Attribute/Filter 下拉菜单中选择 node.fold change（图 10.17）。接着点击 Add，再双击深色条，在弹出的编辑框中将低边界（Low bound）设置上调为 2，点击 OK（图 10.18）。

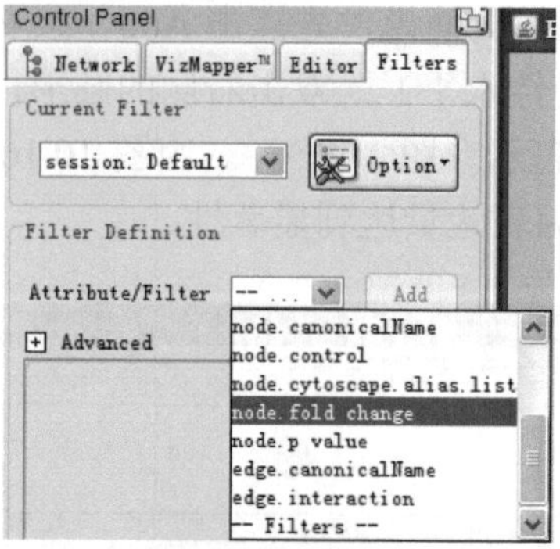

图 10.17　选择表达量改变作为过滤条件

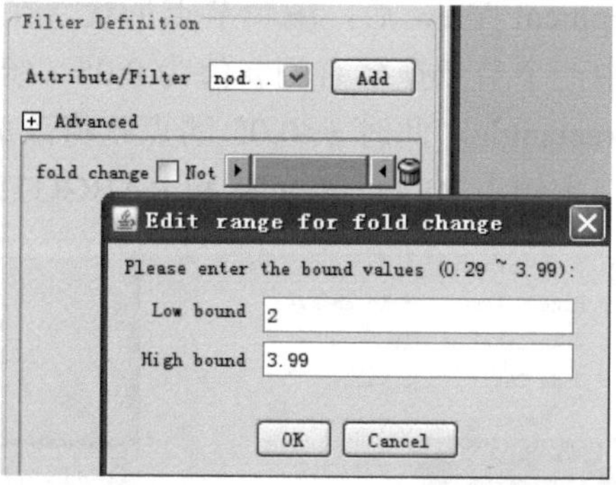

图 10.18　设置过滤标准

返回菜单栏，完成以下操作步骤：Select → Nodes → First Neighbors of Selected Nodes（图 10.19），然后点击 File→New → Network → From Selected Nodes, All Edges（图 10.20），就可产生一个新的基因表达量图（图 10.21）。根据图中节点显示的颜色和形状可以区分上调基因的表达量及其置信度。

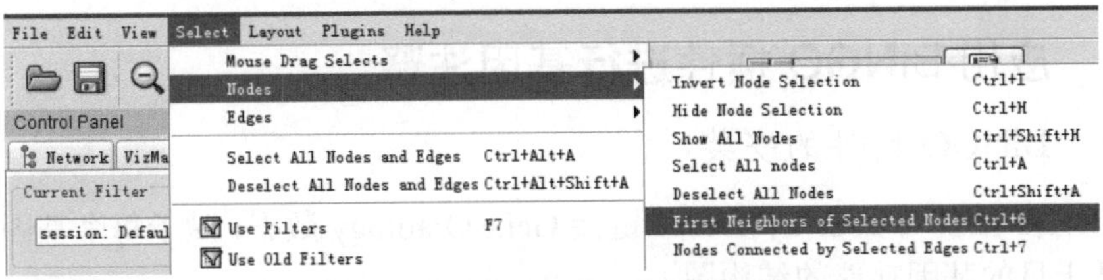

图 10.19　选择节点

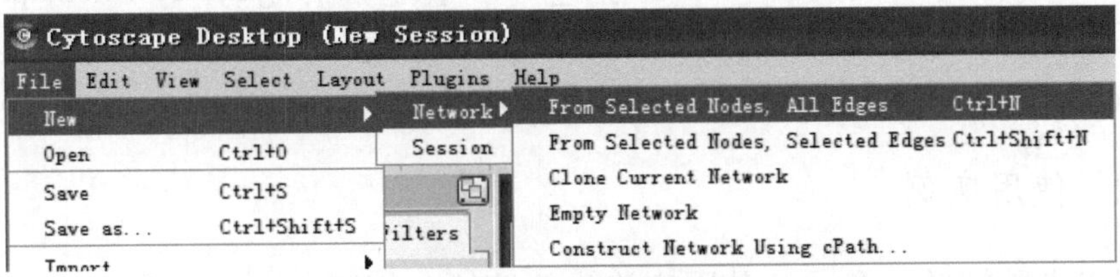

图 10.20　得到新网络

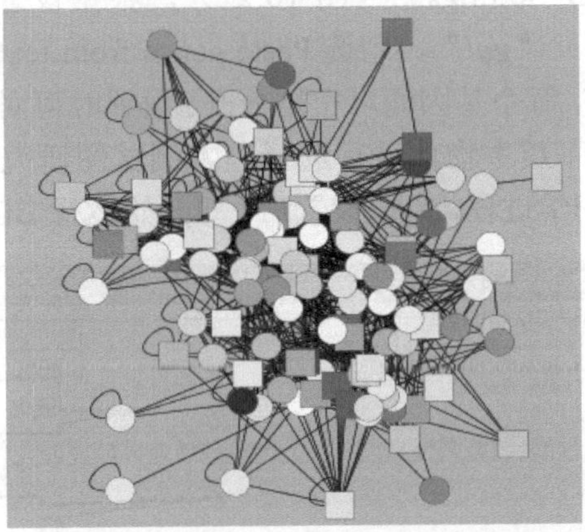

图 10.21　新生成的表达上调的网络

10.3.2　插件安装

Cytoscape 包括一个灵活的插件架构，使用户可以添加额外的功能。Cytoscape 的各种插件可以从 http://chianti.ucsd.edu/cyto_web/plugins/下载得到。现有插件主要有以下几类。

（1）分析插件（analysis plugins）。

（2）网络属性插件（network and attribute I/O plugins）：用来帮助输入不同格式的数据信息。

（3）网络推理插件（network inference plugins）。

（4）功能增强插件（functional enrichment plugins）。

（5）通讯/脚本插件（communication/scripting plugins）。

下面示范几个插件的使用。

10.4 应用 BiNGO 插件进行基因注释

10.4.1 BiNGO 插件的安装

BiNGO 插件可以让 Cytoscape 链接 Gene Ontology 数据，赋予每个基因注释，构建基于目的基因功能的结构图。

从网址 http://chianti.ucsd.edu/cyto_web/ plugins/pluginjardownload.php?id=348 下载 BiNGO.jar 文件，安放到 Cytoscape 的 plugins 文件夹，重启 Cytoscape 后，Plugin 下拉菜单中即可看到“BiNGO 2.44”。

10.4.2 使用实例

现以半乳糖转换酶 *gal* 基因家族为例演练。打开 BiNGO 后，窗口中显示 BiNGO 设置（BiNGO Settings）（图 10.22）。根据设置要求在图 10.22 中输入簇名（Cluster name）“*gal*”，勾选 Paste genes from text 后，在输入框中逐一输入基因 *gal1* 至 *gal7*，每个基因间以空格分开。设置时可对统计学测验、相关性、图像类别、GO 数据库及生物体进行选择。本例试图研究酵母（Saccharomyces cerevisiae）的 GO 生物学过程，完成设置后，即开始运行 BiNGO（Start BiNGO）。

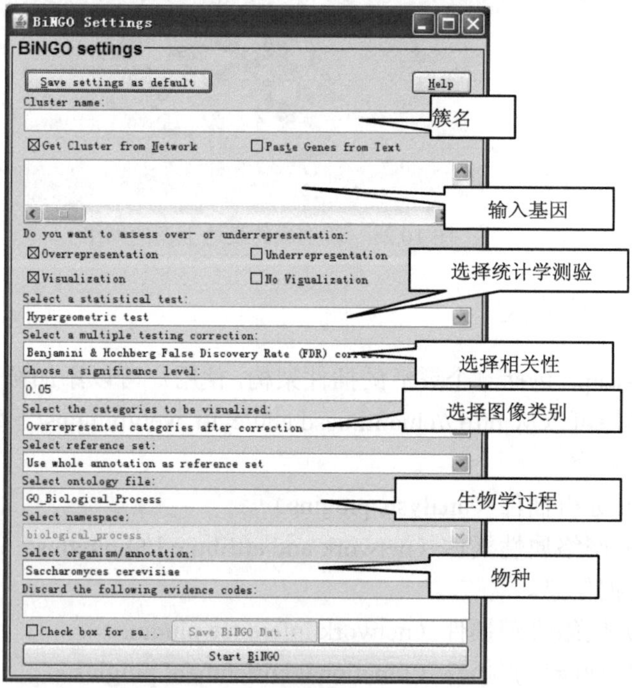

图 10.22　BiNGO 设置

gal 基因家族参与酵母半乳糖代谢（galactose metabolism）的流程见图 10.23。程序运行后，基于 GO 数据库搜索，不同代谢过程生物学功能之间的相互作用图便能直观显示（图 10.24）。由图 10.23 可知，与半乳糖转换酶 *gal* 基因家族（*gal1~gal7* 基因）紧密相关的节点主要有半乳糖、己糖、单糖代谢过程。为更清楚地显示节点之间的相互作用，我们将上述节点及其连线做了手工梳理，产生图 10.25。此图清楚表明酵母半乳糖代谢过程受到己糖代谢（hexose metabolism）影响，而半乳糖代谢又进一步对半乳糖分解（galactose catabolism）起作用。细胞碳水化合物代谢（cellular carbohydrate metabolism）和乙醇代谢（alcohol metabolism）可对单糖代谢（monosaccharide metabolism）过程产生双重影响，而单糖代谢又能对单糖分解（monosaccharide catabolism）和己糖代谢产生不同程度的影响。

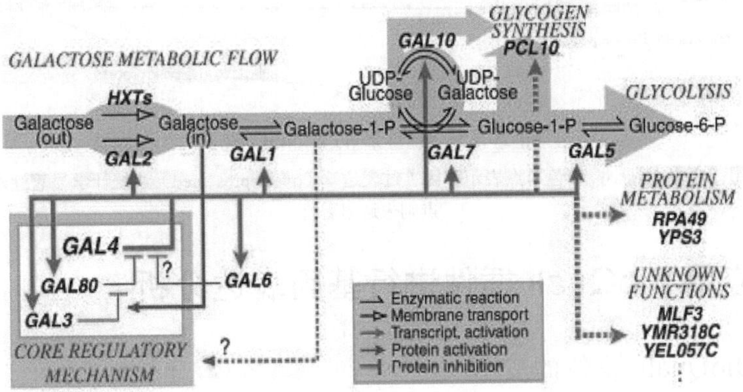

图 10.23　酵母半乳糖代谢途径流程图（Ideker et al., 2001）

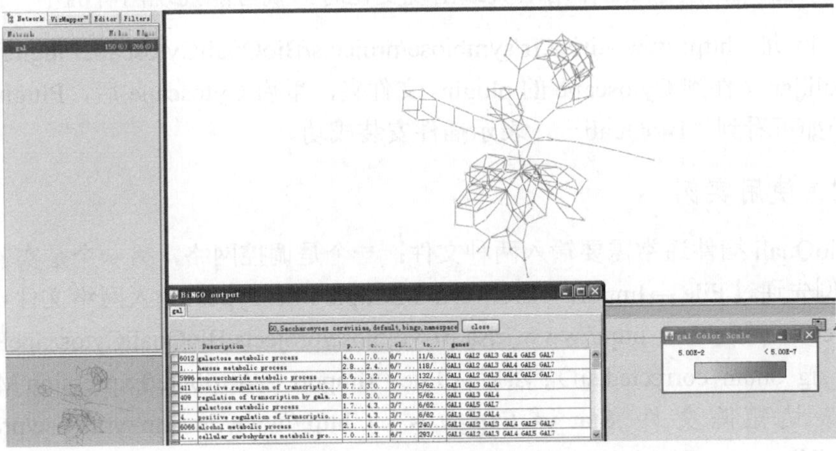

图 10.24　BiNGO 运行结果视图

GO-ID 为 GO 登录号；Description 为特性描述；p-val 为 *p* 值；corr p-val 为 *p* 值相关性；cluster freq 为簇频率；total freq 为总频率；genes 为基因

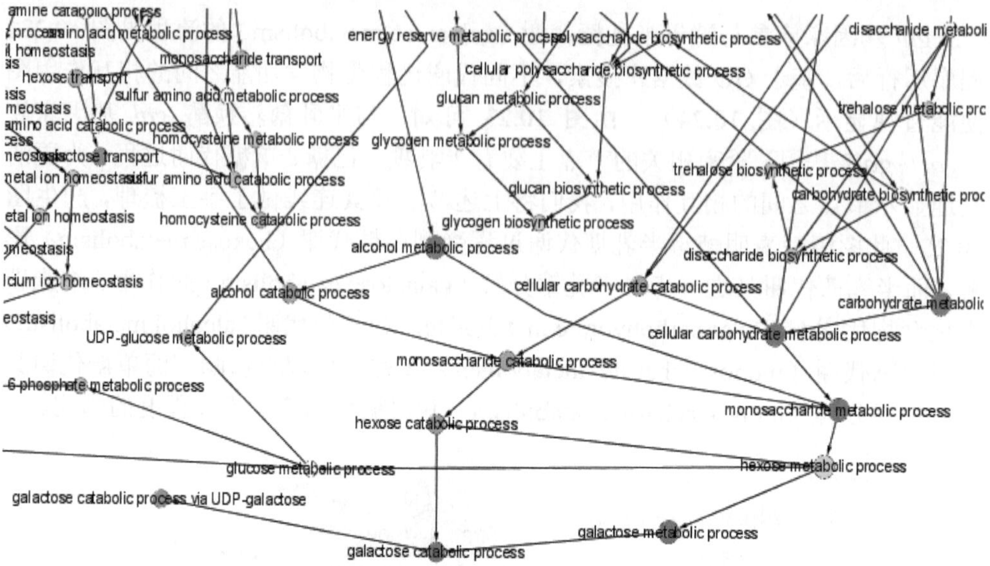

图 10.25　梳理后的 BiNGO 视图

箭头表示其作用方向由大到小；黄色节点表示基因“过表达”（overrepresented）达统计学显著性水平；无色的节点则未达显著性

10.5　应用 BioQuali 插件进行基因表达分析

10.5.1　BioQuali 插件的安装

BioQuali 插件（Guziolowski et al.，2009）可以用来检测调控网络与表达数据的一致性，当基因相互作用缺失或出现变化时，就可能发现两者的不一致性。

从网址 http://www.irisa.fr/symbiose/projects/BioQualiCytoscapePlugin/ 下载 BioQuali.jar 文件到 Cytoscape 的 plugins 文件夹，重启 Cytoscape 后，Plugin 下拉菜单中如可看到“BioQuali”，表示插件安装成功。

10.5.2　使用实例

BioQuali 插件通常需要输入两种文件：一个是调控网络，另一个是实验数据集。本例先通过 File →Import →Network（Multiple File Types）输入网络文件 tf_sig_bnum_corrected.sif（http://www.irisa.fr/symbiose/projects/BioQualiCytoscapePlugin/data/tf_sig_bnum_corrected.sif）；然后从 File →Import →Attribute/Expression Matrix，输入表达矩阵文件 Stat_vs_Exp.pvals（http://www.irisa.fr/symbiose/projects/BioQualiCytoscapePlugin/data/ Stat_vs_Exp.pvals）。

分析时，从 Cytoscape 菜单栏 plugins 点击 BioQuali，会弹出主页面（图 10.26）。勾选基因表达（Gene Expression）来测试图一致性（graph consistency），然后，

在图中添加符号（Add signs to the graph）（图 10.27），符号包括“+”、“–”、“？”和“&”（图 10.28）。“+”和“–”分别表示产生诱导（inducer）和阻遏（repressor）影响；“？”表示有趣的（interesting）；“&”表示形成复合物（forms complex），其作用类型尚不清楚，不能分类。

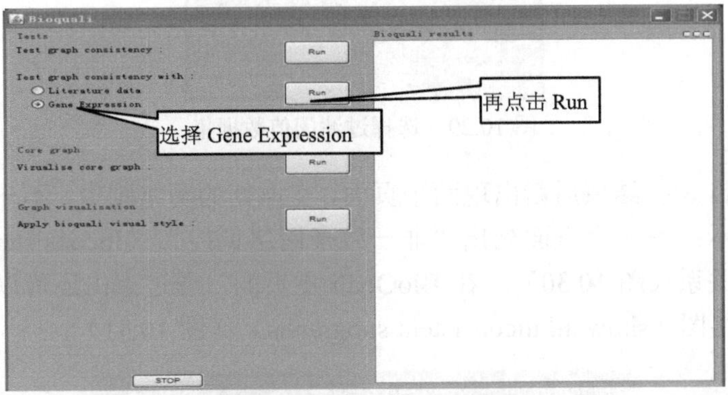

图 10.26　BioQuali 主页面

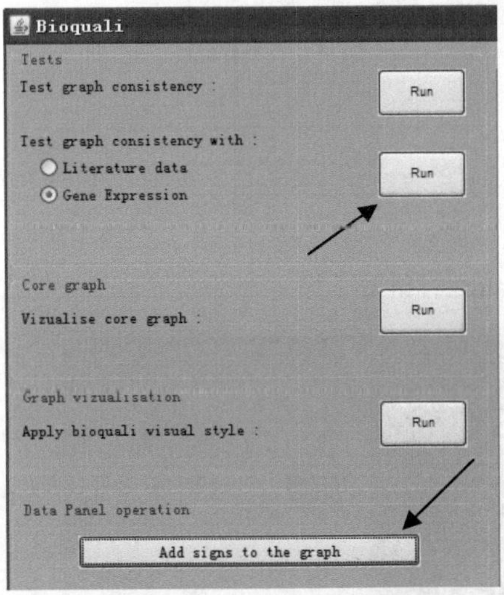

图 10.27　BioQuali 插件页面

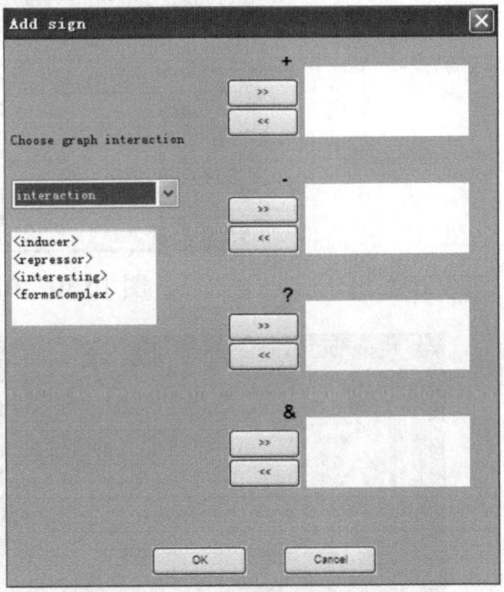

图 10.28　添加符号到图中

单击检测网络一致性（Test graph consistency with）右边的运行（Run），在对话框中输入过滤阈值（1.5）和数据集（t360_t90exp）（图 10.29），点击“OK”，BioQuali 开始运行。

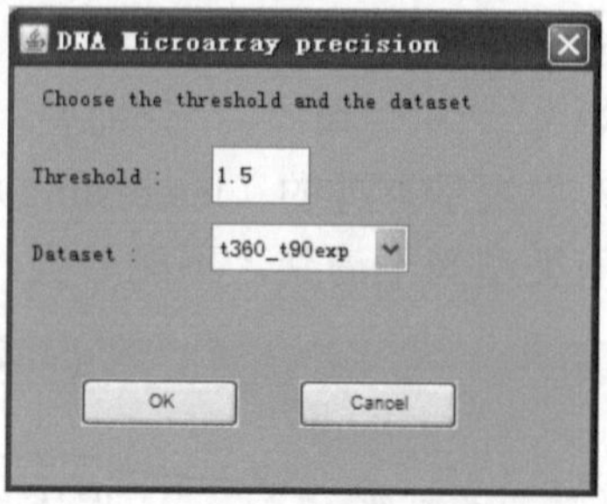

图 10.29　选择过滤阈值数据集

BioQuali 运行结束后新出现两个页面，在原始的网络图中，不一致的那些节点被高亮显示；另一个页面列出“非一致子网络调控”（Inconsistent subgraphs regulation）关系（图 10.30）。在 BioQuali 主页面，通过点击还可以显示所有的非一致子网络图（show all inconsistent subgraphs）（图 10.31）。

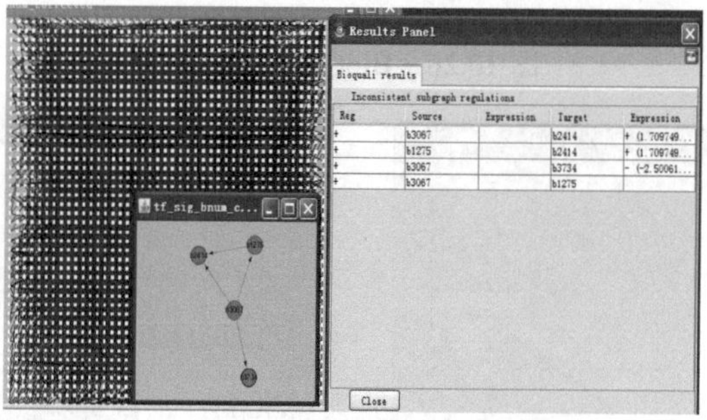

图 10.30　BioQuali 运行结果

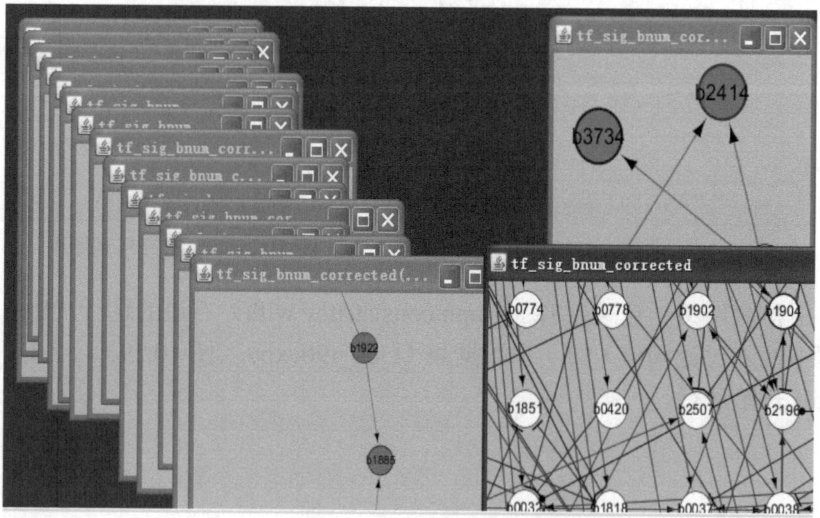

图 10.31　显示所有非一致的子调控网络

原来的网络图中，非一致的节点都用橙色显示，新产生的子网络图均为非一致节点区域。本例总共找到 16 个子网络图，图右侧列出了非一致调控节点，用户可以根据需要消除部分或者全部非一致的调控子网络。

10.6　应用 Agilent Literature Search 插件进行文献搜索

10.6.1　Agilent Literature Search 插件安装

Agilent Literature Search 文献检索插件是基于 PubMed 文献库研究基因相互作用的模型。从 Cytoscape 网站（http://www.cytoscape.org/plugins/index.php）下载得到 AgilentLiteratureSearch.jar 文件，安置在 Cytoscape 的 plugins 文件夹内，重启 Cytoscape 后，Plugin 下拉菜单中即可看到 Agilent Literature Search。

10.6.2　使用实例

点击 Agilent Literature Search，插件界面如图 10.32 所示，运行前先填写以下内容：在名称（Terms）框中输入关键词，如基因名，允许输入多个；背景（Context）框中输入物种名；搜索范围（Search Control）：允许使用基因的别名（Alias），如 *rac* 也可以用别名 *prkba*，这样能扩大搜索范围；Use Context，允许使用 Context；对专业词意可做限制搜索（Concept Lexicon Restricts Search），如针对某一个物种搜索则有助于提高检索的特异性。一旦完成以上输入和勾选后，程序会在查询编辑器(Query Editor)中自动生成检索条件。

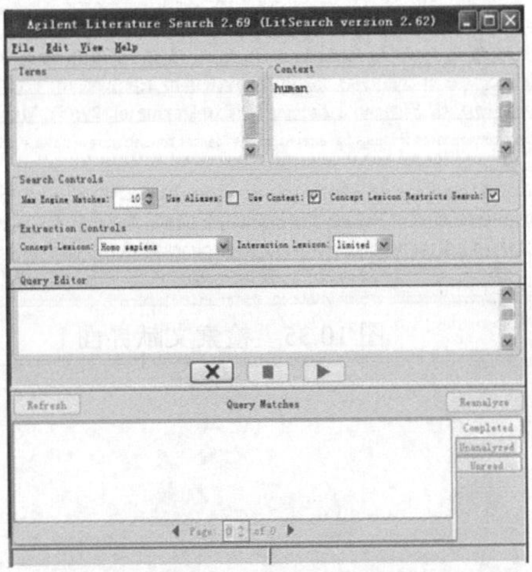

图 10.32　Agilent 文献检索插件运行界面

例如，在皮肤黑色素瘤（melanoma）研究项目上，想了解 6 个相关基因（*beta-catenin*、*p53*、*wnt5*、*ifnb*、*nfatc*、*il6*）的相互作用，在插件检索界面填写的相关内容，如图 10.33 所示。运行后，显示正在搜索的界面（图 10.34），完成后，在检索比对（Query Matches）界面会出现 48 篇文献条目（图 10.35），其中某些不能阅读的条目会出现提示警告（Warnings）；同时自动生成网络结构图（图 10.36），图中黄色节点为输入的关键词（基因或蛋白质等）。

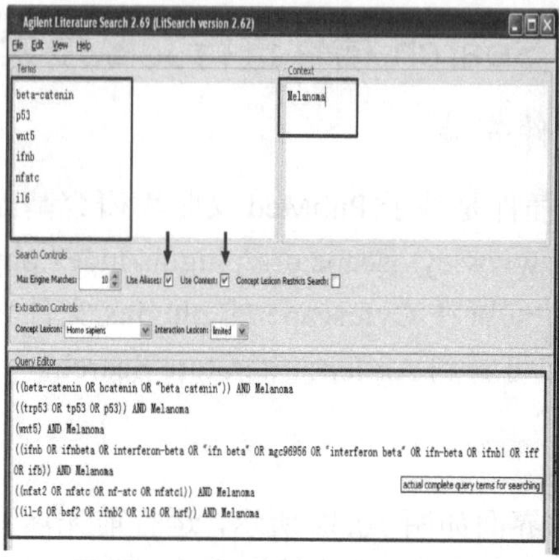

图 10.33　填写检索界面

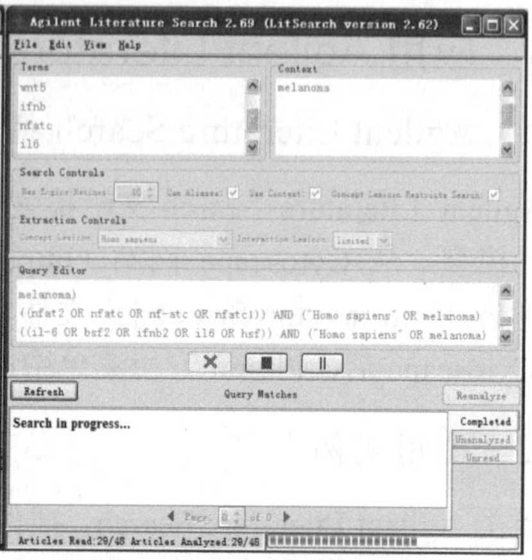

图 10.34　正在检索界面

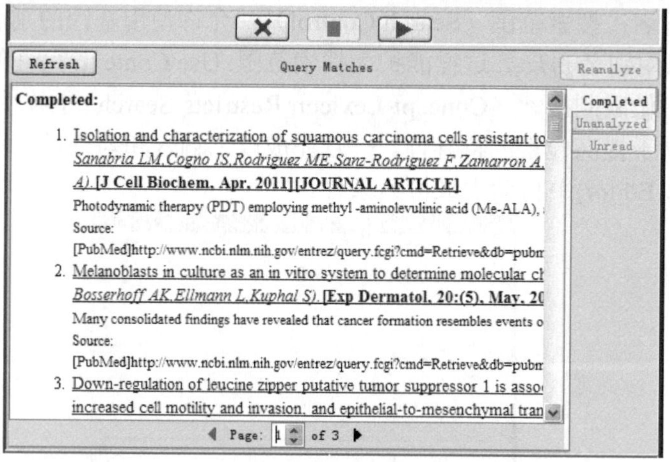

图 10.35　检索文献界面

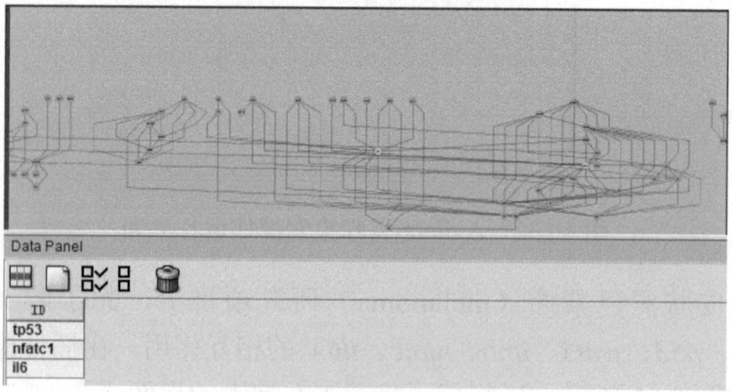

图 10.36　相互作用的网络结构图

插件可以保存和载入检索结果，在 View 菜单中也可以同时选择更多的数据库。例如，同时勾选 Online Mendelian Inheritance in Man（OMIM）和 United States Patent and Trademark Office（USPTO）两个数据库，再次运行后，检索到的文献和专利数增加到 136 篇，同时网络模型中生成的节点数增至 564 个（图 10.37）。

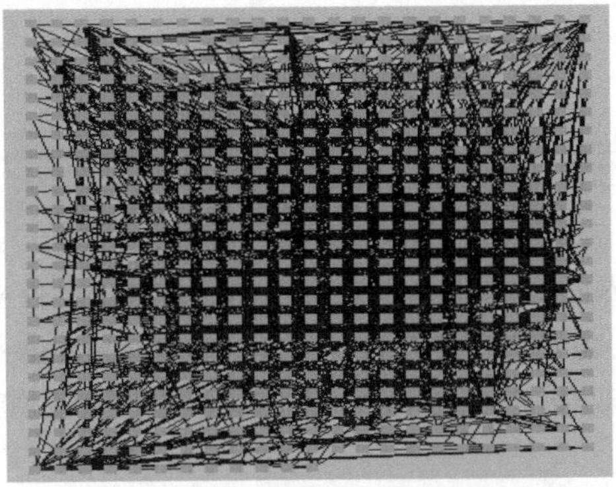

图 10.37　生成含节点的网络模型

10.7　链接 BOND 数据库做网络分析

10.7.1　将 BOND 网络数据库的信息输入 Cytoscape

BOND 数据库（biomolecular interaction network database）整合了 GENESEQ 和 BINDplus 的信息资源，前者拥有对全球基因序列专利的权威性注释，后者是全球最大的分子间相互作用数据库，因此，它已成为重要的生命科学数据平台。BOND 数据库可以免费搜索，但需要登录该网站 http://bond.unleashedinformatics.com/，经简单注册后方可使用，并获取具体信息。

磷酸酶与张力蛋白同源物（phosphatase and tensin homolog，PTEN）是染色体 10 上缺失的肿瘤抑制因子。为研究该基因相关蛋白的相互作用，预先在网页的 Text Search 提示框中输入“PTEN”，点击“Go”开始检索，结果示于图 10.38。点击 Interactions 页面右边的 Export Results 键（图 10.39），输出检索结果并转换成 PTEN.SIF 格式文件，存放在 SampleData 文件夹中。

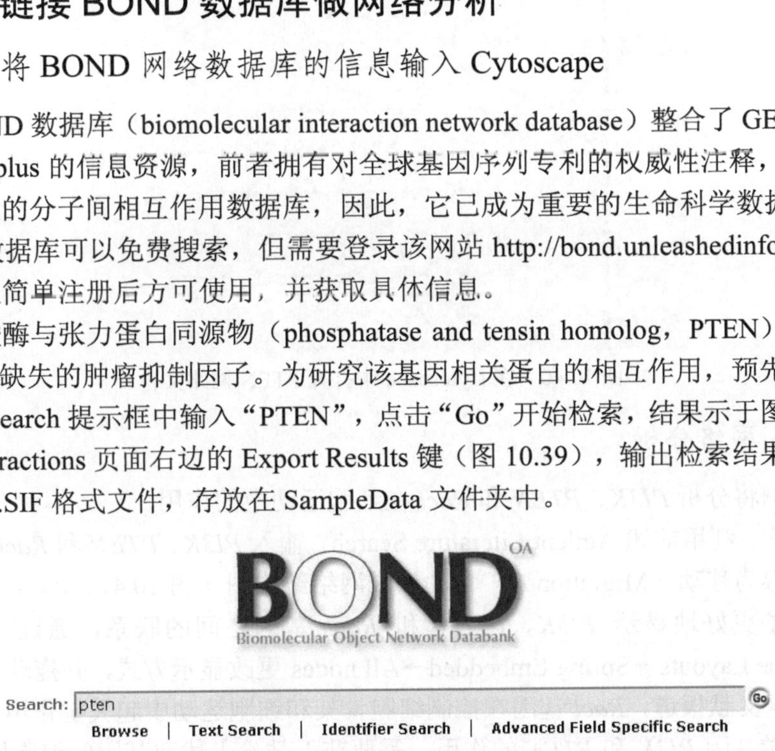

图 10.38　BOND 数据库搜索界面

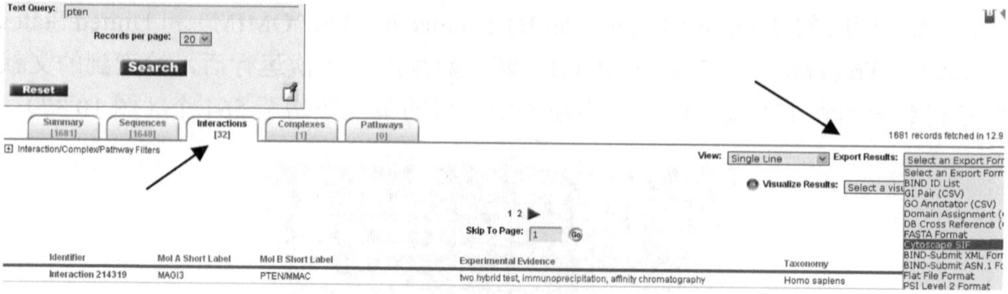

图 10.39　BOND 数据库搜索结果

返回 Cytoscape 界面，在菜单中选择 SampleData 文件夹输入前述 PTEN.SIF 文件，该文件（图 10.40）包括 PTEN、PI3K、beta-Catenine 等蛋白质节点。它们的信息通常来自酵母双杂交（Y2H）、免疫共沉淀（IP）等实验结果，并构建成相互作用网络。

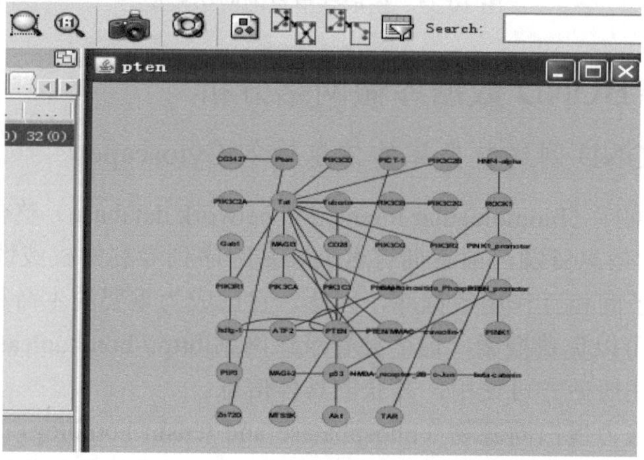

图 10.40　在 Cytoscape 中打开 PTEN 网络文件

10.7.2　网络分析

本例将分析 *PI3K*、*PTEN* 和 *Racl* 在细胞运动中的作用。

首先，利用前述 Agilent Literature Search，输入 *PI3K*、*PTEN* 和 *Racl* 关键词，检索内容为移动（Migration），自动生成网络结构图（图 10.41）。

为了更好地显示 *PI3K*、*PTEN* 和 *Racl* 基因之间的联系，通过 Layout→Cytoscape Layouts→Spring Embedded→All nodes 更改显示方式，并拖动节点自行调节。据文献报道，*Racl* 基因在控制细胞骨架和细胞运动中起关键作用。为阐明 *Racl* 上游基因 *PI3K* 和 *PTEN* 的作用，需要获得敲除上述双基因的细胞株，检测

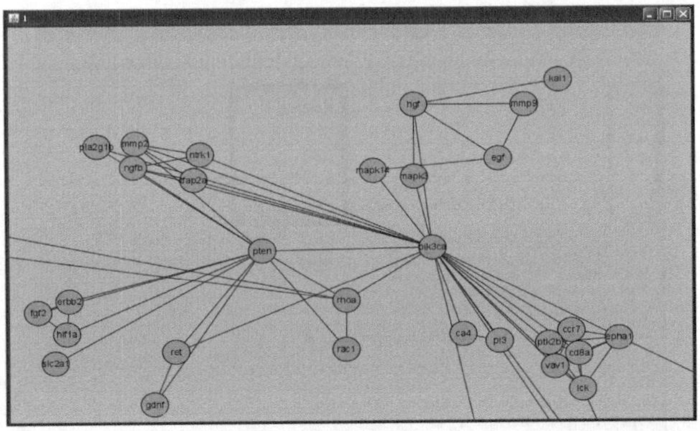

图 10.41　*PI3K*、*PTEN* 和 *Racl* 在细胞运动中相互作用的网络结构

其对 *Racl* 相关基因表达的影响。打开 sampleData 文件夹中 pi3kptenrac.pvals 文件，并按前述方法调整基因表达颜色设置，由图 10.42 可见在 *PI3K* 和 *PTEN* 双基因敲除细胞株中，*Racl* 基因处于高表达状态，节点呈现绿色而并未呈现预期的红色，暗示在此网络上还存在其他节点。为此，再利用 Agilent Literature Search 插件输入新的关键词，重新构建和 *Racl* 细胞运动相关的网络结构（图 10.43），结果（图 10.44）显示比图 10.42 更多的和 *Racl* 直接相互作用的分子节点（用红色圈表示）。

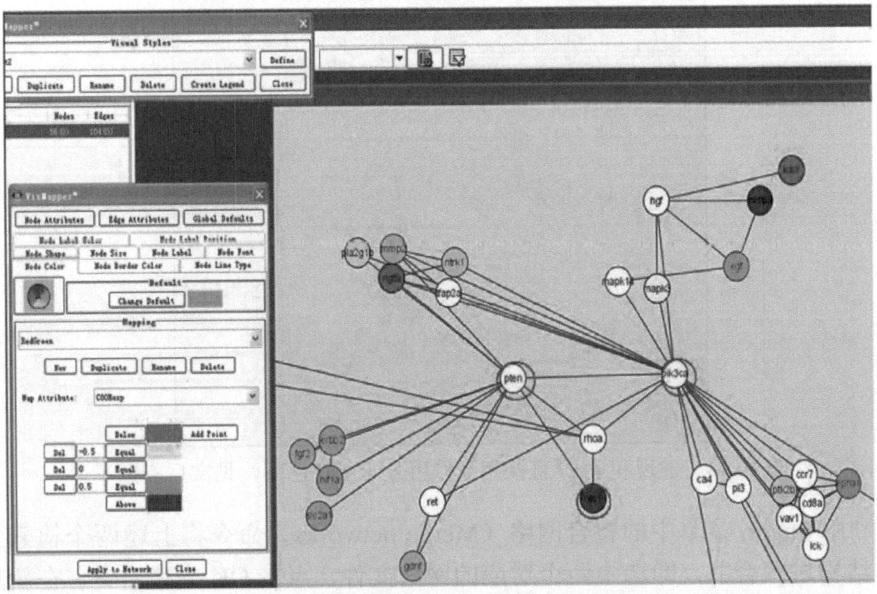

图 10.42　*P13K* 和 *PTEN* 双基因敲除细胞株中 *Racl* 基因表达增强（见文后彩图）

红色和浅红色节点分别表示表达量比对照低及较低；

白色与对照表达量相同；绿色和浅绿色表达量比对照高及较高

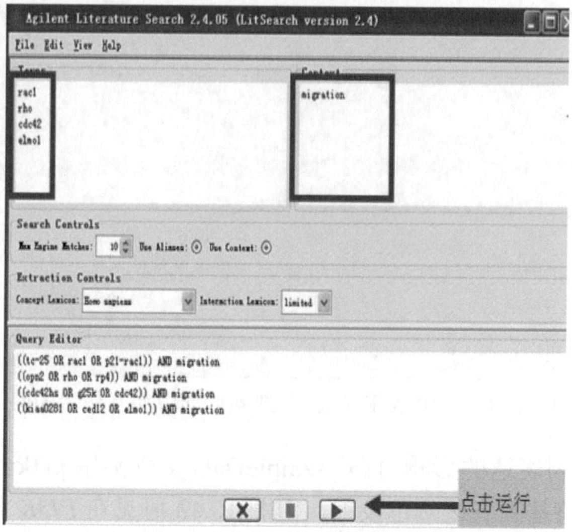

图 10.43　利用插件检索生成基因相互作用网络文件

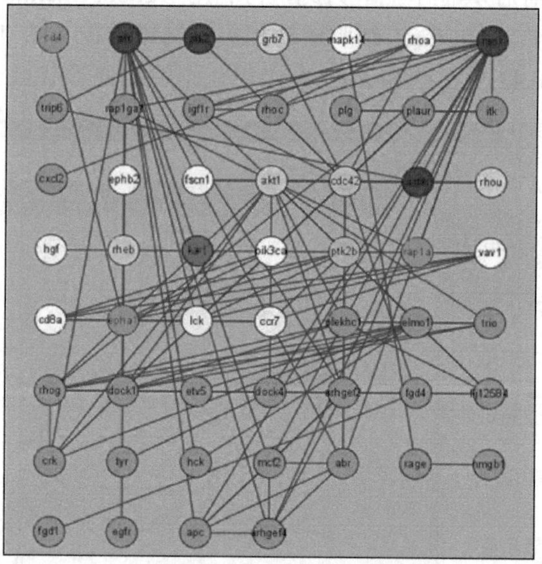

图 10.44　发现和 *Racl* 直接相互作用分子（红色圈，见文后彩图）

利用 Plugin 菜单中的整合网络（Merge networks）命令将上述两个检索到的网络结构进行合并，即选中两个对应的网络文件，点击 OK 完成合并。在新形成的文件中（图 10.45），可以发现在细胞运动中，还有更多的分子（红色圈内）和 *Racl* 发生相互作用，这将为寻找除 *PI3K*（注：图中标记为 pik3ca）和 *PTEN* 外其他独立的信号转导途径提供了线索。

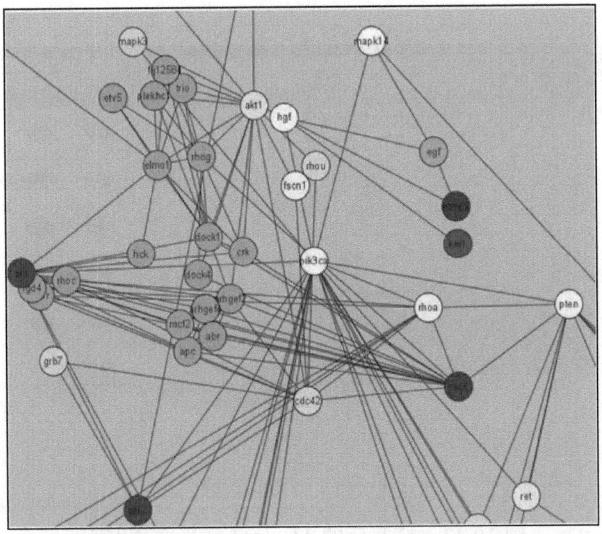

图 10.45　合并网络图形显示更多 *Racl* 相关基因（红色圈，见文后彩图）

10.8　应用插件 Cytoprophet 预测潜在蛋白和结构域的相互作用

10.8.1　Cytoprophet 插件的安装

先从网址 http://cytoprophet.cse.nd.edu/index.php/download 下载 Cytoprophet version 1.0 文件到 Cytoscape 目录 plugins 文件夹，完成后会显示 cytoprophet.jar 表示安装成功。重启 Cytoscape 后，在 Plugins 下拉菜单中即可看到“Cytoprophet”。点击 Start，打开 Cytoprophet 插件，如图 10.46 所示，在控制面板（Control panel）位置会出现 Cytoprophet 的标签，如图 10.47 所示。

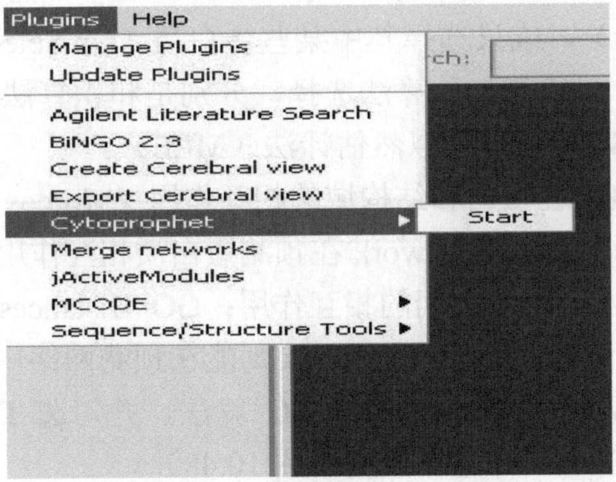

图 10.46　打开 Cytoprophet 插件

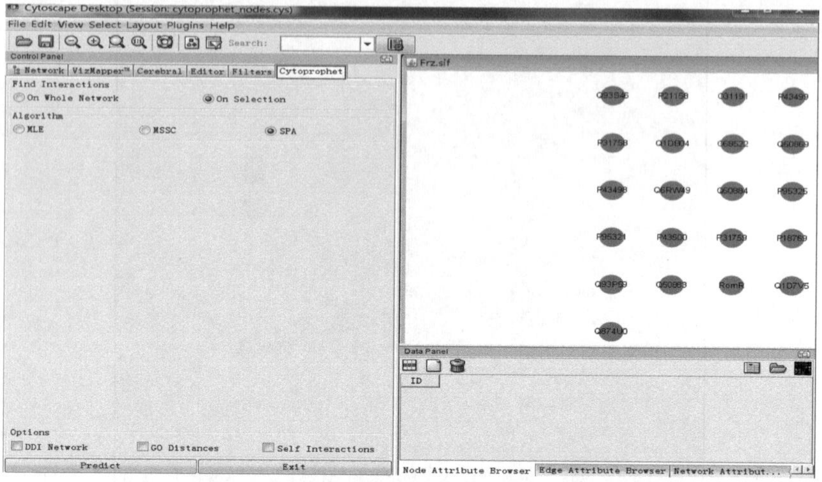

图 10.47　打开后的 *M. xanthus* 蛋白质网络

10.8.2　使用实例

这里以该插件演示文件为例，预先从网址 http://cytoprophet. cse.nd.edu/download/下载一组蛋白质文件 cytoprophet_nodes.cys，保存在 Cytoscape 下的 sampleData 文件夹中。

分析时，下拉 File 菜单中选择 Open 打开文件 cytoprophet_nodes.cys。在网络显示区域会出现 *M. xanthus*（黄色黏球菌）中的一组蛋白质节点，每个节点上标有各自的 UniProt 数据库检索号，但其间没有连线（图 10.47），表示它们的相互作用关系尚未确定。现在我们尝试用 Cytoprophet 插件来加以预测。

在控制面板下方寻找相互作用（Find Interaction）一栏中，可以对整个网络（On Whole Network），或只选择其中某些蛋白质（On Selection）进行搜索。寻找蛋白质相互关系时，还有三种算法选择，分别是和积算法（SPA）、最大特异性集合覆盖法（MSSC）和最大似然估计法（MLE）。

Cytoprophet 预测潜在蛋白和结构域的相互作用（Morcos et al.，2008），设置了 3 个选项（Options）：DDI Network 在预测蛋白质相互作用（PPI）关系的同时，还显示蛋白质结构域（DDI）之间的相互作用；GO Distances 将用 Gene Ontology 距离增强相互关系的属性；Self Interactions 则能在预测网络中显示自身相互作用。

本例选择 On Whole Network、MSSC 算法，并勾选 DDI Network 和 GO Distances 选项，点击 Predict 进行预测（图 10.48）。

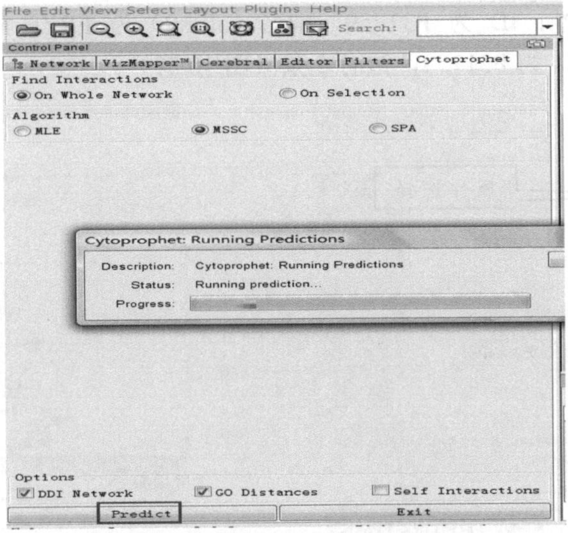

图 10.48　Cytoprophet 插件操作界面

通过 Cytoscape 预测，分别得到蛋白质相互作用关系的窗口（图 10.49）和蛋白质结构域相互作用关系的窗口。布局（Layout）采用默认物种 Organic。Cytoprophet 只能识别 UniProt 数据库中的蛋白质检索号或者名称，以及部分酵母基因名称（如 *YBR045C*）和部分人类基因名称（如 *YWHAE*、*HSD3B7*、*AADAC* 等）。同时，Cytoprophet 的预测算法是基于蛋白质结构域信息，所以预测的蛋白质必须包含 Pfam 数据库中的结构域信息。

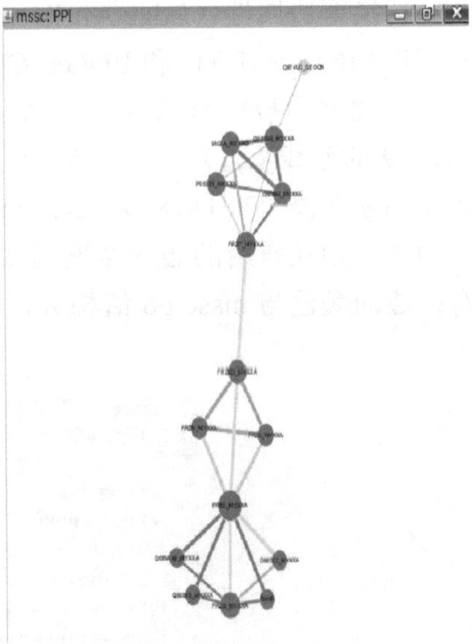

图 10.49　蛋白质相互作用（PPI）关系

通过 Cytoprophet 预测后产生的蛋白质-蛋白质相互作用结果图（图 10.49），发现每个节点上都已添加了不同颜色的连线，表示蛋白质的相互作用及其程度；同时节点的名称也已由检索号自动转为 UniProt 数据库对应的蛋白质名称。由图 10.49 可见，*M. xanthus*（黄色黏球菌）蛋白质主要有两类：上面一类由 6 个蛋白质组成，下面一类则包括 9 个蛋白质。

此外，数据面板（Data Panel）由左向右分别设有 3 个浏览器，分别是点属性、边属性和网络属性（图 10.50）。例如，在节点属性（Node Attribute Browser）勾选了 alias0、canonicalName 和 engeno。点击 FRZF_MYXXA 节点后，数据面板即显示它们的属性：ID 为 P31759，别名（alias0）为 FRZF_MYXXA，正规名（canonicalName）为 P31759，边有 5 条（图 10.51）。

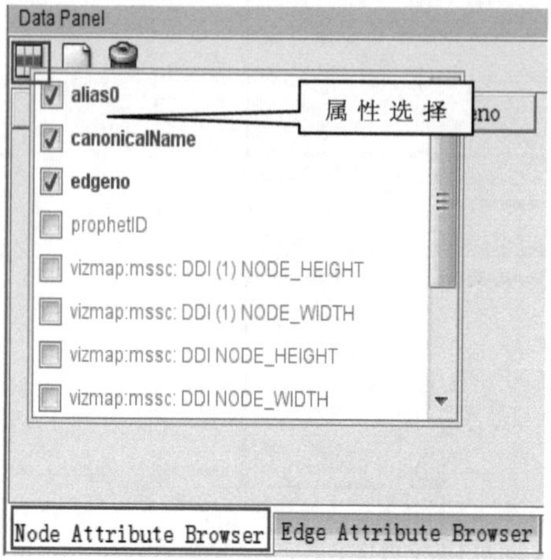

图 10.50　选择节点属性

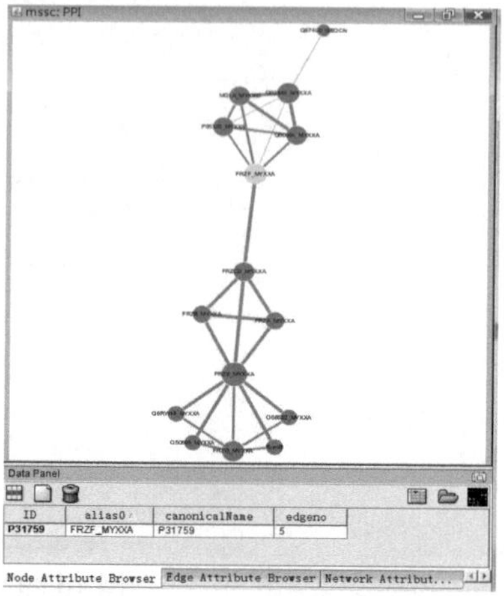

图 10.51　节点 P31759 的属性

切换至边属性（Edge Attribute Browser）按钮，如勾选 mssc:go、mssc:prob、EDGE_LINE_WIDTH 和 EDGE_COLOR，如图 10.52 所示。然后选中任意一条边后，在数据面板中就会显示出该条边的一些属性。例如，本例选择 P43500 和 P31759 的连线（边），图 10.53 下方便显示这条边的 ID 名称，mssc:go 是指 Gene Ontology 距离（0.818182），mssc:prob 是指用 MSSC 算法预测到的相互作用概率（1.0）。相互作用的边的宽度通常由 mssc:prob 值决定，mssc:prob 值越大则边越宽；边的颜色与 mssc:go 值相关，不同的颜色表示不同范围的 mssc:go 值。

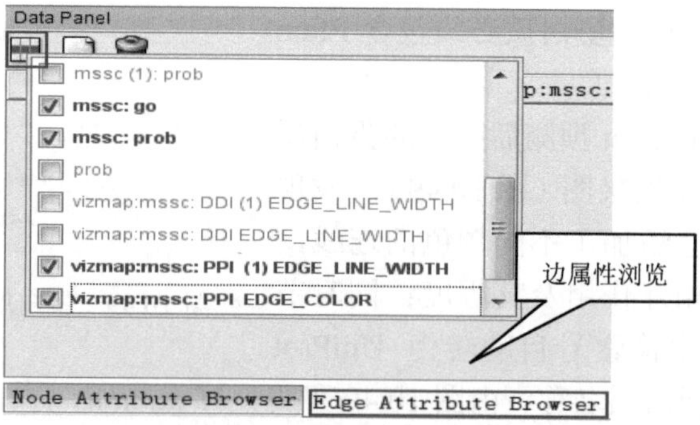

图 10.52　选择边的属性

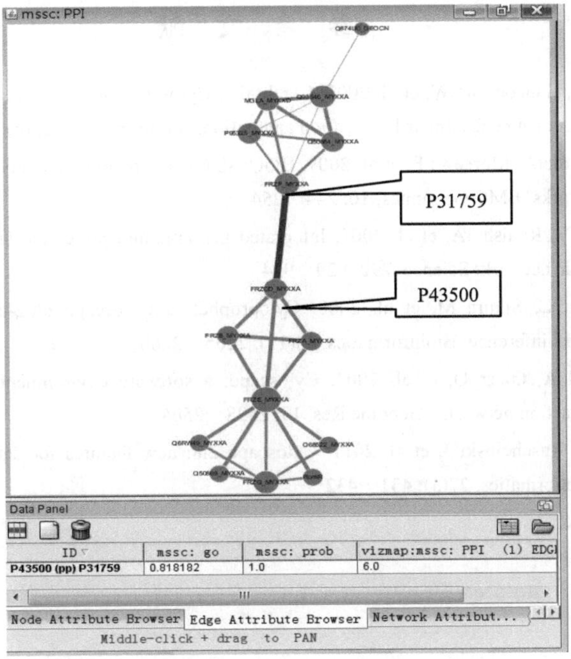

图 10.53　P43500 和 P31759 边的属性

通过网络属性浏览器（Net Attribute Browser）可以发现蛋白质结构域的相互作用（DDI）。这里每个节点表示一个结构域，它们以 Pfam 数据库中的名称命名。例如，Pkinase 域分别和 Ras、Art、TRR_1 及 Cys_Met_Meta_PP 4 个域发生相互作用，但从边的宽度可见，该域与前两域的互作程度大于和后两域的互作。此外，点击节点和边的右键可显示该节点蛋白检索号，并可链接 NCBI 等数据库了解该蛋白质的相关特性（图 10.54）。

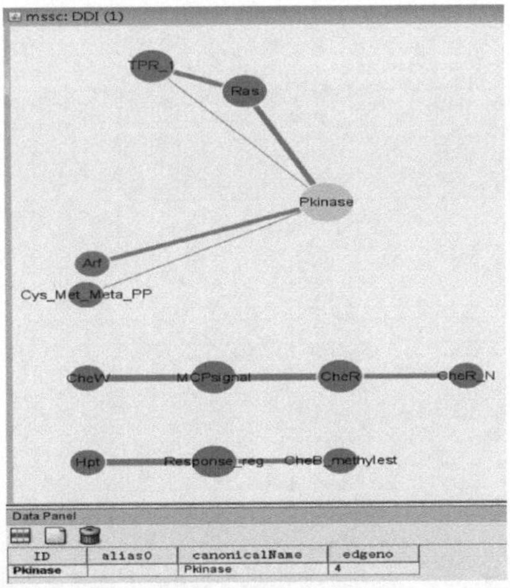

图 10.54　蛋白质结构域相互作用（DDI）关系

参 考 文 献

Barsky A, Gardy JL, Hancock REW, et al. 2007. Cerebral: a Cytoscape plugin for layout of and interaction with biological networks using subcellular localization annotation. Bioinformatics, 23(8): 1040～1042

Guziolowski C, Bourdé A, Moreews F, et al. 2009. BioQuali Cytoscape plugin: analysing the global consistency of regulatory networks. BMC Genomics, 10: 244～254

Ideker T, Thorsson V, Ranish JA, et al. 2001. Integrated genomic and proteomic analyses of a systematically perturbed metabolic network. Science, 292: 929～934

Morcos F, Lamanna C, Sikora M, et al. 2008. Cytoprophet: a Cytoscape plug-in for protein and domain interaction networks inference. Bioinformatics, 24(19): 2265～2266

Shannon P, Markiel A, Ozier O, et al. 2003. Cytoscape: a software environment for integrated models of biomolecular interaction networks. Genome Res, 13: 2498～2504

Smoot ME, Ono K, Ruscheinski J, et al. 2011. Cytoscape 2.8: new features for data integration and network visualization. Bioinformatics, 27(3): 431～432

第 11 章　Bioperl 模块数据分析及其安装

王庭璋　冯晔　薛庆中

随着新一代测序仪的广泛使用，在应对高通量数据的处理和科学管理上，科学工作者将面临前所未有的机遇和挑战。现在越来越多的人开始认识到学习编程的重要性和迫切性，由于 Perl 是一种解释型编程语言，它的功能强大，能有效地维护数据的完整性，结果能重复，对不完整的生物资料具有很好的容错能力，对文本的操作也极其简单，所以 Perl 通常被列为首选。这里我们推荐一个由国际志愿者组织写出和维护的平台 Bioperl（http://www.bioperl.org/wiki/Main_Page），目前 Bioperl 模块库拥有超过 500 个的模块集合，可以承载如访问数据库、序列比对、查询文献、序列诠释、搜索序列相似性等多种生物信息学自动化分析任务，因此，它已被广泛应用于核酸和蛋白质序列分析及其功能注释。但是，如何读懂并应用这些模块，对于初学者来说还是较为困难的。本章试图通过脚本实例讲解，使读者解除学习编程的困惑，初步了解 Bioperl 重要模块的特点及其在基因组学研究中的应用。为了提高操纵计算机的能力，让我们来学习 Bioperl 吧。

11.1　概述

Bioperl 的机构成立于 1995 年，现今已发展成为国际性的自由软件开发计划，在生物信息学研究中发挥重要作用。它得到 Open Bioinformatics Foundation 的资助，还与 biojava.org、biopython.org、DAS、bioruby.org、biocorba.org、ENSEMBL 和 EMBOSS 等团队组成了一个国际性协会。

虽然，Bioperl 开放源代码的软件包的代码不如商业软件明晰，使用的接口也不很规范，但是，它的有些模块可以免费测试，无需编程就可直接应用，有些模块可对其源代码稍加修改后应用，不需交纳软件使用费，受到用户欢迎。至 2011 年 5 月，BioPerl 推出的新版本为 1.6.901。

Bioperl 模块化语言是采用面向对象的编程方法（object oriented programming, OOP），与面向过程的传统编程方法不同。Bioperl 模块包括如下要素。

- object（对象）可视为数据（属性）和程序（方法）的集合。
- class（类）定义集合中每个对象共有的数据和方法。
- method （方法）规定 object 中数据的读取、操作和修改方法。
- inheritance（继承）允许创建新的子类组件或添加新功能。

- polymorphism（多态性）使用相同的命名对不同类型的数据进行相似操作。

11.2 Bioperl 重要模块简介和脚本实例

Bioperl 提供了许多实用的模块，这里我们通过如下实例加以介绍。

- SeqIO 模块和 Seq 模块

实现文件格式转换（脚本 1）；
核苷酸序列和蛋白质序列转换（脚本 2）；
计算序列长度（脚本 3）。

- SeqFeature 模块

序列特征信息的获取或解析（脚本 4）。

- Graphics::Panel 模块

序列特征的图形化显示（脚本 5）。

- GenBank 模块

数据输入和储存（脚本 6）。

- AlignIO 和 AlignI 模块

数据格式转换（脚本 7）。

- DNAstatistics 模块

进化距离的计算（脚本 8）。
同义替换率（D_s）和非同义替换率（D_n）的计算（脚本 9）。

- Run::Tools 模块

运行 ClustalW 多序列比对（脚本 10）。

11.2.1 SeqIO 模块和 Seq 模块

蛋白质和核苷酸序列是分子生物学研究的核心内容，这些序列通常以某种格式，如 fasta、genbank 和 embl 等，保存在不同的数据库中。对生物体序列进行分析时，通常先要从数据库中下载序列，并进行格式转换等处理。Bioperl 能为上述处理提供便捷服务。

Seq 模块是 Bioperl 序列对象的核心，它能存储标识、序列、注释信息及其序列特征（sequence feature）。SeqIO 则用来操控序列文件，如读写不同格式的序列文件，并完成其格式转换。Seq 和 SeqIO 模块的主要注释如下：“#”为注释内容；“（）”内表示所包含的参数；“->”表示指定模块中的方法（如 next_seq）；“=>”左侧为参数名称，右侧为参数值。

```
$seq_obj->id()            #返回该序列名称
$seq_obj->desc()          #返回该序列的描述
$seq_obj->length()        #返回该序列的长度
$seq_obj->seq()           #返回该序列的字符串
$seq_obj->subseq(n1,n2)   #返回该序列第 n1 和 n2 位置之间的字符串
$seq_obj->alphabet()      #返回该序列的类型(返'dna'、'rna'或'protein')
$seq_obj->revcom()        #返回该序列的反向互补序列
$seq_obj->translate()     #如果该序列对象是核酸序列，返回该序列翻译后的蛋白质序列
```

注意，revcom（）和 translate（）两个方法返回的都是序列对象，并非序列字符串。

```
$seq_obj->next_seq()      #从序列文件中读取一个序列(返回序列对象)
$seq_obj->write_seq()     #在文件中写入一个序列对象
$seq_obj->alphabet()      #返回序列文件的类型('dna', 'rna', 'protein')
```

1. 实现文件格式转换（脚本 1）

当需要将 fasta 格式文件（图 11.1b）转换成 genbank 格式文件（图 11.1c）时，就可以使用图 11.1a 中的脚本完成；反之，如需要将 genbank 格式文件转换成 fasta 格式文件时，只需要将此脚本的输入和输出文件对换即可实现。

```
$inputFile="ex001infile.fasta";     # 转换前文件名称。
$format1="fasta";                   # 转换前文件格式。
$outputFile="ex001outfile2.gb";     # 转换后文件名称。
$format2="genbank";                 # 转换后文件格式。

use Bio::SeqIO;
$in=Bio::SeqIO->new(-file=>"$inputFile", -format=>$format1);
    # 按照 format1 格式读取序列存放到变量$in 中。
$out=Bio::SeqIO->new(-file=>">$outputFile", -format=>$format2);
    # 将转换后的文件，其格式为$format2，存放到新建变量$outputFile 中。
while(my $seq=$in->next_seq()){
    # 从$in 中依次读取其中的序列，存入变量$seq 中。
$out->write_seq($seq);
    #将读取的序列写到$out 文件句柄中，输出序列。
}
```

图 11.1a　文件格式转换脚本

```
x001.pl | ex001infile.fasta*

>CDS1 OrsajCp001
ATGCCAACGGTTAAACAACTTATTAGAAACGCAAGACAGCCAATACGAAATGCTAGAAAA
TCGGCCGCGCTTAAGGGATGTCCTCAGCGTCGAGGAACATGTGCTAGGGTGTATACTATC
AACCCCAAAAAACCCAACTCTGCCTTACGTAAAGTTGCCAGAGTACGATTAACCTCTGGA
TTTGAAATCACTGCTTATATACCTGGTATTGGCCATAATTTACAAGAACATTCTGTAGTA
TTAGTAAGAGGAGGAAGGGTTAAGGATTTACCCGGTGTGAGATATCGCATTATTCGAGGA
GCCCTAGATGCTGTCGCAGTAAAGAATCGTCAACAAGGGCGTTCTAAATATGGGGTCAAA
AAGCCAAAAAAATAA
>CDS2 OrsajCp002
ATGACTGCAATTTTAGAGAGACGCGAAAGTACAAGCCTGTGGGGTCGCTTCTGCAACTGG
ATAACTAGCACCGAAAACCGTCTTTACATCGGATGGTTCGGTGTTTTGATGATCCCTACC
TTATTGACCGCAACTTCTGTATTTATTATCGCCTTCATCGCTGCCCCTCCAGTAGATATT
GATGGTATTCGTGAGCCTGTTTCTGGTTCTTTACTTTACGGAAACAATATTATCTCTGGT
GCCATTATTCCTACTTCTGCGGCGATCGGATTGCACTTTTACCCAATTTGGGAAGCTGCA
TCTGTTGATGAGTGGTTATACAATGGTGGTCCTTATGAGCTAATTGTTCTACACTTCTTA
CTTGGTGTAGCTTGTTATATGGGTCGTGAGTGGGAACTGAGTTTCCGTCTGGGTATGCGT
CCTTGGATTGCTGTTGCATATTCAGCTCCTGTTGCAGCTGCTACTGCTGTTTTCTTGATT
TACCCTATTGGTCAAGGAAGTTTCTCTGATGGTATGCCTTTAGGAATATCTGGTACTTTC
AACTTTATGATTGTATTCCAGGCAGAGCATAACATCCTTATGCATCCATTTCACATGTTA
GGTGTAGCTGGTGTATTCGGCGGTTCCCTATTCAGTGCTATGCATGGTTCCTTGGTAACC
TCTAGTTTGATCAGGGAAACCACTGAAAACGAATCTGCTAATGAGGGTTACAGATTTGGT
CAAGAGGAAGAAACTTATAATATTGTGGCCGCTCATGGTTATTTTGGCCGATTAATCTTC
...
```

图 11.1b　待转换的 fasta 格式序列文件

其中“…”表示省略了文件中的其他序列，以下均同。

```
x001.pl | ex001infile.fasta* | ex001outfile2.gb*

LOCUS       CDS1                    375 bp    dna     linear   UNK
DEFINITION  OrsajCp001
ACCESSION   unknown
FEATURES             Location/Qualifiers
ORIGIN
        1 atgccaacgg ttaaacaact tattagaaac gcaagacagc caatacgaaa tgctagaaaa
       61 tcggccgcgc ttaagggatg tcctcagcgt cgaggaacat gtgctagggt gtatactatc
      121 aaccccaaaa aacccaactc tgccttacgt aaagttgcca gagtacgatt aacctctgga
      181 tttgaaatca ctgcttatat acctggtatt ggccataatt tacaagaaca ttctgtagta
      241 ttagtaagag gaggaagggt taaggattta cccggtgtga gatatcgcat tattcgagga
      301 gccctagatg ctgtcgcagt aaagaatcgt caacaagggc gttctaaata tggggtcaaa
      361 aagccaaaaa aataa
//
LOCUS       CDS2                   1062 bp    dna     linear   UNK
DEFINITION  OrsajCp002
ACCESSION   unknown
FEATURES             Location/Qualifiers
ORIGIN
        1 atgactgcaa ttttagagag acgcgaaagt acaagcctgt ggggtcgctt ctgcaactgg
       61 ataactagca ccgaaaaccg tctttacatc ggatggttcg gtgttttgat gatccctacc
      121 ttattgaccg caacttctgt atttattatc gccttcatcg ctgcccctcc agtagatatt
      181 gatggtattc gtgagcctgt ttctggttct ttactttacg gaaacaatat tatctctggt
      241 gccattattc ctacttctgc ggcgatcgga ttgcactttt acccaatttg ggaagctgca
      301 tctgttgatg agtggttata caatggtggt ccttatgagc taattgttct acacttctta
      361 cttggtgtag cttgttatat gggtcgtgag tgggaactga gtttccgtct gggtatgcgt
      421 ccttggattg ctgttgcata ttcagctcct gttgcagctg ctactgctgt tttcttgatt
      481 taccctattg gtcaaggaag tttctctgat ggtatgcctt taggaatatc tggtactttc
      541 aactttatga ttgtattcca ggcagagcat aacatcctta tgcatccatt tcacatgtta
      601 ggtgtagctg gtgtattcgg cggttcccta ttcagtgcta tgcatggttc cttggtaacc
....
```

图 11.1c　转换后的 genbank 格式序列文件

2. 实现 DNA 序列的翻译（脚本 2）

Bioperl 通过 Seq 模块脚本 2（图 11.2a）也很容易将核苷酸序列（图 11.2b）翻译成蛋白质序列（图 11.2c）。

```
$inputFile="ex002nucleotide.fasta";     #设置核苷酸序列文件。
$outputFile="ex002protein.fasta";       #设置翻译后蛋白质序列文件。
$format1="fasta";                       #设置核苷酸文件格式。
$format2="fasta";                       #设置蛋白质文件格式。

use Bio::SeqIO;
$in=Bio::SeqIO->new(-file=>"$inputFile", -format=>$format1);
    #读取核苷酸序列文件到文件句柄$in。
$out=Bio::SeqIO->new(-file=>">$outputFile", -format=>$format2);
    #新建蛋白质序列文件，并用文件句柄$out 表示。
while(my $seq=$in->next_seq()){
    #从$in 文件句柄中依次读取其中的序列。
    $prot=$seq->translate();
    #将核苷酸序列翻译成对应的蛋白质序列。
    $out->write_seq($prot);
    #将蛋白质序列写入到 $out 文件。
}
```

图 11.2a 核苷酸序列的翻译脚本

```
ex002.pl | ex002nucleotide.fasta*
>CDS1 OrsajCp001
ATGCCAACGGTTAAACAACTTATTAGAAACGCAAGACAGCCAATACGAAATGCTAGAAAA
TCGGCCGCGCTTAAGGGATGTCCTCAGCGTCGAGGAACATGTGCTAGGGTGTATACTATC
AACCCCAAAAAACCCAACTCTGCCTTACGTAAAGTTGCCAGAGTACGATTAACCTCTGGA
TTTGAAATCACTGCTTATATACCTGGTATTGGCCATAATTTACAAGAACATTCTGTAGTA
TTAGTAAGAGGAGGAAGGGTTAAGGATTTACCCGGTGTGAGATATCGCATTATTCGAGGA
GCCCTAGATGCTGTCGCAGTAAAGAATCGTCAACAAGGGCGTTCTAAATATGGGGTCAAA
AAGCCAAAAAAATAA
>CDS2 OrsajCp002
ATGACTGCAATTTTAGAGAGACGCGAAAGTACAAGCCTGTGGGGTCGCTTCTGCAACTGG
ATAACTAGCACCGAAAACCGTCTTTACATCGGATGGTTCGGTGTTTTGATGATCCCTACC
TTATTGACCGCAACTTCTGTATTTATTATCGCCTTCATCGCTGCCCCTCCAGTAGATATT
GATGGTATTCGTGAGCCTGTTTCTGGTTCTTTACTTTACGGAAACAATATTATCTCTGGT
GCCATTATTCCTACTTCTGCGGCGATCGGATTGCACTTTTACCCAATTTGGGAAGCTGCA
TCTGTTGATGAGTGGTTATACAATGGTGGTCCTTATGAGCTAATTGTTCTACACTTCTTA
CTTGGTGTAGCTTGTTATATGGGTCGTGAGTGGGAACTGAGTTTCCGTCTGGGTATGCGT
CCTTGGATTGCTGTTGCATATTCAGCTCCTGTTGCAGCTGCTACTGCTGTTTTCTTGATT
TACCCTATTGGTCAAGGAAGTTTCTCTGATGGTATGCCTTTAGGAATATCTGGTACTTTC
AACTTTATGATTGTATTCCAGGCAGAGCATAACATCCTTATGCATCCATTTCACATGTTA
GGTGTAGCTGGTGTATTCGGCGGTTCCCTATTCAGTGCTATGCATGGTTCCTTGGTAACC
TCTAGTTTGATCAGGGAAACCACTGAAAACGAATCTGCTAATGAGGGTTACAGATTTGGT
...
```

图 11.2b 待翻译的核苷酸序列

```
ex002.pl | ex002nucleotide.fasta* | ex002protein.fasta*

>CDS1 OrsajCp001
MPTVKQLIRNARQPIRNARKSAALKGCPQRRGTCARVYTINPKKPNSALRKVARVRLTSG
FEITAYIPGIGHNLQEHSVVLVRGGRVKDLPGVRYRIIRGALDAVAVKNRQQGRSKYGVK
KPKK*
>CDS2 OrsajCp002
MTAILERRESTSLWGRFCNWITSTENRLYIGWFGVLMIPTLLTATSVFIIAFIAAPPVDI
DGIREPVSGSLLYGNNIISGAIIPTSAAIGLHFYPIWEAASVDEWLYNGGPYELIVLHFL
LGVACYMGREWELSFRLGMRPWIAVAYSAPVAAATAVFLIYPIGQGSFSDGMPLGISGTF
NFMIVFQAEHNILMHPFHMLGVAGVFGGSLFSAMHGSLVTSSLIRETTENESANEGYRFG
QEEETYNIVAAHGYFGRLIFQYASFNNSRSLHFFLAAWPVVGIWFTALGISTMAFNLNGF
NFNQSVVDSQGRVINTWADIINRANLGMEVMHERNAHNFPLDLAALEVPSLNG*
>CDS3 OrsajCp003
MEKFEGYSEKLKFPRQYFVYPLLFQEYIYVFAHDYGLNGSELVEIIGSNNKKFSSLLVKR
LMIRMYQQNFWINLVNHPNQDRLLDYNNFFYSEFYSQILSEGFAIVVEIPFSLREQSCPE
EKEIPKFQNLRSIHSIFPFLEDKFLHLHYLAHIEIPYPIHLDILLQLLQYRIQDVPSLHL
LRFFLNYYSNWNSFITSMKSIFILKKENKRLFRFLYNSYVSEYEFFLLFLRKQSSCLRLT
SSGTFLERIIFSRKMEHFGLMYPAFFRKTIWFVMDPLMHYVRYQGKAILASKGTLLLKKK
WKCYLVRLWQYSFSFWTQPQRIHLNQLENSCFDFLGYFSSVPINSLLVRNQMLENSFLID
...
```

图 11.2c　翻译后的蛋白质序列

“*”对应核苷酸终止密码子

3. 计算序列长度（脚本 3）

通过 Seq 模块，Bioperl 还可以用于统计序列长度（脚本 3）（图 11.3a）。通常以 SeqIO 模块读入文件中的序列，本例待统计的序列列于图 11.3b，格式为 fasta，使用 Bioperl 中的文件可将 26 条序列名称及其序列长度输出，如图 11.3c 所示。

```
$inputFile="ex002protein.fasta";  #设置输入序列文件。
$format1="fasta";                 #设置输入文件格式。
$outputFile="ex003output.txt";    #设置输出文件，保存每个蛋白序列的长度。

use Bio::SeqIO;
$in=Bio::SeqIO->new(-file=>"$inputFile", -format=>$format1);
    #将序列文件读到文件句柄$in。
open(OUT, ">$outputFile");
while(my $seq=$in->next_seq()){
    #从$in 文件句柄中依次读取其中的序列。
print OUT $seq->id, "\t";
    #输出序列名称。
print OUT $seq->length, "\n";
    #输出序列长度。
}
close(OUT);
```

图 11.3a　统计序列长度的脚本

ex003.pl　ex002protein.fasta*

```
>CDS1 OrsajCp001
MPTVKQLIRNARQPIRNARKSAALKGCPQRRGTCARVYTINPKKPNSALRKVARVRLTSG
FEITAYIPGIGHNLQEHSVVLVRGGRVKDLPGVRYRIIRGALDAVAVKNRQQGRSKYGVK
KPKK*
>CDS2 OrsajCp002
MTAILERRESTSLWGRFCNWITSTENRLYIGWFGVLMIPTLLTATSVFIIAFIAAPPVDI
DGIREPVSGSLLYGNNIISGAIIPTSAAIGLHFYPIWEAASVDEWLYNGGPYELIVLHFL
LGVACYMGREWELSFRLGMRPWIAVAYSAPVAAATAVFLIYPIGQGSFSDGMPLGISGTF
NFMIVFQAEHNILMHPFHMLGVAGVFGGSLFSAMHGSLVTSSLIRETTENESANEGYRFG
QEEETYNIVAAHGYFGRLIFQYASFNNSRSLHFFLAAWPVVGIWFTALGISTMAFNLNGF
NFNQSVVDSQGRVINTWADIINRANLGMEVMHERNAHNFPLDLAALEVPSLNG*
>CDS3 OrsajCp003
MEKFEGYSEKLKFPRQYFVYPLLFQEYIYVFAHDYGLNGSELVEIIGSNNKKFSSLLVKR
LMIRMYQQNFWINLVNHPNQDRLLDYNNFFYSEFYSQILSEGFAIVVEIPFSLREQSCPE
EKEIPKFQNLRSIHSIFPFLEDKFLHLHYLAHIEIPYPIHLDILLQLLQYRIQDVPSLHL
LRFFLNYYSNWNSFITSMKSIFILKKENKRLFRFLYNSYVSEYEFFLLFLRKQSSCLRLT
SSGTFLERIIFSRKMEHFGLMYPAFFRKTIWFVMDPLMHYVRYQGKAILASKGTLLLKKK
...
```

图 11.3b　待统计的序列

ex003.pl　ex002protein.fasta*　ex003output.txt

Name	Length(aa)
CDS1	125
CDS2	354
CDS3	512
CDS4	63
CDS5	62
CDS6	37
CDS7	101
CDS8	354
CDS9	474
CDS10	63
CDS11	90
CDS12	71
CDS13	35
CDS14	30
CDS15	1076
CDS16	683
CDS17	1514
CDS18	237
CDS19	248
CDS20	82
CDS21	181
CDS22	508
CDS23	104
CDS24	735
CDS25	751
CDS26	170

图 11.3c　统计后输出文件记录的序列长度

11.2.2 SeqFeature 模块

1. GenBank 文件常用的注释信息

对 GenBank 或者 EMBL 数据库进行搜索时，所有的序列文件中都保存了 CDS、gene、exon、intron、promoter、tRNA 等结构序列注释信息。下面以 GenBank 文件为例，说明 gene 和 CDS 结构的含义。

```
……
FEATURES             Location/Qualifiers
     gene                 2801..3730
                          /gene="thrB"
                          /locus_tag="SeAg_B0003"
                          /db_xref="GeneID:6793870"
     CDS                  2801..3730
                          /gene="thrB"
                          /locus_tag="SeAg_B0003"
                          /codon_start=1
                          /transl_table=11
                          /product="homoserine kinase"
                          /protein_id="YP_002144981.1"
                          /db_xref="GI:197249934"
                          /db_xref="GeneID:6793870"
……
```

在此文件中，“gene”和“CDS”是主标签（primary_tag）名称，其下一级标签还有如“/gene”、“/locus_tag”、“/db_xref”、“/codon_start”、“/transl_table”、“/product”、“/protein_id”、“/db_xref”等内容。“2801..3730”指的是这些序列的具体位置和正负链关系。同时，它们的值可通过 has_tag()和 get_tag_values()两个方法查询及返回。 此脚本常用的注释信息如下。

```
$seq_obj->get_SeqFeatures()    # 从序列对象中读取序列特征信息。
$feat_obj->display_name()      # 返回该序列特征的名称。
$feat_obj->primary_tag()       # 返回该序列特征的主标签（primary_tag）名称。
$feat_obj->has_tag()           # 检查该序列特征是否含有某个标签（返回 1 或-1）。
$feat_obj->get_tag_values()    # 返回某 tag 对应的所有值。
$feat_obj->seq()               # 返回该序列特征对应的序列。
$feat_obj->seq_id()            # 返回该序列特征对应的序列名称。
$feat_obj->start()             # 返回该序列特征起始序列位置。
$feat_obj->end()               # 返回该序列特征终止序列位置。
$feat_obj->strand()            # 返回该序列特征的互补正向或负向链（返回 1 或-1）。
```

2. GenBank 文件解析（脚本 4）

图 11.4a 提供了一个常用的 SeqFeature 脚本，图 11.4b 列出了待解析的 genbank 文件，脚本运行后可以将序列特性、起始和终止位置、链的方向、基因名称等内容按列向展示，如图 11.4c 所示。

```
$inputFile="ex004sequence.gb";  #设置序列文件（genbank 格式）。
$format1="genbank";             #设置序列文件格式。
$outputFile="ex004features.txt"; #设置输出文件，存放序列特征信息。

use Bio::SeqIO;
$in=Bio::SeqIO->new(-file=>"$inputFile", -format=>$format1);
    #读取核苷酸序列文件到文件句柄$in。
open(OUT, ">$outputFile");
    #打开输出文件，用句柄 OUT 表示。
 my $wholeseq=$in->next_seq();
    #SeqIO 模块实例的 next_seq 方法返回一个 Seq 模块实例。
 print OUT "Feature\t start\tend\tstrand\tgene\n";
    #向文件输出表头每个项目。

my @features=$wholeseq->get_SeqFeatures;
    #获取序列的所有特征，并放在数组@features 中。
 foreach my $feature (@features) {
    #循环地记录对每个序列特征信息。
 print OUT $feature->primary_tag, "\t";
    #获取序列特征主标签，例如，gene、CDS、exon 等等。
 print OUT $feature->start, "\t";     #获取序列特征的起始位置。
 print OUT $feature->end, "\t";       #获取序列特征的终止位置。
 print OUT $feature->strand, "\t";    #获取序列特征所在链。
 if($feature->has_tag("gene")){
    #检查序列特征是否具有某个标签。
 print OUT join(",", $feature->get_tag_values("gene"));
    #若有标签，则将其相关的标签值用逗号连接起来，并输出。
 }
print OUT "\n";
    #输出一个换行符，接下来将输出另一个特征。

 }
```

图 11.4a 解析 genbank 文件的脚本

```
...
                     /transl_table=11
                     /product="photosystem II protein K"
                     /protein_id="NP_039363.1"
                     /db_xref="GI:11466767"
                     /db_xref="UniProtKB/Swiss-Prot:P12162"
                     /db_xref="GeneID:3131417"
                     /translation="MPNILSLTCICFNSVIYPTSFFFAKLPEAYAIFNPIVDFMPVIP
                     VLFFLLAFVWQAAVSFR"
     gene            7608..7718
                     /gene="psbI"
                     /locus_tag="OrsajCp006"
                     /db_xref="GeneID:3131416"
     CDS             7608..7718
                     /gene="psbI"
                     /locus_tag="OrsajCp006"
                     /codon_start=1
                     /transl_table=11
                     /product="photosystem II protein I"
                     /protein_id="NP_039364.1"
                     /db_xref="GI:11466768"
                     /db_xref="UniProtKB/Swiss-Prot:P12161"
                     /db_xref="GeneID:3131416"
                     /translation="MLTLKLFVYTVVIFFVSLFIFGFLSNDPGRNPGRDE"
     gene            complement(7829..7916)
                     /locus_tag="OrsajCt123"
                     /db_xref="GeneID:3131341"
     tRNA            complement(7829..7916)
                     /locus_tag="OrsajCt123"
                     /product="tRNA-Ser"
                     /note="trnS; tRNA-Ser(GCU)"
                     /db_xref="GeneID:3131341"
     gene            8349..8651
                     /locus_tag="OrsajCp007"
                     /db_xref="GeneID:3131451"
     CDS             8349..8651
                     /locus_tag="OrsajCp007"
...
```

图 11.4b　待解析的 Genbank 文件

```
Feature   start   end     strand   gene
source    1       134525  1
gene      67390   89273   -1       rps12
CDS       67390   89273   -1       rps12
gene      82      1143    -1       psbA
CDS       82      1143    -1       psbA
gene      1363    3938    -1       trnK
tRNA      1363    3938    -1       trnK
gene      1668    3203    -1       matK
CDS       1668    3203    -1       matK
gene      4487    5553    -1       rps16
CDS       4487    5553    -1       rps16
exon      4487    4635    -1       rps16
exon      5514    5553    -1       rps16
gene      6615    6687    -1
tRNA      6615    6687    -1
gene      7033    7218    1        psbK
CDS       7033    7218    1        psbK
gene      7608    7718    1        psbI
CDS       7608    7718    1        psbI
gene      7829    7916    -1
tRNA      7829    7916    -1
gene      8349    8651    1
CDS       8349    8651    1
gene      8900    9961    1        psbD
CDS       8900    9961    1        psbD
gene      9909    11330   1        psbC
...
```

图 11.4c　解析后的特征列表

11.2.3　Graphics::Panel 模块

1. 序列特征图文件常用的注释信息

为使序列特征更清晰且直观，通常可运用 Graphics::Panel 模块（图 11.5a）创建反映序列特征的 PNG 或 GIF 格式图片。图中常用的注释信息如下。

```
$panel_obj->add_track()      #添加水平作图线，描述序列特征。
$panel_obj->insert_track()   #插入一画道。
$panel_obj->rotate()         #旋转图片 90 度。
$panel_obj->left             #返回图的左侧。
$panel_obj->right            #返回图的右侧。
$panel_obj->top              #返回图的顶部。
$panel_obj->bottom           #返回图的底部。
$panel_obj->set_pen()        #设置画笔。
$panel_obj-> png             #以 png 格式保存图片。
```

图 11.5a　序列特征图文件

2. 序列特征图形化显示（脚本 5）

使用脚本 5(图 11.5b)可以将图 11.4c 中列出的序列特征做图形化显示，见图 11.5c。

```
$inputFile="ex004features.txt";          #设置序列文件（genbank 格式）。
$format1="genbank";                       #设置序列文件格式。
$outputFile="ex005featureFigure.png";     #设置输出文件，存放序列特征信息。
use Bio::Graphics;
use Bio::SeqFeature::Generic;
my $maxlen=8000;
my  $panel=Bio::Graphics::Panel->new(-length=>$maxlen,  -width=>600,  -pad_left=>5,
-pad_right=>5);
    #设置序列长度，图片宽度，图片左右边距。
my $full_length=Bio::SeqFeature::Generic->new(-start=>0, -end=>$maxlen);
    #设置画板上绘制的全长序列（本例基因的位置是 0~8k）。
$panel->add_track($full_length, -glyph=>'arrow', -tick=>2, -fgcolor=>'black', -double=>1);
    #把全长序列绘制到画板上，并设置位置标号的类型数，序列颜色。
my $track=$panel->add_track(-glyph=>'transcript2', -label=>1, -bgcolor=>'black');
    #增添一种 track 模式。
open(IN, $inputFile);
    #打开我们的序列特征表文件。
while (my $in=<IN>) {
    #从脚本末尾的数据部分读取注释信息。
chomp($in);
    #去除行末回车符。
  next if $in=~m/^\Feature/;
    #忽略标题行。
  my($type,$start,$end,$strand, $name) = split("\t+", $in);
    #将基因信息赋值给各个变量。
  if($start>$maxlen || $end>$maxlen){next;}
  my  $feature  =  Bio::SeqFeature::Generic->new(-display_name=>$name,  -start=>$start,
-end=>$end, -strand=>$strand);
    #新建序列特征模块实例，将基因信息赋值给序列特征。
    $track->add_feature($feature);
    #将序列特征以刚才新建的 track 模式画在画板上。
}
close(IN);
open(OUT, ">$outputFile");
binmode OUT;
print OUT $panel->png;
close(OUT);
```

图 11.5b　图形化显示序列特征的脚本

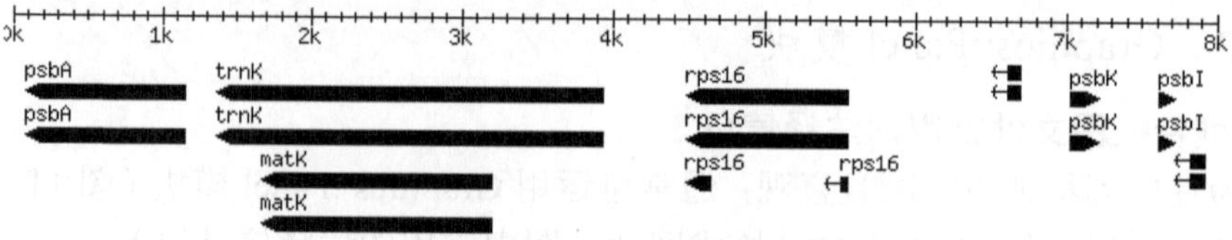

图 11.5c　序列特征的图形化显示结果

当按上述方法直接双击 ex5.pl 文件，不会显示图形文件时，可能是 Graphics 模块没有被成功安装，此时需进行调试，请参见本章 11.3.7。

11.2.4　DB::GenBank 模块

1. GenBank 文件常用的注释信息

Bioperl 模块不仅能做序列数据处理，还可以远程从全球主要的分子生物学数据库（如 GenBank、 genpept、RefSeq、Swiss-Prot 和 EMBL）获取序列数据。这里以 DB::GenBank 模块为例，介绍如何从 GenBank 数据库获取序列的方法。

常用方法

$gb->get_Seq_by_acc（）　# 根据输入 Accession No.返回相应序列对象
$gb->get_Seq_by_gi（）　# 根据输入 GI No.返回相应序列对象

2. 从公共数据库输入和储存数据（脚本 6）

脚本 6（图 11.6a）可以将程序中设置的 1 条序列下载到文件中（图 11.6b）。

```
$outputFile="ex006outfile.fasta";          # 设置文件，供序列下载后保存。
$format="fasta";                           # 设置下载序列保存格式。

use Bio::SeqIO;
my $out=Bio::SeqIO->new(-file=>">>$outputFile", -format=>$format);

use Bio::DB::GenBank;
$gb=Bio::DB::GenBank->new();

for(my $i1=28; $i1<=46; $i1++){
    if($i1<=45){next;}
    my $accession="AF303112";              #从 GenBank 中获取登录号 AF303112 序列。
    $seq=$gb->get_Seq_by_acc($accession);
    $out->write_seq($seq);                 #在文件中写入序列。
}
```

图 11.6a　从 GenBank 下载序列的脚本

本脚本中的序列号可根据用户需要设置。

```
>AF303112 Physarum polycephalum fragmin60 (frg60) mRNA, complete cds.
ATGGAGCCCAAGCAAGGATACCTTCTTGTAAAATTGATAGAAGCTCGCAAGCTAGCATCT
AAGGATGTGGGCGGAGGGTCAGATCCATACGCGATTGTTGGACTCCTGAATTCTAAGGGT
GAGCAAGGCGGACTTTTGGATACCAAATTTCCCCAGTATCGGTCAAAAGTTATTCAGAAA
AATCTGAACCCAGTGTGGAAAGATGAGGGAGTCTACGAATTTAAACCGGATATTGACGGA
AAGGCTCGCATTCTCCACGTTCAGTTGTGGGATGAGGACGTTACTTATGATGACTTTCTG
GGACAATTTAATATCAATCCGAGAGATCTGCCTGACGGCCAGCTAGTGGATAATTGGTTC
CCCGTCAAAAACAGGCCTGGTAAAAAAGAGGGTGTCACAGGAGATGTTCACCTGCAACTA
CTCTACACCAGACCTCCTCCTGATAAACTCAAGCCTATCAGAGAAGGTCCAGAGGAGATG
ACTGATCCTGCTTATGACAAAAATCTCAAAGTTTCGATCGAAGCCTCGAACATCGCCAAT
CTGGGAACGGATCTCGAAAAACAAGTGCGCCTGGAGGCCGCGCGCCACGAGGCTGCGTGG
AAATCCGCCGGACAAAAACCGGGCCTCGAAATCTGGCGTATCGAGAAATTCACCGTGAAA
GCGTGGCCCGTGGAAGAATACGGAAAGTTCTACAACGGAGATTCGTATATTATTTTACAC
ACGTACAAAAAGTCGCCCGATTCGGATGCGCTCGCTTGGGATGTCCACTTTTGGCTTGGC
GCGTACACTTCACAAGATGAAGCCGGAACTGCCGCATACAAAACCGTAGAACTAGATGAT
TTCCTGGGCGGAGCTCCTGTGCAACATCGTGAGGTTCAAGGTTACGAGTCAGAGCTTTTC
CTGTCATATTTCCCCCAAACTATTCAAATTCTGGGAGGTGGAATCGAAAGCGGGTTCAAG
CACGTCAAACCGGCGGAATACGCCTGTCGGTTGTTGCACCTTAAGGGAGGAAAATTTGTT
CGGATCATGCAGGTAGAATTAACCACGCACTCGCTCAATTCGGGTGATGCGTTTATTTTA
GACGACGGAGTGACGATTTACCAATGGCAAGGAAAATCTGCTGGACCAAATGAGAAAGTG
AAGGCTGGACAAATCGCACGGTCGCTGAAAGACGAACGGGGAAGCAAGCCAAATATCATT
GTGATCGATGAAAGTGTAGATAGTGGAAGTGCTGATTTTTGGAACAAACTGGGTGGCAAA
GCAAAGATTGCCACCGCCGCGGAAGGAGGAAGTGACCTAGAATCAGACAAGAAACCCACT
CCTAAGTGCCTTTACAGGCTAAGTGATGCAAGTGGAAGGCTTGAGTTCACTCTAATGGCG
AAAGACAAGGTTTTCCGCAAACACATCACGAGTGCGGACGCCTTTATTTTTGATACTGGA
TACCACGTGTTCGCCTGGGTCGGAAAAGCCGCATCCATCCCCGAAAAAAGCAAGGCTTTG
AAATACGCTCAGGACTACCTAAAAGAGCACAATCGCCCAGATTTTATTCCGATCTCCAGA
ATTCTGGACGGAGGTGAAAATGTGGAATTTGAGGCCGCATTTGATGGTTGA
```

图 11.6b　下载的部分序列文件

11.2.5　AlignIO 和 AlignI 模块

1. AlignIO 模块常用的注释信息

与前述 SeqIO 和 Seq 模块对应，AlignIO 模块操作的是序列比对文件，而 AlignI 模块操作的是序列比对本身。利用 AlignIO 读取和写入比对的序列文件，实现不同格式比对文件间的转换；而利用 AlignI 可以指定序列比对的各项参数。模块常用的注释信息如下。

```
AlignIO 对象的用法如下：
$alnio_obj->next_seq ()            # 从序列比对文件中读取一个比对对象。
$alnio_obj->write_seq ()           # 在文件中写入一个比对对象。
AlignI 对象的用法如下：
$aln_obj->remove_seq ()            # 从比对对象中删除某条序列。
$aln_obj->sort_alphabetically ()   # 将比对对象中的序列按序列名排序。
$aln_obj->each_seq ()              # 以序列对象数组的形式返回比对文件中包含的序列。
$aln_obj->get_seq_by_pos ()        # 以序列对象的形式返回比对文件的某条序列。
$aln_obj->select_noncont ()        # 从比对对象中抽取几条序列，生成新的比对对象。
$aln_obj->slice ()                 # 从比对对象中截取某些段，生成一个新的比对对象。
$aln_obj->consensus_string ()      # 返回比对对象生成的一致性序列。
$aln_obj->length ()                # 返回比对的长度。
$aln_obj->no_sequences ()          # 返回比对对象所含序列的条数。
$aln_obj->percentage_identity ()   # 返回比对对象所含序列间的相似性。
```

2. 应用 AlignIO 模块实现数据格式转换（脚本 7）

脚本 7（图 11.7a）利用 AlignIO 模块将 clustalw 格式（后缀为 aln）的比对序列（图 11.7b）转换为 fasta 格式的比对序列（图 11.7c）。

```
$inputFile="ex007inputfile.aln"; #设置核苷酸序列文件
$format1="clustalw"; #设置核苷酸文件格式
$outputFile="ex007outputfile.fasta"; #设置翻译后蛋白质序列文件
$format2="fasta"; #设置蛋白质文件格式

use Bio::AlignIO;
$in=Bio::AlignIO->new(-file=>"$inputFile", -format=>$format1);
$out=Bio::AlignIO->new(-file=>">$outputFile", -format=>$format2);

while(my $aln=$in->next_aln()){
    $out->write_aln($aln);
}
```

图 11.7a　进行比对序列格式转换的脚本（脚本 7）

```
CLUSTAL 2.0.11 multiple sequence alignment


Enterobacter_aerogenes          ATAAATTTGATGATAACTCTTATAAAGTGTCCGGCGGTCTGCACGGCGTA
Klebsiella_pneumoniae           ATAAGTTTGACGATAACTCCTATAAAGTTTCCGGCGGTCTGCACGGCGTA
Salmonella_enterica             ATAAATTCGATGATAACTCTTACAAAGTCTCCGGCGGTCTGCACGGCGTG
Citrobacter_freundii            ATAAGTTTGATGACAACTCCTACAAAGTTTCCGGTGGTCTGCACGGCGTA
Klebsiella_terrigena            ATAAGTTTGACGATAACTCTTATAAAGTCTCCGGCGGTCTGCACGGCGTA
Enterobacter_cloacae            ATAAATTTGACGATAACTCTTACAAAGTCTCCGGCGGCCTGCACGGCGTA
Serratia_liquefaciens           ATAAATTCGACGATAACTCTTACAAAGTCTCCGGCGGTCTGCACGGCGTG
Serratia_plymuthica             ATAAGTTCGACGATAACTCCTATAAAGTATCCGGCGGCCTGCACGGCGTG
Serratia_grimesii               ATAAGTTCGATGATAACTCCTATAAAGTTTCCGGCGGTCTGCACGGTGTA
Serratia_proteamaculans         ATAAATTCGATGATAACTCTTACAAAGTTTCTGGCGGTCTGCACGGCGTG
Serratia_fonticola              ATAAGTTCGATGATAACTCTTATAAAGTTTCCGGCGGTCTGCACGGCGTA
Serratia_entomophila            ATAAATTTGACGATAACTCTTACAAAGTATCCGGCGGCCTGCACGGCGTG
Serratia_entomophila_2          ATAAATTTGACGATAACTCTTACAAAGTATCCGGCGGCCTGCACGGCGTG
Serratia_ficaria                ATAAGTTTGATGATAACTCTTATAAAGTGTCCGGCGGCCTGCACGGCGTG
Serratia_ficaria_2              ATAAATTTGATGATAACTCTTACAAAGTGTCCGGCGGCCTGCACGGCGTG
Serratia_marcescens_2           ATAAGTTTGATGACAACTCCTATAAAGTTTCCGGCGGCCTGCACGGCGTG
Serratia_marcescens_3           ATAAGTTTGACGACAACTCCTACAAAGTTTCCGGCGGCCTGCACGGCGTG
Serratia_marcescens             ATAAATTTGATGACAACTCCTATAAAGTCTCCGGCGGCCTGCACGGCGTG
Serratia_rubidaea               ATAAGTTTGATGACAACTCCTACAAAGTTTCCGGCGGCCTGCACGGCGTG
Serratia_odorifera              ATAAGTTTGACGATAACTCTTACAAAGTGTCCGGCGGCCTGCACGGCGTG
Pectobacterium_carotovorum      ATAAGTTCGATGACAACTCCTATAAAGTCTCCGGCGGCCTGCACGGCGTA
Hafnia_alvei                    ATAAGTTTGATGACAACTCTTACAAAGTTTCCGGTGGTTTGCACGGCGTT
Plesiomonas_shigelloides        ATAAGTTTGATGACAACTCTTACAAAGTGTCCGGTGGTCTGCACGGGGTA
Morganella_morganii             ATAAGTTCGACGATAACTCCTATAAAGTCTCAGGCGGCCTGCACGGCGTC
Proteus_mirabilis               ATAAGTTTGATGATAACTCCTATAAAGTCTCTGGTGGGCTGCATGGTGTA
Proteus_vulgaris                ATAAGTTTGACGACAACTCCTATAAAGTCTCTGGTGGACTTCATGGTGTA
Providencia_alcalifaciens       ATAAATTCGATGACAACTCTTATAAAGTCTCCGGTGGTCTGCACGGTGTG
                                **** ** ** ** ***** ** ***** ** ** **  * ** ** **

Enterobacter_aerogenes          GGCGTCTCGGTGGTTAACGCCCTGTCGCAGAAGCTGGAGCTGGTTATCCA
Klebsiella_pneumoniae           GGCGTCTCGGTGGTTAACGCCCTGTCGCAGAAGCTGGAGCTGGTTATCCA
Salmonella_enterica             GGCGTCTCGGTAGTCAACGCTCTGTCGCAAAAACTGGAACTGGTTATCCA
...
```

图 11.7b　转换前的 clustalw 格式的比对序列

```
>Enterobacter_aerogenes/1-972
ATAAATTTGATGATAACTCTTATAAAGTGTCCGGCGGTCTGCACGGCGTAGGCGTCTCGG
TGGTTAACGCCCTGTCGCAGAAGCTGGAGCTGGTTATCCAACGCGATAACAAAGTTCACA
AACAAATTTATGAGCACGGTGTGCCGCAGGCACCGCTGGCGGTAACCGGTGAAACCGAAA
GCACCGGTACCATGGTGCGTTTCTGGCCAAGCCTGGAAACCTTTACCAGCGTCACTGAAT
TCGAATACGAAATCCTGGCGAAACGTCTGCGCGAGCTGTCGTTCCTCAACTCCGGGGTCT
CTATCCGCCTGCGCGATAAGCGC---GACGGCAAAGAAGACCATTTCCACTACGAAGGCG
GCATCAAGGCGTTTGTTGAGTATCTCAACAAGAACAAAACGCCGATCCACCCGAATATCT
TCTATTTCTCCACCGAAAAAGACGGTATCAGCGTTGAAGTGGCGCTGCAGTGGAACGATG
GTTTCCAGGAAAACATCTACTGCTTTACCAACAACATTCCGCAGCGCGACGGCGGTACTC
ACCTGGCGGGCTTCCGCGCGGCGATGACCCGTACCCTGAACGCCTACATGGATAAAGAAG
GCTACAGCAAAAAGGCGAAAGTCAGCGCTACCGGCGACGATGCGCGTGAAGGCCTGATTG
CCGTGGTTTCCGTAAAGGTGCCGGATCCGAAGTTCTCCTCTCAGACTAAAGACAAGCTGG
TCTCCTCCGAGGTGAAATCGGCGGTTGAACAGCAGATGAACGAACTGCTGAGCGAATACC
TGCTGGAAAACCCGTCCGATGCGAAAATCGTGGTCGGCAAAATTATCGACGCCGCGCGTG
CGCGTGAAGCCGCGCGTCGCGCCCGTGAAATGACCCGTCGTAAAGGCGCGCTTGACCTGG
CAGGCCTGCCGGGCAAACTGGCGGATTGCCAGGAACGCGACCCGGCGCTGTCTGAACTGT
ACCTGGTGGAAGGTG
>Klebsiella_pneumoniae/1-972
ATAAGTTTGACGATAACTCCTATAAAGTTTCCGGCGGTCTGCACGGCGTAGGCGTCTCGG
TGGTTAACGCCCTGTCGCAGAAGCTGGAGCTGGTTATCCAGCGCGATAACAAAGTTCACA
AGCAGATGTACGAACACGGTGTGCCGCAGGCACCGCTGGCCGTGACTGGCGAAACCGACA
AAACCGGCACCATGGTGCGTTTCTGGCCAAGCCTGGAAACCTTCACCAATGTCACCGAAT
TTGAATATGACATCCTGGCGAAACGCCTGCGCGAGCTGTCGTTCCTGAACTCCGGCGTCT
CTATCCGCCTGCGCGATAAACGC---GATGGCAAAGAAGACCATTTCCACTACGAAGGCG
GCATCAAGGCGTTCGTTGAGTATCTCAACAAGAACAAAACGCCGATCCACCCGAATATTT
TCTATTTCTCCACCGAAAAAGACGGTATCGGCGTGGAAGTGGCCCTGCAGTGGAACGACG
GCTTCCAGGAAAACATCTACTGCTTTACCAACAACATTCCGCAGCGTGACGGCGGTACTC
ACCTCGCCGGCTTCCGCGCGGCGATGACCCGTACCCTTAACGCCTATATGGACAAAGAGG
GCTACAGCAAAAAAGCGAAAGTCAGCGCCACCGGCGACGATGCGCGTGAAGGCCTGATTG
CCGTGGTATCCGTGAAGGTGCCGGATCCGAAATTCTCCTCGCAGACCAAAGACAAGCTGG
...
```

图 11.7c　转换后的 fasta 格式的比对序列

11.2.6　DNAStatistics 模块

1. 进化距离的计算（脚本 8）

在完成序列比对后，通过 DNAStatistics 子模块可估算序列间的进化距离，重建生物的进化方式，同时提供多种方法计算出成对序列间各项常用的参数。模块常用的注释信息如下。

```
$stat_obj->D_JukesCantor          # 返回序列两两间 JukesCantor 距离对象的 Hash 地址。
$stat_obj->D_Kimura               # 返回序列两两间 Kimura 距离结果对象的 Hash 地址。

$stat_obj->D_Uncorrected          # 返回序列两两间距离（未经模型矫正）的 Hash 地址。
$stat_obj->transversions          # 返回成对序列间碱基颠换的个数。
$stat_obj->transitions            # 返回成对序列间碱基转换的个数。
$stat_obj->calc_KaKs_pair         # 返回比对文件估算序列间同义或非同义替换距离。
$stat_obj->calc_all_KaKs_pairs    # 估算所有序列两两间的同义或非同义替换距离。
```

脚本 8（图 11.8a）可以计算比对序列（图 11.8b）的 JukesCantor 距离，并以 PHYLIP 软件距离文件格式显示于图 11.8c 中。

```

$inputFile="ex008inputfile.aln";                # 设置核苷酸序列文件。
$format1="clustalw";                            # 设置核苷酸文件格式。
$outputFile="ex008output.txt";                  # 设置文件存放进化距离相关数据。

use Bio::AlignIO;
use Bio::Align::DNAStatistics;
$in=Bio::AlignIO->new(-file=>"$inputFile", -format=>$format1);
                                                # 读入比对文件。
$aln=$in->next_aln;                             # 读入比对对象。
$stats=Bio::Align::DNAStatistics->new();        # 新建 DNAStatistics 对象。
$matrix=$stats->D_JukesCantor($aln);            # 计算 JukesCantor 距离。
open(OUT, ">$outputFile");
print OUT $matrix->print_matrix, "\n";          # 输出距离值。
close(OUT);
```

图 11.8a　计算比对序列的 JukesCantor 距离（脚本 8）

```
CLUSTAL W(1.81) multiple sequence alignment


Enterobacter_aerogenes/1-972 ATAAATTTGATGATAACTCTTATAAAGTGTCCGGCGGTCTGCACGGCGTAGGCGTCTCGG
Klebsiella_pneumoniae/1-972  ATAAGTTTGACGATAACTCCTATAAAGTTTCCGGCGGTCTGCACGGCGTAGGCGTCTCGG
Salmonella_enterica/1-972    ATAAATTCGATGATAACTCTTACAAAGTCTCCGGCGGTCTGCACGGCGTGGGCGTCTCGG
Citrobacter_freundii/1-972   ATAAGTTTGATGACAACTCCTACAAAGTTTCCGGTGGTCTGCACGGCGTAGGTGTTTCCG
Klebsiella_terrigena/1-972   ATAAGTTTGACGATAACTCTTATAAAGTCTCCGGCGGTCTGCACGGCGTAGGCGTTTCTG
Enterobacter_cloacae/1-972   ATAAATTTGACGATAACTCTTACAAAGTCTCCGGCGGCCTGCACGGCGTAGGTGTTTCCG
                             **** ** ** ** ***** ** ***** ***** ** *********** ** ** ** *


Enterobacter_aerogenes/1-972 TGGTTAACGCCCTGTCGCAGAAGCTGGAGCTGGTTATCCAACGCGATAACAAAGTTCACA
Klebsiella_pneumoniae/1-972  TGGTTAACGCCCTGTCGCAGAAGCTGGAGCTGGTTATCCAGCGCGATAACAAAGTTCACA
Salmonella_enterica/1-972    TAGTCAACGCTCTGTCGCAAAAACTGGAACTGGTTATCCAGCGAGATGGCAAAATTCACC
Citrobacter_freundii/1-972   TCGTTAACGCCCTGTCGCAGAAACTGGAGCTGGTGATTCGTCGTGAAGGCAAAGTGCATC
Klebsiella_terrigena/1-972   TAGTTAACGCCCTGTCGCAGAAGCTGGAACTGTTGATCCGCCGTGAAGGCAAAGTCCACC
Enterobacter_cloacae/1-972   TGGTAAACGCCCTGTCGCAGAAACTGGAACTGGTTATCCAGCGCGAAGGCAAAATTCACC
                             * ** ***** ******** ** ***** *** * ** *  ** **   **** * **


Enterobacter_aerogenes/1-972 AACAAATTTATGAGCACGGTGTGCCGCAGGCACCGCTGGCGGTAACCGGTGAAACCGAAA
Klebsiella_pneumoniae/1-972  AGCAGATGTACGAACACGGTGTGCCGCAGGCACCGCTGGCCGTGACTGGCGAAACCGACA
Salmonella_enterica/1-972    GTCAGATCTACGAGCACGGCGTGCCGCAGGCACCCCTGGCCGTCACTGGCGATACCGATA
Citrobacter_freundii/1-972   AGCAAACTTACGTGCACGGTGTGCCGCAGGCGCCGCTGGCGGTAACCGGCGAAACAGAAT
...
```

图 11.8b　待计算 JukesCantor 距离的多序列比对

```
         5
Enterobacter_aerogenes       0.00000  0.07231  0.10828  0.11424  0.12632  0.13489  0.18716
Klebsiella_pneumoniae        0.07231  0.00000  0.10828  0.13612  0.13366  0.13612  0.19513
Salmonella_enterica          0.10828  0.10828  0.00000  0.11785  0.14107  0.13121  0.19646
Citrobacter_freundii         0.11424  0.13612  0.11785  0.00000  0.13243  0.13860  0.20588
Klebsiella_terrigena         0.12632  0.13366  0.14107  0.13243  0.00000  0.15866  0.20995
Enterobacter_cloacae         0.13489  0.13612  0.13121  0.13860  0.15866  0.00000  0.19380
Serratia_liquefaciens        0.18716  0.19513  0.19646  0.20588  0.20995  0.19380  0.00000
Serratia_plymuthica          0.18059  0.18584  0.19914  0.19246  0.20453  0.19114  0.06666
Serratia_grimesii 0.18321    0.20318  0.20318  0.20183  0.21679  0.19914  0.07685  0.08487
Serratia_proteamaculans      0.20588  0.21132  0.21132  0.20859  0.22508  0.20183  0.07458
Serratia_fonticola           0.20588  0.21817  0.20183  0.19914  0.21268  0.20588  0.13243
Serratia_entomophila         0.16249  0.15866  0.16890  0.18453  0.18849  0.17278  0.08718
Serratia_entomophila_2       0.16377  0.15866  0.17019  0.18849  0.18716  0.17407  0.08603
Serratia_ficaria  0.16633    0.16890  0.18321  0.19780  0.18981  0.18849  0.09765  0.09182   …
Serratia_ficaria_2           0.16505  0.17019  0.17667  0.19646  0.19114  0.18981  0.09415
Serratia_marcescens_2        0.17278  0.17019  0.19114  0.19646  0.19914  0.19246  0.11785
Serratia_marcescens_3        0.17798  0.17019  0.19646  0.20588  0.20049  0.19246  0.11785
Serratia_marcescens          0.17019  0.17278  0.19114  0.19780  0.19646  0.19380  0.11544
Serratia_rubidaea 0.14856    0.13736  0.15994  0.15994  0.17928  0.15994  0.13243  0.12389
Serratia_odorifera           0.18190  0.18584  0.19646  0.20859  0.19380  0.18981  0.12754
Pectobacterium_carotovorum   0.20183  0.20318  0.19246  0.21132  0.21268  0.20995  0.19513
Hafnia_alvei      0.23346    0.23627  0.22647  0.20318  0.23206  0.21679  0.20183  0.21268
Plesiomonas_shigelloides     0.26453  0.28236  0.28386  0.25722  0.25722  0.24282  0.26306
Morganella_morganii          0.24764  0.22508  0.23206  0.24621  0.23627  0.23065  0.25050
Proteus_mirabilis 0.32761    0.33401  0.31498  0.29948  0.36182  0.29795  0.31498  0.32127
Proteus_vulgaris  0.34534    0.34371  0.34371  0.32602  0.35189  0.31812  0.32921  0.33240
Providencia_alcalifaciens    0.28430  0.27981  0.27682  0.27831  0.28731  0.25338  0.27237
```

图 11.8c　计算 JukesCantor 距离的结果

2. 同义替换率（D_s）和非同义替换率（D_n）的计算（脚本 9）

此模块同 11.3.8，脚本 9（图 11.9a）可以对蛋白质编码的核苷酸序列比对（图 11.9b）进行同义替换率（D_s）和非同义替换率（D_n）的计算，结果如图 11.9c 所示。

```
$inputFile="ex009inputfile.aln";           #设置核苷酸序列文件。
$format1="clustalw";                       #设置核苷酸文件格式。
$outputFile="ex009output.txt";             #设置文件存放进化距离相关数据。

use Bio::AlignIO;
use Bio::Align::DNAStatistics;
$in=Bio::AlignIO->new(-file=>"$inputFile", -format=>$format1);
    #读入比对文件。
$aln=$in->next_aln;
    #读入比对对象。
$stats=Bio::Align::DNAStatistics->new();
    #新建 DNAStatistics 对象。
$results=$stats->calc_all_KaKs_pairs($aln);
    #计算序列间同义或非同义替换率。

open(OUT, ">$outputFile");
print OUT "Seq1\tseq2\tD_s\tD_n\n";
foreach my $key (@$results) {
    #输出计算结果。
    print OUT $key->{'Seq1'}, "\t";
    print OUT $key->{'Seq2'}, "\t";
    print OUT $key->{'D_s'}, "\t";
    print OUT $key->{'D_n'}, "\n";
}
close(OUT);
```

图 11.9a　进行同义替换率和非同义替换率计算的脚本

```
CLUSTAL W(1.81) multiple sequence alignment


Enterobacter_aerogenes/1-972 ATAAATTTGATGATAACTCTTATAAAGTGTCCGGCGGTCTGCACGGCGTAGGCGTCTCGG
Klebsiella_pneumoniae/1-972  ATAAGTTTGACGATAACTCCTATAAAGTTTCCGGCGGTCTGCACGGCGTAGGCGTCTCGG
Salmonella_enterica/1-972    ATAAATTCGATGATAACTCTTACAAAGTCTCCGGCGGTCTGCACGGCGTGGGCGTCTCGG
Citrobacter_freundii/1-972   ATAAGTTTGATGACAACTCCTACAAAGTTTCCGGTGGTCTGCACGGCGTAGGTGTTTCCG
Klebsiella_terrigena/1-972   ATAAGTTTGACGATAACTCTTATAAAGTCTCCGGCGGTCTGCACGGCGTAGGCGTTTCTG
Enterobacter_cloacae/1-972   ATAAATTTGACGATAACTCTTACAAAGTCTCCGGCGGCCTGCACGGCGTAGGTGTTTCCG
                             **** ** ** ** ***** ** ***** ***** ** *********** ** ** ** *


Enterobacter_aerogenes/1-972 TGGTTAACGCCCTGTCGCAGAAGCTGGAGCTGGTTATCCAACGCGATAACAAAGTTCACA
Klebsiella_pneumoniae/1-972  TGGTTAACGCCCTGTCGCAGAAGCTGGAGCTGGTTATCCAGCGCGATAACAAAGTTCACA
Salmonella_enterica/1-972    TAGTCAACGCTCTGTCGCAAAAACTGGAACTGGTTATCCAGCGAGATGGCAAAATTCACC
Citrobacter_freundii/1-972   TCGTTAACGCCCTGTCGCAGAAACTGGAGCTGGTGATTCGTCGTGAAGGCAAAGTGCATC
Klebsiella_terrigena/1-972   TAGTTAACGCCCTGTCGCAGAAGCTGGAACTGTTGATCCGCCGTGAAGGCAAAGTCCACC
Enterobacter_cloacae/1-972   TGGTAAACGCCCTGTCGCAGAAACTGGAACTGGTTATCCAGCGCGAAGGCAAAATTCACC
                             * ** ***** ******** ** ***** *** * ** *  ** **   **** * **


Enterobacter_aerogenes/1-972 AACAAATTTATGAGCACGGTGTGCCGCAGGCACCGCTGGCGGTAACCGGTGAAACCGAAA
Klebsiella_pneumoniae/1-972  AGCAGATGTACGAACACGGTGTGCCGCAGGCACCGCTGGCCGTGACTGGCGAAACCGACA
Salmonella_enterica/1-972    GTCAGATCTACGAGCACGGCGTGCCGCAGGCACCCCTGGCCGTCACTGGCGATACCGATA
...
```

图 11.9b 待计算同义替换率和非同义替换率的核苷酸多序列比对

```
Seq1       seq2      D_s        D_n
Enterobacter_aerogenes      Klebsiella_pneumoniae       0.00409557331738338        0.097170738715697
Enterobacter_aerogenes      Citrobacter_freundii        0.0142280689723358         0.149193650275596
Enterobacter_aerogenes      Klebsiella_terrigena        0.0143202441116848         0.16763895541227
Enterobacter_aerogenes      Enterobacter_cloacae        0.0352274695496356         0.172918393315078
Klebsiella_pneumoniae       Citrobacter_freundii        0.0102111856410106         0.181548161035303
Klebsiella_pneumoniae       Klebsiella_terrigena        0.00409417598075353        0.181978774107316
Klebsiella_pneumoniae       Enterobacter_cloacae        0.0206767057837399         0.180290895397449
Salmonella_enterica         Citrobacter_freundii        0.00602211331844307        0.158134155393096
Salmonella_enterica         Klebsiella_terrigena        0.0183308513693591         0.187445599129918
Salmonella_enterica         Enterobacter_cloacae        0.00808360806208481        0.179539540055683
Citrobacter_freundii        Klebsiella_terrigena        0.00809451364709638        0.175928188396751
Citrobacter_freundii        Enterobacter_cloacae        0.0224506558635334         0.183938255706229
Klebsiella_terrigena        Enterobacter_cloacae        0.0081384318407811         0.216945681507814
```

图 11.9c 计算同义替换率和非同义替换率的结果

11.2.7 Run::Tools 模块

1. Tools 模块常用的注释信息

很多生物学程序是针对单组基因序列操作，并且通常单次运行，当处理多组基因序列时就会不方便。为克服上述困难，用户在安装 Bioperl 和生物学程序时，可以在不同目录下调用程序，以及设置程序运行所需的选项和参数。这里以 ClustalW 为例，介绍如何应用 Run::Tools 模块实现批量运行生物学程序。指令使用模块常用的注释信息如下。

```
$factory_obj->align()              #多序列比对。
$factory_obj->profile_align()      #两个序列比对或添加未比对序列。
$factory_obj->tree()               #获得系统进化树。
$factory_obj->run()                #多序列比对后获得系统进化树。
$factory_obj->add_sequences()      #多序列比对中添加新序列。
$factory_obj->footprint()          #获取最保守的子比对。
```

2. 运行 ClustalW 多序列比对（脚本 10）

使用脚本 10（图 11.10a）可以对 fasta 格式保存的序列（图 11.10b）进行 ClustalW 多序列比对，结果如图 11.10c 所示。多序列比对程序 ClustalW 模块安装参见本章 11.3.8。

```
BEGIN { $ENV{CLUSTALDIR} = 'D:\bin' }                    #设置 clustalw 所在的目录。
my $inputFile="ex010in.fasta";
my $outputFile="ex010out1.aln";
my $format2="clustalw";

use Bio::Tools::Run::Alignment::Clustalw;                #调用 Clustalw 模块。
@params = ('ktuple' => 2, 'matrix' => 'BLOSUM');         #设置 Clustalw 运行参数。
$factory = Bio::Tools::Run::Alignment::Clustalw->new(@params);
    #创建 factory 对象，作为 Clustalw 程序运行的初始化。
$aln1 = $factory->align($inputFile);
    #读入文件中的序列，做多序列比对，并返回比对对象。
$out = Bio::AlignIO->new(-file => ">$outputFile", '-format' => $format2 );
$out->write_aln($aln1);
    #将读取的比对对象写到$out 文件句柄中。

my @seq_array=();
my $in=Bio::SeqIO->new(-file=>"$inputFile",-format=>"fasta");
while(my $seq=$in->next_seq()){
push(@seq_array,$seq);
}
$seq_array_ref = \@seq_array;
    #也可将多个序列对象组成数组。
$outputFile="ex010out2.aln"; $format2="phylip";
$out = Bio::AlignIO->new(-file => ">$outputFile", '-format' => $format2 );
$aln2 = $factory->align($seq_array_ref);
    #做多序列比对，返回比对对象。
$out->write_aln($aln2);
    #将读取的比对对象写到$out 文件句柄中。
```

图 11.10a 进行多序列比对的脚本

```
>Enterobacter_aerogenes
KFDDNSYKVSGGLHGVGVSVVNALSQKLELVIQRDNKVHKQIYEHGVPQAPLAVTGETES
TGTMVRFWPSLETFTSVTEFEYEILAKRLRELSFLNSGVSIRLRDKRDGKEDHFHYEGGI
KAFVEYLNKNKTPIHPNIFYFSTEKDGISVEVALQWNDGFQENIYCFTNNIPQRDGGTHL
AGFRAAMTRTLNAYMDKEGYSKKAKVSATGDDAREGLIAVVSVKVPDPKFSSQTKDKLVS
SEVKSAVEQQMNELLSEYLLENPSDAKIVVGKIIDAARAREAARRAREMTRRKGALDLAG
LPGKLADCQERDPALSELYLVEG
>Enterobacter_cloacae
KFDDNSYKVSGGLHGVGVSVVNALSQKLELVIQREGKIHRQIYQHGVPEAPLAVTGDTEK
TGTMVRFWPSLETFTNVTEFEYDILAKRLRELSFLNSGVSIRLRDKRDNKEDHFHYEGGI
KAFVEYLNKNKTPIHPNIFYFSTEKDGIGVEVALQWNDGFQENIYCFTNNIPQLDVGTHL
AGFRAAMTRTLNAYMDKEGYSKKAKVSATGDDAREGLIAVVSVKVPDPKFSSQTKDKLVS
SEVKSAVEQQMNELLSDYLQENPNDAKIVVGKIIDAARAREAARKAREMTRRKGALDLAG
LPGKLADCQERDPALSELYLVEG
>Pectobacterium_carotovorum
KFDDNSYKVSGGLHGVGVFVVNALSEKLKLVIHRDGKLHEQTYKHGVAQAPLAVTGETNR
TGTTVRFWPSHETFTNVVEFEYEILAKRLRELSFLNSGVSIRLIDEREKDKADHYHYDGG
IKAFVDYLNRNKTPIHPNVFYFSTVKDDIGVEVALQWNDGFQENIYCFTNNIPQRDGGTH
LAGFRAAMTRTLNTYMDKEGYSKKAKVSATGDDAREGLIAVVSVKVPDPKFSSQTKDKLV
SSEVKAAVESLMNEKLVDYLMENPSDAKIVVGKIIDAARAREAARKARDMTRRKGALDLA
GLPGKLADCQERDPALSELYLVE
>Hafnia_alvei
KFDDNSYKVSGGLHGVGVSVVNALSEKLELVIRREGKVHEQTYAHGVPQFPLKVVGDTEI
TGTTVGFWPSLQTFSNHTEFQYDILAKRLRELSFLNSGVSIRLRDKRDNREDHFHYEGGI
KAFVEYLNKNKTPIHPNVFYFSTVKDDIGVEVALQWNDGFQENIYCFTNNIPQRDGGTHL
AGFRAAMTRTLNSYMEKEGYSKKAKVSATGDDAREGLIAVVSVKVPDPKFSSQTKDKLVS
...
```

图 11.10b　待进行比对的 fasta 格式序列

```
CLUSTAL W(1.81) multiple sequence alignment

Proteus_mirabilis/1-323                 KFDDNSYKVSGGLHGVGVSVVNALSEKLELTIHRDGKIHQQIYRSGVPDDRLKVIGETDK
Proteus_vulgaris/1-323                  KFDDNSYKVSGGLHGVGVSVVNALSEKLELTIHRDGKIHQQIYRHGVPDDRLKVIGDTEK
Morganella_morganii/1-323               KFDDNSYKVSGGLHGVGVSVVNALSEKLELVIRRDGKVHEQIYRHGEPQDRLTVVGETDK
Providencia_alcalifaciens/1-323         KFDDNSYKVSGGLHGVGVSVVNALSEKLELVIRRDGKVHEQIYKHGEPQGPLTVVGETDQ
Enterobacter_aerogenes/1-323            KFDDNSYKVSGGLHGVGVSVVNALSQKLELVIQRDNKVHKQIYEHGVPQAPLAVTGETES
Klebsiella_pneumoniae/1-323             KFDDNSYKVSGGLHGVGVSVVNALSQKLELVIQRDNKVHKQMYEHGVPQAPLAVTGETDK
Salmonella_enterica/1-323               KFDDNSYKVSGGLHGVGVSVVNALSQKLELVIQRDGKIHRQIYEHGVPQAPLAVTGDTDK
Enterobacter_cloacae/1-323              KFDDNSYKVSGGLHGVGVSVVNALSQKLELVIQREGKIHRQIYQHGVPEAPLAVTGDTEK
Raoultella_terrigena/1-323              KFDDNSYKVSGGLHGVGVSVVNALSQKLELLIRREGKVHQQTYVHGVPQHPLAVTGDTDA
Citrobacter_freundii/1-323              KFDDNSYKVSGGLHGVGVSVVNALSQKLELVIRREGKVHQQTYVHGVPQAPLAVTGETEL
Serratia_ficaria/1-323                  KFDDNSYKVSGGLHGVGVSVVNALSEKLELVIRREGKVHEQTYGHGEPQAPLKVVGETDQ
Serratia_ficaria_2/1-323                KFDDNSYKVSGGLHGVGVSVVNALSEKLELVIRREGKVHEQTYGHGEPQAPLKVVGETDQ
Serratia_entomophila/1-323              KFDDNSYKVSGGLHGVGVSVVNALSEKLELVIRREGKVHEQTYGHGVPQAPLKVVGETEQ
Serratia_entomophila_2/1-323            KFDDNSYKVSGGLHGVGVSVVNALSEKLELVIRREGKVHEQTYGHGVPQAPLKVVGETEQ
Serratia_marcescens_subsp._mar/1-323 KFDDNSYKVSGGLHGVGVSVVNALSEKLELVIRREGKVHEQTYSHGEPQAPLTVVGETEQ
Serratia_marcescens/1-323               KFDDNSYKVSGGLHGVGVSVVNALSEKLELVIRREGKVHEQTYSHGEPQAPLTVVGETEQ
Serratia_marcescens_2/1-323             KFDDNSYKVSGGLHGVGVSVVNALSEKLELVIRREGKVHEQTYSHGEPQAPLTVVGETEQ
Serratia_fonticola/1-323                KFDDNSYKVSGGLHGVGVSVVNALSEKLELVIRREGKVHEQTYKHGEPQAPLKVVGETDQ
Serratia_odorifera/1-323                KFDDNSYKVSGGLHGVGVSVVNALSEKLELVIRREGKVHEQTYSHGEPQTPLKVVGETEQ
Serratia_grimesii/1-323                 KFDDNSYKVSGGLHGVGVSVVNALSEKLELVIRREGKVHEQTYAMGEPLAPLKVVGETDL
Serratia_liquefaciens/1-323             KFDDNSYKVSGGLHGVGVSVVNALSEKLELVIRREGKVHEQTYAMGEPLSPLKVVGETDQ
Serratia_plymuthica/1-323               KFDDNSYKVSGGLHGVGVSVVNALSEKLELVIRREGKVHEQTYAMGEPQAPLKVVGETDQ
Serratia_proteamaculans/1-323           KFDDNSYKVSGGLHGVGVSVVNALSEKLELVIRREGKVHEQTYAMGEPQAPLKVVGETDQ
Hafnia_alvei/1-323                      KFDDNSYKVSGGLHGVGVSVVNALSEKLELVIRREGKVHEQTYAHGVPQFPLKVVGDTEI
Serratia_rubidaea/1-323                 KFDDNSYKVSGGLHGVGVSVVNALSEKLELVIRRDGQVHEQTYSHGEPQAPLTVVGETEQ
Pectobacterium_carotovorum/1-323        KFDDNSYKVSGGLHGVGVFVVNALSEKLKLVIHRDGKLHEQTYKHGVAQAPLAVTGETNR
Plesiomonas_shigelloides/1-322          KFDDNSYKVSGGLHGVGVSVVNALSDKLELMIRREGKVHTQEYHLGEPVAPLAVVGDTNA
                                        ****************** ******:**:* *:*:.::* * *  * .  * * *:*:

Proteus_mirabilis/1-323                 SGTFVRFWPSLDTSKGETEFQYDILAKRLRELSFLNSGVSIRLIDKRD.NREDHFHYEGG
Proteus_vulgaris/1-323                  SGTFVRFWPSLETFKGETEFQYDILAKRLRELSFLNSGVSIRLIDKRD.NREDHFHYKGG
Morganella_morganii/1-323               TGTRVRFWPSMDTFKGETEFQYDILAKRLRELSFLNSGVSIRLIDKRD.GKEDHFHYEGG
...
```

图 11.10c　进行序列比对后的多序列比对实例

11.3　Bioperl 安装

11.3.1　Bioperl 的组成

Bioperl 由以下几部分组成。

核心程序包（core package）：包含了 Bioperl 最基本的模块。

运行程序包（run package）：包含了一些接口模块，用户可以通过这些接口模块在脚本中调用 BLAST、ClustalW 等常用序列比对程序。

BioPerl db（数据库）：该软件在 BioSQL 中用来储存序列和注释数据。

网络程序包（network package）：用于对蛋白质互作数据诠释和分析。

执行程序包（ext package）：包含了用 C 程序编码的外部程序，如序列比对算法和链接 Staden IO 库的接口程序。

11.3.2　Unix/Linux 系统下 Bioperl 的安装步骤

Bioperl 功能强大，它需要许多模块、扩展或外部编译程序支撑。通常情况下，Bioperl 是在 Unix 环境下开发和运行的。

（1）下载 Bioperl 程序包：在 Getting BioPerl 网页 http://www.bioperl.org/wiki/Getting_BioPerl#BioPerl_Packages 找到以上 Bioperl 程序包安装文件的链接，把安装文件下载到本地。

（2）解压缩程序包（如 tar 或 gunzip 等命令）。

（3）进入程序包，阅读其中的 INSTALL 文件，键入相应的命令即可完成安装。

11.3.3　Windows 系统下 Perl 语言环境的安装

Unix/Linux 系统自带 perl 语言环境，无需额外安装。但在非 Unix 操作系统下，Bioperl 的测试和功能会受到很大限制，甚至可能无法运行。所幸的是，现在 Bioperl 的核心程序也可以在大多数 Microsoft Windows 环境下运行。这使非 Unix 用户学习和使用 Bioperl 成为可能。这里将介绍 Windows 环境下 Bioperl 程序的安装与测试。

Windows 7（Win7）是微软公司最新推出的系统平台。它具有良好的视觉效果、最高的安全性和流畅的操作性，深受用户欢迎。目前，Win7 系统不仅在通讯、娱乐、多媒体等多领域广泛应用，在科研教育领域也有了积极发展。笔者探试了 Bioperl 在 Win7 系统下的安装。

先登录 ActivePerl 网站 http://www.activestate.com/activeperl/，查找 ActivePerl 的安装文件。点击界面上的“ActivPerl DOWNLOAD NOW”即可下载最新版本 ActivePerl 5.12.4。为方便以后操作，笔者在桌面上建立文件夹 bioperl 作为工作

目录，并将下载的文件保存在桌面上。

双击 Activeperl 5.12.4 安装文件；在弹出的“安全警告”对话框中，点击“运行”按钮。点击“Next”安装 Perl，接受授权协议，并按“Next”继续安装。笔者使用默认的安装位置（location），即 C:\Perl\下，按“Next”继续；默认选择“添加环境变量”和“perl 文件扩展名映射”，“Next”继续。按“Install”开始安装（大约需要几分钟），最后点击“Finish”完成安装。重新启动计算机后，便可以运行 Perl 程序

11.3.4 Bioperl 的安装

这一节中，我们将讨论 Windows 7 环境下 Bioperl 的安装，以便能够利用 Perl 平台使用 Bioperl 程序。Windows vista 环境下的安装可参见本书第二版第 12 章。

1. 启动 Perl Package Manager

按“Windows→所有程序→ActivePerl …→Perl Package Manager”启动 Perl 程序包管理器（Perl package manager，PPM），界面如图 11.11 所示。

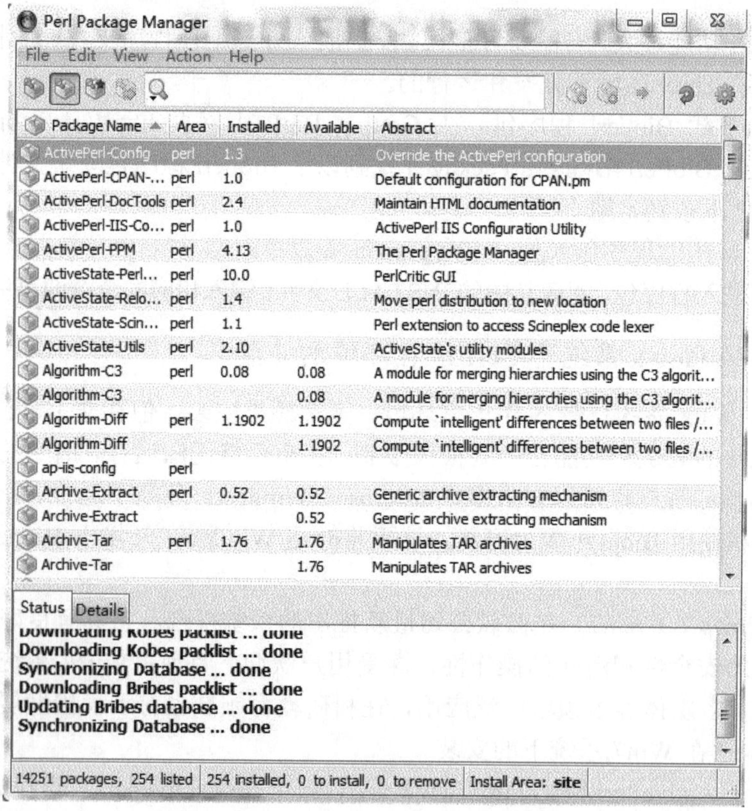

图 11.11 Vista 中 Perl 程序包管理器（PPM）界面

2. 丰富 Bioperl 资源库

在 Perl 程序包管理器界面，点击 Edit→Preferences 菜单，便弹出其属性（PPM Preferences）框（图 11.12）。

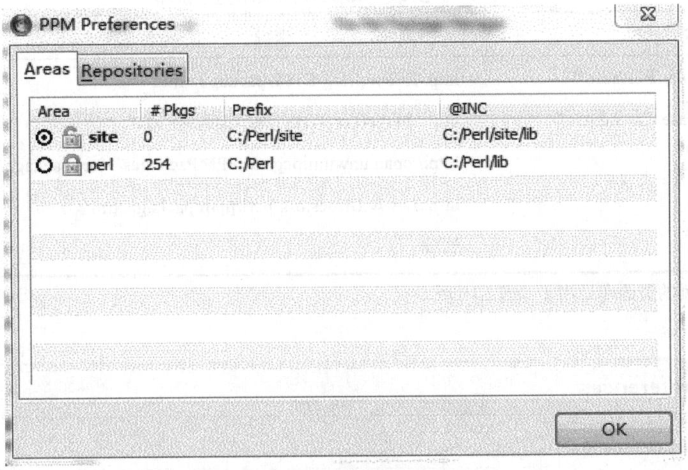

图 11.12　Perl 程序包管理器的属性框

选择 Repositories 选项卡，在此界面添加资源库，在 PPM Preferences 对话框的 Name 字段添加“Bioperl-Regular”，在 Location 字段中添加“http://bioperl.org/DIST/package.xml”，然后点击“Add”按钮完成添加操作（图 11.13）。

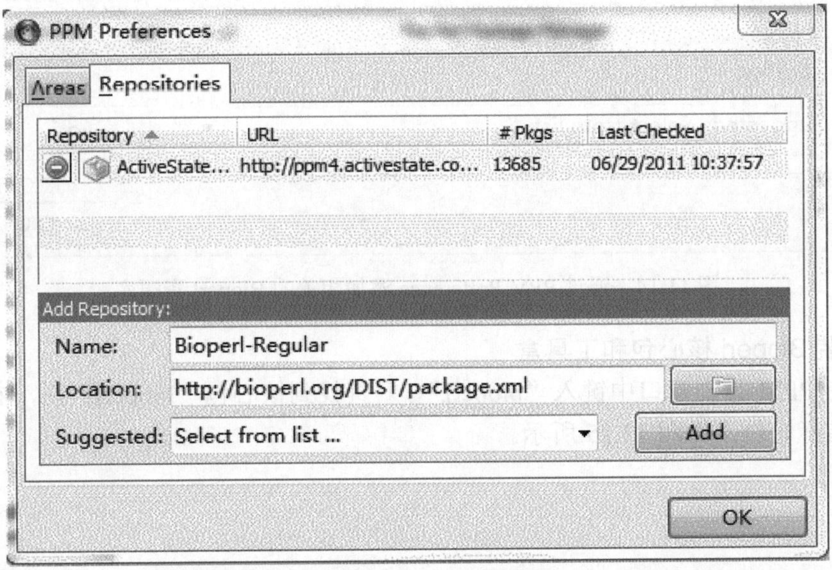

图 11.13　通过 PPM Preferences 添加 Bioperl 资源库“Bioperl-Regular Release”

随后按类似方法逐一添加以下其他资源库（表 11.1），待 5 个资源全部输入后，点击 OK，如图 11.14 所示。

表 11.1 安装 Bioperl 所需的资源库

名称	来源
“Bioperl-Regular Releases”	http://bioperl.org/DIST/package.xml
“BioPerl-Release Candidates”	http://bioperl.org/DIST/RC/package.xml
“Kobes”	http://cpan.unwinnipeg.cal/PPMPackages/10xx/package.ppd
“Bribes”	http://www.Bribes.org/perl/ppm/package.xml
“Tcoll”	暂缺

注：此表所列的资源库适用于 Perl 5.10 版。

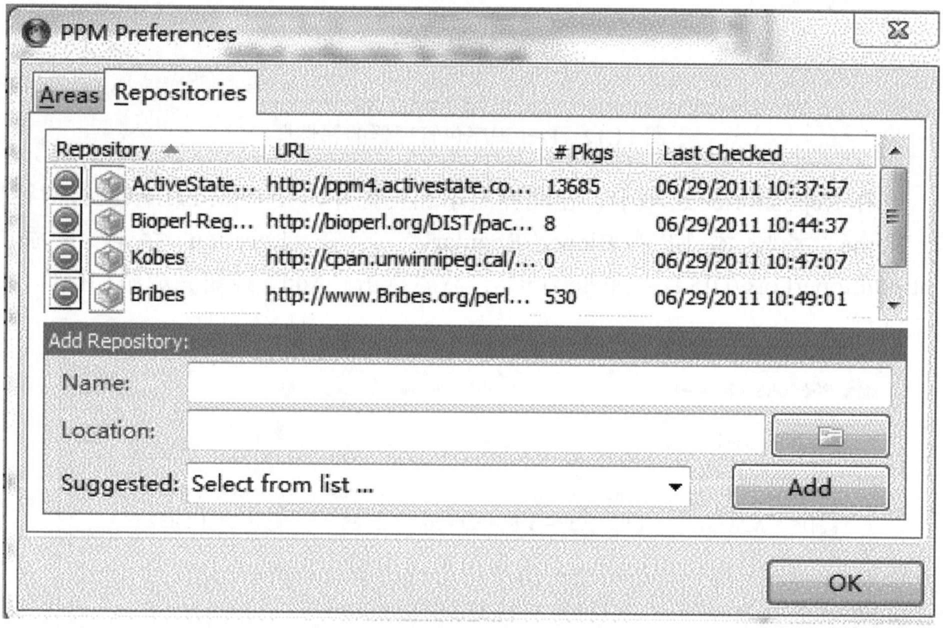

图 11.14 通过 PPM Preference 添加相关的 Bioperl 资源库

3. 安装 Bioperl 核心包和工具盒

在 PPM 查询窗口中键入“bioperl”， 查找到核心包“bioperl”后，右键点击安装标记包，如图 11.15 所示。

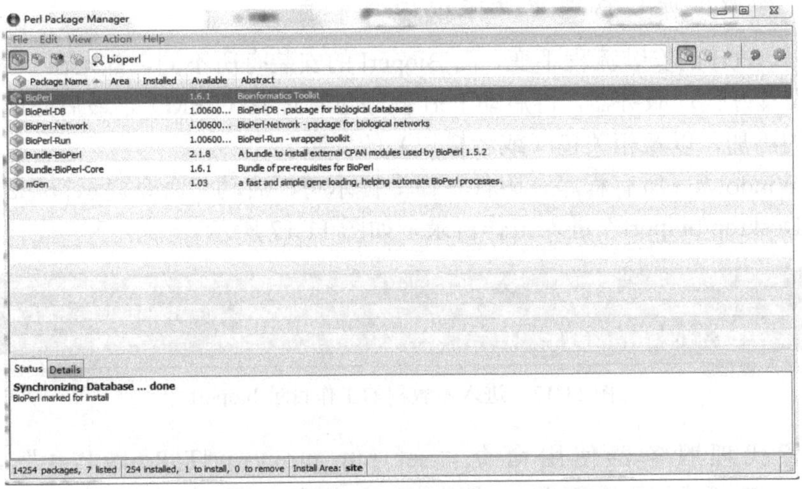

图 11.15　标记安装 bioperl 核心包

按“Ctrl+Enter”组合键，在弹出的对话框中点击“确定”按钮进行 Bioperl 的安装。以同样的方法安装工具盒 BioPerl 1.6.1 和 Bioperl 辅助库模块，如 bioperl-run、BioPerl-DB 版本等，安装完成后，在 Area 栏内会显示 site（图 11.16）。

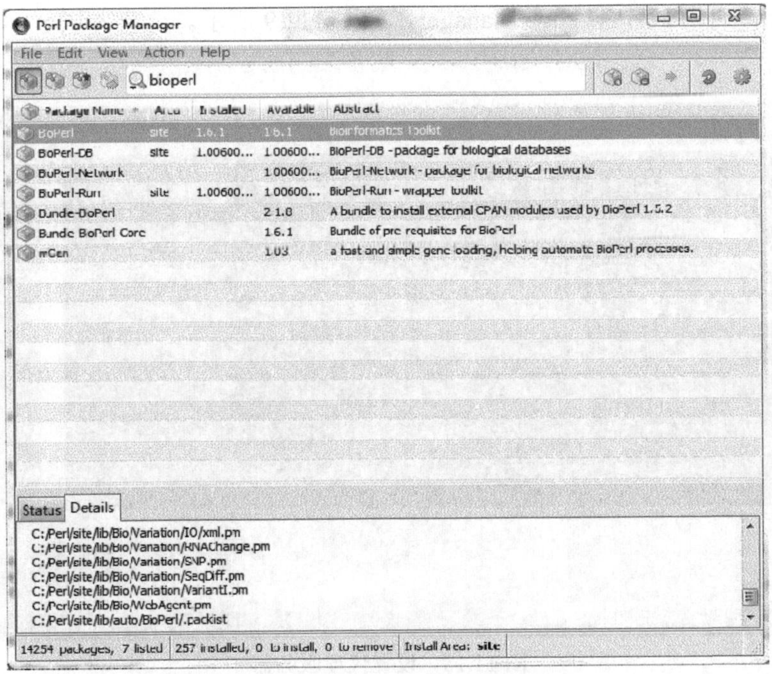

图 11.16　完成 Bioperl 有关包的安装

11.3.5 局域网通过代理服务器用户的安装

这时，Perl的安装流程不变，而Bioperl的安装有所不同，首先在“命令提示符”下设置好代理服务器，再启动Perl程序包管理器（PPM），最后完成Bioperl资源库的添加，以及相关包（或者模块）的安装。

按Windows→所有程序→附件→命令提示符，启动“命令提示符”。通过命令“cd Desktop/bioperl”进入工作目录，如图11.17所示。

C:\Users\xqz>cd Desktop/bioperl
C:\Users\xqz\Desktop\bioperl>

图11.17　进入本教程的工作目录bioperl

设置代理服务器使用命令“set http_proxy=urlToProxy:Port”，其中urlToProxy:Port因用户而异。例如，笔者所使用的代理服务器地址为http://cache.pasteur.fr:8080（图11.18）。切记：用户不能使用其他局域网的代理服务器。用户如果不清楚自己的代理服务器设置，首先可以假设自己是“非代理服务器用户”，参照上面11.3.4节完成Bioperl的安装。如果不能成功安装，应该向网络管理员索取所在局域网使用的代理服务器地址。在命令提示符界面键入命令ppm，启动Perl Package Manager，如图11.19所示。

管理员: 命令提示符
Microsoft Windows [版本 6.0.6001]
版权所有 (C) 2006 Microsoft Corporation。保留所有权利。
C:\Users\Administrator>cd C:\
C:\>cd work2
C:\work2>cd bioperl_book
C:\work2\bioperl_book>set http_proxy=http://cache.pasteur.fr:8080
C:\work2\bioperl_book>
ex8.pl - 记事本
13:00

图11.18　设置代理服务器

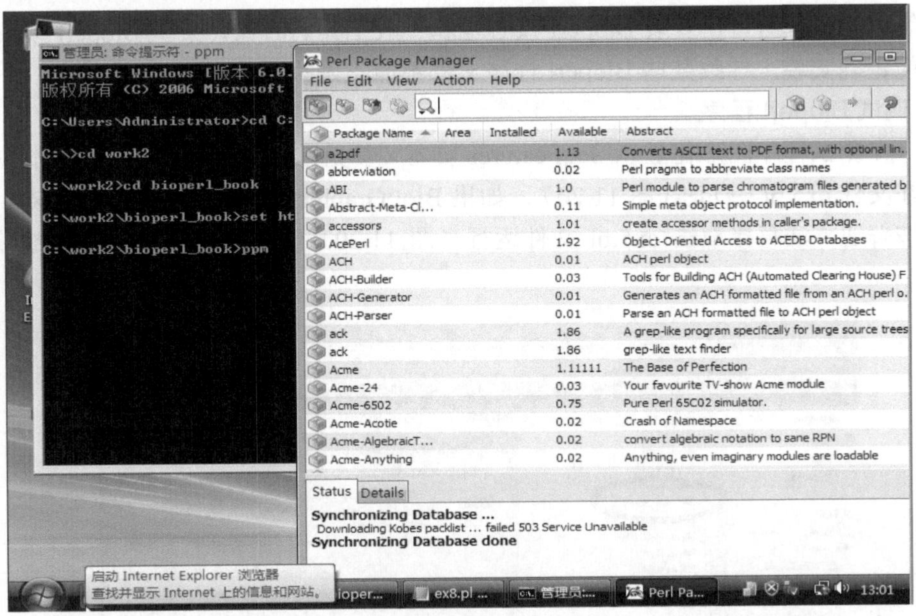

图 11.19　“命令提示符”下键入 ppm 启动 Perl 程序包管理器（PPM）

按照 11.3.4 节的方法完成 Bioperl 资源库的添加和 Bioperl 有关程序包及模块的安装。

11.3.6　在 Windows XP 系统下安装

与 Windows 7 系统比较，XP 系统下安装 Bioperl 较为简便。其步骤如下。

- 在 Windows 系统“开始→所有程序”菜单中打开“ActivePerl→Perl Package Manager”。
- 在 PPM 中，通过“Edit→Preferences”菜单打开属性设置面板，选择 Repositories 选项卡，逐一添加 Bioperl 资源库。
- 在 PPM 查询窗口中键入“bioperl”，找到表 11.1 相应的 Bioperl 程序包。
- 鼠标选中程序包后，右键选择标记安装。
- 按下工具栏上运行工具“➡”（或者按下 Ctrl+Enter 组合键）。
- 在弹出的提交事务对话框中，点击“确认”按钮。
- PPM 自动完成 Bioperl 的下载和安装。

11.3.7　从 CPAN 安装 Perl 文件

Perl 综合典藏网（comprehensive Perl archive network，CPAN）保存了很多用 Perl 写成的程序，用户可从这里下载、安装、更新及管理 Perl 文件。因为上述 Bioperl 包并非某一家机构精心制作，所以难免会有一些遗漏之处。当受到黑客攻击等因素干扰时，在安装 Bioperl 核心包和一般工具的时候，某些 Bioperl 模块也不能正确安装，导致某些 Bioperl 程序文件不能正确执行。

1. 调试 Bioperl 程序

在测试程序图形化显示 SeqFeatures 脚本（参见 11.2.3 的脚本 5，该脚本被保存在文件 ex5.pl 中）时（图 11.20），如果 Bio::Graphics 模块没有被成功安装，这时按普通方法直接双击 ex5.pl 文件运行（图 11.20）便会出错，不会显示图形文件。

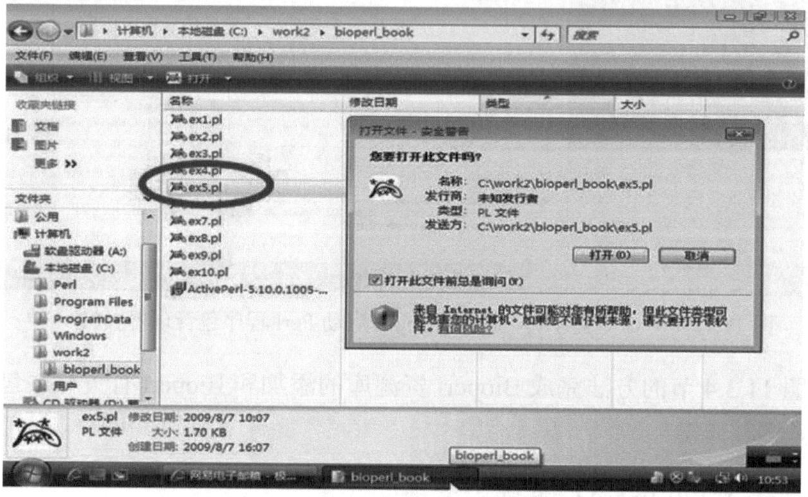

图 11.20　正常运行图形显示实例 ex5.pl 文件

本教程中，我们确信 Perl 脚本文件中没有错误，但启动“命令提示符”后，ex5.pl 所在的目录下却没有发现 Bio/Graphics.pm 文件（图 11.21），因此需要单独重新安装 Bio::Graphics 模块来修复此 Bioperl 环境。

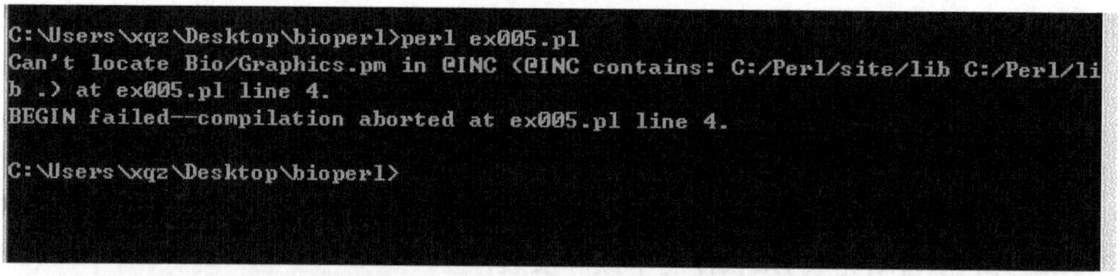

图 11.21　“命令提示符”下调试 Perl 脚本

2. 下载个别 Bioperl 模块文件

在 CPAN（http://search.cpan.org）中输入 Bio::Graphics，并将搜索范围限制在 Modules 中（其默认为 All）。

通过搜索发现，CPAN 最新版本的 Bio::Graphics 模块是 2.24，链接

"Bio-Graphics-2.24"，进入其下载页面后点击"Download"下载有关文件（图 11.22），将其保存在工作目录中，并解压缩。

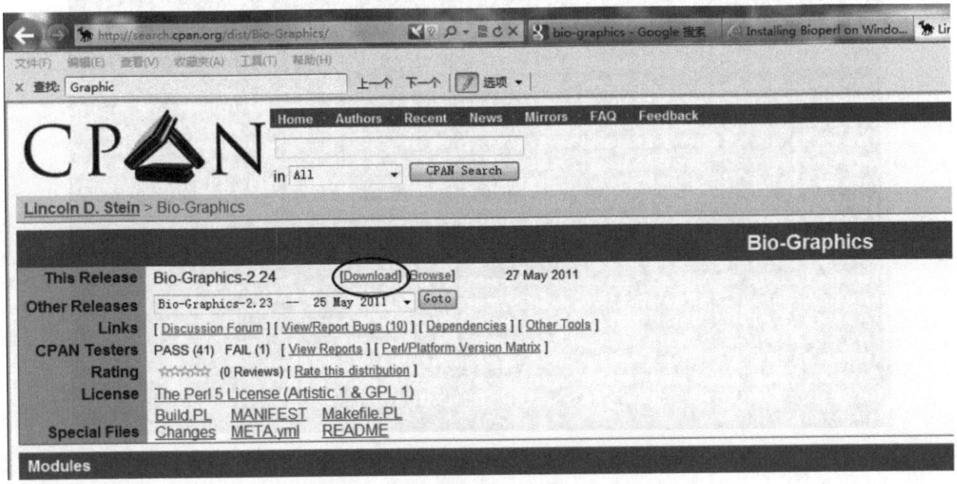

图 11.22　下载 Bio::Graphics 模块

3. 安装个别 Perl 模块 Bio::Graphics

安装前，先启动"命令提示符"，进入解压后的文件夹 Bio-Graphics-2.24，再进入安装目录。为确认 Bio::Graphics 模块是否正确安装到 Bioperl 环境中，可运行命令"perl ./Build.pl"（图 11.23）和"Build test"，之后会在窗口显示一系列输出文件，这些信息将有助于程序员调试，但读者可以忽略这些输出内容。最后通过命令"Build Install"，将 Bio::Graphics 模块成功安装到 Bioperl 环境（图 11.24）。

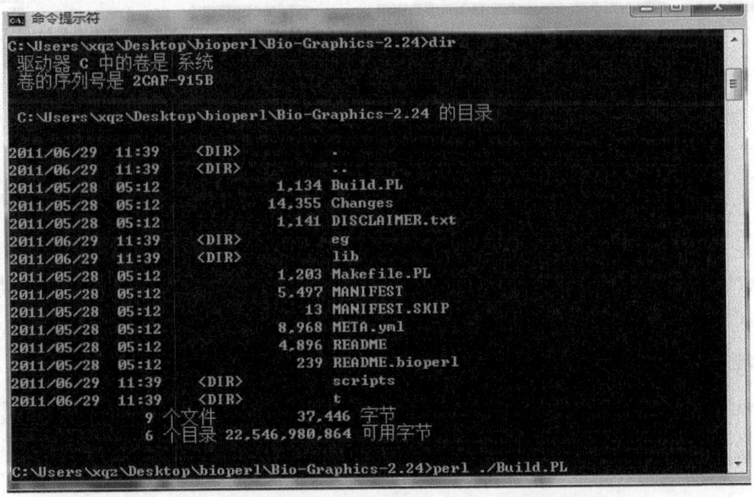

图 11.23　Bio::Graphics 模块的安装，并运行命令

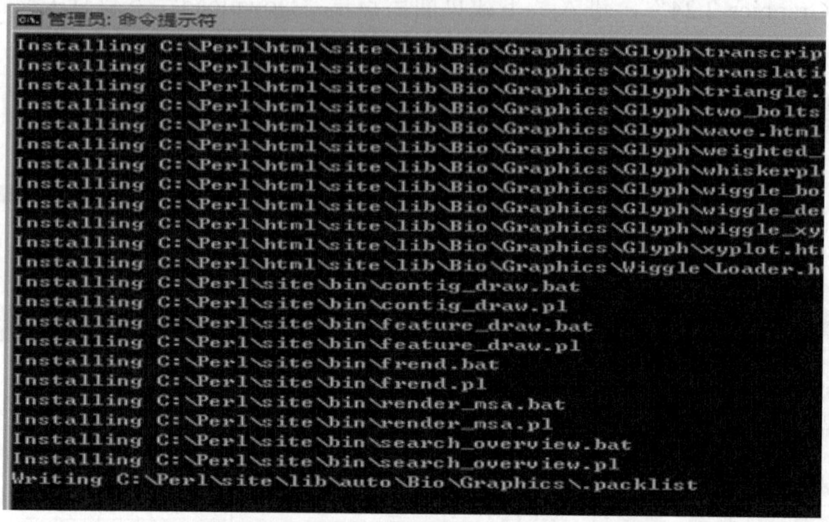

图 11.24　完成 Bio::Graphics 模块的安装

4. 调试 Bio::Graphics 模块

我们仍然通过程序 ex005.pl（图形显示实例）来检验。如安装正确，则双击 ex005.pl 后就可以获得输出文件 ex5out.png，并通过 Windows 照片库显示图形（图 11.25）。

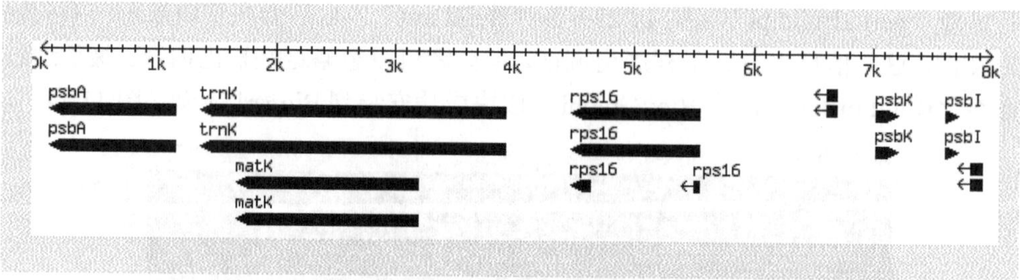

图 11.25　用 Windows 照片库工具查看文件 ex5out.png

11.3.8　安装多序列比对程序 ClustalW 模块

Bioperl 还能提供与外部常用程序的接口，为生物学程序的运行提供方便，尤其是在批处理海量数据时。现以 Bioperl 与 ClustalW 的衔接为例说明。

1. 下载并安装 ClustalW 程序

从 ebi 站点 ftp://ftp.ebi.ac.uk/pub/software/clustalw2/2.1/ 下载最新版本 Clustalw2/2.1-win.msi 软件（图 11.26），存放到 Bioperl_book 目录内。

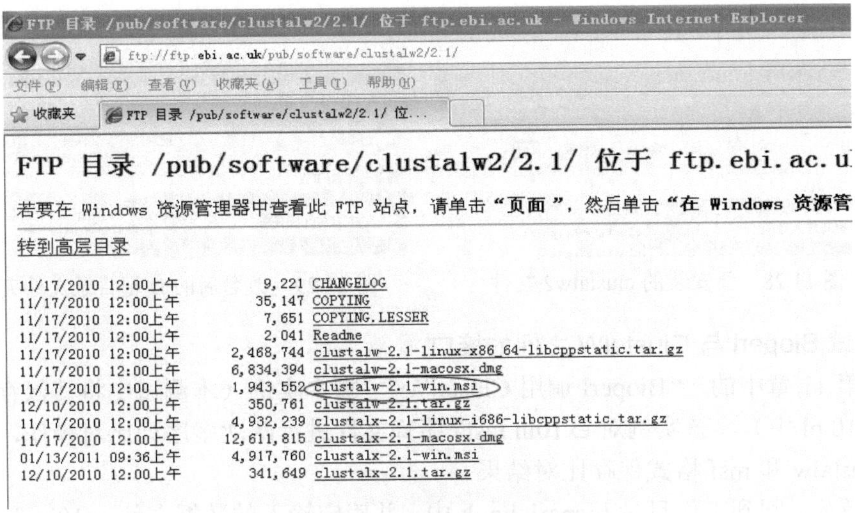

图 11.26　下载最新版本的 ClustalW

如果在 Windows 默认情况下安装，双击 ClustalW2，文件便自动置于“C:\Program Files”下（图 11.27）。这时程序路径中会包含空格，致使很多生物信息程序不能正常运行，为此，我们将路径“C:\Program Files\ClustalW2”调整为“D:\”，使 ClustalW2 安装在 D 盘根目录中。

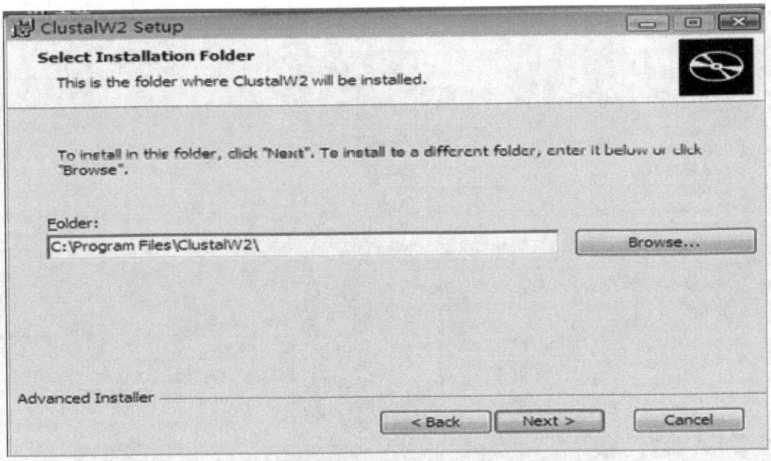

图 11.27　程序安装在默认文件夹中含有空格

再打开文件夹 D:\，就可看到新安装的 clustalw2.exe 程序执行文件(图 11.28)。但是，Bioperl 不能识别，因此，还需将新版本名称 clustalw2.exe 改为老版本名称 clustalw.exe，后者才能被 Bioperl 识别，如图 11.29 所示。

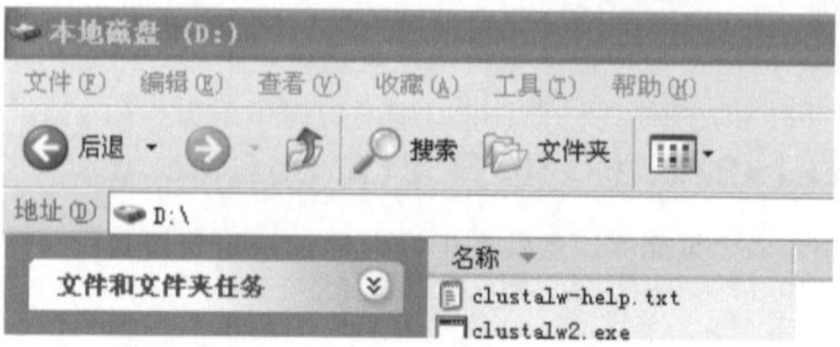

图 11.28　新安装的 clustalw2 文件

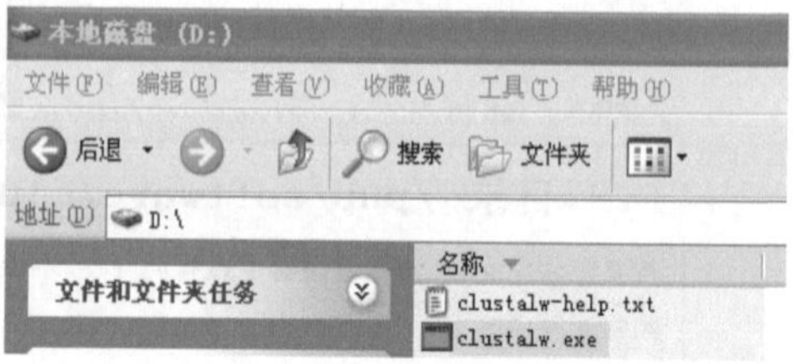

图 11.29　改名后的 D 根目录文件夹

2. 测试 Bioperl 与 ClustalW 之间的接口

第 11 章中的 “Bioperl 调用 ClustalW” 脚本实例（本测试中将其保存在文件 ex10.pl 中），该实例对 ex10in.fasta 序列文件进行两次多序列比对操作，分别以 clustalw 和 msf 格式保存比对结果。

首先，回到工作目录 bioperl_book 中，并确定输入的数据文件 ex10in.fasta 和 ex10.pl 都在该工作目录下，按正常 Perl 程序脚本执行方法双击 ex10.pl。如果接口配置成功，就可以看到多序列比对的过程（图 11.30），最后生成两种输出格式多序列比对文件：ex10out.aln 和 ex10out.msf。若将这两个输出文件名后缀改为.txt 格式，就可以在 Windows 提供的记事本中查看多序列比对的结果，进一步确定程序的正常运行（图 11.31）。

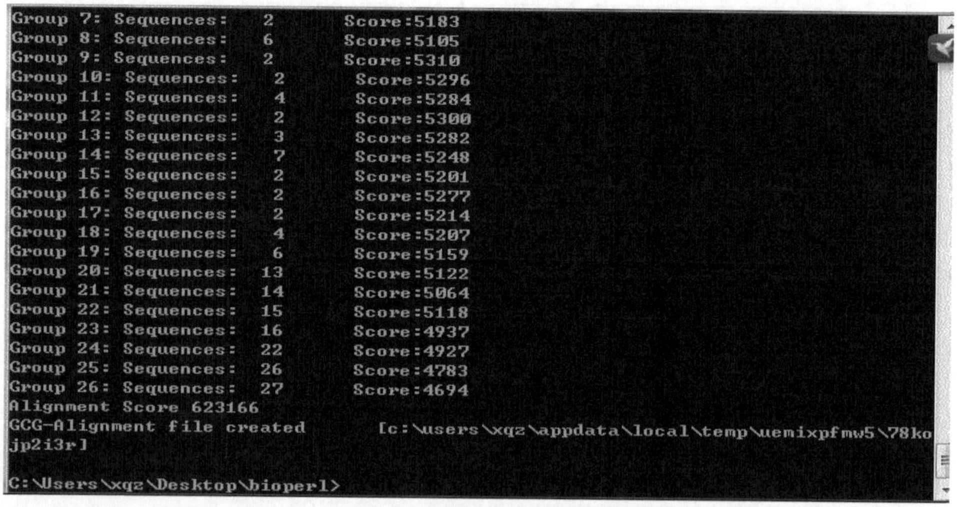

图 11.30　“Bioperl 调用 ClustalW”的运行过程

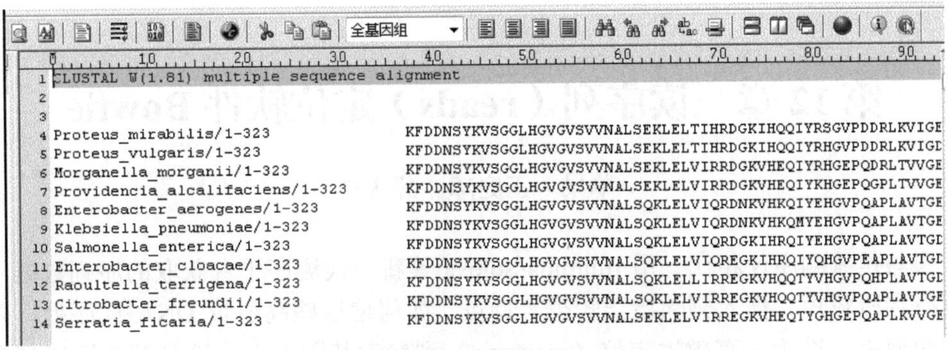

图 11.31　“Bioperl 调用 ClustalW”测试成功输出文件

参 考 文 献

谭军，叶琳，张忠华，等. 2003. Bioperl 简介. 见：胡松年，薛庆中. 基因组数据分析手册. 杭州：浙江大学出版社: 181～224

王庭璋　薛庆中. 2010. Windows 环境下 Bioperl 程序包的安装. 见：薛庆中，等. DNA 和蛋白质序列数据分析工具(第 2 版). 北京：科学出版社

Beginning Perl for Bioinformatics. http://www.oreilly.com/catalog/begperlbio/

Bioperl Documentation. http://doc.bioperl.org/bioperl-live/

Bioperl Tutorial. http://www.bioperl.org/wiki/Bptutorial.pl

Mastering Perl for Bioinformatics. http://www.oreilly.com/catalog/mperlbio/

第 12 章　读序列（reads）定位软件 Bowtie

单杲　王庭璋　薛庆中

与传统测序仪相比，由 Illumina/Solexa 等新一代测序平台获取的序列数据，具有片段较短、插入删除错误较少等特点，如何使这些高通量 DNA 读序列，以超快速度，准确、有效地定位（mapping）到参考基因组上，这是解决读序列数据处理和分析的关键。最近一些适合于读序列定位、大规模基因组测序比对的工具相继被研发，包括通过 Burrows-Wheeler 转换实现的 Bowtie（Langmead et al., 2009），应用空位种子索引法的 Maq（http://maq.sourceforge.net/），还有使用 Smith-Waterman 动态规划算法的 BFAST（Homer et al., 2009） 等。本文将重点介绍 Bowtie 等软件的概况。

12.1　Bowtie 特性

Bowtie 是一个专门针对读序列的超快速、高效率比对工具，是由 Johns Hopkins 大学研究人员开发的。该开源软件的下载网址为：http://bowtie-bio.sourceforge.net/index.shtml。与 BLAST 等普通的比对工具不同，Bowtie 由于使用 Burrows-Wheeler 算法，大幅度提升了比对速度，在对基因组参考序列索引时，其速度为每小时运算 25MB 读序列；做非匹配区比对（unpaired alignment）时，程序运行的内存相对较小，仅占~2.2 GB；做配对末端（paired-end）或颜色空间（color space）比对时也只需~2.9 GB。Bowtie 还能支持多种序列格式，目前基于 Bowtie 的 TopHat、Cufflinks 及 Crossbow 等工具已在英特尔架构（i386 和 x86_64）运行的 Linux、Windows 和 Mac OS X 上得以应用。

12.2　Burrows-Wheeler（BW）转换程序

Bowtie 采用的 BW 转换程序能把基因组序列按一定规则加以压缩并建立索引，同时通过查找和回溯（back tracking）（注：回溯是指通过“LF 作图（Last First Mapping）”原理，将 BW 转换矩阵文本反向逆推到原始文本（Original Text），使读序列作图到参考序列上，BW 转换程序的关键思路如图 12.1 所示。

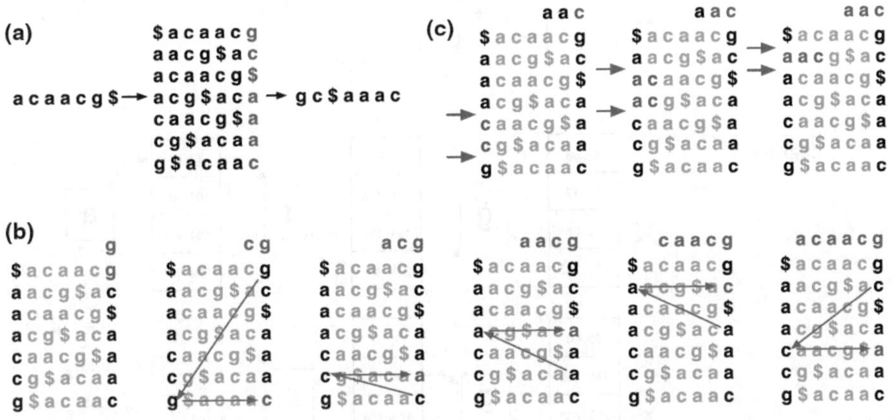

图 12.1　Burrows-Wheeler 转换（Langmead et al., 2009）（见文后彩图）

（a）"acaacg"序列的 Burrows-Wheeler 矩阵及其转换。（b）UNPERMUTE 算法，反复使用最后一个作图[last first (LF) mapping]，将 Burrows-Wheeler 矩阵最右列黑体碱基恢复为原始文本（上顶线红色碱基）。（c）通过"精确比对"来鉴定行范围的步骤，并且，"acc"置于参考后缀之前

12.3　不要求精确的比对搜索

通常回溯时每引进一个新替代时，就增加一个堆叠，结果会形成堆叠结构，反之，如果比对拒绝替换所有候选时，堆叠就会收缩。搜索过程可参见图 12.2。

图 12.2 比较了精确比对与不精确比对（Bowtie 比对）的字符串匹配效果。例如，序列"ggta"比对时，从后缀开始查询，如果执行精确比对，一旦找不到匹配，即矩阵内缺失目标行，比对就会终止，此时用红色 X 字母表示（图 12.2 第 1 行）；如果采用不精确比对，当找不到匹配时，就可以选择一个已经比对好的查询位置，通过碱基替换，如图 12.2 中将"t"替换成"c"或者"a"，以及把"a"替换成""g"，使比对继续，直到发现目标行，此时，用绿色√表示。

总之，Bowtie 能通过各种可能的比对空间，来寻找有效的比对。对于计算量较大的重测序项目，作者建议首选默认模式，但是，第一个有效的比对，在数量或质量上并不一定"合适"。此时，用户可以使用最佳（best）模式，命令 Bowtie 继续搜索，直到鉴定出"最佳"比对。通常默认模式比最佳模式快 2~3 倍。

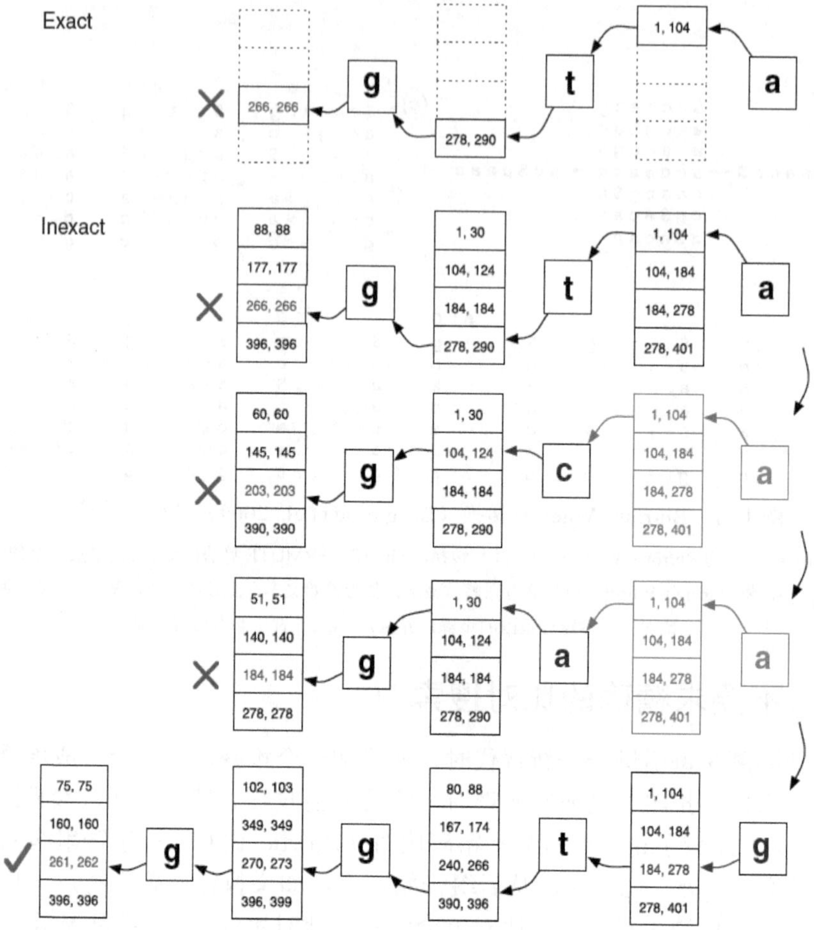

图 12.2　精确比对与不精确比对（Langmead et al., 2009）（见文后彩图）

执行精确比对（Exact）时，一旦产生空位，比对就终止用 X 表示；
而执行不精确比对时（Inexact），允许回溯再找一个或多个匹配，用√标记表示。
盒内成对出现的数字（如 266 266 等），表示矩阵内目标行的起始和终止位置

12.4　回溯过量表达

当序列回溯到最靠近 3′端的查询位置时，会发生过量表达，使比对失效。Bowtie 通过双重索引减少序列过量回溯搜索次数：其一是正向索引（forward index），它将载有基因组的 BW 转换，使它不用替换查询其右半部分位点。其二是镜像索引（mirror index），将载有反向基因组（注意不是反向互补基因组）的 BW 转换，使它不用替换“反向查询”右半部分的位点（这实际上就是查询左半部分的位点）。如果比对结果中最多只允许一个错配，采用上述双重索引设计可以使比对保持最高灵敏度，同时使回溯限制在右半部，防止过量表达回溯。

12.5　阶段搜索

高质量读序列中 5′端的前 28 个碱基通常称为“种子”序列。种子序列的质量值和位置有关，其中 5′端前 14bp 质量较高，而后 14bp 质量较低，故将这两部分分别称为“高半”和“低半”。整体比对的最合格质量距离默认值为 70。根据 PHRED 定义设定，质量值 $Q=-10\log P$，其中 P 是错误概率。无论是读序列还是其反向互补序列，都可作为比对参考的候选。但通常只考虑正向。

图 12.3 表示比对中会出现下述 4 种情况（case）：①整个种子序列没有错配；②高半不错配，低半错配 1 个或 2 个；③高半错配 1 个或 2 个，低半没有错配；④高半错配 1 个，低半错配 1 个。上述情况中任何读序列的非种子部分都允许编号错配，它们的质量也会受到距离的限制。种子序列中 Bowtie 默认允许 2 个错配。

Bowtie 算法进行的 3 个阶段（phase）搜索中，Phase1 利用镜像索引，把字符串分割成种子和非种子两部分，其中种子部分，低半位有 0~2 个错配，高半位 0 错配，同时允许非种子部分≥0 的错配，使其符合 case ①和 case ②的匹配（图 12.3）；Phase2 只有在高半位找到有错配，而且 Phase3 尝试把部分匹配延伸到整个匹配。Phase2 和 Phase3 联合起来，是为了找到符合 case ③的匹配；Phase3 也能找到 case ④ 的匹配。

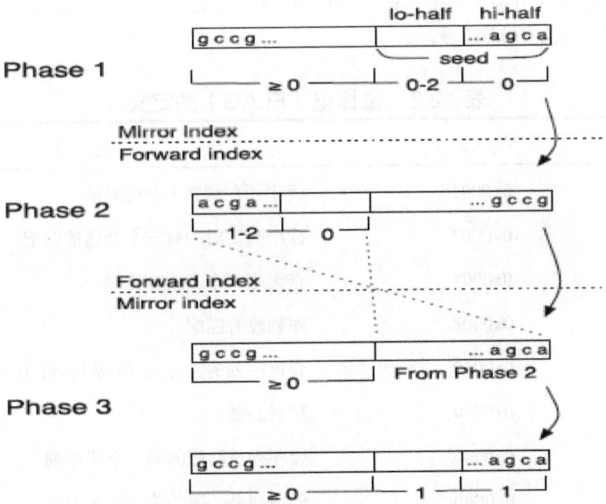

图 12.3　Bowtie 算法的 3 个阶段（phase）（Langmead et al., 2009）

lo-half，低半；hi-half，高半

由上至下：Phase1 符合 case②，Phase2 符合③，Phase3 符合④

12.6 Bowtie 的输出格式

Bowtie 的 SAM 格式输出，头文件以“@”开头， SAM 文件每行注释见表 12.1，，位标记 FLAG 的定义见表 12.2。SAM 输出文件的信息，如表 12.3 所示。

表 12.1 SAM 文件注释

编 号	名称	含 义
1	QNAME	查询名称
2	FLAG	位标记
3	RNAME	参考序列的名称
4	POS	最左边碱基的对应位置
5	MAPQ	比对质量值
6	CIAGR	延伸的 CIGAR 字符串
7	MRNM	配对的参考序列的名称
8	MPOS	1 碱基配对位置
9	ISIZE	预测的插入大小
10	SEQ	查询序列在参考序列的同一条链
11	QUAL	Phred 质量值
12	OPT	变量的可选字段结构 TAG:VTYPE:VALUE

注：编号 1~11 为 SAM 文件的“必选字段”；编号 12 为“可选字段”，不是必需包含的字段，但可以报告其他信息，如编辑距离、颜色空间距离等。

表 12.2 位标记（FLAG）的定义

编 号	位标记	定 义
1	0x0001	读序列在测序上是配对的
2	0x0002	读序列比对中有一个合适的匹配
3	0x0004	查询序列本身没有比对
4	0x0008	序列没有匹配
5	0x0010	查询序列的链方向（1 是反链，0 正链）
6	0x0020	配对的链
7	0x0040	读序列是匹配的第一个读序列
8	0x0080	读序列是匹配的第二个读序列
9	0x0100	比对不是基本的
10	0x0200	读序列平台质量检查失败
11	0x0400	读序列是 PCR 或光学复制

表 12.3 SAM 输出文件信息示例

1	2	3	4	5	6	7	8	9	10
chr1	10001	t	C	39	39	60	4	CCCc	egfe
chr1	10002	a	C	39	39	60	4	CCCc	dgde
chr1	10004	c	G	39	39	60	4	GGGg	egde
chr1	10005	c	G	39	39	60	4	GGGg	dgee

注：1. 染色体名；2. 基因组上的位置；3. 参考序列上的碱基；4. 读序列上的碱基；5. 一致质量值（consensus quality）；6. SNP 质量值（quality）；7. RMS 作图质量（mapping quality）；8. 覆盖读序列（covering reads）数目；9. 读序列覆盖的碱基列；10. 位点碱基的质量值。

Bowtie 除了支持 Illumina GA 的普通 fastq 格式外，也能支持 ABI SOLID 的颜色空间（COLOR SPACE）序列格式。下面列出一个颜色空间数据 fastq 文件示例。每个颜色空间条目（item）占 4 行，第 1 和第 3 行表示读序列的名称，第 2 行是读序列，第 4 行是读序列对应的质量值。

```
@SRR033795.4 VAB_NONE1_26_77_R3 length=50
G20333033110122131023123113113020201211310133111232
+SRR033795.4 VAB_NONE1_26_77_R3 length=50
!4:71.790@@@@26<7A7@/；2<>=<93<262）197<8=9<；&2（；%14&
```

注：第 2 行是颜色空间编码的读序列，如果要获得真实的读序列，需要对其进行解码。颜色空间转换成普通碱基的规则如图 12.4 所示。如本例第 2 行，首先对 G2 进行解码，根据转换规则，在颜色空间中，当 G 为 1st Base， 2nd Base 数字 2 对应的碱基为 A，即把数字 2 解码为碱基 A；继续解码，当碱基 A 是 1st Base 时，2nd Base 数字 0 对应的碱基为 A；随后对 A3 进行解码，数字 3 将解码为碱基 T；以此类推，因此，第 2 行的颜色空间序列最后可以转换成普通序列数据应该是(G)AATATTATGTTGAGTACCTACTACATGTAAGGAA CTGTACCATACACTAG)。

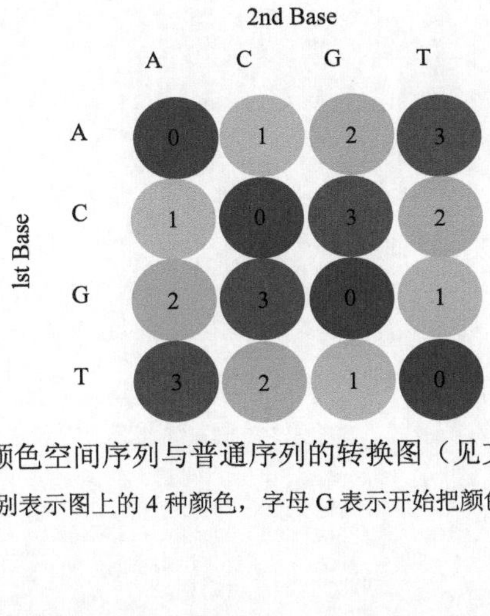

图 12.4 颜色空间序列与普通序列的转换图（见文后彩图）

1，2，3，4 分别表示图上的 4 种颜色，字母 G 表示开始把颜色空间序列解码第 4 行的质量值用 ASCII 字符（$sq）表示，其真实质量值（Phred 质量值）用$Q 表示，两者关系是，$Q = 10 * log(1 + 10 ** (ord($sq) – 64) / 10.0)) / log(10)。

参 考 文 献

Homer N, Merriman B, Nelson SF. 2009. BFAST: An alignment tool for large scale genome resequencing. PLoS ONE, 4(11): e7767. doi:10.1371/journal.pone.0007767

Langmead B, Trapnell C, Pop M, et al. 2009. Ultrafast and memory-efficient alignment of short DNA sequences to the human genome. Genome Biol, 10(3): R25. Epub 2009 Mar 4

Maq: Mapping and Assembly with Qualities. http://maq.sourceforge.net/

第 13 章　UCSC 基因组浏览器

周国艳　薛庆中

基因组浏览器数据库（Genome Browser Database, GBD，http://genome.ucsc.edu）是美国加州大学圣克鲁斯分校（UCSC）研发的在线数据库，它整合了来自于 GenBank、RefSeq、CCDS 和 UniProt 等数据库中大量生物体基因组序列和注释数据集（Hsu et al., 2005），迄今生物种类已扩大到 24 种脊椎动物和 22 种无脊椎动物，基因组数据集内包含基因预测、调控因子、基因表达数据、重复序列、SNP、mRNA 等信息，拥有很多用于可视化和基因组数据分析的工具，包括基因分类器、蛋白质组的浏览器、表浏览器、BLAT、VisiGene 和基因图。所有数据都可以通过基因组的浏览器和表浏览器界面显示，也可批量下载，是科学界广泛应用的综合性资源数据库（Kuhn et al., 2009）。2008 年 9 月，开始发放了 hg18 人类基因组数据集新版本，其包含了 66 803 个基因（包括异构体），这些基因聚在 26 570 个基因簇中，其中有 13 767 个非编码蛋白区基因，还增加了来自 dbSNP 释放的 129 SNP 数据。

本章将向读者介绍应用 UCSC 基因组浏览器产生基因组名单及捕获靶标序列区的方法。

13.1　基因分类器（Gene sorter）工具

（1）输入信息：链接 UCSC 基因组浏览器主页（http://genome.ucsc.edu）（图 13.1）基因分类器工具（Gene Sorter），首先确定待查物种基因组、拼接时间版本，默认状态时为 GRCh37/hg19（人类基因组 2009 拼接版本）；然后，输入欲搜索（search）的基因名称或 NM 号。本例输入人类乳腺癌基因 BRCA1（图 13.2），点击 GO！，图 13.3 即显示该基因的表达谱、在染色体上的位置及其特性等信息。

如需要重新输入时，可单击设置（configure）,从名称（Name）列中选择不同数据库的名称，并在“On”列勾选（图 13.4）。例如，选择 GenBank 后提交（submit），新的页面上在基因名称后便增加了 GenBank NM 号（图 13.5）。

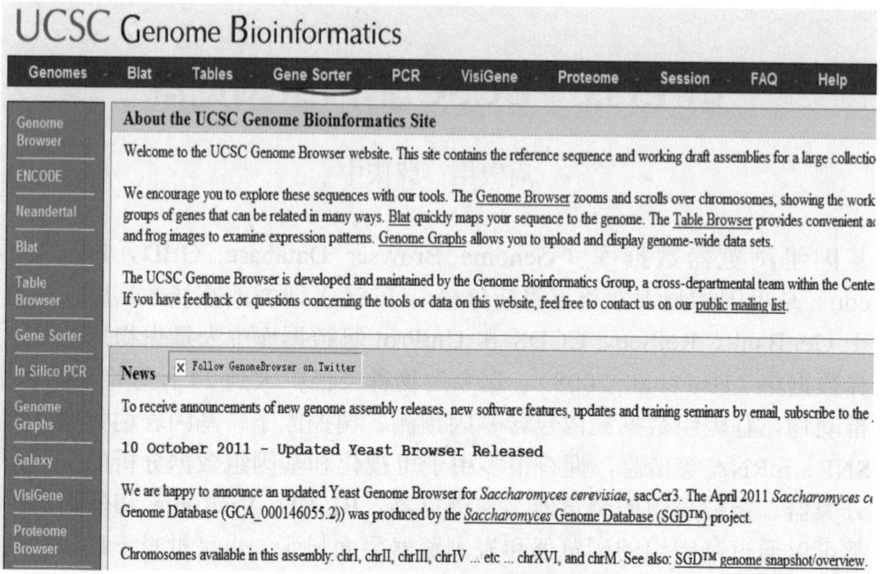

图 13.1　UCSC 基因组浏览器主页

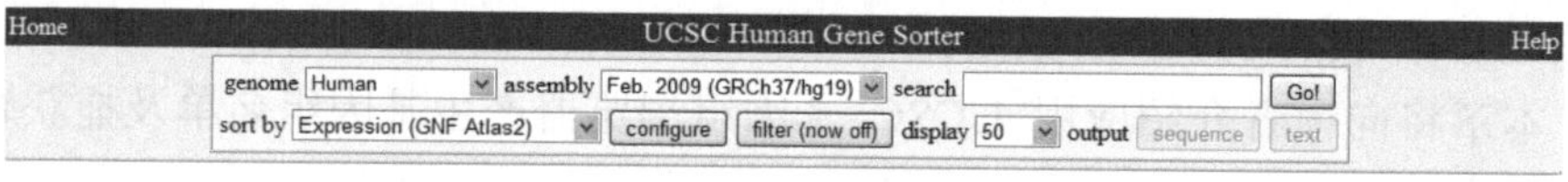

图 13.2　UCSC 基因分类器输入界面

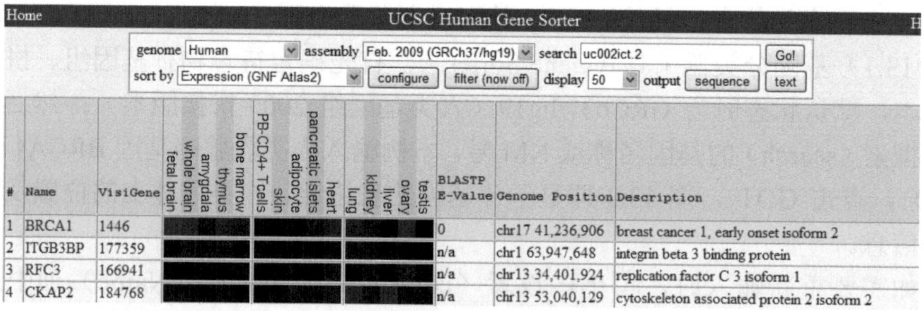

图 13.3　基因分类器工具

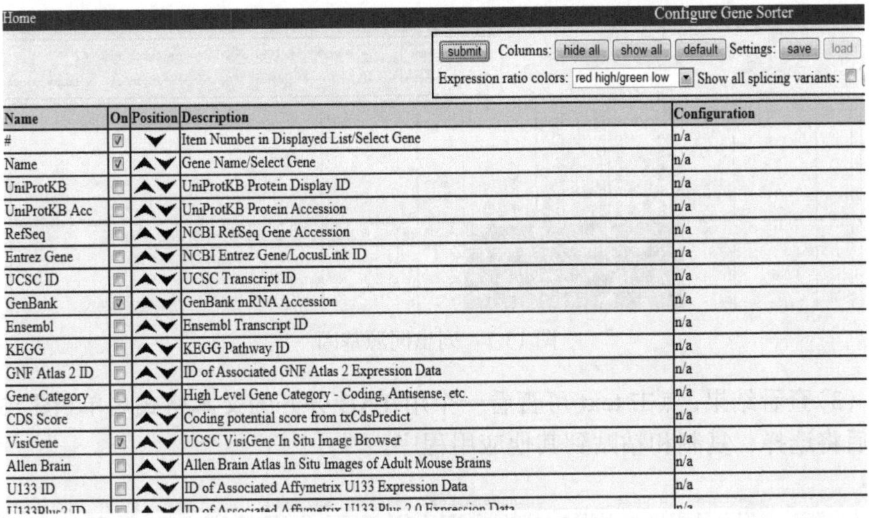

图 13.4　基因设置

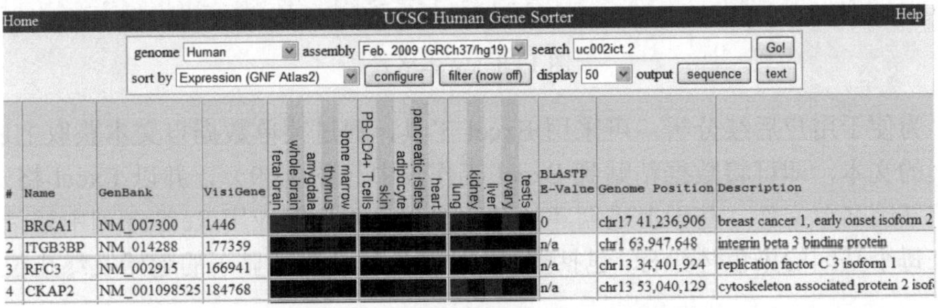

图 13.5　基因名称增加了 GenBank 登录号

（2）排序方式（sort by）。如按“Protein Homology-BLASTP”排序，在搜索框中输入“BDNF”，对其蛋白质序列做同源性搜索，结果示于图 13.6。点击 BDNF - brain-derived neurotrophic factor isoform c，搜索到 4 个同源基因，图 13.7 列出了它们的基因组位置和注释。

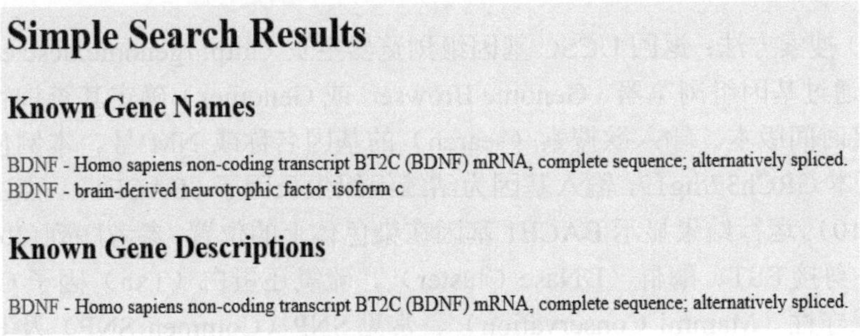

图 13.6　简单搜寻结果

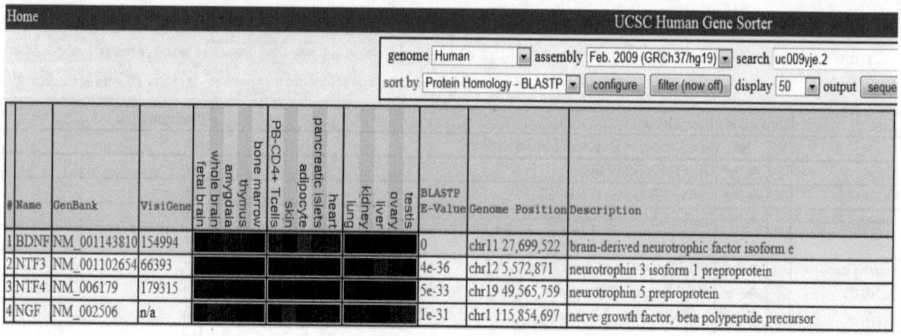

图 13.7　列出同源基因

（3）查看结果：点击 text 可查看一个用 TAB 分开的文本格式名单（图 13.8），保存后将选择、复制和粘贴到其他应用程序。

```
#num    name    genbank visigene           gnfHumanAtlas2  eVal      knownPos         description
1       BDNF    NM_001143810    154994     -0.501,1.136,1.641,-1.027,-0.285,-1.171,0.025,-1.977,-1.218,-1.27
2       NTF3    NM_001102654    66393      0.346,0.527,0.298,-0.458,0.029,0.424,-0.465,-0.821,1.190,0.058,0.
3       NTF4    NM_006179       179315     -0.875,0.675,1.018,0.213,0.042,0.601,1.048,-0.075,-0.535,0.208,-0
4       NGF     NM_002506       n/a        -0.129,-0.990,-0.878,-0.052,0.447,0.008,-1.623,0.668,-0.672,0.916
```

图 13.8　文本格式

为便于用户后续分析，可采用 Excel 工具，通过菜单数据自文本获取上述文件夹的文本，即可将数据粘贴到 Excel 工作表中（图 13.9），并以 Excel 格式保存该基因名单文件。基于上述创建的基因名单，就能够应用 RefSeq 列中登录号，建立每个基因的染色体坐标，包括登录号、染色体号和外显子的起始及终止位置。

#num	name	genbank	visigene	gnfHumanAtlas2	eVal	knownPos	description
1	BDNF	NM_001143810	154994	-0.501, 1.136, 1	0	chr11:27676444-27722600	brain-derived neurotrophic factor isoform e
2	NTF3	NM_001102654	66393	0.346, 0.527, 0.	4.00E-36	chr12:5541280-5604463	neurotrophin 3 isoform 1 preproprotein
3	NTF4	NM_006179	179315	-0.875, 0.675, 1	5.00E-33	chr19:49564399-49567119	neurotrophin 5 preproprotein
4	NGF	NM_002506	n/a	-0.129, -0.990,	1.00E-31	chr1:115828537-115880857	nerve growth factor, beta polypeptide precursor

图 13.9　Excel 工作表

13.2　基因组浏览器（Genome Browser）

（1）搜索方法：返回 UCSC 基因组浏览器主页（http://genome.ucsc.edu）（图 13.1）。通过基因组浏览器（Genome Browser 或 Genomes）确定其查询物种基因组、拼接时间版本、输入欲搜索（search）的基因名称或 NM 号。本例使用默认状态，版本 GRCh37/hg19，输入基因为结缔组织生长因子（BACE1），点击 submit（图 13.10）。运行结果显示 BACE1 基因在染色体上的位置、参考序列（Ref Seq）、mRNA、剪接 EST、酶群（DNase Cluster）、硫氧还蛋白（Txn）因子 ChIP、哺乳动物保守性（Mamml Conservation）、常见 SNP（Commen SNP）及其重复屏蔽（Repeat Masker）等信息（图 13.11）。如想进一步了解详情，可通过下方的各信息栏目链接。这里包括：作图和测序路径（Mapping and Sequencing Tracks），表型和疾病相关（Phenotype and Disease Associations），基因和基因预测路径（Genes and Gene Prediction Tracks），mRNA 和 EST 路径（mRNA and EST Tracks），表达（Expression），调控（Regulation），比较基因组学（Comparative Genomics），尼安德特人拼接和分析（Neandertal Assembly and Analysis），变异和重复（Variation and Repeats）（图 13.12）。

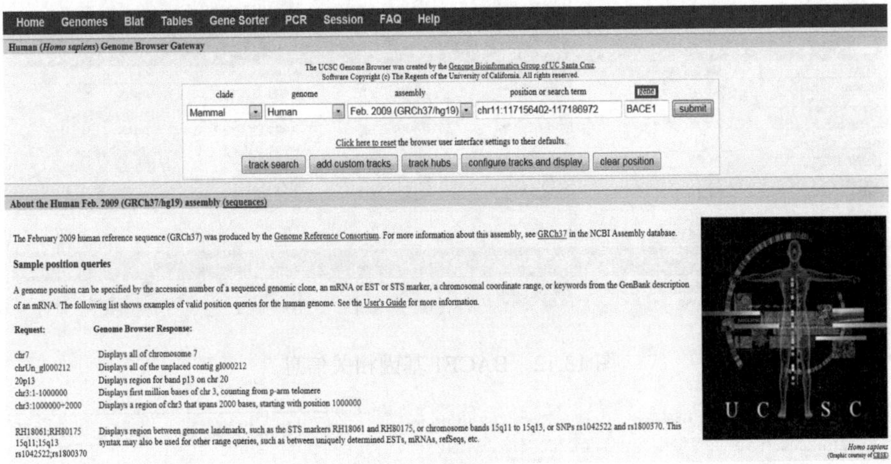

图 13.10　查询 BACE1 基因

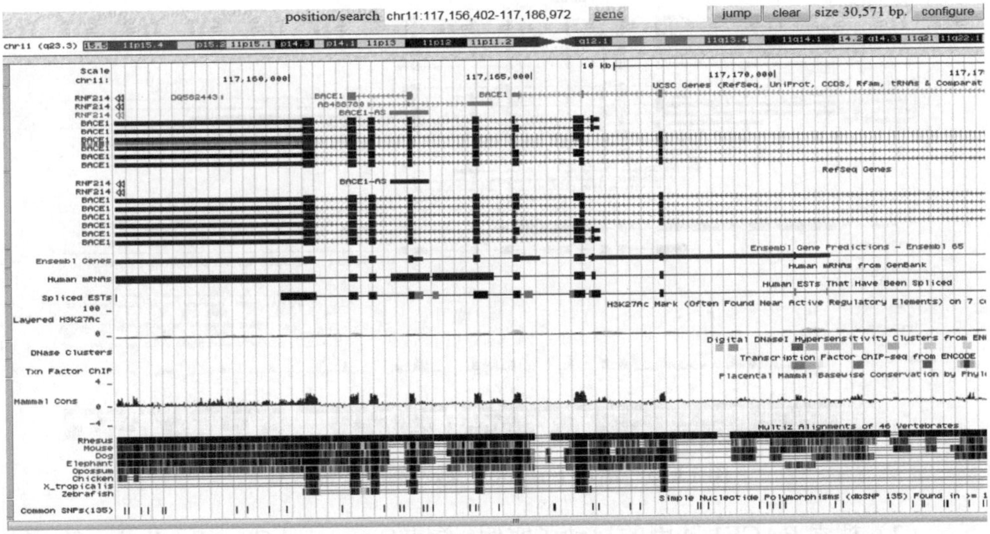

图 13.11　BACE1 基因信息

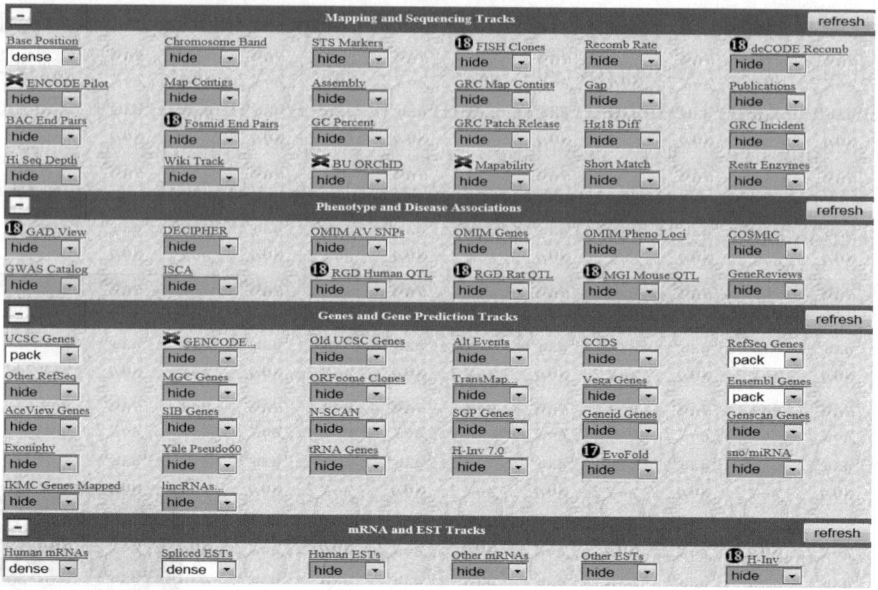

图 13.12　BACE1 基因相关信息

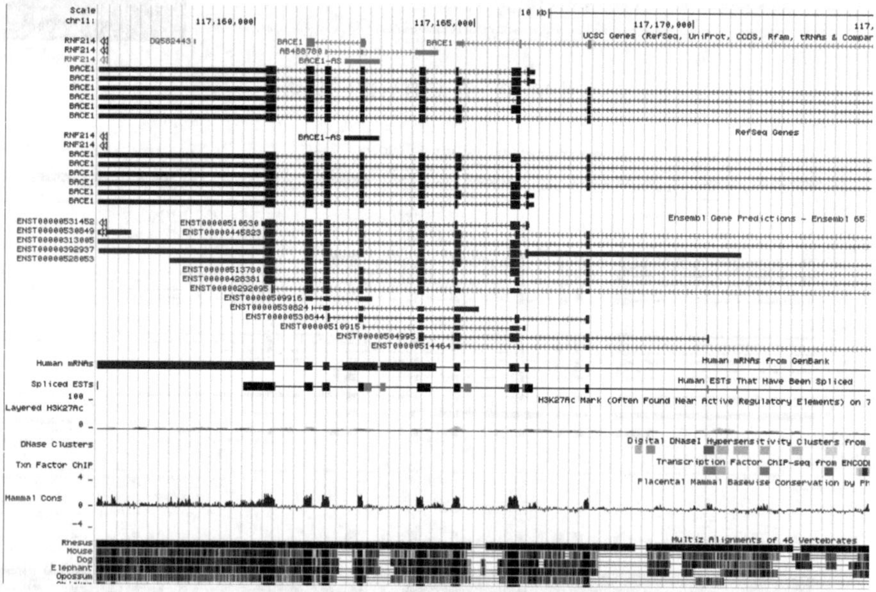

图 13.13　出现 Ensemble 基因预测条带信息

（2）搜索 BACE1 基因的启动子实例：通过 Genes and Gene Prediction Tracks →Ensemble Genes，如按默认设置 hide（隐藏）模式没有显示 Ensemble Genes（图 13.11），如将其路径设置改为 dense（密集）模式后再单击 Ensemble Genes（图 13.12），发现更新图上出现了 Ensemble 基因预测条带信息（图 13.13），点击

这条红线就会显示该基因的位置和序列信息（图 13.14）。链接拼接的基因组序列会弹出序列检索区选项，发现其中包含启动子、外显子和内含子。勾选启动子（Promotor）同时选择外显子（Exons）用大写字母、其余为小写字母表示。提交后，就能获得该基因的序列（图 13.15），其中预测的启动子区域位于第一个大写字母之前的小写字母序列内（图 13.16）。

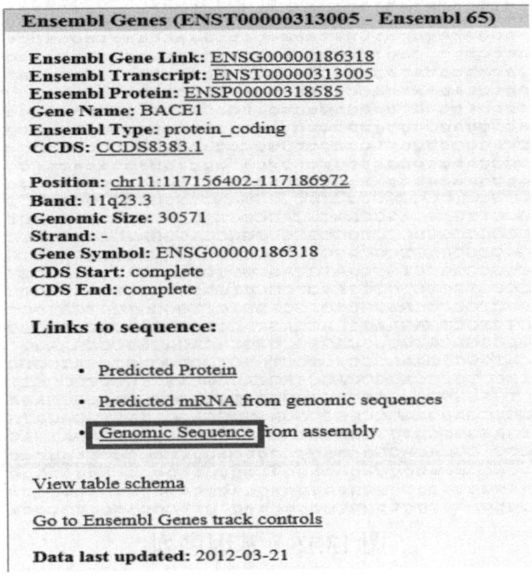

图 13.14 基因的位置和序列信息

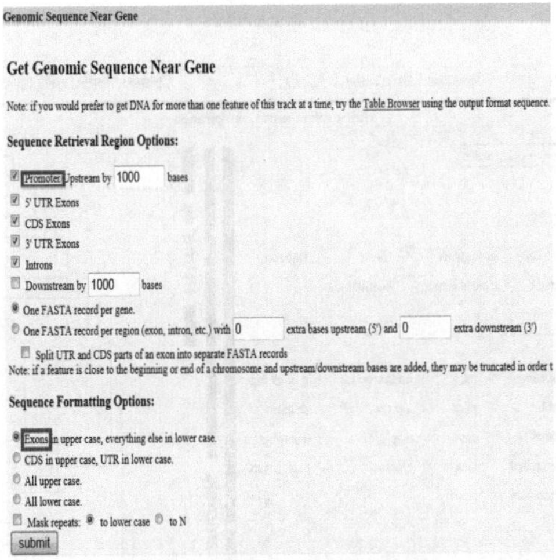

图 13.15 序列检索区选项

（3）做比较基因组学研究：如分析物种保守性时，用户通过单击 Comparative Genomics→Conservation，设置 Full 模式获得数据库内全部哺乳动物保守性的进化树（图 13.17）。用户也可以通过增加或减少 Clade 进化枝来调整进化树上灵长动物（Primate）、哺乳类动物（Mammal）、脊椎动物（Vertebrate）的数目。

```
>hg19_ensGene_ENST00000313005 range=chr11:117156402-117187972
gcttgaacccgggaggcggaggttgcagacttgagaccatgccactgcac
tccagcctgggtgacagagcaagtctccttttcaaaagaaaaatgaagat
tccctttcatttttaaaaaaattaaatcagagtaactgctgaattttat
caatggctttccacatttgataaacaatatattgttaaaaccataccggc
ttttctcctttaagctattagaactctaacgcttttggttcaaggcttta
agctcttaccagttaatatagagatacttttcggagtgttaacactttaa
agctatcaacagccatttctcctcagtctggctgatggtgcagaaaatca
gaggagccataaggattcaagtagagcctcaagggcacaaacaggttcag
atgggagaagacccactggctcttacctgcccgcagatcgcaggcgcagg
agaaaataagacaactgcactttccccttttggaccctgctccgctggtt
tgcagcctggaaaaactcttcctcccctttcatcctgctccctcaatctc
tgctcgtgaaaatcctacccatttttaaacgctcaaattaaataccacct
tctcccactgagtcttcccagatcccctagatgtccctccaaatccctac
tccttaatgccacatcgtatagtgtgaaaccccaccgcggcaggaatcac
ttaactgtcccgtgtagaatcaccgtttatttctctctgtatctccagcg
cctggcagtgtgcctggcatacagtgggtgctccttccatgctgaaagaa
agactgacagacgggaggtgtgcccctctccatccgtctggcccttcccg
ccagggccttgcagggcggactccacctcggcagagggcatcccagaccc
ctctccagccccggaagccggattgcctgccatgggaagactacacttcc
cagcgatcccagggaaaagcgaaaaccttttggctttgacagccgccgcc
ACAAGTCTTTCCGCCTCCCCAGCCCGCCCGGGAGCTGCGAGCCGCGAGCT
GGATTATGGTGGCCTGAGCAGCCAACGCAGCCGCAGGAGCCCGGAGCCCT
TGCCCCTGCCCGCGCCGCCGCCCGCCGGGGGGACCAGGGAAGCCGCCACC
GGCCCGCCATGCCCGCCCCTCCCAGCCCCGCCGGGAGCCCGCGCCCGCTG
CCCAGGCTGGCCGCCGCCGTGCCGATGTAGCGGGCTCCGGATCCCAGCCT
CTCCCCTGCTCCCGTGCTCTGCGGATCTCCCCTGACCGCTCTCCACAGCC
CGGACCCGGGGGCTGGCCCAGGGCCCTGCAGGCCCTGGCGTCCTGATGCC
CCCAAGCTCCCTCTCCTGAGAAGCCACCAGCACCACCCAGACTTGGGGGC
AGGCGCCAGGGACGGACGTGGGCCAGTGCGAGCCCAGAGGGCCCGAAGGC
CGGGGCCCACCATGGCCCAAGCCCTGCCCTGGCTCCTGCTGTGGATGGGC
GCGGGAGTGCTGCCTGCCCACGGCACCCAGCACGGCATCCGGCTGCCCCT
GCGCAGCGGCCTGGGGGGCGCCCCCCTGGGGCTGCGGCTGCCCCGGGAGA
CCGACGAAGAGCCCGAGGAGCCCGGCCGGAGGGGCAGCTTTGTGGAGATG
GTGGACAACCTGAGGGGCAAGTCGGGGCAGGGCTACTACGTGGAGATGAC
CGTGGGCAGCCCCCCGCAGACGgtaaggtggtcaggccagcccttagccc
tccgcctgcatgagcagaggggagacaggatggggatgcctcaagctagc
ccctgctcaaatgggctggtggggacagcaggagggacccctccccagcc
attccccgggggtcacgtggttgttggcagaagtgttcccaagctcccca
```

图 13.16 基因序列

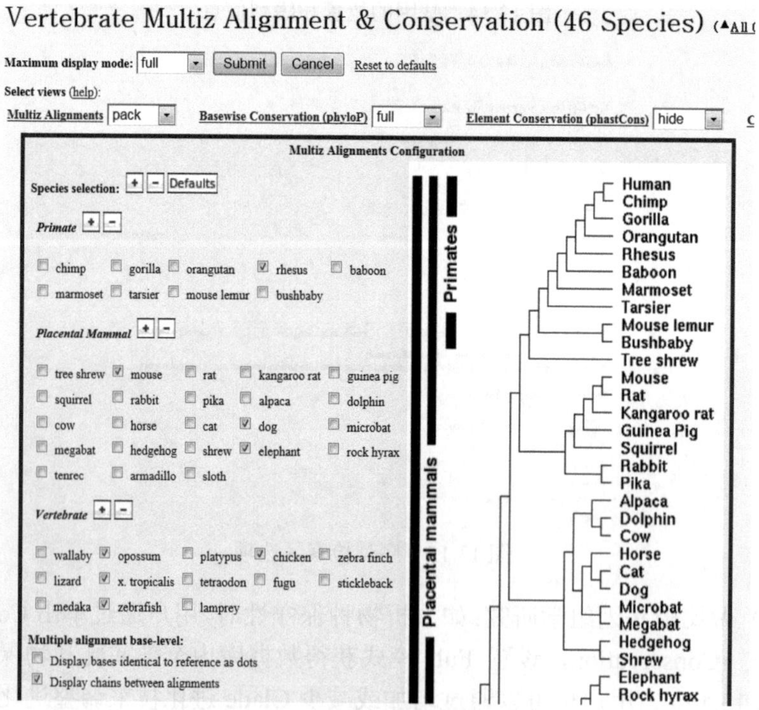

图 13.17 哺乳动物保守性的进化树

13.3 蛋白质组浏览器（Proteome Browser）

用户首先在http://genome.ucsc.edu主页面菜单栏中单击Proteome或链接蛋白质组浏览器。弹出蛋白质组浏览器入口（Gateway）页面。在查询框内输入一个基因ID或一种蛋白质ID号，本例为P05130，即可启动蛋白质组的浏览器（图13.18）。

图 13.18 蛋白质组浏览器入口

（1）蛋白质组浏览器注释通道：图 13.19 自上而下分别显示氨基酸标尺（Amino Acid Scale）、极性（Polarity）、疏水性（Hydrophobicity）、半胱氨酸（Cysteines）、糖基化（Glycosylation）、氨基酸异常（Amino Acid Anomalies）等信息。

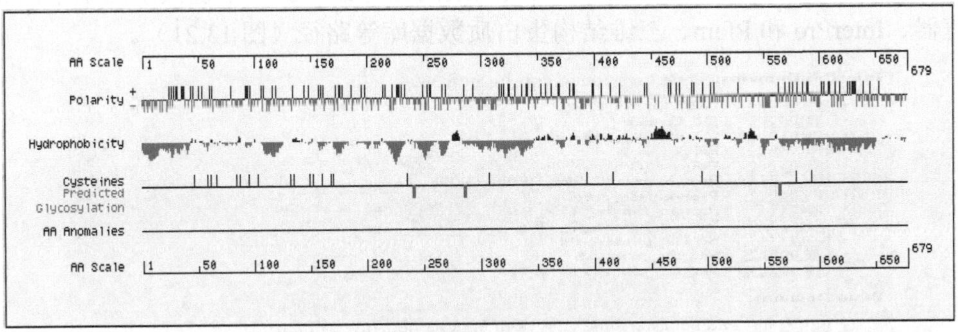

图 13.19 蛋白质组的浏览器跟踪

（2）直方图：显示查询蛋白质以下特性，包括等电点（pI）、分子质量（Molecular Weight）、疏水性（Hydrophobicity）、InterPro域（InterPro Domains）、半胱氨酸位置的数目（Number of Cysteines）、氨基酸频率（Amino Acid Frequency）以及氨基酸异常（Amino Acid Anomalies）等信息（图13.20）。

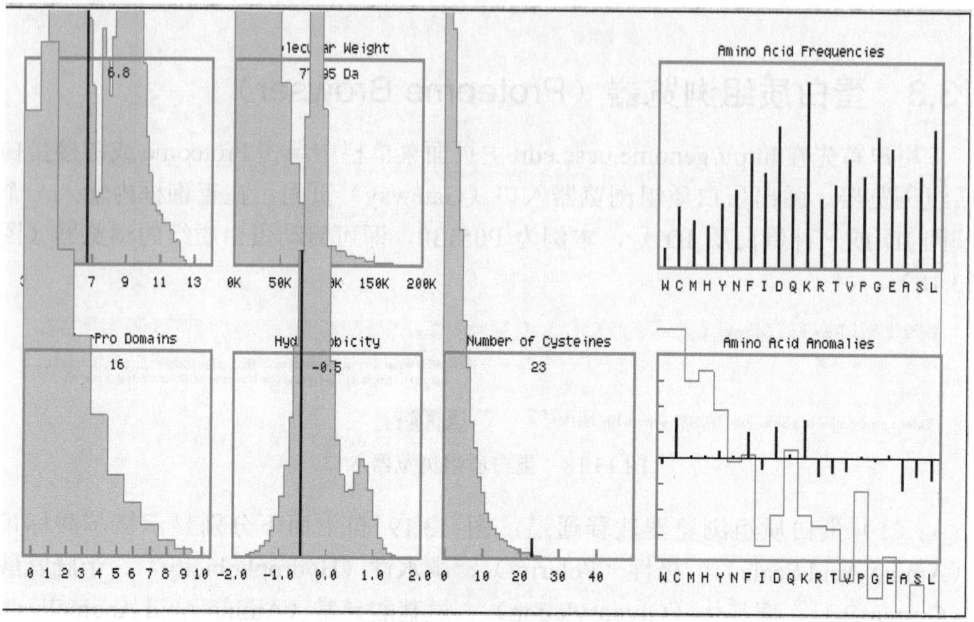

图 13.20　蛋白质组的浏览器属性直方图

（3）链接其他蛋白质资源：蛋白质组的浏览器还提供了链接基因组中的浏览器、InterPro 和 Pfam、三维结构蛋白质数据库等路径（图 13.21）。

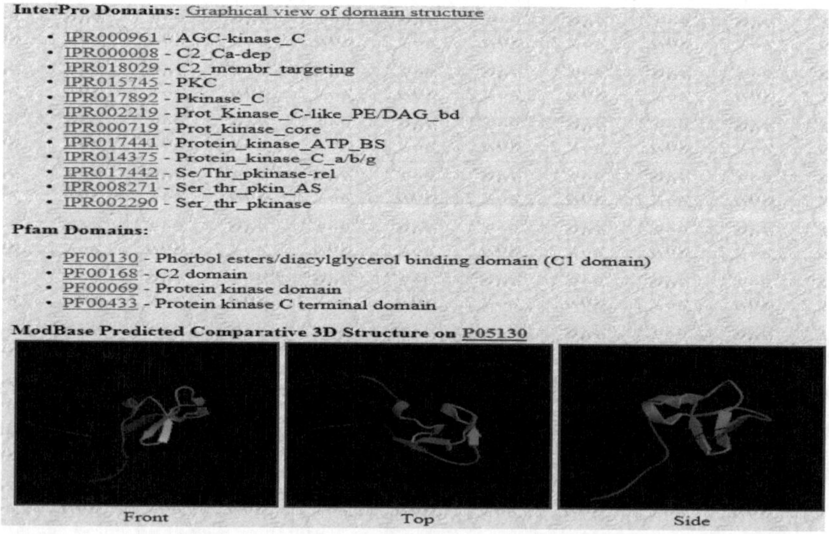

图 13.21　UCSC 基因组浏览器显示和 InterPro、Pfam 域链接及预测的三维结构

13.4　表浏览器（Table Browser）

打开 http://genome.ucsc.edu，在页面顶端蓝色菜单栏中单击 Tables 或链接表浏览器（图 13. 22）。选择“Human”基因组和拼接“Feb.2009（GRCh37/hg19）”。通过粘贴或者上传基因名称或登录号（图 13.23），然后点击提交，回到表浏览器。输出结果中记录了基因在染色体上的位置、外显子数目、起始终止位置等信息（图 13.24）。

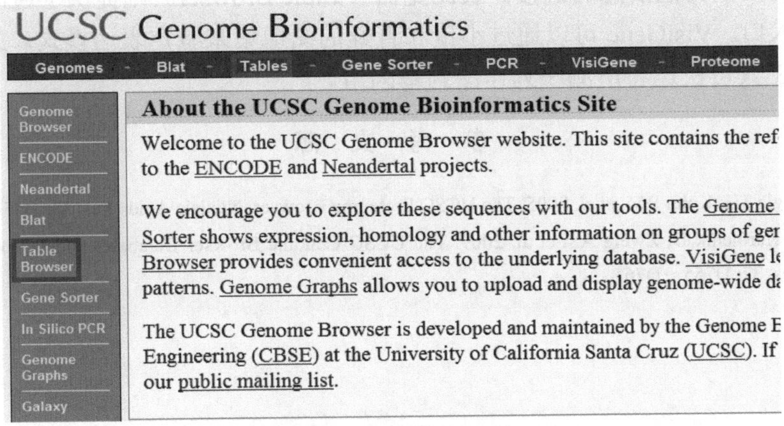

图 13.22　选择表浏览器

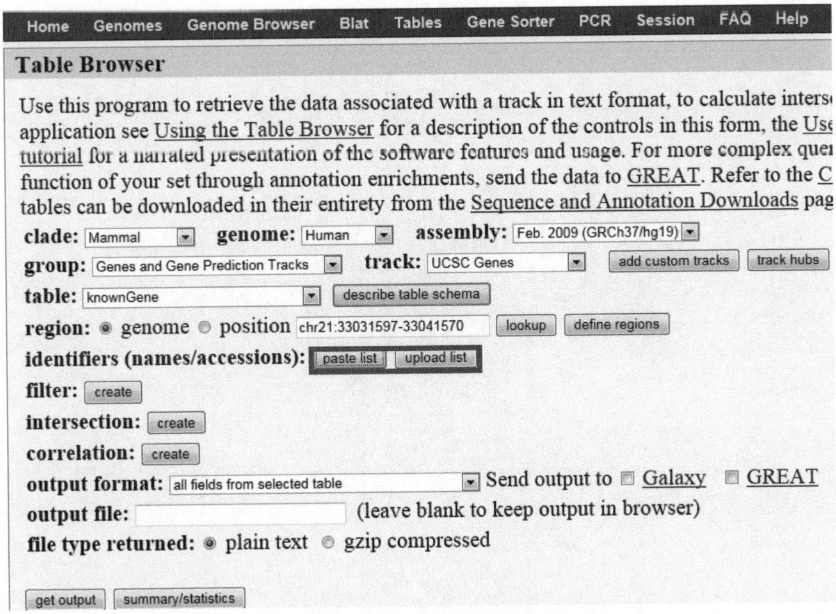

图 13.23　表浏览器

A	B	C	D	E	F	G	H	I	J	K	L
#name	chrom	strand	txStart	txEnd	cdsStart	cdsEnd	exonCount	exonStarts	exonEnds	proteinID	alignID
uc001dse. 2	chr1	+	99729899	99775136	99730005	99772566	7	99729899, 9	99730227, 9	Q7Z2D5	uc001dse. 2
uc010oue. 1	chr1	+	99729899	99775136	99730005	99772566	6	99729899, 9	99730227, 9	Q7Z2D5	uc010oue. 1

图 13.24　输出记录 Excel 格式

综上所述，通过基因组浏览器（Genome Browser）可沿着染色体运行和滚动，做全方位的基因注释。使用基因分类器（Gene Sorter）工具能获取基因表达、同源性及有关基因分组的信息。蛋白组浏览器（Proteome Browser）提供蛋白质属性数据及大量其他信息的链接。表浏览器（Table Browser）则提供了通向重要数据库的入口。VisiGene 可以通过小鼠和青蛙的图像集来鉴定表达模式。此外，使用 Blat 工具可快速将所测序列作图到基因组。

参 考 文 献

Hsu F, Pringle TH, Kuhn RM, et al. 2005. The UCSC Proteome Browser. Nucleic Acids Res, 33: D454～D458

Kuhn RM, Karolchik D, Zweig AS, et al. 2009. The UCSC Genome Browser Database: update 2009. Nucleic Acids Res, 37: D755～D761

第 14 章　SNVs 和 Indel 识别分析方法及工具

单杲　王庭璋　金呈朦　薛庆中

肿瘤细胞中通常存在染色体结构变异和基因突变。其中常见的变异包括易位（translocation）、插入缺失（insertion/deletion, Indel）、单核苷酸变异（single nucleotide variation，SNV）。因此，从分子和细胞水平深入研究癌症的发生及发展的机理首先需要建立肿瘤细胞系。人类脑胶质母细胞瘤细胞系（U87MG）具有高度变异性，通常作为肿瘤基因组测序的模板。FISH 和 SKY 常用来研究大片段的插入缺失及易位，然而，这两种方法不能确定易位发生的具体位置，也无法识别基因组上的微缺失（microdeletion），更难以检测大范围的单核苷酸变异。随着新一代测序技术的发展，许多鉴定染色体结构变异和基因突变的工具相继被开发，大大提升了细胞系突变研究的水平。迄今针对 U87MG 突变研究的文献已超过 1700 篇。

本章，我们介绍使用 Bowtie+ Samtools 软件对 U87MG 基因组中各种突变类型进行初步分析，尤其是，单核苷酸变异识别（SNVs calling）。

14.1　Bowtie 工具

14.1.1　数据的获取

先准备测序的原始数据，我们先从 http://www.ncbi.nlm.nih.gov/sra/SRX015657 下载测序数据文件：SRR033795_1.fastq.bz2、SRR033795_2.fastq.bz2、SRR033795.fastq.bz2，其中，前者是单末端测序数据，后两者是双末端配对（paired end，PE）测序数据；其中，SRR033795_1.fastq 文件包含读序列 227 422 350 条，去冗余以后保留 221 023 492 条。绝大多数的序列只出现 1 次为 5 405 388 条，出现 2 次的序列有 1 206 028 条；出现 10 次及 20 次的序列分别仅有 1687 条和 197 条。同时从 UCSC 的网站下载参考序列 hg19（http://hgdownload.cse.ucsc.edu/goldenPath/hg19/bigZips/ chromFa. tar.gz）。

将参考基因序列的 fasta 格式转换为二进制 fastq 格式的命令为：

maq fasta2bfa ref.fasta ref.bfa

其中 fasta2bfa 为转换二进制 fastq 格式的命令，ref.fasta 为 fasta 格式的参考序列文件，ref.bfa 为转换后的二进制 fastq 格式文件。

14.1.2 为参考序列建立索引

使用 Bowtie 做 SNP 分析，首先要为参考序列建立索引（bowtie-build）。

建立参考序列命令格式如下：$./bowtie-build　<参考序列名的前缀>

本例对基因组 hg19 参考序列建立索引，执行命令如下：

```
$bowtie-build -C hg19.fa hg19_color_index
```

运行后，在目录下会出现以下 6 个索引文件：

```
hg19_color_index.1.ebwt
hg19_color_index.2.ebwt
hg19_color_index.3.ebwt
hg19_color_index.4.ebwt
hg19_color_index.rev.1.ebwt
hg19_color_index.rev.2.ebwt
```

14.1.3 短读序列数据作图到参考基因组

本例将读序列（SRR033795.fastq、SRR033795_1.fastq 和 SRR033795_2.fastq）作图到参考序列 hg19 上；比对后将 fastq 格式转换成 fastq.sam 格式输出。

对读序列进行序列比对的命令：$./botwie -C -S。

```
$bowtie -C -S hg19_color_index SRR033795.fastq SRR033795.fastq.sam
$bowtie -C -S hg19_color_index SRR033795_1.fastq SRR033795_1.fastq.sam
$bowtie -C -S hg19_color_index SRR033795_2.fastq SRR033795_2.fastq.sam
```

这里，参数-C 表示参考序列用 ABI SOLiD 的颜色空间（COLOR SPACE）的序列进行比对，-S 表示将比对结果以 SAM 格式输出（图 14.1）。

```
AA      !%'#-)#()%+&'5(&'-(&&*-#)$&27-'7$*''&%+,/&%+2+%%0(      XM:i:0
SRR033795.136 VAB_NONE1_28_1197 length=50       16      chr2    102650919
255     49M     *       0       0       GAGCCCACTGCAGGGACAATGTGGATTTAGCCCCCAGAAA
GCACAGAAA       ()"!!!6B&!!!!!!%#,"!!$495,4;2255AC?4*//44@D4777</       XA:i:0
MD:Z:49 NM:i:0  CM:i:13
SRR033795.137 VAB_NONE1_28_1247 length=50       4       *       0       0
*       *       0       0       GAACAGCACCGAAAAGAAAAATCAAAAAAAACACAAAAAAAACAAAACA
AA      !)1%*-*)-$&$.'&%&4*')%&'&-1)-%(+&&&-&)*(++)$)(-(9$      XM:i:0
SRR033795.138 VAB_NONE1_28_1253 length=50       16      chr1    82930684
255     49M     *       0       0       GACTTATTTATAAAAGATTTAAAGCACTTAATCCATTTTG
CAAAGCATA       =3!!NDDPOLF@JPJKMVPETH!)UP?DQTQSSUNNYTEIZRSUTYRU?       XA:i:2
MD:Z:49 NM:i:0  CM:i:3
SRR033795.139 VAB_NONE1_28_1351 length=50       0       chr7    658123  255
49M     *       0       0       GCTATGTGCATTTAACCAAAAAATGGTATCCTGCTGCAGATTTCATGC
T       151BA<MVQU\IHPMYTJTW?;P?<EG@AF5=>;602!!655!!!!!!!       XA:i:1  MD:Z:49
NM:i:0  CM:i:8
SRR033795.140 VAB_NONE1_28_1370 length=50       4       *       0       0
*       *       0       0       AGAAGTACTTCGATCTTACGGTATCAAACCTAAAATCATAATAATTAA
AA      !(##&$$,)$&%'#'$&+(%.'2((#%&&#&%'%&/)'%#$%'$($$2))      XM:i:0
SRR033795.141 VAB_NONE1_28_1419 length=50       16      chr12   990827  255
49M     *       0       0       CCGAGATTTGAGTTATCTTTTCGATTCACAGAGTACTCAGGGAGTCTC
T       *!!<B8;I;60:KE<37?9:?@CEF5>TO=.GVM@3AP?,1ISGD7,D=       XA:i:0  MD:Z:49
NM:i:0  CM:i:1
```

图 14.1　Bowtie 输出的 SAM 文件

图 14.1 显示的每条读序列信息，包括读序列号码、数据及质量值。比对结果表明，能够作图到参考序列的读序列约 22 MB 条，整个基因组的测序覆盖率约占 5.5%。质量大于 40 的碱基数目占总数的 62%。

14.2　samtools 软件包

SAMtools 是使用 SAM /BAM 的格式来做序列比对分析和处理软件包。它能进行比对格式转换（convert）、排序（sort）和合并（merge），也能删除重复的 PCR 扩增。

14.2.1　安装步骤

（1）下载 samtools 软件包（http://samtools.sourceforge.net/），samtools- 0.1.8.tar.bz2。

（2）在命令行（Command line）下解压，$ tar xvfj samtools-0.1.8.tar.bz2。

（3）进入目录，$ cd samtools-0.1.8。

（4）输入 make 命令进行编译。

（5）执行软件$./samtools 后，samtools 界面会显示该工具使用的命令（command）和选项（options），如图 14.2 所示。

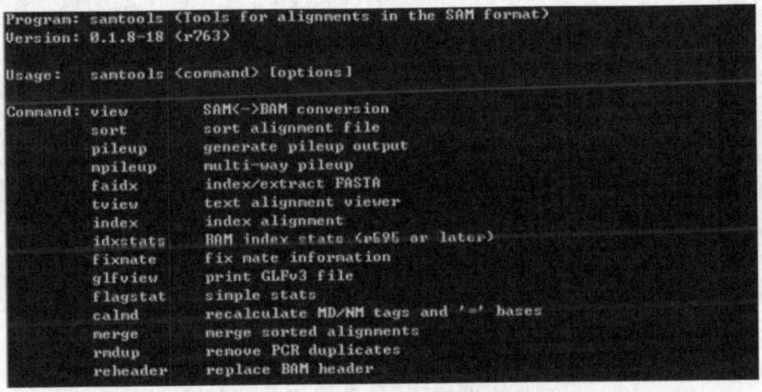
Program: samtools (Tools for alignments in the SAM format)
Version: 0.1.8-18 (r763)
Usage: samtools <command> [options]
Command: view SAM<->BAM conversion
sort sort alignment file
pileup generate pileup output
mpileup multi-way pileup
faidx index/extract FASTA
tview text alignment viewer
index index alignment
idxstats BAM index stats (r595 or later)
fixmate fix mate information
glfview print GLFv3 file
flagstat simple stats
calmd recalculate MD/NM tags and '=' bases
merge merge sorted alignments
rmdup remove PCR duplicates
reheader replace BAM header

图 14.2　samtools 的界面

14.2.2　Pileup 组件

Samtools 软件包通过 pileup 格式产生每个位置的信息，识别 SNPs 和短插入缺失变异体，通过基于文本的浏览器可以显示比对结果。下面简介 SNP 识别的步骤。

（1）执行 SNP 识别命令的格式为：

samtools pileup -cvf <参考序列名><排序后的 BAM 文件> <重定向 pileup 格式的文件>

这里，重定向为计算机语言，表示改变默认的输入或输出。

Pileup 运行的主要参数如下：-c，输出 soapSNP 一致序列格式；-v，只打印变体（在-c 参数下）；-f，fasta 格式的参考序列（图 14.3）。

（2）输出文件的基本格式，如表 14.1 所示。详细注释参考第 12 章。

表 14.1 SAM 输出文件格式示例

1	2	3	4	5	6	7	8	9	10
chr1	10001	t	C	39	39	60	4	CCCc	egfe
chr1	10002	a	C	39	39	60	4	CCCc	dgde
chr1	10004	c	G	39	39	60	4	GGGg	egde
chr1	10005	c	G	39	39	60	4	GGGg	dgee

注：1. 染色体名；2. 基因组上的位置；3. 参考序列上的碱基；4. 读序列上的碱基；5. 一致质量值（consensus quality）；6. SNP 质量值（SNP quality）；7. RMS 作图质量（mapping quality）；8. 覆盖读序列（covering reads）数目；9. 读序列覆盖的碱基列；10. 位点碱基的质量值。

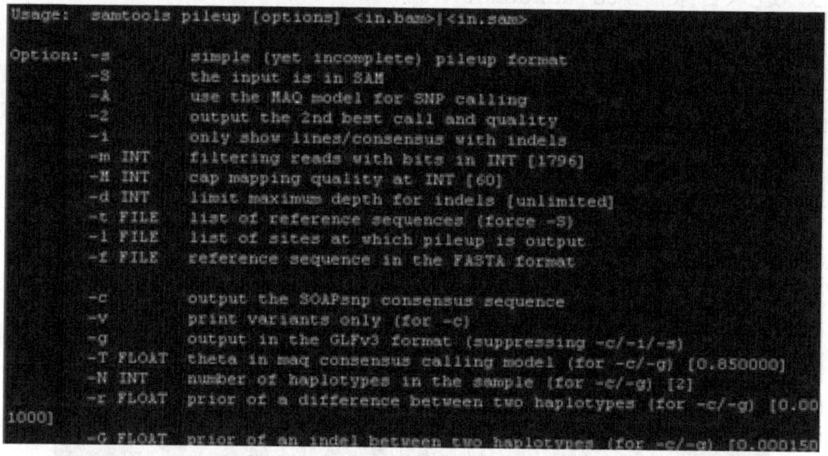

```
Usage:  samtools pileup [options] <in.bam>|<in.sam>

Option: -s        simple (yet incomplete) pileup format
        -S        the input is in SAM
        -A        use the MAQ model for SNP calling
        -2        output the 2nd best call and quality
        -i        only show lines/consensus with indels
        -m INT    filtering reads with bits in INT [1796]
        -M INT    cap mapping quality at INT [60]
        -d INT    limit maximum depth for indels [unlimited]
        -t FILE   list of reference sequences (force -S)
        -l FILE   list of sites at which pileup is output
        -f FILE   reference sequence in the FASTA format

        -c        output the SOAPsnp consensus sequence
        -v        print variants only (for -c)
        -g        output in the GLFv3 format (suppressing -c/-i/-s)
        -T FLOAT  theta in maq consensus calling model (for -c/-g) [0.850000]
        -N INT    number of haplotypes in the sample (for -c/-g) [2]
        -r FLOAT  prior of a difference between two haplotypes (for -c/-g) [0.00
1000]
        -G FLOAT  prior of an indel between two haplotypes (for -c/-g) [0.000150
```

图 14.3 samtools pileup 格式选项

（3）samtools pileup 格式的选项：点号“.”表示与正链匹配；逗号“，”表示与反链匹配；“ACGTN”表示与正链有一个错配（mismatch）；“acgtn”表示与反链有一个错配；模式“\+[0-9]+[ACGTNacgtn]+”表示在参考序列位置和下一个参考序列位置有一个插入，插入的长度由模式的整数给出；“-[0-9]+[ACGTNacgtn]+”表示删除一个参考序列，删除的碱基如出现在下一行中则用“*”表示，如出现在读序列碱基列中则用“^”标记，读序列的头一个重叠群（contig）子序列用“N/S/H”的 CIGAR 操作分割。紧跟的比对质量值用“^”表示。读序列的末尾用“$”标记。

14.3　识别单核苷酸多态性（SNP）

14.3.1　概念

SNP 通常被称为单核苷酸多态性，是指在基因组上单个核苷酸的变异，它形成的遗传标记多态性丰富，且数量也很多。单核苷酸的变异包括转换（transition）、颠换（transversion）。转换是同类碱基的替换（AT→GC 及 GC→AT），颠换是不同类碱基的替换（AT→TA 或 CG，GC→CG 或 TA）。SNP 变异有纯合和杂合之分。纯合 SNP 是指基因序列上的碱基是同样的，而杂合 SNP 上其碱基是不同的。

14.3.2　下载人类基因组的注释数据

从 http://genome.ucsc.edu/cgi-bin/hgTables?org=Human&db=hg19&hgsid=168765638 &hgta_doMainPage=1 选择下载以下人类基因组的注释数据。

clade: Mammal，
genome: Human，
assembly: Feb.2009（GRCh37/hg19）
group: Gene and Gene Prediction Tracks
track: CCDS
table: ccdsGene
region: genome
output format: all fields from selected table
output file: cds
file type returned: gzip compressed

14.3.3　SNP 识别的流程

（1）将 sam 格式转换成 bam 格式

所有匹配上的序列用 bam 格式文件输出，可使用 samtools 工具箱中的 samtools view 打印命令：

```
$samtools view -bS SRR033795_1.fastq.sam -o SRR033795_1.fastq.bam
```

（2）排序

如查找每个染色体上的 SNP 位置，则需将上述匹配结果排序，使用 sort 命令：

```
$samtools sort SRR033795_1.fastq.bam SRR033795_1_fastq.sorted
```

（3）SNP 识别

如进行 SNP 识别，并把结果存入 SRR033795_1. fastaq.variants 文件中，使用

pileup 命令：

```
$samtools pileup -cvf hg19.fa SRR033795_1_fastq.sorted.bam
>SRR033795_1.fastaq.variants
```

14.3.4 输出 SNP

如要对 pipeup 的 SNP 进行筛选，并把最终的 SNP 结果存入 SRR033795_1. fastq.variants. varFilter 文件，使用 varFilter 命令：

```
$ samtools.pl varFilter -d 1 SRR033795_1.fastq.variants >SRR033795_1. fastq.
variants.varFilter
```

此外，如需要设定 SNP 位点的测序深度，也可以使用 varFilter 命令：

```
$awk '（$8>1） 'SRR033795_1.fastq.variants.varFilter > SRR033795_1. fastq.
variants.final
$wc -l SRR033795_1.fastq.variants.final
```

14.3.5 结果分析

通过 samtools 工具运行后，我们从人类基因组 hg19 中初步找到了 111 419 个 SNP。与原文献（Clark et al., 2010）比较，我们找到的 SNP 数相对偏少，究其原因，一是设定的 SNP 筛选标准比较宽松，我们使用的数据覆盖度只有 5X，而原文献为 30X；二是使用的工具有所不同，我们使用 Bowtie，而后者是采用 BFAST 拼接比对。

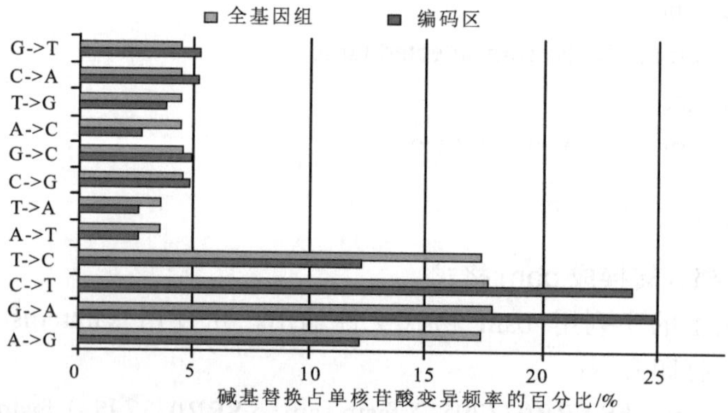

图 14.4 全基因组和编码区碱基替换频率（引自 Clark et al., 2010）

Clark 等（2010）的测序数据显示，全基因组范围内，67.4%的 SNV 是碱基转换，32.6%是颠换，两者比是 2.07∶1。然而，在编码区，C->T/G->A 的转换增加，而 T->C/A->G 的转换减少（图 14.4）。

14.4　寻找同义突变和非同义突变

14.4.1　概念

密码子具有简并特性，如亮氨酸、丝氨酸和精氨酸有 6 重简并密码（表 14.2），因此，当核苷酸上第 3 个密码子发生突变时，通常不会引起编码的氨基酸发生变化，将这种不发生基因产物的突变称为同义突变（synonymous mutation）；反之，如能导致氨基酸发生相应变化的称为非同义突变（non-synonymous）。非同义突变中还可分为杂合（heterozygous）非同义突变和纯合（homozygous）非同义突变。前者是一对同源染色体中其中之一发生非同义突变，而后者是一对同源染色体中特定位点都发生相同的非同义突变。

表 14.2　氨基酸密码子表

代码	氨基酸	密码子					
0	苯丙氨酸	UUU	UUC				
1	亮氨酸	UUA	UUG	CUU	CUC	CUA	CUG
2	异亮氨酸	AUU	AUC	AUA			
3	甲硫氨酸	AUG					
4	缬氨酸	GUU	GUC	GUA	GUG		
5	丝氨酸	UCU	UCC	UCA	UCG	ACU	ACC
6	脯氨酸	CCU	CCC	CCA	CCG		
7	苏氨酸	ACU	ACC	ACA	ACG		
8	丙氨酸	GCU	GCC	GCA	GCG		
9	酪氨酸	UAU	UAC				
10	终止子	UAA	UAG	UGA			
11	组氨酸	CAU	CAC				
12	谷氨酰胺	CAA	CAG				
13	天冬酰胺	AAU	AAC				
14	赖氨酸	AAA	AAG				
15	天冬氨酸	GAU	GAC				
16	谷氨酸	GAA	GAG				
17	半胱氨酸	UGU	UGC				
18	色氨酸	UGG					
19	精氨酸	CGU	CGC	CGA	CGG	AGA	AGG
20	甘氨酸	GGU	GGC	GGA	GGG		

14.4.2　估算方法

我们使用命令$perl callSNP.pl 来鉴定符合筛选条件的 SNP 总数（图 14.5）及同义、非同义突变的密码子数目（图 14.6 和图 14.7）。

使用脚本 cds_SNP.pl 读入编码区的位置信息，建立对应的哈希（hash）表（图 14.8），并统计编码区和非编码区中 SNP 数及同义、非同义突变的密码子数（图 14.9）。

```
# load the genome sequence;
my $genome_file = "/home/shang/genome/hg19_chr1.fa";
my $variant_file = "/home/shang/xhm/data/SRR033795_1.fastq.variants.final";
my $output_file = "snp_2010.9.3.output";

open( IN, $genome_file ) || die "can't open the fasta file!\n";

my %hash_seq;
my $name;
while( <IN> ){
        chomp;
        if( $_=~m/\>(.+)/ ){
                $name=$1;
        }else{
                if( !defined $hash_seq{$name} ){
                        $hash_seq{$name}=$_;
                }else{
                        $hash_seq{$name}.=$_;
                }
        }
}

#BEGIN DEBUG
#       foreach my $c (%hash_seq){
#               print ">".$c."\n".$hash_seq{$c};
#       }
#END DEBUG
```

图 14.5　读取基因组序列

```
#BEGIN DEBUG
#       foreach my $c (%hash_seq){
#               print ">".$c."\n".$hash_seq{$c};
#       }
#END DEBUG

#load the final pileup file
open( INP, $variant_file ) || die "can't open the file !\n";

my $syn_count=0;
my $non_syn_count=0;
my $snp_count=0;

open( OUTP, ">$output_file" ) || die "can't open the file !\n";
while(<INP>){
        my @mmap=split(/\t/, $_);
        my $result=compare($mmap[1], $mmap[0], $mmap[3], $mmap[2],$mmap[7]);

        if(!$result){
        $syn_count++;
        $snp_count++;
        }else{
        $non_syn_count++;
        $snp_count++;
        }
}
close INP;
close OUTP;
```

图 14.6　统计 SNP 位点

```
sub compare {
        my $pos=$_[0];
        my $seq=$_[1];
        my $read=$_[2];
        my $gresid=$_[3];
        my $cov=$_[4];
        my @result;
        my $s1=uc substr($hash_seq{$seq}, ($pos-3), 3);
        my $s2=uc substr($hash_seq{$seq}, ($pos-3), 2).$read;
        $s1=~tr/T/U/;
        $s2=~tr/T/U/;

        if($hash_code{$s1}==$hash_code{$s2}){
        print OUTP $seq."\t".$pos."\t".$s1."\t".$s2."\t0\t".$cov."\n";
                return 0;
        }else{
        print OUTP $seq."\t".$pos."\t".$s1."\t".$s2."\t1\t".$cov."\n";
                return 1;
        }
}

open ( OUT, ">report_2010.9.3.out" );
print OUT "Synonymous code count:\t".$syn_count."\n";
print OUT "Non-synonymous code count:\t".$non_syn_count."\n";
print OUT "SNP count:\t".$snp_count."\n";
close OUT;
```

图 14.7　比较同义突变和非同义突变的程序

```
use strict;
use warnings;

open ( IN, "cds" ) || die "can't open the cds file !\n";
        <IN>;
my %cds_hash;
my $count = 0;
while ( <IN> ) {
        chomp;
        my @s=split(/\s+/, $_);
        $cds_hash{ "$s[2].$s[6].$s[7]" } = $s[6];
}
close IN;

my %hash_mask;
foreach my $c ( sort { $cds_hash{$a} <=> $cds_hash{$b} } keys %cds_hash ){

        my @ss = split( /\./, $c );
        for( my $i = $ss[1]; $i<$ss[2]; $i++ ){
        if( !defined $hash_mask{$ss[0]} ){
                $hash_mask{$ss[0]}='';
        }
        vec( $hash_mask{$ss[0]}, $i, 1 ) = 1;
        }
}
```

图 14.8　建立对应的哈希（hash）表

```
open ( IN, "snp_2010.9.3.output" ) || die "can't open the file !\n";

my $coden_snp = 0;
my $coden_syn = 0;
my $coden_non_syn = 0;

my $non_coden_snp = 0;
my $non_coden_syn = 0 ;
my $non_coden_non_syn = 0;

while( <IN> ){
        chomp;
        my @ss=split( /\t/, $_ );
        if( vec( $hash_mask{$ss[0]}, $ss[1], 1) ){
                print vec( $hash_mask{$ss[0]}, $ss[1], 1 )."\n";
                if( $ss[4] ){
                        $coden_snp++;
                        $coden_syn++;
                }else{
                        $coden_snp++;
                        $coden_non_syn++;
                }
        }else {
                if( $ss[4] ){
                        $non_coden_snp++;
                        $non_coden_syn++;
                }else{
                        $non_coden_snp++;
                        $non_coden_non_syn++;
                }
        }
}
close IN
```

图 14.9 统计编码区和非编码区位置的 SNP

14.4.3 输出结果

输出的统计结果包括以下 6 种情况：编码区位置的 SNP、编码区同义突变的 SNP、编码区非同义突变的 SNP、非编码区位置的 SNP、非编码区同义突变的 SNP、非编码区非同义突变的 SNP（图 14.10）。将上述统计数列于表 14.3 和表 14.4。

```

open( OUT, ">coden.2010.9.3.output" );
print OUT "coden snp count: ".$coden_snp."\n";
print OUT "coden syn count: ".$coden_syn."\n";
print OUT "coden non-syn count: ".$coden_non_syn."\n";

print OUT "non-coden snp count: ".$non_coden_snp."\n";
print OUT "non-coden syn count: ".$non_coden_syn."\n";
print OUT "non-coden non-syn count: ".$non_coden_non_syn."\n";
close OUT;

```

图 14.10 输出各项的统计结果

表 14.3 纯合 SNP 和杂纯合 SNP 位点

SNP	1	2	3	4	5	6	7	8	9	10
纯合	chr1	661963	A	T	57	57	27	10	Tttttttttt	gffgff_eBe
杂合	chr1	661963	A	T	57	57	27	10	tttttCCCCC	gffgff_eBe

注：1~9 注释和表 14.1 相同。

表 14.4 编码区和非编码区 SNP 数及同义、非同义突变的密码子数

名称	编码区	非编码区	总数
SNP	33 253	78 166	111 419
同义突变	1 262	2 563	3 825
非同义突变	31 991	75 603	107 594

由表 14.4 可见，本试验中编码区的 SNP 数、同义突变密码子数和非同义突变的密码子数均明显比非编码区的数目少。

14.5 发现读框内插入缺失（in-frame indel）

14.5.1 概念

对肿瘤细胞基因组测序结果来说，不仅要获取 SNV 的信息，还要得到读框内插入缺失、结构变异和易位的信息。如果基因编码区读框内插入缺失只发生在同源染色体中的一条，被称为杂合读框内插入缺失；如果两条同源染色体都发生这样的突变，则称为纯合读框插入缺失。

14.5.2 方法

首先使用 solid2 solexa 的程序，将 ABI SOLID 的颜色空间数据，转换为通用的 fastq 格式。例如，

909689400 SRR033893_1.fastq

909689400 SRR033893_2.fastq

SRR033893.unpair.soap 164782300

SRR033893.soap 912154

然后使用 samtools（version 0.1.8）分析 SNP 的流程

samtools sort 1C_accepted_hits.bam 1C_accepted_hits.sorted

samtools index 1C_accepted_hits.sorted.bam

samtools pileup -vcf ~/genome/hg19.fa 1C_accepted_hits.sorted.bam> 1C_ accepted_hits.pileup

samtools.pl varFilter -D10 1C_accepted_hits.pileup > bwa-flt.txt

14.5.3 输出结果

通过上述 2 个步骤后，我们基于 samtools 工具将其中 4 个位点的读框内插入缺失变异结果整理成表 14.5。如从表 14.5 第 4 行可见，在肿瘤细胞系 U87MG 中，碱基的插入缺失相对增加。

表 14.5 读框内插入缺失输出结果

行号	位点 1	位点 2	位点 3	位点 4
1	chr1	chr1	chr1	chr1
2	769 173	1 241 199	1 244 622	1 316 766
3	*	*	*	*
4	*/–CG	+A/+A	–TCA/*	*/+T
5	29	10	116	20
6	43	0	172	20

续表

行号	位点 1	位点 2	位点 3	位点 4
7	60	60	60	60
8	3	5	6	4
9	*	+A	–TCA	*
10	–CG	+A	*	+T
11	2	1	1	3
12	1	4	5	1
13	0	0	0	0

注：每行（项目）分别表示：1. 序列名称，这里为人类基因组的第 1 号染色体（chr1）；2. 序列对应（coordinate）位置；3. 星号（*）表示相应的位置发生了突变（插入或者缺失）；4. 突变的类型（+ 表示插入，– 表示缺失）；5. 一致质量值（consensus quality）；6. SNP 质量值（SNP quality）；7. RMS 比对质量（RMS mapping quality）；8. 覆盖读序列数目（covering reads）；9. 第 1 个等位基因（the first allele）；10. 第 2 个等位基因（the second allele）；11. 支持第 1 个等位基因的读序列数（reads supporting the first allele）；12. 支持第 2 个等位基因的读序列数（reads supporting the second allele）；13. 0 表示没有第 3 个等位基因。

14.6　发现其他类型的突变

14.6.1　发现内含子剪切位点突变（splice site mutation）

众所周知，外显子通常被一个或数个非编码的内含子所分隔，在转录过程中，通过对内含子的选择性剪切（alternative splicing）拼接成不同的蛋白质，从而丰富了基因的多样性。如果剪切位点发生突变将会使剪切不顺利，产生异常转录产物。我们搜索了内含子边界的[+10，–10] 区域，发现在 3810 个 SNP 位点中，有 1 个 SNP 落在内含子的剪切位点上。

14.6.2　发现提前终止突变（premature stop mutation）

如果 SNP 位点出现密码子突变为终止密码子，就会导致肽链延长提前结束，这被称为提前终止密码子突变。我们的数据显示，终止密码子发生突变的数目主要发生在 UGA（707）和 UAA（445），奇怪的是 UAG 为零发生。

14.6.3　发现移码突变（frame-shift mutation）

当 DNA 链上插入或丢失 1 个或多个碱基后，将会造成读框的移动，并使肽链延长或缩短，这被称为移码突变。通过数据分析，我们在 U87MG 细胞系中共发现 5349 个移码突变。

综上所述，在这个肿瘤细胞系里，蛋白质编码序列的混乱主要是由小插入缺失、大片段缺失及易位造成的。此外，借助 EASE 分析模块和注释工具 DAVID，还能发现这些突变所产生的生物学影响，涉及 GO 数据库中的 18 个本体基因效应，如明显增强了细胞黏附及膜结构、蛋白激酶等活性的调控 Clark 等（2010）。

参 考 文 献

Clark MJ, Homer N, O'Connor BD, et al. 2010, U87MG Decoded: The genomic sequence of a cytogenetically aberrant human cancer cell line. PLoS Genet, 6(1): e1000832. doi:10.1371/journal.pgen.1000832

Langmead B, Trapnell C, Pop M, et al. 2009, Ultrafast and memory-efficient alignment of short DNA sequences to the human genome. Genome Biol, 10(3): R25

Li H, Handsaker B, Wysoker A, et al. 2009. The Sequence Alignment/Map format and SAMtools. Bioinformatics, 25(16): 2078～2079

第 15 章　小 RNA 高通量测序数据分析

王庭璋　刘杰　胡望雄　薛庆中

小 RNA（microRNA，miRNA）是一类具有调控功能的内源性非编码 RNA。在真核生物中，成熟 miRNA 是由初级转录物，经过一系列核酸酶的剪切加工产生的。小 RNA 参与分化、发育、代谢等生理过程，与人类疾病紧密关联，但其在细胞分化、周期控制、细胞程序性死亡等方面的功能，迄今尚不完全清楚。小 RNA 在动植物中的调控功能有所不同，在动物中主要显示对翻译的抑制，而在植物中表现为对转录 RNA 的降解。目前研究人员正在应用新一代测序技术，从全基因组水平来查明小 RNA 在不同细胞状态下表达的变化，鉴定成熟 miRNA 序列的变异，并发现未知的新 miRNA。

本章将简要介绍高通量测序数据分析流程及有关的RNA数据库和分析工具。

15.1　数据分析流程

15.1.1　小 RNA 库制备

本文以 Morin 等（2008）的研究为例说明。首先构建人类胚胎干细胞 H9（hESC）及其发育 15 天的胚胎（EB）文库。其方法如下： 将未分化 H9 的 hESC 和 EB 细胞分别培养在 Matrigel 凝胶（BD Biosciences 公司）上，内含 Dulbecco's 改良 Eagle 培养基（DMEM）、敲除血清代用品 F12（Invitrogen 公司）、0.1 mmol/L mercaptoethanol、0.1 mmol/L nonessential amino acid、1 mmol/L glutamine 和 4 ng/ml FGF2 （R&D Systems 公司）。依照 TRIzol 说明书从培养 0 天（hESC）和 15 天（EB）干细胞中提取总 RNA，构建 miRNA 库。应用 Superscript II 逆转录酶（Invitrogen 公司）和 Illumina 的小 RNA 逆转录引物（5′-CAAGCAGAAGACGGCATACGA-3′），将 RNA 逆转录为单链 cDNA，由此产生的 cDNA 用 Illumina 的小 RNA 引物组（5′-CAAGCAGAAGACG GCATACGA-3′，5′-AATGATACGGCGACCACCGA-3′）进行 PCR 扩增。纯化的 PCR 产物在 Agillent1000 芯片上定量，基因稀释到 10 nmol/L，用于 Illumina 1G 测序。测序结果存放在 NCBI SRA 库（ftp://ftp.ncbi.nlm.nih.gov/sra/）中。

15.1.2　原始序列的去模糊和去冗余

我们从 NCBI SRA 库（ftp: //ftp.ncbi.nlm.nih.gov/sra/）获得胚胎干细胞（hESC）

和发育 15 天的胚胎（EB）的原始读序列数据。这里以人类 11 号染色体数据为例做数据分析，从两个库下载的原始读序列数分别是 6 766 731 条和 5 669 821 条，采用自编 Perl 程序删除含模糊碱基（N）序列后，保留 6 623 935 条和 5 548 762 条序列。随后进一步去除冗余序列（即两个或多个完全一致的读序列），产生“唯一性读序列（unique reads）”分别为 2 599 362 条和 1 796 509 条，其中频数超过 500 的唯一性读序列仅占 0.027%和 0.0365%。

15.1.3 将读序列比对到参考基因组

小 RNA 核苷酸长度为 20～25 nt，通常认为读序列在 28 nt 之后的碱基不能作图到参考基因组上。我们选择的读序列是第一个碱基配对，且配对碱基数超过 10 nt，当参考基因组上匹配位点数多于 1 时，取配对碱基数最多的位点。部分作图成功的读序列和染色体配对的碱基数为 11～13 nt，少数为 21～23 nt。当然，不同的唯一性读序列也可能作图到参考基因组上同一位置，对于这些冗余序列需要去除，最后，统计作图到 11 号染色体，读序列频数超过 500 的位点总共有 584 个。通常认为这些位点，其基因表达活性较强。

15.1.4 RNA 分类

搜索上述 584 个位点对应的基因组参考序列，以 fasta 格式文件保存，然后提交到 Rfam 数据库，Rfam 运行结果显示，提交的序列包含 5 个已知 RNA 类别（U2、snoRNA、tRNA、Y_RNA、miRNA），它们在 Rfam 数据库的类别及其数目列于表 15.1，其比例用饼图方式显示于图 15.1 中。

表 15.1 基因组参考序列包含的 RNA 类别及其数目

RNA	类别	数目
RNA 总数		75
U2	Gene/snRNA/splicing	10
snoRNA	Gene/snRNA/snoRNA	4
tRNA	Gene/tRNA	25
Y_RNA	Gene	11
miRNA	Gene/miRNA	25
其中：		
mir-130		4
mir-129		2
mir-34		1
mir-210		2
mir-708		2
mir-194		4

续表

RNA	类别	数目
mir-3159		2
mir-192		4
let-7		4

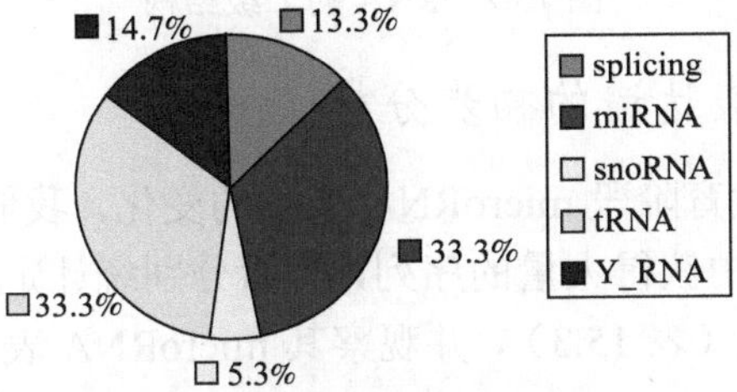

图 15.1　不同类型的小 RNA

15.1.5　miRNA 的验证

为验证这些 RNA 序列是否属于已知的 miRNA，我们将其中的 miRNA 序列逐一输入 miRBase 数据库中与已知的 miRNA 序列进行比对，结果在人类 11 号染色体上检索到已知的 miRNA 共有 9 条，其有关属性列于表 15.2。

表 15.2　11 号染色体上的 miRNA 序列相关属性

Accession 登录号	ID 名称	Query start 查询起点	Query end 查询终点	Subject start 序列起点	Subject end 序列终点	Strand 链	Score 得分	Evalue E 值
MIMAT0000425	hsa-miR-130a	301	322	1	22	+	110	0.001
MIMAT0010195	hsa-let-7a-2*	346	367	1	22	+	110	0.001
MIMAT0000267	hsa-miR-210	301	322	1	22	+	110	0.001
MIMAT0004605	hsa-miR-129-3p	301	322	1	22	+	110	0.001
MIMAT0004671	hsa-miR-194*	135	156	1	22	+	110	0.001
MIMAT0004926	hsa-miR-708	301	323	1	23	+	115	4e-04
MIMAT0000222	hsa-miR-192	301	321	1	21	+	105	0.003
MIMAT0004676	hsa-miR-34b	333	353	1	21	+	78	0.51
MIMAT0015033	hsa-miR-3159	71	92	1	22	−	74	1.1

15.1.6　RNA 二级结构特性

随后，我们通过“mfold”工具，获得了有关 RNA 二级结构元件的信息，包括双链 RNA（double-stranded RNA）、突起（bulge）、内部环（internal loop）和发夹环（hairpin）等特性及其发夹环结构图（图 15.2）。

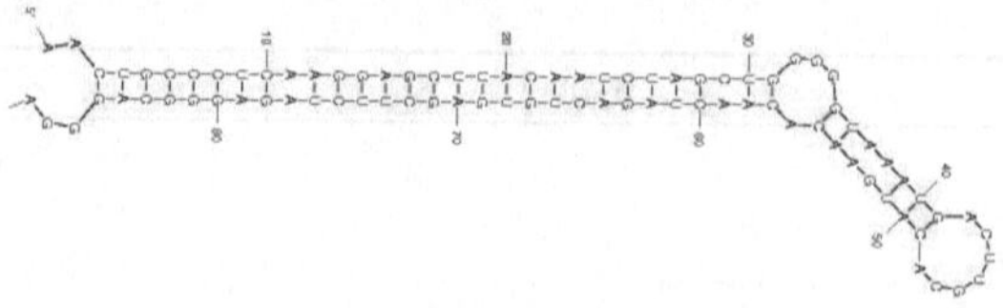

图 15.2　RNA 的二级结构

15.1.7　microRNA 表达谱的初步分析

为了解两个不同发育阶段 microRNA 表达的变化，我们分别从人类胚胎干细胞和发育 15 天的胚胎中获得大量的序列，然后分别统计定位到 11 号染色体上的高表达量读序列的数量（表 15.3），并观察其 microRNA 表达上调和下调的变化。

表 15.3　不同发育阶段的 microRNA 表达差异

读序列	hESC 数	EB 数	倍数变化	成熟 miRNA
CAGTGCAATGTTAAAAGGGCATT	4 232	14 421	+3.4x	hsa-mir-130a
TTCTCACTACTGCACTTGACTAGTCTT	3 442	4 138	+1.2x	hsa-mir-4301
TTCTCACTACTGCACTTGACTA	1 826	688	–2.7x	hsa-mir-4301
AAGCCCTTACCCCAAAAAGCATT	1 802	1 022	–1.8x	hsa-mir-129-5p
TTCTCACTACTGCACTTGACTAGTCT	796	865	+1.1x	hsa-mir-4301
ATCCCACCGCTGCC	1 418	1 180	–1.2x	hsa-mir-1260b
AGGCAGTGTAGTTAGCTGATTGCT	3 305	2 847	–1.2x	hsa-mir-34c-5p
				hsa-mir-34b
				hsa-mir-4692
ATCCCACTTCTGACACCATC	716	1 284	+1.8x	hsa-mir-1260b
CTGACCTATGAATTGACAGCCA	1 914	3 616	+1.9x	hsa-mir-192
AAGTGCTTCCATGTT	6 433	3 779	–1.7x	hsa-mir-302e
CTGACCTATGAATTGACAGCC	2 159	3 843	+1.8x	hsa-mir-192
TTCTCACTACTGCACTTGACTAGTC	1 390	965	–1.4x	hsa-mir-4301
TAAGTGCTTCCATGTT	53 284	35 483	–1.5x	hsa-mir-302e

15.2　Rfam 数据库

Rfam 是通过多序列比对和协方差模型（CM）展现 RNA 家族序列结构的数据库。它可以对已知的 RNA 家族新成员的核苷酸序列进行注解。Rfam 数据库 10.1（现在版本）包括编码的 RNA 基因及非编码的 RNA 基因，总计 1973 个家族。

从 http://rfam.sanger.ac.uk/或 http://rfam.janelia.org/ 进入 Rfam 的主页（图 15.3）。用户可以采用以下 5 种方式在 Rfam 数据库中进行搜索：①点击“SEQUENCE SEARCH”分析与数据库中匹配的 RNA 序列（图 15.4）；②“VIEW AN RFAM FAMILY”看 Rfam 家族的注释和比对；③“VIEW AN RFAM CLAN”

看 Rfam 家族细节或登录号（accession）；④“KEYWORD SEARCH”用关键词搜索；⑤“TAXONOMY SEARCH”通过 NCBI 分类系统获得家族或序列。

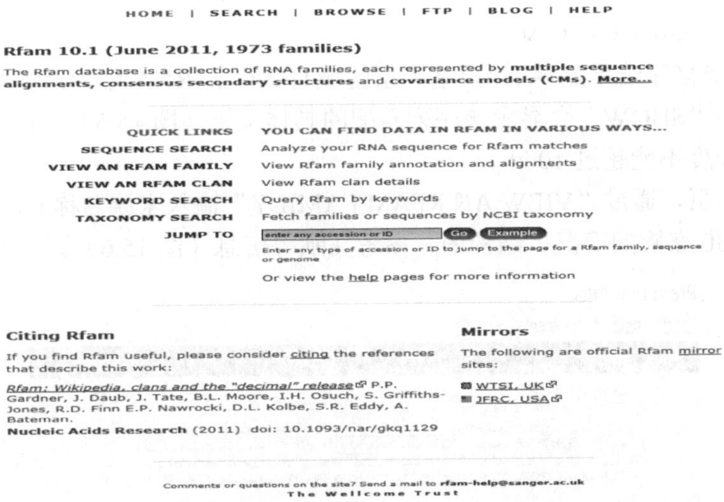
HOME | SEARCH | BROWSE | FTP | BLOG | HELP
Rfam 10.1 (June 2011, 1973 families)
The Rfam database is a collection of RNA families, each represented by multiple sequence alignments, consensus secondary structures and covariance models (CMs). More...
QUICK LINKS
YOU CAN FIND DATA IN RFAM IN VARIOUS WAYS...
SEQUENCE SEARCH
Analyze your RNA sequence for Rfam matches
VIEW AN RFAM FAMILY
View Rfam family annotation and alignments
VIEW AN RFAM CLAN
View Rfam clan details
KEYWORD SEARCH
Query Rfam by keywords
TAXONOMY SEARCH
Fetch families or sequences by NCBI taxonomy
JUMP TO
enter any accession or ID
Go
Example
Enter any type of accession or ID to jump to the page for a Rfam family, sequence or genome
Or view the help pages for more information
Citing Rfam
If you find Rfam useful, please consider citing the references that describe this work:
Rfam: Wikipedia, clans and the "decimal" release P.P. Gardner, J. Daub, J. Tate, B.L. Moore, I.H. Osuch, S. Griffiths-Jones, R.D. Finn E.P. Nawrocki, D.L. Kolbe, S.R. Eddy, A. Bateman.
Nucleic Acids Research (2011) doi: 10.1093/nar/gkq1129
Mirrors
The following are official Rfam mirror sites:
WTSI, UK
JFRC, USA
Comments or questions on the site? Send a mail to rfam-help@sanger.ac.uk
The Wellcome Trust

图 15.3　Rfam 的主页面

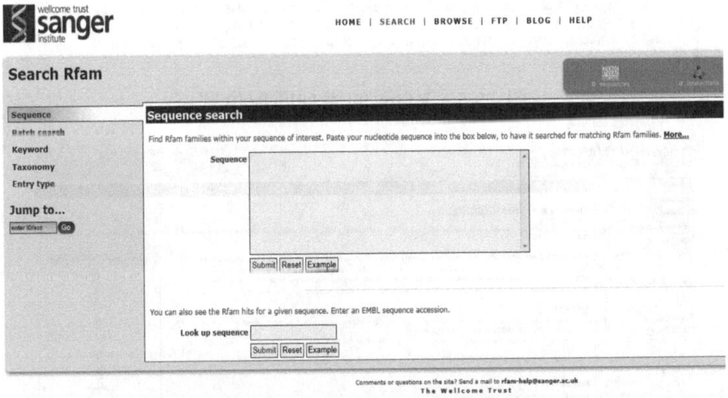
wellcome trust
sanger
institute
HOME | SEARCH | BROWSE | FTP | BLOG | HELP
Search Rfam
Sequence
Keyword
Taxonomy
Entry type
Jump to...
Go
Sequence search
Find Rfam families within your sequence of interest. Paste your nucleotide sequence into the box below, to have it searched for matching Rfam families. More...
Sequence
Submit
Reset
Example
You can also see the Rfam hits for a given sequence. Enter an EMBL sequence accession.
Look up sequence
Submit
Reset
Example
The Wellcome Trust

图 15.4　Rfam 的序列搜索

现以下面参考基因组区域序列 300 nt 为例说明。

GCTGCTTTAGTGGGTCCTGTCCTCCCATGCCAAAACCTCCAAGAAAAAGGTGGTCTCTGT

GCTGGGGGTCAGGGGGTTGGTGAAGAAGGCGGCAAAAGGAAGAGTGGTGAAAAAATAGAA

TGAACACTAAGAATGGAATAAAAGGGAAAAAAGCTGTATTGAAGCAAAGAAGGGGCAGAG

GGAGCCCGTGAGCTGAGTGGGCCAGGGACTGGGAGAAGGAGTGAGGAGGCAGGGCCGGCA

TGCCTCTGCTGCTGGCCAGAGCTCTTTTCACATTGTGCTACTGTCTGCACCTGTCACTAG

CAGTGCAATGTTAAAAGGGCATTGGCCGTGTAGTGCTACCCAGCGCTGGCTGCCTCCTCA

GCATTGCAATTCCTCTCCCATCTGGGCACCAGTCAGCTACCCTGGTGGGAATCTGGGTAG

CCTCACTTGTTAGTTATACTAATAGCTCTCATTTATGGAACTACTTCTGTATGCAGTGCT
TGTGATAGACACTGCCTCCGTTACTGTGAAACCTAATAACTTCTGGGAGGTAACAGCCCC
ATTTTATGGATGAAAAACTGAGGGTCAGAAAGGTTTAAACAGTTTGGCTAAGATTGTGTA
GCTCTTAGGTTGCAAAGCCTAG

Rfam 数据库结果显示，该段基因组区域有 2 个 miRNA 序列，均属于 mir-130 家族，点击“SHOW”会显示该序列匹配的具体位置（图 15.5）。注意，每条输入的序列长度不能超过 10 kb。

返回主页，通过“VIEW AN RFAM FAMILY”输入家族名称 mir-130，获得有关 mir-130 家族的简况、结构图、参考文献等信息（图 15.6）。

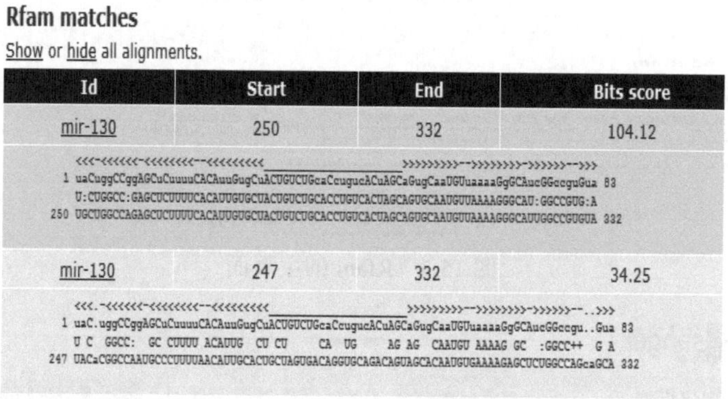

图 15.5 Rfam 的序列匹配位置

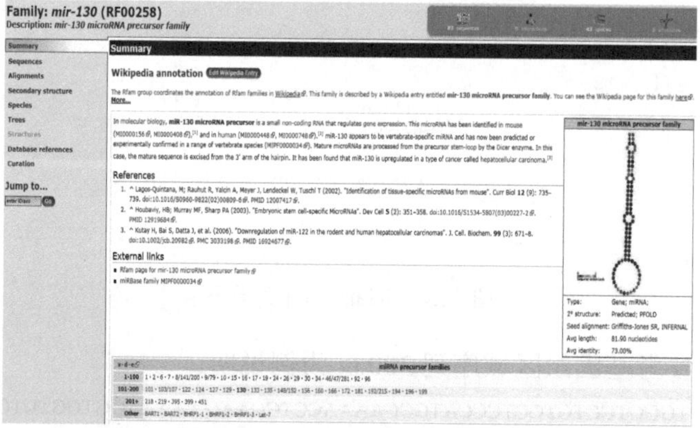

图 15.6 Rfam 家族的简况

当用户需要鉴定大量的 RNA 序列时，可以把所有的 RNA 序列保存在.fasta 格式的文件中，点击主页面上方“SEARCH”，然后通过图 15.7 左侧“Batch search”上传.fasta 格式的文件进行成批搜索，Rfam 的结果将以邮件形式返回，因此，在提交前需填写自己的邮箱地址。成批搜索时对序列数量有限制，行数少于 100 000，序列条数少于 1000，每条序列核苷酸数少于 200 000 个。本例上传了

584 条读序列。根据 Rfam 返回的结果，可以对 RNA 进行分类（见 15.1.4）。

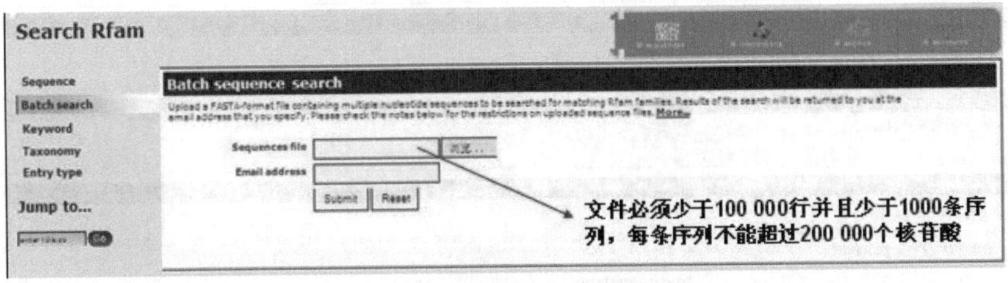

图 15.7　序列文件查询页面

15.3　miRBase 数据库

miRBase 是目前最完整的 miRNA 数据库，当前版本（18.0）涵盖了 168 个物种；发夹前体序列 18 266 条，新增 1488 条；成熟 miR 和 miR*产物共 21 673 条，新增 1929 条。数据库主要由 3 部分组成。

注册表（Registry）主要用于提交新的 miRNA 序列。

数据库（Database）可进行 BLAST 搜索比对，用 FTP 下载所有已知 miRNA 相关信息，包括成熟序列、前体序列、前体二级结构、基因组位置、相关文献等等。每个序列条目显示 miRNA 转录物（数据库中称为 mir）预测的发夹部分，以及成熟 miRNA 序列（称为 miR）的位置和顺序信息。

靶标（Targets）中主要收录了动物 miRNA 的靶基因信息。目前这部分已经移至 EBI，并更名为 microCosm。miRBase 提供一系列数据，以促进 miRNA 基因组学研究，所有 miRNA 都被作图到它们的参考基因组中。

用户通过网址 http://www.mirbase.org/ 进入 miRBase 数据库的主页面，如图 15.8 所示。点击主页上方的“Search”图标进入数据库的搜索页面，用户可以按照序列、簇、基因组位置、组织表达等多种方式进行 miRNA 的鉴定，这里我们以输入序列方式进行演示，如图 15.9 所示。

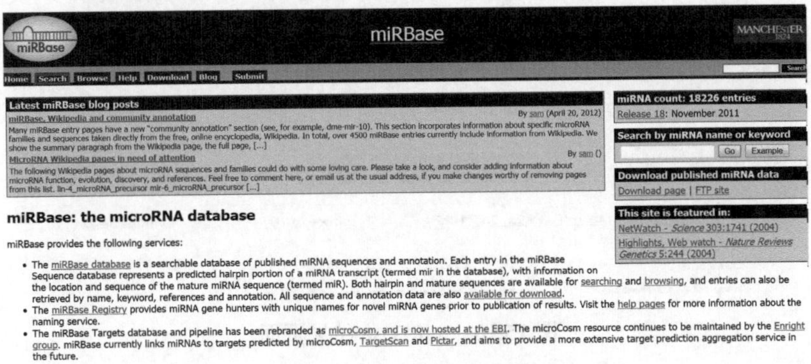

图 15.8　miRBase 的主页面

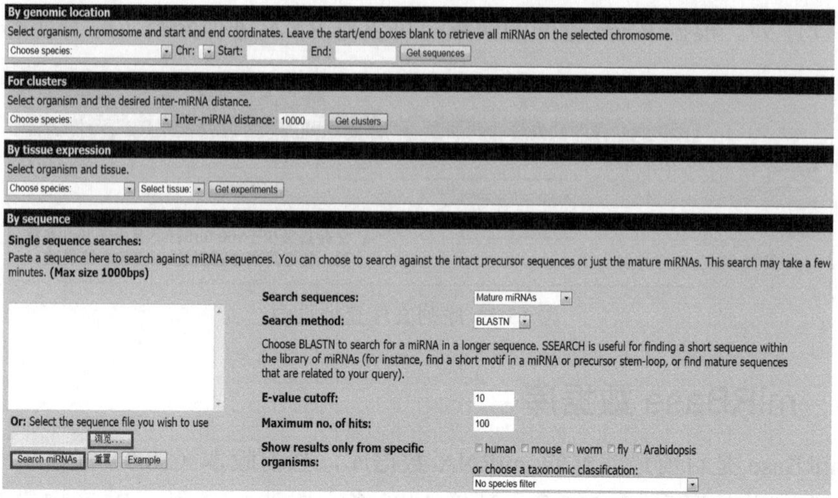

图 15.9　miRBase 的搜索页面

当查询序列时，只需将 microRNA 序列粘贴到搜索框中，然后，点击“Search miRNAs”按钮提交。如果需要查询多条序列时，可以将查询序列编写成.fasta 格式文件，然后点击“浏览”左面小方框，从列表中选出.fasta 格式的文件进行上传提交。搜索前，可以在序列输入框右侧设置参数，如搜索序列（成熟的 miRNA，或初始 miRNA）、搜索方法、E-value、物种等。现提交一条成熟 miRNA“ACAGTAGTCTGCACATTGGTTA”序列做演示，结果页面见图 15.10。

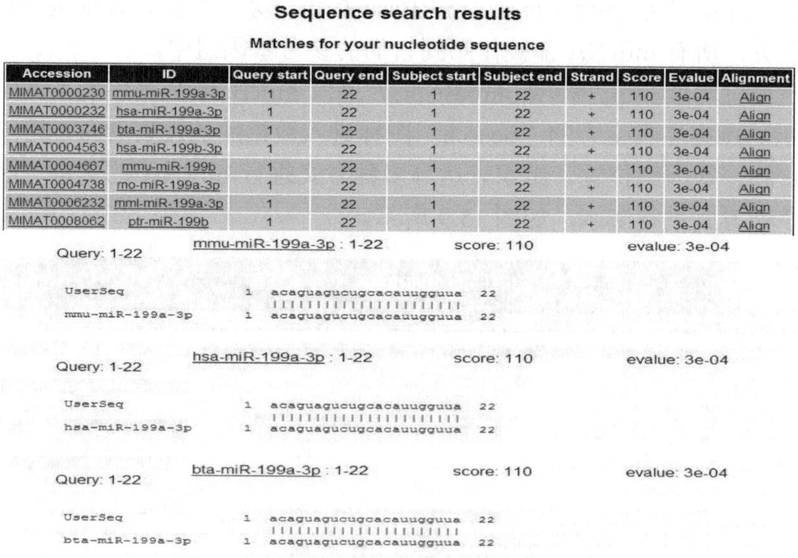

图 15.10　miRBase 结果页面

图 15.10 显示了 miRBase 数据库中与查询序列相匹配的 miRNA 序列中的起

始和终止位置、链的方向、记分、E-value 及序列比对“Alignment”的图形。如果想了解更多的信息，可以点击序列的登录号“Accession”或“ID”，进入该序列的详细信息界面，如图 15.11 所示。

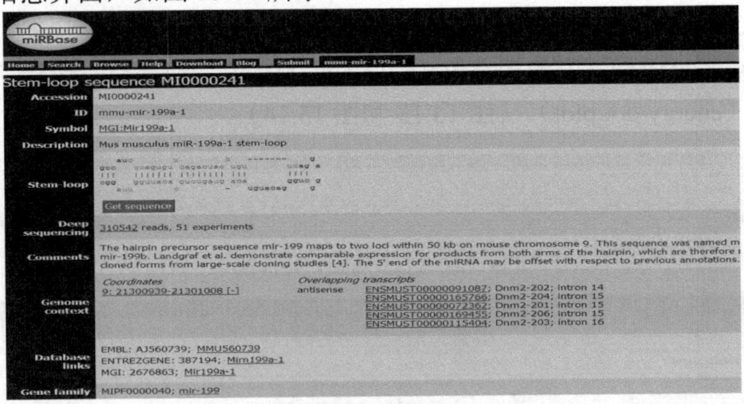

图 15.11　miRNA 序列的详细信息

从图 15.11 可检索到匹配序列的成熟 miRNA 及前体的发夹环结构、深度测序、基因家族、基因组环境等信息。如果想知道前体序列，可以点击“Get sequence”图标。

15.4　应用 mfold 预测 RNA 二级结构

用户输入 http://mfold.rna.albany.edu/?q=mfold/RNA-Folding-Form 就可以进入 mfold 的主页面（图 15.12）。“The mfold Web Server”是一个网上服务器，主要对各种 RNA 前体序列进行折叠分析，得到各种前体 RNA 序列的发夹环的长度、突起的位置、发夹环的大小及其稳定性。通常在线输入的碱基数不能超过 800 bp，成批输入不超过 9000 bp，输入框下方的各种参数可以设定，但一般采用默认值。

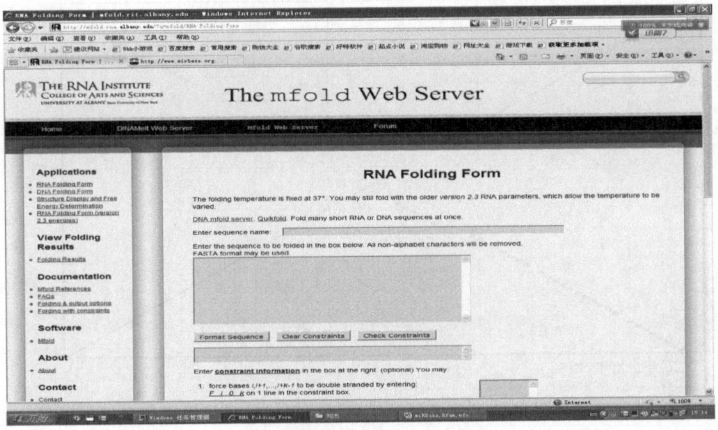

图 15.12　mfold 主页面

我们把从 miRBase 得到的 miRNA 前体序列，输入 mfold 提交框内，

>hsa-mir-708 MI0005543

AACUGCCCUCAAGGAGCUUACAAUCUAGCUGGGGGUAAAUGACUUGCACAUGAACACAACUAGACUGUGAGCUUCUAGAGGGCAGGGA

然后点击页面最下方的折叠 RNA（Fold RNA）按钮提交，运行后可获得能量点阵图（energy dot plot）（图 15.13 和图 15.14）。

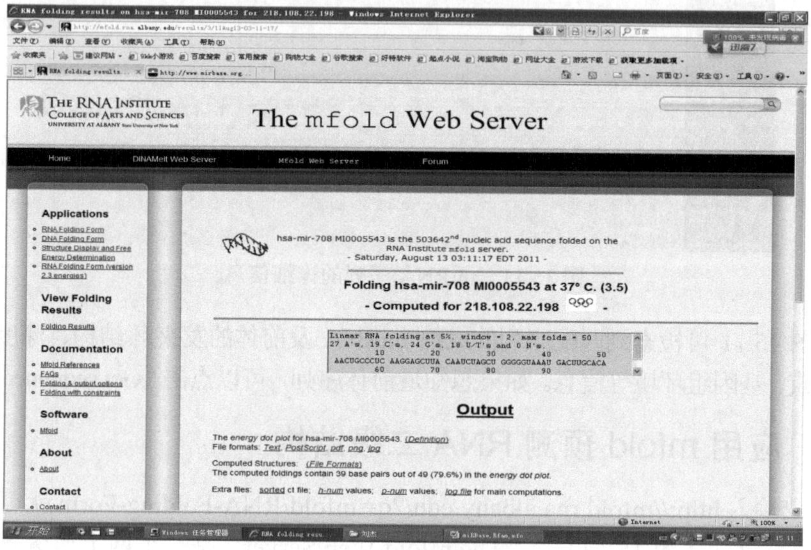

图 15.13　mfold 结果输出

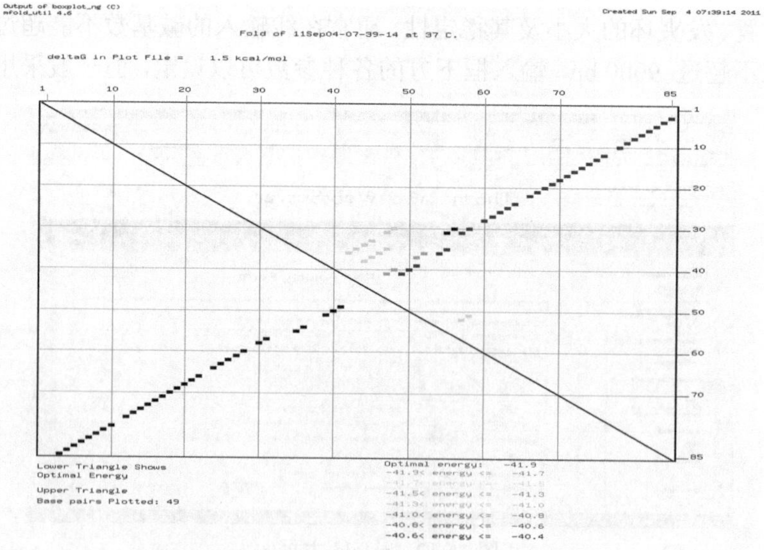

图 15.14　序列 hsa-mir-708 的能量点阵图

通过“mfold”工具，也可以获得有关 RNA 二级结构元件的信息（图 15.2），如果在一条链上有未配对的核苷酸会形成突起，在链的内部和外部产生折叠。如果在两条链上都有未配对核苷酸则称为内部环，在双链茎的顶端有未配对的核苷酸被称为发夹环（或称茎环）。

本例前体 RNA 包括 2 种结构（structure1 和 structure 2），初始 Δ*g* 值越小，RNA 结构的稳定性越好。结构图可用 jpg 格式显示（图 15.2），也可用其他方式显示，如 PostScript、pdf、png、jpg、ct file、Vienna、RNAML、RnaViz ct、Mac ct、RNAdraw、XRNA ss 等。

15.5　应用 miRAlign 搜索 miRNA

下面简要介绍基于同源搜索方法的软件 miRAlign（Wang et al., 2005）。同源比对时需注意：①不仅要找到已知 miRNA 的同源序列，还需对候选 miRNA 位点周围的序列进行二级结构的预测，以确定其能否形成茎环结构，验证 miRNA 的位置及 miRNA 与 miRNA*的互补情况；②在确定可能的 miRNA 前体序列后，需计算该段序列的 MEF 和 MEFI 值，如果符合下述标准：MEF 的值很小，而 MEFI > 0.85，那么该位点很有可能就是候选的 miRNA。

输入网址 http://www.bioinfo.au.tsinghua.edu.cn/miralign/进入 miRAlign 的主页面，见图 15.15。

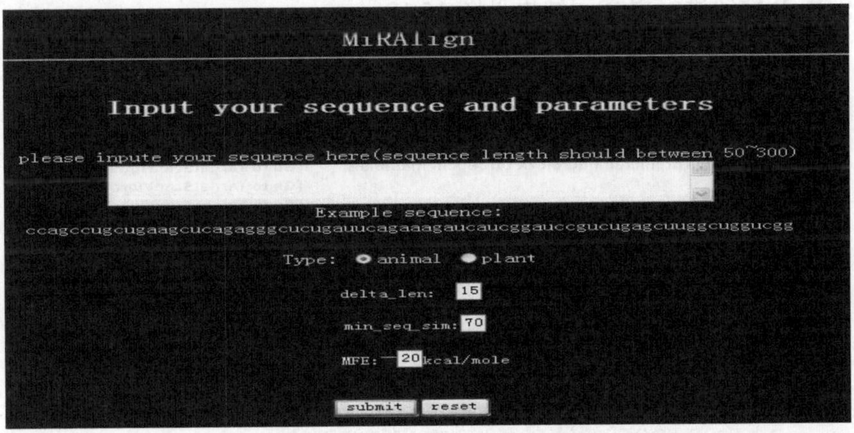

图 15.15　miRAlign 的主页面

在输入框输入序列“GCTGCTTTAGTGGGTCCTGTCCTCCCATGCCAAAACCTCCAAGAAAAAGGTGGTCTCTGTGCTGGGGGTCAGGGGGTTGGTGAAGAAGGCGGCAAAAGGAAGAGTGGTGAAAAAATAGA”后，选择 animal 选项，其余为默认，点击 submit 进行提交，结果显示该序列为反义链，最相似的 miRNA 基因是 hsa-mir-197（图 15.16）。

```
ID:     inputseq
Strand: AntiSense
tss:    8.83930115896904
Most similar miRNA gene:   hsa-mir-197

                    **********************
UCUAUUUUUUCACCACUCUUCCUUUUGCCGCCUUCUUCACCAACCCCCUGACCCCCAGCACAGAGACCACCUUUUUCUUGGAGGUUUUGGCAUGGGAGGACAGGACCCACUAAAGCAGC
............................................((((.((((((((...((((((.((........)).)))))).)).)))).)).)))).............. (-28.10)
```

图 15.16 miRAlign 的结果页面

15.6 应用 TargetScan 预测 miRNA 的靶基因

TargetScan 是基于靶基因跨物种保守性和 miRNA-靶基因二聚体热力学特征预测哺乳类动物 miRNA 靶基因的软件（Lewis et al., 2003）。该软件要求 miRNA 种子序列（第 2~8 位核苷酸）和 mRNA 3′UTR 完全互补，从种子序列向两翼延伸过程中允许 G-U 配对。mRNA 的 3′UTR 预测结果，用信噪比来评价。信噪比是指用已知 mRNA（信号组）和随机生成的 miRNA（噪声组）两者预测靶基因数的比值。TargetScan 还首次引入假阳性率来评价靶基因预测结果。

输入网址 http://www.targetscan.org/进入 TargetScan 的主页面，当前版本为 5.2。本例选择在最后一个对话框中，输入 miRNA 的名字 hsa-mir-708，见图 15.17，点击 Submit 按钮进行提交，结果见图 15.18。

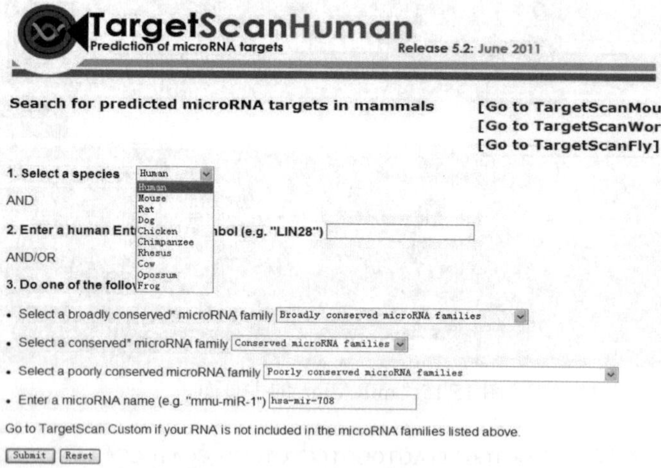

图 15.17 TargetScan 的提交页面

1. 选择物种；2. 输入基因或代号；3. 基于保守性程度选择 microRNA 家族或输入 microRNA 名称

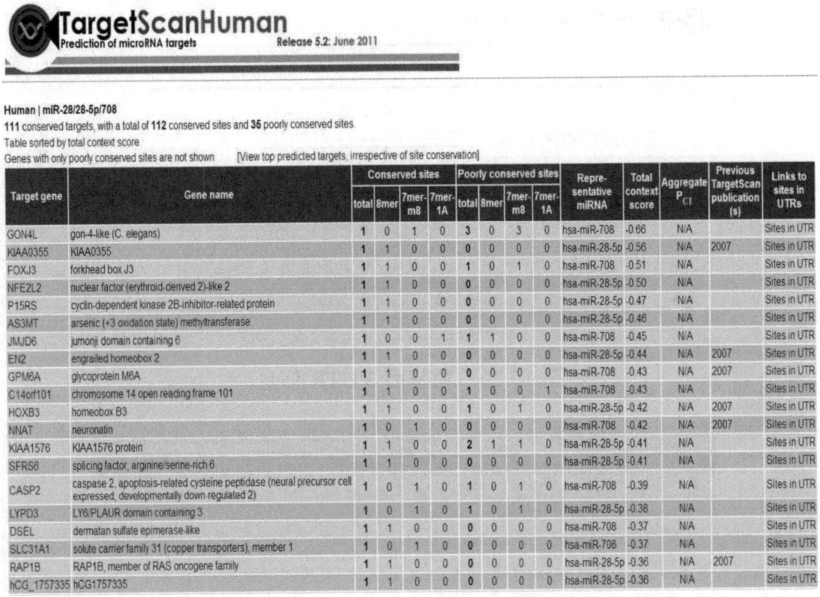

Human | miR-28/28-5p/708
111 conserved targets, with a total of 112 conserved sites and 35 poorly conserved sites.
Table sorted by total context score
Genes with only poorly conserved sites are not shown　[View top predicted targets, irrespective of site conservation]

Target gene	Gene name	Conserved sites				Poorly conserved sites				Representative miRNA	Total context score	Aggregate P_{CT}	Previous TargetScan publication (s)	Links to sites in UTRs
		total	8mer	7mer-m8	7mer-1A	total	8mer	7mer-m8	7mer-1A					
GON4L	gon-4-like (C. elegans)	1	0	1	0	3	0	3	0	hsa-miR-708	-0.66	N/A		Sites in UTR
KIAA0355	KIAA0355	1	1	0	0	0	0	0	0	hsa-miR-28-5p	-0.56	N/A	2007	Sites in UTR
FOXJ3	forkhead box J3	1	1	0	0	1	0	1	0	hsa-miR-708	-0.51	N/A		Sites in UTR
NFE2L2	nuclear factor (erythroid-derived 2)-like 2	1	1	0	0	0	0	0	0	hsa-miR-28-5p	-0.50	N/A		Sites in UTR
P15RS	cyclin-dependent kinase 2B-inhibitor-related protein	1	1	0	0	0	0	0	0	hsa-miR-28-5p	-0.47	N/A		Sites in UTR
AS3MT	arsenic (+3 oxidation state) methyltransferase	1	1	0	0	0	0	0	0	hsa-miR-28-5p	-0.46	N/A		Sites in UTR
JMJD6	jumonji domain containing 6	1	0	0	1	1	1	0	0	hsa-miR-708	-0.45	N/A		Sites in UTR
EN2	engrailed homeobox 2	1	1	0	0	0	0	0	0	hsa-miR-28-5p	-0.44	N/A	2007	Sites in UTR
GPM6A	glycoprotein M6A	1	1	0	0	0	0	0	0	hsa-miR-708	-0.43	N/A	2007	Sites in UTR
C14orf101	chromosome 14 open reading frame 101	1	1	0	0	1	0	0	1	hsa-miR-708	-0.43	N/A		Sites in UTR
HOXB3	homeobox B3	1	1	0	0	1	0	1	0	hsa-miR-28-5p	-0.42	N/A	2007	Sites in UTR
NNAT	neuronatin	1	0	1	0	0	0	0	0	hsa-miR-708	-0.42	N/A	2007	Sites in UTR
KIAA1576	KIAA1576 protein	1	1	0	0	2	1	1	0	hsa-miR-28-5p	-0.41	N/A		Sites in UTR
SFRS6	splicing factor, arginine/serine-rich 6	1	1	0	0	0	0	0	0	hsa-miR-28-5p	-0.41	N/A		Sites in UTR
CASP2	caspase 2, apoptosis-related cysteine peptidase (neural precursor cell expressed, developmentally down-regulated 2)	1	0	1	0	1	0	1	0	hsa-miR-708	-0.39	N/A		Sites in UTR
LYPD3	LY6/PLAUR domain containing 3	1	0	1	0	1	0	1	0	hsa-miR-28-5p	-0.38	N/A		Sites in UTR
DSEL	dermatan sulfate epimerase-like	1	1	0	0	0	0	0	0	hsa-miR-708	-0.37	N/A		Sites in UTR
SLC31A1	solute carrier family 31 (copper transporters), member 1	1	0	1	0	0	0	0	0	hsa-miR-708	-0.37	N/A		Sites in UTR
RAP1B	RAP1B, member of RAS oncogene family	1	1	0	0	0	0	0	0	hsa-miR-28-5p	-0.36	N/A	2007	Sites in UTR
hCG_1757335	hCG1757335	1	1	0	0	0	0	0	0	hsa-miR-28-5p	-0.36	N/A		Sites in UTR

图 15.18　TargetScan 的结果页面

Targetscan 结果显示，hsa-mir-708 有 111 个保守的靶基因（target gene），其中 112 个位点保守性强和 35 个位点保守性差（图 15.18）。如点击靶基因“GON4L”，会弹出该基因相应信息的页面，包括基因概况、基因组环境、区域、转录物及产品等信息（图 15.19）。

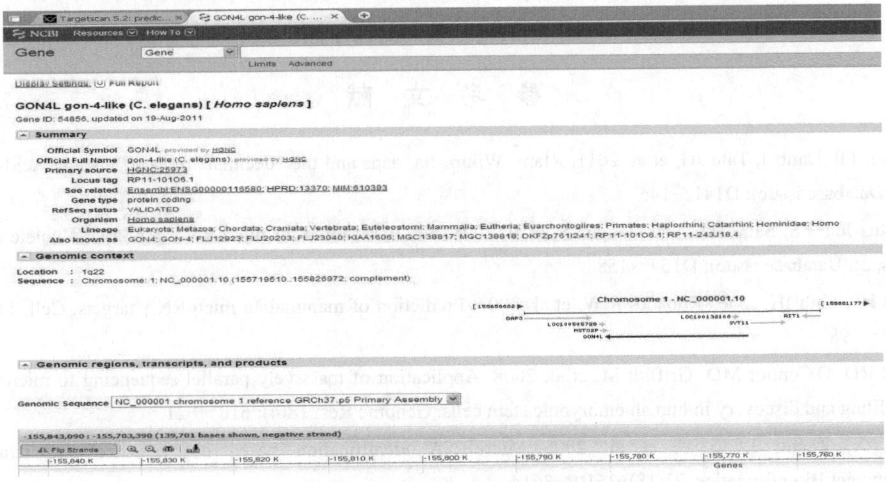

图 15.19　靶基因基因组环境

点击图 15.19 右侧的“Sites in UTR”，可以了解相应靶基因的 3′UTR（图 15.20）和保守性信息（图 15.21）。

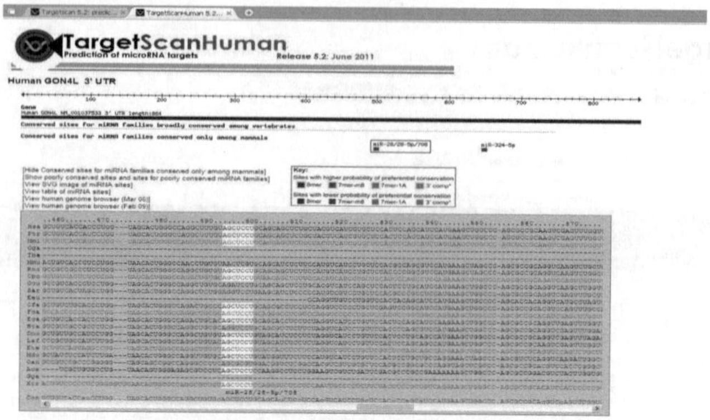

图 15.20　靶基因 3′UTR 信息

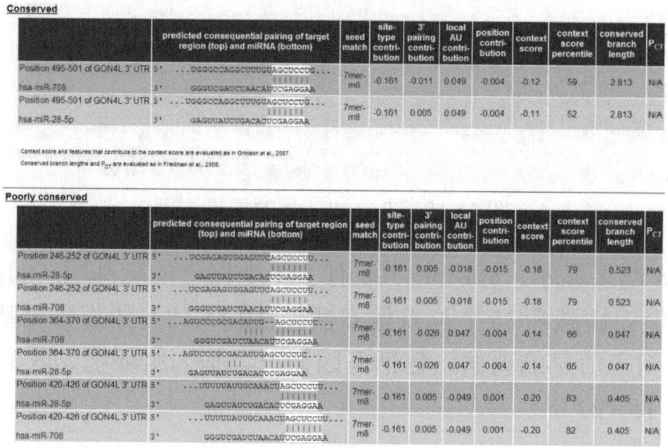

Conserved

	predicted consequential pairing of target region (top) and miRNA (bottom)	seed match	site-type contribution	3' pairing contribution	local AU contribution	position contribution	context score	context score percentile	conserved branch length	P_{CT}
Position 495-501 of GON4L 3' UTR hsa-miR-708	5' ...UGGGCCAGGCUUUGUAGCUCCUG... 3' GGGUCGAUCUAACAUUCGAGGAA	7mer-m8	-0.161	-0.011	0.049	-0.004	-0.12	59	2.813	N/A
Position 495-501 of GON4L 3' UTR hsa-miR-28-5p	5' ...UGGGCCAGGCUUUGUAGCUCCUG... 3' GAGUUAUCUGACACUCGAGGAA	7mer-m8	-0.161	0.005	0.049	-0.004	-0.11	52	2.813	N/A

Context score and features that contribute to the context score are evaluated as in Grimson et al., 2007.
Conserved branch lengths and P_{CT} are evaluated as in Friedman et al., 2008.

Poorly conserved

	predicted consequential pairing of target region (top) and miRNA (bottom)	seed match	site-type contribution	3' pairing contribution	local AU contribution	position contribution	context score	context score percentile	conserved branch length	P_{CT}
Position 246-252 of GON4L 3' UTR hsa-miR-28-5p	5' ...UCGAGAGUGGAGUUCAGCUCCUU... 3' GAGUUAUCUGACACUCGAGGAA	7mer-m8	-0.161	0.005	-0.018	-0.015	-0.18	79	0.523	N/A
Position 246-252 of GON4L 3' UTR hsa-miR-708	5' ...UCGAGAGUGGAGUUCAGCUCCUU... 3' GGGUCGAUCUAACAUUCGAGGAA	7mer-m8	-0.161	0.005	-0.018	-0.015	-0.18	79	0.523	N/A
Position 364-370 of GON4L 3' UTR hsa-miR-708	5' ...AGUCCCGCGACAUUG--AGCUCCUC... 3' GGGUCGAUCUAACAUUCGAGGAA	7mer-m8	-0.161	-0.026	0.047	-0.004	-0.14	66	0.047	N/A
Position 364-370 of GON4L 3' UTR hsa-miR-28-5p	5' ...AGUCCCGCGACAUUGAGCUCCUC... 3' GAGUUAUCUGACACUCGAGGAA	7mer-m8	-0.161	-0.026	0.047	-0.004	-0.14	65	0.047	N/A
Position 420-426 of GON4L 3' UTR hsa-miR-28-5p	5' ...UUUUUAUUGCAAACUAGCUCCUU... 3' GAGUUAUCUGACACUCGAGGAA	7mer-m8	-0.161	0.005	-0.049	0.001	-0.20	83	0.405	N/A
Position 420-426 of GON4L 3' UTR hsa-miR-708	5' ...UUUUUAUUGCAAACUAGCUCCUU... 3' GGGUCGAUCUAACAUUCGAGGAA	7mer-m8	-0.161	0.005	-0.049	0.001	-0.20	82	0.405	N/A

图 15.21　靶基因的保守性

参 考 文 献

Gardner PP, Daub J, Tate JG, et al. 2011. Rfam: Wikipedia, dans and the “decimal” relcase. Nucleic Acids Res, 39(Database issue): D141～145

Griffiths-Jones S, Saini HK, van Dongen S, et al. 2008. miRBase: tools for microRNA genomics.Nucleic Acids Res, 36(Database issue): D154～158

Lewis BP, Shih IH, Jones-Rhoades MW, et al. 2003. Prediction of mammalian microRNA targets. Cell, 115(7): 787～798

Morin RD, O'Connor MD, Griffith M, et al. 2008. Application of massively parallel sequencing to microRNA profiling and discovery in human embryonic stem cells. Genome Res, 18(4): 610～621

Wang X, Zhang J, Li F, et al. 2005 MicroRNA identification based on sequence and structure alignment.Bioinformatics. 21(18): 3610～3614

Zuker M. 2003. Mfold web server for nucleic acid folding and hybridization prediction. Nucleic Acids Res, 31 (13): 3406～3415

第 16 章　RNA 测序（RNA-Seq）分析

莫凡　薛庆中

与传统的 EST 测序或芯片技术方法相比，高通量 RNA 测序（RNA-Seq）实验方法，对转录物及其可变剪切体表达水平的检测更加精确，并且能发现组织特异性选择性剪接体、新基因、转录物及其基因组结构变化。因此，RNA-Seq 被认为是对转录组研究的一个革命性工具（Wang et al., 2009）。然而，其序列比对，尤其是外显子-外显子连接序列比对的策略需要加以改进。最近 Trapnell 等（2009）开发了 TopHat 软件包，并成功应用于哺乳动物 RNA-Seq 分析，鉴定出大量全新可变剪接位点。Trapnell 等（2010）研发了开源的软件程序 Cufflinks，揭示了重要调控系统的灵活性和复杂性，提高了基于转录基因组的注释能力。在这一章中，我们将简介如何应用 TopHat 等软件实现 RNA-Seq 数据分析的整个流程。

16.1　TopHat 的分析流程

应用 TopHat 做 RNA-Seq 分析的流程如下：①用序列比对软件 Bowtie（Langmead et al., 2009）将全长读序列与基因组参考序列进行比对，未比对上的读序列可以分割成更小片段，与基因组序列进行再次比对（图 16.1A）；②将基因组中的覆盖区域拼接（图 16.1B）；③根据读序列相应的小片段的比对情况预测出邻近外显子之间的潜在剪接位点（图 16.1C）；④构建潜在外显子-外显子连接参考序列，与第一步中未比对上的读序列进行比对（图 16.1D）。基于 RNA-Seq 的读序列与基因组比对结果，预测出全新可变剪切位点。

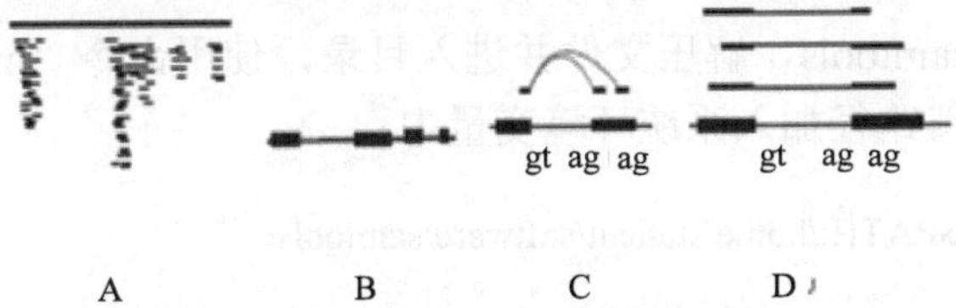

图 16.1　TopHat 序列比对流程（Trapnell et al., 2009）

gt、ag 表示剪切位点

16.2 转录组读序列比对

16.2.1 数据准备

读序列通常以 fastq 格式文件保存。测序仪能够针对每一个碱基给出相应的置信度，用 e 值来表示，e 值越小，测序错误率越低，即可靠性越高。通过公式 Q_phred=-10（log）_10 e，将 e 值转化成整数，再计算出测序质量，通常以 ASCII 码的形式表示。计算 ASCII 码值主要有两种方法：一是传统的 Sanger 格式，ASCII 码值以 32 为基数，再加上质量值；二是 Illumina 格式（版本 1.3 以上），以 64 为基数加上质量值。

16.2.2 比对数据库

分析时，要把读序列与基因组或者转录组参考序列比对。对于模式生物，其参考序列可以通过 Ensembl（www.ensembl.org）数据库网站下载，而非模式生物需要从 NCBI 下载相近物种核苷酸序列来构建数据库。本例是将读序列与人类基因组参考序列进行比对。RNA-seq 时，还需要考虑外显子-外显子连接序列的比对情况。

16.2.3 相关软件的下载及安装

（1）下载的网址分别是：TopHat 已编译的软件包（http://tophat.cbcb.umd.edu/）、序列比对软件 Bowtie（http://bowtie-bio.sourceforge.net/index.shtml）及 SAM 工具包软件 samtools（http://sourceforge.net/projects/samtools/files）。

（2）安装 Bowtie，通过直接解压得到可执行文件。如下载的是源代码包，解压后需要使用命令“make”进行编译，产生可执行文件。并将其路径加入系统环境变量中：

```
export PATH=$PATH:/home/student/software/bowtie/
```

（3）安装 samtools，解压文件并进入目录，使用命令“make”编译得到可执行文件，并将其路径加入系统环境变量中：

```
export PATH=$PATH:/home/student/software/samtools/
```

（4）安装 TopHat，直接解压得到可执行文件，并将其路径加入系统环境变量中：

```
export PATH=$PATH:/home/student/software/tophat/
```

16.2.4　常用参数介绍

-G：设定基因组模型注释文件（GTF 格式），包括基因组中所有基因、转录物和外显子的从属关系及位置信息等。该文件可从 Ensembl 数据库（http://www.ensembl.org/info/data/ftp/index.html）下载。

-solexa1.3-quals：设定读序列保存的 fastq 文件格式是以 64 为基数的质量值，否则无需设定。

-o：设定输出文件夹名称。

-p：设定使用 CPU 个数，使用多个 CPU 可以有效提高软件运行效率。

-mate-inner-dist：设定双端测序中两端序列的内部距离，如样品准备片段长度为 400bp，读序列长度为 50bp，则内部距离为 300bp（=400–50×2）。

-mate-std-dev：设定内部距离的标准差。

-microexon-search：如读序列长度超过 50bp，建议开启此搜索模式，以便更有效地比对短外显子。

-C：由 SOLiD 测序仪产生，并以 cfasta 格式保存的读序列，需设定该参数。

-library-type：设定测序方法，如 fr-unstranded（非特定测序，即读序列可能来自 RNA 有义链或其互补链）、fr-firststrand（有义链特定测序，即读序列全部来自 RNA 有义链）和 fr-secondstrand（互补链特定测序，即读序列全部来自 RNA 互补链）。通常 Illumina 测序方法设为 fr-unstranded。

16.2.5　基因组数据库数据格式化

进入基因组数据库所在目录：cd /home/student/database/fasta

利用命令 bowtie-build 对基因组数据进行格式化：

```
bowtie-build   hg19_test.fa   hg19_test
```

16.2.6　基因组数据库数据格式化演示分析命令

进入读序列文件所在目录：

```
cd /home/student/data
```

设定 Tophat 参数并进行比对：

```
tophat -o tophat_out -p 2 -microexon-search -solexa1.3-quals -library-type fr-unstranded -mate-inner-dist 300 -mat-std-dev 80 -G /home/student/database/GTF/ hg19_test.gtf /home/student/database/fasta/hg19_test /home/student/data /reads_PE1. fastq/home/student/data /reads_PE2.fastq
```

16.2.7　输出文件说明

accepted_hits.bam：读序列比对结果文件，通常以 SAM 格式的二进制形式保存，能有效缩减文件大小。目前新一代测序（NGS）多数工具都直接支持 SAM/BAM

格式文件。

通过 samtools 工具软件，用以下命令查看读序列比对文件内容：

```
samtools view-h accepted_hits.bam|more
```

junctions.bed：潜在外显子-外显子连接结果文件，通常以 BED 格式保存。它包含了可变剪切供体及受体在基因组中的位置信息及比对到外显子连接序列的读序列条数。

通过以下命令查看基因组位置信息文件：

```
more junctions.bed
```

将该文件拷贝到本地 Windows 电脑，然后打开 UCSC Genome Browser 网页：http://genome.ucsc.edu/cgi-bin/hgGateway，点击“add custom tracks”按钮，然后在“Paste URLs or data: ”框中粘贴数据或通过“Or upload:”中点击“Choose File”按钮，选中本地文件“junctions.bed”，按“Submit”钮进行上传数据，完成后再点击“go to genome browser”按钮，即可浏览 BED 格式文件，如 junctions.bed 中包含外显子连接情况（图 16.2）。insertions.bed 和 deletions.bed：分别显示潜在小片段插入和缺失情况。

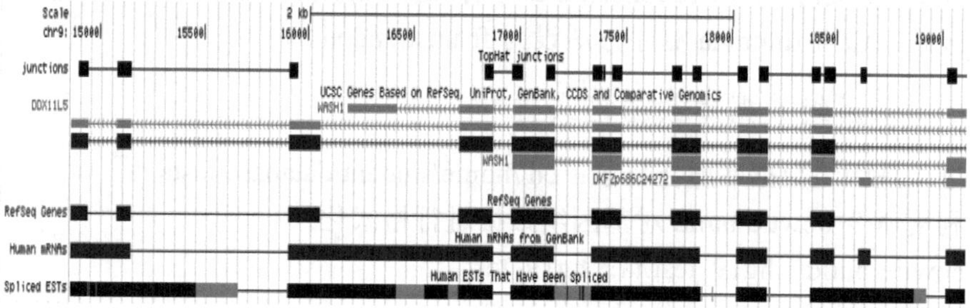

图 16.2 在 UCSC Genome Browser 中显示外显子-外显子连接

第 1 行为染色体中碱基坐标；第 2 行为“junctions”，矩形块表示位于剪切位点的部分外显子区域，矩形间的实线则表示其两个外显子有连接；余下几行为已知基因组模型中外显子-外显子的连接情况

由图 16.2 可以看到，基于读序列与基因组的序列比对流程，TopHat 能很好地预测可变剪切体在基因组中的位置信息及对应的读序列条数。

16.3 获得基因表达谱及转录物表达谱

16.3.1 HTSeq 统计方法

基于 TopHat 比对结果，我们利用软件 HTSeq 提取匹配位置对应的基因、转录物及外显子信息，统计匹配的序列数量，获得基因或转录物的表达谱。HTSeq

有 3 种统计方法：union、intersection_strict 和 intersection_nonempty（图 16.3）。通常用 intersection_nonempty 方法统计基因表达。用 intersection_strict 方法了解转录物表达能更严格，而 union 方法不推荐使用。

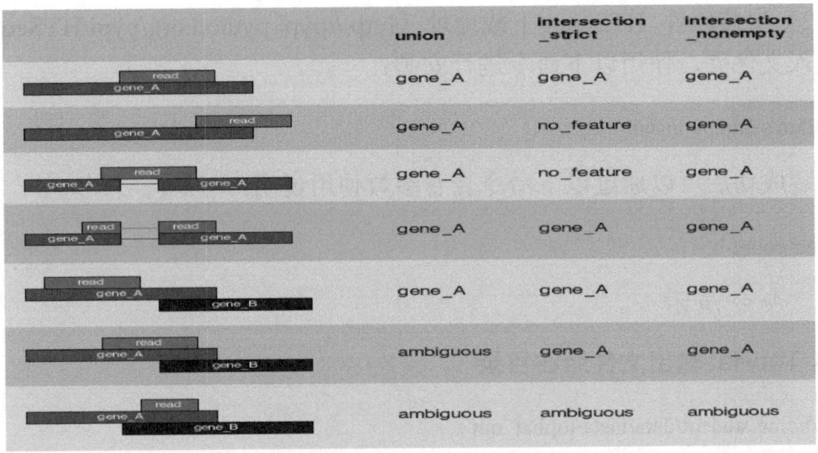

图 16.3 HTSeq 软件中读序列的统计方法（引自

http://www-huber.embl.de/users/anders/HTSeq/doc/count.html）（见文后彩图）

青色矩形条代表读序列（reads）；紫红色及蓝色矩形条分别代表基因 A 和 B 中的外显子；横线代表外显子-外显子连接处

图 16.3 中显示了不同比对情况下读序列所处位置，以及 3 种方法对读序列的分配结果。

（1）读序列完全位于基因 A 内部，则 3 种方法都将该序列分配给基因 A。

（2）读序列部分位于基因 A 内部，方法 union 和 intersection_nonempty 将该读序列分配给基因 A。

（3）读序列覆盖了基因 A 中 2 个外显子及其之间的内含子，方法 union 和 intersection_nonempty 将该读序列分配给基因 A。

（4）读序列覆盖了基因 A 中外显子-外显子连接序列，则 3 种方法都将该读序列分配给基因 A。

（5）虽然基因 A 与基因 B 有部分序列重叠，但读序列完全位于基因 A 内部，则 3 种方法都将该读序列分配给基因 A。

（6）基因 A 与基因 B 有部分序列重叠，读序列位于基因 A 内部，但同时也有部分覆盖基因 B，则 intersection_strict 方法和 intersection_nonempty 将该读序列分配给基因 A。

（7）基因 A 与基因 B 有部分序列重叠，而读序列完全位于其重叠序列中，则 3 种方法都将拒绝对读序列进行分配。

16.3.2 数据准备及软件安装

（1）下载基因组模型注释文件：通常以 GTF 格式保存，可以从 Ensembl 网站中下载（ftp://ftp.ensembl.org/pub/release-63/gtf/homo_sapiens/）。

（2）安装软件 HTSeq：下载地址（http://pypi.python.org/pypi/HTSeq），解压后进入文件夹，使用以下命令进行安装：

```
python setup.py install
```

安装成功后可以通过以下命令查看参数使用说明：

```
htseq-count-h
```

16.3.3 命令演示

1. 进入 TopHat 输出文件所在目录

```
cd /home/student/data/fasta/tophat_out
```

2. 对 accepted_hits.bam 中的比对结果进行排序

以读序列为排序依据，并转换成 sam 格式保存，使用命令如下：

```
samtools sort -n accepted_hits.bam accepted_hits.sorted
samtools view -h accepted_hits.sorted.bam accepted_hits.sorted.sam
```

3. 对基因水平的统计

设定以“gene_id”作为统计关键词（参数-i），测序方法为非有义链特异法（参数-s）及基因组注释信息 GTF 文件所在路径，运行命令如下：

```
htseq-count -m intersection-nonempty -i gene_id -s no accepted_hits.sorted.sam /home/student/database/GTF/Homo_sapiens.GRCh37.62.gtf >accepted_hits.sorted.sam.count.nonempty.BY_GENE
```

输出文件包含基因 Ensembl ID 数据及对应的读序列条数数据，如图 16.4 所示。

4. 对转录物水平的统计

设定以“transcript_id”作为统计关键词（参数-i），运行命令如下：

```
htseq-count -m intersection-strict -i transcript_id -s no accepted_hits.sorted.sam/home/student/database/GTF/Homo_sapiens.GRCh37.62.gtf >accepted_hits.sorted.sam.count.strict.BY_TRAN
```

输出文件包含两列数据，转录物 Ensembl ID 及对应的读序列条数。

这样，我们就完成了基因水平及转录物水平的统计，得到了基因表达谱及转录物表达谱。

```
ENSG00000003147 2619
ENSG00000003249 996
ENSG00000003393 964
ENSG00000003400 122
ENSG00000003402 2175
ENSG00000003436 751
ENSG00000003509 506
ENSG00000003756 13051
ENSG00000003987 87
ENSG00000003989 395
ENSG00000004059 1620
ENSG00000004139 1171
ENSG00000004142 1781
ENSG00000004399 1594
ENSG00000004455 2835
ENSG00000004468 12447
ENSG00000004478 3208
ENSG00000004487 2137
ENSG00000004534 6456
ENSG00000004660 399
ENSG00000004700 220
ENSG00000004766 390
ENSG00000004776 654
ENSG00000004777 5215
ENSG00000004779 627
ENSG00000004799 370
ENSG00000004809 4
ENSG00000004838 49
ENSG00000004846 2
ENSG00000004848 353
ENSG00000004864 296
```

图 16.4　HTSeq 统计得到的基因表达谱文件

第 1 列为基因 Ensembl ID；第 2 列为比对到该基因的读序列条数

16.4　差异表达基因鉴定及注释

实验设计中通常需要比较两组测序数据：一组来自于肿瘤组织，另一组来自于正常组织。将这两组数据的基因表达谱进行统计学分析，从中发现显著差异表达的基因，并研究其功能，可以得出具有生物学意义的结果。

这里我们应用 R 语言工具软件包 edgeR 来鉴定差异表达基因，再用 R 语言软件包 GoSeq 对差异表达基因进行 GO 功能或 KEGG 信号通路的聚类分析。

16.4.1　edgeR 和 Goseq 软件安装

首先进入 R 软件包运行界面，然后键入安装 edegR 及 goseq 命令：

```
source（"http://www.bioconductor.org/biocLite.R"）
biocLite（"edgeR"）
biocLite（"goseq"）
```

16.4.2　基因表达谱数据准备

我们通过 Excel 将基于 HTSeq 软件统计得出的基因表达谱整合成一张总表，如表 16.1 所示，最后以 tab 分隔符的文本格式保存。

表 16.1　多样本间基因表达谱总表

Gene ID	P961	P963	P890	P946	C354	C313	C311	C352
ENSG00000127720	689	522	597	757	460	466	593	504
ENSG00000109819	661	352	261	760	462	469	457	388
ENSG00000152778	713	713	639	520	316	171	98	84
ENSG00000197969	654	497	508	680	413	368	429	364
ENSG00000161057	1054	963	1481	490	297	188	117	100
ENSG00000182575	760	619	650	1055	641	197	398	338
ENSG00000138443	723	737	776	870	529	452	493	419
ENSG00000188906	625	371	286	769	476	430	476	405
ENSG00000124151	690	609	580	601	365	242	177	150
ENSG00000051596	886	724	499	391	238	126	72	61

注：第 1 列为基因登录号，之后每列中数字为比对到该基因上的读序列数；前 4 列（P961、P963、P890 和 P946）为测试组；后 4 列（C354、C313、C311 和 C352）为对照（control）组。

16.4.3　应用 edgeR 鉴定差异表达基因

edgeR 分析所用 R 命令行如下：

```
setwd（"/home/student/data"）
library（edgeR）
table.summary=read.table（"MasterTable.list", sep="\t", stringsAsFactors=FALSE,
header=TRUE）
counts=table.summary[,-1]
rownames（counts）=table.summary[,1]
grp=factor（rep（c（"Adjacent ","Cancer "）,times=c（4,4））)
summarized=DGEList（counts, lib.size=colSums（counts）,group=grp）
disp=estimateCommonDisp（summarized）
tested = exactTest（disp）
options（max.print=999999）
sink（"MasterTable.edgeR.out"）
topTags（tested, n = 999999）
sink（）
```

执行以上命令后就可以得到 edgeR 分析结果文件（MasterTable.edgeR.out）。该文件保存了所有基因的表达量、两组样本间表达量的差异位数、显著差异水平的 *P* 值及假阳性率（FDR）。通常，基因显著差异水平以 FDR<1%或<5%作为标准。

我们还可以利用如下画图命令，绘制基因表达谱差异的散点图，如图 16.5 所示：

```
detags.com <- rownames（topTags（tested, n = 500）$table）
plotSmear（disp, de.tags = detags.com, main = "FC plot using common dispersion"）
abline（h = c（-2, 2）, col = "dodgerblue", lwd = 1）
```

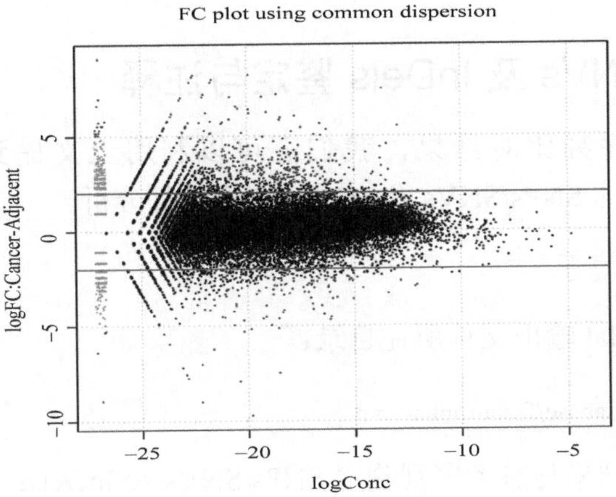

图 16.5　基因表达谱差异的散点图（见文后彩图）

横坐标为基因表达量；纵坐标为两组数据中基因表达量倍数差；
黑点表示基因；红点表示显著差异表达基因，黄点表示只出现在一组样本中的基因；
蓝线表示±2 倍标准差所在位置

16.4.4　利用 GoSeq 进行 GO 聚类分析

GoSeq 可以基于 edgeR 结果，对那些有表达显著差异的基因进行 GO 聚类分析，并同时考虑基因长度对分析的影响，通过调整，得出高置信度结果。

GoSeq 分析所用命令行如下：

```
library（goseq）
genes = as.integer（p.adjust（tested$table$p.value, method = "BH"）<0.05）
names（genes） = row.names（tested$table）
pwf = nullp（genes）
GO.wall = goseq（genes, pwf）
enriched.GO.wall = GO.wall$category[p.adjust（GO.wall$upval, method = "BH"） < 0.05]
write.table=（file="MasterTable.edgeR.goseq.enriched_GO.out", enriched.GO.wall）
```

执行以上命令后可以得到 GoSeq 结果文件：MasterTable.edgeR.goseq.enriched_GO.out。该文件包含了所有显著富集的 GO 数据库的功能基因，如图 16.6 所示。有关 GO 的注释，参考第 9 章。

```
GO:0005576 GO:0005515 GO:0007049 GO:0007155 GO:0016020 GO:0005578 GO:0005886 GO:0005509 GO:0007067
GO:0005615 GO:0005887 GO:0006955 GO:0055114 GO:0005524 GO:0006260 GO:0005201 GO:0007165 GO:0005737
GO:0006935 GO:0003823 GO:0005694 GO:0048015 GO:0007275 GO:0007051 GO:0019825 GO:0005789 GO:0000775
GO:0016491 GO:0000166 GO:0007156 GO:0008283 GO:0000079 GO:0009986 GO:0008009 GO:0043234 GO:0000777
GO:0005529 GO:0008083 GO:0005792 GO:0020037 GO:0007399 GO:0005783 GO:0000724 GO:0006811 GO:0005102
```

图 16.6　GoSeq 列出了所有显著富集的 GO 索引号

16.5　SNPs/SNVs 及 InDels 鉴定与注释

基于 TopHat 序列比对结果，我们还可以利用上文提到的工具软件包 samtools，对样本中的 SNPs/SNVs 及 InDels 情况进行分析。

16.5.1　分析命令演示

（1）进入 TopHat 输出文件所在目录：

```
cd /home/student/database/fasta/tophat_out
```

（2）基于比对结果与参考序列鉴定 SNPs/SNVs 及 InDels：

```
Samtools mpileup -ugf /home/student/database/fasta/hg19_test accepted_hits.bam | bcftools
view -bvcg  ->accepted_hits.var.raw.bcf
```

（3）过滤上一步结果，得出高置信度 SNPs/SNVs，并要求所在位点的测序深度大于 5，且小于 100：

```
Bcftools view accepted_hits.var.raw.bcf | vcfutils.pl varFilter -D 100 -d  5 > accepted_hits.var.
filtered.vcf
```

16.5.2　SNPs/SNVs 及 InDels 功能注释

（1）进入 Ensembl 变量效应预测工具（Ensembl Variant Effect Predictor）网页（http://www.ensembl.org/Homo_sapiens/ UserData/UploadVariations），如图 16.7 所示；

（2）在 Upload file 选项中选择 SNPs/SNVs 及 InDels 鉴定结果 accepted_hits.var.filtered.vcf；

（3）选择 Non-synonymous SNP predictions （human only）；

（4）点击最下方按钮“Next”，运行下一步程序；

（5）选择以 HTML 方式查看 SNPs/SNVs 及 InDels 所在区域的基因和转录物 ID、蛋白质产物中的位点及影响、已知突变情况等信息，如图 16.8 所示。

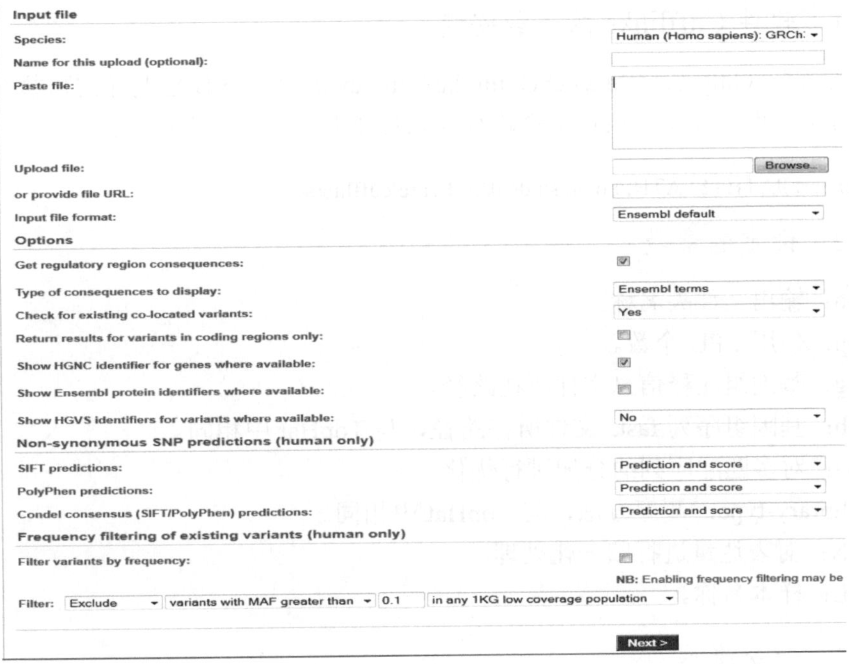

图 16.7　Variant Effect Predictor 网页

Variant Effect Predictor Results:

Download text version

Show/hide columns　　Filter

Uploaded Variation	Location	Allele	Gene	Feature	Feature type	Consequence	Position in cDNA	Position in CDS	Position in protein	Amino acid change	Codon change	Co-located Variation	Extra
12_1017956_T/A	12:1017956	A	ENSG00000060237	ENST00000537501	Transcript	STOP_LOST	4612	973	325	*/K	Tag/Aag	rs55650617	HGNC=WNK1
12_1017956_T/A	12:1017956	A	ENSG00000060237	ENST00000537687	Transcript	STOP_LOST	8570	7927	2643	*/K	Tag/Aag	rs55650617	HGNC=WNK1
12_1017956_T/A	12:1017956	A	ENSG00000060237	ENST00000315939	Transcript	STOP_LOST	7790	7147	2383	*/K	Tag/Aag	rs55650617	HGNC=WNK1
12_1017956_T/A	12:1017956	A	ENSG00000060237	ENST00000535572	Transcript	STOP_LOST	7376	6403	2135	*/K	Tag/Aag	rs55650617	HGNC=WNK1
12_1017956_T/A	12:1017956	A	ENSG00000060237	ENST00000252477	Transcript	STOP_LOST	6832	4666	1556	*/K	Tag/Aag	rs55650617	HGNC=WNK1
12_1017956_T/A	12:1017956	A	ENSG00000060237	ENST00000340908	Transcript	STOP_LOST	5926	5926	1976	*/K	Tag/Aag	rs55650617	HGNC=WNK1
12_1017956_T/A	12:1017956	A	ENSG00000060237	ENST00000530271	Transcript	STOP_LOST	8641	8641	2881	*/K	Tag/Aag	rs55650617	HGNC=WNK1

图 16.8　SNPs/SNVs 及 InDels 所在区域的信息

每列信息依次为：上传变异、变异位点、等位基因、基因、功能、功能类别、变异影响、突变所在 cDNA 位置、CDS 位置、蛋白质位置、氨基酸变化、密码子变化、同位（Co-location）变异、额外信息（如基因 symbol）

16.6　选择性剪切（alternative splicing）鉴定

基于 TopHat 比对结果，用户可以应用软件 Cufflinks，对序列片段进行拼接及注释、计算出已知及全新转录物的表达量，预测全新选择性剪切体及其表达量，实现转录组水平表达谱分析。

16.6.1 软件 Cufflinks 的下载安装

从网页（http://cufflinks.cbcb.umd.edu/index.html）下载已编译的可执行软件包、解压文件，并将可执行文件路径加入环境变量中，其命令为：

```
export PATH=$PATH:/home/student/software/cufflinks/
```

16.6.2 设定的参数

-o：输出文件夹名称。

-p：使用 CPU 个数。

-g：基因组注释信息文件所在路径。

-b：基因组序列 fasta 文件所在路径，与 TopHat 中相同。

-u：对多匹配序列的分配进行优化。

-library-type：测序方法，与 TopHat 中相同。

-N：对表达量进行归一化处理。

-L：样本名称。

16.6.3 命令演示

（1）进入 tophat 比对结果所在文件夹：

cd /home/student /data/fasta/tophat_out

（2）设定参数进行分析：

```
cufflinks accepted_hits.bam-o cufflinks_out -N -library-type fr-unstranded -p 8 -u –g /home/ student/database/GTF/hg19_test.gtf -b /home/student/database/ fasta/hg19_ test – L test
```

16.6.4 输出文件

Cufflinks 的输出信息均以 GTF 格式文件保存，包括以下内容。

（1）transcripts.gtf：拼接的所有转录物注释，包括全新可变剪切体信息。

（2）isoforms.fpkm_tracking：转录组水平的表达量计算文件。

（3）genes.fpkm_tracking：基因组水平的表达情况文件。

如果需要对两组样本间的表达差异进行进一步分析，可以基于 isoforms.fpkm_tracking 文件或 genes.fpkm_tracking 文件，做统计学分析（如 t-test 或 rank-test 等方法）。

16.7 TopHat 应用实例

（1）应用 TopHat 可以发现基因组内规范的供体和岛内序列的受体位置。例如，Mortazavi 等（2008）报告脑组织 RNA 样本中存在两种异构体，应用 TopHat 发现在其交界处的“单岛（single island）内，内含子被另一转录物的 5-UTR 完全覆盖（图 16.9）。

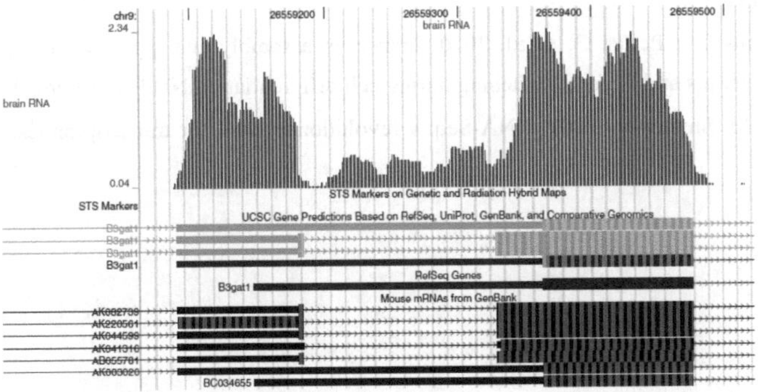

图 16.9　脑组织 RNA-seq 样本中存在 2 种异构体（Trapnell et al., 2009）

（2）Trapnell 等（2009）通过种子序列和延长比对寻找读序列可能匹配的剪接位点，如图 16.10 所示。种子序列由少量的供体上游序列和受体下游序列连接形成，作为查询读序列的索引。

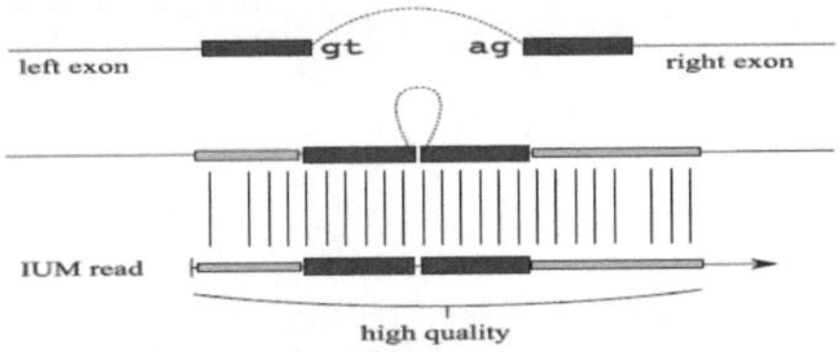

图 16.10　读序列和可能匹配的剪接位点（Trapnell et al., 2009）

种子序列用深灰色显示，比对部分用浅灰色显示，gt，ag 表示剪切位点

（3）Trapnell 等（2009）的研究表明，即便在非常低的转录水平下，应用 TopHat 也能鉴定出基因的交集（图 16.11）。

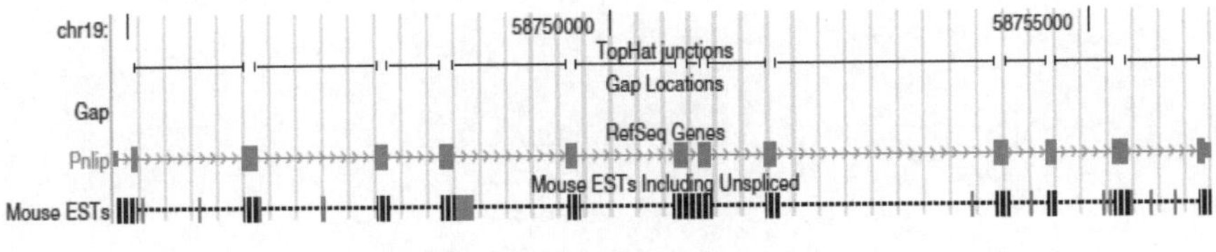

图 16.11　在脑组织中的 *Pnlip* 基因（Trapnell et al., 2009）

参　考　文　献

Langmead B, Trapnell C, Pop M, et al. 2009, Ultrafast and memory-efficient alignment of short DNA sequences to the human genome. Genome Biol, 10(3): R25

Mortazavi A, Williams BA, McCue K, et al. 2008. Mapping and quantifying mammalian transcriptomes by RNA-Seq.Nat Methods, 5(7): 621～628

Trapnell C, Pachter L, Salzberg SL. 2009. TopHat: discovering splice junctions with RNA-Seq. Bioinformatics, 25(9): 1105～1111

Trapnell C, Williams BA, Pertea G, et al. 2010. Transcript assembly and quantification by RNA-Seq reveals unannotated transcripts and isoform switching during cell differentiation.Nat Biotechnol, 28(5): 511～515

Wang Z, Gerstein M, Snyder M. 2009. RNA-Seq: a revolutionary tool for transcriptomics.Nat Rev Genet. Jan, 10(1): 57～63

第 17 章　全基因组序列拼接的流程和方法

王庭璋　薛庆中

细菌全基因组拼接对于开发细菌产品、疫苗和新型抗生素等方面具有重要意义。新一代测序仪的问世使得由其产生的短的读序列数据拼接成全基因组染色体骨架（scaffold）成为可能，面对这项极具挑战性的课题。通常采用从头拼接和读序列作图拼接（重测序）两种策略。前者是将读序列(reads)拼接成一个全新的序列，而后者是将读序列作图到参考基因组序列上，然后拼接，这个新形成的重测序序列和参考序列不会完全一致。

本文以纳豆枯草芽孢杆菌全基因组序列为例，来阐述新一代测序技术拼接全基因组序列的流程和方法，主要包括应用 Maq (Mapping and Assembly with Qualities)软件包（Li et al.，2008），进行读序列作图拼接；用 Velvet（Zerbino and Birney，2008）做从头拼接；用 Murasaki（Popendorf et al.，2010）进行大片段的定位。

17.1　实例数据的获取

我们从 NCBI 的 SRA（Sequence Reads Archive，读序列档案库），网址为：http://www.ncbi. nlm.nih. gov/sra/DRP000001 下载了 DRR000001_1.fastq 和 DRR000001_2.fastq（Nishito et al.，2010）的配对末端（Paired End，PE）测序数据共计 19 954 776 条。其中，RR000001_1.fastq 文件包含 9 977 388 条序列，除去冗余后，为 7 206 459 条。出现 1 次的序列为 5 405 388，占绝大多数；出现 2 次的序列有 1 206 028；出现 10 次和 20 次的序列分别仅有 1687 条和 197 条（图 17.1）。

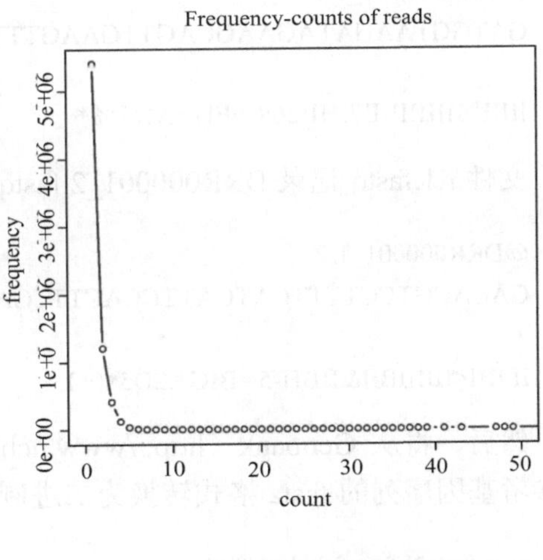

图 17.1　短读序列数目和频率

17.2 短读序列数据作图到参考基因组

使用 Maq 软件包（http://maq.sourceforge.net/maq-man.shtml）将测序的读序列作图到参考基因组（AL009126）上，并进行拼接及分析，具体步骤如下。

1. Maq 的输入

首先，从 NCBI 下载短读序列数据。例如，记录在文件 DRR000001_1.fastq 中的一端序列为

```
@DRR000001.1 3060N:7:1:1116:340 length=36
GATGGTAAGATAGAAGCAGTTGAAGTTTACAAACCG
+DRR000001.1 3060N:7:1:1116:340 length=36
IIII%IIIIIIIII7IHII26:C6EI)+,9,%%*
```

而记录在文件 DRR000001_2.fastq 中的另一端为

```
@DRR000001.1 3060N:7:1:1116:340 length=36
GACACGTCCTTTTCATCATTCCACTTTGACTTGAAT
+DRR000001.1 3060N:7:1:1116:340 length=36
II.IBI<IIIIIBII&IIBH-5=BIG*.2D5*(+I
```

为满足 Maq 输入格式的要求，我们对上述下载的配对末端读序列数据做了调整，产生两个新的文件：r.1.fastq 和 r.2.fastq，其中文件 r.1.fastq 记录 DRR000001_1.fastq 中的序列，为

```
@DRR000001_1/1
GATGGTAAGATAGAAGCAGTTGAAGTTTACAAACCG
+
IIII%IIIIIIIII7IHII26:C6EI)+,9,%%*
```

文件 r.1.fastq 记录 DRR000001_2.fastq 中的序列，为：

```
@DRR000001_1/2
GACACGTCCTTTTCATCATTCCACTTTGACTTGAAT
+
II.IBI<IIIIIBII&IIBH-5=BIG*.2D5*(+I
```

然后，将从 Genbank（http://www.ncbi.nlm.nih.gov/nuccore/225184640）获取的参考基因序列的 fasta 格式转换为二进制 fastq 格式，使用的命令为

```
maq fasta2bfa ref.fasta ref.bfa
```

其中 fasta2bfa 为转换二进制 fastq 格式的命令；ref.fasta 是 fasta 格式的参考序列；ref.bfa 为转换后的二进制 fastq 格式文件。

2. 通过 Maq 自带的 Perl 脚本（maq.pl），将读序列（r.1.fastq 和 r.2.fastq）作图到参考序列（ref.bfa）上，命令为

```
maq.pl easyrun -p -d easyrun ref.bfa r.1.fastq r.2.fastq
```

这里，easyrun 是以批处理程序来完成作图的命令；-p 表示为配对末端读序列，分别记录在 r.1.fastq 和 r.2.fastq 文件中；ref.bfa 为参考序列二进制 fastq 格式。-d 为指定的结果输出目录（这里是 easyrun）。

3. 结果输出

maq.pl 运行过程中，系统通过 nohup 命令把一些作图相关的统计信息重定向到输出文件 nohup.out 中（列于图 17.2）。

系统的 nohup 命令：

```
nohup maq.pl easyrun -p -d easyrun ref.bfa r.1.fastq r.2.fastq &
```

&表示让程序在后台运行，这样操作员在前台的工作不会受到程序运行的影响。nohup 命令执行后，会以 nohup.out 文件记录定位相关统计信息，列于图 17.2。

```
[wangtz@localhost natto]$ tail -10 nohup.out2
-- == statmap report ==

-- # single end (SE) reads: 0
-- # mapped SE reads: 0 (/ 0 = NA%)
-- # paired end (PE) reads: 19954776
-- # mapped PE reads: 16068608 (/ 19954776 = 00.52%)
-- # reads that are mapped in pairs: 15638636 (/ 16068608 = 97.32%)
-- # Q>=30 reads that are moved to meet mate-pair requirement: 728 (/ 15638636 = 0%)
-- # Q<30 reads that are moved to meet mate-pair requirement: 201765 (1.29%)
```

图 17.2　nohup 文件报告的部分作图相关统计信息

从图 17.2 可知，通过 Maq 软件产生的作图序列为 16 068 608 条（占 80.32%），在整个基因组的测序覆盖度约为 127 倍。maq.pl easyrun 输出文件 cns.fq 中用 fastq 格式记录了拼接后的序列，每个碱基都附有其质量值，这些序列可称为参考基因组草图。我们通过自编 Perl 脚本将菌系 BEST 195 的参考基因组和读序列信息较高碱基质量值（质量评分超过 40%）数据汇总，列于表 17.1。

表 17.1　maq.pl easyrun 输出文件中的数据

数据	英文名	数目
基因组 DNA (ng/μl)[a]	Genomic DNA (ng/ul)[a]	207
读序列总数（百万）[b]	Total reads (million)[b]	19.95
作图读序列总数（百万）[b]	Mapped PE reads (million)[b]	16.06

续表

数据	英文名	数目
作图读序列率(%)[b]	Mapped reads (%)[b]	80.52
覆盖度(倍)[c]	Coverage (fold)[c]	127
高质量读序列率(%)[d]	Reads with >40 Quality Score (%)[d]	84.6

注：a. 实验数据；b. 由 maq 输出到屏幕，取自重定向 nohup.out 文件；c. 取自 mapcheck.txt 文件；d. 自编 Perl 脚本程序取自 cns.fq 文件。

17.3 将短读序列数据从头拼接成染色体骨架

采用 Velvet 软件包（http://www.ebi.ac.uk/~zerbino/velvet/），对 2 个 natto 读序列数据（DRR000001_1.fastq 和 DRR000001_2.fastq）进行从头拼接，获得 801 个重叠群(contigs)，平均长度为 4.987 kb。拼接后染色体骨架的总长度为 3994 kb，其中 >1kb 的染色体骨架有 271 个，它们的总长度为 3911 bp，占染色体骨架（scaffold）总长的 97.9%（即 3911 bp/3994 kb）。N50 的染色体骨架长度为 26.214 kb（表 17.2）。

表 17.2 纳豆菌系 BEST 195 染色体骨架的数据

数据	英文名	数目
染色体骨架总数	Number of total scaffolds	801
平均长度(kb)	Average length (kb)	4.987
总长度(kb)	Total length (kb)	3994
N50 染色体骨架长度(kb)	N50 scaffold size (kb)	26.214
>1 kb 染色体骨架数	Number of >1 kb scaffolds	271
比对上的染色体骨架数	Number of aligned scaffolds	199

注：纳豆菌系>1 kb 染色体骨架和菌系 168 参考基因组比对，N50 表示 50%以上的染色体骨架为从头拼接的数据。

通过自编 Perl 脚本，使用 velveth 命令，读入一组 fasta 配对末端序列数据，并产生一个哈希表（hashtable）。

命令格式：velveth output_directory hash_length [-file_format][-read_type] [filename]

```
velveth velvet 23 -fastq -shortPaired DRR000001_1.fastq DRR000001_2.fastq
```

这里哈希长度为 23，输入文件格式是 fastq，读序列类型是配对末端短序列，文件名为 DRR000001_1.fastq 和 DRR000001_2.fastq。

再使用 velvetg 命令进行序列拼接。

命令格式：velvetg directory [-cov_cutoff coverage_cutoff] [-ins_length insert_length] [-ins_length2 insert_length2] [-read_trkg read_tracking]

```
velvetg velvet -ins_length 110 -exp_cov 30 -cov_cutoff 10
```

这里 velvet 是工作目录，-ins_length insert_ length 表示双端读序列插入长度数据，-cov_cutoff 10 是过滤覆盖率阈值。设置此阈值旨在减少低覆盖区域对拼接的影响。

使用上述命令后，会产生拼接后的染色体骨架数据，将其储存在 contigs.fa 文件中，此文件可在 Windows 下查看。

17.4 大规模染色体骨架拼接

我们使用软件 Murasaki（http://murasaki.sourceforge.net.）将>1 kb 的 271 个染色体骨架沿着参考基因组排列，并快速寻找排序前后的染色体骨架和草图之间的对应关系，列于图 17.3。

本例以 ref.fasta 为参考序列，对 contigs.fa 文件中的染色体骨架进行排序，命令如下：

```
Murasaki -p[28:36] -d unsort -n unsort contigs.fa ref.fasta
```

注：-d 输出目录；-n 输出文件名。-p 是让计算机自动产生随机模式，[28:36] 分别表示权重和长度。

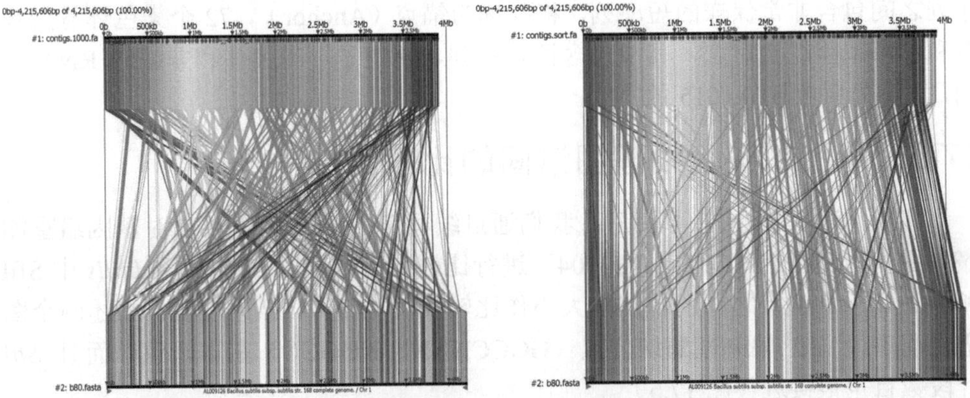

图 17.3 从头拼接产生的染色体骨架在参考指导草图上的作图情况

左图：排序前；右图：排序后

综上所述，纳豆枯草芽孢杆菌基因组序列的拼接过程可分为 4 个步骤：

（1）利用 Maq 软件将读序列作图到参考基因组上，产生参考基因组草图（见图 17.2）；

（2）利用 Velvet 软件从头拼接读序列（见图 17.3）；

（3）利用 Murasaki 软件，并根据参考基因组（*Bacillus subtilis* 168）草图，对 Velvet 从头（de nove）拼接的染色体骨架进行排序并拼接成更长染色体骨架（见图 17.4）；利用 PCR 扩增来弥补所有染色体骨架之间的空位（gap）（见图 17.4）。

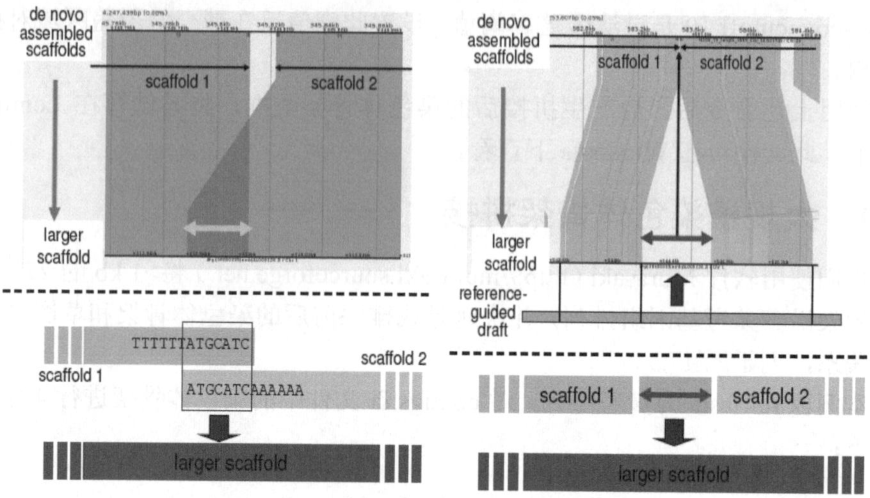

图 17.4 拼接较长染色体骨架的流程

注：将两个重叠的染色体骨架拼接（左）；将插入序列及其邻近染色体骨架拼接（右）

本例中，199 个染色体骨架比对上参考基因组，在染色体骨架和基因组参考序列之间包含非常保守的短序列，将其称为锚点（Anchor），72 个染色体骨架没有和参考基因组比对上，其中包含插入序列、转座子、噬菌体和非编码 RNA 序列，2 个为质粒 pTA1015 的序列。

17.5 草图和实验物理图谱间的比较

完成上述 Maq 拼接草图后，我们通过编写 Perl 程序，就可以对基因组重测序草图和物理图谱（Qiu et al., 2004）进行比较。例如，对 *Bacillus subtilis* 中 SfiI 和 I-CeuI 酶切位点之间的各片段大小作比较（表 17.3）。结果表明，上述两个图谱之间不仅 *Sfi*I 限制性酶切位点（GGCCNNNN'NGGCC）基本一致，而且 *Sfi*I 片段数目也很接近（图 17.5）。

表 17.3 Marburg168 基因组和 BEST195 物理图谱片段大小比较

Marburg 168 SfiI 片段名称	Marburg 168 基因组 SfiI 片段位置 (kb)	片段大小(kb)	BEST195 物理图谱片段大小（名称）
AS	1404—2129	725	680(S1)
BS	206—644	437	310(S3)+127(S10)[a]
CS	644—997	353	353(S2)
DS	2525—2835	310	283(S4)
ES	2835—3098	283	283(S5)
FS	4183—206	237	185(S9) +50(S10)[a]

续表

Marburg 168 SfiI 片段名称	Marburg 168 基因组 SfiI 片段位置 (kb)	片段大小(kb)	BEST195 物理图谱片段大小（名称）
GS	2129—2327	198	64(S19)
HS	3243—3439	196	235(S6)
IS	3243—3439	177	188(S8)
JS	3559—3736	172	172(S12)
KS	3763—3935	163	177(S11)
LS	2327—2490	145	100(S15) +39(S21)[c]
MS	1081—1226	145	145(S14)
NS	3098—3243	137	100(S16)
OS	4046—4183	131	147(S13)
PS	1245—1376	120	190(S7)
QS	3439—3559	95	80(S17) +24(S26)[c]
RS	3935—4030	56	56(S20)
SS	2490—2525	37	37(S22)
TS	1376—1404	28	28(S23)
US	1000—1024	24	24(S25)
VS	3744—3763	19	27(S24) (+YS)[b]
WS	1226—1245	19	19(S27)
XS	4030—4046	16	70(S18) (+part of NS)[b]
YS	3736—3744	8	(S24)(+VS)[b]
ZS	997—1000	3	3(S28)
Total	0—4214	4214	4196

注：Marburg168 为 Maq 拼接后的草图，BEST195 为酶切的物理图(Qiu et al., 2004)。

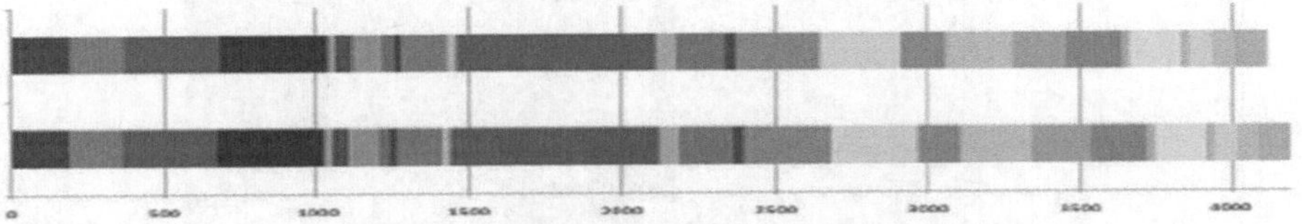

图 17.5　基因组草图和物理图谱中 SfiI 位点的比较

Marburg 168 基因组草图（上图）和 BEST195 物理图谱（下图）

我们对两个枯草芽孢杆菌菌系（*Bacillus subtilis* 168 和 *Bacillus subtilis* natto）参考基因组做搜索，发现在与大豆发酵相关基因的编码区 swrA 和启动子区域 degQ 有同源片段；通过 bl2seq 比对还发现，和 *Bacillus subtilis* natto 相比，168 菌系 degQ 启动子区域内有 1 个胞嘧啶（C）突变成胸腺嘧啶（T）；在 swrA 编码区中有 1 个鸟嘌呤（A）插入（图 17.6），这也许与 168 菌系不能编码γ聚谷氨酸γ-PGA 基因有关。

对聚酮合酶启动子（promoter）序列比较发现。例如，168 菌系中，包含 16

个基因，从 pksA（转录调节子）到 pksS（聚酮合酶）。而 natto 菌系中却缺失从 pksB 到 pksR 等基因，缺失区如图 17.7 方框所示。

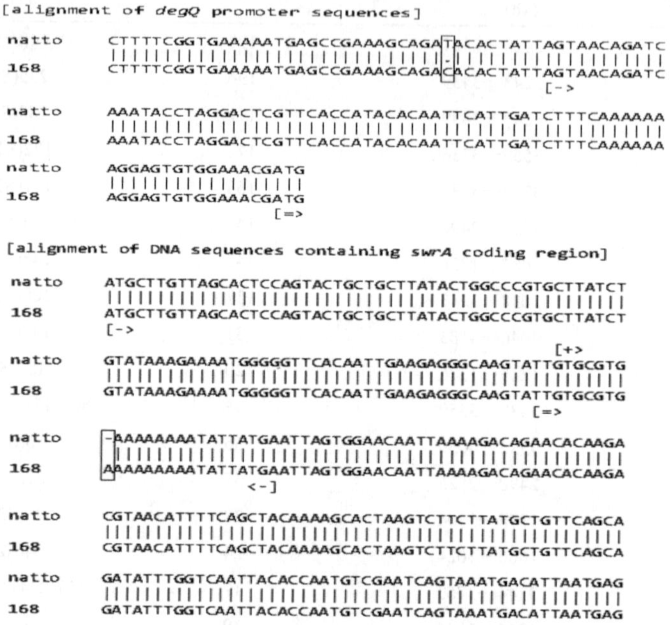

图 17.6 natto 菌系和 168 菌系的比较

degQ 启动子区域（上图）和 swrA 编码区（下图）

突变位点T.C，插入位点-.A；图中的“[->”表示转录起始位点，“[=>”表示翻译起始位点；下图中的“[->”和“<-]”之间的区域表示第一个假基因，“[=>”表示第二个假基因的翻译起始位点，“[+>”表示 swrA 编码区的翻译起始位点

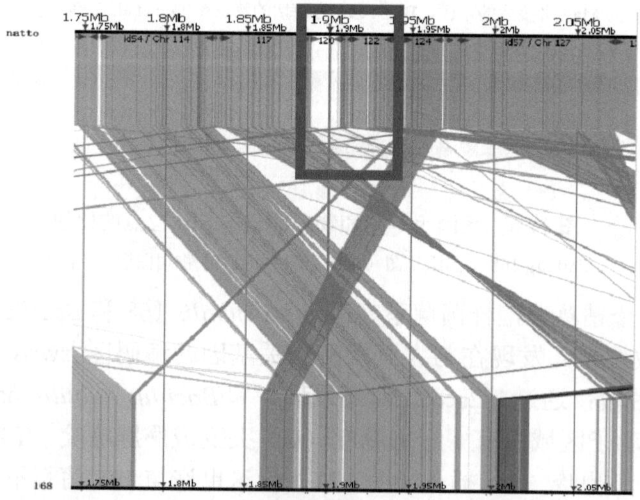

图 17.7 natto 菌系多聚酮合酶启动子区域发现缺失

上方是 natto 菌系，下方是 168 菌系；方框内有 1 个明显空白是缺失区

通过上述比较可以说明，应用 Maq 软件包，拼接纳豆枯草芽孢杆菌基因组序列的方法是可行和可信的。

参 考 文 献

Li H，Ruan J，Durbin R. 2008. Mapping short DNA sequencing reads and calling variants using mapping quality scores. Genome Res, 18(11): 1851～1858

Nishito Y, Osana Y, Hachiya T, et al. 2010. Whole genome assembly of a natto production strain Bacillus subtilis natto from very short read data. BMC Genomics, 11: 243

Popendorf K，Tsuyoshi H，Osana Y，et al.2010. Murasaki: A fast，parallelizable algorithm to find anchors from multiple genomes. PLoS ONE, 5(9): e12651

Qiu D, Fujita K, Sakuma Y, et al. 2004.Comparative analysis of physical maps of four Bacillus subtilis (natto) genomes. Appl Environ Microbiol, 70(10): 6247～6256

Zerbino D R, Birney E. 2008. Velvet: algorithms for de novo short read assembly using de Bruijn graphs. Genome Res, 18(5): 821～829

英汉对照词汇

ab initio	从头算法
Accepter	受体
Accession	登录号
Alcohol metabolism	乙醇代谢
Algorithm	算法
AlIas	别名
Alignment	比对
Alignment explorer	比对窗口
Alignment mode	比对方式
Alignment options	比对选项
Aliphatic index	脂肪系数
Alternative splicing	选择性剪切
Amino acid anomalies	氨基酸异常
Amino acid composition	氨基酸组成
Amino acid index	氨基酸指数
Amino acid scale	氨基酸标度
Amino acid usage	氨基酸使用
Analysis plugins	分析插件
Anchor	锚
Annotated sequences	注释序列
Anolea	原子非局部环境评估
Aromaticity	芳香度
ArrayImage	阵列影像
ASTD	选择性剪切和转录多样性数据库
Atomic composition	原子组成
Automated mode	自动方式
Average peptide mass	平均肽段质量
B.taurus	牛
Bacillus subtilis natto	纳豆枯草芽孢杆菌
Back tracking	回溯

Binding	结合
Biological process	生物学过程
Bioperl	Perl 模块集合
bl2seq	两条序列比对
BLAST	基本局部比对搜索工具
Blastx	基本局部比对搜索工具子程序
Block	模块
Block diagrams	模块图
BLOCKS	模块搜索数据库
BODY with prediction	预测结果正文
Boolean expression	布尔表达式
Bootstrap consensus tree	Bootstrap 法检验一致树
Border	边界
Bovine rhodopsin	牛视紫红质蛋白
Bowtie	序列比对软件
Branch	分枝
BRITE	功能层次
Browse	浏览
Bulge	突起
Bulkiness	膨胀度
BW, Burrows-Wheeler	Burrows-Wheeler 转换
C. elegans	线虫
C. familiaris	狗
CAI, Codon adaptation index	密码子适应指数
CAP, contig assembly programme	重叠群拼接程序
Carbohydrate metabolism	碳水化合物代谢
CBI, codon bias index	密码子偏性指数
C—C	二硫键
CDS, coding sequence	编码序列
CE, cassette exon	盒式外显子
Cellular component	细胞组分
Cellular process	细胞学过程
Centroid graphs	质心图
Chimera	蛋白质结构综合分析软件
Chromophore	载色体

Circular structure plots	结构环形图
Clan	家族
Class	类别
Cleavage site	酶切位点
Cluster analysis	聚类分析
Codon position specific G+C	G+C 密码子特异性位置
Coil	卷曲
Coiled-coil	卷曲螺旋
COILS	卷曲螺旋预测工具
Co-location	同位
Color space	颜色空间
Command line	命令行
Communication/Scripting plugins	通讯/脚本插件
Comparative Genomics	比较基因组学
Complete modifications	完全修饰
Complete or drafted genome	完整基因组或框架图
Compound	化合物
Compute parameters	计算参数
Consensus pattern	共有模式
Consensus predicted result	一致预测结果
Consensus quality	一致质量值
Contig	重叠群
Core package	核心程序包
Correspondence analysis	对应分析
Covering reads	覆盖读序列
CPAN	Perl 综合典藏网
CpG island	CpG 岛
Crosstalk	串扰
C-terminus	C 端
Curve-fit	曲线拟合
Cutoff	中断，临界值
Cysteines	半胱氨酸
Cytochrome c oxidase	细胞色素 c 氧化酶
Cytoplasm	细胞质
Cytoscape	生物分子互作网络平台

D.melanogaster	果蝇
D.rerio	斑马鱼
Data panel	数据面板
Data processing	数据处理
Database	数据库
DataSet	数据集
de novo	从头
Defaults settings	默认设置
Digestion	酶解
Dinucleotide composition	二核苷酸组成
Disease Associations	疾病相关
Distribution	属性
DNA transition weight	DNA 转换权重
DNase cluster	酶群
Domain	功能域
Donor	供体
Dot plot	点阵图
Double-stranded RNA	双链 RNA
Drug	药物
Dual channel	双通道
Dynamic programming algorithm	动态规划算法
EBI	欧洲生物信息学研究所
Edge attribute brower	边属性浏览器
edgeR	鉴定差异表达基因工具
Edit	编辑
EI, exon isoform	外显子异构体
EM algorithm	最大期望算法
ENC, effective number of codons	有效密码子数
Energy minimization	能量最小化
Enzyme	酶
Estimated half-life	预测半衰期
Eukaryotes	真核生物
E-value	E 值，期望值
Evolutionary Tree	进化树
Exons	外显子

ExPASy	专家蛋白质分析系统
Expect threshold	期望阈值
Exponential	指数性
Expression	表达
Expression graphs	表达图形
Expression images	表现影像
Ext package	执行程序包
Extinction coefficients	消光系数
Extracted protocol	提取流程
Fast-Approximate	快－近似方式
Filters	过滤器
Find models	寻找模型
Fixed modifications	固定修饰
FLAG	位标记
Flip	翻转
Fold	折叠
Font	字体
Fop, frequency of optimal codons	最优密码子使用频率
Formula	分子式
Forward index	正向索引
Fragment mass error	碎片质量误差
Fragmentation	碎片化
Frame	读框
Functional enrichment plugins	功能增强插件
G.gallus	鸡
Galactose metabolism	半乳糖代谢
Gap	空位
Gap extension	空位延伸
Gap opening	空位开放
Gateway	入口
GC content	GC 含量
Gene	基因
Gene database	基因数据库
Gene expression	基因表达
Gene length	基因长度

Gene node height plot	基因节点高度图
Gene prediction	基因预测路径
Gene sorter	基因分类器工具
Gene3D	全基因组蛋白质家族和结构域数据库
Genetic codes	遗传密码
Genetic information processing	遗传信息处理
Genome Browser	基因组浏览器
Genome Browser Database, GBD	基因组浏览器数据库
GEO, gene expression omnibus	基因表达综合数据库
Geometry	布局
Globular	球状
Glycan	聚糖
Glycolysis / Gluconeogenesis	糖酵解/糖异生
Glycosylation	糖基化
GO, gene ontology	基因本体
Gold-standard	黄金标准
GoSeq	基因聚类分析工具
GPM Cyclone XE	X!Tandem 集成软件
Graphical view	可视化视图
GRAVY	亲水性总平均数
GRAVY score	亲水性平均记分
GUI, graphical user interface	图形化用户界面
H. sapiens	人
Hairpin	发夹环
Hash	哈希表
HCL tree	层次聚类树
HCL, hierarchical clustering	层次聚类
Header information	标题信息
Heat map	热图
Helical transmembrane region	标识的跨膜区
Helix	螺旋
Helix packing	螺旋形填料
Heterozygous	杂合
High-scoring	高分值
HMM	隐马尔可夫模型

Robetta	蛋白质结构模型预测程序
Homology modeling	同源建模
Homozygous	纯合
HTH, helix-turn-helix	螺旋-转角-螺旋
HTML	超文本
Human	人类
Human disease	人类疾病
Hybridization protocol	杂交程序
Hydropathicity	亲水性
Hydrophobicity	疏水性
Identifier	标识号
Identity	一致性
IgBLAST	免疫球蛋白比对
II, intron isoform	内含子异构体
in silico cloning	电子克隆
in situ	原位
Information content	信息量
in-frame indel	读框内插入缺失
Insertion/deletion, indel	插入缺失
Instability index	不稳定系数
Institute of systems biology	美国系统生物学研究所
Intensity filter	过滤强度
Interaction	相互作用
internal loop	内部环
InterPro Domains	InterPro 域
Ionization	离子化
IR, intron retention	内含子保留
Isolation	分离
Isotope error	同位素误差
KASS	KEGG 自动注释服务器
KEGG	日本京都基因和基因组百科全书
Kinase	激酶
KO, KEGG orthology	KEGG 本体
Lable	标记
Lable protocol	标记程序

Leading peptide	导肽
Leaf monkey	叶猴
Letter-probability matrix	字母概率矩阵
Leucine-zipper	亮氨酸拉链
Linear	线性
Locfit, lowess	局部加权回归散点修匀法
Loop	环
Low-scoring segments	低分值片段
M. musculus	小鼠
m/z	质荷比
Machine learning	机器学习
Mapping quality	作图质量
Mapping type	作图类型
Maq, Mapping and Assembly with Quality	读序列作图拼接质量软件包
Mask	屏蔽
MAST	MEME 程序包中模体比对及搜索工具
Matrix	矩阵
Maximum parent charge	最大电荷数
ME, minimum evolution	最小进化法
Measurement errors	估算误差
MEGA	分子进化遗传分析工具
Melanoma	皮肤黑色素瘤
MEME	基于最大期望算法发现模体的工具
Merge networks	整合网络
Metabolism	代谢
mfold	预测 RNA 二级结构的软件
MGI, mouse genomic informatics	小鼠基因组信息学数据库
MIAME	芯片实验的最低限度信息
Microdeletion	微缺失
MicroRNAs, miRNAs	小 RNA
Minimum fragment	最低碎片
Minmum parent M+H	最低母离子
miRBase	小 RNA 数据库
Mirror index	镜像索引

Mismatches	错配
MLE, maximum likelihood	最大似然法
Mode	模式
Model	模型
Modeling	建模
Molecular clock test	分子钟检验
Molecular function	分子功能
Molecular weight	分子质量
Monoisotopic peptide mass	单一同位素肽段质量
Monosaccharide metabolism	单糖代谢
Motif	模体
MP, maximum parsimony	最大简约法
MS	一级质谱
MS/MS	二级质谱
MSSC, maximum specificity set cover	最大特异性集合覆盖法
Multiple sequence alignment	多序列比对
Murasaki	大片段作图工具
Nc, effective number of codons	有效密码子数
NCBI	美国国家生物技术信息中心
Neandertal	尼安德特人
Net attribute brower	网络属性浏览器
Network and attribute I/O plugins	网络属性 I/O 插件
Network inference plugins	网络推理插件
Network package	网络程序包
NGS	新一代测序
NJ, neighbor-joining	邻位连接法
NMR	核磁共振
Node	节点
Node attribute brower	节点属性浏览器
Noise suppression	噪声抑制
non-synonymous mutation	非同义突变
Normalize the scale from 0 to 1	标度值归一化
N-terminus	N 端
Nucleotide blast	核酸比对
Number of codon	密码子数目

Object	对象
Oligonucleotide	寡核苷酸
Oop, object oriented programming	面向对象编程的方法
Opsin	视蛋白
Option	选项
ORF, open reading frame	开放阅读框
Original tree	原始树
Outgroup	外类群
Outlier homologues	孤立同源物
Output as HTML	超文本输出结果
Output options	输出选项
Overall design	总体设计
Oxidation	氧化
Paired-end	配对末端
Pairwise alignment	两两比对
PAM, point accepted mutation	可接受点突变
PANTHER	蛋白质进化分析数据库
Parameters	参数
Parent mass error	母离子质量误差
Partial Genome	部分基因组
Pathway mapping	途径作图
Pathway maps	途径图谱
Pattern	模式
PDB	蛋白质数据库
Penalty	罚分
Peptide sequence	多肽序列
Pfam	蛋白质家族比对和 HMM 数据库
PHD	基于神经网络序列谱预测蛋白一级结构
PHI-Blast	启动模式匹配比对
Phosphorylation	磷酸化
Phylogeny	系统发生
Phyre	线串法蛋白质折叠结构预测工具
PIR	蛋白质信息资源
PIRSF	蛋白质家族分类系统

Plain text	纯文本
Platform	平台
Plugins	插件
Polarity	极性
Polyadenylation signal	多聚腺苷酸信号
Polymorphism	多态性
Posttranslational modification	翻译后修饰
Potential modifications	潜在修饰
PPM, Perl package manager	Perl 程序包管理器
Premature stop mutation	提前终止突变
Primary structure	一级结构
PRINTS	蛋白质指纹汇集
ProDom	蛋白质结构域数据库
Profile	序列谱
Profile alignment mode	序列谱比对方式
Profile matrix	序列谱矩阵
Progressive alignment	渐进式比对
Project mode	项目方式
PROSITE	蛋白质结构域、家族和功能位点数据库
Protein blast	蛋白质比对
Protein cleavage specification	蛋白质剪切特异性
Protein data bank	蛋白质数据库
Protein disorder	蛋白质紊乱
Protein modifications	蛋白质修饰
Proteins	蛋白质
Proteome Browser	蛋白质组浏览器
ProtParam	蛋白质序列理化参数检索工具
ProtScale	蛋白质亲疏水性分析程序
PSI-Blast	特异性位点迭代比对
PSPM	位置特异性概率矩阵
PSSM	位置特异性记分矩阵
Quality	质量
R.norvegicus	大鼠
RACE	cDNA 末端快速扩增

Ramachandran plot	拉氏图
RCSB	结构生物信息学研究合作组织
Reaction	反应
Reads	读序列
Recognition factor	识别因子
Refractivity	折射系数
RefSeq	参考序列
Regular expression	正则表达式
Regulation	调控
Remote	远程
Remove redundant	消除冗余
Repeat masker	重复屏蔽
Repeats	重复
Retinal binding site	视黄醇结合位点
Rfam	RNA 家族数据库
Rhodopsin family	视紫红质家族
RNA-Seq	RNA 测序
Robetta	从头预测蛋白结构工具
Root	根
RSCU	相对同义密码子使用
S.cerevisiae	酿酒酵母
SAM/BAM	输出格式文件
Sample node height plot	样本节点高度图
Samples	样本
Scaffold	染色体骨架
Scale	标尺
Scan protocol	扫描程序
Score	记分
Search	搜索
Secondary structure	二级结构
Secondary structure prediction	二级结构预测
Seed	种子序列
Semi-cleavage	半剪切
Sequence assembly	序列拼接
Sequence feature	序列特征

Sequence information	序列信息
Sequence Reads Archive, SRA	读序列档案库
Sequence similarity	序列相似性
Series	系列
Sheet	折叠
Show exceptional residues	显示特殊残基
SIB	瑞士生物信息中心
Signal peptide	信号肽
Signal processing	信号处理
Signal/Noise threshold	信噪比阈值
Single channel	单通道
Single island	单岛
Single nucleotide variation, SNVs	单核苷酸变异
Single-color array	单色芯片
Sliding windows	移动窗口
Slow-Accurate	慢-准确方式
SMART	简单模块构架搜索工具
SNP	单核苷酸多态性
SNVs calling	单核苷酸变异识别
SPA, sum-product algorithm	积算法
Spectra	质谱
Spectrum synthesis	质谱合成
Spice site	剪切位点
SRA, Sequence reads archive	读序列档案库
Standard deviation regularization	标准差调整
Superimpose	叠加
SVM	支持向量机
synonymous mutation	同义突变
Table Browser	表浏览器
TargeScan	预测 miRNA 靶基因软件
Tertiary structure	三级结构
Theoretical pI	理论等电点
Threading	线串法
TMhelix	跨膜螺旋
TMHMM	跨膜区结构预测

TopHat	RNA-seq 分析工具
Transition	转换
Transvertion	颠换
UniProtKB	全球蛋白质知识库
Variation effect predictor	变量效应预测工具
Velet	从头拼接工具
Weight variation model	权重值变化模型
Window size	窗口大小

英 文 索 引

A

B

C

G

H

I

K

1.2.6　查看 BLAST 搜索结果

运行图 1.20 命令，在 bin 文件夹下就可获得结果文本文件 out，此类文件可用记事本等软件打开，查看比对结果（图 1.23）。

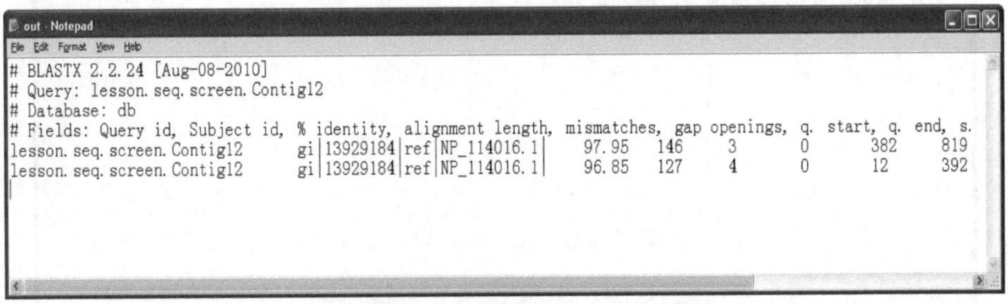
out - Notepad
File Edit Format View Help

```
# BLASTX 2.2.24 [Aug-08-2010]
# Query: lesson.seq.screen.Contig12
# Database: db
# Fields: Query id, Subject id, % identity, alignment length, mismatches, gap openings, q. start, q. end, s.
lesson.seq.screen.Contig12      gi|13929184|ref|NP_114016.1|    97.95   146     3       0       382     819
lesson.seq.screen.Contig12      gi|13929184|ref|NP_114016.1|    96.85   127     4       0       12      392
```

图 1.23　本地化运行 blastx 结果

1.3　多序列比对（ClustalX）

多序列比对（multiple sequence alignment）是核酸与蛋白质序列分析的基本方法之一。通过多序列比对，可以发现序列中特征性保守区段，显示序列间的相似性，预测序列的二级结构与三级结构，对蛋白质分类、分子进化分析具有重要指导意义。

Clustal 是基于“渐进式比对”（progressive alignment）算法的多序列比对工具。其运算过程，首先是对 N 条序列进行两两比对、计算其序列间距离，得到 $N\times N$ 的距离矩阵；然后根据距离矩阵，用邻接法构建出系统发育树来指导多序列比对。

1.3.1　ClustalX 的使用

Clustal 主要有 ClustalW 和 ClustalX 版本，能在包括 Windows 及 Linux 多个操作系统下运行（Thompson et al.，1994；1997）。ClustalW 网上运行服务（http://www.ebi.ac.uk/Tools/msa/clustalw2/）由欧洲生物信息学中心（EBI）提供。这里简介 ClustalX 版本，它具有窗口式界面，因而使用较为方便(Larkin et al.，2007)。

用户可以通过 EBI 网址（ftp://ftp.ebi.ac.uk/pub/software/clustalw2）下载最新版 ClustalX2 软件安装程序（clustalx-2.1-win.msi）至本地新建文件夹（C:\zcni\shiyan1\ClustalX2），然后在 ClustalX2 目录下放入待分析的 fasta 格式序列文件。我们将以 17-RNASE1.fasta 为例加以说明。

双击 clustalx.exe，显示主窗口，界面上方从左到右列出文件（File）、编辑（Edit）、比对（Alignment）、系统进化树（Trees）、颜色（Colors）、质量（Quality）和帮助（Help）。还提供两个选择方式（Mode），分别是“多序列

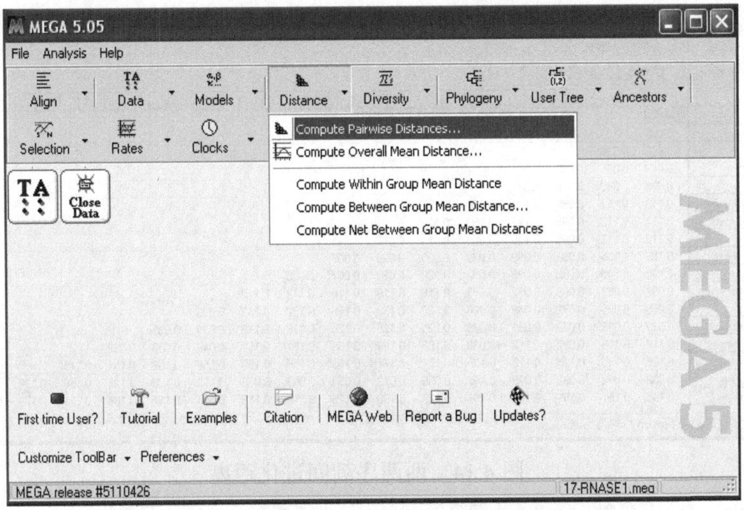

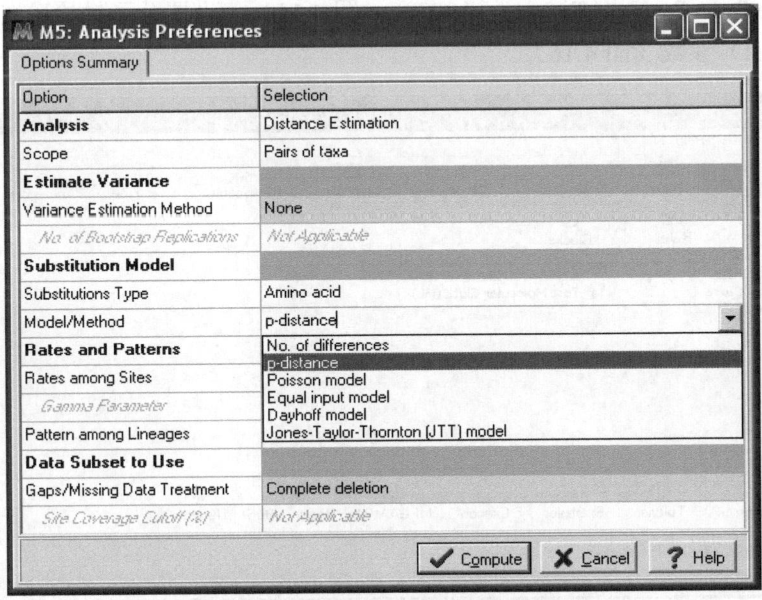

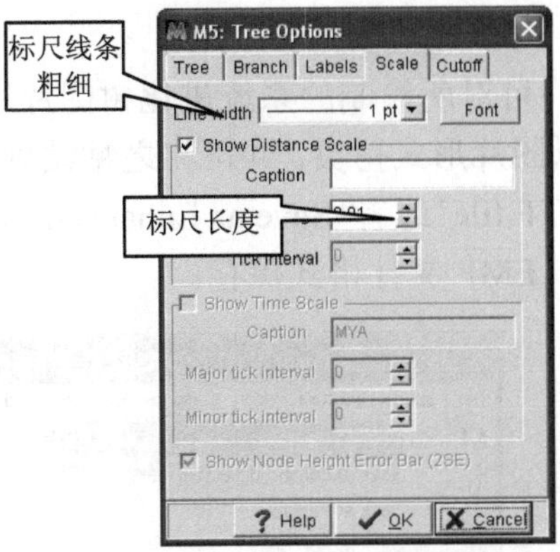

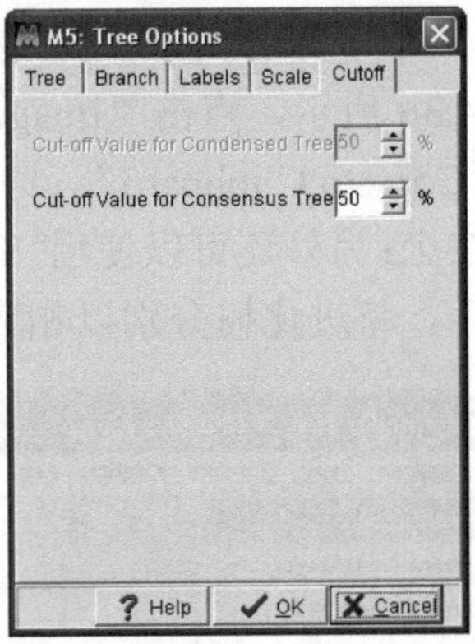

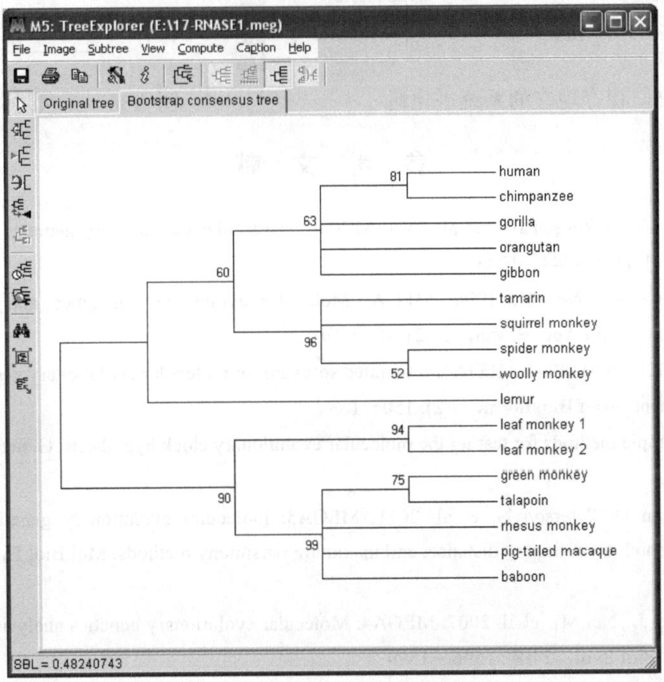

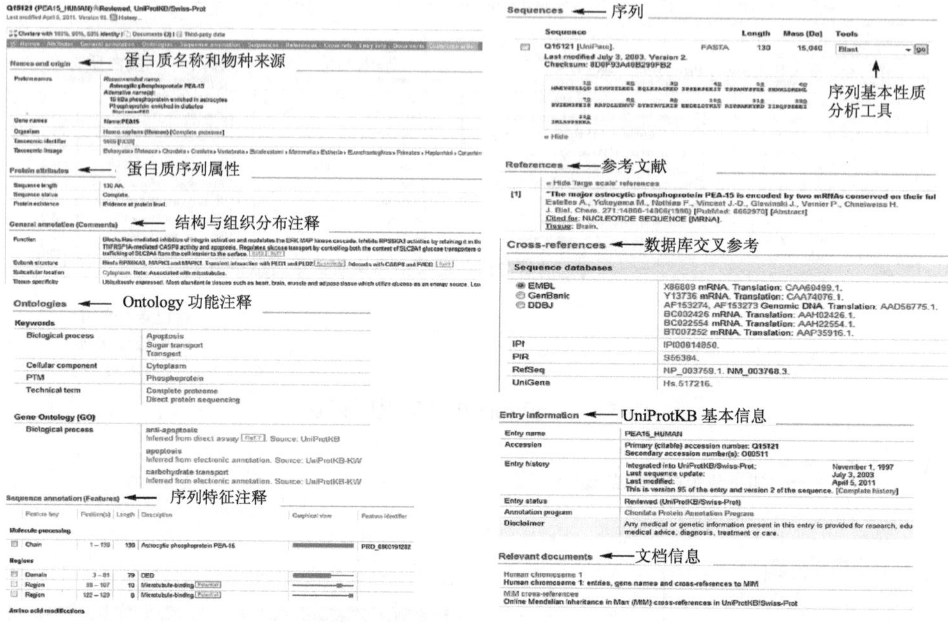

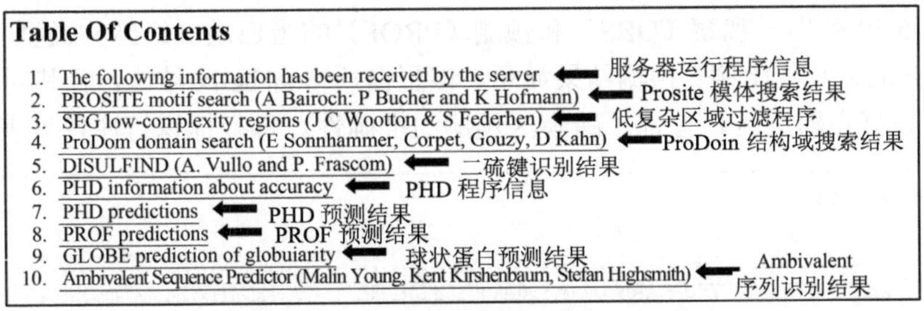

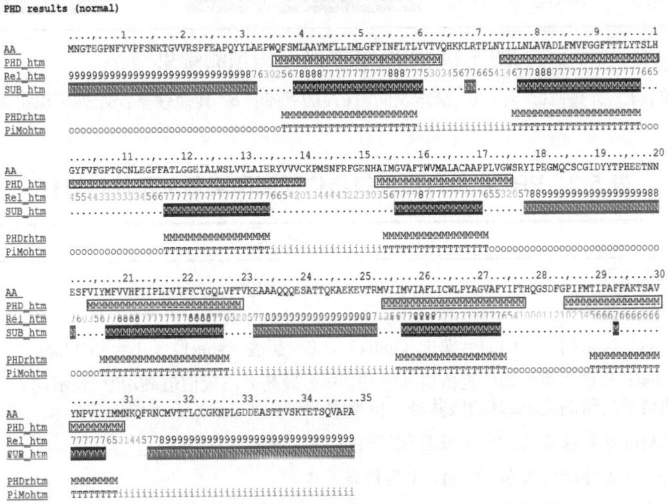

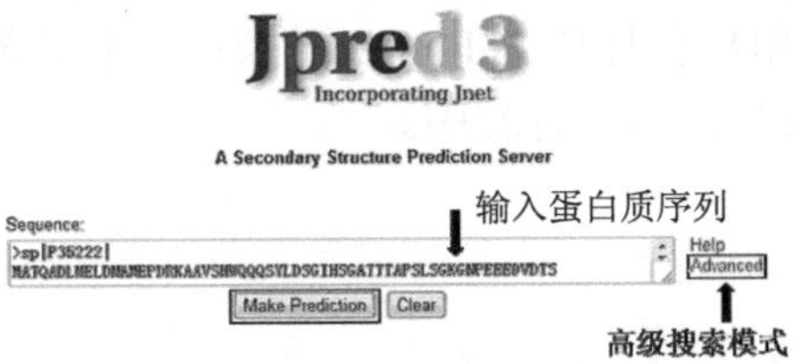

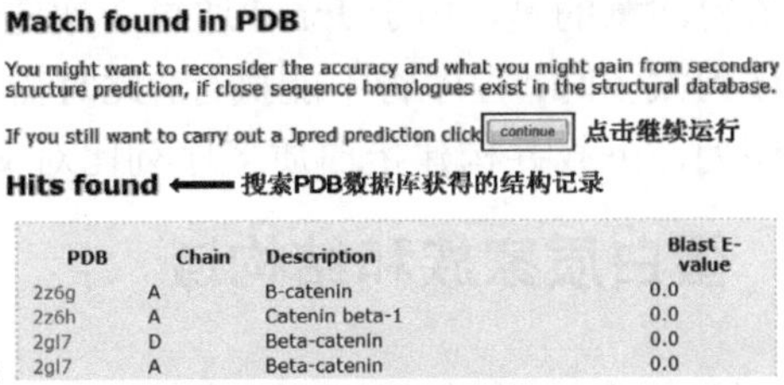

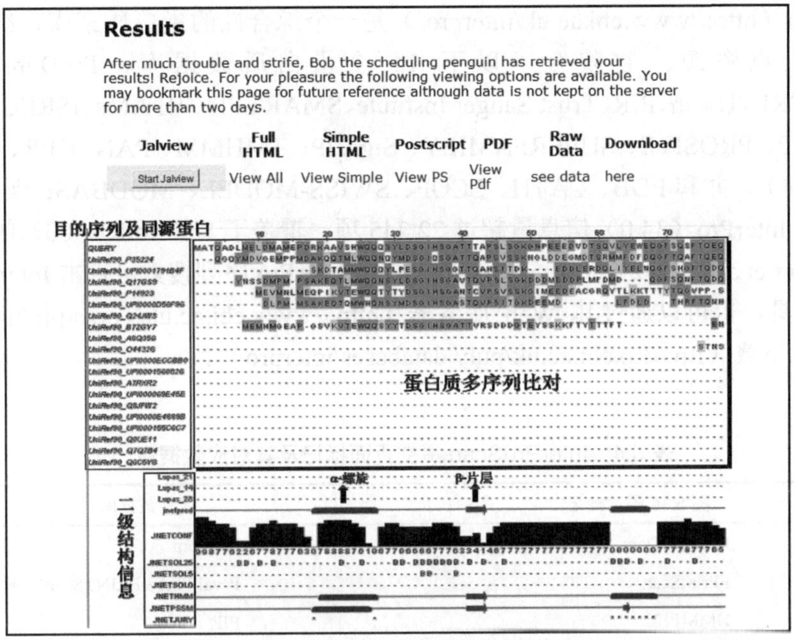

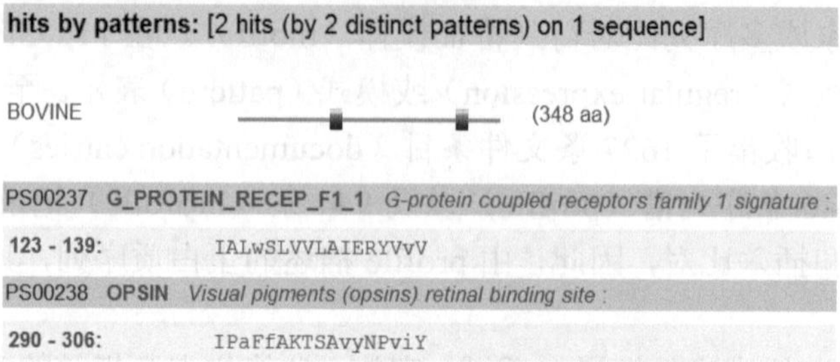

图 5.39 PROSITE 数据库搜索的模式

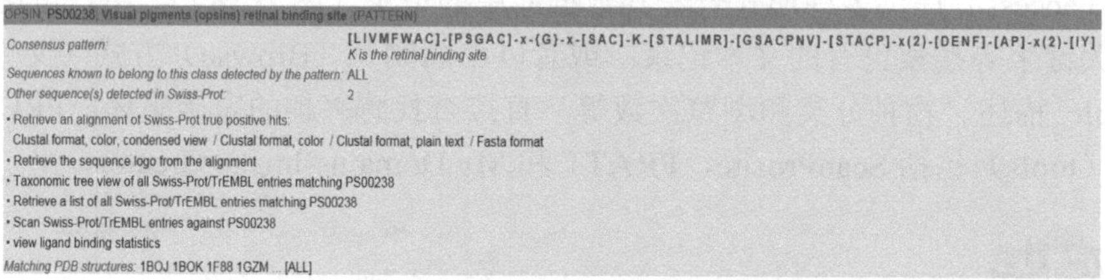

OPSIN, PS00238, Visual pigments (opsins) retinal binding site (PATTERN)

Consensus pattern: [LIVMFWAC]-[PSGAC]-x-{G}-x-[SAC]-K-[STALIMR]-[GSACPNV]-[STACP]-x(2)-[DENF]-[AP]-x(2)-[IY]
K is the retinal binding site

Sequences known to belong to this class detected by the pattern: ALL

Other sequence(s) detected in Swiss-Prot: 2

- Retrieve an alignment of Swiss-Prot true positive hits:
  Clustal format, color, condensed view / Clustal format, color / Clustal format, plain text / Fasta format
- Retrieve the sequence logo from the alignment
- Taxonomic tree view of all Swiss-Prot/TrEMBL entries matching PS00238
- Retrieve a list of all Swiss-Prot/TrEMBL entries matching PS00238
- Scan Swiss-Prot/TrEMBL entries against PS00238
- view ligand binding statistics

Matching PDB structures: 1BOJ 1BOK 1F88 1GZM ... [ALL]

图 5.40 PROSITE 数据库共有模式

表 5.5 PROSITE 数据库序列模式常用标识符

模式标识符	信 息
Aa（*n*）	该位点为保守氨基酸，（*n*）表示连续 *n* 个位点都是该模式（$n>1$）
X（*n*）	该位点允许任意氨基酸，（*n*）表示连续 *n* 个位点都是该模式（$n>1$）
X（n_1，n_2）	该位点允许任意氨基酸，（n_1，n_2）表示连续 n_1 至 n_2 个位点都有可能是该模式
[Aa]（*n*）	该位点允许中括号中任一氨基酸（氨基酸个数大于 2），*n* 表示连续 *n* 个位点都是该模式（$n>1$）
{Aa}（*n*）	该位点排除花括号中任一氨基酸，（*n*）表示连续 *n* 个位点都是该模式（$n>1$）
-	“-”用来将每个氨基酸位点分隔开
<	该模式以 N 端开始
>	该模式以 C 端结束

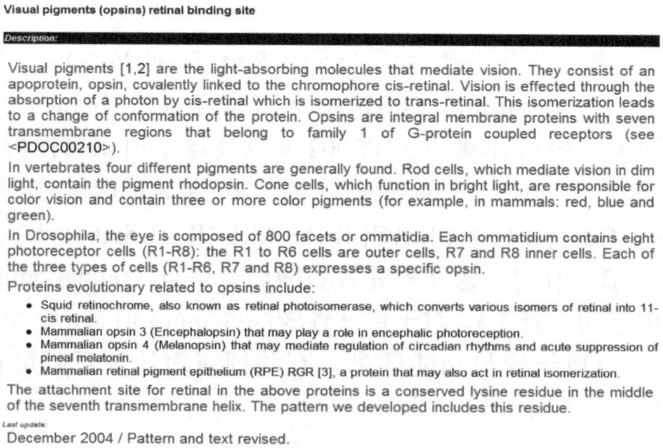

Visual pigments (opsins) retinal binding site

Description:

Visual pigments [1,2] are the light-absorbing molecules that mediate vision. They consist of an apoprotein, opsin, covalently linked to the chromophore cis-retinal. Vision is effected through the absorption of a photon by cis-retinal which is isomerized to trans-retinal. This isomerization leads to a change of conformation of the protein. Opsins are integral membrane proteins with seven transmembrane regions that belong to family 1 of G-protein coupled receptors (see <PDOC00210>).

In vertebrates four different pigments are generally found. Rod cells, which mediate vision in dim light, contain the pigment rhodopsin. Cone cells, which function in bright light, are responsible for color vision and contain three or more color pigments (for example, in mammals: red, blue and green).

In Drosophila, the eye is composed of 800 facets or ommatidia. Each ommatidium contains eight photoreceptor cells (R1-R8): the R1 to R6 cells are outer cells, R7 and R8 inner cells. Each of the three types of cells (R1-R6, R7 and R8) expresses a specific opsin.

Proteins evolutionary related to opsins include:

- Squid retinochrome, also known as retinal photoisomerase, which converts various isomers of retinal into 11-cis retinal.
- Mammalian opsin 3 (Encephalopsin) that may play a role in encephalic photoreception.
- Mammalian opsin 4 (Melanopsin) that may mediate regulation of circadian rhythms and acute suppression of pineal melatonin.
- Mammalian retinal pigment epithelium (RPE) RGR [3], a protein that may also act in retinal isomerization.

The attachment site for retinal in the above proteins is a conserved lysine residue in the middle of the seventh transmembrane helix. The pattern we developed includes this residue.

Last update:

December 2004 / Pattern and text revised.

图 5.41 结构域和序列谱描述

载色体（chromophore），大多数视蛋白的功能包括对光的吸收和 G 蛋白激活；此外，还包括参考文献、Interpro 接口、家族（Clan）和结构图形（图 5.48）。

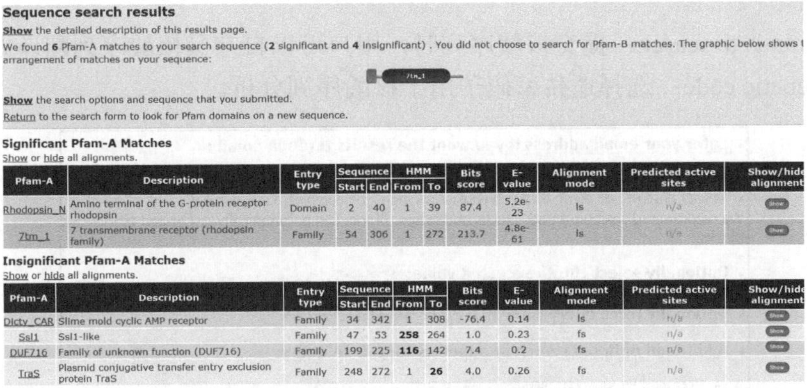

Significant Pfam-A Matches

Pfam-A	Description	Entry type	Sequence Start	Sequence End	HMM From	HMM To	Bits score	E-value	Alignment mode	Predicted active sites	Show/hide alignment
Rhodopsin_N	Amino terminal of the G-protein receptor rhodopsin	Domain	2	40	1	39	87.4	5.2e-23	ls	n/a	Show
7tm_1	7 transmembrane receptor (rhodopsin family)	Family	54	306	1	272	213.7	4.8e-61	ls	n/a	Show

Insignificant Pfam-A Matches

Pfam-A	Description	Entry type	Sequence Start	Sequence End	HMM From	HMM To	Bits score	E-value	Alignment mode	Predicted active sites	Show/hide alignment
Dicty_CAR	Slime mold cyclic AMP receptor	Family	34	342	1	308	-76.4	0.14	ls	n/a	Show
Ssl1	Ssl1-like	Family	47	53	258	264	1.0	0.23	fs	n/a	Show
DUF716	Family of unknown function (DUF716)	Family	199	225	116	142	7.4	0.2	fs	n/a	Show
TraS	Plasmid conjugative transfer entry exclusion protein TraS	Family	248	272	1	26	4.0	0.26	fs	n/a	Show

图 5.47　Pfam 序列搜索结果

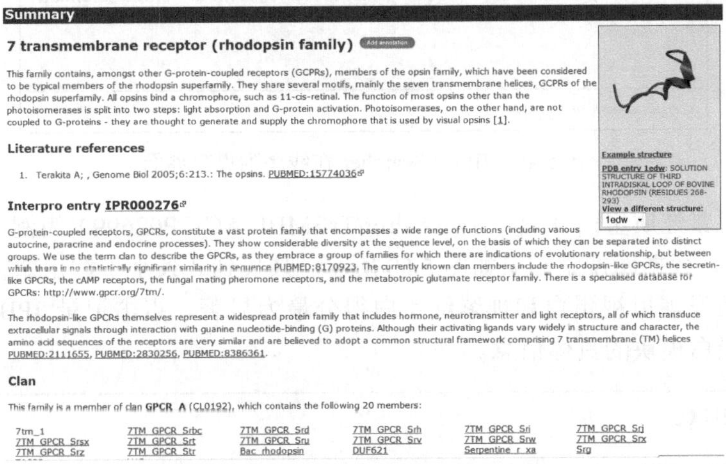

图 5.48　Pfam 信息汇总

5.4.4　BLOCKS：模块搜索数据库

BLOCKS（Block Searcher，http://blocks.fhcrc.org/blocks/blocks_search.html，Henikoff and Henikoff，1994）序列是基于 PROSITE 数据库构建的，提供了 Block Searcher 和 Block Maker 等工具。模块（block）是指保守多模体区域，它通过无空位局部多序列比对产生。但是用户须知，该数据库将不会继续更新，建议使用 InterPro 来注释序列。

（1）Block Searcher：用户可以通过此程序提交核酸或者蛋白质序列搜索 BLOCKS 数据库（图 5.49）。主要参数如下。

-Select database to search：数据库选择，建议用户同时搜索 Blocks 和 Prints

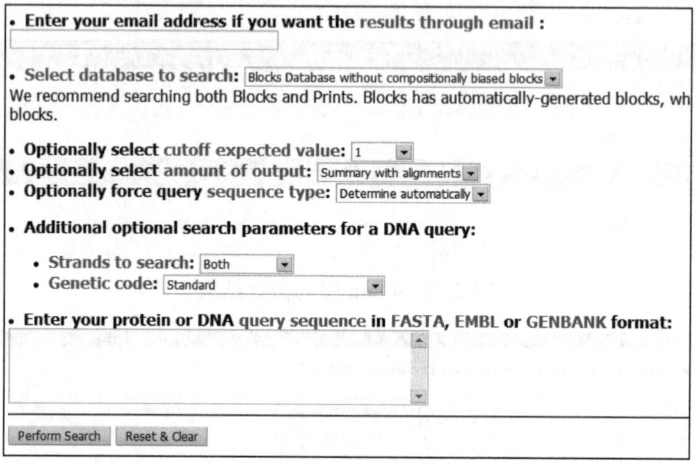

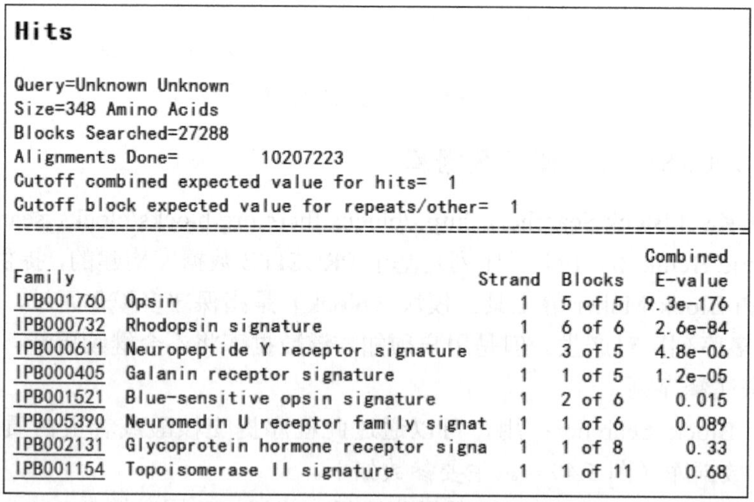

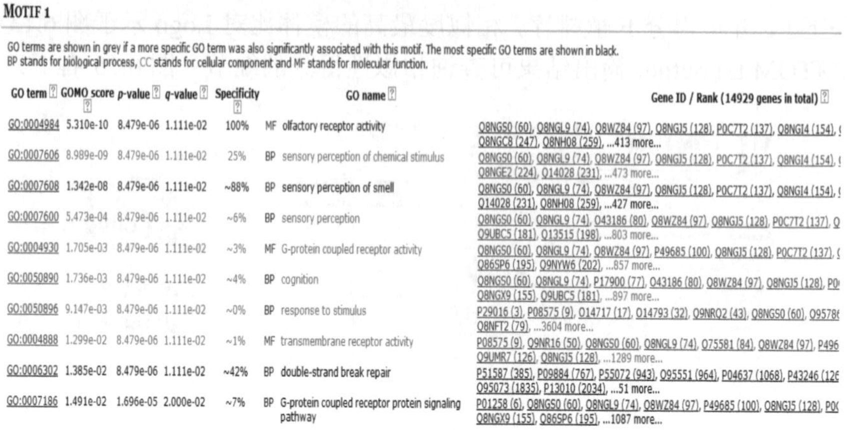

MOTIF 1

GO terms are shown in grey if a more specific GO term was also significantly associated with this motif. The most specific GO terms are shown in black.
BP stands for biological process, CC stands for cellular component and MF stands for molecular function.

GO term	GOMO score	p-value	q-value	Specificity		GO name	Gene ID / Rank (14929 genes in total)
GO:0004984	5.310e-10	8.479e-06	1.111e-02	100%	MF	olfactory receptor activity	Q8NGS0 (60), Q8NGL9 (74), Q8WZ84 (97), Q8NGJ5 (128), P0C7T2 (137), Q8NGI4 (154), Q8NGC8 (247), Q8NH08 (259), ...413 more...
GO:0007606	8.989e-09	8.479e-06	1.111e-02	25%	BP	sensory perception of chemical stimulus	Q8NGS0 (60), Q8NGL9 (74), Q8WZ84 (97), Q8NGJ5 (128), P0C7T2 (137), Q8NGI4 (154), Q8NGE2 (224), Q14028 (231), ...473 more...
GO:0007608	1.342e-08	8.479e-06	1.111e-02	~88%	BP	sensory perception of smell	Q8NGS0 (60), Q8NGL9 (74), Q8WZ84 (97), Q8NGJ5 (128), P0C7T2 (137), Q8NGI4 (154), Q14028 (231), Q8NH08 (259), ...427 more...
GO:0007600	5.473e-04	8.479e-06	1.111e-02	~6%	BP	sensory perception	Q8NGS0 (60), Q8NGL9 (74), O43186 (80), Q8WZ84 (97), Q8NGJ5 (128), P0C7T2 (137), Q9UBC5 (181), Q13515 (198), ...803 more...
GO:0004930	1.705e-03	8.479e-06	1.111e-02	~3%	MF	G-protein coupled receptor activity	Q8NGS0 (60), Q8NGL9 (74), Q8WZ84 (97), P49685 (100), Q8NGJ5 (128), P0C7T2 (137), Q86SP6 (195), Q9NYW6 (202), ...857 more...
GO:0050890	1.736e-03	8.479e-06	1.111e-02	~4%	BP	cognition	Q8NGS0 (60), Q8NGL9 (74), P17900 (77), O43186 (80), Q8WZ84 (97), Q8NGJ5 (128), Q8NGX9 (155), Q9UBC5 (181), ...897 more...
GO:0050896	9.147e-03	8.479e-06	1.111e-02	~0%	BP	response to stimulus	P29016 (3), P08575 (9), O14717 (17), O14793 (32), Q9NRQ2 (43), Q8NGS0 (60), Q8NFT2 (79), ...3604 more...
GO:0004888	1.299e-02	8.479e-06	1.111e-02	~1%	MF	transmembrane receptor activity	P08575 (9), Q9NR16 (50), Q8NGS0 (60), Q8NGL9 (74), O75581 (84), Q8WZ84 (97), Q9UMR7 (126), Q8NGJ5 (128), ...1289 more...
GO:0006302	1.385e-02	8.479e-06	1.111e-02	~42%	BP	double-strand break repair	P51587 (385), P09884 (767), P55072 (943), O95551 (964), P04637 (1068), O95073 (1835), P13010 (2034), ...51 more...
GO:0007186	1.491e-02	1.696e-05	2.000e-02	~7%	BP	G-protein coupled receptor protein signaling pathway	P01258 (6), Q8NGS0 (60), Q8NGL9 (74), Q8WZ84 (97), P49685 (100), Q8NGJ5 (128), Q8NGX9 (155), Q86SP6 (195), ...1087 more...

图 6.15　GOMO 输出结果

6.8　应用 MCAST 搜索基因表达调控模块

MCAST（Motif cluster Alignment and search tools）是模体簇比对和搜索工具。众所周知，基因表达调控机制十分复杂，通常会同时发生多个 DNA-蛋白质互作。而基因转录比率又取决于邻近基因是否存在转录因子集合。由于单个位点较小，并且往往随机发生，因此，很难确定基因组 DNA 的转录因子结合位点。为寻找真的结合位点，可以应用 MCAST 来搜索统计学上显著的基因表达调控模块。

MCAST 要求上传 MEME 输出文本的模体文件并输入支撑的 DNA 数据库和已知功能的结合位点模体集（图 6.16 左）。该算法运行后将产生一系列预测的调控模块，并按 E 值大小排序。从 MACST 邮件，点击 MCAST 超文本输出结果（output as HTML），从序列数据库可获取最佳匹配的模体及其起始终止位置（图 6.16 右）。

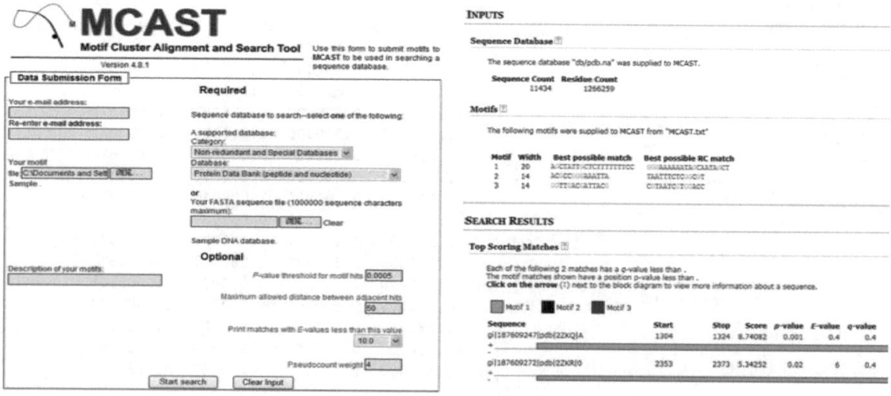

图 6.16　MCAST 界面和输出结果

（supported databases）（图 6.26 左）。通过 FIMO 提交序列与数据库序列比对，得到 4 条最佳的匹配序列，如图 6.26 右上所示。除最佳匹配之外，还列出了符合检索要求的高分模体名单(图 6.26 右下)。

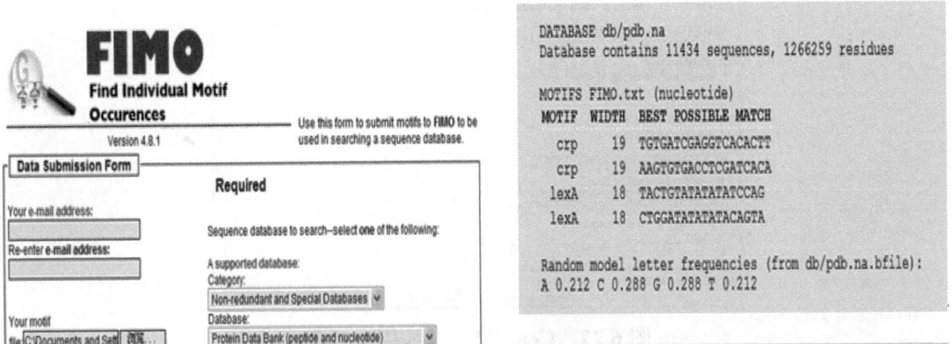

Motif	Sequence Name	Strand	Start	End	p-value	q-value	Matched Sequence
lexA	gi|303324867|pdb|3JSO|C	-	5	22	2.57e-12	1.41e-06	TACTGTATATATATACAG
lexA	gi|303324867|pdb|3JSO|C	+	3	20	2.57e-12	1.41e-06	TACTGTATATATATACAG
lexA	gi|303324868|pdb|3JSO|D	-	5	22	2.57e-12	1.41e-06	TACTGTATATATATACAG
lexA	gi|303324868|pdb|3JSO|D	+	3	20	2.57e-12	1.41e-06	TACTGTATATATATACAG
crp	gi|266618723|pdb|3IYD|I	+	10	28	6.51e-11	3.54e-05	TGTGATCTAGATCACATTT
crp	gi|266618723|pdb|3IYD|I	-	7	25	6.51e-11	3.54e-05	TGTGATCTAGATCACATTT
crp	gi|266618724|pdb|3IYD|J	+	74	92	6.51e-11	3.54e-05	TGTGATCTAGATCACATTT

图 6.26 FIMO 在线提交界面及分析结果

6.13 应用 CentiMo 寻找主要的富集模体

执行 CentriMo 时，首先在提交页面上输入待分析的序列和已知模体的数据库，例如，JASPAR and UniPROBE 数据库；同时输入用户的 E-mail 地址，然后，开始搜索（Start search）（图 6.27）。CentriMo 分析结果包括：①产生模体概率图（Motif Probability Graph）（图 6.28 左上），用户可以通过选择不同的参数，改变模体图及模体显示的颜色（图 6.28 右上），本例要求给出前 3 位模体的最佳位置和概率，并将位点的得分阈值设为（≥5bits）；②提供主要富集模体（Centrally Enriched Motifs）（图 6.28 左下），这里列出前 3 位模体的名称分别为 klf4、klf7 和 Tal1：：Gata1；③富集模体图详细信息，包括数据、Logo、结合位点、频率矩阵等，均来自于 JASPAR and UniPROBE 数据库（图 6.28 右下）。用户通过点击该模体的 ID 即可获取信息，例如，模体 klf4 的 ID 为 MA0039.2。

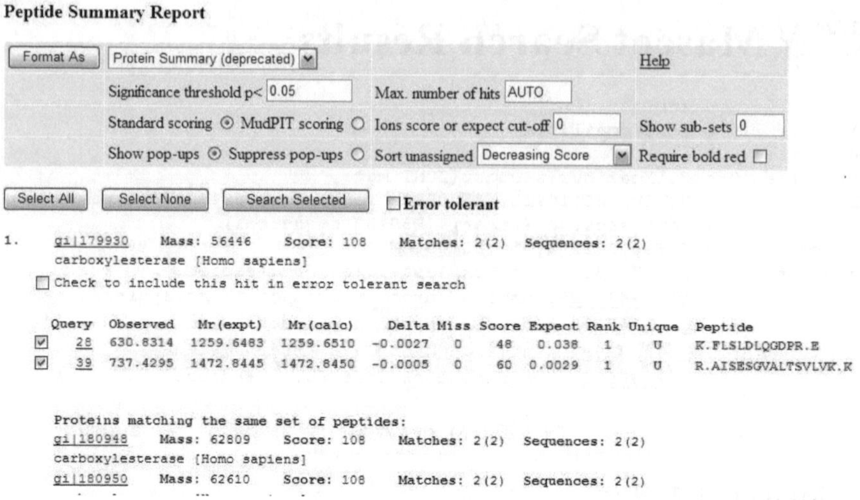

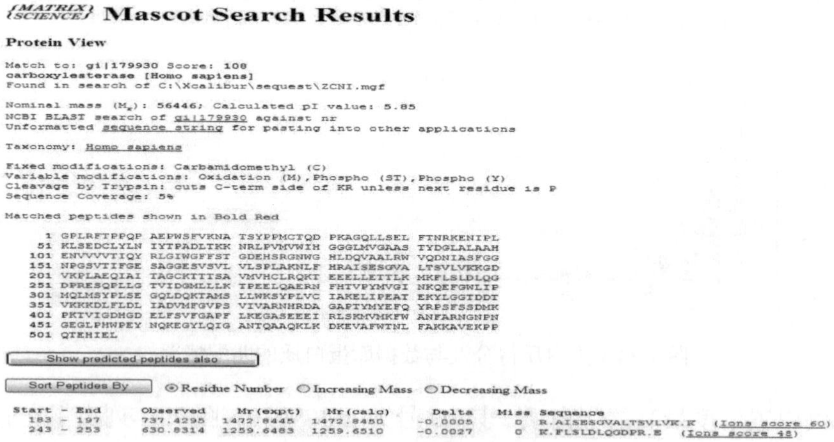

● 将数据库文件 ipi.HUMAN.fasta 存放到目录 C:\database 中，或者用记事本打开 Sequest 参数文件（图 7.31）所示，在方框中的数据库一栏输入数据库存放地址。

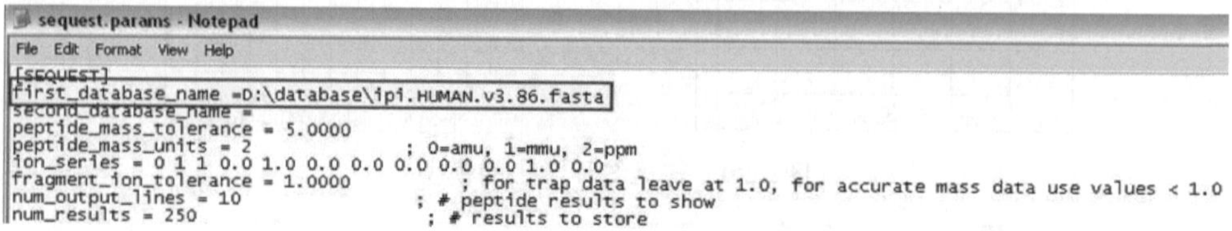

```
sequest.params - Notepad
File  Edit  Format  View  Help
[SEQUEST]
first_database_name =D:\database\ipi.HUMAN.v3.86.fasta
second_database_name =
peptide_mass_tolerance = 5.0000
peptide_mass_units = 2                ; 0=amu, 1=mmu, 2=ppm
ion_series = 0 1 1 0.0 1.0 0.0 0.0 0.0 0.0 0.0 1.0 0.0
fragment_ion_tolerance = 1.0000          ; for trap data leave at 1.0, for accurate mass data use values < 1.0
num_output_lines = 10                 ; # peptide results to show
num_results = 250                     ; # results to store
```

图 7.31　Sequest 参数文件

7.5.4　将 RAW 文件转换成 mzXML 文件

（1）点击 mzXML Utlis，选择 mzXML，Input File Format 选择 Thermo RAW，在 Specify RAW Input File to convert to mzXML 点击 Add Files（图 7.32 左上）。

（2）选择目录 ZCNI_training 中所有的 RAW 文件（图 7.32 右上）。

（3）在 Conversion Options 中选择 Centroid（图 7.32 左下）。

（4）点击 Convert to mzXML，RAW 文件转成 mzXML 文件（图 7.32 右下）。

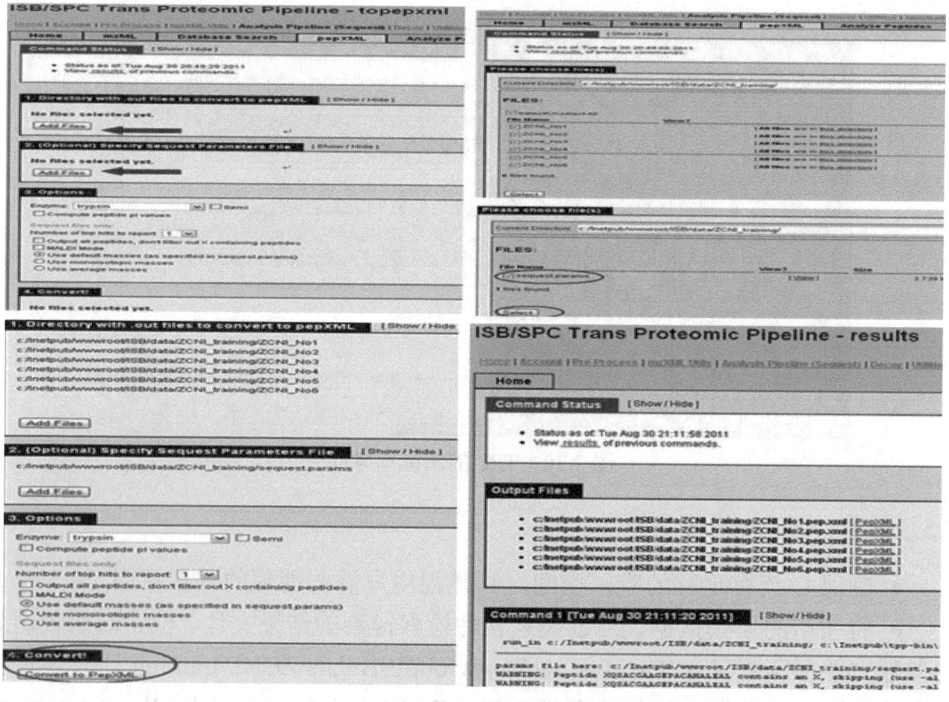

图 7.32　RAW 文件转成 mzXML 文件

ID	name	state	result	start (UTC)	end (UTC)	retry	Remove
1315292837	query	complete	html, text	9/6 7:07 2011	9/6 7:10 2011		☐

图 9.15　KAAS 反馈结果示例

[KO list]　[BRITE hierarchies]　[Pathway map]　[Threshold change]　[Download]

Query gene : KO assignment

query

lessen.seq.screen.1 K13953
lessen.seq.screen.3 K00626
lessen.seq.screen.4 K03648

[KO list]　[BRITE hierarchies]　[Pathway map]　[Threshold change]　[Download]

图 9.16　KO list 示例

```
▼ ▼ ▼ ▼                                                    [          ] Search

▼ Metabolism

  ▼ Carbohydrate Metabolism
    ▼ 00010 Glycolysis / Gluconeogenesis [PATH:ko00010]
        lessen.seq.screen.1; K13953  adhP; alcohol dehydrogenase, propanol-preferring [EC:1.1.1.1]
      00020 Citrate cycle (TCA cycle) [PATH:ko00020]
      00030 Pentose phosphate pathway [PATH:ko00030]
      00040 Pentose and glucuronate interconversions [PATH:ko00040]
      00051 Fructose and mannose metabolism [PATH:ko00051]
      00052 Galactose metabolism [PATH:ko00052]
      00053 Ascorbate and aldarate metabolism [PATH:ko00053]
      00500 Starch and sucrose metabolism [PATH:ko00500]
      00520 Amino sugar and nucleotide sugar metabolism [PATH:ko00520]
    ▼ 00620 Pyruvate metabolism [PATH:ko00620]
        lessen.seq.screen.3; K00626  E2.3.1.9, atoB; acetyl-CoA C-acetyltransferase [EC:2.3.1.9]
    ▼ 00630 Glyoxylate and dicarboxylate metabolism [PATH:ko00630]
        lessen.seq.screen.3; K00626  E2.3.1.9, atoB; acetyl-CoA C-acetyltransferase [EC:2.3.1.9]
    ▼ 00640 Propanoate metabolism [PATH:ko00640]
        lessen.seq.screen.3; K00626  E2.3.1.9, atoB; acetyl-CoA C-acetyltransferase [EC:2.3.1.9]
    ▼ 00650 Butanoate metabolism [PATH:ko00650]
        lessen.seq.screen.3; K00626  E2.3.1.9, atoB; acetyl-CoA C-acetyltransferase [EC:2.3.1.9]
      00660 C5-Branched dibasic acid metabolism [PATH:ko00660]
      00562 Inositol phosphate metabolism [PATH:ko00562]

  ▼ Energy Metabolism
      00190 Oxidative phosphorylation [PATH:ko00190]
      00195 Photosynthesis [PATH:ko00195]
      00196 Photosynthesis - antenna proteins [PATH:ko00196]
      00194 Photosynthesis proteins [BR:ko00194]
      00710 Carbon fixation in photosynthetic organisms [PATH:ko00710]
    ▼ 00720 Carbon fixation pathways in prokaryotes [PATH:ko00720]
        lessen.seq.screen.3; K00626  E2.3.1.9, atoB; acetyl-CoA C-acetyltransferase [EC:2.3.1.9]
      00680 Methane metabolism [PATH:ko00680]
      00910 Nitrogen metabolism [PATH:ko00910]
      00920 Sulfur metabolism [PATH:ko00920]
```

图 9.17　BRITE hierarchies 示例

[KO list]　[BRITE hierarchies]　[Pathway map]　[Threshold change]　[Download]

Color Objects in KEGG Pathways *New ver.*

Default bgcolor: #bfffbf (to highlight the asigned KOs)

Genes bgcolor: white (to change the default color of blue)

Exec

00010 Glycolysis / Gluconeogenesis (1)
00620 Pyruvate metabolism (1)
00630 Glyoxylate and dicarboxylate metabolism (1)
00640 Propanoate metabolism (1)
00650 Butanoate metabolism (1)
00720 Carbon fixation pathways in prokaryotes (1)
00071 Fatty acid metabolism (2)
00072 Synthesis and degradation of ketone bodies (1)
00280 Valine, leucine and isoleucine degradation (1)
00310 Lysine degradation (1)
00350 Tyrosine metabolism (1)
00380 Tryptophan metabolism (1)
00830 Retinol metabolism (1)

图 9.18　Pathway map 示例

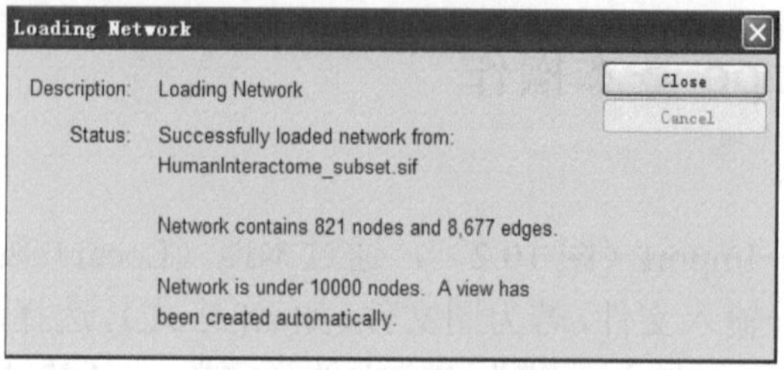

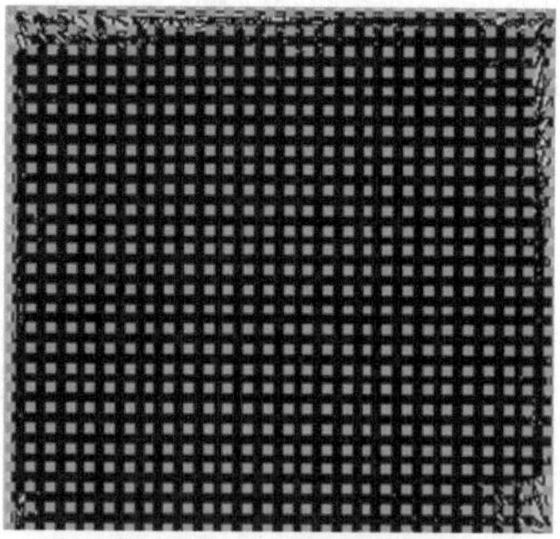

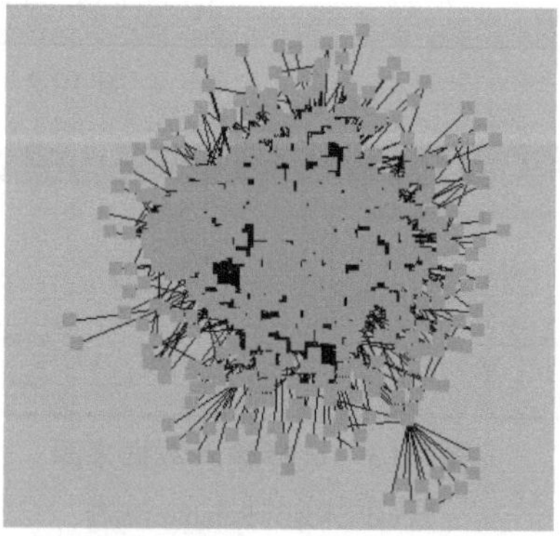

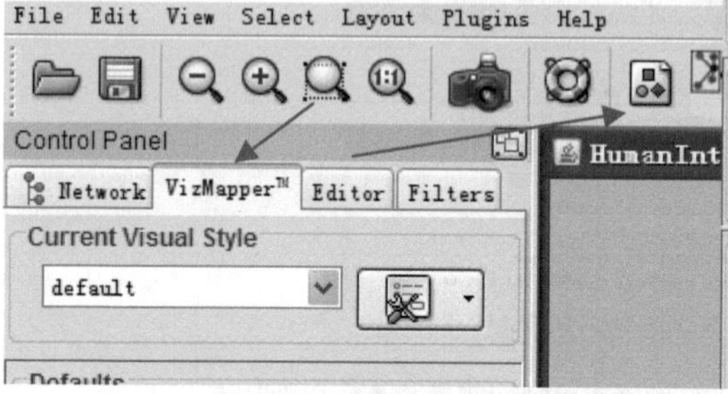

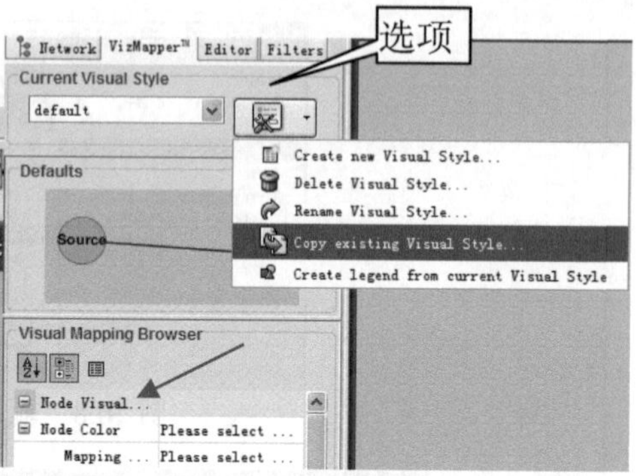

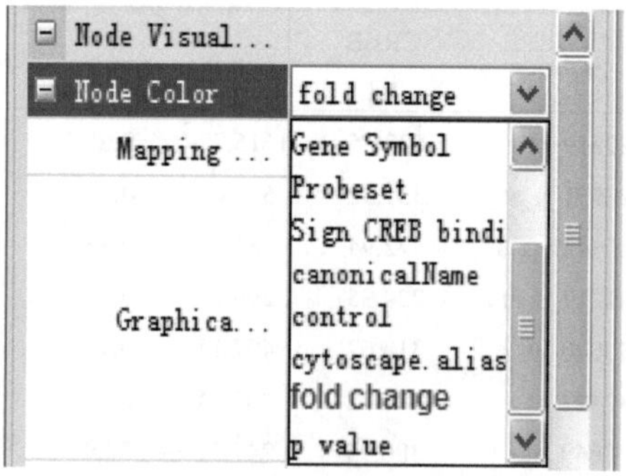

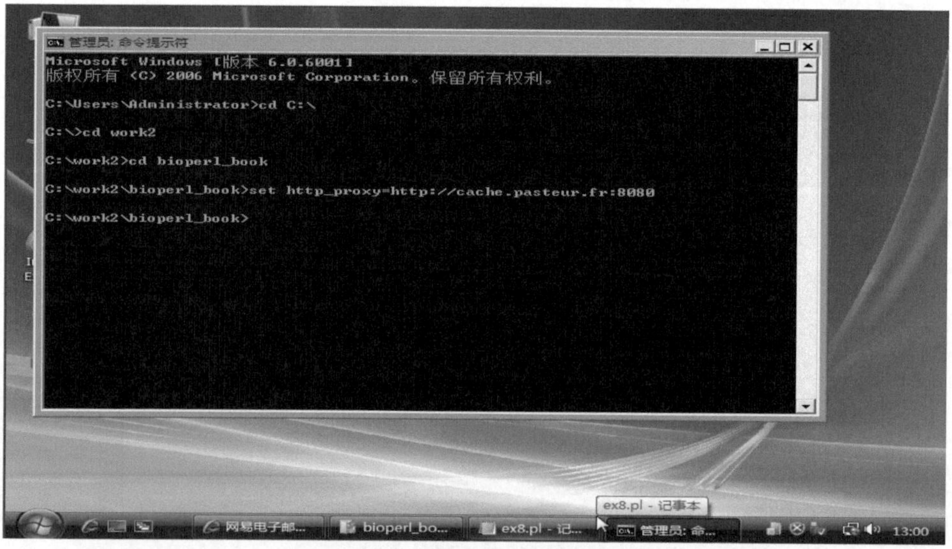

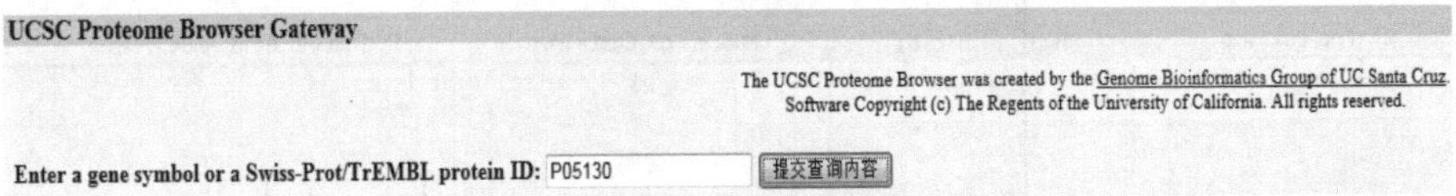

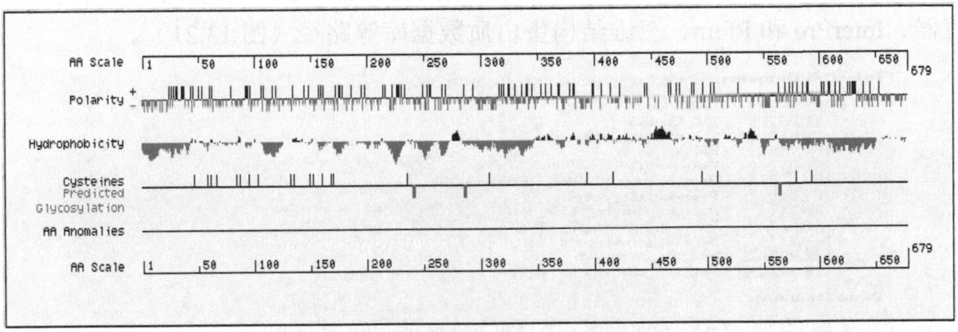

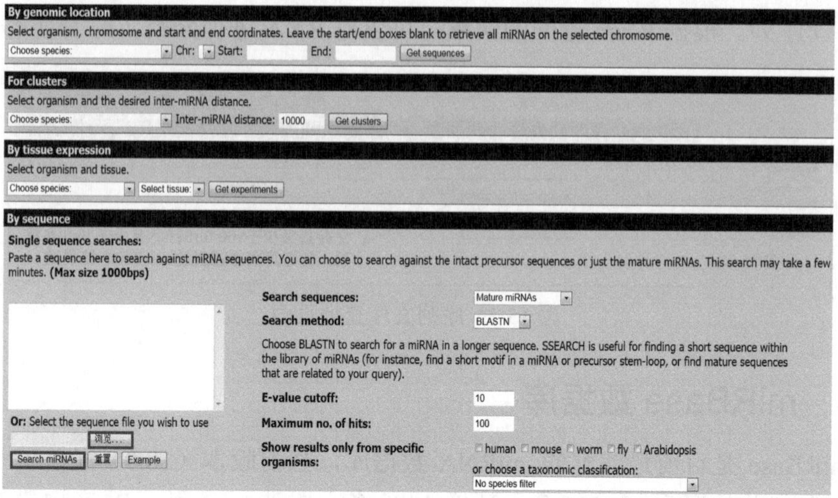
By genomic location
Select organism, chromosome and start and end coordinates. Leave the start/end boxes blank to retrieve all miRNAs on the selected chromosome.
Choose species: Chr: Start: End: Get sequences
For clusters
Select organism and the desired inter-miRNA distance.
Choose species: Inter-miRNA distance: 10000 Get clusters
By tissue expression
Select organism and tissue.
Choose species: Select tissue: Get experiments
By sequence
Single sequence searches:
Paste a sequence here to search against miRNA sequences. You can choose to search against the intact precursor sequences or just the mature miRNAs. This search may take a few minutes. (Max size 1000bps)
Search sequences: Mature miRNAs
Search method: BLASTN
Choose BLASTN to search for a miRNA in a longer sequence. SSEARCH is useful for finding a short sequence within the library of miRNAs (for instance, find a short motif in a miRNA or precursor stem-loop, or find mature sequences that are related to your query).
E-value cutoff: 10
Maximum no. of hits: 100
Or: Select the sequence file you wish to use
浏览...
Search miRNAs 重置 Example
Show results only from specific organisms:
human mouse worm fly Arabidopsis
or choose a taxonomic classification:
No species filter

图 15.9 miRBase 的搜索页面

当查询序列时，只需将 microRNA 序列粘贴到搜索框中，然后，点击“Search miRNAs”按钮提交。如果需要查询多条序列时，可以将查询序列编写成.fasta 格式文件，然后点击 “浏览”左面小方框，从列表中选出.fasta 格式的文件进行上传提交。搜索前，可以在序列输入框右侧设置参数，如搜索序列（成熟的 miRNA，或初始 miRNA）、搜索方法、E-value、物种等。现提交一条成熟 miRNA“ACAGTAGTCTGCACATTGGTTA”序列做演示，结果页面见图 15.10。

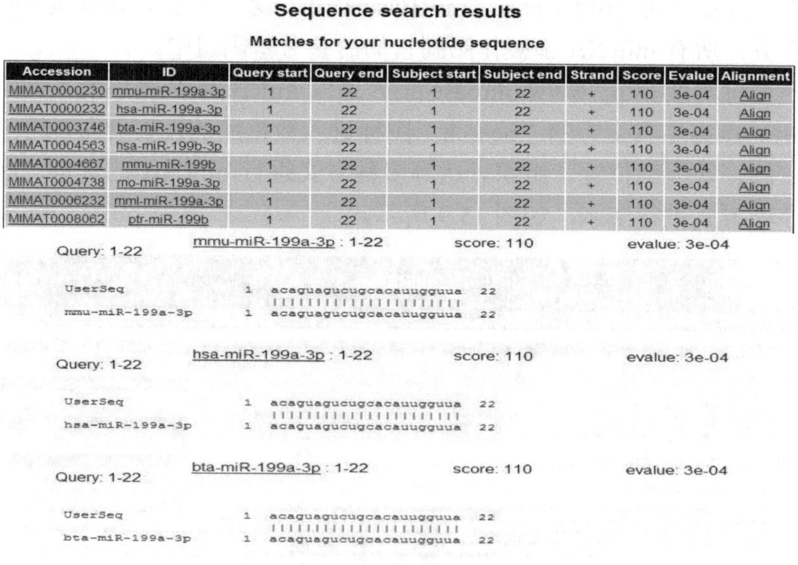
Sequence search results

Matches for your nucleotide sequence

Accession	ID	Query start	Query end	Subject start	Subject end	Strand	Score	Evalue	Alignment
MIMAT0000230	mmu-miR-199a-3p	1	22	1	22	+	110	3e-04	Align
MIMAT0000232	hsa-miR-199a-3p	1	22	1	22	+	110	3e-04	Align
MIMAT0003746	bta-miR-199a-3p	1	22	1	22	+	110	3e-04	Align
MIMAT0004563	hsa-miR-199b-3p	1	22	1	22	+	110	3e-04	Align
MIMAT0004667	mmu-miR-199b	1	22	1	22	+	110	3e-04	Align
MIMAT0004738	rno-miR-199a-3p	1	22	1	22	+	110	3e-04	Align
MIMAT0006232	mml-miR-199a-3p	1	22	1	22	+	110	3e-04	Align
MIMAT0008062	ptr-miR-199b	1	22	1	22	+	110	3e-04	Align

Query: 1-22 mmu-miR-199a-3p : 1-22 score: 110 evalue: 3e-04

```
UserSeq            1  acaguagucugcacauugguua  22
                      ||||||||||||||||||||||
mmu-miR-199a-3p    1  acaguagucugcacauugguua  22
```

Query: 1-22 hsa-miR-199a-3p : 1-22 score: 110 evalue: 3e-04

```
UserSeq            1  acaguagucugcacauugguua  22
                      ||||||||||||||||||||||
hsa-miR-199a-3p    1  acaguagucugcacauugguua  22
```

Query: 1-22 bta-miR-199a-3p : 1-22 score: 110 evalue: 3e-04

```
UserSeq            1  acaguagucugcacauugguua  22
                      ||||||||||||||||||||||
bta-miR-199a-3p    1  acaguagucugcacauugguua  22
```

图 15.10 miRBase 结果页面

图 15.10 显示了 miRBase 数据库中与查询序列相匹配的 miRNA 序列中的起

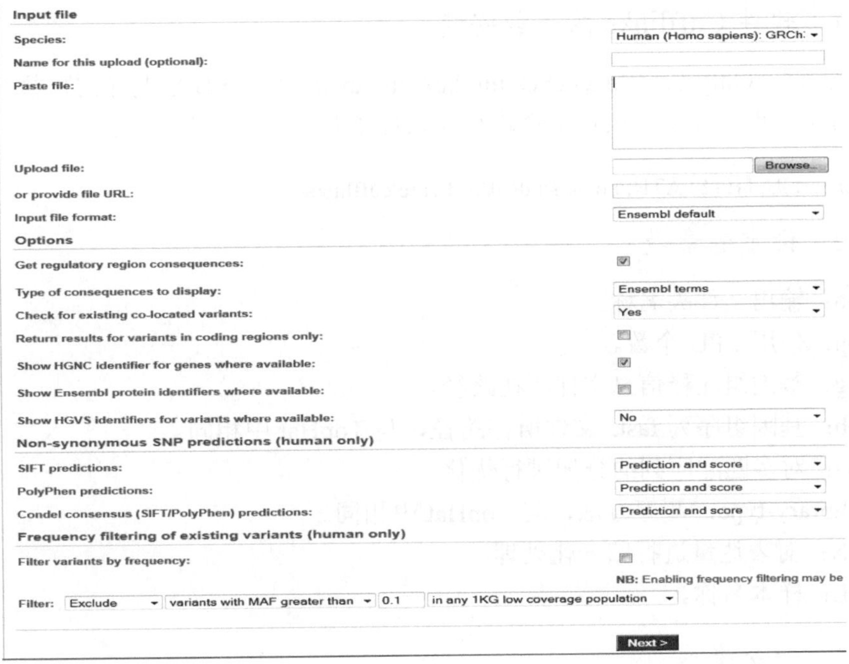

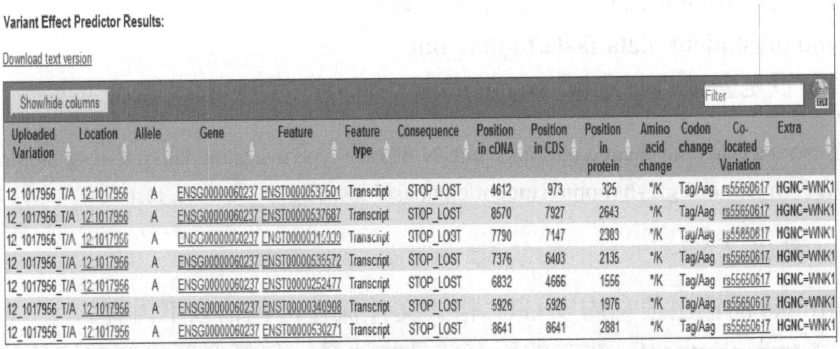

个基因，从 pksA（转录调节子）到 pksS（聚酮合酶）。而 natto 菌系中却缺失从 pksB 到 pksR 等基因，缺失区如图 17.7 方框所示。

```
[alignment of degQ promoter sequences]

natto    CTTTTCGGTGAAAAATGAGCCGAAAGCAGATACACTATTAGTAACAGATC
         ||||||||||||||||||||||||||||||.|||||||||||||||||||
168      CTTTTCGGTGAAAAATGAGCCGAAAGCAGACACACTATTAGTAACAGATC
                                                [->

natto    AAATACCTAGGACTCGTTCACCATACACAATTCATTGATCTTTCAAAAAA
         ||||||||||||||||||||||||||||||||||||||||||||||||||
168      AAATACCTAGGACTCGTTCACCATACACAATTCATTGATCTTTCAAAAAA

natto    AGGAGTGTGGAAACGATG
         ||||||||||||||||||
168      AGGAGTGTGGAAACGATG
                        [=>

[alignment of DNA sequences containing swrA coding region]

natto    ATGCTTGTTAGCACTCCAGTACTGCTGCTTATACTGGCCCGTGCTTATCT
         ||||||||||||||||||||||||||||||||||||||||||||||||||
168      ATGCTTGTTAGCACTCCAGTACTGCTGCTTATACTGGCCCGTGCTTATCT
         [->
                                                    [+>
natto    GTATAAAGAAAATGGGGGTTCACAATTGAAGAGGGCAAGTATTGTGCGTG
         ||||||||||||||||||||||||||||||||||||||||||||||||||
168      GTATAAAGAAAATGGGGGTTCACAATTGAAGAGGGCAAGTATTGTGCGTG
                                                  [=>

natto    -AAAAAAAATATTATGAATTAGTGGAACAATTAAAAGACAGAACACAAGA
          |||||||||||||||||||||||||||||||||||||||||||||||||
168      AAAAAAAAATATTATGAATTAGTGGAACAATTAAAAGACAGAACACAAGA
                      <-]

natto    CGTAACATTTTCAGCTACAAAAGCACTAAGTCTTCTTATGCTGTTCAGCA
         ||||||||||||||||||||||||||||||||||||||||||||||||||
168      CGTAACATTTTCAGCTACAAAAGCACTAAGTCTTCTTATGCTGTTCAGCA

natto    GATATTTGGTCAATTACACCAATGTCGAATCAGTAAATGACATTAATGAG
         ||||||||||||||||||||||||||||||||||||||||||||||||||
168      GATATTTGGTCAATTACACCAATGTCGAATCAGTAAATGACATTAATGAG
```

图 17.6　natto 菌系和 168 菌系的比较

degQ 启动子区域（上图）和 swrA 编码区（下图）

突变位点 T.C，插入位点 -.A；图中的“[->”表示转录起始位点，“[=>”表示翻译起始位点；下图中的“[->”和“<-]”之间的区域表示第一个假基因，“[=>”表示第二个假基因的翻译起始位点，“[+>”表示 swrA 编码区的翻译起始位点

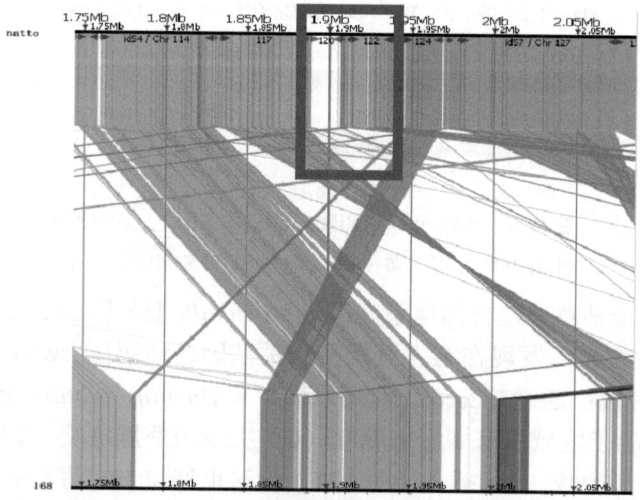

图 17.7　natto 菌系多聚酮合酶启动子区域发现缺失

上方是 natto 菌系，下方是 168 菌系；方框内有 1 个明显空白是缺失区

D

E

F

Q

R

S

T

U

V

W

中文索引

W

X

Y

Z

其他